I0753703

Verlag B.G. Teubner, Leipzig. Blechinger & Leykauf, Wien, Hel. & imp.

H. Minkowski

NACH EINER AUFNAHME AUS DER ZEIT DER PARISER PREISARBEIT

GESAMMELTE ABHANDLUNGEN

VON

HERMANN MINKOWSKI

UNTER MITWIRKUNG VON

ANDREAS SPEISER UND **HERMANN WEYL**

HERAUSGEGEBEN VON

DAVID HILBERT

ZWEITER BAND

MIT EINEM BILDNIS HERMANN MINKOWSKIS
34 FIGUREN IM TEXT UND EINER DOPPELTAFEL

LEIPZIG UND BERLIN
DRUCK UND VERLAG VON B. G. TEUBNER
1911

INHALT DES ZWEITEN BANDES.

ZUR GEOMETRIE DER ZAHLEN

FORTSETZUNG

XIX.

Dichteste gitterförmige Lagerung kongruenter Körper.

(Nachrichten der K. Gesellschaft der Wissenschaften zu Göttingen. Mathematisch-physikalische Klasse. 1904. S. 311—355.)

(Vorgelegt in der Sitzung vom 25. Juni 1904.)

Wir beschäftigen uns hier mit folgendem Probleme: *Gegeben ist ein beliebiger Grundkörper K. Lauter mit K kongruente und parallel orientierte Körper in unendlicher Anzahl sollen im Raume in gitterförmiger Anordnung derart gelagert werden, daß keine zwei der Körper ineinander eindringen und daß dabei der von den Körpern erfüllte Teil des Raumes gegenüber dem von ihnen freigelassenen möglichst groß ist.*

Unter einer *gitterförmigen Anordnung* der Körper verstehen wir, daß entsprechende Punkte in ihnen ein parallelepipedisches Punktsystem (Gitter) bilden. Wir beschränken die Untersuchung auf konvexe Körper.

Die Lösung dieses Problems gestattet interessante Anwendungen in der Zahlenlehre und ist auch für die Theorie von der Struktur der Kristalle von Bedeutung*). Aus der Kenntnis der dichtesten Lagerung von *Kugeln* folgen (§ 7) fast unmittelbar alle Tatsachen der Gauß-Dirichletschen Theorie der Parallelgitter (d. s. die Sätze über die arithmetische Reduktion der positiven ternären quadratischen Formen). Die dichteste Lagerung von *Oktaedern* (§ 9) gibt Aufschlüsse über die simultane Approximation zweier Größen durch rationale Zahlen mit gleichem Nenner. Die hier abgeleiteten allgemeinen Theoreme über gewisse Ungleichungen (§ 5) endlich bilden in ihrer Anwendung auf Parallelepipede und Oktaeder, bzw. auf Kreiszylinder und Doppelkegel die Grundlage für die zweckmäßigsten Algorithmen zur Ermittlung der Fundamentaleinheiten in den kubischen Zahlkörpern von positiver bzw. negativer Diskriminante.

---

*) Vgl. in letzterer Hinsicht: Lord Kelvin, Baltimore lectures on molecular dynamics, London 1904, S. 618 ff.

§ 1. Analytische Formulierung des Problems und Reduktion auf den Fall von Körpern mit Mittelpunkt.

1. Es sei K ein beliebiger konvexer Körper. Wir führen rechtwinklige Koordinaten ξ, η, ζ mit einem Punkte O als Anfangspunkt ein, den wir uns im Inneren von K denken. Es sei J das Volumen von K. Sind λ, μ, ν irgendwelche Werte, so werde der größte Wert des linearen Ausdrucks $\lambda\xi + \mu\eta + \nu\zeta$ für die Punkte ξ, η, ζ im ganzen Bereiche von K mit $H(\lambda, \mu, \nu)$ bezeichnet. Diese Funktion H definiert den Körper K vollständig, sie heißt die *Stützebenenfunktion* von K. Sie genügt den Bedingungen

$$\left.\begin{array}{l} H(0,0,0) = 0, \quad H(\lambda, \mu, \nu) > 0 \\ H(t\lambda, t\mu, t\nu) = tH(\lambda, \mu, \nu) \end{array}\right\} (\lambda, \mu, \nu \neq 0, 0, 0;\ t > 0),$$

$$H(\lambda_1 + \lambda_2, \mu_1 + \mu_2, \nu_1 + \nu_2) \leqq H(\lambda_1, \mu_1, \nu_1) + H(\lambda_2, \mu_2, \nu_2),$$

und jede Funktion $H(\lambda, \mu, \nu)$, die diesen Bedingungen genügt, ist die Stützebenenfunktion eines konvexen Körpers mit O im Inneren*).

2. Bedeutet P einen Punkt ξ, η, ζ, so bezeichnen wir den Punkt $-\xi$, $-\eta$, $-\zeta$ als *Gegenpunkt* von P und mit P'.

Die Gegenpunkte zu den sämtlichen Punkten von K bilden den konvexen Körper K' mit der Stützebenenfunktion

$$H'(\lambda, \mu, \nu) = H(-\lambda, -\mu, -\nu),$$

das Spiegelbild K in bezug auf den Punkt O.

Die Funktion $\frac{1}{2}(H(\lambda, \mu, \nu) + H(-\lambda, -\mu, -\nu))$ bildet alsdann die Stützebenenfunktion für einen gewissen konvexen Körper, den wir mit $\frac{1}{2}(K + K')$ bezeichnen und der in O einen *Mittelpunkt* hat. Dieser Körper ist der Bereich aller solchen Punkte, welche irgendwie als Mitte einer Verbindungsstrecke eines Punktes von K mit einem Punkte von K' auftreten.

Ist z. B. K ein *Tetraeder*, so wird $\frac{1}{2}(K + K')$ ein *Oktaeder* mit Flächen parallel den Flächen des Tetraeders.

Das Volumen von $\frac{1}{2}(K + K')$ ist stets größer als das Volumen von K, wenn K ein Körper ohne Mittelpunkt ist (l. c. § 7). Hat K selbst einen Mittelpunkt, so entsteht K' und weiter $\frac{1}{2}(K + K')$ durch bloße Translation aus K.

3. Es sei

$$(1) \quad \xi = \alpha_1 x + \alpha_2 y + \alpha_3 z, \quad \eta = \beta_1 x + \beta_2 y + \beta_3 z, \quad \zeta = \gamma_1 x + \gamma_2 y + \gamma_3 z$$

*) Mathematische Annalen, Bd. 57, S. 447. Diese Ges. Abhandlungen, Bd. II, S. 230.

eine beliebige lineare Substitution mit einer von Null verschiedenen Determinante, deren Betrag Δ heiße. Wir betrachten das *Zahlengitter* in x, y, z, d. i. das *parallelepipedische* System ($\mathfrak{G}$) aller derjenigen Punkte G, für welche die Bestimmungsstücke x, y, z sämtlich *ganze Zahlen* sind. Den Bereich

$$0 \leqq x < 1, \quad 0 \leqq y < 1, \quad 0 \leqq z < 1$$

nennen wir das *Grundparallelepiped* des Gitters ($\mathfrak{G}$), sein Volumen ist Δ. Durch Parallelverschiebung dieses Bereichs von O nach jedem einzelnen Punkte des Gitters erhalten wir eine lückenlose einfache Überdeckung des Raumes.

Wir denken uns ferner mit dem Körper K diese *Translationen des Gitters*, die Parallelverschiebungen vom Nullpunkte O nach den einzelnen Gitterpunkten G ausgeführt, und *wir nehmen an, daß alle so entstehenden Körper* K_G (den Körper $K = K_0$ inbegriffen) *gesondert sind, d. h. untereinander höchstens in den Begrenzungen zusammenstoßen.*

Zu diesem Ende wird bereits hinreichend sein, daß speziell der Körper K *in keinen anderen der Körper* K_G *eindringt.* Ist nun G ein beliebiger, von O verschiedener Gitterpunkt, so muß es dann irgendeine Ebene geben, welche K von K_G sondert so, daß die ihnen etwa gemeinsamen Punkte in die Ebene fallen und im übrigen K ganz auf einer Seite, K_G ganz auf der anderen Seite dieser Ebene bleibt. Sind λ, μ, ν die Richtungskosinus des von O auf die Ebene gefällten Lotes, so hat die Ebene von O einen Abstand $\geqq H(\lambda, \mu, \nu)$ und von G einen Abstand $\geqq H(-\lambda, -\mu, -\nu)$; die dazu parallele Ebene durch G hat daher von O einen Abstand

$$\geqq H(\lambda, \mu, \nu) + H(-\lambda, -\mu, -\nu).$$

Der Gitterpunkt G liegt also außerhalb oder auf der Grenze desjenigen Körpers $\mathfrak{K} = K + K'$, der durch Dilatation des Körpers $\frac{1}{2}(K + K')$ vom Mittelpunkte O aus im Verhältnis $2:1$ entsteht. Daraus entnehmen wir insbesondere die Folgerung:

Aus einem konvexen Körper K *entstehen durch die Translationen eines Gitters* ($\mathfrak{G}$) *lauter gesonderte Körper dann und nur dann, wenn die entsprechende Tatsache für den zu* K *gehörigen konvexen Körper* $\frac{1}{2}(K + K')$ *mit Mittelpunkt statthat.*

4. Die Begrenzung von $\mathfrak{K} = K + K'$ bezeichnen wir mit $\mathfrak{F}$. Wir definieren eine Funktion $\varphi(\xi, \eta, \zeta)$ für beliebige reelle Argumente, indem wir für die Punkte ξ, η, ζ auf der Fläche $\mathfrak{F}$ die Gleichung $\varphi(\xi, \eta, \zeta) = 1$, ferner allgemein

$$\varphi(t\xi, t\eta, t\zeta) = t\varphi(\xi, \eta, \zeta)$$

bei positivem t und $\varphi(0, 0, 0) = 0$ festsetzen.

Daß $\mathfrak{K}$ ein konvexer Körper ist, findet in der allgemeinen Funktionalungleichung

(2) $$\varphi(\xi_1+\xi_2, \eta_1+\eta_2, \zeta_1+\zeta_2) \leqq \varphi(\xi_1, \eta_1, \zeta_1) + \varphi(\xi_2, \eta_2, \zeta_2),$$

und daß $\mathfrak{K}$ in O einen Mittelpunkt hat, in der Funktionalgleichung

$$\varphi(-\xi, -\eta, -\zeta) = \varphi(\xi, \eta, \zeta)$$

seinen Ausdruck.

Wir setzen ferner mit Rücksicht auf die Substitution (1):

$$\varphi(\xi, \eta, \zeta) = f(x, y, z).$$

Damit alle Körper K_G gesondert liegen, muß alsdann *für jedes von* 0, 0, 0 *verschiedene ganzzahlige System x, y, z die Ungleichung*

(3) $$f(x, y, z) \geqq 1 \qquad (x, y, z \neq 0, 0, 0)$$

bestehen.

5. Im unendlichen Raume ist nunmehr einem jeden Gitterpunkt G einerseits genau ein Volumen $=\Delta$ und andererseits ein mit K kongruenter Körper vom Volumen J zugeordnet, also muß jedenfalls

(4) $$J \leqq \Delta$$

sein, und wir werden sagen können, der von den Körpern K_G erfüllte Raum verhält sich zu dem ganzen unendlichen Raume wie $J:\Delta$.

Wir bemerken insbesondere, daß die Körper K_G den Raum lückenlos erfüllen, wenn $J=\Delta$ ist. Da nun das Volumen J^* von $\frac{1}{2}(K+K')$ ebenfalls noch $\leqq \Delta$, aber, wenn K keinen Mittelpunkt hat, $>J$ ist, so schließen wir, daß eine lückenlose Überdeckung des Raumes durch die Körper K_G notwendig das Vorhandensein eines Mittelpunktes in K verlangt.

Die Aufgabe, die wir uns zu stellen haben, ist nun, die Koeffizienten $\alpha_1, \ldots, \gamma_3$ *der Substitution* (1) *derart zu wählen, daß, während die sämtlichen Ungleichungen* (3) *erfüllt sind, dabei der Betrag der Determinante* Δ *möglichst klein ausfalle.*

§ 2. Hilfssatz über ganzzahlige Substitutionen.

6. Es seien $\mathfrak{A}$, $\mathfrak{B}$, $\mathfrak{C}$ irgend drei von O verschiedene Punkte des Gitters in x, y, z, welche in drei *unabhängigen*, d. h. nicht in eine Ebene fallenden Richtungen von O aus liegen, so entsteht die Frage, wie man von den vier Punkten O, $\mathfrak{A}$, $\mathfrak{B}$, $\mathfrak{C}$ aus dieses ganze Gitter ($\mathfrak{G}$) aufbauen kann.

Zu jedem Punkte $P(x, y, z)$ im Raume gehören bestimmte Werte $\mathfrak{x}$, $\mathfrak{y}$, $\mathfrak{z}$, so daß der Vektor OP mit den Vektoren $O\mathfrak{A}$, $O\mathfrak{B}$, $O\mathfrak{C}$ durch eine Relation

$$OP = \mathfrak{x}\cdot O\mathfrak{A} + \mathfrak{y}\cdot O\mathfrak{B} + \mathfrak{z}\cdot O\mathfrak{C}$$

verbunden ist, und sind danach x, y, z gewisse lineare Formen in $\mathfrak{x}, \mathfrak{y}, \mathfrak{z}$ mit *ganzzahligen* Koeffizienten. Den Bereich

$$0 \leqq \mathfrak{x} < 1, \quad 0 \leqq \mathfrak{y} < 1, \quad 0 \leqq \mathfrak{z} < 1$$

bezeichnen wir kurz als das Parallelepiped $O(\mathfrak{A}\mathfrak{B}\mathfrak{C})$ und die Bestimmungsstücke $\mathfrak{x}, \mathfrak{y}, \mathfrak{z}$ nennen wir die *zu diesem Parallelepiped gehörigen* Koordinaten.

Das Gitter $(\mathfrak{G})$ besitzt diese *Grundeigenschaft*: Sind G_0, G_1, G_2 irgend drei Punkte des Gitters, so gehört derjenige Punkt G_3, für den Vektor $G_2G_3 = G_0G_1$ ist, stets ebenfalls zum Gitter. Auf Grund dieses *parallelogrammatischen* Charakters des Gitters können wir durch die folgenden Forderungen drei gewisse Gitterpunkte A, B, C völlig eindeutig fixieren (Fig. 1):

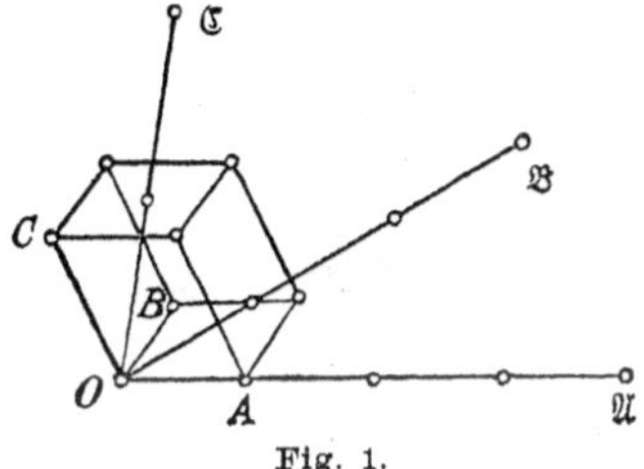

Fig. 1.

1) es soll A von O verschieden sein und auf der Strecke $O\mathfrak{A}$ möglichst nahe an O liegen;

2) es soll B in der Ebene $O\mathfrak{A}\mathfrak{B}$ außerhalb der Geraden $O\mathfrak{A}$ auf derselben Seite von ihr wie $\mathfrak{B}$ zunächst möglichst nahe an dieser Geraden und nächstdem derart liegen, daß von O nach einem Punkte des Strahles $O\mathfrak{B}$ ein Vektor

$$OB + X \cdot OA$$

hinführt, wobei $0 \leqq X < 1$ ist;

3) es soll C außerhalb der Ebene $O\mathfrak{A}\mathfrak{B}$ nach derselben Seite hin wie $\mathfrak{C}$ zunächst möglichst nahe an dieser Ebene und nächstdem so liegen, daß von O nach einem Punkte des Strahles $O\mathfrak{C}$ ein Vektor

$$OC + X \cdot OA + Y \cdot OB$$

hinführt, wobei $0 \leqq X < 1$, $0 \leqq Y < 1$ ist.

7. Nachdem A, B, C ermittelt sind, haben wir für jeden Punkt P im Raume eine bestimmte Vektorenrelation:

$$OP = X \cdot OA + Y \cdot OB + Z \cdot OC.$$

Bei ganzzahligen X, Y, Z finden wir in P jedesmal einen Gitterpunkt aus $(\mathfrak{G})$ und sind infolgedessen x, y, z gleich linearen *ganzzahligen* Formen in X, Y, Z. Nach der Bestimmungsweise von A, B, C aber kann es keinen Gitterpunkt x, y, z außer dem Nullpunkte geben, für den $0 \leqq Z < 1$, $0 \leqq Y < 1$, $0 \leqq X < 1$ ist, und gibt es infolgedessen überhaupt keinen Gitterpunkt x, y, z außer denjenigen, für welche auch X, Y, Z ganzzahlige Werte haben, d. h. auch X, Y, Z sind lineare *ganzzahlige* Formen in x, y, z. Mithin ist nicht bloß die Determinante der Formen x, y, z in X, Y, Z, sondern auch deren reziproker Wert eine ganze Zahl und also diese Determinante ± 1, mithin das Gitter ($\mathfrak{G}$) völlig identisch mit dem Zahlengitter in X, Y, Z. Wir kommen damit zu folgendem Satze:

Sind x, y, z irgendwelche lineare ganzzahlige Formen in $\mathfrak{x}, \mathfrak{y}, \mathfrak{z}$ mit einer von Null verschiedenen Determinante, so kann man stets (und nur auf eine Weise) drei lineare ganzzahlige Formen X, Y, Z in x, y, z mit einer Determinante ± 1 einführen, daß Relationen

$$X = a_1\mathfrak{x} + a_2\mathfrak{y} + a_3\mathfrak{z}, \quad Y = b_2\mathfrak{y} + b_3\mathfrak{z}, \quad Z = c_3\mathfrak{z}$$

entstehen, wobei die ganzzahligen Koeffizienten den Bedingungen

$$a_1 > 0, \quad b_2 > 0, \quad c_3 > 0; \qquad 0 \leqq \frac{a_2}{b_2}, \quad \frac{a_3}{c_3}, \quad \frac{b_3}{c_3} < 1$$

genügen.

Die Einführung der Variablen X, Y, Z anstatt x, y, z nennen wir die *Reduktion* des Zahlengitters ($\mathfrak{G}$) in bezug auf das Parallelepiped $O(\mathfrak{A}\mathfrak{B}\mathfrak{C})$ und ferner bezeichnen wir $O(ABC)$ als *reduziertes Grundparallelepiped.*

§ 3. Zusammenrücken einer gitterförmigen Lagerung in drei Richtungen.

8. Wir denken uns die 9 Koeffizienten $\alpha_1, \ldots, \gamma_3$ in (1), welche ein Gitter ($\mathfrak{G}$) in bezug auf den Körper K orientieren, als stetig veränderliche Größen, während alle Ungleichungen (3) bestehen sollen, also kein Gitterpunkt außer O ins *Innere* des Bereichs $\mathfrak{K} = K + K'$ falle. Nach (4) muß dabei stets $\Delta \geqq J$ bleiben. Wir wollen nun zunächst zeigen:

Ein Minimum von Δ kann jedenfalls nur eintreten, während irgend drei Gitterpunkte in drei unabhängigen Richtungen von O aus auf die Begrenzung von $\mathfrak{K}$ zu liegen kommen.

In der Tat, nehmen wir an, auf der Begrenzung $\mathfrak{F}$ von $\mathfrak{K}$ liegen entweder a) gar keine Gitterpunkte oder b) nur ein Paar Gitterpunkte an den Enden eines Durchmessers durch O oder c) mehrere Paare von Gitterpunkten, aber nur in einer einzigen Ebene durch O. Wir wählen dann drei Gitterpunkte $\mathfrak{A}, \mathfrak{B}, \mathfrak{C}$ aus, die nicht mit O in einer Ebene liegen, entweder im Falle a) beliebig oder im Falle b) so, daß $\mathfrak{A}$ auf $\mathfrak{F}$ liegt, oder im Falle c) so, daß $\mathfrak{A}$ und $\mathfrak{B}$ auf $\mathfrak{F}$ liegen. Wir führen nunmehr nach der in § 2 dargelegten Methode die Reduktion des Gitters ($\mathfrak{G}$) in bezug auf das Parallelepiped $O(\mathfrak{A}\mathfrak{B}\mathfrak{C})$ aus, und es sei $O(ABC)$ das neu einzuführende reduzierte Grundparallelepiped.

Wir variieren die Substitution (1) in der Weise, daß wir A und B festhalten, dagegen C geradlinig auf den Punkt O zurücken lassen. Dabei verringert sich der Wert von Δ, des Volumens des Grundparallelepiped, während die auf $\mathfrak{F}$ bereits vorhandenen Gitterpunkte völlig unberührt bleiben. Mit Rücksicht auf die Bedingung $\Delta \geqq J$ wird die Variation schließlich auf einen Zustand auslaufen müssen, wobei irgendein weiterer Gitterpunkt außerhalb der Ebene OAB auf $\mathfrak{F}$ auftritt.

Da dieses Verfahren sich bei den dreierlei Umständen a), b), c) ausführen läßt, so können wir in der Tat das Gitter ($\mathfrak{G}$) unter Erhaltung der Relationen (3) und kontinuierlicher Verringerung von Δ so lange variieren, bis wir auf $\mathfrak{F}$ drei Gitterpunkte $\mathfrak{A}, \mathfrak{B}, \mathfrak{C}$ in drei unabhängigen Richtungen von O aus vorfinden.

9. Mit $\mathfrak{A}, \mathfrak{B}, \mathfrak{C}$ zugleich liegen auch deren Gegenpunkte $\mathfrak{A}', \mathfrak{B}', \mathfrak{C}'$ auf $\mathfrak{F}$, und mit diesen sechs Punkten enthält $\mathfrak{K}$ als konvexer Körper den ganzen Bereich des Oktaeders $\mathfrak{A}\mathfrak{B}\mathfrak{C}\mathfrak{A}'\mathfrak{B}'\mathfrak{C}'$, welches diese sechs Punkte als Ecken hat. Wir wollen dieses Oktaeder kurz *das durch* $\mathfrak{A}, \mathfrak{B}, \mathfrak{C}$ *bestimmte Oktaeder* nennen und mit Okt$(\mathfrak{A}\mathfrak{B}\mathfrak{C})$ bezeichnen.

Enthält dieses Oktaeder außer O und den Ecken noch irgendeinen weiteren Gitterpunkt G, so gehört dieser auch zu $\mathfrak{K}$ und befindet sich daher notwendig ebenfalls auf der Fläche $\mathfrak{F}$. Es liege G etwa außerhalb der Ebene $O\mathfrak{A}\mathfrak{B}$, so wird das Okt$(\mathfrak{A}\mathfrak{B}G)$ von kleinerem Volumen als das Okt$(\mathfrak{A}\mathfrak{B}\mathfrak{C})$ sein. Daraus entnehmen wir das Resultat:

Werden unter allen auf der Begrenzung von $\mathfrak{K}$ *irgend vorhandenen Gitterpunkten drei nicht mit* O *in einer Ebene gelegene Punkte* $\mathfrak{A}, \mathfrak{B}, \mathfrak{C}$ *derart ausgewählt, daß das* Okt$(\mathfrak{A}\mathfrak{B}\mathfrak{C})$ *ein möglichst kleines Volumen hat, so enthält dieses Oktaeder gewiß keinen Gitterpunkt außer den Ecken und dem Mittelpunkt.*

§ 4. Gitteroktaeder.

10. Ein Oktaeder $\mathfrak{A}\mathfrak{B}\mathfrak{C}\mathfrak{A}'\mathfrak{B}'\mathfrak{C}'$ mit O als Mittelpunkt, dessen sechs Ecken Gitterpunkte sind, (die nicht in eine Ebene fallen), und welches außer O und den Ecken keinen Gitterpunkt enthält, soll ein *Gitteroktaeder* heißen. Wir fragen jetzt, wie können wir von einem solchen Oktaeder aus das ganze gegebene Gitter ($\mathfrak{G}$) herstellen.

Zu jedem Punkte $P(x, y, z)$ gehören bestimmte Größen $\mathfrak{x}, \mathfrak{y}, \mathfrak{z}$, mit denen

$$OP = \mathfrak{x} \cdot O\mathfrak{A} + \mathfrak{y} \cdot O\mathfrak{B} + \mathfrak{z} \cdot O\mathfrak{C}$$

gilt. Der Bereich des Okt$(\mathfrak{A}\mathfrak{B}\mathfrak{C})$ ist dann durch

$$|\mathfrak{x}| + |\mathfrak{y}| + |\mathfrak{z}| \leqq 1 \tag{5}$$

definiert.

Wir führen nach § 2 die Reduktion des Zahlengitters in bezug auf das Parallelepiped $O(\mathfrak{A}\mathfrak{B}\mathfrak{C})$ aus. Es sei $O(ABC)$ das reduzierte Grundparallelepiped und X, Y, Z seien die dazu gehörigen neuen Gitterkoordinaten, für welche sich Relationen

$$X = a_1\mathfrak{x} + a_2\mathfrak{y} + a_3\mathfrak{z}, \quad Y = b_2\mathfrak{y} + b_3\mathfrak{z}, \quad Z = c_3\mathfrak{z} \tag{6}$$

mit den Bedingungen

$$a_1 > 0; \quad b_2 > 0, \quad 0 \leqq \frac{a_2}{b_2} < 1; \quad c_3 > 0, \quad 0 \leqq \frac{a_3}{c_3}, \quad \frac{b_3}{c_3} < 1$$

herausstellen, während das vorgelegte Gitter ($\mathfrak{G}$) sich genau mit den sämtlichen ganzzahligen Systemen X, Y, Z deckt. Für $\mathfrak{A}, \mathfrak{B}, \mathfrak{C}$ haben wir bzw.

$$X, Y, Z = a_1, 0, 0; \quad a_2, b_2, 0; \quad a_3, b_3, c_3.$$

Da innerhalb der Strecke $O\mathfrak{A}$ im Gitteroktaeder kein Gitterpunkt liegt, so finden wir zunächst $A = \mathfrak{A}$, $a_1 = 1$.

Sodann lautet die Ungleichung (5) für $\mathfrak{z} = 0$, also in der Ebene $O\mathfrak{A}\mathfrak{B}$:

$$\left| X - \frac{a_2}{b_2} Y \right| + \left| \frac{Y}{b_2} \right| \leqq 1.$$

Wenn nun $b_2 > 1$, also $\geqq 2$ wäre, so könnten wir $Y = 1$, und, da $0 \leqq a_2 < b_2$ ist, die Größe $X = 0$ bzw. $= 1$ derart annehmen, daß $\left| X - \frac{a_2}{b_2} \right| \leqq \frac{1}{2}$ ist; dann würde die Ungleichung hier erfüllt sein, und hätten wir damit in der Ebene $O\mathfrak{A}\mathfrak{B}$ einen von $O, \mathfrak{A}, \mathfrak{A}', \mathfrak{B}, \mathfrak{B}'$ verschiedenen und dem Oktaeder angehörigen Gitterpunkt gefunden, was der Natur eines Gitteroktaeders widerspricht. Also muß $b_2 = 1$, $a_2 = 0$ sein, und wir finden demnach $B = \mathfrak{B}$.

Die Ungleichung (5) lautet nunmehr

$$\left| X - \frac{a_3}{c_3} Z \right| + \left| Y - \frac{b_3}{c_3} Z \right| + \left| \frac{Z}{c_3} \right| \leqq 1. \tag{7}$$

Wir unterscheiden mehrere Fälle. Ist $c_3 > 1$ und *ungerade* $= 2d + 1$, so setzen wir $Z = 1$ und können $X = 0$ bzw. 1 und $Y = 0$ bzw. 1 so annehmen, daß $\left| X - \frac{a_3}{c_3} \right| < \frac{1}{2}$, $\left| Y - \frac{b_3}{c_3} \right| < \frac{1}{2}$ ist. Dann wird die Summe links in der Ungleichung (7)

$$\leqq \frac{d}{2d+1} + \frac{d}{2d+1} + \frac{1}{2d+1} = 1;$$

wir hätten also einen von O und den Ecken verschiedenen Gitterpunkt im Okt$(\mathfrak{A}\mathfrak{B}\mathfrak{C})$ gefunden, was nach Voraussetzung nicht sein darf.

Ist $c_3 > 1$ und *gerade* $= 2d$, so können wir analog $Z = 1$ und $X = 0$ bzw. 1, $Y = 0$ bzw. 1 derart wählen, daß $\left| X - \frac{a_3}{c_3} \right| \leqq \frac{1}{2}$, $\left| Y - \frac{b_3}{c_3} \right| \leqq \frac{1}{2}$ ist. Dabei wird, wofern nicht in diesen beiden Ungleichungen zugleich das Gleichheitszeichen gilt, die Summe links in (7):

$$\leqq \frac{(d-1) + d + 1}{2d} = 1$$

ausfallen, und wäre Okt$(\mathfrak{A}\mathfrak{B}\mathfrak{C})$ wieder nicht ein Gitteroktaeder. In dem eben erwähnten besonderen Falle aber hätten wir $a_3 = d$, $b_3 = d$, $c_3 = 2d$

und, wenn $d > 1$ wäre, würde der Gitterpunkt $X, Y, Z = 1, 1, 2$ innerhalb der Strecke $O\mathfrak{C}$, also im Inneren des $\mathrm{Okt}(\mathfrak{A}\mathfrak{B}\mathfrak{C})$ liegen.

Danach erkennen wir, daß für a_3, b_3, c_3 allein die beiden Wertsysteme $0, 0, 1$ oder $1, 1, 2$ in Frage kommen.

In dem ersteren Falle werden die Gleichungen (6)

$$X = \mathfrak{x}, \quad Y = \mathfrak{y}, \quad Z = \mathfrak{z}$$

und ist das ursprüngliche Zahlengitter ($\mathfrak{G}$) in x, y, z völlig identisch mit dem Zahlengitter in $\mathfrak{x}, \mathfrak{y}, \mathfrak{z}$. In diesem Falle bezeichnen wir das $\mathrm{Okt}(\mathfrak{A}\mathfrak{B}\mathfrak{C})$ als *Gitteroktaeder erster Art.*

Im zweiten Falle haben wir

$$X = \mathfrak{x} + \mathfrak{z}, \quad Y = \mathfrak{y} + \mathfrak{z}, \quad Z = 2\mathfrak{z}.$$

Ganzzahlige Werte X, Y, Z entstehen einmal, wenn $\mathfrak{x}, \mathfrak{y}, \mathfrak{z}$ ganze Zahlen sind, und ferner, wenn $\mathfrak{x} - \frac{1}{2}$, $\mathfrak{y} - \frac{1}{2}$, $\mathfrak{z} - \frac{1}{2}$ ganze Zahlen sind. Insbesondere ist der Punkt C^*:

$$\mathfrak{x} = \frac{1}{2}, \quad \mathfrak{y} = \frac{1}{2}, \quad \mathfrak{z} = \frac{1}{2},$$

d. i. der Mittelpunkt des Parallelepipeds $O(\mathfrak{A}\mathfrak{B}\mathfrak{C})$, ein Punkt des Gitters in x, y, z. Das ganze ursprüngliche Gitter ($\mathfrak{G}$) besteht hier einmal aus dem Gitter in $\mathfrak{x}, \mathfrak{y}, \mathfrak{z}$ und sodann aus den Punkten, die wir aus dem letzteren Gitter durch die Translation von O nach C^* ableiten. In diesem Falle bezeichnen wir das $\mathrm{Okt}(\mathfrak{A}\mathfrak{B}\mathfrak{C})$ als *Gitteroktaeder zweiter Art.* Das Volumen des Parallelepipeds $O(ABC)$ ist hier die Hälfte des Volumens von $O(\mathfrak{A}\mathfrak{B}\mathfrak{C})$.

11. Wir können nunmehr folgenden Satz zur Charakterisierung der Gitteroktaeder aussprechen:

Sind x_1, y_1, z_1; x_2, y_2, z_2; x_3, y_3, z_3 die Koordinaten von drei Gitterpunkten $\mathfrak{A}, \mathfrak{B}, \mathfrak{C}$, so ist das Oktaeder mit den Ecken $\mathfrak{A}, \mathfrak{B}, \mathfrak{C}, \mathfrak{A}', \mathfrak{B}', \mathfrak{C}'$ ein Gitteroktaeder erster Art, wenn die Determinante aus jenen Koordinaten ± 1 ist, und ein Gitteroktaeder zweiter Art, wenn jene Determinante ± 2 ist und zudem

$$\frac{1}{2}(x_1 + x_2 + x_3), \quad \frac{1}{2}(y_1 + y_2 + y_3), \quad \frac{1}{2}(z_1 + z_2 + z_3)$$

gleich ganzen Zahlen sind.

12. Wir fügen noch folgende Bemerkung hinzu. Die linke Seite in (7) wird, wenn wir uns $0 \leqq a_3 \leqq b_3 \leqq c_3$ und $c_3 \geqq 2$ denken, sogar < 1 durch wenigstens eines der Systeme $X, Y, Z = 0, 0, 1$; $0, 1, 1$; $1, 1, 1$, es sei denn, daß $c_3 = 2d + 1$ und dazu $a_3, b_3 = d, d$; $d, d + 1$; $d + 1, d + 1$ oder $c_3 = 2d$ und dazu $a_3, b_3 = d - 1, d$; $d, d + 1$ bzw. $= d, d$ ist. In den letzteren Fällen hat die linke Seite von (7) für das System

$X, Y, Z = 1, 1, 2$ den Wert $\frac{4}{2d+1}$ (< 1 für $c_3 > 3$) oder $\frac{4}{2d}$ (< 1 für $c_3 > 4$) bzw. $\frac{2}{2d}$ (< 1 für $c_3 > 2$). Wir finden danach unter den eben genannten vier Systemen X, Y, Z immer wenigstens ein solches, wofür die linke Seite von (7) sich < 1 erweist, außer wenn

$a_3, b_3, c_3 = 0, 1, 2;\ 1, 1, 2;\ 1, 2, 2;\ 1, 1, 3;\ 1, 2, 3;\ 2, 2, 3;\ 1, 2, 4;\ 2, 3, 4$

ist.

§ 5. Reduktion der unendlich vielen Ungleichungen des Problems auf eine endliche Anzahl.

13. Wir nehmen wieder an, daß kein Gitterpunkt außer O im Inneren von $\mathfrak{K}$ liegt, daß aber auf der Begrenzung $\mathfrak{F}$ von $\mathfrak{K}$ drei Gitterpunkte A, B, C — wir ändern damit etwas die Bezeichnung — vorhanden sind, die ein Gitteroktaeder erster oder zweiter Art bestimmen. Wir führen die Koordinaten X, Y, Z zum Parallelepiped $O(ABC)$ ein und setzen die in 4. für $\mathfrak{K}$ definierte Funktion

$$\varphi(\xi, \eta, \zeta) = F(X, Y, Z).$$

Die dort angegebenen Funktionalbedingungen gehen dann in

$$F(tX, tY, tZ) = tF(X, Y, Z), \quad t > 0,$$

$$F(X_1, Y_1, Z_1) + F(X_2, Y_2, Z_2) \geqq F(X_1 + X_2, Y_1 + Y_2, Z_1 + Z_2), \tag{8}$$

$$F(-X, -Y, -Z) = F(X, Y, Z) \tag{9}$$

über. Indem die Punkte A, B, C auf $\mathfrak{F}$ liegen, haben wir

$$F(1, 0, 0) = 1, \quad F(0, 1, 0) = 1, \quad F(0, 0, 1) = 1. \tag{10}$$

Weiter soll nun auf Grund unserer Voraussetzung die Ungleichung

$$F(X, Y, Z) \geqq 1 \qquad (X, Y, Z \neq 0, 0, 0) \tag{I}$$

für jedes von $0, 0, 0$ verschiedene ganzzahlige Wertsystem X, Y, Z gelten, und soll überdies, falls $\mathrm{Okt}(ABC)$ ein Gitteroktaeder zweiter Art vorstellt, die Ungleichung

$$F\left(X + \tfrac{1}{2}, Y + \tfrac{1}{2}, Z + \tfrac{1}{2}\right) \geqq 1 \tag{II}$$

für jedes beliebige ganzzahlige System X, Y, Z (das System $0, 0, 0$ hier inbegriffen), gelten.

14. Wir wollen jetzt zeigen, daß infolge des Bestehens der drei Gleichungen (10) von allen diesen Ungleichungen gewisse in *endlicher Anzahl* vorhandene das Bestehen aller übrigen nach sich ziehen.

In der Tat, greifen wir von den Ungleichungen (I) zunächst diejenigen besonderen heraus, in denen die Zahlen X, Y, Z nur Werte 0 oder ± 1 haben, das sind die folgenden:

(11) $F(\pm 1, \pm 1, 0) \geqq 1, \quad F(\pm 1, 0, \pm 1) \geqq 1, \quad F(0, \pm 1, \pm 1) \geqq 1,$

(12) $$F(\pm 1, \pm 1, \pm 1) \geqq 1$$

für alle möglichen Werte der einzelnen Vorzeichen ± 1.

Sollte nun, während alle Bedingungen (10), (11), (12) bereits statthaben, irgendeine der Ungleichungen (I) nicht gelten, so sei $G(X, Y, Z = a, b, c)$ ein Gitterpunkt, für den

$$F(a, b, c) < 1$$

ist; wir können uns etwa $0 \leqq a \leqq b \leqq c \; (c \geqq 2)$ vorstellen, da wir die Rollen von $\pm X, \pm Y, \pm Z$ vertauschen können. Das Okt(ABG) gehört dann mit allen Punkten, die außerhalb der Ebene OAB liegen, ganz zum Inneren von $\mathfrak{K}$. Dieses Oktaeder ist durch

$$\left|X - \frac{a}{c} Z\right| + \left|Y - \frac{b}{c} Z\right| + \left|\frac{Z}{c}\right| \leqq 1$$

bestimmt. Ähnlich wie in 10. schließen wir nun, daß in diesem Oktaeder, falls nicht gerade a, b, c von der Form $d, d, 2d$ ist, stets wenigstens einer von den Gitterpunkten $Z = 1$, $X = 0$ oder 1, $Y = 0$ oder 1 auftritt. Der betreffende Gitterpunkt dürfte aber nach einer der Ungleichungen (11), (12) nicht ins Innere von $\mathfrak{K}$ fallen. Mithin erkennen wir, daß zu den Ungleichungen (11) und (12) nur noch die folgenden

(13) $F(\pm 1, \pm 1, \pm 2) \geqq 1, \quad F(\pm 1, \pm 2, \pm 1) \geqq 1, \quad F(\pm 2, \pm 1, \pm 1) \geqq 1$

hinzuzunehmen sind, um die Gesamtheit der Ungleichungen (I) sicherzustellen. Wir haben damit den Satz gewonnen:

Ist Okt(ABC) *ein Gitteroktaeder erster Art, so haben die Bedingungen* (10), (11), (12), (13) *die Gesamtheit der unendlich vielen Ungleichungen* (I) *zur Folge.*

Ist das Okt(ABC) ein *Gitteroktaeder zweiter Art*, so haben wir unter den Ungleichungen (II), indem wir X, Y, Z die Werte 0 und -1 beilegen, insbesondere die Ungleichungen:

(14) $$F\left(\pm \frac{1}{2}, \pm \frac{1}{2}, \pm \frac{1}{2}\right) \geqq 1.$$

Wir werden nun zeigen:

Ist Okt(ABC) *ein Gitteroktaeder zweiter Art, so reichen die Gleichungen* (10) *und die Ungleichungen* (14) *bereits aus, um die Gesamtheit der unendlich vielen Ungleichungen* (I) *und* (II) *nach sich zu ziehen.*

Zunächst folgen aus (14) alle Ungleichungen (I), nämlich speziell die Ungleichungen (11), (12), (13). Denn wir schließen aus (14) mit Rücksicht auf (8):

$$F(1, 1, 1) \geqq 2,$$
$$F(1, 1, 0) + F(0, 0, 1) \geqq F(1, 1, 1) \geqq 2, \quad F(1, 1, 0) \geqq 1,$$
$$F(1, 1, 2) + F(0, 0, -1) \geqq F(1, 1, 1), \quad F(1, 1, 2) \geqq 1,$$

und ähnlich bei Änderung der Vorzeichen der einzelnen Variablen und bei den Permutationen ihrer Reihenfolge.

Was sodann die Ungleichungen (II) anbelangt, so nehmen wir an, es seien die Ungleichungen (14) erfüllt, es bestünde aber noch für einen Gitterpunkt $G\left(X, Y, Z = a+\frac{1}{2},\ b+\frac{1}{2},\ c+\frac{1}{2}\right)$, wobei a, b, c ganze Zahlen sind, die Ungleichung

$$F\left(\frac{2a+1}{2},\ \frac{2b+1}{2},\ \frac{2c+1}{2}\right) < 1;$$

wir können ohne wesentliche Beschränkung uns etwa

$$0 \leqq \frac{2a+1}{2} \leqq \frac{2b+1}{2} \leqq \frac{2c+1}{2}$$

und $2c+1 \geqq 3$ denken. Nun enthält das Okt (ABG), d. i. der Bereich

$$\left|X - \frac{2a+1}{2c+1}Z\right| + \left|Y - \frac{2b+1}{2c+1}Z\right| + \left|\frac{2Z}{2c+1}\right| \leqq 1$$

den Punkt $X = \frac{1}{2}$, $Y = \frac{1}{2}$, $Z = \frac{1}{2}$; denn für diesen Punkt wird die hier links stehende Summe

$$\frac{(c-a)+(c-b)+1}{2c+1} \leqq 1;$$

also müßte auch $F\left(\frac{1}{2}, \frac{1}{2}, \frac{1}{2}\right) < 1$ sein im Widerspruch mit einer der Ungleichungen (14). Die Ungleichungen (14) haben demnach in der Tat mit Rücksicht auf die drei Gleichungen (10) alle Ungleichungen (I) und (II) zur Folge.

15. Nach der Bemerkung in 12. finden wir, wenn für ein ganzzahliges System $G(a, b, c)$ die Umstände $0 \leqq a \leqq b \leqq c$ und $c \geqq 2$ statthaben und a, b, c nicht gerade mit einem der Systeme

$$0, 1, 2;\ 1, 1, 2;\ 1, 2, 2;\ 1, 1, 3;\ 1, 2, 3;\ 2, 2, 3;\ 1, 2, 4;\ 2, 3, 4$$

übereinstimmt, wenigstens einen von den Gitterpunkten $0, 0, 1$; $0, 1, 1$; $1, 1, 1$; $1, 1, 2$ sogar im *Inneren* des Okt (ABG) gelegen und kann daher G auch nicht auf der Begrenzung von $\mathfrak{K}$ liegen, sondern muß dafür notwendig

$$F(a, b, c) > 1$$

ausfallen.

§ 6. Die benachbarten Körper in einer dichtesten Lagerung.

16. Nach den letzten Ausführungen ist klar, daß bei kontinuierlicher Variation der Koeffizienten $\alpha_1, \alpha_2, \ldots, \gamma_3$ in (1) d. h. des Gitters $(\mathfrak{G})$ keine einzige der Ungleichungen (I) bzw. der Ungleichungen (I) und (II) verletzt wird, so lange nur die drei Gleichungen (10) und die in endlicher Anzahl vorhandenen Ungleichungen (11), (12), (13) bzw. (14) in Kraft

bleiben. *Unter beständiger Wahrung dieser Bedingungen* (10)—(13) *bzw.* (10), (14) *suchen wir nun weiter* $\alpha_1, \alpha_2, \ldots, \gamma_3$ *kontinuierlich derart zu variieren, daß* Δ *sich verringert oder wenigstens nicht zunimmt und dabei in möglichst vielen unabhängigen von den fraglichen Ungleichungen das Gleichheitszeichen sich einstellt.*

17. Wir nehmen als ersten Fall an, daß Okt (ABC) ein *Gitteroktaeder erster Art* ist und können dazu voraussetzen, *daß auch im Verlaufe der vorzunehmenden Variationen niemals drei Gitterpunkte auf* $\mathfrak{F}$ *auftreten sollen, die ein Gitteroktaeder zweiter Art bestimmen.*

Zunächst möge in keiner der Ungleichungen (11), (12), (13) das Gleichheitszeichen gelten. Wir projizieren den ganzen Bereich des Körpers $\mathfrak{K}$ in Richtung OC auf irgendeine diese Richtung nicht enthaltende Ebene durch O. Dadurch entsteht in dieser Ebene eine gewisse konvexe Figur $\mathfrak{P}$ mit O als Mittelpunkt; $\mathfrak{A}$ und $\mathfrak{B}$ seien darin die Projektionen von A und B (Fig. 2). Im allgemeinen wird es nun möglich sein, unter Festhaltung von B und C den Punkt A auf der Begrenzung von $\mathfrak{K}$ kontinuierlich so zu bewegen, daß währenddessen $\mathfrak{A}$ geradlinig auf O zuwandert und damit Δ kleiner wird. Eine solche Variation ist nur in dem Falle zunächst nicht ausführbar, wenn A *innerhalb* einer auf der Fläche $\mathfrak{F}$ verlaufenden, mit OC parallelen Strecke liegt, die sich dann natürlich in einen Randpunkt von $\mathfrak{P}$ projiziert. In diesem Falle würden wir A zuvörderst nach einem Endpunkte jener Strecke hin wandern lassen, wobei Δ sich nicht ändert, um hernach, wenn inzwischen kein neuer Gitterpunkt auf $\mathfrak{F}$ aufgetreten ist, Δ in der beschriebenen Weise zu verringern. Da nun Δ nicht unter die von vornherein gegebene Grenze J, das Volumen von K, sinken kann, muß der dargelegte Prozeß notwendig einmal auf einen Zustand auslaufen, wobei in einer der Ungleichungen (11), (12), (13) das Zeichen = eintritt.

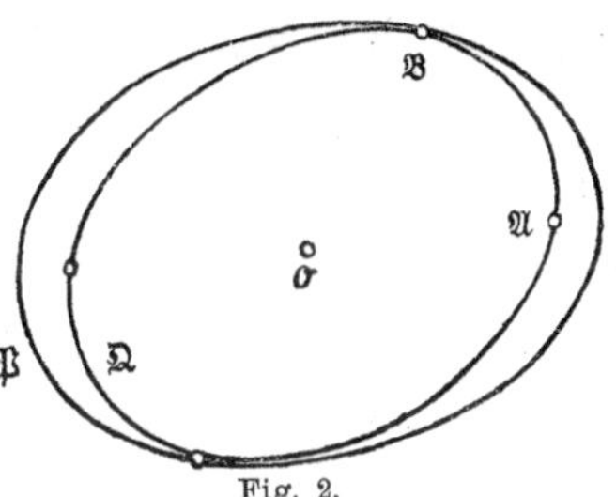

Fig. 2.

Wenn dabei z. B. $F(1, 1, 2) = 1$ würde, so fänden wir nach dem Satze aus 11. in $-1, 0, 0$; $0, -1, 0$; $1, 1, 2$ drei Gitterpunkte auf $\mathfrak{F}$, die ein Gitteroktaeder zweiter Art bestimmen, was wir ausgeschlossen haben. Hiernach kommt gegenwärtig keine der Ungleichungen (13) in Frage. *Wir machen* nun *ferner zunächst die Annahme, daß bei den vorzunehmenden Variationen auch stets die Ungleichungen*

$$F(\pm 1, \pm 1, \pm 1) > 1$$

gewahrt bleiben. Dann kommen einstweilen nur die Ungleichungen (11) für das Eintreten des Gleichheitszeichens in Betracht. Da wir die Bezeichnungen Y und Z, auch X mit $-X$ vertauschen können, so dürfen wir annehmen, daß der Gitterpunkt $S(-1, 0, 1)$ auf der Fläche $\mathfrak{F}$ erscheint, daß also

$$F(-1, 0, 1) = 1$$

wird. Diese Gleichung gewährleistet vermöge

$$F(1, 0, 1) + F(-1, 0, 1) \geqq F(0, 0, 2) = 2$$

die Ungleichung $F(1, 0, 1) \geqq 1$, d. h. solange C und S auf $\mathfrak{F}$ bleiben, kann $1, 0, 1$ gewiß nicht ins Innere von $\mathfrak{K}$ fallen.

Die weiteren von den Ungleichungen (11) mögen noch das Zeichen $>$ behalten haben. Wir können nun mit dem Punkte B operieren wie vorhin mit A, indem wir wieder die Parallelprojektion von $\mathfrak{K}$ in Richtung OC verwenden und können ohne Zunahme von Δ erzielen, daß in einer neuen der Ungleichungen (11) das Zeichen $=$ eintritt. Indem wir noch X und Z vertauschen, auch Y durch $-Y$ ersetzen können, dürfen wir annehmen, es trete jetzt der Gitterpunkt $R(0, 1, -1)$ in $\mathfrak{F}$ ein. Durch die Lage von R und C auf $\mathfrak{F}$ wird zugleich gesichert, daß $0, 1, 1$ nicht ins Innere von $\mathfrak{K}$ fällt.

Nun möge noch $F(\pm 1, \pm 1, 0) > 1$ geblieben sein. Die Strecken $S'A$ und RB sind beide parallel und gleich lang mit OC. Wir führen jetzt jene Parallelprojektion von $\mathfrak{K}$ in Richtung OC auf eine Ebene, die uns für den ganzen Körper $\mathfrak{K}$ die Figur $\mathfrak{P}$ ergab, speziell nur für alle solchen zu OC parallelen Sehnen von $\mathfrak{K}$ aus, welche an Länge $\geqq OC$ sind. Dadurch erhalten wir in jener Ebene eine neue Figur $\mathfrak{Q}$ mit O als Mittelpunkt, die ganz in der früheren Figur $\mathfrak{P}$ enthalten ist und insbesondere die Punkte $\mathfrak{A}$ und $\mathfrak{B}$ aufnimmt (Fig. 2). Dieser Figur $\mathfrak{Q}$ kommt, weil $\mathfrak{K}$ ein konvexer Körper ist, ebenfalls die Eigenschaft zu, mit irgend zwei Punkten stets die ganze sie verbindende Strecke zu enthalten, und stellt mithin $\mathfrak{Q}$ wieder ein konvexes Oval vor.

Liegt $\mathfrak{B}$ auf dem *Rande* von $\mathfrak{Q}$, so bedenken wir, daß solchen Punkten des Randes von $\mathfrak{Q}$, welche Häufungsstellen von nicht zu $\mathfrak{Q}$ zählenden Punkten aus $\mathfrak{P}$ sind, mit OC parallele Sehnen in $\mathfrak{K}$ *genau* von der Länge OC entsprechen und daß andererseits solchen Punkten des Randes von $\mathfrak{Q}$, die auch zum Rande von $\mathfrak{P}$ gehören, mit OC parallele Geraden entsprechen, die *nur die Begrenzung* von $\mathfrak{K}$ treffen. Infolgedessen können wir irgendeine kontinuierliche Veränderung von $\mathfrak{B}$ auf dem Rande von $\mathfrak{Q}$, während A und C festbleiben sollen, immer so bewerkstelligen, daß dabei sowohl B wie der damit in bestimmter Weise verbundene Punkt R fortwährend auf der Begrenzung von $\mathfrak{K}$ verbleiben. Wir können nun im allgemeinen $\mathfrak{B}$ auf dem Rande von $\mathfrak{Q}$ kontinuierlich der Geraden $O\mathfrak{A}$ nähern und damit Δ verringern. Nur wenn $\mathfrak{B}$ innerhalb einer diesem

Rande angehörigen, zu $O\mathfrak{A}$ parallelen Strecke liegt, müssen wir zuvor $\mathfrak{B}$ nach einem Endpunkte dieser Strecke führen, eine Operation, während der Δ sich nicht ändert. Wir bemerken, daß bei der letzteren Sachlage die Fläche $\mathfrak{F}$ sicher eine geradlinige Strecke aufzuweisen hat, nämlich, falls $\mathfrak{B}$ zugleich dem Rande von $\mathfrak{P}$ angehört, die Strecke RB, anderenfalls aber in einer Stützebene an $\mathfrak{K}$ durch B die ganze Strecke, als deren Projektion hier jene erwähnte Strecke auf dem Rande von $\mathfrak{Q}$ erscheint.

Sollte $\mathfrak{B}$ im *Inneren* von $\mathfrak{Q}$ liegen, so würden durch B und R jedenfalls zwei verschiedene Stützebenen an $\mathfrak{K}$ gehen; für diese müßten dann in gewissen Umgebungen von B und R die in Richtung OC gemessenen Abstände durchweg $\geqq OC$ sein, also wären die Ebenen parallel, und könnten wir B in seiner Ebene so verändern, daß $\mathfrak{B}$ geradlinig auf O zuschreitet. Freilich würde unsere Folgerung hier mit der anderen Annahme in Widerspruch kommen, wonach C auf $\mathfrak{F}$ selbst liegen sollte.

Nach dieser Ausführung können wir nun, ohne daß Δ wächst, zu einem Zustande fortschreiten, wobei schließlich noch in einer der Ungleichungen $F(\pm 1, \pm 1, 0) \geqq 1$ das Zeichen $=$ eintritt. Würden wir $F(1, 1, 0) = 1$ erhalten, so hätten wir in $-1, 0, 1$; $0, -1, 1$; $1, 1, 0$ drei Gitterpunkte auf $\mathfrak{F}$, die ein Gitteroktaeder zweiter Art bestimmen. Da wir solches vorläufig ausgeschlossen haben, so bleibt nur die Annahme übrig, daß noch der Gitterpunkt $T(1, -1, 0)$ auf $\mathfrak{F}$ auftritt.

18. Wenn die sechs Gitterpunkte A, B, C, R, S, T sämtlich auf $\mathfrak{F}$ liegen, so ersehen wir aus

$$F(1, 1, 2) + F(-1, 0, 1) + F(0, -1, 1) \geqq 4F(0, 0, 1),$$
$$F(1, -1, 2) + F(-1, 1, 0) \geqq 2F(0, 0, 1),$$
$$F(-1, -1, 2) + F(1, -1, 0) \geqq 2F(0, -1, 1),$$
$$F(1, 1, 1) + F(-1, 0, 1) + F(0, -1, 1) \geqq 3F(0, 0, 1)$$

usf., daß von den Ungleichungen (11), (12), (13) nur noch die Erfüllung der folgenden

$$F(-1, 1, 1) \geqq 1, \quad F(1, -1, 1) \geqq 1, \quad F(1, 1, -1) \geqq 1$$

besonders zu fordern ist. Würde $F(1, 1, -1) = 1$ sein, so hätten wir in $0, 0, 1$; $1, -1, 0$; $1, 1, -1$ drei Gitterpunkte auf $\mathfrak{F}$, die ein Gitteroktaeder zweiter Art bestimmen. Gegenwärtig haben wir danach in diesen drei Ungleichungen das Zeichen $>$ zu verlangen.

19. Wir berücksichtigen jetzt die in 17. zunächst ausgeschaltete Möglichkeit, daß in einer der Ungleichungen $F(\pm 1, \pm 1, \pm 1) \geqq 1$ das Gleichheitszeichen eintritt, schließen aber immer noch aus, daß auf $\mathfrak{F}$ drei Gitterpunkte auftreten, die ein Gitteroktaeder zweiter Art bestimmen.

Nehmen wir z. B. an, daß neben A, B, C noch der Gitterpunkt $D(1, 1, 1)$ auf $\mathfrak{F}$ liege, so sind wegen

$$F(-1,-1,1)+F(1,1,1)\geqq 2F(0,0,1)$$

usf. alle Ungleichungen (12) sichergestellt. Die Strecke AD ist parallel und gleich $B'C$. Wir verfahren unter Zuhilfenahme einer Parallelprojektion von $\mathfrak{K}$ in dieser Richtung wesentlich nach der in 17. dargelegten Methode zur Verringerung von Δ, und wir dürfen nun ferner in einer der Ungleichungen (11) das Gleichheitszeichen als gültig annehmen. Würde dabei etwa $F(1,-1,0)=1$ eintreten, so hätten wir in $0, 0, -1$; $1, 1, 1$; $1, -1, 0$ drei Gitterpunkte auf $\mathfrak{F}$, die ein Gitteroktaeder zweiter Art bestimmen, was nicht sein sollte. Wir nehmen nun etwa $N(1,1,0)$ auf $\mathfrak{F}$ gelegen an. Alsdann sind die Strecken ON, CD, $A'B$ parallel und gleich lang; wir verwenden eine Parallelprojektion von $\mathfrak{K}$ in Richtung ON und dürfen endlich noch etwa $L(0,1,1)$ auf $\mathfrak{F}$ gelegen annehmen. Die beistehende Figur zeigt uns, daß durch die Substitution

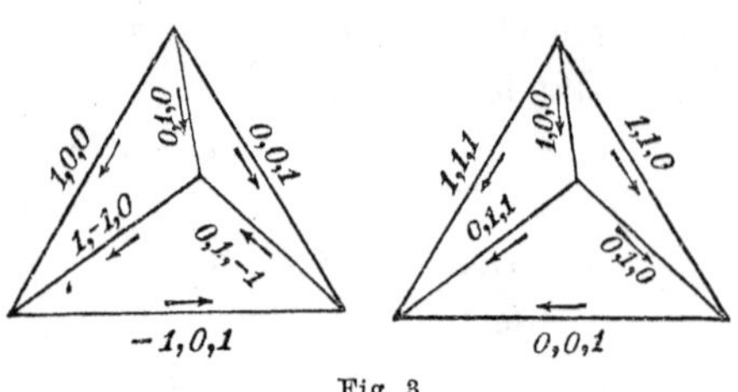

Fig. 3.

$$X^*=Z,\quad Y^*=X-Y,\quad Z^*=Y-Z$$

dieser Fall auf den schon in 17. behandelten zurückführt.

20. Wir nehmen jetzt zweitens an, daß das Okt (ABC) ein *Gitteroktaeder zweiter Art* ist, und haben alsdann neben den drei Gleichungen (10) die Ungleichungen (14)

$$F\left(\pm\frac{1}{2},\ \pm\frac{1}{2},\ \pm\frac{1}{2}\right)\geqq 1$$

vorauszusetzen.

Zunächst möge in keiner dieser Ungleichungen das Zeichen = gelten. Wir verfahren wesentlich nach der in 17. entwickelten Methode. Wir verwenden eine Parallelprojektion von $\mathfrak{K}$ in Richtung OC und können $\alpha_1, \ldots, \gamma_3$ so variieren, daß Δ abnimmt oder konstant bleibt und schließlich in einer dieser Ungleichungen das Gleichheitszeichen eintritt. Es möge etwa der Gitterpunkt $N\left(\frac{1}{2},\ \frac{1}{2},\ -\frac{1}{2}\right)$ und sein Gegenpunkt N' auf die Fläche $\mathfrak{F}$ fallen; in den übrigen Ungleichungen (14) aber möge noch das Zeichen $>$ bleiben. Nun ist CB parallel der Ebene durch O, A und N (Fig. 4). Wir verwenden eine Parallelprojektion von $\mathfrak{K}$ in Richtung CB, halten A und die Strecke CB nach Richtung und Länge und damit auch den Punkt N fest und können durch Variation von B und so, daß Δ abnimmt oder sich nicht ändert, einen Zustand erzielen, wobei eine

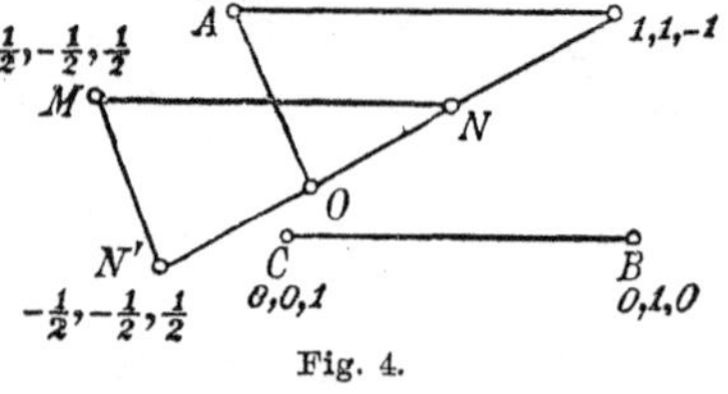

Fig. 4.

neue der Ungleichungen (14) als Gleichung erfüllt ist; es trete etwa der Gitterpunkt $L\left(-\frac{1}{2}, \frac{1}{2}, \frac{1}{2}\right)$ in die Fläche $\mathfrak{F}$ ein. — Dieser letzte Prozeß wäre nun genau so anzuwenden gewesen, wenn die Fläche $\mathfrak{F}$ neben N auch bereits $M\left(\frac{1}{2}, -\frac{1}{2}, \frac{1}{2}\right)$ enthalten hätte, da die Strecke MN parallel und gleich CB ist. Daraus leuchtet sofort ein, daß wir überhaupt auch einen Zustand erreichen können, wobei drei von den vier Paaren von Gitterpunkten $\pm\frac{1}{2}, \pm\frac{1}{2}, \pm\frac{1}{2}$, etwa die drei Paare L, L', M, M', N, N', auf $\mathfrak{F}$ fallen.

Vermöge der Substitution

$$X^* = Y + Z, \quad Y^* = X + Z, \quad Z^* = X + Y$$

erhalten nun A, B, C, L, M, N und der Gitterpunkt $\frac{1}{2}, \frac{1}{2}, \frac{1}{2}$ die neuen Koordinaten

$$X^*, Y^*, Z^* = 0, 1, 1;\ 1, 0, 1;\ 1, 1, 0;\ 1, 0, 0;\ 0, 1, 0;\ 0, 0, 1;\ 1, 1, 1.$$

Das ursprüngliche Zahlengitter ($\mathfrak{G}$) wird mit dem Zahlengitter in X^*, Y^*, Z^* identisch; und damit kein Gitterpunkt außer O im Inneren von $\mathfrak{K}$ liegt, bleibt nur noch die eine Bedingung zu erfüllen, daß der Punkt $X^*, Y^*, Z^* = 1, 1, 1$ nicht ins Innere von $\mathfrak{K}$ fällt.

21. Wir sind durch diese Überlegungen zu folgendem Resultate gelangt: *Um für einen gegebenen konvexen Körper K das Minimum (oder die verschiedenen existierenden Minima) von Δ zu finden, genügt es, solche Anordnungen des Gitters ($\mathfrak{G}$) in Betracht zu ziehen, wobei von diesem Gitter*

entweder (I) *auf die Begrenzung von $\mathfrak{K} = K + K'$ die Punkte*

$$1, 0, 0;\ 0, 1, 0;\ 0, 0, 1;\ 0, 1, -1;\ -1, 0, 1;\ 1, -1, 0$$

und die Punkte $-1, 1, 1;\ 1, -1, 1;\ 1, 1, -1$ *außerhalb $\mathfrak{K}$ fallen,*

oder (II) *auf die Begrenzung von $\mathfrak{K}$ die Punkte*

$$1, 0, 0;\ 0, 1, 0;\ 0, 0, 1;\ 0, 1, 1;\ 1, 0, 1;\ 1, 1, 0$$

fallen und der Punkt 1, 1, 1 *außerhalb $\mathfrak{K}$ liegt,*

oder (III) *auf die Begrenzung von $\mathfrak{K}$ die Punkte*

$$1, 0, 0;\ 0, 1, 0;\ 0, 0, 1;\ 0, 1, 1;\ 1, 0, 1;\ 1, 1, 0 \text{ und } 1, 1, 1$$

fallen.

Aus einer beliebigen Anordnung des Gitters ($\mathfrak{G}$) von dem hier bezeichneten Charakter, welche ein Minimum von Δ liefert, können unter Umständen, — jedoch nur in solchen Fällen, wo auf der Begrenzung von $\mathfrak{K}$ geradlinige Strecken vorkommen, — andere Anordnungen von ($\mathfrak{G}$), welche nicht jenen Charakter tragen, durch kontinuierliche Variation ohne Änderung des Wertes von Δ hervorgehen und diese würden dann in gleicher Weise dichteste gitterförmige Lagerungen für den Grundkörper K bestimmen.

Die in (I) aufgeführten sechs Gitterpunkte mit ihren Gegenpunkten in bezug auf O bilden die Ecken eines Kubooktaeders, die in (III) genannten sieben Gitterpunkte mit ihren Gegenpunkten in bezug auf O die Ecken eines Rhombendodekaeders (Fig. 5).

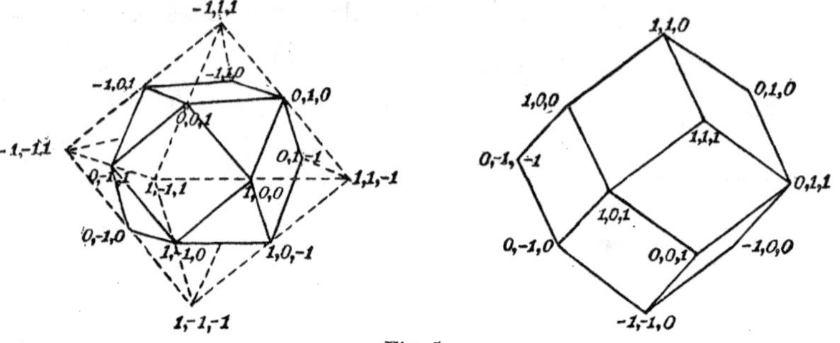

Fig. 5.

§ 7. Arithmetische Äquivalenz bei positiven ternären quadratischen Formen.

22. Ehe wir in der Behandlung unseres allgemeinen Problems weitergehen, wollen wir das Beispiel der dichtesten Lagerung von Kugeln näher ins Auge fassen.

Es sei K eine Kugel vom Radius $\frac{1}{2}$, für den Körper $\mathfrak{K} = K + K'$ also $\varphi(\xi, \eta, \zeta) = (\xi^2 + \eta^2 + \zeta^2)^{\frac{1}{2}}$, so haben wir in

$$\begin{aligned}\varphi^2 &= (\alpha_1 x + \alpha_2 y + \alpha_3 z)^2 + (\beta_1 x + \beta_2 y + \beta_3 z)^2 + (\gamma_1 x + \gamma_2 y + \gamma_3 z)^2 \\ &= e_{11} x^2 + 2 e_{12} xy + 2 e_{13} xz + e_{22} y^2 + 2 e_{23} yz + e_{33} z^2 = h(x, y, z)\end{aligned}$$

eine *positive ternäre quadratische Form* mit einer Determinante $D = \Delta^2$.

Um die dichteste gitterförmige Lagerung für Kugeln vom Radius $\frac{1}{2}$ zu finden, haben wir nach 21. nur diese zwei Annahmen zu diskutieren:

(II) Die Fläche $h(x, y, z) = 1$ enthält die sechs Gitterpunkte

$$x, y, z = 1, 0, 0;\ 0, 1, 0;\ 0, 0, 1;\ 0, 1, 1;\ 1, 0, 1;\ 1, 1, 0;$$

dann müßte

$$h(x, y, z) = x^2 - xy - xz + y^2 - yz + z^2 = \left(x - \frac{1}{2} y - \frac{1}{2} z\right)^2 + \frac{3}{4} (y - z)^2$$

sein, und jene Fläche wäre eine Zylinderfläche, nicht eine Kugel.

(I) Die Fläche $h(x, y, z) = 1$ enthält die sechs Gitterpunkte:

$$x, y, z = 1, 0, 0;\ 0, 1, 0;\ 0, 0, 1;\ 0, 1, -1;\ -1, 0, 1;\ 1, -1, 0;$$

dann haben wir

$$h(x, y, z) = x^2 + xy + xz + y^2 + yz + z^2$$

und wird $D = \Delta^2 = \frac{1}{2}$. Demnach gelangen wir zu dem Resultate:

Im Falle der dichtesten gitterförmigen Lagerung von gleichen Kugeln verhält sich der von den Kugeln erfüllte Raum zum ganzen unendlichen Raume wie $\frac{\pi}{6} : \frac{1}{\sqrt{2}}$. *Die betreffende Lagerung ist dadurch charakterisiert, daß eine jede Kugel in den zwölf Ecken eines Kubooktaeders an andere Kugeln stößt.*

Für die dichteste Lagerung von Ellipsoiden gilt offenbar genau der nämliche Satz.

Das entsprechende Problem für zwei Dimensionen hängt analog mit der Transformation von $\xi^2 + \eta^2$ in $x^2 + xy + y^2$ zusammen, und kann man in einer Ebene durch lauter gleiche Kreisflächen, die nicht ineinander eindringen und deren Mittelpunkte ein parallelogrammatisches Punktsystem bilden, *im Maximum* den $\frac{\pi}{4} : \frac{\sqrt{3}}{2}^{\text{ten}}$ Teil der ganzen unendlichen Ebene ausfüllen.

23. Ich will jetzt zeigen, daß die *Theorie der arithmetischen Äquivalenz der positiven ternären quadratischen Formen,* deren Hauptsätze von Seeber und Gauß aufgestellt sind und in der Folge manche andere Ableitung gefunden haben*), vollständig und durch einfache Überlegungen allein aus der eben bewiesenen Tatsache über die dichteste Lagerung von Kugeln erschlossen werden kann.

Es sei

$$e_{11}x^2 + 2e_{12}xy + \cdots + e_{33}z^2 = h(x, y, z) = (f(x, y, z))^2$$

eine beliebige positive ternäre quadratische Form mit der positiven Determinante D. Wir setzen die Form h irgendwie in die Gestalt

$$h = (\alpha_1 x + \alpha_2 y + \alpha_3 z)^2 + (\beta_1 x + \beta_2 y + \beta_3 z)^2 + (\gamma_1 x + \gamma_2 y + \gamma_3 z)^2$$

$= \xi^2 + \eta^2 + \zeta^2$ und deuten ξ, η, ζ als rechtwinklige Koordinaten im Raume. Der Ausdruck $\sqrt{h} = f(x, y, z)$ stellt alsdann die Entfernung des variablen Punktes P mit den Bestimmungsstücken x, y, z vom Nullpunkte O dar.

24. Wir betrachten das Gitter ($\mathfrak{G}$) der Punkte mit ganzzahligen Werten x, y, z und bestimmen in diesem Gitter einen ersten vom Null-

*) Seeber, Untersuchungen über die Eigenschaften der positiven ternären quadratischen Formen, Freiburg i. Br., 1831. — Gauß, Göttingische gelehrte Anzeigen, Jahrg. 1831 (Werke, Bd. II, S. 188). — Dirichlet, Crelles' Journal, Bd. 40, S. 209 (Werke, Bd. II, S. 27). — Hermite, Crelles Journal, Bd. 40, S. 173; Bd. 79, S. 17 (Oeuvres T. I, p. 94 und T. III). — Selling, Crelles Journal, Bd. 77, S. 143. — Korkine u. Zolotareff, Mathematische Annalen, Bd. 6, S. 366.

punkte verschiedenen Gitterpunkt A derart, daß *die Entfernung* OA *so klein als möglich* ausfällt, hernach einen zweiten Gitterpunkt B außerhalb der Geraden durch O und A, so daß *die Entfernung* OB *so klein als möglich* wird, endlich einen dritten Gitterpunkt C außerhalb der Ebene durch O, A und B, so daß *die Entfernung* OC *so klein als möglich* wird. Es seien $l_1, m_1, n_1;\ l_2, m_2, n_2;\ l_3, m_3, n_3$ die x, y, z-Werte von A, B, C und f_1, f_2, f_3 die Entfernungen dieser Punkte von O.

Wir setzen

(15) $x = l_1 X + l_2 Y + l_3 Z,\ y = m_1 X + m_2 Y + m_3 Z,\ z = n_1 X + n_2 Y + n_3 Z,$

und es sei d die Determinante dieser Ausdrücke. Die Form h gehe durch diese lineare Substitution in

$$E_{11} X^2 + 2 E_{12} XY + \cdots + E_{33} Z^2 = H(X, Y, Z)$$

über; dabei wird $E_{11} = f_1^2,\ E_{22} = f_2^2,\ E_{33} = f_3^2$. Wir bringen H in die Gestalt

$$H = (\mathsf{A}_1 X + \mathsf{A}_2 Y + \mathsf{A}_3 Z)^2 + (\mathsf{B}_2 Y + \mathsf{B}_3 Z)^2 + (\Gamma_3 Z)^2,$$

so daß $\mathsf{A}_1,\ \mathsf{B}_2,\ \Gamma_3 > 0$ sind, und setzen

$$\Phi = \left(\frac{\mathsf{A}_1 X + \mathsf{A}_2 Y + \mathsf{A}_3 Z}{f_1}\right)^2 + \left(\frac{\mathsf{B}_2 Y + \mathsf{B}_3 Z}{f_2}\right)^2 + \left(\frac{\Gamma_3 Z}{f_3}\right)^2.$$

25. Die Fläche $\Phi = 1$ stellt im Raume der rechtwinkligen Koordinaten ξ, η, ζ ein Ellipsoid vor mit einer Hauptachse in der Linie OA, einer dazu senkrechten Hauptachse in der Ebene OAB und einer dritten auf dieser Ebene senkrechten Hauptachse, bzw. von den Längen f_1, f_2, f_3. Für jeden von O verschiedenen Gitterpunkt in der Geraden $OA (Y = 0, Z = 0)$ ist $H \geqq f_1^2$, $\Phi \geqq 1$, für jeden Gitterpunkt außerhalb dieser Geraden in der Ebene $OAB (Z = 0)$ ist $H \geqq f_2^2$, $\Phi \geqq 1$, für jeden Gitterpunkt außerhalb der Ebene OAB ist $H \geqq f_3^2$, $\Phi \geqq 1$. *Danach liegt kein Gitterpunkt* x, y, z *außer dem Nullpunkte im Inneren des Ellipsoids* $\Phi \leqq 1$.

Konstruieren wir nun den Körper $\Phi \leqq \frac{1}{2}$ und weiter alle Körper, die aus diesem durch die Translationen vom Nullpunkte nach den einzelnen Gitterpunkten x, y, z entstehen, so werden diese sämtlichen gitterförmig angeordneten Ellipsoide untereinander höchstens Punkte der Begrenzungen gemein haben, und ist daher nach 22. das Verhältnis aus dem Volumen von $\Phi \leqq \frac{1}{2}$ und dem Volumen des Grundparallelepipeds des Gitters ($\mathfrak{G}$), also $\frac{\pi}{6} f_1 f_2 f_3 : \sqrt{D}$ sicher $\leqq \frac{\pi}{6} : \frac{1}{\sqrt{2}}$, d. h. wir haben

(16) $$f_1 f_2 f_3 \leqq \sqrt{2D},\quad E_{11} E_{22} E_{33} \leqq 2D.$$

Andererseits berechnet sich die Determinante von H in x, y, z zu $\left(\frac{\mathsf{A}_1 \mathsf{B}_2 \Gamma_3}{d}\right)^2$, so daß

$$\mathsf{A}_1 \mathsf{B}_2 \Gamma_3 = |d| \sqrt{D}$$

folgt. Nun ist für die Punkte A, B, C bzw. $H = f_1^2, f_2^2, f_3^2$, so daß

$$\mathsf{A}_1 = f_1, \quad \mathsf{B}_2 \leqq f_2, \quad \Gamma_3 \leqq f_3$$

entsteht. Demnach gilt

$$f_1 f_2 f_3 \geqq |d| \sqrt{D}.$$

Mit Berücksichtigung von (16) geht hieraus

$$(17) \qquad |d| \leqq \sqrt{2},$$

mithin $d = \pm 1$ hervor. Die Determinante der Substitution (15) ist also ± 1, das Gitter in X, Y, Z ist identisch mit dem Gitter ($\mathfrak{G}$) in x, y, z, die Form H *arithmetisch äquivalent* der gegebenen Form h.

26. Nach der Art, wie die Punkte A, B, C mit ihren Entfernungen OA, OB, OC eingeführt wurden, bestehen für die Form H die sämtlichen Ungleichungen

$$(18) \qquad 0 < E_{11} \leqq E_{22} \leqq E_{33},$$

$$(19) \qquad \underset{(X \neq 0)}{H(X, 0, 0) \geqq E_{11}}, \quad \underset{(Y \neq 0)}{H(X, Y, 0) \geqq E_{22}}, \quad \underset{(Z \neq 0)}{H(X, Y, Z) \geqq E_{33}},$$

worin X, Y, Z beliebige ganze Zahlen sind. Umgekehrt leuchtet ein, daß mit diesen Ungleichungen, während die Substitution (15) ganzzahlige Koeffizienten und eine Determinante ± 1 hat, der hier in Frage kommende Charakter der Gitterpunkte A, B, C vollständig erschöpft wird.

Eine ternäre quadratische Form $H(X, Y, Z)$, welche diese sämtlichen Ungleichungen (18), (19) erfüllt, heißt *reduziert.*

Analog heißt eine binäre quadratische Form

$$H(X, Y) = E_{11} X^2 + 2 E_{12} X Y + E_{22} Y^2$$

reduziert, wenn sie allen Ungleichungen

$$0 < E_{11} \leqq E_{22}, \quad \underset{(X \neq 0)}{H(X, 0) \geqq E_{11}}, \quad \underset{(Y \neq 0)}{H(X, Y) \geqq E_{22}}$$

genügt, worin X, Y beliebige ganze Zahlen sind. Es leuchtet ein, daß, wenn $H(X, Y, Z)$ eine reduzierte ternäre Form ist, die drei daraus durch Nullsetzen je einer Variable entstehenden binären Formen $H(X, Y, 0)$, $H(X, 0, Z)$, $H(0, Y, Z)$ ihrerseits notwendig reduziert sind.

Aus der Menge der Ungleichungen (19) greifen wir insbesondere die folgenden heraus:

$$(20) \qquad H(\pm 1, 1, 0) \geqq E_{22}, \quad H(\pm 1, 0, 1) \geqq E_{33}, \quad H(0, \pm 1, 1) \geqq E_{33},$$

d. i.

$$E_{11} \geqq 2 |E_{12}|, \quad E_{11} \geqq 2 |E_{13}|, \quad E_{22} \geqq 2 |E_{23}|,$$

und ferner

$$(21) \qquad H(\pm 1, \pm 1, 1) \geqq E_{33};$$

diese letzteren Ungleichungen (21) sind infolge der Ungleichungen (20) von selbst erfüllt, wenn die Größen E_{12}, E_{13}, E_{23} alle drei positiv oder eine positiv und zwei negativ sind oder darunter wenigstens eine verschwindende auftritt; wenn aber diese Größen alle drei negativ oder zwei von ihnen positiv, eine negativ sind, so liefert (21) die eine neue Bedingung

$$E_{11} + E_{22} \geqq 2\,|\,E_{12}\,| + 2\,|\,E_{13}\,| + 2\,|\,E_{23}\,|.$$

Wir wollen jetzt den Nachweis erbringen, *daß die speziellen, in endlicher Anzahl vorhandenen Ungleichungen* (18), (20), (21) *die sämtlichen unendlich vielen Ungleichungen* (19) *nach sich ziehen* und also den Charakter von H als reduzierte Form bereits völlig bestimmen.

27. Wir betrachten zu dem Ende die Mannigfaltigkeit der sechs unabhängigen Variablen $E_{11}, E_{12}, \ldots, E_{33}$ und in dieser denjenigen Bereich ($\mathfrak{H}$), der durch die sämtlichen Ungleichungen (18), (19) für diese Variablen definiert ist, wobei wir noch die Bedingung $E_{11} > 0$ durch $E_{11} \geqq 0$ ersetzen wollen. Jedem *Punkte* $E_{11}, E_{12}, \ldots, E_{33}$ in dieser *reduzierten Kammer* ($\mathfrak{H}$) entspricht eine niemals negative ternäre Form H. Da die Ungleichungen (18), (19) linear und homogen in den Variablen $E_{11}, E_{12}, \ldots, E_{33}$ sind, so besitzt ($\mathfrak{H}$) die Eigenschaft, mit irgend zwei Punkten (Formen) $H^{(0)}$, $H^{(1)}$ stets die ganze sie verbindende Strecke, d. h. die Koeffizientensysteme der Formen $(1-t)H^{(0)} + tH^{(1)}$ für alle Parameterwerte $t \geqq 0$ und $\leqq 1$ zu enthalten, stellt also einen *konvexen Körper* in der Mannigfaltigkeit der $E_{11}, E_{12}, \ldots, E_{33}$ dar. Nach den allgemeinen Grundsätzen über die Begrenzung eines konvexen Körpers*) genügt es nun zur Definition des Bereichs ($\mathfrak{H}$), von den Ungleichungen (18), (19) nur jede solche ausdrücklich zu fordern, für welche im Bereiche ($\mathfrak{H}$) ein Punkt gefunden werden kann, der die betreffende Ungleichung mit dem Zeichen $=$, alle davon verschiedenen der Ungleichungen (18), (19) aber mit dem Zeichen $>$ ($<$) erfüllt.

Jeder Punkt H in ($\mathfrak{H}$), der *nicht* einer *wesentlich* positiven Form entspricht, ist zufolge der angegebenen Eigenschaft von ($\mathfrak{H}$) gewiß *Häufungsstelle* von wesentlich positiven reduzierten Formen und aus der Ungleichung (16) für diese letzteren Formen geht dann die nämliche Ungleichung auch für H hervor; daher ist für H dann notwendig $D = 0$, $E_{11} = 0$. Die letztere Relation hat wegen (20) noch $E_{12} = 0$, $E_{13} = 0$ zur Folge, und ist die Ungleichung $E_{11} \geqq 0$ hiernach bei der Definition von ($\mathfrak{H}$) entbehrlich. Jeder Punkt von ($\mathfrak{H}$) aber, für welchen $E_{11} > 0$ ist, liefert gewiß eine wesentlich positive Form.

28. Greifen wir nunmehr eine in dem eben besprochenen Sinne *notwendige* der Ungleichungen (18), (19) heraus; es sei dieses etwa eine Ungleichung

*) Geometrie der Zahlen, Leipzig, 1896.

$$H(a, b, c) \geqq E_{33},$$

wo a, b, c ganze Zahlen sind und $c \neq 0$ ist. Dann gibt es also im Bereich ($\mathfrak{H}$) irgendeine wesentlich positive Form $H = (E_{11}, E_{12}, \ldots, E_{33})$, deren Koeffizienten diese Ungleichung mit dem Zeichen $=$, alle davon verschiedenen der Ungleichungen (18), (19) aber mit dem Zeichen $>$ erfüllen.

Bezeichnen wir, wie in 24., mit $OABC$ das Grundparallelepiped des Gitters in X, Y, Z, so liegt wegen $c \neq 0$ der Gitterpunkt G $(X = a, Y = b, Z = c)$ außerhalb der Ebene OAB und bietet hier dieselbe Entfernung $\sqrt{H}$ von O wie C dar. Wir könnten daher bei der Aufsuchung einer beliebigen mit H äquivalenten reduzierten Form den Punkt G an die Stelle von C treten lassen, und nach (17) muß alsdann die Determinante aus den Koordinaten von A, B, G notwendig ± 1 sein, d. h. wir haben $c = \pm 1$.

Aus der am Schlusse von 22. hinzugefügten Bemerkung über die dichteste gitterförmige Lagerung von Kreisflächen in der Ebene schließen wir analog, daß zur Charakterisierung einer reduzierten binären Form

$$H(X, Y) = E_{11} X^2 + 2 E_{12} X Y + E_{22} Y^2$$

jedenfalls die Ungleichungen

$$0 \leqq E_{11} \leqq E_{22}, \quad H(X, 1) \geqq E_{22}$$

ausreichen.

Wir ersehen daraus zunächst, daß wir bei der Definition einer reduzierten ternären Form von den Ungleichungen (19) gewiß nur die folgenden nötig haben

$$H(X, 1, 0) \geqq E_{22}, \quad H(X, Y, 1) \geqq E_{33}.$$

Nehmen wir jetzt an, es sei $b \neq 0$. Da in den hier aufgeführten Ungleichungen die Größe E_{33} herausfällt, so können wir in der Form $H(X, Y, Z)$ an Stelle des Koeffizienten E_{33} den Wert $E_{33}^* = E_{22}$ setzen und die dadurch entstehende neue Form H^* wird ebenfalls reduziert sein. Für diese Form H^* ist nun

$$H^*(a, b, c) = E_{22}^*.$$

Da wir $b \neq 0$ haben, so können wir bei der Aufsuchung einer beliebigen mit H^* äquivalenten reduzierten Form den Punkt G an die Stelle von B treten lassen, während wir A und C unverändert beibehalten, und es muß nunmehr die Determinante aus den Koordinaten von A, G, C notwendig ± 1, also $b = \pm 1$ sein.

Der analoge Schluß für binäre Formen zeigt, daß eine reduzierte binäre Form $H(X, Y) = (E_{11}, E_{12}, E_{22})$ völlig durch die Ungleichungen

$$0 \leqq E_{11} \leqq E_{22}, \quad H(\pm 1, 1) \geqq E_{22}$$

charakterisiert ist.

Mit Rücksicht hierauf brauchen wir nunmehr für eine reduzierte ternäre Form $H(X, Y, Z)$ von den Ungleichungen (19) nur noch die folgenden in Betracht zu ziehen:

$$H(\pm 1, 1, 0) \geqq E_{22}, \quad H(\pm 1, 0, 1) \geqq E_{33}, \quad H(X, \pm 1, 1) \geqq E_{33}.$$

Nehmen wir nun an, es sei z. B. $c = 1$, $b = -1$ und $a \neq 0$. Wir ersetzen in H^* die Koeffizienten $E_{22}^*, E_{23}^*, E_{33}^*$ durch $E_{22}^* - \varepsilon$, $E_{23}^* - \frac{1}{2}\varepsilon$, $E_{33}^* - \varepsilon$, wobei $\varepsilon > 0$ sei. Die neu entstehende Form H^{**} erfüllt in völlig unveränderter Weise die Beziehungen

$$E_{22}^{**} = E_{33}^{**}, \quad H^{**}(a, b, c) = E_{22}^{**},$$
$$H^{**}(\pm 1, 1, 0) \geqq E_{22}^{**}, \quad H^{**}(\pm 1, 0, 1) \geqq E_{33}^{**}, \quad H^{**}(X, -1, 1) \geqq E_{33}^{**}.$$

Wir setzen $\varepsilon \leqq E_{22}^* - E_{11}^*$ voraus, und es bleibt auch $E_{11}^{**} \leqq E_{22}^{**}$. Sollte nun, wenn wir ε von 0 an bis zu der hier genannten Grenze kontinuierlich wachsen lassen, schließlich einmal in irgendeiner Ungleichung $H^{**}(X, 1, 1) \geqq E_{33}^{**}$ das Gleichheitszeichen eintreten, so könnten wir für die betreffende immer noch reduzierte Form H^{**} die Punkte 1, 0, 0; X, 1, 1; a, -1, 1 an die Stelle von A, B, C treten lassen; die Determinante aus den Koordinaten dieser Punkte aber wäre $= 2$ im Widerspruch mit der Bedingung (17). Also muß H^{**} auch noch bis zu $\varepsilon = E_{22}^* - E_{11}^*$ reduziert bleiben. Bei diesem Werte von ε haben wir nun $E_{11}^{**} = E_{22}^{**}$. Also kann für H^{**} jetzt der Punkt G an die Stelle von A treten, während B und C ihre Rollen beibehalten, und muß endlich die Determinante aus den Koordinaten von G, B, C, also $a = \pm 1$ sein. Damit ist in der Tat die in 26. aufgestellte Behauptung erwiesen.

29. Die erlangten Sätze sprechen wir in folgender Weise aus:

Zu einer beliebig gegebenen ternären positiven quadratischen Form $h(x, y, z)$ kann man immer eine ganzzahlige lineare Substitution mit der Determinante ± 1 bestimmen, durch welche $h(x, y, z)$ in eine Form

$$H(X, Y, Z) = E_{11}X^2 + 2E_{12}XY + \cdots + E_{33}Z^2$$

übergeht, die den Ungleichungen

$$0 < E_{11} \leqq E_{22} \leqq E_{33}, \quad 2|E_{12}| \leqq E_{11}, \quad 2|E_{13}| \leqq E_{11}, \quad 2|E_{23}| \leqq E_{22}$$

und zudem, wenn $E_{12}E_{13}E_{23} < 0$ ist, noch der Ungleichung

$$2|E_{12}| + 2|E_{13}| + 2|E_{23}| \leqq E_{11} + E_{22}$$

genügt.

Die Form H behält diesen Charakter, wenn man darin noch irgendwie X durch $\pm X$, Y durch $\pm Y$, Z durch $\pm Z$ ersetzt. Abgesehen von diesen möglichen Abänderungen ist jene Substitution und diese reduzierte mit h äquivalente Form H völlig bestimmt, wofern in keiner der genannten Ungleichungen das Gleichheitszeichen statthat. In jedem Falle aber sind die

Werte E_{11}, E_{22}, E_{33} eindeutig bestimmt. Dabei folgen aus den angenommenen Ungleichungen die sämtlichen Ungleichungen:

$$\underset{(X,\,Y,\,Z\,\neq\,0,\,0,\,0)}{H(X, Y, Z) \geqq E_{11}}, \quad \underset{(Y,\,Z\,\neq\,0,\,0)}{H(X, Y, Z) \geqq E_{22}}, \quad \underset{(Z\,\neq\,0)}{H(X, Y, Z) \geqq E_{33}}$$

für ganzzahlige X, Y, Z.

Endlich gilt dabei die Beziehung (Theorem von Gauß):

$$E_{11} E_{22} E_{33} \leqq 2D.$$

In dieser Ungleichung tritt bei gegebenem D das Gleichheitszeichen nur ein, wenn

$$\begin{aligned} H &= \sqrt[3]{2D}(X^2 + Y^2 + Z^2 + XY + XZ + YZ), \text{ bzw.} \\ &= \sqrt[3]{2D}(X^2 + Y^2 + Z^2 - XY - YZ) \end{aligned}$$

ist bzw. daraus durch Permutation und Vorzeichenänderung der Variablen hervorgeht, welche speziellen reduzierten Formen sämtlich untereinander äquivalent sind (vgl. auch Fig. 3 in 19).

§ 8. Die weiteren Bedingungen für eine dichteste Lagerung.

30. Wir nehmen jetzt die Behandlung des Problems der dichtesten Lagerung für einen beliebigen konvexen Grundkörper K wieder auf. Die Größe Δ, welche wir für K unter Erfüllung gewisser Ungleichungen zu einem Minimum zu machen suchen, ist eine Funktion der neun Variablen $\alpha_1, \alpha_2, \ldots, \gamma_3$, die uns zur Festlegung eines Gitters dienen. Bei einem Minimum von Δ können wir nach 21. gewisse 6 bzw. 7 Gleichungen als erfüllt voraussetzen. Es fehlen uns daher noch 3 bzw. 2 weitere Gleichungen zur Charakterisierung eines Minimums von Δ, die wir jetzt ermitteln wollen.

31. Wir verfolgen zuerst die Umstände des Falles (I) in 21.:

Es sollen die Punkte

$$\underset{1,0,0;}{\mathfrak{L},} \quad \underset{0,1,0;}{\mathfrak{M},} \quad \underset{0,0,1;}{\mathfrak{N},} \quad \underset{0,1,-1;}{\mathfrak{R},} \quad \underset{-1,0,1;}{\mathfrak{S},} \quad \underset{1,-1,0}{\mathfrak{T}}$$

auf der Fläche $\mathfrak{F}$, der Begrenzung von $\mathfrak{K}$, und die Punkte $-1, 1, 1$; $1, -1, 1$; $1, 1, -1$ *außerhalb $\mathfrak{K}$ liegen.* Ferner setzen wir voraus, daß nicht auf $\mathfrak{F}$ drei Gitterpunkte vorhanden sind, die ein Gitteroktaeder zweiter Art bestimmen.

Können nun überhaupt außer den genannten 6 Gitterpunkten und ihren 6 Gegenpunkten noch andere Gitterpunkte auf der Fläche $\mathfrak{F}$ auftreten? Nach 15. können neben den Punkten $\mathfrak{L}, \mathfrak{M}, \mathfrak{N}$ auf der Fläche $\mathfrak{F}$ überhaupt nur solche Gitterpunkte da sein, deren Koordinaten abgesehen von der Reihenfolge und den Vorzeichen eines der folgenden Systeme ergeben:

$$0,1,1;\ 1,1,1;\ 0,1,2;\ 1,1,2;\ 1,2,2;$$
$$1,1,3;\ 1,2,3;\ 2,2,3;\ 1,2,4;\ 2,3,4.$$

Nun leiten wir aus der allgemeinen Funktionalungleichung (8) für einen konvexen Körper insbesondere die folgenden Ungleichungen ab:

$$F\left({2 \atop -2}, 3, \pm 4\right) + F(-1,1,0) + F(-1,0,0) \geqq 4F\left({0 \atop -1}, 1, \pm 1\right),$$
$$F\left(-1, {2 \atop -2}, \pm 4\right) + F(1,-1,0) + F(0,-1,0) \geqq 4F\left(0, {0 \atop -1}, \pm 1\right),$$
$$F(a,b,c) + aF(-1,0,1) + bF(0,-1,1) \geqq (a+b+c)F(0,0,1),$$
$$(a,b,c = 2,2,3;\ 1,2,3;\ 1,1,3;\ 1,2,2;\ 1,1,2),$$
$$F\left({2 \atop -1}, -2, 3\right) + F(1,-1,0) \geqq 3F\left({1 \atop 0}, -1, 1\right),$$
$$F(-2,-2,3) + F(-1,0,0) + F(0,-1,0) \geqq 3F(-1,-1,1),$$
$$F(1,-2,3) + F(1,-1,0) + F(1,0,0) \geqq 3F(1,-1,1),$$
$$F(-1,2,3) + 2F(0,-1,1) + F(1,0,0) \geqq 5F(0,0,1),$$
$$F(-1,1,3) + F(1,-1,0) \geqq 3F(0,0,1),$$
$$F(-1,2,2) + F(-1,0,0) \geqq 2F(-1,1,1),$$
$$F(1,-2,2) + F(1,0,0) \geqq 2F(1,-1,1),$$
$$F(1,-1,2) + F(1,-1,0) \geqq 2F(1,-1,1),$$
$$F(0,1,2) + F(0,-1,1) \geqq 3F(0,0,1);$$

auf Grund dieser Ungleichungen sowie der weiteren, die daraus durch Permutation der Variablen hervorgehen, scheiden von den genannten Systemen sofort eine Reihe als außerhalb des Körpers $\mathfrak{K}$ gelegen aus. Es bleibt die Lage auf $\mathfrak{F}$ nur noch für diejenigen Gitterpunkte fraglich, deren Koordinaten abgesehen von der Reihenfolge eines der Systeme

$$-1,-1,3;\ -1,-1,2;\ 0,-1,2;\ 1,1,1;\ 0,1,1$$

ergeben. Wenn aber einer dieser Gitterpunkte auf $\mathfrak{F}$ liegt, so erlangt man nach 11. entweder durch die Systeme $0,0,-1$; $1,-1,0$; $-1,-1,3$ oder $1,0,0$; $0,1,0$; $-1,-1,2$ oder $1,0,0$; $-1,1,0$; $0,-1,2$ oder $-1,0,0$; $0,-1,1$; $1,1,1$ oder $1,-1,0$; $1,0,-1$; $0,1,1$ drei Gitterpunkte auf $\mathfrak{F}$, die ein Gitteroktaeder zweiter Art bestimmen. Wir haben demnach jetzt anzunehmen, daß die Fläche $\mathfrak{F}$ neben $\mathfrak{L}, \mathfrak{M}, \mathfrak{N}, \mathfrak{R}, \mathfrak{S}, \mathfrak{T}$ und den Gegenpunkten keine weiteren Gitterpunkte aufweist.

Wir legen durch jeden der Punkte $\mathfrak{L}, \mathfrak{M}, \mathfrak{N}, \mathfrak{R}, \mathfrak{S}, \mathfrak{T}$ eine Stützebene an $\mathfrak{K}$; die Gleichungen dieser Ebenen seien:

$$(22)\quad \begin{aligned} L &\equiv X + \lambda_2 Y + \lambda_3 Z = 1, \\ M &\equiv \mu_1 X + Y + \mu_3 Z = 1, \\ N &\equiv \nu_1 X + \nu_2 Y + Z = 1, \\ R &\equiv (\varrho_2 - \varrho_1) X + \varrho_2 Y - (1 - \varrho_2) Z = 1, \\ S &\equiv -(1 - \sigma_3) X + (\sigma_3 - \sigma_2) Y + \sigma_3 Z = 1, \\ T &\equiv \tau_1 X - (1 - \tau_1) Y + (\tau_1 - \tau_3) Z = 1. \end{aligned}$$

Ein jeder Ausdruck L, M, N, R, S, T muß im ganzen Bereiche von $\mathfrak{K}$ im Intervalle $\geqq -1$ und $\leqq 1$ liegen. Die Form L wird für jene sechs Gitterpunkte bzw.

$$1,\ \lambda_2,\ \lambda_3,\ \lambda_2 - \lambda_3,\ -1 + \lambda_3,\ 1 - \lambda_2;$$

mithin sind λ_2, λ_3 beide $\geqq 0$ und $\leqq 1$. Die Form R wird für die sechs Punkte bzw.

$$\varrho_2 - \varrho_1,\ \varrho_2,\ -1 + \varrho_2,\ 1,\ -1 + \varrho_1,\ -\varrho_1;$$

mithin sind ϱ_2, ϱ_1 beide $\geqq 0$ und $\leqq 1$. Das nämliche gilt von μ_3, μ_1; ν_1, ν_2; σ_3, σ_2; τ_1, τ_3.

Wir denken uns nun die X, Y, Z-Koordinaten in ihrer augenblicklichen Bedeutung festgehalten und variieren dagegen das Gitter $(\mathfrak{G})$ kontinuierlich, indem wir die Punkte $\mathfrak{L}, \mathfrak{M}, \mathfrak{N}$ an die Stellen verlegen, deren X, Y, Z-Koordinaten

$$1 + \varepsilon X_1,\ \varepsilon Y_1,\ \varepsilon Z_1;\quad \varepsilon X_2,\ 1 + \varepsilon Y_2,\ \varepsilon Z_2;\quad \varepsilon X_3,\ \varepsilon Y_3,\ 1 + \varepsilon Z_3$$

sind, unter ε einen positiven Parameter verstanden. Dabei sollen die Punkte $\mathfrak{L}, \mathfrak{M}, \mathfrak{N}, \mathfrak{R}, \mathfrak{S}, \mathfrak{T}$ in den betreffenden Stützebenen oder auf deren dem Nullpunkte abgewandten Seiten bleiben, d. h. es sollen die Ungleichungen

$$L_1 \geqq 0,\ M_2 \geqq 0,\ N_3 \geqq 0,\ R_2 - R_3 \geqq 0,\ -S_1 + S_3 \geqq 0,\ T_1 - T_2 \geqq 0$$

gelten; wir bezeichnen hier die Werte der Formen $L, M, \ldots, T$ für das System X_i, Y_i, Z_i durch Anhängen des Index i. Nach den vorausgeschickten Bemerkungen wird dabei jedenfalls kein Gitterpunkt ins Innere von $\mathfrak{K}$ eintreten, so lange ε eine gewisse Grenze nicht übersteigt.

Der Wert der Determinante Δ verändert sich bei dieser Variation von $\mathfrak{L}, \mathfrak{M}, \mathfrak{N}$ aus $\Delta(0)$ in

$$\Delta(\varepsilon) = \Delta(0)(1 + \varepsilon(X_1 + Y_2 + Z_3) + \varepsilon^2(\,) + \varepsilon^3(\,)).$$

Wenn nun nicht $X_1 + Y_2 + Z_3 \geqq 0$ eine notwendige Folge der obigen sechs Ungleichungen ist, so würden wir ε als positive Größe weiter so klein wählen können, daß hierbei Δ sich verringert. Für ein Minimum von Δ ist danach notwendig, daß die linke Seite dieser letzten Ungleichung eine homogene lineare Kombination der linken Seiten jener früheren sechs Ungleichungen mit nicht negativen Koeffizienten ist, d. h. *bei einem Minimum von Δ müssen die drei Gleichungen*

$$
\begin{aligned}
X &= \quad lL - sS + tT, \\
Y &= \quad rR + mM - tT, \\
Z &= -rR + sS + nN
\end{aligned} \tag{23}
$$

mit gewissen (und zwar durchweg nicht negativen) Faktoren l, m, n, r, s, t *zu erfüllen sein.*

32. Wir betrachten jetzt die Umstände des Falles (II) in 21.:

Es sollen die Punkte

$$
\begin{array}{cccccc}
\mathfrak{L}, & \mathfrak{M}, & \mathfrak{N}, & \mathfrak{R}, & \mathfrak{S}, & \mathfrak{T} \\
1, 0, 0; & 0, 1, 0; & 0, 0, 1; & 0, 1, 1; & 1, 0, 1; & 1, 1, 0
\end{array}
$$

auf der Fläche $\mathfrak{F}$ *und der Punkt* 1, 1, 1 *außerhalb* $\mathfrak{K}$ *liegen.*

Wir legen durch jeden der Punkte $\mathfrak{L}, \mathfrak{M}, \mathfrak{N}, \mathfrak{R}, \mathfrak{S}, \mathfrak{T}$ eine Stützebene an $\mathfrak{K}$; die Gleichungen dieser Ebenen seien:

$$
\begin{aligned}
L &\equiv X - \lambda_2 Y - \lambda_3 Z = 1, \\
M &\equiv -\mu_1 X + Y - \mu_3 Z = 1, \\
N &\equiv -\nu_1 X - \nu_2 Y + Z = 1, \\
R &\equiv -\varrho_1 X + \varrho_2 Y + (1-\varrho_2) Z = 1, \\
S &\equiv (1-\sigma_3) X - \sigma_2 Y + \sigma_3 Z = 1, \\
T &\equiv \tau_1 X + (1-\tau_1) Y - \tau_3 Z = 1.
\end{aligned} \tag{24}
$$

In $\mathfrak{K}$ müssen die Ausdrücke L, M, N, R, S, T durchweg $\geqq -1$ und $\leqq 1$ bleiben. Die Form L wird für jene sechs Gitterpunkte bzw.

$$1,\ -\lambda_2,\ -\lambda_3,\ -\lambda_2-\lambda_3,\ 1-\lambda_3,\ 1-\lambda_2;$$

mithin ist $0 \leqq \lambda_2 \leqq 1$, $0 \leqq \lambda_3 \leqq 1$ und $\lambda_2 + \lambda_3 \leqq 1$. Die Form R wird für die sechs Punkte bzw.

$$-\varrho_1,\ \varrho_2,\ 1-\varrho_2,\ 1,\ -\varrho_1+1-\varrho_2,\ -\varrho_1+\varrho_2;$$

mithin ist $0 \leqq \varrho_2 \leqq 1$ und entweder $0 \leqq \varrho_1 \leqq 1$ oder $0 \leqq -\varrho_1$ und dabei zugleich $-\varrho_1 \leqq \varrho_2$ und $-\varrho_1 \leqq 1-\varrho_2$. Entsprechende Umstände gelten für μ_3, μ_1; ν_1, ν_2; σ_3, σ_2; τ_1, τ_3.

Wir variieren nun $\mathfrak{L}, \mathfrak{M}, \mathfrak{N}$ derart, daß ihre neuen Orte in bezug auf das alte X, Y, Z-Koordinatensystem werden:

$$1+\varepsilon X_1,\ \varepsilon Y_1,\ \varepsilon Z_1;\quad \varepsilon X_2,\ 1+\varepsilon Y_2,\ \varepsilon Z_2;\quad \varepsilon X_3,\ \varepsilon Y_3,\ 1+\varepsilon Z_3,$$

wobei ε ein Parameter sei. Dabei soll jeder der sechs Punkte $\mathfrak{L}, \mathfrak{M}, \mathfrak{N}, \mathfrak{R}, \mathfrak{S}, \mathfrak{T}$ in der für ihn konstruierten Stützebene an $\mathfrak{K}$ bleiben, d. h. es sollen die Gleichungen

$$L_1 = 0,\ M_2 = 0,\ N_3 = 0,\ R_2 + R_3 = 0,\ S_1 + S_3 = 0,\ T_1 + T_2 = 0$$

für die bezüglichen Systeme X_i, Y_i, Z_i gelten.

Falls nun auf der Fläche $\mathfrak{F}$ außer $\mathfrak{L}, \mathfrak{M}, \mathfrak{N}, \mathfrak{R}, \mathfrak{S}, \mathfrak{T}$ und den Gegenpunkten keine weiteren Gitterpunkte vorhanden sind, treten bei hinreichend kleinem Werte von $|\varepsilon|$ während der hier vorzunehmenden Variation des Gitters keine Gitterpunkte in $\mathfrak{K}$ ein, und zeigt eine ähnliche Überlegung wie in 31., *daß für ein Minimum von Δ das Bestehen der drei Gleichungen*

$$
\begin{aligned}
X &= lL + sS + tT, \\
Y &= rR + mM + tT, \qquad (25)\\
Z &= rR + sS + nN
\end{aligned}
$$

mit irgendwelchen Faktoren l, m, n, r, s, t erforderlich ist.

Wofern jedoch noch weitere Gitterpunkte auf $\mathfrak{F}$ vorhanden sind, so können wir, wie nun gezeigt werden soll, die Formen $L, M, \ldots, T$ jedenfalls immer derart *wählen,* daß während der fraglichen Variation bei hinreichend kleinem $|\varepsilon|$ kein Gitterpunkt ins Innere von $\mathfrak{K}$ eintritt, und finden wir dann wieder für ein Minimum von Δ die Gleichungen (25) als notwendig.

In der Tat, wir berücksichtigen die Bemerkung in 15. und gebrauchen zudem die folgenden Ungleichungen sowie die entsprechenden Beziehungen bei Permutation der Variablen:

$$F\left(\begin{smallmatrix}3\\-1\end{smallmatrix}, \begin{smallmatrix}2\\-2\end{smallmatrix}, \pm 4\right) + F(1,1,0) + F(0,1,0) \geqq 4F\left(\begin{smallmatrix}1\\0\end{smallmatrix}, \begin{smallmatrix}1\\0\end{smallmatrix}, \pm 1\right),$$

$$F\left(\begin{smallmatrix}2\\-1\end{smallmatrix}, \begin{smallmatrix}2\\-1\end{smallmatrix}, \pm 3\right) + F(1,1,0) \geqq 3F\left(\begin{smallmatrix}1\\0\end{smallmatrix}, \begin{smallmatrix}1\\0\end{smallmatrix}, \pm 1\right),$$

$$F(-a, -b, c) + aF(1,0,1) + bF(0,1,1) \geqq (a+b+c)F(0,0,1),$$

$$(-a, -b, c = -1, -2, 3;\ -1, -2, 2;\ -1, -1, 2),$$

$$F(-2,2,3) + 2F(-1,-1,0) + 3F(-1,0,-1) \geqq 7F(-1,0,0),$$

$$F(1,2,3) + F(1,1,0) + F(1,0,0) \geqq 3F(1,1,1),$$

$$F(1,-1,3) + F(0,1,1) + F(-1,0,0) \geqq 4F(0,0,1),$$

$$F(1,2,2) + F(1,0,0) \geqq 2F(1,1,1),$$

$$F(-1,2,2) + \tfrac{1}{2}F(1,1,0) + \tfrac{1}{2}F(1,0,1) \geqq \tfrac{5}{2}F(0,1,1),$$

$$F(1,1,2) + F(1,1,0) \geqq 2F(1,1,1),$$

$$F(0,-1,2) + F(0,1,1) \geqq 3F(0,0,1).$$

Danach können nur noch diejenigen Gitterpunkte als auf $\mathfrak{F}$ gelegen in Frage kommen, deren Koordinaten, von der Reihenfolge abgesehen, eines der folgenden Systeme ergeben

$$-1,1,2;\ 0,1,2;\ -1,1,1;\ 0,-1,1.$$

Wenn $F(-1,1,2) = 1$ ist, so haben wir nach dem Ausdrucke von L in (24) notwendig $L = X$, und wir können daher $S = L$ und $T = L$ wählen; dann folgt oben $X_1 = 0$, $X_2 = 0$, $X_3 = 0$. Der Körper $\mathfrak{K}$ befindet sich ganz im Bereiche $-1 \leqq X \leqq 1$, und die in den begrenzenden

Ebenen $X = \pm 1$ gelegenen Gitterpunkte bleiben bei der vorzunehmenden Variation in diesen Ebenen. — Gleichzeitig könnte in der Ebene $X = 0$ als ein weiterer Gitterpunkt auf $\mathfrak{F}$ der Punkt $0, 1, 2$ oder $0, 2, 1$ oder $0, -1, 1$ auftreten; zu dem Ende müßte $\varrho_2 = 1$ bzw. $\varrho_2 = 0$ bzw. $\nu_2 = 0$ sein, und könnten wir dann $M = R$ bzw. $N = R$ bzw. $R = N$ wählen mit dem Erfolge, daß die anzuschließende Variation jenen Gitterpunkt nicht ins Innere von $\mathfrak{K}$ führt.

Wenn $F(-1, 1, 1) = 1$ ist, so finden wir wieder $L = X$ und treffen genau die nämlichen Bemerkungen wie soeben zu.

Wenn $F(0, 1, 2) = 1$ ist, so folgt mit Notwendigkeit $N = -Y + Z$, und können wir $S = N$ und $T = -N$ wählen, um den Zweck, den wir im Auge haben, zu erreichen. — Gleichzeitig könnte in der Ebene $-Y + Z = 0$ der Gitterpunkt $-1, 1, 1$ auf $\mathfrak{F}$ auftreten, in welchem Falle wir unter Vorwegnahme dieser Beziehung wie hier zuletzt verfahren.

Wenn $F(0, -1, 1) = 1$ ist, so folgt $\mu_3 = 0$, $\nu_2 = 0$ und bildet der Schnitt von $\mathfrak{K}$ mit der Ebene $X = 0$ das Viereck mit den Ecken $0, \pm 1, \pm 1$; wir können dann $R = N$ wählen, wobei mit $0, 0, 1$ und $0, 1, 1$ auch $0, -1, 1$ in der Ebene $N = 1$ verbleiben wird. — Finden sich zwei Punkte wie $1, -1, 0$ und $-1, 0, 1$ gleichzeitig auf $\mathfrak{F}$, so folgt $L = X$, und können wir wie vorhin im Falle $F(-1, 1, 1) = 1$ vorgehen.

33. Wir betrachten endlich den Fall (III) aus 21.: *Es sollen die sieben Gitterpunkte*

$$\mathfrak{L},\quad \mathfrak{M},\quad \mathfrak{N},\quad \mathfrak{R},\quad \mathfrak{S},\quad \mathfrak{T},\quad \mathfrak{Q}$$
$$1,0,0;\ 0,1,0;\ 0,0,1;\ 0,1,1;\ 1,0,1;\ 1,1,0 \text{ und } 1,1,1$$

auf $\mathfrak{F}$ liegen.

Wir gebrauchen in bezug auf die ersten 6 Punkte dieselben Bezeichnungen wie in 32., und ferner sei

$$(26) \qquad Q \equiv \varkappa_1 X + \varkappa_2 Y + \varkappa_3 Z = 1 \qquad (\varkappa_1 + \varkappa_2 + \varkappa_3 = 1)$$

die Gleichung einer Stützebene an $\mathfrak{K}$ durch den Punkt $\mathfrak{Q}$. Der Ausdruck Q wird für jene 7 Gitterpunkte bzw.

$$\varkappa_1,\ \varkappa_2,\ \varkappa_3,\ \varkappa_2 + \varkappa_3,\ \varkappa_1 + \varkappa_3,\ \varkappa_1 + \varkappa_2,\ \varkappa_1 + \varkappa_2 + \varkappa_3 = 1,$$

so daß $\varkappa_1, \varkappa_2, \varkappa_3$ sämtlich $\geqq 0$ und $\leqq 1$ sind. Ferner wird für den Punkt $\mathfrak{Q}$ der Ausdruck $R = 1 - \varrho_1$, so daß jetzt notwendig $0 \leqq \varrho_1 \leqq 1$ ist, und analog für σ_2, τ_3.

Wir variieren nun die Punkte $\mathfrak{L}, \mathfrak{M}, \mathfrak{N}$ in

$$1 + \varepsilon X_1,\ \varepsilon Y_1,\ \varepsilon Z_1;\ \varepsilon X_2,\ 1 + \varepsilon Y_2,\ \varepsilon Z_2;\ \varepsilon X_3,\ \varepsilon Y_3,\ 1 + \varepsilon Z_3,$$

und es sollen dabei $\mathfrak{L}, \mathfrak{M}, \mathfrak{N}, \mathfrak{Q}, \mathfrak{R}, \mathfrak{S}, \mathfrak{T}$ in den bezüglichen Stützebenen an $\mathfrak{K}$ verbleiben, also für die Systeme X_i, Y_i, Z_i die Relationen gelten

$$(27)\qquad \begin{aligned} &L_1 = 0,\ M_2 = 0,\ N_3 = 0,\ Q_1 + Q_2 + Q_3 = 0,\\ &R_2 + R_3 = 0,\ S_1 + S_3 = 0,\ T_1 + T_2 = 0. \end{aligned}$$

Eine ähnliche Überlegung wie in 32. zeigt, wofern bei hinreichend kleinem Betrage von ε durch jene Variationen kein Gitterpunkt ins Innere von $\mathfrak{K}$ eindringt, *daß für ein Minimum von* Δ *das Bestehen der drei Gleichungen*

$$(28)\qquad \begin{aligned} X &= lL + sS + tT + qQ,\\ Y &= rR + mM + tT + qQ,\\ Z &= rR + sS + nN + qQ \end{aligned}$$

mit irgendwelchen Konstanten l, m, n, q, r, s, t *notwendig ist.* Die ausgesprochene Bedingung ist ohne weiteres erfüllt, falls $\mathfrak{F}$ überhaupt keine Gitterpunkte neben $\mathfrak{L}, \mathfrak{M}, \mathfrak{N}, \mathfrak{Q}, \mathfrak{R}, \mathfrak{S}, \mathfrak{T}$ und den Gegenpunkten enthält, und anderenfalls kann ihr wenigstens immer durch geeignete Wahl der Ausdrücke L, M, N, Q, R, S, T genügt werden.

In der Tat, wie die in 32. entwickelten Ungleichungen dartun, könnten jetzt als Gitterpunkte auf $\mathfrak{F}$ außer den bereits dort betrachteten Punkten noch die Punkte $1, 2, 3$; $1, 2, 2$; $1, 1, 2$ und die daraus durch Permutation der Koordinaten entstehenden Systeme in Betracht kommen. Vermöge der Substitution

$$X^* = -X,\ Y^* = Y - X,\ Z^* = Z - X$$

nun gehen die Wertsysteme X, Y, Z:

$$1,0,0;\ 0,1,0;\ 0,0,1;\ 0,1,1;\ 1,0,1;\ 1,1,0;\ 1,1,1;$$
$$1,2,3;\ 1,2,2;\ 1,1,2;\ -1,1,0;\ 0,-1,1$$

in die Wertsysteme X^*, Y^*, Z^*:

$$-1,-1,-1;\ 0,1,0;\ 0,0,1;\ 0,1,1;\ -1,-1,0;\ -1,0,-1;\ -1,0,0;$$
$$-1,1,2;\ -1,1,1;\ -1,0,1;\ 1,2,1;\ 0,-1,1$$

über, und es erledigt sich das Auftreten irgendeines der zuletzt genannten Gitterpunkte auf $\mathfrak{F}$ wesentlich wie in 32. das Auftreten eines der Punkte $-1,1,2$; $-1,1,1$; $-1,0,1$.

Als einzige neue Möglichkeit kommt in Frage, daß zwei Punkte wie $1,-1,0$ und $1,1,2$ gleichzeitig sich auf $\mathfrak{F}$ vorfinden. Dazu müssen wir $\lambda_2 = 0$, $\mu_1 = 0$, $\nu_1 + \nu_2 = 1$, $\varkappa_3 = 0$ haben. Wir können jedenfalls eine Relation

$$l_0 L + m_0 M + n_0 N = q_0 Q$$

mit Koeffizienten l_0, m_0, n_0, q_0, die nicht sämtlich Null sind, herstellen. Da die Rollen der Paare $\mathfrak{L}, \mathfrak{M}$ und $\mathfrak{N}, \mathfrak{Q}'$ sowie der Elemente in jedem Paare hier vertauschbar sind, dürfen wir annehmen, es seien $|l_0|$, $|m_0|$, $|n_0|$ sämtlich $\leqq |q_0|$. Durch Verwendung der Punkte $1,1,1$ und $0,0,-1$ erhalten wir aus der letzten Gleichung

$$l_0(1-\lambda_3) + m_0(1-\mu_3) = q_0,\quad l_0\lambda_3 + m_0\mu_3 = n_0.$$

Für $\lambda_3 = 0$ würde $L = X$ folgen, welchen Fall wir wie in 32. erledigen könnten. Wir denken uns daher $\lambda_3 > 0$ und ebenso $\mu_3 > 0$. Alsdann zeigen die zwei Gleichungen hier, daß l_0, m_0 und weiter n_0 dasselbe Vorzeichen wie q_0 haben, und wir richten $l_0 + m_0 = n_0 + q_0 = 1$ ein. Nun können wir

(29) $$T = l_0 L + m_0 M = -n_0 N + q_0 Q$$

wählen. Dabei wird in der Tat $T = 1$ eine Stützebene an $\mathfrak{K}$ durch den Punkt $\mathfrak{T}$, und bei der in Rede stehenden Variation folgt durch die Gleichungen (27):

$$l_0 L_2 + m_0 M_1 = 0, \quad -n_0(N_1 + N_2 + N_3) - q_0 Q_3 = 0,$$

so daß einerseits nicht L_2 und M_1, andererseits nicht $N_1 + N_2 + N_3$ und Q_3 zwei von Null verschiedene Werte mit gleichem Vorzeichen sein können. Nun wird für den Punkt $1, -1, 0$ bei jener Variation: $L = 1 - \varepsilon L_2$, $-M = 1 - \varepsilon M_1$, so daß wenigstens eine dieser zwei Größen $\geqq 1$ bleibt, und für den variierten Punkt $1, 1, 2$ wird $N = 1 + \varepsilon(N_1 + N_2 + N_3)$, $Q = 1 + \varepsilon Q_3$, so daß wenigstens eine dieser zwei Größen $\geqq 1$ bleibt.

§ 9. Dichteste Lagerung von Tetraedern.

34. Wir wenden jetzt unsere Ergebnisse speziell auf die dichteste Lagerung von *Tetraedern* oder von *Oktaedern* an. Es sei

$$\varphi = -\xi + \eta + \zeta, \quad \chi = \xi - \eta + \zeta, \quad \psi = \xi + \eta - \zeta, \quad \omega = -\xi - \eta - \zeta,$$

so gilt

(30) $$\varphi + \chi + \psi + \omega = 0$$

und definieren die Ungleichungen

$$\varphi \leqq \frac{1}{4}, \quad \chi \leqq \frac{1}{4}, \quad \psi \leqq \frac{1}{4}, \quad \omega \leqq \frac{1}{4}$$

den Bereich eines Tetraeders; in diesem Bereiche sind andererseits φ, χ, ψ, ω stets $\geqq -\frac{3}{4}$. Dieses Tetraeder nehmen wir jetzt für den Grundkörper K, sein Volumen ist $J = \frac{1}{24}$. Der zugehörige Körper $\frac{1}{2}(K + K')$ mit Mittelpunkt, der in bezug auf genau dieselben Gitter $(\mathfrak{G})$ wie K solche Anordnungen gestattet, wobei die Körper um die verschiedenen Gitterpunkte gesondert liegen, ist dann das Oktaeder

$$-\frac{1}{2} \leqq \varphi \leqq \frac{1}{2}, \quad -\frac{1}{2} \leqq \chi \leqq \frac{1}{2}, \quad -\frac{1}{2} \leqq \psi \leqq \frac{1}{2}, \quad -\frac{1}{2} \leqq \omega \leqq \frac{1}{2};$$

diese acht Ungleichungen können in die eine Bedingung

$$|\xi| + |\eta| + |\zeta| \leqq \frac{1}{2}$$

zusammengefaßt werden. Das Volumen dieses Oktaeders $\frac{1}{2}(K+K')$ ist $\frac{1}{6}$. Wir substituieren nun

$$\xi = \alpha_1 X + \alpha_2 Y + \alpha_3 Z, \quad \eta = \beta_1 X + \beta_2 Y + \beta_3 Z, \quad \zeta = \gamma_1 X + \gamma_1 Y + \gamma_1 Z,$$

wobei die Determinante der drei linearen Ausdrücke $\neq 0$ sei, und wir fragen nach dem Minimum für den absoluten Betrag Δ dieser Determinante, während vom ganzen Zahlengitter in X, Y, Z bloß der Nullpunkt ins Innere des Oktaeders $\mathfrak{K} = K + K'$ fällt.

Wir bringen nacheinander die verschiedenen Regeln des § 8 zur Anwendung. Von dem einen in 33. am Schlusse berührten Ausnahmefalle abgesehen, der, wie sich zeigen wird, hier nicht in Betracht kommt, können wir die jedesmal einzuführenden 6 oder 7 Stützebenen an $\mathfrak{K}$ immer als Seitenflächen dieses Oktaeders gewählt voraussetzen, wir können also annehmen, daß jede einzelne der Formen $L, M, N, \ldots$ mit einem von den Ausdrücken $\pm\varphi, \pm\chi, \pm\psi, \pm\omega$ übereinstimmt.

35. Wir wollen vorweg einen speziellen Fall behandeln, wie er in 32. zur Sprache kam. Es mögen die Umstände des Falles (II) dort gelten, und dabei sei $\omega = Z$. Der Schnitt von $\mathfrak{K}$ mit der Ebene $Z = 0$ ist alsdann ein Sechseck mit O als Mittelpunkt, bei dem die Diagonalen den Seiten parallel sind. Auf diesem Sechsecke liegen die Gitterpunkte $\mathfrak{L}, \mathfrak{M}, \mathfrak{T}(1, 0, 0;\ 0, 1, 0;\ 1, 1, 0)$. Wir können annehmen, daß die Ausdrücke L, M, T, in irgendeiner Reihenfolge genommen, mit $\pm\varphi, \pm\chi, \pm\psi$ übereinstimmen, denn wenn zwei jener Punkte in einer und derselben Seite des Sechsecks liegen sollten, so müßten die drei Punkte sämtlich Ecken des Sechsecks werden.

Die Gleichung (30) ergibt nun mit Rücksicht auf die Ausdrücke (24): $\mu_1 = 1 - \tau_1$, $\lambda_2 = \tau_1$, und die Gleichungen (25) führen dann zu $\tau_1 = \frac{1}{2}$, so daß die 3 Gitterpunkte $\mathfrak{L}, \mathfrak{M}, \mathfrak{T}$ mit ihren Gegenpunkten die Mitten der Seiten des Sechsecks bilden. Durch kontinuierliche Variation von $\mathfrak{N}(0, 0, 1)$ auf der Seitenfläche $Z = 1$, wobei Δ sich nicht ändert, können wir insbesondere folgende Ausdrücke erzielen:

$$L = X - \tfrac{1}{2}Y - \tfrac{1}{2}Z, \quad M = -\tfrac{1}{2}X + Y - \tfrac{1}{2}Z, \quad T = \tfrac{1}{2}X + \tfrac{1}{2}Y,$$
$$N = R = S = Z;$$

dabei liegen in der Seitenfläche $Z = 1$ von $\mathfrak{K}$ die fünf Gitterpunkte

$$-1, -1, 1;\ 0, 0, 1;\ 1, 1, 1;\ 1, 0, 1;\ 0, 1, 1.$$

Variieren wir nun $\mathfrak{L}, \mathfrak{M}, \mathfrak{N}$ in

$$1 + \varepsilon, \varepsilon, \varepsilon;\ -\varepsilon, 1 - \varepsilon, -\varepsilon;\ -\varepsilon, -2\varepsilon, 1,$$

während ε *positiv* sei, so tritt bei hinreichend kleinem ε kein Gitterpunkt ins Innere von $\mathfrak{K}$ ein und Δ geht in $\Delta(1-\varepsilon^2)$ über. Also liegt hier kein Minimum von Δ vor.

36. Nach Beseitigung dieses speziellen Falles gehen wir zuerst auf die Umstände des Falles (I) gemäß 31. ein, wobei die Punkte $1, 0, 0$; $0, 1, 0$; $0, 0, 1$; $0, 1, -1$; $-1, 0, 1$; $1, -1, 0$ auf $\mathfrak{F}$ und $-1, 1, 1$; $1, -1, 1$; $1, 1, -1$ außerhalb $\mathfrak{K}$ liegen sollen.

Da für die 6 Ausdrücke L, M, N, R, S, T in (22) nur die vier Paare $\pm\varphi, \pm\chi, \pm\psi, \pm\omega$ in Betracht kommen, so müssen unter diesen Ausdrücken entweder irgend drei oder zweimal je zwei anzugeben sein, die bis auf den Faktor ± 1 übereinstimmen.

Nach den Bedingungen für die Koeffizienten in (22) kann nicht $L = -M$ sein. — Die Annahme $L = R$ führt zu $L = X + Y$. Der Schnitt von $\mathfrak{K}$ mit der Ebene $X + Y = 0$ ist dann ein Sechseck mit nur zwei Paaren von Gitterpunkten auf dem Rande, durch $\mathfrak{N}$ und $\mathfrak{T}$ repräsentiert, und wir können, sei es durch alleinige Variation von $\mathfrak{N}$ oder von $\mathfrak{T}$, den Wert von Δ verringern.

Stellen wir uns die Figur des Tetraeders aus den Vektoren $1, 0, 0$; $0, 1, 0$; $0, 0, 1$; $0, 1, -1$; $-1, 0, 1$; $1, -1, 0$ vor (Fig. 3 links in 19.) und beachten, wie darin die Rollen der einzelnen Vektoren vertauscht werden können, so leuchtet ein, daß wir nach den letzten Bemerkungen jetzt überhaupt die Gleichheit für irgend zwei der Ausdrücke $\pm L, \ldots, \pm T$ ausschließen können, falls die zugehörigen Systeme $\mathfrak{L}, \mathfrak{L}', \ldots, \mathfrak{T}, \mathfrak{T}'$ zwei solchen Vektoren in jenem Tetraeder entsprechen, die entweder sich in einer Ecke mit ihren Richtungen aneinanderschließen oder auf gegenüberliegenden Kanten Platz finden. Danach brauchen wir nur noch die folgenden Annahmen zu diskutieren:

1) $L = M = N$. — Daraus folgt $L = X + Y + Z$. Es sei dieser Ausdruck etwa $= \omega$, so ergeben sich ganz entsprechende Umstände wie in dem Falle $\omega = Z$, der in 35. vorweggenommen wurde, und ist Δ hier nicht ein Minimum.

2) $L = M, R = -S$. — Hierbei folgt

$$L = X + Y + \lambda_3 Z, \quad R = \varrho_2 (X + Y) - (1 - \varrho_2) Z.$$

Aus der dritten Gleichung in (23):

$$Z = -rR + sS + nN$$

geht dann entweder $R = -Z$ hervor, welcher Fall sich ähnlich wie in 35. erledigt, oder $N \equiv 0 \pmod{X + Y, Z}$. In letzterem Falle wäre die Determinante von L, R, N Null, während wir uns diese Formen hier als drei verschiedene Ausdrücke $\pm\varphi, \pm\chi, \pm\psi, \pm\omega$ denken müssen, um nicht auf schon erledigte Fälle zurückzukommen.

3) $L = N$, $R = -S$. — Hier wird

$$N = X + \nu_2 Y + Z, \quad R = \varrho_2 (X + Y) - (1 - \varrho_2) Z,$$

und die soeben erwähnte Gleichung für Z erfordert entweder $N = X + Y + Z$, oder $R = -Z$, welche Fälle schon Erledigung fanden.

37. Wir betrachten zweitens die Umstände des Falles (II) gemäß 32., wobei die Punkte 1, 0, 0; 0, 1, 0; 0, 0, 1; 0, 1, 1; 1, 0, 1; 1, 1, 0 auf $\mathfrak{F}$ und 1, 1, 1 außerhalb $\mathfrak{K}$ liegen sollen.

Nach den Bedingungen für die Koeffizienten in den Ausdrücken (24) kann nicht $L = M$ sein. — Die Annahme $L = -M$ führt zu $L = X - Y$ und ist hier wesentlich wie der in 35. vorausgeschickte Spezialfall zu erledigen. — Ferner kann nicht $L = R$, nicht $L = -S$ und nicht $L = -T$ sein. — Die Annahme $R = -S$ führt auf $R = -X + Y$.

Mit Rücksicht auf die Vertauschbarkeit der Rollen der drei Paare L, R; M, S; N, T bleiben hiernach nur die folgenden verschiedenen Fälle zu diskutieren, wobei wir bei der Behandlung jedes einzelnen Falles annehmen, daß die Umstände der vorhergegangenen Fälle ausgeschlossen sind:

1) $R = S = N$. — Hier folgt $N = Z$ und wäre dieses der Fall aus 35.

2) $R = S = T$. — Wir haben danach $R = \frac{1}{2}(X + Y + Z)$. Die Relationen (25) führen zu $\lambda_2 = \lambda_3$, $\mu_1 = \mu_3$, $\nu_1 = \nu_2$. Gemäß (30) muß dann $\pm L \pm M \pm N = R$ sein, und diese Bedingung zieht notwendig die Ausdrücke

$$L = X - \tfrac{1}{4} Y - \tfrac{1}{4} Z, \quad M = -\tfrac{1}{4} X + Y - \tfrac{1}{4} Z, \quad N = -\tfrac{1}{4} X - \tfrac{1}{4} Y + Z$$

nach sich. Variieren wir dann die Punkte $\mathfrak{L}, \mathfrak{M}, \mathfrak{N}$ in

$$1,\ \varepsilon,\ -\varepsilon;\ \ \varepsilon,\ 1,\ -\varepsilon;\ \ 0,\ 0,\ 1,$$

so tritt bei hinreichend kleinem Betrage von ε kein Gitterpunkt ins Innere von $\mathfrak{K}$ ein, und Δ geht in $\Delta(1 - \varepsilon^2)$ über; also ist hier kein Minimum von Δ vorhanden.

3) $R = -L$, $S = -M$. — Wir erhalten

$$L = X - \lambda_2 Y - (1 - \lambda_2) Z, \quad M = -\mu_1 X + Y - (1 - \mu_1) Z.$$

Für den Punkt 1, 1, 1 ist $L = 0$, $M = 0$ und muß für ihn daher $N \neq 0$ sein, da wir in L, M, N drei der Ausdrücke $\pm\varphi, \pm\chi, \pm\psi, \pm\omega$ haben; mithin folgt $\nu_1 + \nu_2 < 1$ und fällt daher N auch von $-T$ verschieden aus. Wir müssen nun $\pm L \pm M \pm N = T$ haben. Da 1, 1, 1 nicht im Inneren von $\mathfrak{K}$ liegt, folgt daraus notwendig $\nu_1 = 0$, $\nu_2 = 0$, also $N = Z$.

4) $R = -L$, $S = N$. — Hier folgt

$$-R = X - \lambda_2 Y - (1 - \lambda_2) Z, \quad N = -\nu_2 Y + Z,$$

und die dritte Gleichung in (25):

$$Z = rR + sS + nN$$

erfordert $n = Z$.

5) $R = M$, $S = L$. — Wir haben dann

$$M = -\mu_1 X + Y,\ L = X - \lambda_2 Y;$$

und aus der ersten Gleichung in (25): $X = lL + sS + tT$ würde $L = X$ oder $T = \tau_1 X + (1 - \tau_1) Y$ folgen. In letzterem Falle aber wäre die Determinante von L, M, T Null, während diese Formen hier drei der Ausdrücke $\pm \varphi, \pm \chi, \pm \psi, \pm \omega$ darstellen sollen.

6) $R = M$, $S = N$. — Hier wäre

$$R = -\mu_1 X + Y,\ N = -\nu_2 Y + Z,$$

und die im Falle 4) genannte Gleichung für Z würde $N = Z$ oder $R = Y$ erfordern.

7) $R = S$, $T = N$. — Wir erhalten hiernach

$$N = -\nu_1 X - (1 - \nu_1) Y + Z,\ R = \varrho_2 (X + Y) + (1 - \varrho_2) Z,\ \varrho_2 \leqq \frac{1}{2},$$

und aus der Relation für Z folgt dann $R = Z$ oder aber $N = -\frac{1}{2} X - \frac{1}{2} Y + Z$. In letzterem Falle führen die Gleichungen (25) und die Beziehung $\pm L \pm M \pm N = R$ weiter zu den Ausdrücken

$$L = X - \frac{1}{4} Y - \frac{1}{8} Z,\quad M = -\frac{1}{4} X + Y - \frac{1}{8} Z,$$

$$R = S = \frac{1}{4} X + \frac{1}{4} Y + \frac{3}{4} Z.$$

Variieren wir nun die Punkte $\mathfrak{L}, \mathfrak{M}, \mathfrak{N}$ in

$$1 - \frac{1}{2}\varepsilon, -\frac{3}{2}\varepsilon, -\varepsilon;\ -\frac{3}{2}\varepsilon, 1 - \frac{1}{2}\varepsilon, -\varepsilon;\ \varepsilon, \varepsilon, 1 + \varepsilon,$$

so tritt bei hinreichend kleinem Betrage von ε kein Gitterpunkt ins Innere von $\mathfrak{K}$ ein, und Δ geht in $\Delta(1 - \varepsilon^2)$ über. Also ist hier Δ nicht ein Minimum.

8) $R = S$, $T = L$. — Hier wird

$$S = \varrho_2 (X + Y) + (1 - \varrho_2) Z,\ L = X - \lambda_3 Z,$$

und aus $X = lL + sS + tT$ folgt notwendig $L = X$ oder $S = Z$.

Auf diese Weise hat auch die Betrachtung des Falles (II) zu keinem Falle eines Minimums von Δ geführt.

38. Wir betrachten endlich die Umstände des Falles (III) gemäß 33., wobei auf $\mathfrak{F}$ die sieben Punkte 1, 0, 0; 0, 1, 0; 0, 0, 1; 0, 1, 1; 1, 0, 1; 1, 1, 0; 1, 1, 1 liegen sollen.

Die Annahme $R = S$ würde jetzt, da hier ϱ_1 und $\sigma_2 \geqq 0$ sind, $R = Z$ zur Folge haben. — Beachten wir noch, daß die Rollen der vier Punkte

$\mathfrak{L}, \mathfrak{M}, \mathfrak{N}, \mathfrak{Q}'$ durchaus vertauschbar sind, so können wir uns auf die Diskussion folgender Annahmen beschränken und dabei ferner $L, M, N, -Q$ als mit $\pm\varphi, \pm\chi, \pm\psi, \pm\omega$ identisch voraussetzen:

1) $L=-R$, $M=-S$, $N=-T$. — Hier würde für den Punkt 1, 1, 1 sich $L=0$ herausstellen und ebenso $M=0$, $N=0$, was unmöglich ist.

2) $L=S$, $M=R$, $N=-T$. — Hier hätten wir

$$L=X-\lambda_2 Y,\ M=-\mu_1 X+Y,\ N=-\nu_1 X-(1-\nu_1)Y+Z$$

und aus $\pm L\pm M\pm N=Q$ und nach (26) folgt notwendig $Q=Z$.

3) $L=S$, $M=T$, $N=R$. — In diesem Falle erhalten wir zunächst

$$L=X-\lambda_2 Y,\ M=Y-\mu_3 Z,\ N=-\nu_1 X+Z.$$

Würde $0, 1, -1$ auf $\mathfrak{F}$ liegen, so müßte $N=Z$ sein; der am Schlusse von 33. behandelte Ausnahmefall kommt danach hier nicht in Frage.

Aus $\pm L\pm M\pm N=Q$ folgt $(1-\nu_1)+(1-\lambda_2)+(1-\mu_3)=1$. Die Relationen (28) in 33. ergeben sodann $\lambda_2=\mu_3=\nu_1$. Mithin kommen wir hier wesentlich zu folgenden Ausdrücken für die Formen $\varphi, \chi, \psi, \omega$:

$$(31)\qquad \begin{gathered}\varphi=X-\frac{2}{3}Y,\ \chi=Y-\frac{2}{3}Z,\ \psi=-\frac{2}{3}X+Z,\\ \omega=-\frac{1}{3}X-\frac{1}{3}Y-\frac{1}{3}Z.\end{gathered}$$

Bei diesen Ausdrücken wird $\Delta=\frac{1}{4}\left(1-\frac{8}{27}\right)=\frac{19}{108}$. Daß in diesem einzig übrig gebliebenen Falle Δ in der Tat ein Minimum sein muß, versteht sich von selbst und kann leicht verifiziert werden.

39. Beachten wir noch, daß in den Ausdrücken (31) für $\varphi, \chi, \psi, \omega$ die eine Form ω und für die anderen die zyklische Folge φ, χ, ψ bevorzugt erscheint, so können wir endlich das Resultat aussprechen:

Gegebene Tetraeder (Oktaeder) in unendlicher Anzahl, die sämtlich mit einem unter ihnen, dem Tetraeder

$$-\xi+\eta+\zeta\leqq\frac{1}{4},\ \xi-\eta+\zeta\leqq\frac{1}{4},\ \xi+\eta-\zeta\leqq\frac{1}{4},\ -\xi-\eta-\zeta\leqq\frac{1}{4}$$

(dem Oktaeder

$$|\xi|+|\eta|+|\zeta|\leqq\frac{1}{2})$$

kongruent und parallel orientiert sind, können sich auf acht Arten in dichtester gitterförmiger Lagerung befinden. Diese Lagerungen werden erhalten, indem $\pm\xi, \pm\eta, \pm\zeta$ *oder* $\pm\xi, \pm\zeta, \pm\eta$ *irgendwie mit solchen Vorzeichen, deren Produkt* $+1$ *ist, gleich*

$$-\frac{2}{6}X+\frac{3}{6}Y+\frac{1}{6}Z,\quad \frac{1}{6}X-\frac{2}{6}Y+\frac{3}{6}Z,\quad \frac{3}{6}X+\frac{1}{6}Y-\frac{2}{6}Z$$

gesetzt werden und das Zahlengitter in X, Y, Z *als Ort für die Schwer-*

punkte der Körper genommen wird. Der von den Tetraedern (Oktaedern) erfüllte Raum verhält sich dabei zu dem von ihnen freigelassenen Raume bzw. zu dem ganzen unendlichen Raume wie

$$\frac{1}{24}\left(\frac{1}{6}\right) : \frac{29}{216}\left(\frac{1}{108}\right) : \frac{19}{108}.$$

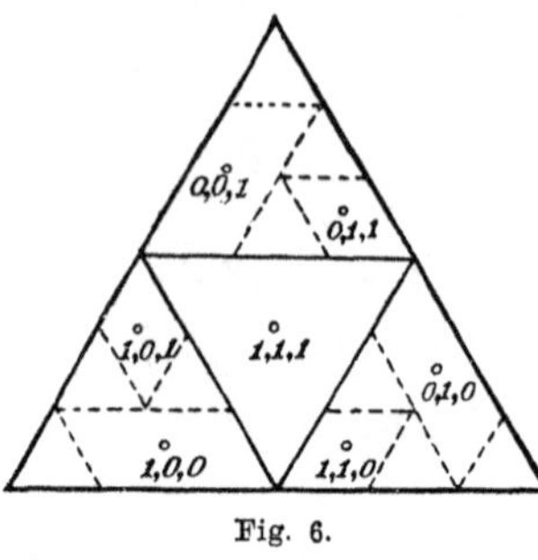

Fig. 6.

Die Fig. 6 zeigt für den durch die Ausdrücke (31) charakterisierten Fall der dichtesten Lagerung von Tetraedern oder Oktaedern die Lage der Gitterpunkte in dem halben, durch die Flächen $\varphi = 1$, $\chi = 1$, $\psi = 1$, $\omega = -1$ gebildeten Netze des Oktaeders $\mathfrak{K}$.

40. Wir geben diesem Satze ferner die folgende rein arithmetische Einkleidung:

Sind ξ, η, ζ drei lineare Formen in den Variablen x, y, z mit beliebigen reellen Koeffizienten und einer von Null verschiedenen Determinante, deren Betrag Δ ist, so kann man stets für x, y, z solche ganzzahlige Werte, die nicht sämtlich Null sind, finden, daß

$$|\xi| + |\eta| + |\zeta|,$$

also der Betrag jedes der vier Ausdrücke

$$-\xi + \eta + \zeta,\ \xi - \eta + \zeta,\ \xi + \eta - \zeta,\ -\xi - \eta - \zeta$$

dabei $\leqq \sqrt[3]{\frac{108}{19}\Delta}$ *ausfällt.*

An Stelle des Zeichens $\leqq$ hier genügt das Zeichen $<$, falls ξ, η, ζ nicht gerade so beschaffen sind, daß $\pm\xi, \pm\eta, \pm\zeta$, mit irgendwelchen Vorzeichen und in irgendwelcher Reihenfolge, durch eine lineare ganzzahlige Substitution mit einer Determinante ± 1 in die Ausdrücke

$$-\frac{2}{6}X + \frac{3}{6}Y + \frac{1}{6}Z,\quad \frac{1}{6}X - \frac{2}{6}Y + \frac{3}{6}Z,\quad \frac{3}{6}X + \frac{1}{6}Y - \frac{2}{6}Z$$

transformiert werden können.

41. Es seien ξ, η, ζ wiederum drei lineare Formen in x, y, z mit beliebigen reellen Koeffizienten und einer von Null verschiedenen Determinante, deren Betrag Δ ist. Setzen wir

$$\omega_1 = \xi + \zeta,\quad \omega_2 = -\xi + \zeta,\quad \omega_3 = \eta - \zeta,\quad \omega_4 = -\eta - \zeta,$$

so entsteht

$$\omega_1 + \omega_2 + \omega_3 + \omega_4 = 0.$$

Eine Anwendung des Satzes aus 40. auf diese vier Ausdrücke $\omega_1, \omega_2, \omega_3, \omega_4$ ergibt, daß es stets möglich ist, für x, y, z ganzzahlige, von $0, 0, 0$ verschiedene Werte zu finden, wofür

$$|\xi| + |\zeta|,\quad |\eta| + |\zeta|$$

beide $\leqq \sqrt[3]{\frac{54}{19}\Delta}$ ausfallen.

Mit Hilfe der Ungleichungen

$$\frac{|\xi^2\zeta|}{4} \leqq \left(\frac{2\left|\frac{\xi}{2}\right| + |\zeta|}{3}\right)^3, \quad \frac{|\eta^2\zeta|}{4} \leqq \left(\frac{2\left|\frac{\eta}{2}\right| + |\zeta|}{3}\right)^3$$

folgt daraus weiter

$$|\xi^2\zeta| \leqq \frac{8}{19}\Delta, \quad |\eta^2\zeta| \leqq \frac{8}{19}\Delta.$$

Wir bemerken noch, daß in dem Grenzfalle, für den allein in dem letzten Satze das Zeichen $=$ nötig war, das betreffende System x, y, z hier immer derart ausgesucht werden kann, daß dafür weder $\xi = \pm 2\zeta$ noch $\eta = \pm 2\zeta$ gilt, und wird dadurch in diesen weiteren Ungleichungen das Zeichen $=$ entbehrlich.

Wenden wir das Ergebnis insbesondere auf die Ausdrücke

$$\xi = x - az, \quad \eta = y - bz, \quad \zeta = \frac{z}{t}$$

an, wobei a, b zwei beliebige reelle Größen sind und t ein positiver Parameter $\left(> \frac{54}{19}\right)$ sei, so kommen wir zu dem Satze:

Sind a, b irgend zwei reelle Größen, so kann man stets solche ganze Zahlen x, y, z finden, daß $z > 0$, $|x - az|$, $|y - bz|$ beliebig klein und dabei

$$\left|\frac{x}{z} - a\right| < \sqrt{\frac{8}{19}} \cdot \frac{1}{z^{\frac{3}{2}}}, \quad \left|\frac{y}{z} - b\right| < \sqrt{\frac{8}{19}} \cdot \frac{1}{z^{\frac{3}{2}}}$$

sind.

Die Konstante $\sqrt{\frac{8}{19}}$ ist $= 0{,}648\ldots$

§ 10. Bemerkung zu einem Aufsatze von Lord Kelvin.

42. In den Baltimore lectures, appendix H, S. 618 ff. behandelt Lord Kelvin die dichtesten gitterförmigen Lagerungen von kongruenten und parallel orientierten konvexen Körpern und geht dabei von der Annahme aus, *daß in einer dichtesten Lagerung vier sich gegenseitig berührende Körper auftreten.* Dieser Umstand ereignet sich in der Tat im Falle (I) (vgl. 21., also z. B. für Kugeln) bei den Körpern, die sich um die vier Punkte 0, 0, 0; 1, 0, 0; 0, 1, 0; 0, 0, 1 lagern; im Falle (III) (also z. B. für Oktaeder) bei den Körpern um die vier Punkte 0, 0, 0; 1, 0, 0; 1, 1, 0; 1, 1, 1. Die Annahme ist aber nicht zutreffend im Falle (II).

Dieser Fall (II) tritt z. B. ein, wenn das von den 12 Ebenen

$$X - \delta Y - \delta Z = \pm \frac{1}{2},$$

$$-\delta X + Y - \delta Z = \pm \frac{1}{2},$$

$$-\delta X - \delta Y + Z = \pm \frac{1}{2},$$

$$\varepsilon X + \frac{1}{2} Y + \frac{1}{2} Z = \pm \frac{1}{2},$$

$$\frac{1}{2} X + \varepsilon Y + \frac{1}{2} Z = \pm \frac{1}{2},$$

$$\frac{1}{2} X + \frac{1}{2} Y + \varepsilon Z = \pm \frac{1}{2}$$

begrenzte Polyeder, wobei $0 < \delta < \frac{1}{2}$ und $0 < \varepsilon < \frac{1}{2}$ sei, den Grundkörper abgibt; bei hinreichend kleinen Werten von δ und von ε ist leicht zu sehen, daß dieses Polyeder durch die Parallelverschiebungen vom Nullpunkte nach allen Punkten mit ganzzahligen Koordinaten X, Y, Z ein System von Körpern in dichtester gitterförmiger Lagerung erzeugt.

XX.

Zur Geometrie der Zahlen.

(Mit Projektionsbildern auf einer Doppeltafel.)

(Verhandlungen des III. Internationalen Mathematiker-Kongresses. Heidelberg 1904. S. 164—173.)

Im folgenden möchte ich versuchen, in kurzen Zügen einen Bericht über ein eigenartiges, zahlreicher Anwendungen fähiges Kapitel der Zahlentheorie zu geben, ein Kapitel, von dem Charles Hermite einmal als der „introduction des variables continues dans la théorie des nombres" gesprochen hat. Einige hervorstechende Probleme darin betreffen die Abschätzung der kleinsten Beträge kontinuierlich veränderlicher Ausdrücke für ganzzahlige Werte der Variablen.

Die in dieses Gebiet fallenden Tatsachen sind zumeist einer geometrischen Darstellung fähig, und dieser Umstand ist für die in letzter Zeit hier erzielten Fortschritte derart maßgebend gewesen, daß ich geradezu das ganze Gebiet als die *Geometrie der Zahlen* bezeichnet habe.

(Fig. 1.) Die erste Figur illustriert für die Ebene dasjenige Theorem, welches mit Recht als das *Fundamentaltheorem* der Geometrie der Zahlen bezeichnet werden kann, weil es fast in jede Untersuchung auf diesem Gebiete hineinspielt.

In der Ebene denken wir uns irgendwelche Parallelkoordinaten x, y eingeführt, wobei noch für jede Achse der Einheitsmaßstab beliebig gewählt sein kann. Die Punkte mit ganzzahligen Koordinaten x, y bilden das *Zahlengitter* in x, y. Dieses Gitter kann auf mannigfaltige Weise durch ein Gerüst von kongruenten homothetischen Parallelogrammen gestützt werden, welche die Ebene lückenlos überdecken und als deren Ecken die Punkte des Gitters erscheinen. Bei einer vollständigen und einfachen Überdeckung der Ebene kommt danach sozusagen auf jeden Gitterpunkt ein homologes Gebiet von einem Flächeninhalt $\iint dx\,dy = 1$.

Nun denken wir uns irgendeine geschlossene konvexe Kurve, welche im Nullpunkt einen Mittelpunkt haben soll; sie darf auch geradlinige Stücke aufweisen. Das von ihr umschlossene Gebiet dilatieren wir vom

Nullpunkte aus (bzw. wir ziehen es zusammen) nach allen Richtungen in gleichem Verhältnisse zu einer solchen homothetischen, d. h. ähnlichen und ähnlich gelegenen, der grün umrandeten Figur, welche im Inneren den Nullpunkt als einzigen Gitterpunkt enthalten, ihren Rand aber durch wenigstens einen weiteren Gitterpunkt schicken soll. Ziehen wir weiter diese grüne Figur vom Nullpunkte aus im Verhältnisse 1 : 2 zusammen und konstruieren um jeden anderen Gitterpunkt das homologe Gebiet, so erhalten wir offenbar lauter solche Gebiete, die nicht ineinander eindringen. Da nun bei lückenloser Überdeckung der Ebene im Durchschnitt auf einen Gitterpunkt ein Flächeninhalt $=1$ kommt, so muß der Flächeninhalt eines solchen rot umgrenzten Gebiets <1 bzw. $=1$ sein, falls diese roten Gebiete ebenfalls die Ebene lückenlos ausfüllen. Das von der grünen Kurve umschlossene Gebiet hat daher einen Inhalt $\leqq 4$. Treiben wir es endlich zu einem homothetischen Gebiete genau vom Inhalte 4 auf, so kommen wir zu dem Fundamentaltheoreme:

Ein konvexes Gebiet mit einem Mittelpunkt im Nullpunkt vom Flächeninhalt 4 *enthält stets wenigstens einen weiteren Gitterpunkt.*

Die Formeln in der Figur geben den analytischen Ausdruck dieses Theorems. Genügt eine Funktion $f(x, y)$ den Bedingungen (1)—(4) und ist J der Flächeninhalt des Gebiets $f \leqq 1$, so kann man stets solche ganze Zahlen x, y, die nicht beide Null sind, finden, wofür die Funktion $f \leqq 2J^{-\frac{1}{2}}$ ausfällt. (1) besagt, daß f wesentlich positiv, (2), daß es homogen von der ersten Dimension ist, (3), daß das Gebiet $f \leqq 1$ einen Mittelpunkt hat, und wird die *Länge* der Verbindungsstrecke zweier Punkte mit den relativen Koordinaten x, y durch $f(x, y)$ definiert, so besagt (4), daß in einem Dreiecke die Summe zweier Seitenlängen niemals kleiner als die Länge der dritten Seite sein soll.

(Fig. 2.) Eine ausgezeichnete Anwendung dieses Satzes erläutert die nächste Figur. Bekanntlich tragen die gewöhnlichen Kettenbruchentwicklungen für Funktionen einer Variablen einen einfacheren Charakter als die analogen Entwicklungen für reelle Größen. Eine Funktion $f(z)$, die für $z = \infty$ einen Pol hat, läßt sich in einen Kettenbruch (1) entwickeln, worin $F_0(z)$ und die Nenner $F_1(z), F_2(z), \ldots$ ganze rationale Funktionen sind. Die Näherungsbrüche dieses Kettenbruchs lassen sich von vornherein charakterisieren, ohne daß es nötig wäre, sie erst sukzessive durch die Entwicklung ausfindig zu machen. Als Näherungsbruch tritt hier jeder solche Quotient $P(z)/Q(z)$ zweier teilerfremden ganzen Funktionen auf, für welchen der Ausdruck (2), nach fallenden Potenzen von z entwickelt, mit einer Potenz von negativem Exponenten beginnt. Während eine sehr weitgehende Analogie zwischen den Eigenschaften der ganzen

Funktionen und der ganzen Zahlen besteht, schien zu dem genannten Satze ein entsprechender in der Arithmetik zu fehlen. Dieses Analogon finden wir darin, daß für eine beliebige reelle Größe a die sämtlichen gekürzten Brüche x/y, welche die Ungleichung (3) erfüllen, für welche also $(x - ay)y$ in den Grenzen $-\frac{1}{2}$ und $\frac{1}{2}$ liegt, sich als die Näherungsbrüche einer bestimmten Kettenbruchentwicklung (4) mit ganzzahligem g_0 und lauter positiven ganzzahligen $g_1, g_2, \ldots$ anordnen.*)

Sind, um etwas allgemeinere Umstände zu betrachten, ξ, η zwei binäre lineare Formen in x, y mit beliebigen reellen Koeffizienten und einer Determinante $= 1$ (im speziellen würden wir $\xi = x - ay$, $\eta = y$ annehmen), so besteht *ein sehr anschaulicher Zusammenhang zwischen den sämtlichen möglichen Auflösungen der Ungleichung* $|\xi\eta| < \frac{1}{2}$ *in ganzen Zahlen* x, y *ohne gemeinsamen Teiler.***) Wir zeichnen die Geraden $\xi = 0$, $\eta = 0$, etwa rechtwinklig zueinander, und die beiden Hyperbeln $\xi\eta = \frac{1}{2}$ und $\xi\eta = -\frac{1}{2}$. Wir legen eine beliebige Tangente an den Hyperbelast im ersten ξ, η-Quadranten und konstruieren dazu die Spiegelbilder in den drei anderen Quadranten, so daß wir ein Tangentenparallelogramm mit den Diagonalen $\xi = 0$, $\eta = 0$ erhalten. Ein solches Parallelogramm enthält nun stets wenigstens eine primitive (d. h. aus ganzen relativ primen Zahlen $x, y \neq 0, 0$ bestehende) Lösung der Ungleichung $|\xi\eta| < \frac{1}{2}$, und es enthält höchstens zwei verschiedene solcher Lösungen, wobei dann die Determinante aus den Koordinaten x, y dieser Lösungen stets ± 1 ist. Zwei entgegengesetzte Systeme x, y und $-x, -y$ betrachten wir hier nicht als verschieden. Umgekehrt gibt es zu jeder primitiven Lösung x, y eine solche Form jenes Tangentenparallelogramms, wobei es nur diese Lösung (und $-x, -y$) enthält, und andererseits, wofern dafür nicht $\xi = 0$ ist, auch eine solche Form, wobei es diese und außerdem noch eine zweite primitive Lösung mit kleinerem $|\xi|$ enthält. Deformieren wir nun das Tangentenparallelogramm kontinuierlich, indem wir die Tangenten an den bezüglichen Hyperbelästen entlang gleiten lassen, so erhalten wir abwechselnd die rot und grün gezeichneten Formen mit einer und mit zwei primitiven Lösungen, und es tritt die Gesamtheit der primitiven Auflösungen der diophantischen Ungleichung $|\xi\eta| < \frac{1}{2}$, geordnet nach

*) Wie die Aussage hier gefaßt ist, darf a nicht gerade die Hälfte einer ungeraden ganzen Zahl sein.

**) Wir nehmen hier an, daß $\xi\eta$ nicht gerade mit der Form $\frac{1}{2}(X^2 - Y^2)$ arithmetisch äquivalent ist.

abnehmendem $|\xi|$ (und wachsendem $|\eta|$), — *die zu den Formen* ξ, η *gehörige Diagonalkette* — hervor.

(Fig. 3). Mit den nicht homogenen diophantischen Ungleichungen hat sich wohl zuerst Tschebyscheff beschäftigt und darüber ein Theorem folgender Art entwickelt: Sind a, b zwei beliebige reelle Größen, so kann man stets ganze Zahlen x, y finden, wofür die Ungleichung (1) gilt. Statt des Faktors $\frac{1}{4}$ rechts hat Tschebyscheff hier eine etwas ungünstigere Konstante. Die am weitesten führenden Schlüsse in dieser Richtung knüpfen an die nun folgenden Zeichnungen an:

ξ, η mögen wieder zwei lineare Formen in x, y mit beliebigen reellen Koeffizienten und einer Determinante $= 1$ bedeuten. Mit Hilfe zweier aufeinanderfolgenden Glieder der vorhin besprochenen Diagonalkette zu ξ, η können wir ein System homologer Parallelogramme um die einzelnen Gitterpunkte als Mittelpunkte, die roten Parallelogramme, konstruieren, deren Diagonalen parallel den Linien $\xi = 0$, $\eta = 0$ sind und wobei nicht zwei ineinander eindringen, wobei aber jedes an vier (bei lückenloser Überdeckung der Ebene an sechs oder acht) andere Parallelogramme angrenzt. Dabei können sich noch zwei verschiedene Möglichkeiten darbieten, die in der oberen und der unteren Zeichnung zur Darstellung gebracht sind, indem ein Parallelogramm entweder mit jeder Seite an ein benachbartes oder nur mit zwei Seiten jedesmal an je zwei benachbarte anstößt. Die roten Parallelogramme lassen nun (im allgemeinen) noch Lücken zwischen sich. Wir dilatieren sie von ihren Mittelpunkten zu homothetischen Parallelogrammen in demjenigen bestimmten Verhältnis, wobei sie jedesmal über die Hälfte anstoßender Lücken hinauswachsen, und wir erhalten dadurch die grün gezeichneten Parallelogramme, welche nun die ganze Ebene vollständig, aber zum Teil mehrfach überdecken. Dabei zeigt es sich, daß diese neuen Bereiche keine Partie der Ebene mehr als zweifach überdecken, und ist infolgedessen der Flächeninhalt $\iint dx\,dy$ eines grünen Parallelogramms $\leqq 2$. Diese Tatsache führt zu folgendem Satze:

Sind ξ_0, η_0 *irgend zwei reelle Werte, so kann man stets solche ganze Zahlen* x, y *finden, daß die Ungleichung* (3) *gilt.* Der vorhin formulierte Satz über den Ausdruck $x - ay - b$ ist nur ein Spezialfall dieser allgemeineren Aussage. —

Das arithmetische Fundamentaltheorem über konvexe Gebilde läßt sich mit Leichtigkeit auf den Raum, sowie auf Mannigfaltigkeiten beliebiger Dimension übertragen. Eine seiner wertvollsten Anwendungen findet das Theorem zu einfachen Beweisen der Dirichletschen Sätze über die Einheiten in den algebraischen Zahlkörpern.

Im Raume werden wir so für das parallelepipedische Punktgitter der ganzzahligen Systeme von 3 Variablen x, y, z den Satz haben: *Ein konvexer Körper mit einem Mittelpunkt im Nullpunkt und von einem Volumen* $\iiint dx\,dy\,dz \leqq 8$ *enthält stets wenigstens einen weiteren Gitterpunkt.*

Auf diesen Satz gründen wir wirklich brauchbare *Methoden zur Ermittlung der sämtlichen Einheiten in einem gegebenen kubischen Zahlkörper.*

(Fig. 4.) Handelt es sich zunächst um einen kubischen reellen Körper mit *negativer* Diskriminante, wobei die zwei konjugierten Körper einander konjugiert komplex sind, so existiert in dem Körper eine völlig bestimmte positive Fundamentaleinheit von möglichst kleinem Betrage > 1. Das Verfahren zur Gewinnung dieser Einheit läßt sich an der oberen Zeichnung in Figur 4 klarmachen. Es sei ξ eine Basisform des gegebenen Körpers, η, ζ seien die konjugierten Formen in den konjugierten Körpern. Sind λ, μ positive Parameter, so geben uns die Gleichungen $\xi = \pm\lambda$ zwei Ebenen, $|\eta| = \mu$ eine elliptische Zylinderfläche. Wir können die zwei Parameter λ, μ derart bestimmen, daß der begrenzte zylindrische Raum (1) (der rote Zylinder in der Figur) sowohl auf einer Basisfläche einen Gitterpunkt A wie auf der Mantelfläche einen Gitterpunkt B (und natürlich gleichzeitig auch die in bezug auf den Nullpunkt diametral gegenüberliegenden Gitterpunkte A', B') aufweist. Nun bedürfen wir eines neuen Gitterpunktes C, um hernach aus den Koordinaten von A, B, C eine hier nützliche lineare Substitution zu entnehmen. Wir variieren den elliptischen Zylinder (1) als solchen, indem wir in den zwei Basisflächen diejenigen parallelen Durchmesser festhalten, deren Ebene durch B, B' geht, dagegen die zu ihnen konjugierten Durchmesser dilatieren und entsprechend den ganzen zylindrischen Raum ausdehnen, bis wir einen neuen Gitterpunkt C auf seiner Mantelfläche auftreten sehen. In diesem Zustande (mit den schwarz gezeichneten Rändern) bezeichnen wir den Zylinder als einen *extremen.* Wir finden, daß die Determinante aus den Koordinaten von A, B, C gleich ± 1 ist, wenn sie nicht unter besonderen Umständen Null ist. Von jedem extremen Zylinder können wir nun zu einem benachbarten schmäleren extremen Zylinder fortschreiten. Wir ziehen die ursprünglichen Basisflächen homothetisch von der Achse aus zusammen, bis ihre Ränder durch A, A' gehen, wodurch diese Punkte auf die Mantelfläche treten, und können dann, ohne daß Gitterpunkte ins Innere des Zylinders eintreten, den Zylinder ausziehen, die Basisflächen parallel mit ihrer Anfangslage vom Nullpunkte entfernen, bis sie von neuem auf Gitterpunkte D, D' stoßen, und von diesem weiteren Zustande aus können wir dann wie vorhin einen extremen Zylinder herstellen. Danach existiert eine bestimmte *Kette von extremen Zylindern,* und die

Betrachtung der auf ihren Basisflächen auftretenden Gitterpunkte führt mit Sicherheit eben zur Auffindung der Fundamentaleinheit in dem gegebenen kubischen Zahlkörper. —

Das allgemeine Theorem über konvexe Körper, auf Parallelepipede angewandt, führt zur Folgerung: *Sind ξ, η, ζ irgend drei lineare Formen in x, y, z mit beliebigen reellen Koeffizienten und einer Determinante $\pm\Delta$, wobei $\Delta > 0$ ist, so kann man für die Variablen x, y, z stets solche ganze Zahlen, die nicht sämtlich Null sind, finden, daß dadurch die Beträge aller drei Formen $\leqq \sqrt[3]{\Delta}$ ausfallen.*

Liegt nun ein kubischer Körper mit *positiver* Diskriminante vor, dessen konjugierte Körper also sämtlich reell sind, und handelt es sich um die Ermittlung aller Einheiten im Körper, so seien ξ, η, ζ konjugierte Basisformen in dem Körper und seinen zwei konjugierten Körpern. Wir fassen alsdann die Gesamtheit aller solchen „extremen" Parallelepipede mit dem Nullpunkt als Mittelpunkt und mit Seitenflächen parallel den Ebenen $\xi = 0$, $\eta = 0$, $\zeta = 0$ ins Auge, welche im Inneren vom ganzen Gitter nur den Nullpunkt enthalten, aber auf allen Seitenflächen mit besonderen Gitterpunkten versehen sind. Es existieren hier unendlich viele Parallelepipede von diesem Charakter, sie besitzen eine bestimmte Verkettung untereinander, und die Kenntnis dieser führt uns mit Sicherheit zur Aufstellung aller Einheiten im gegebenen Zahlkörper. Den Übergang von einem extremen Parallelepiped zu seinen benachbarten in der Kette vermittelt ein einfacher Algorithmus, der sich vor allem nach der Art richtet, wie die Gitterpunkte auf den Seitenflächen des Parallelepipeds in Hinsicht auf deren Mittellinien liegen. In dieser Beziehung bieten sich wesentlich drei Möglichkeiten dar, die in den Figuren (I), (II), (III) zum Ausdruck gebracht sind. In den Fällen (I) und (II) erweist sich die Determinante aus den Koordinaten von A, B, C gleich 1, im Falle (III) ist sie Null und fällt dabei der Schwerpunkt des Dreiecks ABC in den Nullpunkt.

(Fig. 5.) Ich hebe noch das folgende anziehende Problem hervor, welches auch in der Theorie von der Struktur der Kristalle eine Stelle findet:

Wir denken uns einen beliebigen Grundkörper im Raume vorgelegt. Lauter mit ihm kongruente und parallel orientierte Körper in unendlicher Anzahl seien so angeordnet, daß ihre Schwerpunkte ein parallelepipedisches Punktsystem bilden und daß nicht zwei der Körper ineinander eindringen. Unter welchen Umständen schließen sich die Körper so dicht als überhaupt möglich zusammen, sind also die zwischen ihnen vorhandenen Lücken auf ein Minimum an Volumen reduziert?

Für den Fall, daß der Grundkörper ein *Oktaeder* ist, gibt Fig. 5 die

Lösung des Problems an. In der fraglichen dichtesten gitterförmigen Lagerung muß jedes einzelne der Oktaeder in bestimmter Weise an vierzehn benachbarte anstoßen. Hier ist, in eine Ebene umgeklappt, das halbe Netz eines der Oktaeder dargestellt und sind in den vier Seitenflächen (durch zur Hälfte rote Berandung) die 7 Partien mit Mittelpunkt angezeigt, in welchen das Oktaeder sich an benachbarte anlegt. Das Minimum des Raumes, welches die Lücken zwischen den Oktaedern noch darbieten, verhält sich zu dem von den Oktaedern eingenommenen Raume in diesem Falle der dichtesten Lagerung wie 1 : 19. Dieses Resultat gestattet folgende rein arithmetische Einkleidung:

Sind φ, χ, ψ, ω *irgend vier lineare Formen in* x, y, z *mit beliebigen reellen Koeffizienten, deren Summe identisch Null ist und wobei je drei eine Determinante* $\pm 4\Delta\,(\Delta > 0)$ *haben, so kann man stets solche ganze Zahlen* x, y, z, *die nicht sämtlich Null sind, finden, daß die Ungleichungen* (2) *gelten.*

Von diesem Ergebnisse machen wir noch eine bemerkenswerte Anwendung. Es seien a, b zwei beliebige reelle Größen, t ein positiver Parameter, so bestimmen die 8 Ebenen (3) ein Oktaeder. Indem noch t beliebig groß angenommen werden kann, entspringt hieraus diese Folgerung:

Man kann zwei beliebige reelle Größen a, b *stets durch Brüche* x/z *und* y/z *mit gleichem Nenner beliebig genau und zugleich derart annähern, daß die Ungleichungen* (4) *statthaben.*

(Fig. 6.) Wir werfen nun die Frage auf: Wie übertragen sich die Sätze über die Approximation einer reellen Größe durch Zahlen des natürlichen Rationalitätsbereiches auf das Gebiet der komplexen Größen? Man wird hier zunächst auf Approximationen im Zahlkörper der dritten oder der vierten Einheitswurzel ausgehen. Im Körper der dritten Einheitswurzel liegen die Dinge wesentlich einfacher und werden die Sätze sehr ähnlich denen für reelle Größen. Ich will hier nur die verwickelteren Beziehungen im *Körper der vierten Einheitswurzel* berühren.

Es seien ξ, η zwei lineare Formen mit beliebigen komplexen Koeffizienten und zwei komplexen Variablen $x + ix'$, $y + iy'$ von einer Determinante $\Delta \neq 0$, so richten wir unser Augenmerk auf diejenigen „extremen“ Zahlenpaare $x + ix'$, $y + iy' \neq 0, 0$ im Zahlkörper von i, zu welchen nicht ein Zahlenpaar derselben Art angebbar ist, das sowohl $|\xi|$ wie $|\eta|$ kleiner werden läßt. Wir können die zwei Zahlen eines Paares mit einer und derselben Einheit $-1, \pm i$ multiplizieren, das entstehende assoziierte Paar gilt uns hier als nicht verschieden von dem ursprünglichen. Alle vorhandenen extremen Paare lassen sich nun in eine Kette nach der Größe von $|\xi|$ (und zugleich von $|\eta|$) ordnen. Zwei benachbarte Paare der Kette zusammen sind leicht a priori zu charakterisieren. Nämlich die zugehörige Determinante (2) ist entweder (A) eine Einheit $\pm 1, \pm i$ oder (B) gleich $(1+i)$, multipliziert in eine Einheit. Wir benutzen diese zwei Paare als Vertikalreihen der Matrix einer auf ξ, η anzuwendenden Substitution und erhalten dadurch für ξ, η die Ausdrücke (3), worin $|\varrho|$, $|\sigma|$ beide $\leqq 1$ sind. Indem wir das zweite Paar durch ein assoziiertes ersetzen und eventuell noch i in $-i$ umwandeln, können wir ϱ auf den in den Zeichnungen rot markierten Oktanten des Einheitskreises (bzw. $1/\varrho$ auf den konjugierten Oktanten außerhalb dieses Kreises) bringen. Es sind nun die Fälle (A) und (B) zu unterscheiden, auf welche sich die größere bzw. die kleinere Zeichnung bezieht. Im Falle (A) wird jener Oktant durch gewisse Kreise vom Radius 1 bzw. $\frac{1}{\sqrt{2}}$ in fünf Stücke zerlegt, die in der Figur fortlaufend mit I—V numeriert sind. Wenn ϱ in ein bestimmtes derselben fällt, kann jedesmal σ nur in diejenigen grünbegrenzten Stücke des Einheitskreises fallen, in welche die nämliche Nummer eingetragen ist. Der kleinste Wert für den Betrag der Determinante $|1-\varrho\sigma|$ entsteht, wenn ϱ, σ den scharfen mit kleinen Kreuzen bezeichneten Ecken der Figur entsprechen. Im Falle (B) kann ϱ nur in das rote Gebiet (I) und σ dann nur in das grüne Gebiet (I) fallen. Als wichtigstes Ergebnis entnehmen wir hieraus:

Man kann in die Formen ξ, η für $x+ix'$, $y+iy'$ stets solche ganze Zahlen des Körpers von i, die nicht beide Null sind, setzen, daß dabei die Ungleichungen (4) *gelten.* —

Endlich möchte ich noch einige Worte über *Kriterien für algebraische Zahlen* hinzufügen.

(Fig. 7.) Durch diese Figur suche ich dem bekannten Lagrangeschen *Kriterium für eine reelle quadratische Irrationalzahl* eine neue Seite abzugewinnen. In einem Quadrat von der Seitenlänge 1 sind hier auf der linken vertikalen Seite, der y-Achse, fortgesetzt Halbierungen vorgenommen, so daß sukzessive alle Punkte erhalten werden, deren Ordinate eine rein dyadische Zahl, d. h. eine rationale Zahl mit einer Potenz von 2 als Nenner ist. Jedem auf der y-Achse auftretenden Intervall oder Teilpunkt wird nun ein Intervall bzw. ein rationaler Teilpunkt auf der x-Achse, der unteren horizontalen Seite, dadurch zugeordnet, daß zunächst den Endwerten $y=0$ und $y=1$ die Endwerte $x=0$ und $x=1$ entsprechen sollen, und weiter, so oft dort ein Intervall halbiert wird, hier zwischen die Endpunkte a/b, a'/b' des zugeordneten Intervalls, a und b, ferner a' und b' als relativ prim gedacht, ein neuer Teilpunkt in $x=(a+a')/(b+b')$ eingeschaltet wird. Auf der horizontalen Seite treten so als Teilpunkte sukzessive alle Punkte mit rationaler Abszisse auf, und die Zuordnung der gleichzeitig konstruierten Abszissen und Ordinaten liefert uns das Bild einer beständig wachsenden Funktion $y = ?(x)$, zunächst für alle rationalen x, dann durch die Forderung der Stetigkeit erweitert auf beliebige reelle Argumente im Intervalle $0 \leqq x \leqq 1$, während gleichzeitig y dieses Intervall beliebig durchläuft. Wenn nun x eine quadratische Irrationalzahl ist und daher auf eine periodische Kettenbruchentwicklung führt, so entspricht dadurch dem Werte $y = ?(x)$ eine periodische Dualentwicklung und erweist sich infolgedessen y als rational. Wir erhalten dadurch die Sätze:

Ist x eine quadratische Irrationalzahl, so ist y rational, aber nicht rein dyadisch. Ist x rational, so ist y rein dyadisch. Und diese Sätze sind völlig umkehrbar.

(Fig. 8.) Die letzte Figur zeigt nun eine Verallgemeinerung dieser Sätze auf *kubische Irrationalitäten*, welche Herr Louis Kollros in seiner Dissertation (Zürich 1904) entwickelt hat:

Einerseits wird hier ein Quadrat, in welchem ξ, η in den Grenzen 0 und 1 laufen, in der Weise behandelt, daß es zuerst durch die Diagonale $\xi = \eta$ in zwei gleichschenklige rechtwinklige Dreiecke zerlegt wird und in der Folge jedes einmal entstehende gleichschenklige rechtwinklige Dreieck durch die Verbindung von der Spitze nach der Mitte der Hypotenuse in zwei gleichschenklige rechtwinklige Dreiecke aufgelöst wird. Andererseits erfährt gleichzeitig ein zweites Quadrat, in welchem x, y in den Grenzen 0 und 1 laufen, eine gewisse Schritt für Schritt zugeordnete Zerfällung in Dreiecke: zunächst werden die vier Ecken des Quadrats den vier Ecken des ersten Quadrats mit gleichwertigen Koordinaten und weiter die Linie $x = y$ der Linie $\xi = \eta$ zugeordnet, und in der Folge wird, wo dort eine Hypotenuse halbiert und hernach eine geradlinige Verbindung eingeführt wird, hier zwischen die Endpunkte der zugeordneten Strecke, wenn deren Koordinaten $a/c, b/c$ und $a'/c', b'/c'$ und a, b, c sowie a', b', c' relativ prime Zahlen sind, als ein neuer Teilpunkt der Punkt mit den Koordinaten $x = (a + a')/(c + c')$, $y = (b + b')/(c + c')$ eingeschaltet und hernach die entsprechende geradlinige Verbindung vorgenommen. Dadurch werden zwei eindeutig umkehrbare Beziehungen (1) festgesetzt, zunächst für alle rationalen x, y und dyadischen ξ, η und hernach durch die Forderung der Stetigkeit überhaupt für beliebige Argumente und Funktionswerte in den Grenzen 0 und 1. Dabei findet nun Kollros die folgenden Sätze, welche freilich in einem wesentlichen Punkte noch nicht bewiesen sind, deren Richtigkeit aber nach einer Menge von Beispielen in hohem Grade plausibel erscheint:

Sind $1, x, y$ drei unabhängige Zahlen in einem reellen kubischen Körper, so sind ξ, η rational und ist keine der Größen $\xi, \eta, \xi + \eta, \xi - \eta$ rein dyadisch. Gehören x, y einem quadratischen Körper an, ohne beide rational *zu sein, so sind* ξ, η *rational und ist eine der Größen* $\xi, \eta, \xi + \eta, \xi - \eta$ *rein dyadisch. Sind* x, y *beide rational, so sind* ξ, η *beide rein dyadisch. Diese Sätze sind vollkommen umkehrbar.*

Nimmt man $y = x^2$, so erlangt man hierdurch ein vollständiges Kriterium dafür, daß x eine reelle kubische Irrationalzahl ist. Besonders zu betonen ist, daß diese Sätze für alle kubischen Körper und nicht etwa bloß für solche mit negativer Diskriminante, in welchen nur *eine* Fundamentaleinheit vorhanden ist, zuzutreffen scheinen.

Diese Aufzählung von speziellen Ergebnissen aus der Geometrie der Zahlen ließe sich noch weiterführen. Aber ich habe vielleicht mein Ziel bereits erreicht und Sie mögen den Eindruck gewonnen haben, daß es sich hier um Fragen handelt, welche die Fundamente der Größenlehre berühren, welche der Auffassung leicht zugänglich sind und welche uns die Disziplinen der Algebra, Arithmetik, Geometrie in harmonischer Wechselwirkung zeigen.

XXI.

Diskontinuitätsbereich für arithmetische Äquivalenz.

(Crelles Journal für die reine und angewandte Mathematik, Band 129, S. 220—274.)

Problemstellung.

Die vorliegende Arbeit benutzt mehrfach Methoden, welche von Dirichlet ausgebildet worden sind.

Ich stellte mir folgendes Problem:

Ein System von n linearen Formen $\xi_1, \xi_2, \ldots, \xi_n$ mit n Variablen $x_1, x_2, \ldots, x_n$, mit beliebigen reellen Koeffizienten

$$\frac{\partial \xi_h}{\partial x_k} = \alpha_{hk}$$

und von Null verschiedener Determinante heiße einem zweiten solchen Systeme $\eta_1, \eta_2, \ldots, \eta_n$ *arithmetisch äquivalent*, wenn jedes der zwei Systeme sich in das andere durch eine homogene lineare *Substitution mit lauter ganzzahligen Koeffizienten* transformieren läßt. Es soll nun *in der Mannigfaltigkeit* A *der* n^2 *reellen Parameter* α_{hk} *ein Bereich* B konstruiert werden, in welchem *jede* vollständige Vereinigung (*Klasse*) untereinander äquivalenter Systeme *durch einen Punkt*, und wenn der Punkt ins Innere des Bereichs zu liegen kommt, auch nur durch einen einzigen Punkt repräsentiert wird.

Dieses Problem läßt sich sofort auf ein entsprechendes Problem über positive quadratische Formen zurückführen. Wir bilden aus $\xi_1, \xi_2, \ldots, \xi_n$ die Quadratsumme

$$\xi_1^2 + \xi_2^2 + \cdots + \xi_n^2 = f.$$

Sie ist eine *positive quadratische Form der n Variablen* $x_1, x_2, \ldots, x_n$ mit den Koeffizienten

$$\frac{1}{2}\frac{\partial^2 f}{\partial x_h \partial x_k} = a_{hk} = \alpha_{1h}\alpha_{1k} + \alpha_{2h}\alpha_{2k} + \cdots + \alpha_{nh}\alpha_{nk}.$$

Wir betrachten die $\frac{n(n+1)}{2}$-dimensionale Mannigfaltigkeit A der $\frac{n(n+1)}{2}$ beliebig veränderlichen reellen Parameter a_{hk}. Jedem Punkte $f = (a_{hk})$ dieser Mannigfaltigkeit A, für den die Form f sich als wesentlich positiv erweist, entspricht auf Grund der eben hingeschriebenen Gleichungen noch ein $\frac{n(n-1)}{2}$-dimensionales Gebiet $\mathsf{A}(f)$ von Punkten (α_{hk}) in der Mannigfaltigkeit A.

Wir übertragen den Begriff der arithmetischen Äquivalenz und Klasse sinngemäß auf die positiven quadratischen Formen, und *wir suchen in der Mannigfaltigkeit A einen Bereich B, in dem jede Klasse positiver quadratischer Formen durch einen Punkt, und wenn der Punkt in das Innere von B fällt, auch nur durch einen einzigen Punkt repräsentiert wird.*

Alsdann bilden die Gebiete $\mathsf{A}(f)$ zu allen in B gelegenen Punkten f den verlangten Diskontinuitätsbereich B in der Mannigfaltigkeit A.

Ich werde nachweisen, daß *der Diskontinuitätsbereich B für die arithmetische Äquivalenz der positiven quadratischen Formen* derart konstruiert werden kann, daß er *in der Mannigfaltigkeit A einen von einer endlichen Anzahl von Ebenen begrenzten konvexen Kegel* mit dem durch $f=0$ repräsentierten Nullpunkte als Spitze vorstellt.

Durch diesen Satz wird für die positiven quadratischen Formen mit n Variablen die Theorie der arithmetischen Äquivalenz auf dieselbe Höhe gebracht, welche sie für die ternären Formen durch die Abhandlung von Dirichlet: *Über die Reduction der positiven quadratischen Formen mit drei unbestimmten ganzen Zahlen* erreichte.

Derjenige Teil des Diskontinuitätsbereichs B, welcher den Formen f mit einer Determinante $\leqq 1$ entspricht, besitzt ein endliches Volumen. Für $n=2$ kommt dieses Volumen wesentlich auf den nichteuklidischen Flächeninhalt des Fundamentalbereichs der elliptischen Modulfunktion $J(\omega)$ hinaus. Die allgemeine Ermittlung jenes Volumens gelingt hier mit Hilfe derjenigen Prinzipien, auf welche Dirichlet die Berechnung der Klassenanzahlen der ganzzahligen binären quadratischen Formen gegründet hat, *und zwar kommt das analytische Element in diesen Prinzipien gerade bei der hier zu machenden Anwendung am reinsten zum Vorschein.*

Mit jenem Volumen hängen gewisse asymptotische Gesetze betreffs der Formen mit ganzzahligen Koeffizienten zusammen. Andererseits ermöglicht der Wert des Volumens einen Schluß auf die dichteste Ausfüllung des n-dimensionalen Raumes durch lauter kongruente Kugeln.

Die einschlägige Literatur zu den hier behandelten Gegenständen ist in meiner Arbeit im 107. Bande von Crelles Journal (Diese Ges. Abhandlungen, Bd. I, S. 243—260) ausführlich genannt und verweise ich dieserhalb auf die dortigen Angaben.

§ 1. Charakter der positiven quadratischen Formen.

Es sei

$$f(x_1, x_2, \ldots, x_n) = \sum a_{hk} x_h x_k \qquad (h, k = 1, 2, \ldots, n)$$

eine quadratische Form der n Variablen $x_1, x_2, \ldots, x_n$ mit reellen Koeffizienten a_{hk}. Wir setzen stets $a_{kh} = a_{hk}$ für $h < k$ voraus. Die aus der $h_1, h_2, \ldots, h_\nu$-ten Horizontal- und der $k_1, k_2, \ldots, k_\nu$-ten Vertikalreihe des quadratischen Schemas der a_{hk} hergestellte ν-reihige Determinante bezeichnen wir mit

$$D\begin{pmatrix} h_1, h_2, \ldots, h_\nu \\ k_1, k_2, \ldots, k_\nu \end{pmatrix}.$$

1. Dafür, daß f eine *wesentlich positive* Form sei, ist bekanntlich notwendig und hinreichend, daß die n Determinanten

$$D\begin{pmatrix} 1, 2, \ldots, h \\ 1, 2, \ldots, h \end{pmatrix} = D_h \quad \text{für} \quad h = 1, 2, \ldots, n$$

sämtlich positiv sind. Die letzte dieser Größen, D_n, ist die Determinante der Form f, deren Wert wir auch mit $D(f)$ bezeichnen. Wir setzen noch $D_0 = 1$,

$$\frac{D_h}{D_{h-1}} = q_h \;(h = 1, 2, \ldots, n); \quad \frac{D\begin{pmatrix} 1, \ldots, h-1, h \\ 1, \ldots, h-1, k \end{pmatrix}}{D\begin{pmatrix} 1, \ldots, h-1, h \\ 1, \ldots, h-1, h \end{pmatrix}} = \gamma_{hk} \quad \begin{pmatrix} h = 1, \ldots, n-1 \\ k = h+1, \ldots, n \end{pmatrix}.$$

Dann sind auch alle Größen $q_h > 0$ und besteht die identische Darstellung

(1) $$f = q_1 \xi_1^2 + q_2 \xi_2^2 + \cdots + q_n \xi_n^2$$

mit

(2) $$\xi_1 = x_1 + \gamma_{12} x_2 + \cdots + \gamma_{1n} x_n, \quad \xi_2 = x_2 + \cdots + \gamma_{2n} x_n, \ldots\ldots, \xi_n = x_n,$$

welche den *Charakter von f als positive Form in Evidenz* setzt.

2. Die Vergleichung der Koeffizienten von $x_1^2, x_2^2, \ldots, x_n^2$ auf beiden Seiten von (1) ergibt

(3) $$a_{11} = q_1, \quad a_{22} \geqq q_2, \ldots, a_{nn} \geqq q_n$$

und *durch Multiplikation dieser Ungleichungen folgt*

(4) $$a_{11} a_{22} \ldots a_{nn} \geqq D(f).$$

3. Ist L ein gegebener positiver Wert und soll $f \leqq L$ ausfallen, so folgt aus (1):

$$|\xi_n| \leqq \sqrt{\frac{L}{q_n}}, \quad |\xi_{n-1}| \leqq \sqrt{\frac{L}{q_{n-1}}}, \ldots, |\xi_1| \leqq \sqrt{\frac{L}{q_1}},$$

und diesen Ungleichungen können nach den Ausdrücken (2) nur eine *endliche* Anzahl verschiedener ganzzahliger Systeme $x_n, x_{n-1}, \ldots, x_1$ genügen. Wir haben daher den Satz:

Eine positive quadratische Form f kann nur für eine endliche Anzahl von ganzzahligen Systemen der Variablen Werte annehmen, die eine gegebene Schranke L nicht überschreiten.

§ 2. Anordnung in einer n-dimensionalen Mannigfaltigkeit.

Sind $a_1, a_2, \ldots, a_n$ und $b_1, b_2, \ldots, b_n$ zwei verschiedene Systeme von je n Größen und hat man

$$a_1 = b_1, \ldots, \quad a_{l-1} = b_{l-1}, \quad a_l > b_l,$$

wo l einen der Werte $1, 2, \ldots, n$ bedeuten kann, so heiße das erste System *höher*, das zweite *niedriger* als das andere, und zwar *an* l^{ter} *Stelle* höher bzw. niedriger.

Es sei eine unendliche Menge von Systemen $S(a_1, a_2, \ldots, a_n)$ vorgelegt mit folgender Eigenschaft: Ist $a_1, a_2, \ldots, a_n$ ein beliebiges System daraus und l eine beliebige der Zahlen $1, 2, \ldots, n$, so soll bei allen vorhandenen Systemen $b_1, b_2, \ldots, b_n$ der Menge, welche genau an l^{ter} Stelle niedriger als das erste System sind, für die Größe b jedesmal nur eine *endliche* Anzahl verschiedener Werte in Betracht kommen.

Bildet man alsdann, von einem beliebigen Systeme S der Menge ausgehend, soweit als angängig, *eine Reihe von Systemen* $S, S^{(1)}, S^{(2)}, \ldots,$ *so daß jedes folgende niedriger als das vorhergehende ist, so muß eine solche Reihe stets nach einer endlichen Anzahl von Schritten abbrechen.* Es muß sich also nach einer endlichen Anzahl von Schritten schließlich ein System einstellen, zu welchem es kein niedrigeres in der Menge gibt, und welches demnach das *niedrigste* System in der Menge vorstellt.

Für $n = 1$ ist die Behauptung evident. Nun sei $n > 1$. Betrachten wir zum Ausgangssysteme $S(a_1, a_2, \ldots, a_n)$ alle Systeme $a_1, b_2, \ldots, b_n$ der Menge, welche mit ihm in dem ersten Elemente a_1 übereinstimmen, so bilden die darin auftretenden Systeme $b_2, \ldots, b_n$ eine Menge von Systemen aus $n-1$ Elementen mit ganz entsprechender Eigenschaft, wie wir sie für die gegebene Menge n-gliedriger Systeme voraussetzen. Nehmen wir nun den zu beweisenden Satz bereits als erwiesen an, wenn die Zahl $n-1$ anstatt n steht, so kann eine Reihe $S, S^{(1)}, S^{(2)}, \ldots$ nur mit einer *endlichen* Anzahl von Termen derart fortschreiten, daß *das erste Element ungeändert* bleibt und jedesmal eine *Erniedrigung an der zweiten bis* n^{ten} *Stelle* eintritt. Da außerdem eine *Erniedrigung genau an erster Stelle* nach Voraussetzung ebenfalls nur eine endliche Anzahl von Malen vorkommen kann, so ist der zu beweisende Satz sofort für Systeme aus n Gliedern klar.

§ 3. Niedrigste Formen in einer Klasse.

Der Begriff der arithmetischen Äquivalenz von positiven quadratischen Formen ist schon in der Einleitung erwähnt worden. Zwei positive Formen

$$f = \sum a_{hk} x_h x_k, \quad g = \sum b_{hk} y_h y_k \qquad (h, k = 1, \ldots, n)$$

sind hierbei dann und nur dann *äquivalent*, wenn f in g durch eine *ganzzahlige Transformation mit einer Determinante* ± 1 überzuführen ist.

1. Ist dabei

(5) $$a_{11} = b_{11}, \quad a_{22} = b_{22}, \ldots, a_{nn} = b_{nn},$$

so mögen f und g *gleichgestellt* heißen. Ist dagegen

(6) $$a_{11} = b_{11}, \ldots, a_{l-1,l-1} = b_{l-1,l-1}, \quad a_{ll} > b_{ll},$$

wobei l einen der Werte $1, 2, \ldots, n$ haben kann, so soll f *höher* als g und g *niedriger* als f und zwar *an* l^{ter} *Stelle* höher bzw. niedriger heißen.

Es sei

(7) $$x_h = s_{h1} y_1 + s_{h2} y_2 + \cdots + s_{hn} y_n \qquad (h = 1, 2, \ldots, n)$$

eine ganzzahlige Substitution mit der Determinante ± 1, welche f in g überführt, so hat man

$$b_{kk} = f(s_{1k}, \ldots, s_{nk}) \qquad (k = 1, 2, \ldots, n).$$

Ist g *an* l^{ter} *Stelle niedriger als* f, so folgt daher

(8) $$f(s_{11}, \ldots, s_{n1}) = a_{11}, \ldots, f(s_{1,l-1}, \ldots, s_{n,l-1}) = a_{l-1,l-1}, \; f(s_{1l}, \ldots, s_{nl}) < a_{ll}.$$

Ferner ist *die aus den* l *ersten Vertikalreihen* der Substitution (7) *gebildete Matrix*

(9) $$\| s_{hk} \| \qquad (h = 1, 2, \ldots, n;\; k = 1, 2, \ldots, l)$$

unimodular, d. h. der größte gemeinsame Teiler aller aus ihr zu bildenden l-reihigen Determinanten ist gleich 1.

Hiernach ist leicht zu entscheiden, *ob es in der Klasse von* f *eine Form* g *gibt, welche niedriger als* f *ist.* Wir nehmen für l nacheinander jeden der Werte $1, 2, \ldots, n$ und fassen jedesmal das System der Bedingungen (8) ins Auge. Nach § 1 kann es jedesmal gewiß nur eine *endliche* Anzahl von ganzen Zahlen $s_{hk} (k \leqq l)$ geben, welche diesen Bedingungen genügen. Sowie für eines der betreffenden Lösungssysteme die *Matrix* (9) *unimodular* ist, können wir bekanntlich zu dieser Matrix $n - l$ weitere Vertikalreihen ganzzahliger Koeffizienten $s_{hk} (k = l + 1, \ldots, n)$ hinzufügen, so daß die Determinante des entstehenden quadratischen Schemas ± 1 wird, und es führt dann die zugehörige Substitution (7) in der Tat f in eine an l^{ter} Stelle niedrigere Form g über. *Dabei kommen jedesmal für* b_{ll} *nur eine endliche Anzahl verschiedener Werte in Frage.*

2. Auf Grund des Hilfssatzes in § 2 kann man nunmehr *in jeder Klasse* f *eine solche Form* g ermitteln, *zu welcher es keine niedrigere Form*

in der Klasse gibt und welche wir daher eine *niedrigste* Form der Klasse nennen. Alle äquivalenten mit ihr gleichgestellten Formen sind gleichzeitig niedrigste Formen der Klasse.

3. Soll die Form f durch die Substitution (7) in eine *gleichgestellte* Form übergehen, so müssen die n Gleichungen

$$f(s_{11}, \ldots, s_{n1}) = a_{11}, \ldots, f(s_{1n}, \ldots, s_{nn}) = a_{nn}$$

statthaben; es genügen ihnen nur eine endliche Zahl ganzzahliger Systeme s_{hk} und *gibt es* daher gewiß auch *nur eine endliche Anzahl ganzzahliger Substitutionen mit einer Determinante* ± 1, *durch welche eine Form in gleichgestellte übergeht.* Insbesondere zeigt sich, daß *jede positive Form nur eine endliche Anzahl ganzzahliger Transformationen in sich* besitzt.

4. Jede Form f geht durch die 2^n Substitutionen

$$x_1 = \pm y_1, \quad x_2 = \pm y_2, \ldots, x_n = \pm y_n, \tag{10}$$

wobei ein jedes der n Vorzeichen unabhängig von den anderen als + oder − angenommen werden kann, in gleichgestellte Formen über.

5. Es möge für einen Moment eine Form f und die ganze zugehörige Klasse *allgemein* heißen, wenn eine Gleichung

$$f(x_1, x_2, \ldots, x_n) = f(y_1, y_2, \ldots, y_n)$$

mit ganzzahligen Werten $x_1, x_2, \ldots, x_n$; $y_1, y_2, \ldots, y_n$ niemals anders bestehen kann, als daß das System $y_1, y_2, \ldots, y_n$ mit $x_1, x_2, \ldots, x_n$ oder mit $-x_1, -x_2, \ldots, -x_n$ übereinstimmt. Insbesondere wird dieser Charakter für f zutreffen, wenn zwischen den $\frac{n(n+1)}{2}$ Koeffizienten a_{hk} von f keine homogene lineare Relation mit ganzzahligen Koeffizienten besteht. Vergleichen wir insbesondere die zwei Systeme

$$x_h = 1,\ x_{h+1} = 1,\ x_k = 0 \quad \text{und} \quad y_h = 1,\ y_{h+1} = -1,\ y_k = 0 \ (k \neq h, h+1)$$

miteinander, so zeigt sich, daß in einer allgemeinen Form f gewiß jeder Koeffizient $a_{h,h+1}$ von Null verschieden ausfällt.

Ist die Klasse f eine allgemeine, so geht offenbar jede Form daraus einzig durch die 2^n Substitutionen (10) in äquivalente gleichgestellte Formen über, und gibt es in der Klasse stets *eine einzige niedrigste Form g, welche noch die Bedingungen*

$$b_{12} > 0, \quad b_{23} > 0, \ldots, b_{n-1,n} > 0$$

erfüllt.

6. Wir bezeichnen mit E *die identische Substitution,* ferner zu jeder Substitution S als *entgegengesetzte* und mit $-S$ diejenige Substitution, welche durch Änderung aller Koeffizienten s_{hk} in die entgegengesetzten Werte $-s_{hk}$ entsteht.

§ 4. Reduzierte Formen.

Es sind wesentlich die niedrigsten Formen einer Klasse, welche Hermite (Crelles Journal, Bd. 40; Oeuvres, T. I, p. 100) als reduzierte Formen eingeführt hat mit der Absicht, in der Menge dieser Formen einen Diskontinuitätsbereich B von der in der Einleitung dargelegten Natur zu erhalten. Hier bringen wir gegenüber der Hermiteschen Definition eine Vereinfachung dadurch an, daß wir gewisse kompliziertere Charaktere, welche für niedrigste Formen zu fordern wären, die ihren Einfluß aber nur auf Teile der Begrenzung des Diskontinuitätsbereiches äußern würden, beiseite lassen.

1. Es sei l eine der Zahlen $1, 2, \ldots, n$, und wir wollen unter $s_1^{(l)}, s_2^{(l)}, \ldots, s_n^{(l)}$ hier *allgemein ein solches System von n ganzen Zahlen* verstehen, *wobei der größte gemeinsame Teiler* der letzten $n-(l-1)$ Zahlen darunter, also *von* $s_l^{(l)}, s_{l+1}^{(l)}, \ldots, s_n^{(l)}$, *gleich* 1 *ist.* Ferner bedeute $e_1^{(l)}, e_2^{(l)}, \ldots, e_n^{(l)}$ speziell die l^{te} Vertikalreihe der identischen Substitution E. *Zu jedem Systeme* $s_1^{(l)}, s_2^{(l)}, \ldots, s_n^{(l)}$ kann man offenbar stets *eine ganzzahlige Substitution* $S^{(l)}$ *von einer Determinante* ± 1 herstellen, *in deren quadratischem Koeffizientenschema die ersten $l-1$ Vertikalreihen wie bei der identischen Substitution E aussehen und die l^{te} Reihe von eben jenem Systeme gebildet wird,* also eine Substitution

$$x_h = y_h + s_h^{(l)} y_l + s_{h,l+1} y_{l+1} + \cdots + s_{hn} y_n \qquad (h<l),$$
$$x_h = \phantom{y_h +{}} s_h^{(l)} y_l + s_{h,l+1} y_{l+1} + \cdots + s_{hn} y_n \qquad (h \geqq l).$$

Durch eine solche Substitution $S^{(l)}$ geht eine Form

$$f = \sum a_{hk} x_h x_k \quad \text{in} \quad g = \sum b_{hk} y_h y_k$$

über, so daß

$$b_{11} = a_{11}, \ldots, b_{l-1,l-1} = a_{l-1,l-1}, \quad b_{ll} = f(s_1^{(l)}, s_2^{(l)}, \ldots, s_n^{(l)})$$

ist. Wenn nun f speziell eine niedrigste Form in ihrer Klasse ist, wird hierbei stets $b_{ll} \geqq a_{ll}$ sein müssen.

2. Wir stellen nunmehr folgende Definition auf:

Eine quadratische Form

$$f(x_1, x_2, \ldots, x_n) = \sum a_{hk} x_h x_k$$

soll eine reduzierte Form heißen, wenn sie allen möglichen Ungleichungen

(I) $$f(s_1^{(l)}, s_2^{(l)}, \ldots, s_n^{(l)}) \geqq a_{ll}$$

genügt für jedes $l = 1, 2, \ldots, n$ und alle ganzzahligen Systeme $s_1^{(l)}, s_2^{(l)}, \ldots, s_n^{(l)}$, *wobei der größte gemeinsame Teiler der Zahlen* $s_l^{(l)}, s_{l+1}^{(l)}, \ldots, s_n^{(l)}$ *gleich* 1 *ist, und ferner noch den Bedingungen:*

(II) $$a_{12} \geqq 0, \quad a_{23} \geqq 0, \ldots, a_{n-1,n} \geqq 0.$$

Wir schließen bei den Ungleichungen (I) jedesmal ausdrücklich die zwei Systeme $s_h^{(l)} = e_h^{(l)}\,(h=1,\ldots,n)$ und $s_h^{(l)} = -\,e_h^{(l)}\,(h=1,\ldots,n)$ aus, wofür (I) keine wirkliche Bedingung in den a_{hk} vorstellen würde.

Bei dieser Definition einer reduzierten Form setzen wir *nicht bereits* f *als* eine *positive Form* voraus.

3. In einer Klasse positiver Formen ist eine niedrigste Form, welche noch die Zusatzbedingungen (II) erfüllt, stets eine reduzierte Form. Nach den Ergebnissen des § 3 *gibt es* daher *in jeder Klasse positiver Formen stets wenigstens eine reduzierte Form.*

4. Die zum Index l gehörigen der Ungleichungen (I) besagen, *daß* a_{ll} *das Minimum unter allen Werten* $f(x_1, x_2, \ldots, x_n)$ *für solche ganze Zahlen* $x_1, x_2, \ldots, x_n$ *ist, wobei* $x_l, x_{l+1}, \ldots, x_n$ *keinen gemeinsamen Teiler* > 1 haben.

Durch eine Substitution $S^{(l)}$ gehen die sämtlichen ganzzahligen Systeme $x_1, x_2, \ldots, x_n$, wobei $x_l, x_{l+1}, \ldots, x_n$ keinen gemeinsamen Teiler > 1 haben, in die sämtlichen ganzzahligen Systeme $y_1, y_2, \ldots, y_n$ über, wobei y_l, $y_{l+1}, \ldots, y_n$ keinen gemeinsamen Teiler > 1 haben.

5. Genügt eine positive Form f den Bedingungen (I) nur für $l = 1, 2, \ldots, m-1$, aber nicht für $l = m$, so können wir aus ihr durch eine Substitution $S^{(m)}$ eine äquivalente Form herleiten, welche den entsprechenden Bedingungen für $l = 1, 2, \ldots, m-1$ und auch noch für $l = m$ genügt.

Man hat einfach alle ganzzahligen Systeme $s_1^{(m)}, s_2^{(m)}, \ldots, s_n^{(m)}$ zu bestimmen, für welche $f(s_1^{(m)}, s_2^{(m)}, \ldots, s_n^{(m)}) < a_{mm}$ ist und zugleich $s_m^{(m)}, s_{m+1}^{(m)}, \ldots, s_n^{(m)}$ keinen Teiler > 1 haben. Nach Voraussetzung gibt es solche Systeme. Sie sind nur in endlicher Anzahl vorhanden. Man suche unter ihnen diejenigen heraus, welche der Form f den kleinsten Wert erteilen, und setze dann in $S^{(m)}$ als m^{te} Vertikalreihe ein beliebiges dieser Systeme an, so wird das gewünschte Ziel erreicht sein.

Beachtet man, daß der Typus $S^{(1)}$ eine *beliebige* ganzzahlige Substitution mit der Determinante ± 1 vorstellt, ferner, daß *bei zwei verschiedenen Substitutionen* $S^{(l)}(l < n)$ *mit genau gleicher* l^{ter} *Vertikalreihe die zweite gleich dem Produkt der ersten in eine Substitution* $S^{(l+1)}$ ist, so enthalten diese Bemerkungen eine Methode, um zu einer gegebenen positiven Form f *alle* ganzzahligen Substitutionen zu finden, durch welche sie in äquivalente reduzierte Formen übergeht.

Zugleich zeigt sich, daß *die Anzahl dieser reduzierenden Substitutionen für jede gegebene positive Form* f *stets eine endliche* ist.

6. Aus diesen Erwägungen leuchtet ferner ein: *Eine solche reduzierte Form, für welche in keiner einzigen von den Ungleichungen* (I) *und* (II) *das Gleichheitszeichen eintritt, kann nur bei Anwendung der identischen Substitution* E *oder der dazu entgegengesetzten* $-E$ *reduziert bleiben.*

7. Wir fassen nun die Koeffizienten a_{hk} einer quadratischen Form als *Koordinaten eines Punktes f in einer $\frac{n(n+1)}{2}$-fachen Mannigfaltigkeit A* auf. In dieser Mannigfaltigkeit bezeichnen wir mit B das Gebiet derjenigen Punkte f, welche allen Ungleichungen (I) und (II) genügen. Wir nennen B den *reduzierten Raum*. Das letzte Ergebnis besagt dann:

Eine Form f im Inneren des reduzierten Raumes B, d. h. für welche in keiner der Ungleichungen (I) und (II) das Gleichheitszeichen statthat, *geht durch jede von E und $-E$ verschiedene unimodulare ganzzahlige Substitution in eine Form außerhalb B über.*

Insbesondere wird eine *allgemeine* Klasse immer durch einen *inneren* Punkt von B repräsentiert.

Der Bereich B geht durch jedes Paar entgegengesetzter unimodularer ganzzahliger Substitutionen $S, -S$ in eine bestimmte *äquivalente Kammer* $B_S = B_{-S}$ über, und *die Kammern, die verschiedenen* solchen *Paaren $S, -S$ entsprechen, stoßen untereinander höchstens in Punkten der Begrenzung zusammen.* Die sämtlichen Kammern B_S überdecken den ganzen Raum der positiven Formen.

§ 5. Die Wände des reduzierten Raumes.

Die Ungleichungen (I) zur Definition einer reduzierten Form f sind *in unendlicher Anzahl* vorhanden. Wir werden nunmehr den Satz beweisen:

Es gibt unter den Ungleichungen (I) *eine endliche Anzahl, welche alle übrigen dieser Ungleichungen zur Folge haben.*

Beweis: 1. *Es sei zunächst* $n = 2$, also

$$f = a_{11}x_1^2 + 2a_{12}x_1x_2 + a_{22}x_2^2.$$

Nehmen wir in (I): $s_1^{(2)} = \pm 1$, $s_2^{(2)} = 1$, so folgt

$$a_{11} \pm 2a_{12} + a_{22} \geqq a_{22}, \quad \mp a_{12} \leqq \frac{1}{2}a_{11}. \tag{11}$$

Aus diesen zwei Bedingungen für die zwei Vorzeichen $\pm$ geht noch $a_{11} \geqq 0$ hervor. Nehmen wir $s_1^{(1)} = 0$, $s_2^{(1)} = 1$, so entsteht

$$a_{22} \geqq a_{11}. \tag{12}$$

Ist $a_{11} = 0$, so folgt aus (11) auch $a_{12} = 0$ und gelten wegen $a_{22} \geqq 0$ bereits alle Ungleichungen (I).

Ist $a_{11} > 0$, so folgt aus (11) und (12):

$$a_{12}^2 \leqq \frac{1}{4}a_{11}^2 \leqq \frac{1}{4}a_{11}a_{22}, \quad D_2 = a_{11}a_{22} - a_{12}^2 \geqq \frac{3}{4}a_{11}a_{22}.$$

Schreiben wir

$$f = q_1(x_1 + \gamma_{12}x_2)^2 + q_2x_2^2,$$

so ist

$$q_1 = a_{11},\ \gamma_{12} = \frac{a_{12}}{a_{11}},\quad \pm\gamma_{12} \leqq \frac{1}{2},\quad q_2 = \frac{D_2}{q_1} \geqq \frac{3}{4} a_{22}.$$

Für ganze Zahlen s_1, s_2 wird nun, wenn $|s_1| > 1$, $s_2 = 1$ ist:

$$f(\pm |s_1|, 1) = a_{11}(s_1^2 - |s_1|) + (a_{11} \pm 2a_{12})|s_1| + a_{22} > a_{22},$$

andererseits, wenn $|s_2| > 1$ ist:

$$f(s_1, s_2) \geqq q_2 s_2^2 \geqq 3a_{22} > a_{22}.$$

So leuchtet ein, daß aus (11) *und* (12) *bereits alle Ungleichungen* (I) *folgen.*

2. *Es sei jetzt* $n > 2$. Setzen wir einen Teil der Variablen $x_1, \ldots, x_n$ Null und sind die noch übrigen dieser Variablen $x_{h_1}, x_{h_2}, \ldots, x_{h_m}$ $(h_1 < h_2 < \cdots < h_m)$, so wird aus f eine Form $f\{x_{h_1}, x_{h_2}, \ldots, x_{h_m}\}$ dieser m Variablen, und die zu (I) entsprechenden Bedingungen für diese Form sind, wie man leicht erkennt, spezielle von den Bedingungen (I) für die Form f selbst. Jede aus einer reduzierten Form f in solcher Weise abzuleitende Form von weniger als n Variablen trägt also, von den Zusatzforderungen (II) abgesehen, ebenfalls den Charakter einer reduzierten Form bei ihrer Variablenzahl.

Greifen wir nun von den Ungleichungen (I) für f *erstens* diejenigen heraus, welche gerade nach sich ziehen, daß *die sämtlichen binären Formen*

$$a_{hh}x_h^2 + 2a_{hk}x_h x_k + a_{kk}x_k^2 \qquad (h < k)$$

die Bedingungen (I) *für reduzierte Formen* erfüllen, so handelt es sich um gewisse Ungleichungen in endlicher Anzahl und *kommen diese Ungleichungen auf die folgenden*

$$(13) \qquad \pm 2a_{hk} \leqq a_{hh} \qquad (h < k)$$

und

$$(14) \qquad 0 \leqq a_{11} \leqq a_{22} \leqq \cdots \leqq a_{nn}$$

hinaus.

3. Wir nehmen nun an, *der zu beweisende Satz sei bereits für Formen von weniger als n Variablen sichergestellt,* und wir können unter den Ungleichungen (I) *zweitens* eine *endliche* Anzahl auswählen, welche zur Folge haben, daß *die sämtlichen aus f abgeleiteten Formen* $f\{x_{m+1}, x_{m+2}, \ldots, x_n\}$ *für* $m = 1, 2, \ldots, n-2$, *reduziert* sind.

Ist nun etwa

$$0 = a_{11} = a_{22} = \cdots = a_{mm}\ (1 \leqq m < n), \qquad 0 < a_{m+1,m+1},$$

so sind infolge von (13) überhaupt *alle Koeffizienten* a_{hk} $(h \leqq k)$, *bei welchen der Index h einen der Werte* 1, 2, …, *m hat, Null* und wird aus f einfach $f\{x_{m+1}, \ldots, x_n\}$. Die Ungleichungen (I) in bezug auf letztere Form haben dann *bereits sämtliche Ungleichungen* (I) *für f* zur Folge.

4. *Nunmehr setzen wir weiterhin* $a_{11} > 0$ *voraus.* Wir greifen *drittens* aus den Ungleichungen (I) diejenigen in *endlicher* Anzahl vorhandenen

heraus, welche zur Folge haben, daß auch *die sämtlichen aus f abzuleitenden Formen $f\{x_1, x_2, \ldots, x_m\}$ für $m = 2, 3, \ldots, n-1$ reduziert* sind.

5. Jetzt werden wir (in 5.—8.) zeigen, daß wir zu den bereits gewählten der Ungleichungen (I) *viertens* eine weitere *endliche* Anzahl jener Ungleichungen derart hinzufügen können, *daß aus diesen für die Determinante D_n der Form f eine Ungleichung*

(15) $$D_n \geqq \lambda_n a_{11} a_{22} \ldots a_{nn}$$

folgt, wo λ_n eine gewisse positive nur von n und nicht von den Koeffizienten der speziellen Form f *abhängende Konstante bedeutet.*

Nach 1. ist diese Tatsache bereits für $n = 2$ mit dem Werte $\lambda_2 = \frac{3}{4}$ zutreffend, und wir nehmen sie als *bereits erwiesen für Formen mit weniger als n Variablen* an.

Es sei jetzt m einer der Werte $1, 2, \ldots, n-1$, so haben wir unter Verwendung der in § 1 eingeführten Bezeichnungen für die Determinante der Form $f\{x_1, x_2, \ldots, x_m\}$ die Ungleichung:

(16) $$D\begin{pmatrix}1, 2, \ldots, m\\ 1, 2, \ldots, m\end{pmatrix} = D_m \geqq \lambda_m a_{11} a_{22} \ldots a_{mm} \qquad (m \leqq n-1)$$

und für die Determinante der Form $f\{x_{m+1}, x_{m+2}, \ldots, x_n\}$:

(17) $$D\begin{pmatrix}m+1, m+2, \ldots, n\\ m+1, m+2, \ldots, n\end{pmatrix} = \overline{D}_{n-m} \geqq \lambda_{n-m} a_{m+1, m+1} a_{m+2, m+2} \ldots a_{nn}.$$

In den Fällen $m = 1$ und $m = n-1$ setzen wir $\lambda_1 = 1$.

Entwickeln wir nun den Ausdruck der Determinante D_n von f, so kommen darin $m!(n-m)!$ Terme vor, die sich zu dem Produkte $D_m \overline{D}_{n-m}$ zusammenfassen lassen, und weiter $n! - m!(n-m)!$ Glieder vom Typus

$$\pm a_{1k_1} a_{2k_2} \ldots a_{mk_m} a_{m+1, k_{m+1}} \ldots a_{nk_n},$$

wobei $k_1, k_2, \ldots, k_m$ *nicht,* abgesehen von der Reihenfolge, mit $1, 2, \ldots, m$ übereinstimmen und infolgedessen *auch noch unter den Indizes $k_{m+1}, \ldots, k_n$ jedesmal wenigstens eine der Zahlen* $1, 2, \ldots, m$ sich findet. Nach den Beziehungen $a_{hk} = a_{kh}$ und den Ungleichungen (13) erweist sich nun ein jedes solches Glied dem Betrage nach

$$\leqq \frac{1}{4} a_{11} a_{22} \ldots a_{mm} a_{mm} a_{m+2, m+2} \ldots a_{nn}.$$

Benutzen wir die Ungleichungen (16) und (17) und verstehen unter λ_n eine in der Folge noch zu fixierende positive Konstante, so entsteht jetzt

$$D - \lambda_n a_{11} a_{22} \ldots a_{nn} \geqq \{(\lambda_m \lambda_{n-m} - \lambda_n) a_{m+1, m+1} \\ - \frac{1}{4}(n! - m!(n-m)!) a_{mm}\} a_{11} a_{22} \ldots a_{mm} a_{m+2, m+2} \ldots a_{nn}.$$

Wir können

$$1 = \lambda_1 > \lambda_2 > \cdots > \lambda_{n-1}$$

voraussetzen. Die positive Größe λ_n denken wir uns zunächst irgendwie, jedoch kleiner als jedes der Produkte $\lambda_m \lambda_{n-m}$ für $m = 1, 2, \ldots, n-1$ gewählt und setzen zur Abkürzung

$$\frac{1}{4}\,\frac{(n! - m!\,(n-m)!)}{\lambda_m \lambda_{n-m} - \lambda_n} = \varkappa_{m+1} \quad (m = 1, 2, \ldots, n-1).$$

Alsdann wird die Ungleichung (15) mit dem betreffenden Werte λ_n jedenfalls *schon statthaben, wenn für wenigstens einen der Indizes* $m = 1, 2, \ldots, n-1$ *sich*

$$a_{m+1,\,m+1} \geqq \varkappa_{m+1} a_{mm}$$

herausstellt.

6. Nunmehr haben wir uns nur noch mit der *Annahme* zu beschäftigen, *daß sämtliche Ungleichungen*

(18) $$\varkappa_2 a_{11} > a_{22},\ \varkappa_3 a_{22} > a_{33},\ \ldots,\ \varkappa_n a_{n-1,\,n-1} > a_{nn}$$

gelten.

Aus den Ungleichungen (16) geht unter Beachtung der Ungleichungen (14) und von $a_{11} > 0$ hervor, daß sicherlich die *Determinanten*

$$D_1,\ D_2,\ \ldots,\ D_{n-1}$$

positiv ausfallen *und daher auch*

$$q_1 = D_1,\ q_2 = \frac{D_2}{D_1},\ \ldots,\ q_{n-1} = \frac{D_{n-1}}{D_{n-2}}$$

sämtlich endlich und > 0 sind. Wir können daher, mag nun die Determinante $D_n > 0$ und damit auch f positiv sein oder nicht, *jedenfalls bereits für f die Darstellung* aus § 1:

(19) $$f = q_1 \xi_1^2 + q_2 \xi_2^2 + \cdots + q_n \xi_n^2,$$

(20) $$\xi_1 = x_1 + \gamma_{12} x_2 + \cdots + \gamma_{1n} x_n,\ \xi_2 = x_2 + \cdots + \gamma_{2n} x_n,\ \ldots,\ \xi_n = x_n$$

mit

$$q_n = \frac{D_n}{D_{n-1}},\quad \gamma_{hk} = \frac{D\binom{1, \ldots, h-1, h}{1, \ldots, h-1, k}}{D_h} \quad \binom{h = 1, \ldots, n-1}{k = h+1, \ldots, n}$$

ansetzen.

Die Determinante, welche den Zähler des vorstehenden Quotienten für γ_{hk} bildet, besteht aus $h!$ Gliedern, von denen ein jedes mit Rücksicht auf die Ungleichungen (13) sich dem Betrage nach $\leqq \frac{1}{2} a_{11} a_{22} \ldots a_{hh}$ erweist, während der Nenner dieses Quotienten nach (16) sich $\geqq \lambda_h a_{11} a_{22} \ldots a_{hh}$ findet. Danach hat man

(21) $$|\gamma_{hk}| \leqq \frac{1}{2}\,\frac{h!}{\lambda_h} \qquad \begin{matrix}(h = 1, \ldots, n-1)\\(k = h+1, \ldots, n).\end{matrix}$$

Aus (19) und (20) geht

$$q_1 = a_{11},\ q_2 \leqq a_{22},\ \ldots,\ q_{n-1} \leqq a_{n-1,\,n-1}$$

hervor, woraus mit Rücksicht auf (18)

$$(22)\qquad q_1 = a_{11},\ q_2 < \varkappa_2 a_{11},\ \ldots,\ q_{n-1} < \varkappa_2\varkappa_3 \ldots \varkappa_{n-1} a_{11}$$

folgt.

7. Es kommt jetzt vor allem darauf an, zu erkennen, daß wir *von den Ungleichungen* (I) *eine endliche Anzahl* herausgreifen können, *infolge deren sich auch* q_n *als* > 0 und damit also f als eine wesentlich positive Form *erweist.* Für diesen wichtigen Nachweis können wir uns des elementaren Prinzips bedienen, welches Dirichlet so meisterhaft in der Theorie der algebraischen Einheiten gehandhabt hat, *wonach bei Verteilung einer Anzahl von Größensystemen in eine kleinere Anzahl von Bereichen darunter irgendein Bereich da sein muß, der wenigstens zwei der Systeme auf einmal aufnimmt.*

Wir bilden zum Ausdrucke (19) von f mit den nämlichen $\xi_1, \xi_2, \ldots, \xi_n$ die *Hilfsform*

$$(23)\qquad F = \xi_1^2 + \varkappa_2\xi_2^2 + \cdots + \varkappa_2\varkappa_3 \ldots \varkappa_{n-1}\xi_{n-1}^2 + \mu\xi_n^2,$$

wobei μ folgende Bedeutung haben soll. Es seien $t_1, t_2, \ldots, t_{n-1}$ beziehlich die *kleinsten ganzen* Zahlen, für welche

$$(24)\qquad t_1^2 \geqq n,\ t_2^2 \geqq n\varkappa_2,\ \ldots,\ t_{n-1}^2 \geqq n\varkappa_2\varkappa_3 \ldots \varkappa_{n-1}$$

ausfällt, und es werde

$$(25)\qquad \mu = \frac{1}{n t_1^2 t_2^2 \ldots t_{n-1}^2}$$

gesetzt.

Danach ist μ eine bestimmte positive Größe, mithin F eine *positive* Form der Variablen $x_1, x_2, \ldots, x_n$.

Wir zeigen, *daß man für* $x_1, x_2, \ldots, x_n$ *ganze Zahlen, unter denen* $x_n \neq 0$ *ist, finden kann, so daß dafür* $F \leqq 1$ *ausfällt.*

In der Tat, zunächst ist $\xi_n = x_n$. Wir setzen der Reihe nach $x_n = 0, 1, 2, \ldots, t_1 t_2 \ldots t_{n-1}$ und können zu jedem dieser Werte von x_n nacheinander $x_{n-1}, x_{n-2}, \ldots, x_1$ als *ganze* Zahlen derart bestimmen, daß

$$(26)\qquad 0 \leqq \xi_{n-1} < 1,\ 0 \leqq \xi_{n-2} < 1,\ \ldots,\ 0 \leqq \xi_1 < 1$$

wird. Wir erhalten damit $t_1 t_2 \ldots t_{n-1} + 1$ *in* x_n durchweg *verschiedene* Wertsysteme $x_1, x_2, \ldots, x_n$, welche sämtlich diese Bedingungen (26) erfüllen.

Zerlegen wir nun für $h = n - 1, n - 2, \ldots, 1$ jedesmal das Intervall $0 \leqq \xi_h < 1$ in die t_h Intervalle

$$0 \leqq \xi_h < \frac{1}{t_h},\ \frac{1}{t_h} \leqq \xi_h < \frac{2}{t_h},\ \ldots,\ \frac{t_h - 1}{t_h} \leqq \xi_h < 1,$$

so tritt eine Teilung des ganzen durch (26) definierten Gebietes in $t_1 t_2 \ldots t_{n-1}$ völlig untereinander getrennte Gebiete ein und wird man unter jenen Systemen $x_1, x_2, \ldots, x_n$, deren Anzahl $> t_1 t_2 \ldots t_{n-1}$ ist, gewiß *irgend zwei*, etwa

$$x'_1, x'_2, \ldots, x'_n; \quad x''_1, x''_2, \ldots, x''_n \qquad (x''_n > x'_n)$$

finden können, für welche $\xi_1, \xi_2, \ldots, \xi_{n-1}$ *demselben* Teilgebiete angehören.

Für das *durch Subtraktion aus beiden* hervorgehende System

$$x_1 = x''_1 - x'_1,\ x_2 = x''_2 - x'_2, \ldots, x_n = x''_n - x'_n$$

gelten dann die Ungleichungen

$$(27) \qquad |\xi_1| < \frac{1}{t_1}, \ldots, |\xi_{n-1}| < \frac{1}{t_{n-1}},\ |\xi_n| \leqq t_1 t_2 \ldots t_{n-1},$$

während zugleich $x_n > 0$ ist. Aus (27), (24) und (25) ersieht man, daß infolgedessen weiter die $n-1$ ersten Terme des Ausdrucks F ein jeder $< \frac{1}{n}$, der $n^{\text{te}} \leqq \frac{1}{n}$ werden und also für das betreffende ganzzahlige Wertsystem $x_1, x_2, \ldots, x_n$ mit positivem x_n der ganze Ausdruck F gewiß < 1 ausfällt.

Das erhaltene System $x_1, x_2, \ldots, x_n$ befreien wir noch von einem in den Zahlen etwa vorhandenen gemeinsamen Teiler > 1, wobei die Ungleichung $F \leqq 1$ nicht verloren geht.

Andererseits können wir, *allein in Berücksichtigung* der Ausdrücke (20) für $\xi_1, \xi_2, \ldots, \xi_n$ und *der Ungleichungen* (21) *für die Koeffizienten* γ_{hk}, *von vornherein eine endliche Anzahl* bestimmter *ganzzahliger Systeme* $x_1, x_2, \ldots, x_n$ *mit positivem* x_n *und ohne gemeinsamen Teiler* > 1 anweisen, welche überhaupt als *die einzigen derartigen Systeme* in Frage kommen, *die vielleicht den Ungleichungen* (27) *genügen können.* Wir ermitteln die sämtlichen bezüglichen Systeme und wir heben nunmehr *viertens* unter den Ungleichungen (I) diejenigen heraus, welche ausdrücken, daß *für diese besonderen Systeme stets* $f(x_1, x_2, \ldots, x_n) \geqq a_{11}$ sein soll.

Alsdann muß infolge aller bereits herausgehobenen Ungleichungen (I) *notwendig*

$$(28) \qquad q_n \geqq \mu a_{11}$$

werden. Denn in dem Ausdrucke (19) von f sind wegen (22) die Koeffizienten von $\xi_1^2, \xi_2^2, \ldots, \xi_{n-1}^2$ durchweg nicht größer als in dem Multiplum $a_{11}F$ von F. Wäre nun $q_n < \mu a_{11}$, so würde daher bei von Null verschiedenem x_n stets $f < a_{11}F$ sein. Wir haben aber ein solches ganzzahliges System $x_1, x_2, \ldots, x_n$ mit von Null verschiedenem x_n, wofür $F \leqq 1$ ist, während wir für das betreffende System hier bereits einer der Ungleichungen (I) gemäß $a_{11} \leqq f$ fordern, also ergäbe sich ein Widerspruch und folgt in der Tat die Ungleichung (28).

8. Indem wir (28) mit allen Ungleichungen (18) multiplizieren, geht

$$q_n > \frac{\mu}{\varkappa_2 \varkappa_3 \ldots \varkappa_n} a_{nn}$$

hervor, und indem wir weiter diese Ungleichung mit der Ungleichung für D_{n-1} nach (16) multiplizieren, folgt

$$D_n > \frac{\lambda_{n-1}\mu}{\varkappa_2\varkappa_3\ldots\varkappa_n} a_{11}a_{22}\ldots a_{nn}.$$

Nach der Bedeutung von μ, die aus (24) und (25) ersichtlich ist, können wir nun über λ_n *definitiv* in solcher Art verfügen, daß *hieraus wieder die Ungleichung* (15) *für* D_n hervorgeht. Wir brauchen dazu nur λ_n kleiner als die $n-1$ Größen $\lambda_m\lambda_{n-m}$ $(m<n)$ derart zu wählen, daß

$$\lambda_{n-1} \geqq \lambda_n n\varkappa_2\varkappa_3\ldots\varkappa_n([\sqrt{n}]+1)^2([\sqrt{n\varkappa_2}]+1)^2\ldots([\sqrt{n\varkappa_2\ldots\varkappa_{n-1}}]+1)^2$$

ist. Die Klammer [ ] soll hier das bekannte Zeichen für größte Ganze vorstellen. Dieser Forderung für λ_n aber können wir immer entsprechen, weil der Ausdruck rechts hier nach der Art, wie $\varkappa_2, \ldots, \varkappa_n$ von λ_n abhängen, gleichzeitig mit λ_n abnimmt und der Null zustrebt.

Bei dieser Bestimmungsweise von λ_n gilt nunmehr infolge der bisher herausgehobenen Ungleichungen (I) *in allen Fällen die Ungleichung* (15) *für* D_n.

9. Indem wir auf den Zähler einer Größe $q_h = D_h : D_{h-1}$ die Ungleichung (16) bzw. (15), auf den Nenner die Ungleichung

$$D_{h-1} \leqq a_{11}a_{22}\ldots a_{h-1,h-1}$$

in Anwendung bringen, entsteht allgemein

$$q_h \geqq \lambda_h a_{hh} \qquad (h=1, 2, \ldots, n),$$

und nun zeigt sich in der Tat leicht, daß eine endliche Anzahl unter den Ungleichungen (I) angewiesen werden kann, welche alle übrigen dieser Ungleichungen zur Folge haben.

Wir setzen für jeden Wert $l = 1, 2, \ldots, n$ *die folgenden Ungleichungen an:*

(29) $$\lambda_n\xi_n^2 < 1,\ \lambda_{n-1}\xi_{n-1}^2 < 1, \ldots, \lambda_l\xi_l^2 < 1,$$

(30) $$\lambda_{l-1}\xi_{l-1}^2 < \frac{l-1}{4},\quad \lambda_{l-2}\xi_{l-2}^2 < \frac{l-2}{4}, \ldots, \lambda_2\xi_2^2 < \frac{2}{4},\ \lambda_1\xi_1^2 \leqq \frac{1}{4}$$

mit den Ausdrücken

(31) $$\xi_1 = x_1 + \gamma_{12}x_2 + \cdots + \gamma_{1n}x_n,\ \xi_2 = x_2 + \cdots + \gamma_{2n}x_n, \ldots, \xi_n = x_n$$

und den Einschränkungen

(32) $$|\gamma_{hk}| \leqq \frac{1}{2}\frac{h!}{\lambda_h}.$$

Es ist einleuchtend, daß diesen Bedingungen jedesmal nur eine *endliche* Anzahl ganzzahliger Systeme $x_1, x_2, \ldots, x_n$ entsprechen können. *Unter diesen wählen wir alle Systeme* $s_1^{(l)}, s_2^{(l)}, \ldots, s_n^{(l)}$ *aus, in welchen* $s_l^{(l)}, s_{l+1}^{(l)}, \ldots, s_n^{(l)}$ *keinen gemeinsamen Teiler* >1 *haben, und fordern jedesmal die Bedingung* (I) *für die betreffenden Systeme.*

Die in solcher Weise bisher hervorgehobenen der Ungleichungen (I) *ziehen dann notwendig die Gesamtheit dieser unendlich vielen Ungleichungen nach sich.*

In der Tat, es sei $x_1 = s_1^{(l)}, \ldots, x_n = s_n^{(l)}$ ein ganzzahliges System, welches nicht zu den eben hervorgehobenen gehört und wobei $s_l^{(l)}, \ldots, s_n^{(l)}$ keinen gemeinsamen Teiler > 1 haben. Alsdann bestehen dafür insbesondere mit den zu f gehörigen Ausdrücken $\xi_1, \xi_2, \ldots, \xi_n$ *nicht alle* Ungleichungen (29), (30).

Wir nehmen *erstens* an, es sei dafür etwa $\lambda_h \xi_h^2 \geqq 1$ und $h \geqq l$. Dann folgt aus

$$f = q_1 \xi_1^2 + q_2 \xi_2^2 + \cdots + q_n \xi_n^2$$

mit Rücksicht auf $q_h \geqq \lambda_h a_{hh}$ und $a_{hh} \geqq a_{ll}$ sofort $f \geqq a_{ll}$.

Es seien *zweitens* für das bezügliche System in f sämtliche Ungleichungen (29) erfüllt, und es sei $h\,(< l)$ der *größte* Index, für den statt der in (30) genannten Ungleichung vielmehr sich die Ungleichung $\lambda_h \xi_h^2 \geqq \frac{1}{4} h$ bzw. $\xi_1^2 > \frac{1}{4}$, je nachdem $h > 1$ oder $= 1$ ist, einstellt. Dann haben wir wegen $q_h \geqq \lambda_h a_{hh}$ für das betreffende System $x_1, \ldots, x_n$ jedenfalls

$$(33)\quad f(x_1, \ldots, x_n) \geqq \frac{1}{4}(a_{11} + a_{22} + \cdots + a_{hh}) + q_{h+1}\xi_{h+1}^2 + \cdots + q_n \xi_n^2.$$

Wir denken uns nun die Zahlen $x_{h+1}, \ldots, x_n$ festgehalten, statt der Zahlen $x_h, x_{h-1}, \ldots, x_1$ aber, was offenbar möglich ist, nacheinander solche ganze Zahlen $x_h^*, x_{h+1}^*, \ldots, x_1^*$ gewählt, daß die neuen dazugehörigen Ausdrücke (31) die Bedingungen

$$(34)\qquad -\frac{1}{2} \leqq \xi_h^* \leqq \frac{1}{2},\; -\frac{1}{2} \leqq \xi_{h-1}^* \leqq \frac{1}{2},\; \ldots,\; -\frac{1}{2} \leqq \xi_1^* \leqq \frac{1}{2}$$

erfüllen. Wir haben damit ein modifiziertes ganzzahliges System $x_1^*, \ldots, x_n^*$ erhalten, in welchem $x_l^* = x_l, \ldots, x_n^* = x_n$ keinen gemeinsamen Teiler > 1 haben, und welches nunmehr *allen* Bedingungen (29), (30) genügt, für das wir also bereits $f \geqq a_{ll}$ voraussetzen. Jetzt folgt aus (33) und (34), da stets $a_{kk} \geqq q_k$ ist,

$$f(x_1, \ldots, x_n) \geqq f(x_1^*, \ldots, x_n^*) \geqq a_{ll}.$$

10. Wir können unser Endergebnis folgendermaßen aussprechen:

Der reduzierte Raum B ist ein konvexer Kegel mit der Spitze im Nullpunkte $f = 0$, der von einer endlichen Anzahl durch diesen Punkt laufender Ebenen begrenzt wird.

§ 6. Die Kanten des reduzierten Raumes.

1. Im ganzen reduzierten Raume B gilt $a_{11} \geqq 0$; *die Punkte* darin, *für welche $a_{11} > 0$ ist, entsprechen positiven Formen; die Punkte* darin,

für welche $a_{11} = 0$ *ist,* erfüllen zugleich die Bedingungen $a_{12} = 0$, $a_{13} = 0$, $\ldots$, $a_{1n} = 0$ und *bilden eine nur* $\frac{n(n-1)}{2}$*-fache Mannigfaltigkeit auf der Begrenzung von B.*

Die zur Charakterisierung des reduzierten Raumes dienenden Ungleichungen haben eine jede die Gestalt

$$\text{(I, II)} \qquad \sum m_{hk} a_{hk} \geqq 0,$$

worin die m_{hk} gewisse gegebene numerische Koeffizienten vorstellen. Daraus geht hervor:

Ist f eine reduzierte Form, so ist auch jedes Produkt cf, wo c einen positiven Faktor vorstellt, sind f und g zwei reduzierte Formen, so ist auch jede Verbindung $(1-t)f + tg$, *wo* $0 < t < 1$ *ist, eine reduzierte Form.*

2. Die allgemeinen Prinzipien über lineare Ungleichungen, welche ich in meiner „*Geometrie der Zahlen*" § 19 dargelegt habe, ergeben folgende Aufschlüsse über die zur Definition des Raumes *B wirklich notwendigen* von den sämtlichen Ungleichungen (I) und (II).

Wir wollen eine nicht identisch verschwindende reduzierte Form φ eine *Kantenform* des reduzierten Raumes nennen, *wenn es nicht möglich ist,* φ *als Summe zweier reduzierter Formen darzustellen,* die weder identisch verschwinden, noch positive Vielfache voneinander sind.

Eine Kantenform ist vollständig zu charakterisieren als eine reduzierte Form, für welche unter den Ungleichungen (I, II) *irgend* $\frac{n(n+1)}{2} - 1$ *solche, deren linke Seiten linear unabhängige Funktionen der* a_{hk} *sind, mit dem Zeichen = erfüllt sind.*

Gelten uns die Formen, die Vielfache voneinander sind, als *nicht wesentlich verschieden,* so gibt es *nur eine endliche Anzahl wesentlich verschiedener Kantenformen.* Die Strahlen vom Nullpunkte nach ihnen bilden die *Kanten* des reduzierten Raumes.

Von den Ungleichungen (I, II) *ist zur Definition des reduzierten Raumes nur jede solche wesentlich, die mit dem Zeichen = eine Ebene liefert, welche* $\frac{n(n+1)}{2} - 1$ *unabhängige Kanten des reduzierten Raumes aufnimmt,* d. h. solche $\frac{n(n+1)}{2} - 1$ Kanten, durch die sich nur eine einzige Ebene legen läßt. *Die so charakterisierten Ungleichungen bestimmen die Wände des reduzierten Raumes. Alle übrigen Ungleichungen* (I, II) *können bei der Definition des reduzierten Raumes* als aus diesen Ungleichungen folgend *fortgelassen werden.*

3. Wir greifen *auf jeder Kante* des reduzierten Raumes *eine Form* heraus, *etwa diejenige, für welche der erste von Null verschiedene unter den*

Koeffizienten $a_{11}, a_{22}, \ldots, a_{nn}$ *den Wert* 1 *hat.* Wir erhalten auf diese Weise eine endliche Anzahl völlig bestimmter Formen $\varphi_1, \varphi_2, \ldots, \varphi_r$. Indem der reduzierte Raum ein konvexer Kegel vom Nullpunkte aus ist, besteht alsdann der Satz:

Jede reduzierte Form f *läßt sich* (auf eine oder auf unendlich viele Weisen) *in die Gestalt*

(35) $$f = c_1\varphi_1 + c_2\varphi_2 + \cdots + c_r\varphi_r$$

mit Koeffizienten $c_1, c_2, \ldots, c_r$, *die sämtlich* $\geqq 0$ *sind, setzen, und umgekehrt ist jede Form, die sich in dieser Weise darstellen läßt, eine reduzierte.*

§ 7. Die Nachbarkammern des reduzierten Raumes.

Wir beweisen in betreff der reduzierten Formen noch den Satz:

Die ganzzahligen Substitutionen von der Determinante ± 1, *welche fähig sind, positive reduzierte Formen wieder in reduzierte Formen überzuführen, existieren nur in endlicher Anzahl.*

Wir können diesen Satz auch folgendermaßen aussprechen:

Im Gebiete der positiven Formen grenzt der reduzierte Raum nur an eine endliche Anzahl von den äquivalenten Kammern an.

1. Es sei S:

$$x_h = s_{h1}y_1 + s_{h2}y_2 + \cdots + s_{hn}y_n \qquad (h = 1, 2, \ldots, n)$$

eine unimodulare ganzzahlige Substitution, welche

$$f = \sum a_{hk}x_hx_k \text{ in } g = \sum b_{hk}y_hy_k$$

überführt, wobei beide Formen reduziert sind und $a_{11} > 0$ ist.

Wir haben dabei

(36) $$f(s_{1k}, s_{2k}, \ldots, s_{nk}) = b_{kk} \qquad (k = 1, 2, \ldots, n).$$

Ist die *letzte* der Zahlen $s_{1k}, s_{2k}, \ldots, s_{nk}$, die *von Null verschieden* ist, s_{hk}, so ergibt sich, da ihr absoluter Betrag mindestens 1 sein muß, bei Gebrauch der früheren Bezeichnungen q_h in bezug auf f:

$$b_{kk} \geqq q_h \geqq \lambda_h a_{hh} \geqq \lambda_n a_{hh}.$$

2. Daraus schließen wir zunächst, daß *für jeden Index* l *durchaus*

$$b_{ll} \geqq \lambda_n a_{ll} \qquad (l = 1, 2, \ldots, n)$$

sein muß.*)

Denn hätte man für einen Index l:

$$b_{ll} < \lambda_n a_{ll},$$

so würde daraus weiter

$$b_{11} \leqq b_{22} \leqq \cdots \leqq b_{ll} < \lambda_n a_{ll} \leqq \lambda_n a_{l+1,\,l+1} \leqq \cdots \leqq \lambda_n a_{nn}$$

*) Eine ähnliche Überlegung findet sich bei C. Jordan, Journal de l'École polytechnique, T. XXIX, cahier 48, p. 127.

hervorgehen und daher könnte keine Größe

$$s_{hk}\,(h = l,\ l+1, \ldots, n;\ k = 1, 2, \ldots, l)$$

in ihrer, der k^{ten} Vertikalreihe die letzte von Null verschiedene Zahl sein, d. h. diese Größen müßten *sämtlich Null* sein. Sie bilden aber in der Determinante der Substitution S die Elemente, die gleichzeitig in bestimmten l Vertikal- und $n - l + 1$ Horizontalreihen vorkommen, also wäre diese Determinante Null, während sie ± 1 sein sollte.

Ganz entsprechend wird, weil auch g durch eine unimodulare ganzzahlige Substitution in f übergeht, *stets*

$$a_{kk} \geqq \lambda_n b_{kk} \qquad (k = 1, 2, \ldots, n) \tag{37}$$

sein.

3. Wir nehmen nun erstens an, *für jeden Index* $k = 1, 2, \ldots, n-1$ fände sich *stets*

$$b_{kk} \geqq \lambda_n a_{k+1,\,k+1}, \tag{38}$$

so folgt daraus vermöge (37) allgemein

$$a_{kk} \geqq \lambda_n^2 a_{k+1,\,k+1}$$

und weiter

$$a_{11} \geqq \lambda_n^{2k-2} a_{kk} \geqq \lambda_n^{2k-1} b_{kk} \qquad (k = 1, 2, \ldots, n).$$

Die zu den Zahlen $x_1 = s_{1k}, \ldots, x_n = s_{nk}$ gehörenden Werte von $\xi_1, \ldots, \xi_n$ erfüllen dann nach (36) und da allgemein $q_h \geqq \lambda_n a_{hh} \geqq \lambda_n a_{11}$ ist, die Ungleichung

$$\lambda_n^{2k}(\xi_1^2 + \xi_2^2 + \cdots + \xi_n^2) \leqq 1,$$

und hieraus ist zu ersehen, daß für jede Vertikalreihe $s_{1k}, \ldots, s_{nk}$ von S nur eine *endliche* Anzahl ganzzahliger Systeme in Betracht kommen.

4. Ist die Annahme (38) nicht immer zutreffend, so sei l *der größte Index, wofür*

$$b_{l-1,\,l-1} < \lambda_n a_{ll} \qquad (l \geqq 2) \tag{39}$$

ist. Wir haben dann nacheinander *viererlei* Umstände in Betracht zu ziehen.

Erstens zeigt eine ähnliche Überlegung wie in 2., daß jedenfalls *alle Koeffizienten*

$$s_{hk}\,(h = l,\ l+1, \ldots, n;\ k = 1, 2, \ldots, l-1)$$

Null sind. Die Substitution S kann also geschrieben werden:

$$x_h = s_{h1} y_1 + \cdots + s_{h,l-1} y_{l-1} + s_{hl} y_l + \cdots + s_{hn} y_n \qquad (h < l),$$
$$x_h = \qquad\qquad\qquad\qquad s_{hl} y_l + \cdots + s_{hn} y_n \qquad (h \geqq l).$$

Jetzt ist

$$x_h = s_{h1} y_1 + \cdots + s_{h,l-1} y_{l-1} \quad (h = 1, 2, \ldots, l-1)$$

eine unimodulare ganzzahlige Substitution von $l - 1$ Variablen, und durch sie geht die positive Form

$$f(x_1, \ldots, x_{l-1}, 0, \ldots, 0) \quad \text{in} \quad g(y_1, \ldots, y_{l-1}, 0, \ldots, 0)$$

über, wobei beide Formen reduzierte von $l-1$ Variablen sind. Nehmen wir den zu beweisenden Satz, der für Formen von einer Variable evident ist, als bereits bewiesen für Formen mit weniger als n Variablen an, so kommen danach *zweitens für die Koeffizienten*

$$s_{hk}\,(h=1,2,\ldots,l-1;\ k=1,2,\ldots,l-1)$$

nur eine endliche Anzahl von Systemen in Betracht.

Unsere Annahme über die Zahl l schließt in sich, daß, falls $l<n$ ist, die Beziehungen

$$b_{kk}\geqq\lambda_n a_{k+1,\,k+1}\qquad(k=l,\,l+1,\ldots,n-1)$$

gelten, woraus wir vermöge (37) weiter

$$a_{kk}\geqq\lambda_n^{\,2}a_{k+1,\,k+1}\qquad(k=l,\,l+1,\ldots,n-1)$$

und sodann

$$a_{ll}\geqq\lambda_n^{\,2k-2l}a_{kk}\geqq\lambda_n^{\,2k-2l+1}b_{kk}\quad(k=l,l+1,\ldots,n-1,n)$$

entnehmen; letztere Beziehung besteht auch für $l=n$, $k=n$.

Die Gleichung (36) für b_{kk} liefert daraufhin für die zu $s_{lk}, s_{l+1,k},\ldots,s_{nk}$ gehörenden Werte $\xi_l, \xi_{l+1},\ldots,\xi_n$ die Relation

$$\lambda_n^{\,2k-2l+2}(\xi_l^{\,2}+\xi_{l+1}^2+\cdots+\xi_n^{\,2})\leqq 1.$$

Hieraus ist *drittens* zu ersehen, daß *für die Zahlen*

$$s_{hk}\,(h=l,l+1,\ldots,n;\ k=l,l+1,\ldots,n)$$

nur eine endliche Anzahl von Systemen in Betracht kommen.

Endlich muß g als reduzierte Form insbesondere allen Ungleichungen

$$g(y_1,\ldots,y_{l-1},e_l^{(k)},\ldots,e_n^{(k)})\geqq b_{kk}\quad(k=l,l+1,\ldots,n)$$

genügen, in welchen $e_k^{(k)}=1$, die anderen Zahlen $e_h^{(k)}=0$ und $y_1,\ldots,y_{l-1}$ beliebige ganze Zahlen sind. Diese Ungleichungen kommen nach der bereits festgestellten besonderen Gestalt der Substitution S auf die sämtlichen Ungleichungen

$$f(x_1,\ldots,x_{l-1},s_{lk},\ldots,s_{nk})\geqq f(s_{1k},\ldots,s_{l-1,k},s_{lk},\ldots,s_{nk})\quad(k=l,l+1,\ldots,n)$$

für beliebige ganze Zahlen $x_1,\ldots,x_{l-1}$ hinaus.

Eine ähnliche Überlegung, wie sie am Schlusse von § 5 zur Anwendung kam, ergibt nun, daß hiernach die zu $s_{1k},\ldots,s_{nk}(k\geqq l)$ gehörenden Verbindungen $\xi_{l-1},\ldots,\xi_1$ jedenfalls die Bedingungen

$$\frac{1}{4}(q_1+\cdots+q_h)\geqq q_1\xi_1^{\,2}+\cdots+q_h\xi_h^{\,2}\quad(h=l-1,\ldots,1)$$

und umsomehr die Bedingungen

$$\lambda_n\xi_{l-1}^2\leqq\frac{l-1}{4},\ldots,\ \lambda_n\xi_1^{\,2}\leqq\frac{1}{4}$$

erfüllen, und hiernach kommen *viertens* auch *für die Zahlen*

$$s_{hk}\,(h=1,2,\ldots,l-1;\ k=l,l+1,\ldots,n)$$

nur eine endliche Anzahl von Systemen in Betracht.

Damit ist der zu führende Nachweis in allen Punkten erbracht.

§ 8. Die Determinantenfläche.

Der Raum der positiven Formen wird von der *Flächenschar* $D(f) = \text{const.}$ durchzogen, deren einzelne Flächen jedesmal alle Formen f zu einem und dem nämlichen positiven Determinantenwert aufnehmen. Alle Flächen dieser Schar sind untereinander ähnlich und ähnlich gelegen vom Nullpunkte aus, so daß es für die meisten Zwecke genügt, von ihnen etwa die eine Fläche $D(f) = 1$ in Betracht zu ziehen.

Wir beweisen hier folgenden Satz:

Sind f und g zwei verschiedene positive Formen von der Determinante 1 und ist t ein beliebiger Wert > 0 und < 1, so hat die gleichfalls positive Form $(1-t)f + tg$ stets eine Determinante > 1.

Wir können bekanntlich (sowie von den Formen f und g auch nur eine positiv ist) immer eine *lineare Transformation* von der Determinante 1 *mit lauter reellen Koeffizienten* finden, *wodurch f und g gleichzeitig in Aggregate*

$$\alpha_1 z_1^2 + \alpha_2 z_2^2 + \cdots + \alpha_n z_n^2, \quad \beta_1 z_1^2 + \beta_2 z_2^2 + \cdots + \beta_n z_n^2$$

übergehen, welche nur die Quadrate der neuen Variablen enthalten. Die Determinante der Verbindung $(1-t)f + tg$ gewinnt dann allgemein den Produktausdruck

$$\Delta(t) = (\alpha_1 + t(\beta_1 - \alpha_1))(\alpha_2 + t(\beta_2 - \alpha_2)) \cdots (\alpha_n + t(\beta_n - \alpha_n)),$$

und nach Voraussetzung ist

$$\Delta(0) = \alpha_1 \alpha_2 \cdots \alpha_n = 1, \quad \Delta(1) = \beta_1 \beta_2 \cdots \beta_n = 1.$$

Nun erhalten wir

$$\frac{d^2 \log \Delta(t)}{dt^2} = -\left(\frac{\beta_1 - \alpha_1}{\alpha_1 + t(\beta_1 - \alpha_1)}\right)^2 - \cdots - \left(\frac{\beta_n - \alpha_n}{\alpha_n + t(\beta_n - \alpha_n)}\right)^2.$$

Dieser Ausdruck fällt danach im ganzen Intervalle $0 \leqq t \leqq 1$ stets < 0 aus, d. h. *die Kurve $u = \log \Delta(t)$ in einer t, u-Ebene ist im Bereich $0 \leqq t \leqq 1$ stets konvex von der t-Achse fort.* Mithin ist diese Funktion u, da sie an den zwei Endpunkten des Intervalls $= 0$ ist, im Inneren desselben durchweg > 0, also ist hier stets $\Delta(t) > 1$, was zu zeigen war.

Setzen wir

$$c(1-t)\alpha_h = a_h, \quad ct\beta_h = b_h \qquad (h = 1, 2, \ldots, n),$$

wo c ein positiver Faktor sei, so kommt die in betreff des Ausdrucks $\Delta(t)$ bewiesene Ungleichung auf den Satz hinaus:

Sind $a_1, a_2, \ldots, a_n$ und $b_1, b_2, \ldots, b_n$ lauter positive Größen, ohne daß man gerade $a_1 : a_2 : \ldots : a_n = b_1 : b_2 : \ldots : b_n$ hat, so gilt stets die Beziehung

$$\sqrt[n]{(a_1 + b_1)(a_2 + b_2) \ldots (a_n + b_n)} > \sqrt[n]{a_1 a_2 \ldots a_n} + \sqrt[n]{b_1 b_2 \ldots b_n}.$$

Das über die Fläche $D(f) = 1$ gefundene Resultat können wir auch folgendermaßen ausdrücken:

Konstruiert man in irgendeinem Punkte der Determinantenfläche $D(f)=1$, welcher einer positiven Form f entspricht, die Tangentialebene an diese Fläche, so liegt im ganzen Bereiche der positiven Formen diese Fläche, abgesehen vom Berührungspunkte, vollständig auf der dem Nullpunkte abgewandten Seite der Ebene.

Indem wir diese Lage der Tangentialebene an $D(f)=$ const. durch einen Punkt f in bezug auf irgendeinen zweiten Punkt g der Fläche in eine Formel fassen, kommen wir auf Grund der schon oben verwandten gleichzeitigen Transformation von f und g in Aggregate von Quadraten zu

$$(40)\qquad \frac{1}{n}\left(\frac{\beta_1}{\alpha_1}+\frac{\beta_2}{\alpha_2}+\cdots+\frac{\beta_n}{\alpha_n}\right)>\sqrt[n]{\frac{\beta_1\beta_2\ldots\beta_n}{\alpha_1\alpha_2\ldots\alpha_n}},$$

d. i. einfach zu der bekannten *Ungleichung zwischen dem arithmetischen und geometrischen Mittel von n positiven,* nicht lauter gleichen *Größen.*

Kürzer können wir den Charakter der Fläche $D(f)=1$ noch dahin schildern:

Die Determinantenfläche $D(f)=1$ ist im Gebiete der positiven Formen überall konvex nach dem Nullpunkte zu.

§ 9. Das Problem der dichtesten gitterförmigen Lagerung von Kugeln.

1. Für den Koeffizienten a_{11} einer positiven reduzierten Form f haben wir stets

$$f(x_1, x_2, \ldots, x_n) \geqq a_{11},$$

wenn $x_1, x_2, \ldots, x_n$ ganze Zahlen ohne gemeinsamen Teiler >1 sind, und diese Ungleichung überträgt sich sofort auf beliebige Systeme von ganzen Zahlen $x_1, x_2, \ldots, x_n$, die nur nicht sämtlich Null sind. Danach ist a_{11} *die kleinste durch die Form f mittels ganzer, nicht sämtlich verschwindender Zahlen darstellbare Größe.* Wir nennen diese Größe das *Minimum der Form f* und schreiben sie $M(f)$; sie ist (wie die ganze reduzierte Form) offenbar eine *Invariante der Klasse f.*

2. Aus den Ungleichungen (14) und (15) in § 5 (nach der Größenfolge von $a_{11}, a_{22}, \ldots, a_{nn}$ und der oberen Begrenzung ihres Produktes mit Rücksicht auf die Determinante) entnehmen wir

$$(41)\qquad D(f) \geqq \lambda_n (M(f))^n.$$

Danach überschreitet $\dfrac{M(f)}{\sqrt[n]{D(f)}}$ *niemals eine gewisse nur von n abhängende Grenze.*

Es ist nun durch Hermite die Frage nach dem *präzisen Maximum* der Werte dieses Quotienten gestellt worden.

Korkine und Zolotareff*) definierten:

*) Mathematische Annalen, Bd. 6 und Bd. 11.

Eine positive quadratische Form f mit n Variablen soll eine extreme Form (ihre Klasse eine extreme Klasse) heißen, wenn bei den infinitesimalen Variationen der Form der Quotient $M(f) : \sqrt[n]{D(f)}$ *niemals zunimmt.*

Da wir bei den Variationen durch bloße Multiplikation der variierten Form mit passendem Faktor den Wert des Minimums konstant erhalten können, so dürfen wir auch sagen:

Eine positive Form ist extrem, wenn bei keiner infinitesimalen Variation der Form, welche das Minimum ungeändert läßt, die Determinante abnehmen kann.

3. Den extremen Formenklassen kommt eine *bemerkenswerte geometrische Bedeutung* zu.

Bringen wir eine positive quadratische Form $f(x_1, x_2, \ldots, x_n)$ auf die Gestalt

$$f = \xi_1^2 + \xi_2^2 + \cdots + \xi_n^2,$$

so daß $\xi_1, \xi_2, \ldots, \xi_n$ n reelle lineare Formen in $x_1, x_2, \ldots, x_n$ sind, und deuten $\xi_1, \xi_2, \ldots, \xi_n$ als rechtwinklige Koordinaten in einem Raume $\mathfrak{R}_n$ von n Dimensionen, so können wir $f \leqq 1$ als eine n-dimensionale *Kugel* vom Radius 1 in diesem Raume bezeichnen. Ihr Volumen in $\xi_1, \xi_2, \ldots, \xi_n$ ist

$$\gamma_n = \frac{\pi^{\frac{n}{2}}}{\Gamma\left(1 + \frac{n}{2}\right)}.$$

Die Punkte $x_1 = m_1, x_2 = m_2, \ldots, x_n = m_n$, welche ganzzahligen Werten $m_1, m_2, \ldots, m_n$ entsprechen, bilden in dem Raume $\mathfrak{R}_n$ ein *parallelepipedisches Punktsystem (Gitter)* mit der *Dichtigkeit* $\frac{1}{\sqrt{D(f)}}$. Nämlich *die einzelnen Parallelepipede*

$$m_h - \frac{1}{2} \leqq x_h \leqq m_h + \frac{1}{2} \qquad (h = 1, 2, \ldots, n)$$

mit diesen Punkten als Mittelpunkten *erfüllen* in ihrer Gesamtheit *den Raum* $\mathfrak{R}_n$ *lückenlos*, sind untereinander kongruent *und enthalten jedesmal je einen Gitterpunkt bei einem Volumen je* $= \sqrt{D(f)}$.

Die n-dimensionalen Kugeln vom Radius $\frac{1}{2}\sqrt{M(f)}$ *um diese einzelnen Gitterpunkte werden* nun, nach der Bedeutung von $M(f)$, *derart liegen, daß sie untereinander nur in Punkten der Begrenzung zusammenstoßen.* Infolgedessen wird insbesondere

$$\gamma_n \left(\frac{1}{2}\sqrt{M(f)}\right)^n < \sqrt{D(f)} \tag{42}$$

gelten, eine Ungleichung, die den Charakter der Ungleichung (41) trägt, aber jener vorzuziehen sein wird, wie λ_n in § 5 festgesetzt wurde.

Halten wir nun die Bedeutung der Koordinaten $\xi_1, \xi_2, \ldots, \xi_n$ in $\mathfrak{R}_n$ fest und variieren die Koeffizienten von f derart, daß $M(f)$ *unverändert* bleibt, so bleiben diese Kugeln hier in ihrer Größe sowie in dem Charakter, nicht ineinander einzudringen, erhalten, es ändert sich nur das parallelepipedische Gitter ihrer Mittelpunkte.

Die Frage nach dem Maximum von $M(f):\sqrt[n]{D(f)}$ oder *den extremen Formenklassen ist* danach, geometrisch gefaßt, *gleichbedeutend mit der Frage nach den dichtesten gitterförmigen Lagerungen von lauter gleichen Kugeln im Raume von n Dimensionen.*

§ 10. Bestimmung der extremen Formenklassen.

Eine Reihe interessanter Eigenschaften der extremen Klassen haben bereits Korkine und Zolotareff nachgewiesen. Auf Grund der hier entwickelten Reduktionsmethode der positiven Formen läßt sich die Theorie der extremen Formen in sehr befriedigender Weise zum Abschluß bringen.

1. Ich bezeichne eine reduzierte Form als eine *extreme Form in bezug auf den reduzierten Raum,* wenn bei allen denjenigen infinitesimalen Variationen der Form, *wobei die Form im reduzierten Raume verbleibt,* der Quotient $\frac{M(f)}{\sqrt[n]{D(f)}}$ niemals zunimmt.

2. Ist f eine positive Form und legen wir an die durch f laufende Determinantenfläche $D(f) = \text{const.}$ im Punkte f die Tangentialebene, so läßt nach dem Satze in § 8 diese Ebene die Fläche im Gebiete der positiven Formen (und vom Punkte f selbst abgesehen) ganz auf der dem Nullpunkte abgewandten Seite liegen. *Also nimmt in dieser Tangentialebene beim Fortgang vom Punkte f aus die Determinante stets ab.*

3. Wenn nun f *reduziert* ist, *aber nicht* gerade *eine Kantenform* des reduzierten Raumes vorstellt, so können wir f als Summe zweier positiven reduzierten Formen φ, ψ darstellen, die nicht Vielfache voneinander sind. Es seien dann φ^*, ψ^* diejenigen Vielfachen von φ, ψ, welche in die genannte Tangentialebene fallen, so liegt f *innerhalb* der geradlinigen Strecke von φ^* nach ψ^*. Nun *wächst entweder* beim Fortgang von f aus *nach einer Seite dieser Strecke hin der Koeffizient a_{11}, oder er ist auf dieser ganzen Strecke konstant,* also wäre es immer möglich, f so zu variieren, daß $D(f)$ abnimmt und gleichzeitig $M(f)$ nicht abnimmt, mithin $M(f):\sqrt[n]{D(f)}$ wächst, und f wäre jedenfalls keine extreme Form in bezug auf den reduzierten Raum.

Wir erhalten demnach das Resultat:

Eine extreme Form in bezug auf den reduzierten Raum kann nur eine Kantenform in diesem Raume sein.

4. Jetzt sei $f = (a_{hk})$ eine positive Kantenform des reduzierten Raumes und extrem in bezug auf diesen Raum, und wir legen wieder die Deter-

minantenfläche durch f und daran die Tangentialebene im Punkte f. Ist $g = (b_{hk})$ eine beliebige *andere positive Kantenform* dieses Raumes und cg dasjenige Multiplum von g, welches in jene Tangentialebene fällt, so darf beim Fortgang auf der geradlinigen Strecke von f nach cg hin das Minimum weder zunehmen noch konstant bleiben, d. h. während

$$c\sum \frac{\partial D(f)}{\partial a_{hk}} b_{hk} = nD(f)$$

ist, muß gleichzeitig $cb_{11} < M(f) = a_{11}$ sein, oder also *es muß*

$$\frac{1}{nD(f)}\sum \frac{\partial D(f)}{\partial a_{hk}} b_{hk} > \frac{b_{11}}{a_{11}} \tag{43}$$

sein.

5. *Erfüllt* andererseits *eine positive Kantenform f des reduzierten Raumes in bezug auf jede andere positive Kantenform g dieses Raumes die vorstehende Bedingung* (43), *so ist in der Tat f eine extreme Form in bezug auf den reduzierten Raum.*

Denn für jede nicht wesentlich positive Kantenform g des reduzierten Raumes gilt diese Ungleichung (43) ohne weiteres (vgl. die Ungleichung (40)); für f selbst an Stelle von g gilt die aus (43) durch Änderung des Zeichens $>$ in $=$ hervorgehende Beziehung; und nach der in (35) gefundenen Darstellung jeder beliebigen reduzierten Form als Aggregat $\sum cg$ aus Kantenformen würde dann diese Ungleichung (43) überhaupt für jede beliebige reduzierte Form g hervorgehen, die nicht ein bloßes Vielfaches von f ist.

In dieser Allgemeinheit aber besagt die Ungleichung (43) in der Tat, daß bei jeder infinitesimalen Variation von f, wobei die variierte Form im reduzierten Raume verbleibt und auch nicht bloß auf dem Strahle vom Nullpunkte aus durch f sich bewegt, die Größe $\frac{M(f)}{\sqrt[n]{D(f)}}$ stets abnimmt.

6. *Soll nun eine Klasse f eine extreme sein, so ist jedenfalls notwendig, daß jede einzelne in der Klasse vorhandene reduzierte Form eine extreme Form in bezug auf den reduzierten Raum ist.* Es gilt aber auch die Umkehrung hiervon und erlangen wir damit folgendes Charakteristikum der extremen Klassen:

Eine positive Formenklasse f ist nur dann und immer dann eine extreme Klasse, wenn jede einzelne reduzierte Form der Klasse eine extreme Form in bezug auf den reduzierten Raum ist.

In der Tat, es sei für die Klasse einer positiven Form $f = \sum a_{hk} x_h x_k$ die hier genannte Bedingung erfüllt. Wir bestimmen *jede existierende unimodulare ganzzahlige Substitution S, welche f in eine reduzierte Form überführt.* Wir bestimmen weiter jedesmal für die sich durch die Substitution S ergebende reduzierte Form $g = \sum b_{hk} y_h y_k$ eine positive Größe ε_S folgender Art: Das Gebiet aller Formen $g^* = \sum (b_{hk} + \varepsilon_{hk}) y_h y_k$, für welche alle Beträge $|\varepsilon_{hk}| < \varepsilon_S$ sind, soll, soweit es in den reduzierten Raum hineinfällt, dort nur solche Seitenwände dieses Raumes treffen, die auch g enthalten, und, außer auf der Kante vom Nullpunkte durch g, überall kleinere Werte der Funktion $M(f) : \sqrt[n]{D(f)}$ als im Punkte g darbieten.

Wir ermitteln endlich eine positive Größe δ derart, daß alle Formen $\sum \delta_{hk} x_h x_k$, wobei die Beträge $|\delta_{hk}| < \delta$ sind, durch die Substitutionen S nur in solche Formen $\sum \varepsilon_{hk} y_h y_k$ übergehen, in denen dann die Beträge $|\varepsilon_{hk}| < \varepsilon_S$ sind.

Alsdann kann der ganze Bereich der durch $f^* = \sum (a_{hk} + \delta_{hk}) x_h x_k$ mit den Bedingungen $|\delta_{hk}| < \delta$ dargestellten Formen in den einzelnen, mit dem reduzierten Raume B äquivalenten Kammern $B_{S^{-1}}$, denen f angehört, immer nur solche Wände treffen, die auch f enthalten, und kann daher nicht aus diesen Kammern $B_{S^{-1}}$ heraustreten. Es gibt daher zu jeder solchen Form f^* wenigstens eine von den Substitutionen S, welche sie gleichzeitig mit f in eine reduzierte Form überführt, und danach wird in diesem ganzen Bereiche, außer auf dem vom Nullpunkte aus durch f gehenden Strahl, die Funktion $M(f) : \sqrt[n]{D(f)}$ stets kleiner als in f sein.

7. Diejenigen positiven Kantenformen auf der Fläche $D(f) = 1$, welche den allergrößten Wert von a_{11} haben, repräsentieren notwendig extreme Klassen und bestimmen die *präzise obere Grenze aller Werte von* $M(f) : \sqrt[n]{D(f)}$.

§ 11. Die binären, ternären, quaternären Formen.

Auf Grund der Ergebnisse des § 5 und § 6 können wir für jeden Wert n die Seitenwände und die Kanten des reduzierten Raumes angeben und können wir nunmehr auch alle extremen Formenklassen ermitteln.

1. Man findet beispielsweise, *daß in den Fällen* $n = 2, 3, 4$ *bereits diejenigen Ungleichungen*

$$f(s_1, s_2, \ldots, s_n) \geqq a_{ll} \qquad (l = 1, 2, \ldots, n),$$

worin $s_l = 1$ *und die übrigen Zahlen* $s_h = \pm 1$ *oder zum Teil* $= 0$ *sind, alle übrigen der Ungleichungen* (I) nach sich ziehen.

Nämlich aus diesen besonderen Ungleichungen läßt sich dann bereits *allgemein*

$$f(m_1, m_2, \ldots, m_n) \geqq a_{ll}$$

für jedes beliebige System von ganzen Zahlen $m_1, m_2, \ldots, m_n$, *wobei* $m_l, m_{l+1}, \ldots, m_n$ *nicht sämtlich Null sind,* erschließen.

Da wir uns vorbehalten können, von den Substitutionen

$$x_1 = \pm y_1, \quad x_2 = \pm y_2, \ldots, x_n = \pm y_n$$

Gebrauch zu machen, genügt es, die hiermit behauptete Tatsache für den Fall einzusehen, daß $m_1, m_2, \ldots, m_n$ sämtlich $\geqq 0$ sind. Andererseits dürfen wir bei dem Nachweis dieser engeren Tatsache die entsprechenden Ungleichungen für die kleineren Werte des n bereits als sichergestellt annehmen, so daß wir überhaupt nur noch Werte $m_1, m_2, \ldots, m_n$, die sämtlich > 0 sind, und dabei den Index $l = n$ in Betracht zu ziehen brauchen.

Unter den positiven Werten $m_1, m_2, \ldots, m_n$ sei m_j der *letzte von kleinstem Betrage.* Wir setzen $u_h = m_j$, wenn $h \neq j$ ist, und $u_j = 0$, dabei wird immer

$$m_h - u_h \geqq 0, \quad m_n - u_n > 0$$

sein, und die n Argumente $m_h - u_h$ erscheinen gegenüber den Argumenten m_h verringert bis auf eines, das unverändert geblieben ist. Nun haben wir:

$$f(m_1, m_2, \ldots, m_n) - f(m_1 - u_1, m_2 - u_2, \ldots, m_n - u_n)$$
$$= m_j^2(f(1, 1, \ldots, 1) - a_{jj}) + 2 \sum_{h \neq j} (m_h - m_j) m_j \sum_{k \neq j} a_{hk},$$

und die rechte Seite hier erweist sich durch $f(1, 1, \ldots, 1) \geqq a_{jj}$ und durch die Ungleichungen $a_{hh} + 2a_{hk} \geqq 0$ in Anbetracht von $n \leqq 4$ als $\geqq 0$, so daß

$$f(m_1, m_2, \ldots, m_n) \geqq f(m_1 - u_1, m_2 - u_2, \ldots, m_n - u_n)$$

folgt. Damit ist hier eine Rekursionsformel gewonnen, die durch einen Induktionsschluß sofort den verlangten Beweis liefert.

2. Stellen wir eine Form f durch das quadratische Schema ihrer Koeffizienten dar, *so sind in den Fällen $n = 2, 3, 4$ die positiven Kantenformen mit $M(f) = 2$:*

$$\begin{pmatrix} 2, 1 \\ 1, 2 \end{pmatrix}, \quad \begin{pmatrix} 2, 1, 1 \\ 1, 2, 1 \\ 1, 1, 2 \end{pmatrix}, \quad \begin{pmatrix} 2, 1, 1, 1 \\ 1, 2, 1, 1 \\ 1, 1, 2, 1 \\ 1, 1, 1, 2 \end{pmatrix} \quad \textit{und} \quad \begin{pmatrix} 2, 0, 0, 1 \\ 0, 2, 0, 1 \\ 0, 0, 2, 1 \\ 1, 1, 1, 2 \end{pmatrix}$$

sowie die diesen äquivalenten reduzierten Formen; die bezüglichen Determinanten sind

$$3, \; 4, \; 5 \quad \text{und} \quad 4.$$

Alle diese Formen sind extreme Formen. Im vierdimensionalen Raume existieren danach zwei wesentlich verschiedene dichteste gitterförmige Lagerungen von lauter gleichen Kugeln.

Die nicht wesentlich positiven Kantenformen erhält man bei der Schreibweise hier aus den positiven Kantenformen für die geringeren

Variablenzahlen durch Vorsetzen so vieler aus lauter Nullen bestehender Horizontal- und Vertikalreihen, daß quadratische Systeme von n Reihen resultieren.

3. Auf die Fälle $n = 5$ und $n = 6$ bin ich in einem Aufsatze in Crelles Journal, Bd. 101 (diese Ges. Abhandlungen, Bd. I, S. 217) eingegangen. Für $n = 5$ haben Korkine und Zolotareff die extremen Formenklassen in den Mathematischen Annalen, Bd. 11 bestimmt.

§ 12. Volumen des reduzierten Raumes bis zur Determinantenfläche.

Unter dem *Volumen eines Bereichs in der Mannigfaltigkeit* A der quadratischen Formen verstehen wir den Wert des $\frac{n(n+1)}{2}$-fachen Integrals

$$\int\int\ldots\int da_{11}\, da_{12} \ldots da_{nn},$$

erstreckt über diesen Bereich.

1. Es sei D irgendein fester positiver Wert. Wir wollen den Satz beweisen:

Dasjenige Gebiet $B(D)$ des reduzierten Raumes, in welchem $D(f) \leqq D$ gilt, welches also in bezug auf die Determinantenfläche $D(f) = D$ auf der Seite des Nullpunktes liegt, *besitzt ein bestimmtes endliches Volumen.*

Da die einzelnen Gebiete dieser Art, welche zu verschiedenen Werten D gehören, untereinander homothetisch vom Nullpunkte aus sind, so wird das fragliche Volumen einen Ausdruck $v_n D^{\frac{n+1}{2}}$ haben, wobei v_n eine nur von n abhängende Konstante sein wird.

2. Wir bezeichnen mit $B(D, \varepsilon)$ den Teil des reduzierten Raumes, worin

$$D(f) \leqq D, \quad a_{11} \geqq \varepsilon$$

gilt, unter ε eine positive Größe verstanden. Diese Ungleichungen in Verbindung mit den Ungleichungen

$$a_{11} \leqq a_{22} \leqq \cdots \leqq a_{nn}, \quad \pm 2a_{hk} \leqq a_{hh} \qquad (h < k), \tag{44}$$

$$\lambda_n a_{11} a_{22} \ldots a_{nn} \leqq D(f) \tag{45}$$

für eine reduzierte Form liefern *obere Grenzen für die Beträge aller Koordinaten in $B(D, \varepsilon)$*, und kommt daher diesem Bereiche $B(D, \varepsilon)$ ein bestimmtes endliches Volumen zu.

3. Ist nun $\varepsilon > \varepsilon^* > 0$, so umfaßt $B(D, \varepsilon^*)$ das Gebiet $B(D, \varepsilon)$ und in der Partie, mit welcher $B(D, \varepsilon^*)$ über $B(D, \varepsilon)$ hinausragt, gilt erstlich:

$$\varepsilon^* \leqq a_{11} \leqq \varepsilon, \quad |a_{1k}| \leqq \frac{1}{2} a_{11} \ (k = 2, 3, \ldots, n), \quad a_{12} \geqq 0,$$

$$\lambda_n a_{11} \frac{\partial D(f)}{\partial a_{11}} \leqq D,$$

und ist darin zudem $\sum_2^n a_{hk} x_h x_k$ eine Form von $n-1$ Variablen mit der Determinante $\frac{\partial D(f)}{\partial a_{11}}$, welche alle Bedingungen einer reduzierten solchen Form erfüllt.

Nehmen wir nun das zu beweisende Resultat als bereits sichergestellt für den Fall von $n-1$ Variablen an, so vergrößert sich hiernach beim Übergang von $B(D, \varepsilon)$ zu $B(D, \varepsilon^*)$ das Volumen dieses Bereichs gewiß um weniger, als der Wert des Integrals

$$\frac{1}{2}\int a_{11}^{n-1} v_{n-1}\left(\frac{D}{\lambda_n a_{11}}\right)^{\frac{n}{2}} d a_{11}$$

über den Bereich $0 < a_{11} \leqq \varepsilon$ beträgt, d. i. um weniger als

$$\frac{v_{n-1}\,\varepsilon^{\frac{n}{2}} D^{\frac{n}{2}}}{n\lambda_n^{\frac{n}{2}}}.$$

Daraus folgt, *daß das Volumen von $B(D, \varepsilon)$ mit nach Null abnehmendem ε einer bestimmten endlichen Grenze zustrebt, welche eben das Volumen von $B(D)$ definiert.*

Nachdem so die Existenz der Konstante v_n erwiesen ist, können wir hinzusetzen:

Das Volumen von $B(D, \varepsilon)$ ist

$$(46)\qquad < v_n D^{\frac{n+1}{2}} \quad \textit{und} \quad > v_n D^{\frac{n+1}{2}} - \tilde{v}_n \varepsilon^{\frac{n}{2}} D^{\frac{n}{2}},$$

wo $\tilde{v}_n$ zur Abkürzung für $\frac{1}{n} v_{n-1}\lambda_n^{-\frac{n}{2}}$ steht.

4. Wir bemerken ferner:

Das durch

$$(47)\qquad D \leqq D(f) \leqq D^*,\ a_{11} \geqq \varepsilon$$

definierte Gebiet des reduzierten Raumes, wobei $0 < D < D^*$ und $\varepsilon > 0$ sei, hat ein Volumen, das

$$(48)\qquad < v_n\left(D^{*\frac{n+1}{2}} - D^{\frac{n+1}{2}}\right) \quad \text{und} \quad > \left(v_n - \tilde{v}_n \frac{\varepsilon^{\frac{n}{2}}}{D^{\frac{1}{2}}}\right)\left(D^{*\frac{n+1}{2}} - D^{\frac{n+1}{2}}\right)$$

ist.

Das Gebiet (47) nämlich ist ganz enthalten in dem Teile

$$D \leqq D(f) \leqq D^*$$

des reduzierten Raumes, woraus die obere Grenze in (48) hervorgeht.

Andererseits enthält jenes Gebiet ganz das Gebiet

$$D \leqq D(f) \leqq D^*, \quad \vartheta = \frac{\varepsilon}{\sqrt[n]{D}} \leqq \frac{a_{11}}{\sqrt[n]{D(f)}}$$

des reduzierten Raumes. Das Volumen des letzteren Gebiets ist das $\left(D^{*\frac{n+1}{2}} - D^{\frac{n+1}{2}}\right) : D^{\frac{n+1}{2}}$-fache des Volumens des Gebiets

$$D(f) \leqq D, \quad \vartheta \leqq \frac{a_{11}}{\sqrt[n]{D(f)}} \tag{49}$$

vom reduzierten Raume, da die durch die letzteren Bedingungen bei festem ϑ und verschiedenen Werten D definierten Gebiete homothetische Kegel vom Nullpunkte aus darstellen. Das durch (49) bestimmte Gebiet des reduzierten Raumes endlich enthält ganz das Gebiet $B(D, \varepsilon)$, woraus die untere in (48) genannte Grenze hervorgeht.

§ 13. Verwendung Dirichletscher Reihen.

Wir werden nunmehr zur Ermittlung des Volumens v_n wesentlich diejenigen Methoden heranziehen, auf welche Dirichlet die Bestimmung der Klassenanzahlen in der Theorie der binären Formen gegründet hat. Wir werden an Stelle des Volumenintegrals über den Bereich $B(D)$ das Integral einer gewissen Funktion über diesen Bereich betrachten, welche in einem überwiegenden Teile dieses Bereiches angenähert gleich 1 ist, und vermöge des Ausdrucks dieser Funktion wird eine Zurückführung der Bestimmung von v_n auf diejenige von v_{n-1} gelingen.

1. Es seien ε, G und σ positive Größen; wir werden schließlich unter Forderung eines gewissen Zusammenhanges unter ihnen G über jede Grenze wachsen, ε und σ nach Null abnehmen lassen. Wir setzen bereits $\sigma < \frac{1}{2}$, $G > \varepsilon$ und etwa $\varepsilon \leqq 1$ voraus.

Wir haben es hier mit dem folgenden Ausdrucke zu tun:

$$\Phi(f) = \sigma (D(f))^{\frac{1}{2} + \frac{\sigma}{n}} \sum \frac{1}{(f(x_1, \ldots, x_n))^{\frac{n}{2} + \sigma}}. \tag{50}$$

Darin bedeute $f(x_1, \ldots, x_n) = \sum a_{hk} x_h x_k$ *eine positive reduzierte quadratische Form von* n *Variablen,* $D(f)$ *ihre Determinante und die Summe soll über alle diejenigen Systeme von ganzen Zahlen* $x_1, \ldots, x_n$ *erstreckt werden, welche die Ungleichungen*

$$\varepsilon \leqq f(x_1, \ldots, x_n) < G \tag{51}$$

erfüllen und wobei $x_1, \ldots, x_n$ *keinen gemeinsamen Teiler* > 1 *haben.*

2. Es bedeute andererseits $\Psi(f)$ den Wert des Ausdrucks (50), wenn darin die Summe ausnahmslos über *alle* existierenden ganzzahligen Systeme $x_1, \ldots, x_n$ erstreckt wird, welche den Bedingungen (51) genügen. *Wir lassen also bei der Definition von* $\Psi(f)$ *die Bedingung fallen, daß* $x_1, \ldots, x_n$ *relativ prim sein sollen.*

Wir erinnern noch an die in § 7, 1. gefundene Tatsache:

Sind $x_1, \ldots, x_n$ *ganze Zahlen* $\neq 0, \ldots, 0$ *und ist darunter* x_h *die letzte von Null verschiedene Zahl, so fällt dafür*

$$f(x_1, \ldots, x_n) \geqq \lambda_n a_{hh}$$

aus.

3. Die Untersuchung des Ausdrucks $\Psi(f)$ gründen wir auf folgende Tatsachen.

Deuten wir $x_1, \ldots, x_n$ als Koordinaten eines Punktes in einem n-dimensionalen Raume $\mathfrak{R}_n$, so stellt

$$(52) \qquad f(x_1, \ldots, x_n) < T,$$

wenn T eine positive Konstante ist, *das Innere eines* n-dimensionalen *Ellipsoids* in diesem Raume vor. *Das Volumen in* $x_1, \ldots, x_n$ *hat für dieses Ellipsoid den Wert*

$$(53) \qquad \gamma_n \frac{(\sqrt{T})^n}{\sqrt{D(f)}},$$

wobei

$$(54) \qquad \gamma_n = \frac{\pi^{\frac{n}{2}}}{\Gamma\left(1+\frac{n}{2}\right)} = \frac{\pi^{\left[\frac{n}{2}\right]}}{\frac{n}{2}\left(\frac{n}{2}-1\right)\cdots\left(\frac{n}{2}-\left[\frac{n-1}{2}\right]\right)}$$

das Volumen einer n-dimensionalen Kugel vom Radius 1 vorstellt (vgl. § 9).

Wir bemerken ferner, daß *der Würfelbereich*

$$(55) \qquad -\frac{1}{2} \leqq x_1 \leqq \frac{1}{2}, \ldots, -\frac{1}{2} \leqq x_n \leqq \frac{1}{2}$$

den Ungleichungen (44) zufolge *völlig in das Ellipsoid*

$$(56) \qquad f(x_1, \ldots, x_n) \leqq \frac{n(n+1)}{8} a_{nn}$$

zu liegen kommt.

Auf Grund dieser Umstände erhalten wir eine *approximative Bestimmung für die Anzahl derjenigen ganzzahligen Systeme* (*Gitterpunkte*) $x_1, \ldots, x_n$, *welche die Bedingung* (52) *erfüllen.*

Wir konstruieren nämlich um jeden einzelnen der betreffenden Gitterpunkte als Mittelpunkt einen Würfel mit Seitenflächen parallel den Koordinatenebenen und von der Kantenlänge 1, d. i. jedesmal den Würfel, der durch Parallelverschiebung des Würfels (56) vom Nullpunkte nach dem betreffenden Gitterpunkte entsteht.

Da wir jeden dieser Würfel durch ein dem Ellipsoide (55) homologes Ellipsoid umschließen können, *fällt der gesamte Bereich dieser Würfel völlig in das Gebiet des Ellipsoids*

$$f(x_1, \ldots, x_n) < \left(\sqrt{T} + \sqrt{\frac{n(n+1)}{8} a_{nn}}\right)^2$$

hinein. Alle jene Würfel dringen nicht gegenseitig ineinander ein und sind je vom Volumen 1. Danach ist die Anzahl der fraglichen Gitterpunkte sicher

$$< \frac{\gamma_n}{\sqrt{D(f)}}\left(\sqrt{T} + \sqrt{\frac{n(n+1)}{8} a_{nn}}\right)^n.$$

Wir schreiben zur Abkürzung

$$\gamma_n\left\{\left(1 + \sqrt{\frac{n(n+1)}{8\lambda_n}}\right)^n - 1\right\} = \varkappa_n,$$

und wir können behaupten:

Die Anzahl der ganzzahligen Auflösungen von

$$f(x_1, \ldots, x_n) < T$$

ist, wenn $T \geqq \lambda_n a_{nn}$ *ist, sicher*

$$(57) \qquad < \frac{1}{\sqrt{D(f)}}\left(\gamma_n T^{\frac{n}{2}} + \varkappa_n (\lambda_n a_{nn})^{\frac{1}{2}} T^{\frac{n-1}{2}}\right).$$

Andererseits überzeugen wir uns davon, *daß die vorhin konstruierten Würfel, falls* $T > \frac{n(n+1)}{8} a_{nn}$ *ist, gewiß das Gebiet des kleineren Ellipsoids*

$$f(x_1 \ldots, x_n) < \left(\sqrt{T} - \sqrt{\frac{n(n+1)}{8} a_{nn}}\right)^2$$

völlig überlagern, und hieraus leiten wir die folgende andere Tatsache her:

Die Anzahl der ganzzahligen Auflösungen von

$$f(x_1, \ldots, x_n) < T$$

ist, wenn $T \geqq \lambda_n a_{nn}$ *ist, sicher*

$$(58) \qquad > \frac{1}{\sqrt{D(f)}}\left(\gamma_n T^{\frac{n}{2}} - \varkappa_n (\lambda_n a_{nn})^{\frac{1}{2}} T^{\frac{n-1}{2}}\right).$$

Aus den beiden in (57) und (58) enthaltenen Grenzen entnehmen wir weiter:

Ist $T \geqq \lambda_n a_{nn}$ *und t ein Wert* > 1, *so liegt die Anzahl der ganzzahligen Systeme* $x_1, \ldots, x_n$, *welche die Ungleichungen*

$$T \leqq f(x_1, \ldots, x_n) < Tt$$

befriedigen, jedenfalls innerhalb der zwei Grenzen

$$(59) \qquad \frac{1}{\sqrt{D(f)}}\left(\gamma_n (t^{\frac{n}{2}} - 1)\, T^{\frac{n}{2}} \pm \varkappa_n (t^{\frac{n-1}{2}} + 1)\, (\lambda_n a_{nn})^{\frac{1}{2}} T^{\frac{n-1}{2}}\right).$$

4. Wir fassen *zunächst diejenigen Glieder aus* $\Psi(f)$ zusammen, *in denen* $f \geqq \lambda_n a_{nn}$ *und dabei* jedenfalls *auch* $f \geqq \varepsilon$ *ist.* Es sei T_n die größere der zwei unteren Schranken ε und $\lambda_n a_{nn}$ (bzw. ihr gemeinsamer Wert). Auf die letzte Angabe gestützt, können wir das ganze Aggregat der betreffenden Glieder aus $\Psi(f)$ sofort in zwei Grenzen einschließen.

Es sei $G > \lambda_n a_{nn}$. Wir setzen $G = T_n t^l$, so daß der Exponent l eine positive ganze Zahl und der Wert $t > 1$ wird, und wir teilen das Intervall $T_n \leqq f < G$ durch Einschalten von $T_n t, \ldots, T_n t^{l-1}$ in die l Intervalle

$$T_n \leqq f < T_n t, \ldots, T_n t^{l-1} \leqq f < G.$$

Wir bestimmen für die einzelnen Intervalle nach (59) eine obere (bzw. untere) Grenze der Anzahl der ganzzahligen Systeme $x_1, \ldots, x_n$, für die f in das Intervall fällt, und ersetzen in den Nennern der betreffenden Glieder aus $\Psi(f)$ die Größe $f(x_1, \ldots, x_n)$ durch die untere (bzw. obere) Grenze des Intervalls. Dadurch erhalten wir eine obere (bzw. untere) Grenze für jenes Aggregat aus $\Psi(f)$.

Wir finden zunächst, daß jener Anteil aus $\Psi(f)$

$$(60) \quad < \left\{ \gamma_n \frac{\sigma\left(t^{\frac{n}{2}} - 1\right)}{\left(1 - \frac{1}{t^\sigma}\right)} \left(\frac{1}{T^\sigma} - \frac{1}{G^\sigma}\right) + \varkappa_n \left(t^{\frac{n-1}{2}} + 1\right) \frac{\sigma}{1 - \frac{1}{t^{\frac{1}{2} + \sigma}}} T_n^{\frac{1}{2}} \left(\frac{1}{T_n^{\frac{1}{2} + \sigma}} - \frac{1}{G^{\frac{1}{2} + \sigma}}\right) \right\} (D(f))^{\frac{\sigma}{n}}$$

ist.

5. Es sei D eine feste positive Größe. Wir denken uns *augenblicklich f speziell im Bereiche $B(D, \varepsilon)$ gelegen.* Dann ist also $a_{11} \geqq \varepsilon$ und aus (44) und (45) folgt

$$\lambda_n \varepsilon^n \leqq D(f) \leqq D, \quad \lambda_n \varepsilon \leqq \lambda_n a_{nn} \leqq \frac{D}{\varepsilon^{n-1}}.$$

Wir verfügen bei dem beabsichtigten Grenzprozesse

$$(61) \qquad \lim \varepsilon = 0, \quad \lim \sigma = 0, \quad \lim G = \infty$$

über σ, ε, G derart, daß dabei

$$(62) \qquad \lim \varepsilon^\sigma = 1, \quad \lim G^{-\sigma} = 0$$

wird. Alsdann wird auch $\lim T_n^{\,\sigma} = 1$ sein.

Ferner können wir l als ganze Zahl abhängig von ε, σ und G noch derart einrichten, daß hierbei

$$\frac{1}{\log t} = \frac{\sigma l}{\sigma(\log G - \log T_n)}$$

nach unendlich, aber $\frac{\sigma}{\log t}$ nach Null konvergiert. Dann konvergiert also $\log t$ nach Null, mithin t nach 1. Infolge dieser Umstände *konvergiert der Term mit $\varkappa_n$ in* (60) *nach Null.* In dem ersten Term mit dem Koeffizienten γ_n ist der Faktor

$$\frac{\sigma\left(t^{\frac{n}{2}} - 1\right)}{\left(1 - \frac{1}{t^\sigma}\right)} = \frac{n}{2} t^\sigma t^{*\frac{n}{2} - \sigma},$$

wo t^* einen Mittelwert zwischen 1 und t bedeutet, und *konvergiert dieser erste Term in* (60) *nach* $\frac{n}{2}\gamma_n$.

Die analog herzustellende untere Grenze des fraglichen Anteils aus $\Psi(f)$ wird von dem Ausdrucke (60) her dadurch gewonnen, daß der zweite Term subtraktiv statt additiv genommen und beiden Termen noch der Faktor $t^{-\frac{n}{2}-\sigma}$ hinzugesetzt wird. Es leuchtet ein, *daß unter den angegebenen Voraussetzungen diese untere Grenze ebenfalls nach dem Werte* $\frac{n}{2}\gamma_n$ *konvergiert.*

6. Wir haben *weiter diejenigen Terme des Ausdrucks* $\Psi(f)$ abzuschätzen, *in welchen* f *zwar* $\geqq \varepsilon$, *aber* $< \lambda_n a_{nn}$ *ausfällt.* Da die Konstante $\lambda_n < 1$ und a_{11} das Minimum von f ist, wird in allen Gliedern von $\Psi(f)$ stets $f > \lambda_n a_{11}$ *sein.*

Wir nehmen *alle diejenigen Glieder aus* $\Psi(f)$ zusammen, soweit solche überhaupt vorhanden sind, *in welchen*

$$\left.\begin{matrix}\lambda_n a_{hh} \leqq \\ \varepsilon \leqq\end{matrix}\right\} f(x_1, \ldots, x_n) < \lambda_n a_{h+1,\,h+1}$$

gilt, wobei h eine der Zahlen $1, 2, \ldots, n-1$ sein kann. Es sei T_h die größere der zwei Größen $\lambda_n a_{hh}$, ε bzw. ihr gemeinsamer Wert. *Wegen* $f < \lambda_n a_{h+1,\,h+1}$ *müssen hierbei notwendig* $x_{h+1}, \ldots, x_n$ *sämtlich Null sein;* das ganze Aggregat der in Rede stehenden Glieder ist daher sicherlich kleiner als der Wert der unendlichen Reihe

$$\sigma(D(f))^{\frac{1}{2}+\frac{\sigma}{n}} \sum \frac{1}{(f(x_1, \ldots, x_h, 0, \ldots, 0))^{\frac{n}{2}+\sigma}},$$

erstreckt über *alle vorhandenen* ganzzahligen Systeme $x_1, \ldots, x_h$, bei welchen

$$T_h \leqq f(x_1, \ldots, x_h, 0, \ldots, 0)$$

ist.

Wir übertragen das in der Formel (59) entwickelte Resultat auf den Fall von Formen mit h Variablen, und wir finden die Anzahl derjenigen ganzzahligen Systeme $x_1, \ldots, x_h$, für die eine Einschränkung

$$T_h t^j \leqq f(x_1, \ldots, x_h, 0, \ldots, 0) < T_h t^{j+1} \qquad (j \geqq 0)$$

statthat, unter t eine fest angenommene positive Konstante (etwa 2) verstanden, kleiner als eine Größe

$$\bar{\gamma}_h \frac{(T_h t^j)^{\frac{h}{2}}}{\sqrt{a_{11} a_{22} \ldots a_{hh}}},$$

worin $\bar{\gamma}_h$ eine gewisse nur von h abhängende positive Konstante vorstellt. Das Aggregat der in Rede stehenden Terme ist dann sicher

$$< \sigma(D(f))^{\frac{1}{2}+\frac{\sigma}{n}} \frac{\bar{\gamma}_h}{\left(1 - \frac{1}{t^{\frac{n-h}{2}+\sigma}}\right) T_h^{\frac{n-h}{2}+\sigma} \sqrt{a_{11} a_{22} \ldots a_{hh}}}.$$

Hierin machen wir im Nenner von

$$\lambda_n^{-\frac{n-h-1}{2}} T_h^{\frac{n-h}{2}+\sigma} \sqrt{a_{11} a_{22} \ldots a_{hh}} \geqq \varepsilon^{\frac{1}{2}+\sigma} a_{hh}^{\frac{n-h-1}{2}} \sqrt{a_{11} a_{22} \ldots a_{hh}} \geqq \varepsilon^{\frac{1}{2}+\sigma} a_{11}^{\frac{n-}{2}}$$

Gebrauch, und mit Rücksicht hierauf kommen wir sogleich zu dem Ergebnisse:

Das Aggregat aller Terme in $\Psi(f)$, *welche den Bedingungen*

$$\varepsilon \leqq f(x_1, \ldots, x_n) < \lambda_n a_{nn}$$

entsprechen, ist

$$(63) \qquad < \mu_n \frac{\sigma (D(f))^{\frac{1}{2}+\frac{\sigma}{n}}}{\varepsilon^{\frac{1}{2}+\sigma} a_{11}^{\frac{n-1}{2}}},$$

worin μ_n *eine gewisse nur von* n *abhängende Konstante bedeutet.*

7. Wir setzen *jetzt wieder die Form* f *speziell im Gebiete* $B(D, \varepsilon)$ *gelegen* voraus, so daß $D(f) \leqq D$, $a_{11} \geqq \varepsilon$ ist. *Wir verfügen über* σ im Zusammenhang mit ε *noch so, daß für* $\lim \varepsilon = 0$ auch

$$\lim \left(\frac{\sigma}{\varepsilon^{\frac{n}{2}}} \right) = 0$$

wird. Dabei wird von selber auch

$$\log (\varepsilon^\sigma) = \left(\sigma \varepsilon^{-\frac{n}{2}}\right) \left(\varepsilon^{\frac{n}{2}} \log \varepsilon\right)$$

nach Null, also ε^σ nach 1 konvergieren. Der vorstehende Ausdruck (63) wird nunmehr für die Form f nach Null konvergieren, und wir gelangen zu dem Resultate:

Liegt f *im Gebiete* $B(D, \varepsilon)$, *so läßt sich der Wert von* $\Psi(f)$ *in zwei Grenzen einschließen, die unter den Voraussetzungen*

$$(64) \qquad \lim \varepsilon = 0, \ \lim \left(\frac{\sigma}{\varepsilon^{\frac{n}{2}}} \right) = 0, \ \lim G^{-\sigma} = 0$$

beide zugleich nach dem Werte $\frac{n}{2} \gamma_n$ *konvergieren.*

8. Es sei *immer noch* f *speziell in* $B(D, \varepsilon)$ *gelegen.* Um von dem Ausdrucke $\Psi(f)$ zu dem für uns eigentlich notwendigen Ausdrucke $\Phi(f)$ zu kommen, wollen wir *mit* Ψ_d *den Wert des Ausdrucks* (50) bezeichnen, *wenn darin die Summe über alle solchen, den Bedingungen* $\varepsilon \leqq f < G$ *entsprechenden ganzzahligen Systeme* $x_1, \ldots, x_n$ *erstreckt wird, bei denen* $x_1, \ldots, x_n$ *sämtlich durch eine bestimmte positive Zahl* d *teilbar sind.* Bei Werten d, für welche $d^2 \varepsilon \geqq G$ ist, wird es Systeme $x_1, \ldots, x_n$ der eben bezeichneten Art überhaupt nicht geben und ist daher $\Psi_d = 0$ zu setzen. *Die vorhin behandelte Summe* $\Psi(f)$ *kommt auf die Summe* Ψ_1 *hinaus.*

Wir gelangen nun von Ψ_1 zu der von uns gesuchten Summe $\Phi(f)$, indem wir, der Reihe der Primzahlen 2, 3, 5, ... folgend, aus dem Aggregate Ψ_1 sukzessive alle diejenigen Terme aussondern, in denen $x_1, \ldots, x_n$ sämtlich durch 2, oder doch sämtlich durch 3, oder doch sämtlich durch 5, usf. aufgehen.*)

Danach ergibt sich

(65) $$\Phi(f) = \Psi_1 - \Psi_2 - (\Psi_3 - \Psi_6) - (\Psi_5 - \Psi_{10} - \Psi_{15} + \Psi_{30}) - \cdots.$$

Die Bildung dieser Reihe ist am besten dahin zu beschreiben, daß das über alle Primzahlen $p = 2, 3, 5, \ldots$ zu erstreckende unendliche Produkt

(66) $$\prod\left(1 - \frac{1}{p^s}\right) = 1 - \frac{1}{2^s} - \left(\frac{1}{3^s} - \frac{1}{6^s}\right) - \left(\frac{1}{5^s} - \frac{1}{10^s} - \frac{1}{15^s} + \frac{1}{30^s}\right) - \cdots$$

entwickelt und jedem in dieser Entwicklung auftretenden Gliede $\pm \frac{1}{d^s}$ ein Glied $\pm \Psi_d$ *mit dem nämlichen Vorzeichen* $\pm$ in der Reihe (65) zugeordnet wird.

Es sei hier $s = n + 2\sigma$, so ist die Reihe (66) absolut konvergent und ihr Wert das Reziproke der über alle positiven ganzen Zahlen erstreckten Summe

(67) $$S_s = 1 + \frac{1}{2^s} + \frac{1}{3^s} + \frac{1}{4^s} + \cdots.$$

Setzen wir in den Gliedern von Ψ_d die Variablen $x_h = dy_h$ an, so wird darin $f(x_1, \ldots, x_n) = d^2 f(y_1, \ldots, y_n)$, und da f in $B(D, \varepsilon)$ liegen soll, das Minimum von f also nach Voraussetzung $\geqq \varepsilon$ ist, so haben wir in Ψ_d die Summation über alle ganzzahligen Systeme $y_1, \ldots, y_n$ zu erstrecken, für welche

$$\varepsilon \leqq f(y_1, \ldots, y_n) < \frac{G}{d^2}$$

wird.

Wir denken uns nun d^* als ganze Zahl, abhängig von σ, derart gewählt, daß die Summe der Beträge aller derjenigen Glieder in (66), welche Werten $d > d^*$ entsprechen, beliebig nahe an Null liegt und daß andererseits unter den Voraussetzungen (64) auch $\lim (d^{*\sigma}) = 1$ wird. Alsdann haben wir nach dem Ergebnisse in 7., wenn $d \leqq d^*$ ist, unter den Voraussetzungen (64) jedenfalls

$$\lim\left(\Psi_d : \frac{1}{d^{n+2\sigma}}\right) = \frac{n}{2}\gamma_n.$$

Wenn aber $d > d^*$ ist, so gilt zum mindesten die Relation

$$0 \leqq \Psi_d \leqq \frac{1}{d^{n+2\sigma}}\Psi_1.$$

*) Vgl. hierzu Lipschitz, Über die asymptotischen Gesetze von gewissen Gattungen zahlentheoretischer Funktionen, Monatsbericht der Berliner Akademie, 1865, S. 174.

Mit Rücksicht auf diese Umstände folgt offenbar unter jenen Voraussetzungen

(68) $$\lim \Phi(f) = \frac{n}{2}\gamma_n \lim \prod\left(1 - \frac{1}{p^{n+2\sigma}}\right) = \frac{n}{2}\frac{\gamma_n}{S_n}.$$

Damit sind wir zu folgendem Ergebnisse gelangt:

Für alle Formen f im ganzen Bereiche $B(D, \varepsilon)$ liegt der Wert der Funktion $\Phi(f)$ zwischen zwei Grenzen, die unter den Voraussetzungen (64) *beide zugleich nach dem Werte $\frac{n}{2}\frac{\gamma_n}{S_n}$ konvergieren.*

9. Es habe *jetzt das Minimum a_{11} von f einen beliebigen Wert,* so können wir *für das Aggregat derjenigen Glieder in $\Psi(f)$, bei welchen außer $\varepsilon \leqq f$ noch $\lambda_n a_{nn} \leqq f$ gilt,* durch (60) *eine Konstante ν_n als obere Grenze* bestimmen, und *für das Aggregat der übrigen Glieder in $\Psi(f)$* besteht *die obere Grenze* (63). Diese oberen Grenzen gelten um so mehr für den Wert der Summe $\Phi(f)$, und wir finden:

Es ist stets

(69) $$0 \leqq \Phi(f) < \mu_n \frac{\sigma(D(f))^{\frac{1}{2}+\frac{\sigma}{n}}}{\varepsilon^{\frac{1}{2}+\sigma} a_{11}^{\frac{n-1}{2}}} + \nu_n,$$

worin μ_n und ν_n zwei positive, nur von n abhängende Konstanten vorstellen.

10. Es sei jetzt δ *eine positive Größe $\leqq \varepsilon$ und wir betrachten das $\frac{n(n+1)}{2}$-fache Integral*

(70) $$J(\delta) = \int\int \ldots \int \Phi(f)\, da_{11}\, da_{12} \ldots da_{nn}$$

der in (50) *definierten Funktion $\Phi(f)$, erstreckt über den durch*

$$D(f) \leqq D, \quad a_{11} \geqq \delta$$

bestimmten Teil $B(D, \delta)$ des reduzierten Raumes.

Nehmen wir zunächst $\delta = \varepsilon$, so ergibt das Resultat aus 8. in Verbindung mit den Sätzen aus § 12, daß unter den Voraussetzungen (64) jedenfalls

$$\lim J(\varepsilon) = \frac{n}{2}\frac{\gamma_n}{S_n} v_n D^{\frac{n+1}{2}}$$

ist.

Nun sei $\delta < \varepsilon$, so benutzen wir dazu noch in dem Gebiete, mit welchem der Bereich $B(D, \delta)$ über $B(D, \varepsilon)$ hinausragt, für die Funktion $\Phi(f)$ die obere Grenze (69). Das Volumen jenes Zusatzgebietes ist nach § 12 sicher $< \tilde{v}_n \varepsilon^{\frac{n}{2}} D^{\frac{n}{2}}$. Im ersten Term von (69) ersetzen wir $(D(f))^{\frac{\sigma}{n}}$ durch die obere Grenze $D^{\frac{\sigma}{n}}$; andererseits ermitteln wir eine obere Grenze für das $\frac{n(n+1)}{2}$-fache Integral

$$\iint\cdots\int \frac{(D(f))^{\frac{1}{2}}}{a_{11}^{\frac{n-1}{2}}}\, da_{11}\, da_{12}\ldots da_{nn},$$

erstreckt über den ganzen Bereich $B(D, \delta)$, indem wir ähnlich wie in § 12 vorgehen. Indem wir die Integration nach $a_{22}, a_{23}, \ldots, a_{nn}$ und zwar zunächst über die Flächen $\frac{\partial D(f)}{\partial a_{11}} = $ konst. ausführen, ferner nach $a_{12}, \ldots, a_{1n}$ integrieren, finden wir das betreffende Integral (vgl. § 12, 3.)

$$< \int \frac{a_{11}^{\frac{1}{2}}}{a_{11}^{\frac{n-1}{2}}} \frac{1}{2} a_{11}^{n-1} da_{11} \int C^{\frac{1}{2}} v_{n-1} d\left(C^{\frac{n}{2}}\right),$$

über den Bereich

$$0 < \lambda_n a_{11}^n \leqq D, \qquad 0 < \lambda_n a_{11} C \leqq D$$

erstreckt. Das Doppelintegral hier wird

$$\frac{n}{n+1} v_{n-1} \left(\frac{D}{\lambda_n}\right)^{\frac{n+1}{2}} \int \frac{1}{2} a_{11}^{-\frac{1}{2}} da_{11} = \frac{n}{n+1} v_{n-1} \left(\frac{D}{\lambda_n}\right)^{\frac{n+1}{2}+\frac{1}{2n}}$$

Berücksichtigen wir nun, *daß im ersten Term von* (69) *noch der Faktor* $\frac{\sigma}{\varepsilon^{\frac{1}{2}+\sigma}}$ *auftritt, der unter den Voraussetzungen* (64) *nach Null konvergiert,* so können wir endlich den Satz aussprechen:

Das Integral $J(\delta)$, über den Bereich $B(D, \delta)$ erstreckt, wobei δ beliebig $\leqq \varepsilon$ ist, liegt zwischen zwei Grenzen, die unter den Voraussetzungen (64) *beide nach dem Werte*

$$\frac{n}{2} \frac{\gamma_n}{S_n} v_n D^{\frac{n+1}{2}} \tag{71}$$

konvergieren.

§ 14. Auswertung des Volumens.

Auf Grund dieses Satzes können wir jetzt die Berechnung von v_n auf die Berechnung von v_{n-1} zurückführen.

1. Sind $p_1, p_2, \ldots, p_n$ n ganze Zahlen *ohne gemeinsamen Teiler* > 1, so kann man stets dazu ganzzahlige unimodulare Substitutionen P *mit diesen Zahlen als erster Vertikalreihe* finden. Ist P_0 eine erste solche Substitution, P eine beliebige Substitution dieser Art, so hat *die Substitution $P_0^{-1}P$ als erste Vertikalreihe die Zahlen* $1, 0, \ldots, 0$ wie die identische Substitution, und können wir *jedesmal in bestimmter Weise* $P = P_0 Q R$ setzen, so daß Q die erste Variable völlig ungeändert läßt, also *in* Q

auch noch die erste Horizontalreihe $1, 0, \ldots, 0$ ist und R *eine Substitution von der Gestalt*

$$y_1 = z_1 + r_2 z_2 + \cdots + r_n z_n, \quad y_2 = z_2, \ldots, \quad y_n = z_n$$

wird.

2. Nun mögen ε, G, σ und $\delta \leqq \varepsilon$ wie in § 13 vorausgesetzt sein, und f sei eine Form im Bereiche $B(D, \delta)$. Sodann seien $p_1, p_2, \ldots, p_n$ solche ganzen Zahlen *ohne gemeinsamen Teiler* > 1, daß

$$\varepsilon \leqq f(p_1, p_2, \ldots, p_n) = b_{11} < G \tag{72}$$

wird. Wir führen P_0, P, Q, R wie soeben ein. Die durch $P = P_0 QR$ aus f hervorgehende Form hat b_{11} *als ersten Koeffizienten.* Wir schreiben diese Form

$$\varphi = \sum b_{hk} y_h y_k = b_{11} \left(y_1 + \frac{b_{12}}{b_{11}} y_2 + \cdots + \frac{b_{1n}}{b_{11}} y_n\right)^2 + \psi, \tag{73}$$

$$\psi = c_{22} y_2^2 + 2 c_{23} y_2 y_3 + \cdots + c_{nn} y_n^2, \tag{74}$$

wobei

$$c_{hk} = b_{hk} - \frac{b_{1h} b_{1k}}{b_{11}} \qquad (h \leqq k;\ h, k = 2, 3, \ldots, n) \tag{75}$$

gesetzt ist. Die Determinante von ψ wird dabei

$$= \frac{D(f)}{b_{11}}.$$

Wir können *zunächst* P_0 *irgendwie unimodular mit* $p_1, p_2, \ldots, p_n$ *als erster Vertikalreihe* gewählt annehmen, sodann Q derart bestimmen, daß *die Form* $\psi\,(y_2, y_3, \ldots, y_n)$ *von* $n-1$ *Variablen* als solche *reduziert* wird, also gewisse nach § 5 und § 6 in endlicher Anzahl anzuweisende lineare Ungleichungen

$$\sum{}' m_{hk} c_{hk} \geqq 0 \qquad (h, k = 2, 3, \ldots, n) \tag{76}$$

erfüllt, wobei im allgemeinen für Q die Wahl zwischen zwei entgegengesetzten Substitutionen Q^*, $-Q^*$ sein wird. Weiter können wir R so bestimmen, *daß alle Ungleichungen*

$$\pm \frac{b_{12}}{b_{11}} \leqq \frac{1}{2}, \ldots, \pm \frac{b_{1n}}{b_{11}} \leqq \frac{1}{2} \tag{77}$$

eintreten, und endlich können wir uns noch zwischen Q^* und $-Q^*$ derart entscheiden, *daß*

$$b_{12} \geqq 0 \tag{78}$$

wird. Durch die vorstehenden Forderungen sind dann Q, R und damit auch $P = P_0 QR$ in dem Falle *eindeutig* bestimmt, wo in keiner der dabei zu betrachtenden Ungleichungen (76), (77), (78) sich das Gleichheitszeichen einstellt.

3. *Jetzt sei* ϑ *ein positiver Wert* $\leqq \delta$ *und wir fassen für* φ *den Bereich aller derjenigen Formen ins Auge, bei welchen*

$$\varepsilon \leqq b_{11} < G, \quad D(\varphi) \leqq D, \quad \vartheta \leqq c_{22} \tag{79}$$

ist und zudem alle Ungleichungen (76), (77), (78) *bestehen.*

Das Minimum einer nach (73), (74) dargestellten Form φ ist gewiß nicht größer als das Minimum der binären Form

$$b_{11}(y_1 + \frac{b_{12}}{b_{11}} y_2)^2 + c_{22} y_2^2$$

und letzteres Minimum ist (vgl. § 5, 1.) $\leqq \sqrt{\frac{4}{3} b_{11} c_{22}}$. Soll φ einer Form f in $B(D, \delta)$ äquivalent sein und (72) gelten, so ist daher notwendig

$$\delta \leqq \sqrt{\frac{4}{3}} G c_{22},$$

und φ *kommt sicher in den obigen Bereich zu liegen, wofern wir* $\vartheta = \frac{3\delta^2}{4G}$ *voraussetzen.*

Andererseits ist eine beliebige durch φ mittels ganzer, nicht sämtlich verschwindender Zahlen $y_1, y_2, \ldots, y_n$ darstellbare Größe entweder $\geqq c_{22} \geqq \vartheta$, weil c_{22} das Minimum von ψ ist, oder, wofern dabei $y_2, \ldots, y_n$ sämtlich Null sind, doch $\geqq b_{11} \geqq \varepsilon \geqq \delta \geqq \vartheta$. *Danach fallen die zu den Formen* φ *des obigen Bereichs äquivalenten reduzierten Formen* f *sicher stets in* $B(D, \vartheta)$ *hinein.*

Für die Koeffizienten $b_{11}, b_{22}, \ldots, b_{nn}$ in φ sind gewisse obere, bloß von $\varepsilon, G, \vartheta, D$ abhängende Grenzen angebbar, und kommen dadurch bei gegebenen Werten dieser Größen von vornherein nur eine *endliche* Anzahl unimodularer ganzzahliger Substitutionen P in Frage, durch welche eine reduzierte Form f in $B(D, \vartheta)$ in eine den Bedingungen (76), (77), (78), (79) entsprechende Form φ übergehen könnte.

Danach verteilt sich der obige Bereich der Formen φ *ganz auf eine endliche Anzahl der mit dem reduzierten Raume* B *äquivalenten Kammern* B_P. Angenommen ferner, φ fällt weder auf die begrenzenden Seitenwände dieser Kammern noch auf eine der durch die Gleichheitszeichen in (76), (77), (78) angewiesenen Flächen; dann ist einerseits die zu φ äquivalente reduzierte Form f sowie das Paar entgegengesetzter ganzzahliger unimodularer Substitutionen $P, -P$, durch welche f in φ übergeht, *eindeutig* bestimmt; und andererseits gibt es auch keine von P und $-P$ verschiedene ganzzahlige unimodulare Substitution P^* mit der nämlichen ersten Vertikalreihe wie P oder $-P$, durch welche f in eine *andere,* ebenfalls allen jenen Ungleichungen (76), (77), (78), (79) genügende Form φ^* überginge.

4. *Wir bilden nun das* $\frac{n(n+1)}{2}$*-fache Integral*

$$(80)\qquad K(\vartheta)=\iint\cdots\int 2\sigma\,\frac{(D(\varphi))^{\frac{1}{2}+\frac{\sigma}{n}}}{b_{11}^{\frac{n}{2}+\sigma}}\,db_{11}\,db_{12}\ldots db_{nn},$$

erstreckt über den ganzen, durch die Ungleichungen (76), (77), (78), (79) *definierten Bereich.* Aus den soeben entwickelten Tatsachen geht dann folgendes Verhältnis dieses Integrals zu dem in (70) eingeführten Integrale $J(\delta)$ hervor:

Wir haben, wenn $\delta\leqq\varepsilon$ *ist:*

$$(81)\qquad J(\delta)<K\left(\frac{3\delta^2}{4G}\right)<J\left(\frac{3\delta^2}{4G}\right).$$

Um das Integral $K(\vartheta)$ auszuwerten, führen wir zunächst $c_{22}, c_{23}, \ldots, c_{nn}$ anstatt $b_{22}, b_{23}, \ldots, b_{nn}$ gemäß (75) ein, wobei die zugehörige Funktionaldeterminante den Wert 1 hat, sodann bewerkstelligen wir die Integration nach $c_{22}, c_{23}, \ldots, c_{nn}$ und zwar *zunächst über Flächen konstanter Determinante von* ψ und hernach für alle in Betracht kommenden Werte C dieser Determinante, endlich leisten wir auch die Integration nach $b_{12}, \ldots, b_{1n}$.

Übertragen wir das in § 12 (47) und (48) dargestellte Ergebnis auf den Fall von $n-1$ Variablen, so erhalten wir auf diese Weise als eine *obere Grenze für* $K(\vartheta)$ den Wert

$$\int 2\sigma b_{11}^{\frac{1}{2}+\frac{\sigma}{n}}\,\frac{1}{2}\,\frac{b_{11}^{n-1}db_{11}}{b_{11}^{\frac{n}{2}+\sigma}}\int C^{\frac{1}{2}+\frac{\sigma}{n}}v_{n-1}d\left(C^{\frac{n}{2}}\right),$$

über den Bereich

$$\varepsilon\leqq b_{11}<G,\qquad 0<b_{11}C\leqq D$$

erstreckt, d. i.

$$(82)\qquad \frac{n}{n+1+\frac{2\sigma}{n}}v_{n-1}D^{\frac{n+1}{2}+\frac{\sigma}{n}}\left(\frac{1}{\varepsilon^\sigma}-\frac{1}{G^\sigma}\right).$$

Sodann haben wir eine *untere Grenze für das Integral* $K(\vartheta)$, welche *aus dieser oberen Grenze durch Verminderung um*

$$\int\sigma b_{11}^{\frac{n}{2}-\frac{1}{2}-\sigma+\frac{\sigma}{n}}db_{11}\int C^{\frac{\sigma}{n}}\vartheta^{\frac{n-1}{2}}\tilde{v}_{n-1}d\left(C^{\frac{n}{2}}\right)$$

entsteht; letzterer Ausdruck ist

$$(83)\qquad =\frac{n}{n+\frac{2\sigma}{n}}\tilde{v}_{n-1}D^{\frac{n}{2}+\frac{\sigma}{n}}\frac{\sigma}{\frac{1}{2}-\sigma}\vartheta^{\frac{n-1}{2}}\left(G^{\frac{1}{2}-\sigma}-\varepsilon^{\frac{1}{2}-\sigma}\right)$$

und *konvergiert für* $\vartheta\leqq\frac{3\varepsilon^2}{4G}$ *und unter den Voraussetzungen* (64) *nach Null.*

Auf Grund der Ungleichungen (81) und des in § 13, 10. festgestellten Satzes über das Integral $J(\vartheta)$ gelangen wir nun durch Ausführung des Grenzprozesses (64) zu folgender *Rekursionsformel:*

$$\frac{n}{2}\frac{\gamma_n}{S_n}v_n = \frac{n}{n+1}v_{n-1}. \tag{84}$$

Da $v_1 = 1$ ist, erhalten wir unter Einführung des Wertes von γ_n (vgl. (54)) diese *Bestimmung von* v_n:

$$v_n = \frac{2}{n+1}\,\frac{\Gamma\left(\frac{2}{2}\right)\Gamma\left(\frac{3}{2}\right)\cdots\Gamma\left(\frac{n}{2}\right)}{\left(\Gamma\left(\frac{1}{2}\right)\right)^{2+3+\cdots+n}}\,S_2S_3\ldots S_n. \tag{85}$$

Darin bedeutet Γ das Zeichen für die Gammafunktion und S_k steht für den Wert der unendlichen Reihe

$$1+\frac{1}{2^k}+\frac{1}{3^k}+\frac{1}{4^k}+\cdots.$$

§ 15. Maximale Dichte bei gitterförmiger Lagerung von Kugeln.

Von der Bestimmung des Volumens v_n machen wir eine *Anwendung auf die Frage der dichtesten Lagerung von Kugeln im n-dimensionalen Raume.*

Nehmen wir an, der größte Wert, den das Minimum $M(f)$ bei den sämtlichen positiven Formen f von der Determinante 1 überhaupt erreicht, sei ϱ_n, so enthält jede positive Formenklasse f von einer Determinante $\leqq 1$ wenigstens eine Form

$$\varphi(y_1,y_2,\ldots y_n)=\sum b_{hk}y_hy_k=b_{11}\left(y_1+\frac{b_{12}}{b_{11}}y_2+\cdots+\frac{b_{1n}}{b_{11}}y_n\right)^2+\psi(y_2,\ldots,y_n),$$

wobei

$$0<b_{11}\leqq\varrho_n\sqrt[n]{D(f)},\quad \pm\frac{b_{12}}{b_{11}}\leqq\frac{1}{2},\ldots,\pm\frac{b_{1n}}{b_{11}}\leqq\frac{1}{2},\quad b_{12}\geqq 0,$$
$$D(f)=b_{11}\,\text{Det.}\,(\psi)\leqq 1$$

und ψ eine reduzierte Form der $n-1$ Variablen $y_2,\ldots,y_n$ ist.

Das über den hierdurch definierten Bereich von Formen φ erstreckte $\frac{n(n+1)}{2}$-fache Integral

$$\int\!\!\int\!\cdots\!\int db_{11}\,db_{12}\ldots db_{nn}$$

wird infolgedessen mindestens so groß, ja, wie man leicht erkennt, größer als das Volumen des reduzierten Raumes der Formen mit Determinanten $\leqq 1$ sein. Dieses Integral hier findet sich

$$=\int_0^{\varrho_n}\frac{1}{2}b_{11}^{n-1}v_{n-1}\left(\left(\frac{1}{b_{11}}\right)^{\frac{n}{2}}-\left(\frac{b_{11}^{n-1}}{\varrho_n{}^n}\right)^{\frac{n}{2}}\right)db_{11}=\frac{v_{n-1}}{n+1}\varrho_n^{\frac{n}{2}}.$$

Daraus folgt

(86) $$\frac{1}{2^n} \varrho_n^{\frac{n}{2}} \gamma_n > \frac{1}{2^{n-1}} S_n.$$

Wir können dieses Resultat folgendermaßen aussprechen:

Im n-dimensionalen Raume gibt es sicher solche parallelepipedische Lagerungen von lauter kongruenten Kugeln, daß der von den Kugeln erfüllte Raum mehr als das $\frac{1}{2^{n-1}} S_n$*-fache des ganzen unendlichen Raumes beträgt.*

Dazu bemerken wir, daß bei einer *„tetraedrischen"* Schichtung von Kugeln, welche der jedenfalls *extremen* Form

$$f = (x_1 + x_2 + \cdots + x_n)^2 + x_1^2 + x_2^2 + \cdots + x_n^2$$

entspricht, genau der

$$\frac{1}{2^{\frac{n}{2}} \sqrt{n+1}} \gamma_n = \frac{\pi^{\frac{n}{2}}}{2^{\frac{n}{2}} \sqrt{n+1}\, \Gamma\left(1 + \frac{n}{2}\right)} \text{-te Teil}$$

des unendlichen Raumes durch die Kugeln ausgefüllt wird, welcher Anteil *bei großem n wesentlich kleiner als der vorhin genannte Teil* ist, während allerdings in der Ebene und im Raume von 3 Dimensionen diese Schichtung nach regulären Dreiecken bzw. Tetraedern überhaupt die einzige dichteste gitterförmige Lagerung von kongruenten Kreisen bzw. Kugeln vorstellt.

§ 16. Asymptotisches Gesetz für die Klassenanzahlen ganzzahliger Formen.

Dem Volumen v_n kommt eine besondere *arithmetische Bedeutung* zu. Wir betrachten speziell die positiven Formen f mit lauter *ganzzahligen* Koeffizienten a_{hk}. Dabei ist immer $a_{11} \geqq 1$. Mit Rücksicht hierauf haben wir den Ungleichungen (44), (45) zufolge *zu einem gegebenen positiven ganzzahligen Wert* $D(f) = D$ immer nur eine endliche Anzahl verschiedener reduzierter Formen mit ganzzahligen Koeffizienten und also auch *nur eine endliche Anzahl verschiedener Klassen ganzzahliger positiver Formen.* Diese *Klassenanzahl für die Determinante* D werde mit $H(D)$ bezeichnet.

Wir werden das asymptotische Gesetz nachweisen:

(87) $$\lim_{D=\infty} \left(\frac{H(1) + H(2) + \cdots + H(D)}{D^{\frac{n+1}{2}}} \right) = v_n.$$

1. Wir fassen in der Mannigfaltigkeit A aller quadratischen Formen $f = (a_{hk})$ diejenigen Punkte (a_{hk}^0) ins Auge, bei welchen *alle* $\frac{n(n+1)}{2}$

Koordinaten a^0_{hk} *ganze rationale Zahlen* sind, und wir konstruieren um jeden solchen Punkt (a_{hk}) als Mittelpunkt den Würfelbereich

(88) $$-\tfrac{1}{2} \leqq a_{hk} - a^0_{hk} \leqq \tfrac{1}{2} \qquad (h, k = 1, 2, \ldots, n).$$

Wir erhalten ein *Netz von Würfeln*, welches die ganze Mannigfaltigkeit A *einfach und lückenlos* überdeckt.

Es sei nun D eine positive ganze Zahl, und wir bilden den Bereich $B(D, 1)$, der aus dem reduzierten Raume B durch die Forderungen

$$D(f) \leqq D, \qquad a_{11} \geqq 1$$

herausgeschnitten wird. Es mögen N jener Würfel vollständig in diesen Bereich $B(D, 1)$ fallen und N^* darunter vorhanden sein, welche zwar nicht ganz in diesen Bereich fallen, aber doch in das Innere dieses Bereiches eintreten. *Zufolge der Ungleichungen* (46) *wird dann*

(89) $$N < v_n D^{\frac{n+1}{2}}, \qquad N + N^* > v_n D^{\frac{n+1}{2}} - \tilde{v}_n D^{\frac{n}{2}}$$

sein.

Andererseits repräsentieren die Mittelpunkte der hier in der Anzahl N gezählten Würfel lauter *verschiedene* Klassen *ganzzahliger* positiver Formen, *wobei die Determinante einen der Werte* $1, 2, \ldots, D$ *hat,* und wird *jede* Klasse solcher Formen durch *wenigstens einen* unter den Mittelpunkten jener $N + N^*$ Würfel repräsentiert. *Also ist*

(90) $$N \leqq H(1) + H(2) + \cdots + H(D) \leqq N + N^*.$$

Um das Resultat (87) zu gewinnen, wird nunmehr nach (89) und (90) eine solche Abschätzung der Größe N^* hinreichend sein, aus welcher sich

$$\lim_{D=\infty} \left(\frac{N^*}{D^{\frac{n+1}{2}}} \right) = 0$$

erschließen läßt.

2. Zu diesem Ende stellen wir zunächst einen einfach zu charakterisierenden Bereich fest, der alle jene $N + N^*$ Würfel vollständig in sich aufnimmt.

In einem beliebigen dieser Würfel gibt es stets solche Punkte (a^*_{hk}), die in $B(D, 1)$ hineinfallen, für welche also insbesondere

(91) $$1 \leqq a^*_{11} \leqq a^*_{22} \leqq \cdots \leqq a^*_{nn}, \quad \pm 2 a^*_{hk} \leqq a^*_{hh} \qquad (h < k),$$

(92) $$\lambda_n a^*_{11} a^*_{22} \ldots a^*_{nn} \leqq D$$

ist. Andererseits erfüllt im ganzen Bereiche des einzelnen Würfels *jeder* Punkt (a_{hk}) in bezug auf den *Mittelpunkt* (a^0_{hk}) des Würfels die Bedingungen (88). Namentlich gelten also diese Bedingungen für die Punkte $(a_{hk}) = (a^*_{hk})$, und folgt daher

$$\frac{1}{2} \leqq a^*_{hh} - \frac{1}{2} \leqq a^0_{hh}.$$

Als *ganze* Zahlen sind hiernach die Werte a^0_{hh} notwendig sämtlich $\geqq 1$. Nunmehr haben wir im ganzen Würfel

$$\frac{1}{2} \leqq a^0_{hh} - \frac{1}{2} \leqq a_{hh}.$$

Sodann folgt, immer mit Heranziehung von (91) und von (88),

$$a_{hh} \leqq a^*_{hh} + 1 \leqq a^*_{h+1,\,h+1} + 1 \leqq a_{h+1,\,h+1} + 2 \leqq 5\,a_{h+1,\,h+1} \qquad (h < n),$$

weiter

$$|a_{hk}| - 1 \leqq |a^*_{hk}| \leqq \frac{1}{2}\,a^*_{hh} \leqq \frac{1}{2}(a_{hh} + 1), \qquad |a_{hk}| \leqq \frac{7}{2}\,a_{hh} \qquad (h < k).$$

Endlich haben wir

$$a_{hh} \leqq a^*_{hh} + 1 \leqq 2a^*_{hh}$$

und bringen diese Ungleichungen mit (92) in Verbindung.

Wir kommen damit zu folgendem Ergebnisse:

Die oben konstruierten $N + N^*$ Würfel fallen mit allen ihren Punkten in den durch die Bedingungen

$$(93) \qquad \frac{1}{2} \leqq a_{11}, \qquad a_{hh} \leqq 5a_{h+1,\,h+1}, \qquad |a_{hk}| \leqq \frac{7}{2}\,a_{hh} \qquad (h < k),$$

$$(94) \qquad \frac{\lambda_n}{2^n}\,a_{11}\,a_{22}\ldots a_{nn} \leqq D$$

definierten Bereich hinein.

3. Der anschaulicheren Ausdrucksweise wegen wollen wir in der Mannigfaltigkeit A von der *Größe einer Oberfläche* und von *orthogonalen Projektionen auf eine Ebene* sprechen, indem wir der Definition dieser Begriffe die Formel

$$\sqrt{da^2_{11} + da^2_{12} + \cdots + da^2_{nn}}$$

als *Länge eines Linienelements* zugrunde legen. Es wird sich nunmehr um die *Oberfläche des durch* (93), (94) *definierten Körpers* handeln, und wir werden *für die Größe dieser Oberfläche eine obere Grenze von der Gestalt*

$$(95) \qquad \varpi_2 D \log D \text{ *für* } n = 2 \text{ *bzw.* } \varpi_n D^{\frac{n+1}{2} - \frac{1}{n}} \text{ *für* } n > 2$$

nachweisen, worin ϖ_n eine nur von n abhängende Konstante vorstellt. Im Falle $n = 2$ wollen wir uns hierbei $D \geqq 2$ denken.

Im Volumenintegral des durch (93), (94) angewiesenen Körpers entspricht einem Intervall a_{11} bis $a_{11} + da_{11}$ des ersten Koeffizienten ein gewisser Beitrag

$$7^{n-1}a_{11}^{n-1}da_{11}\int\!\!\int\ldots\int da_{22}\,da_{23}\ldots da_{nn}.$$

Projizieren wir andererseits diesen Körper orthogonal auf die Ebene $a_{11} = 0$ und beachten, wie diese Projektion sukzessive anwächst, während der Parameter a_{11} von $\frac{1}{2}$ an kontinuierlich zunimmt, so entspricht der

Zunahme von a_{11} bis $a_{11} + da_{11}$ des Parameters eine Vergrößerung jener Projektionsfläche um

$$d(7^{n-1}a_{11}^{n-1})\int\int\ldots\int da_{22}\,da_{23}\ldots da_{nn},$$

wobei der Integrationsbereich von $a_{22}, a_{23}, \ldots, a_{nn}$ der nämliche wie soeben ist. Dadurch zeigt sich, daß die durch das Gleichheitszeichen in (94) gelieferte begrenzende Fläche dieses Körpers auf die Ebene $a_{11} = 0$ eine Projektion ergibt, deren Flächeninhalt gewiß nicht größer ist als der Wert des Integrals

$$\int\int\ldots\int (n-1)\frac{da_{11}}{a_{11}}\,da_{12}\ldots da_{nn},$$

über den ganzen Körper erstreckt. *Hieraus resultiert zunächst für diese Projektion der Fläche* (94) *auf die Ebene* $a_{11} = 0$ *eine obere Grenze vom Typus* (95).

Nun hat in einem beliebigen Punkte (a_{hk}) der begrenzenden Fläche (94) die Tangentialebene an diese Fläche in laufenden Koordinaten (b_{hk}) die Gleichung

$$\frac{1}{n}\left(\frac{b_{11}}{a_{11}} + \frac{b_{22}}{a_{22}} + \cdots + \frac{b_{nn}}{a_{nn}}\right) = 1;$$

wir ersehen daraus in Anbetracht der Ungleichungen (93), *daß die Größe dieser Oberfläche ein gewisses, nur von n abhängendes Vielfaches ihrer Projektion auf die Ebene* $a_{11} = 0$ *nicht überschreitet.*

Projizieren wir andererseits den ganzen durch (93), (94) definierten Körper auf die Ebene

(96) $$b_{11} + b_{22} + \cdots + b_{nn} = 0,$$

welche einer Tangentialebene der begrenzenden Fläche (94) parallel läuft, so wird die entstehende Projektion *einmal* genau von der Projektion dieser begrenzenden Fläche (94) geliefert und *ein zweites Mal* genau von den Projektionen aller übrigen durch die Ungleichungen (93) angewiesenen ebenen Seitenwände des Körpers überdeckt, wobei keine dieser ebenen Seitenwände orthogonal zur Ebene (96) ist. *Danach bestehen auch für die Flächeninhalte aller jener ebenen Seitenwände obere Grenzen vom Typus* (95) und folgt endlich auch eine solche obere Grenze für die gesamte Oberfläche des in Rede stehenden Körpers.

4. Wir kommen endlich auf die oben in der Anzahl N^* gezählten Würfel zurück. *Jeder dieser Würfel hat mit der Begrenzung des Bereichs* $B(D, 1)$ *Punkte gemein.* Diese Begrenzung besteht *erstens* aus einem Anteil der Fläche $D(f) = D$, *zweitens* aus Partien in den ebenen Seitenwänden des reduzierten Raumes, *drittens* aus einem Stück der Ebene $a_{11} = 1$.

Betrachten wir *zunächst diejenigen unter jenen N^* Würfeln, welche die Fläche $D(f) = D$ treffen.* Wir ordnen diese Würfel in *Serien* nach ihren Projektionen auf die Ebene $a_{11} = 0$. Es seien darunter zwei Würfel mit gleicher Projektion auf diese Ebene da, ihre Mittelpunkte seien $a_{11}^0, a_{12}^0, \ldots, a_{nn}^0$ und $a_{11}^0 + d, a_{12}^0, \ldots, a_{nn}^0$, so daß d eine positive ganze Zahl ist, und es seien $a_{11}, a_{12}, \ldots, a_{nn}$ und $a_{11} + \varepsilon_{11}, a_{12} + \varepsilon_{12}, \ldots, a_{nn} + \varepsilon_{nn}$ je ein Punkt in diesen Würfeln auf der Determinantenfläche $D(f) = D$. Dabei ist $d - 1 \leqq \varepsilon_{11} \leqq d + 1$ und sind $\varepsilon_{12}, \ldots, \varepsilon_{nn}$ dem Betrage nach $\leqq 1$; für $h \geqq 2$ folgt aus $a_{hh} + \varepsilon_{hh} \geqq 1$ und $\varepsilon_{hh} \geqq -1$ noch $a_{hh} + \varepsilon_{hh} \geqq \frac{1}{2} a_{hh}$. Bilden wir nun die Differenz

$$\frac{1}{\frac{\partial \,\mathrm{Det.}\,|a_{hk} + \varepsilon_{hk}|}{\partial a_{11}}} (\mathrm{Det.}\,|a_{hk} + \varepsilon_{hk}| - \mathrm{Det.}\,|a_{hk}|) = 0,$$

so hat darin ε_{11} den Koeffizienten 1; für die übrigen Glieder aber können wir vermöge (91) (vgl. auch (17) für $m = 1$) obere Grenzen angeben, die nur von n abhängen, so daß sich aus dieser Gleichung für $d + 1$ und damit auch *für die Maximalzahl der Würfel in einer jener Serien eine nur von n abhängende obere Grenze* ergibt. Das Volumen der in Rede stehenden Würfel übersteigt nun nicht das Produkt dieser Maximalzahl in die Projektion der Gesamtheit jener Würfel auf die Ebene $a_{11} = 0$, und letztere Projektion ist sicher nicht größer als die Projektion des ganzen, durch (93), (94) bestimmten Körpers auf die Ebene $a_{11} = 0$.

Nehmen wir *weiter diejenigen der N^* Würfel, welche eine bestimmte ebene Seitenwand*

(I, II) $$\sum m_{hk} a_{hk} = 0$$

des reduzierten Raumes treffen. Wählen wir irgendeinen solchen Koeffizienten a_{hk} aus, für den der Faktor m_{hk} hier $\neq 0$ ist, so finden wir, daß die Anzahl derjenigen unter den betrachteten Würfeln, welche eine und die nämliche Projektion auf die Ebene $a_{hk} = 0$ liefern, nicht größer als eine gewisse aus den numerischen Faktoren in dieser Gleichung folgende Größe ist. Andererseits ist die gesamte Projektion aller dieser Würfel auf die Ebene $a_{hk} = 0$ nicht größer als die Projektion des ganzen Bereichs (93), (94) auf diese Ebene.

Endlich ist die Anzahl derjenigen unter den N^* Würfeln, welche die Ebene $a_{11} = 1$ durchsetzen, nicht größer als die Seitenwand $a_{11} = \frac{1}{2}$ des durch (93), (94) bestimmten Körpers.

Aus allen diesen Umständen zusammen entnehmen wir für die Zahl N^* ebenfalls eine obere Grenze vom Typus (95), und wir gelangen dadurch zu folgendem Theoreme:

Die Gesamtanzahl aller verschiedenen Klassen ganzzahliger positiver quadratischer Formen mit n Variablen und von den Determinanten $1, 2, \ldots, D$ *ist zwischen zwei Grenzen*

$$v_2 D^{\frac{3}{2}} \pm \omega_2 D \log D \text{ für } n = 2 \quad \text{bzw.} \quad v_n D^{\frac{n+1}{2}} \pm \omega_n D^{\frac{n+1}{2} - \frac{1}{n}} \text{ für } n > 2$$

eingeschlossen, wobei v_n *das Volumen des Raumes der reduzierten Formen mit Determinanten* $\leqq 1$ *und* ω_n *eine gewisse andere positive, nur von n abhängende Konstante vorstellt.*

Dabei ist im Falle $n = 2$ die Zahl $D \geqq 2$ gedacht.

Inhalt.

ZUR GEOMETRIE

XXII.

Allgemeine Lehrsätze über die konvexen Polyeder.

(Nachrichten der K. Gesellschaft der Wissenschaften zu Göttingen. Mathematisch-physikalische Klasse. 1897. S. 198—219.)

(Vorgelegt von David Hilbert in der Sitzung vom 31. Juli 1897.)

Ein *konvexer Körper* ist vollständig dadurch gekennzeichnet*), daß er eine abgeschlossene Punktmenge ist, innere Punkte besitzt, und daß jede gerade Linie, die innere Punkte von ihm aufnimmt, mit seiner Begrenzung stets zwei Punkte gemein hat (niemals mehr als zwei Punkte, falls auch die konvexen Körper, die sich ins Unendliche erstrecken, mit in Betracht gezogen werden). Infolge dieses einfachen Charakters spielen diese Gebilde eine gewisse Rolle bei der Behandlung einiger partieller Differentialgleichungen, die in der mathematischen Physik auftreten. Neuerdings habe ich in dem Buche „Geometrie der Zahlen" gezeigt, daß auch merkwürdige arithmetische Beziehungen sich an die konvexen Körper knüpfen. Einen besonderen Reiz bieten die Sätze über konvexe Körper noch durch den Umstand dar, daß sie in der Regel für diese ganze Kategorie von Gebilden ohne jede Ausnahme Geltung haben.

Der vorliegende Aufsatz entstand bei Gelegenheit von Versuchen, den folgenden Satz zu beweisen, den ich seit längerer Zeit vermutete und dessen elementare Fassung nicht auf die Schwierigkeiten seiner Verifizierung schließen läßt: Wenn aus einer endlichen Anzahl von lauter *Körpern***) *mit Mittelpunkt*, die untereinander nur in den Begrenzungen zusammenstoßen, sich ein *konvexer* Körper aufbaut, so hat dieser stets ebenfalls einen Mittelpunkt.

Ich behandle hier nur diejenigen konvexen Körper, die ihre ganze Begrenzung in einer endlichen Anzahl von Ebenen liegen haben und auch

---

*) Geometrie der Zahlen, I. Lieferung, Leipzig bei B. G. Teubner, 1896; S. 200. Ich habe dort die betreffenden Gebilde *nirgends konkave* Körper genannt, hier will ich mich der kürzeren Bezeichnung *konvex* bedienen.

**) Unter den „Körpern mit Mittelpunkt" dürfen hier, wie aus Lehrsatz V (S. 119) der Arbeit leicht ersichtlich ist, jedenfalls beliebige abgeschlossene Punktmengen mit Mittelpunkt, denen eine bestimmte Größe der Oberfläche zukommt, verstanden werden.

sich nicht ins Unendliche erstrecken; ich entwickle über die eindeutige Festlegung eines derartigen *Polyeders* unter Verwendung der *Inhalte seiner Seitenflächen* einige Theoreme, die durch ihren leicht verständlichen Inhalt und andererseits die zu ihrem Nachweise erforderlichen Methoden Beachtung verdienen. Diese Theoreme sowie ihre Ausdehnung auf beliebige konvexe Körper werfen auch ein neues Licht auf die Eigenschaft der Kugel, unter allen Körpern von gleicher Oberfläche das größte Volumen zu besitzen.

§ 1. Vorbemerkungen.

1. Es seien rechtwinklige Koordinaten x, y, z zugrunde gelegt. Wenn von einer Richtung (α, β, γ) gesprochen wird, so soll gemeint sein, daß α, β, γ die Kosinus der Neigungswinkel der Richtung gegen die Richtungen der Koordinatenachsen sind. Es sei $\mathfrak{P}$ ein *konvexes Polyeder* mit n Seitenflächen, die in beliebiger Ordnung numeriert sein mögen. Es sei J das Volumen von $\mathfrak{P}$, $F_\nu (\nu = 1, \ldots, n)$ der Flächeninhalt der ν^{ten} Seitenfläche, mithin $O = F_1 + \cdots + F_n$ die Größe der Oberfläche von $\mathfrak{P}$. Es sei ferner $(\alpha_\nu, \beta_\nu, \gamma_\nu)$ die Richtung einer auf der ν^{ten} Seitenfläche nach dem *Äußeren* von $\mathfrak{P}$ hin errichteten Normalen. Die n Richtungen $(\alpha_\nu, \beta_\nu, \gamma_\nu)$ sind verschieden und jedenfalls derart, daß darunter sich irgend drei *unabhängige* finden, d. h. daß sie nicht alle einer einzigen Ebene angehören können.

Es sei $\mathfrak{p}$ irgendein innerer Punkt von $\mathfrak{P}$, und es sei p_ν für $\nu = 1, \ldots, n$ die Länge des von $\mathfrak{p}$ auf die ν^{te} Seitenfläche von $\mathfrak{P}$ gefällten Perpendikels. Hält man den Punkt $\mathfrak{p}$ und die Richtungen $(\alpha_\nu, \beta_\nu, \gamma_\nu)$ fest, betrachtet hingegen die Längen p_ν als veränderlich, so ändert sich das Polyeder $\mathfrak{P}$ und mit ihm sein Volumen J gemäß der Differentialformel:

$$dJ = F_1 dp_1 + \cdots + F_n dp_n. \tag{1}$$

Will man diese Formel auf den Unterschied des Volumens derjenigen zwei Polyeder anwenden, die aus $\mathfrak{P}$ durch *Dilatation* vom Punkte $\mathfrak{p}$ aus in allen Richtungen in einem Verhältnisse $t : 1$, beziehlich $t + dt : 1$ entstehen, so hat man F_ν durch $F_\nu t^2$ und dp_ν durch $p_\nu dt$ zu ersetzen. Wird die hervorgehende Formel nach t zwischen 0 und 1 integriert, so ergibt sich

$$3J = F_1 p_1 + \cdots + F_n p_n. \tag{2}$$

Benutzen wir statt $\mathfrak{p}$ irgendeinen anderen Punkt in $\mathfrak{P}$, der die relativen Koordinaten a, b, c in bezug auf $\mathfrak{p}$ haben mag, so haben wir p_ν durch $p_\nu - (a\alpha_\nu + b\beta_\nu + c\gamma_\nu)$ zu ersetzen. Weil a, b, c innerhalb gewisser Grenzen beliebig sind, so führt die Formel (2) zu

$$\sum F_\nu \alpha_\nu = 0, \quad \sum F_\nu \beta_\nu = 0, \quad \sum F_\nu \gamma_\nu = 0, \tag{3}$$

wo die Summen sich auf die Werte $\nu = 1, \ldots, n$ beziehen. Die n Richtungen $(\alpha_\nu, \beta_\nu, \gamma_\nu)$ sind also weiter jedenfalls derart, daß diese drei Gleichungen (3) eine Auflösung in *positiven* Größen F_ν zulassen.

2. Es sei (α, β, γ) irgendeine Richtung und Θ das *Maximum*, ϑ das *Minimum* von $\varphi = \alpha x + \beta y + \gamma z$ im Bereiche des Polyeders $\mathfrak{P}$, so liegt $\mathfrak{P}$ zwischen den zwei parallelen Ebenen $\varphi = \vartheta$ und $\varphi = \Theta$ eingeschlossen und kann $\Theta - \vartheta = d$ als die *Breite* des Polyeders in der Richtung (α, β, γ) bezeichnet werden. Projiziert man die gesamte Oberfläche des Polyeders senkrecht auf die Ebene $\varphi = \vartheta$, so wird von der Projektion ein gewisses Polygon in dieser Ebene im ganzen Inneren doppelt überlagert, und ist danach der Flächeninhalt dieses Polygons gewiß $< \frac{1}{2} O$. Sodann schließt derjenige Zylinder, der senkrecht auf diesem Polygon steht und die Höhe d hat, so daß er von der Ebene $\varphi = \vartheta$ bis zur Ebene $\varphi = \Theta$ reicht, das Polyeder $\mathfrak{P}$ ganz in sich ein, und daraus folgt

$$\frac{1}{2} O d > J. \tag{4}$$

Es sei $\mathfrak{s}$ der *Schwerpunkt* von $\mathfrak{P}$ und s sein Abstand von der Ebene $\varphi = \Theta$. Nimmt man irgendeinen Punkt aus $\mathfrak{P}$ in der Ebene $\varphi = \vartheta$, so zerlegt sich das Polyeder $\mathfrak{P}$ in die Pyramiden, welche diesen Punkt als Spitze und die einzelnen, nicht durch ihn gehenden Seitenflächen von $\mathfrak{P}$ als Grundflächen haben; diese Pyramiden stoßen untereinander nur in den Begrenzungen zusammen. Da in einer Pyramide der Abstand des Schwerpunkts von der Basis $^1/_4$ der Höhe beträgt, so hat in jeder dieser Pyramiden der Schwerpunkt von der Ebene $\varphi = \Theta$ einen Abstand $\geqq \frac{1}{4} d$, und daher ist auch $s \geqq \frac{1}{4} d$; mit Hilfe von (4) folgt daher

$$s > \frac{J}{2O}. \tag{5}$$

Da dieses Resultat für jede beliebige Richtung (α, β, γ) gilt, so ist danach die Kugel vom Radius $\frac{J}{2O}$ mit $\mathfrak{s}$ als Mittelpunkt ganz im Inneren von $\mathfrak{P}$ enthalten, daraus folgt

$$J > \frac{4\pi}{3}\left(\frac{J}{2O}\right)^3, \quad \frac{O^3}{J^2} > \frac{\pi}{6}.$$

Betrachtet man weiter irgendeinen Punkt aus $\mathfrak{P}$ in der Ebene $\varphi = \vartheta$, irgendeinen Punkt aus $\mathfrak{P}$ in der Ebene $\varphi = \Theta$ und dazu den größten Kreis dieser Kugel in der parallelen Ebene $\varphi = \Theta - s$, so enthält das Polyeder sogleich die zwei Kegel, welche die Fläche dieses Kreises als Basis und ihre Spitze beziehlich in jenen zwei Punkten haben; daraus folgt

$$\frac{1}{3}\pi\left(\frac{J}{2O}\right)^2 d < J. \tag{6}$$

Ersetzt man (α, β, γ) durch $(-\alpha, -\beta, -\gamma)$, so vertauschen sich die Rollen der Ebenen $\varphi = \vartheta$ und $\varphi = \Theta$, und anstatt $s \geqq \frac{1}{4} d$ gewinnt man die weitere Ungleichung $s \leqq \frac{3}{4} d$.

Die Werte von s und d für die Richtung $(\alpha_\nu, \beta_\nu, \gamma_\nu)$ mögen s_ν und d_ν heißen. Für einen beliebigen Punkt $\mathfrak{p}$ im Inneren von $\mathfrak{P}$ gilt offenbar stets

(7) $$p_\nu < d_\nu.$$

Nimmt man endlich für den Punkt $\mathfrak{p}$, auf den sich (2) bezieht, den Schwerpunkt $\mathfrak{s}$ des Polyeders, so zeigt sich, daß der größte unter den Abständen s_ν vorkommende Wert $\geqq \frac{3J}{O}$ sein muß. Verbindet man diesen Umstand mit $s_\nu \leqq \frac{3}{4} d_\nu$ und mit der Ungleichung (6), so folgt

(8) $$\frac{O^3}{J^2} > \frac{\pi}{3}.$$

3. Als *konvexen Bereich* will ich überhaupt jede abgeschlossene Punktmenge bezeichnen, zu der mit irgend zwei Punkten stets auch die ganze sie verbindende Strecke gehört; ein *konvexer Körper* bedeutet dann einen solchen konvexen Bereich, der auch *innere* Punkte enthält, d. h. nicht ganz in einer Ebene gelegen ist.

Unter einer *Stützebene* eines konvexen Bereichs verstehe ich eine Ebene, die nicht zu beiden Seiten von sich Punkte des Bereichs liegen hat und selbst mindestens einen Punkt des Bereichs enthält. Ein konvexer Bereich besitzt durch jeden Punkt seiner Begrenzung wenigstens eine Stützebene. Wenn ferner ein konvexer Bereich sich *nicht ins Unendliche* erstreckt, gibt es zu jeder Richtung (α, β, γ) eine und nur eine Stützebene des Bereichs mit dieser Richtung als Normale und so, daß auf *der* Seite der Ebene, nach welcher die Richtung weist, kein Punkt des Bereichs liegt. Die Gleichung der betreffenden Stützebene ist

$$\alpha x + \beta y + \gamma z = r^*,$$

wenn r^* das *Maximum* von $\alpha x + \beta y + \gamma z$ im Bereiche bedeutet. —

Es seien jetzt irgend n verschiedene Richtungen $(\alpha_\nu, \beta_\nu, \gamma_\nu)$ für $\nu = 1, \ldots, n$ gegeben, so, daß darunter drei unabhängige sich finden und daß die drei Gleichungen

(9) $$\sum H_\nu \alpha_\nu = 0, \quad \sum H_\nu \beta_\nu = 0, \quad \sum H_\nu \gamma_\nu = 0$$

eine Lösung in *positiven* Werten H_ν zulassen. Dann läßt sich zunächst zeigen, daß es jedenfalls ein Polyeder gibt mit n Seitenflächen, bei welchem jene Richtungen als die der äußeren Normalen der Flächen auftreten. In der Tat, durch die n Ungleichungen

(10) $$\alpha_\nu x + \beta_\nu y + \gamma_\nu z - 1 \leqq 0 \qquad (\nu = 1, \ldots, n)$$

wird ein konvexer Bereich Π definiert. Die n Ebenen $\alpha_\nu x + \beta_\nu y + \gamma_\nu z = 1$

sind Tangentialebenen der Kugel $x^2 + y^2 + z^2 \leqq 1$. Also enthält Π diese Kugel, und es wird die Begrenzung des Bereichs Π von n, aber nicht schon von weniger Stützebenen geliefert. Ist jetzt x, y, z ein Punkt aus Π, so stellt $p_\nu = 1 - \alpha_\nu x - \beta_\nu y - \gamma_\nu z$ die Länge des von x, y, z auf die ν^{te} jener Ebenen gefällten Perpendikels vor; unter Verwendung der vorausgesetzten Lösung von (9) folgt dann $\sum H_\nu p_\nu = \sum H_\nu$. Da die Größen H_ν alle > 0 sind, ergibt sich hieraus, daß die Längen p_ν nicht über eine gewisse Grenze hinausgehen. Da nun unter jenen n Ebenen sich drei solche finden, die sich nur in einem Punkte schneiden, ist danach Π in einem gewissen Parallelepipedum enthalten und kann sich also nicht ins Unendliche erstrecken; somit ist Π ein Polyeder, das der gestellten Forderung entspricht. Das Volumen von Π werde $= \frac{1}{\varrho^3}$ gesetzt.

Wir bezeichnen die Linearform $\alpha_\nu x + \beta_\nu y + \gamma_\nu z$ mit φ_ν. Es seien nun r_ν für $\nu = 1, \ldots, n$ irgendwelche n Größen $\geqq 0$, und es sei etwa r der größte darunter vorkommende Wert; dann wird durch

$$\varphi_\nu - r_\nu \leqq 0 \qquad (\nu = 1, \ldots, n) \tag{11}$$

ein konvexer Bereich — er heiße $\mathfrak{P}(r_\nu)$ — definiert, der ganz in demjenigen Polyeder liegt, welches durch Dilatation des Polyeders Π vom Nullpunkte aus im Verhältnisse $r:1$ entsteht. Es kann $\mathfrak{P}(r_\nu)$ ein Polyeder mit n oder mit weniger Seitenflächen von nichtverschwindenden Inhalten werden oder auch sich auf die Fläche eines konvexen Polygons in einer Ebene oder auf eine Strecke oder gar auf den Nullpunkt allein reduzieren.

Wenn $\mathfrak{P}(r_\nu)$ nicht ein Polyeder mit n Polygonen als Begrenzung wird, so brauchen nicht alle n Ebenen $\varphi_\nu = r_\nu$ wirklich Punkte der Begrenzung des Polyeders zu enthalten. Es sei allgemein r_ν^* das *Maximum* von φ_ν im Bereiche $\mathfrak{P}(r_\nu)$, so ist jedenfalls $r_\nu^* \leqq r_\nu$ und dann $\mathfrak{P}(r_\nu)$ identisch mit $\mathfrak{P}(r_\nu^*)$; die Ebenen $\varphi_\nu = r_\nu^*$ sind nunmehr sämtlich Stützebenen dieses Bereichs. Die so bestimmten Größen r_ν^* mögen *tangentiale Parameter* von $\mathfrak{P}(r_\nu)$ heißen.

Ein solcher Bereich $\mathfrak{P}(r_\nu)$ wird nun, da er sich nicht ins Unendliche erstreckt, stets ein bestimmtes Volumen $J = J(r_\nu)$ besitzen, wobei jedenfalls

$$J \leqq \left(\frac{r}{\varrho}\right)^3 \tag{12}$$

sein wird; ferner wird das Gebiet von $\mathfrak{P}(r_\nu)$ in der Ebene $\varphi_\nu = r_\nu^*$, welches allgemein die ν^{te} *Seitenfläche* von $\mathfrak{P}(r_\nu)$ genannt werden möge, einen bestimmten Flächeninhalt F_ν besitzen; es kann J und jedes F_ν auch Null sein. Diese Größen J und F_ν $(\nu = 1, \ldots, n)$ sind offenbar im ganzen durch $r_1 \geqq 0, \ldots, r_n \geqq 0$ definierten Gebiete *stetige* Funktionen von $r_1, \ldots, r_n$.

Wenn für $\mathfrak{P}(r_\nu)$ alle Größen $F_\nu > 0$ ausfallen, sind die Werte r_ν ohne weiteres tangentiale Parameter. — Sind für zwei Bereiche $\mathfrak{P}(q_\nu)$ und $\mathfrak{P}(r_\nu)$ die Systeme q_ν und r_ν tangentiale Parameter, so stellen für $\mathfrak{P}((1-t)q_\nu + tr_\nu)$, wenn $0 < t < 1$ ist, die Werte $(1-t)q_\nu + tr_\nu$ ebenfalls tangentiale Parameter vor. Daraus ist zu erkennen, daß die Menge derjenigen Systeme r_ν, welche tangentiale Parameter sind, einen konvexen Körper in der n-fachen Mannigfaltigkeit aller Systeme r_ν bilden. Die Begrenzung dieses Körpers wird von einer endlichen Anzahl von Stützebenen geliefert, die sämtlich durch den Punkt $r_1 = 0, \ldots, r_n = 0$ gehen, so daß der Körper ein Kegel mit diesem Punkte als Spitze ist; derselbe ist leicht mittels seiner Kanten zu charakterisieren, doch gehe ich auf diese Untersuchung, die für das Folgende entbehrlich ist, nicht weiter ein. — Wenn von zwei Bereichen $\mathfrak{P}(q_\nu)$ und $\mathfrak{P}(r_\nu)$, von denen keiner sich auf den Nullpunkt allein reduziere, der eine aus dem anderen durch *Dilatation und Translation* hervorgeht, d. h. beide *ähnlich und ähnlich gelegen* sind, so besteht zwischen ihren tangentialen Parametern q_ν^* und r_ν^* ein System von Gleichungen

$$q_\nu^* = a\alpha_\nu + b\beta_\nu + c\gamma_\nu + dr_\nu^* \tag{13}$$

mit bestimmten Werten a, b, c, d; dabei ist noch stets $d > 0$; wenn $J(r_\nu) > 0$ ist, hat man $d = \dfrac{\sqrt[3]{J(q_\nu)}}{\sqrt[3]{J(r_\nu)}}$.

§ 2. Die Grundlagen der Untersuchung.

4. Herr Hermann Brunn*) hat den folgenden Satz entwickelt: Wenn ein konvexer Körper durch drei parallele Ebenen $\mathfrak{A}, \mathfrak{B}, \mathfrak{C}$ geschnitten wird, von denen die mittlere $\mathfrak{B}$ den Abstand zwischen $\mathfrak{A}$ und $\mathfrak{C}$ im Verhältnisse $t : 1-t$ teilt, und es haben die Schnittfiguren des Körpers in $\mathfrak{A}, \mathfrak{B}, \mathfrak{C}$ die Flächeninhalte A, B, C, so besteht die Ungleichung

$$\sqrt{B} \geqq (1-t)\sqrt{A} + t\sqrt{C};$$

dabei gilt hier das Zeichen $=$ nur dann, wenn der Teil des Körpers zwischen den Ebenen $\mathfrak{A}$ und $\mathfrak{C}$ sei es ein Zylinder, sei es ein Kegelstumpf mit den Grundflächen in diesen Ebenen, sei es ein Kegel mit der Grundfläche in der einen und der Spitze in der anderen dieser Ebenen ist. Eine entsprechende Eigenschaft der ebenen konvexen Figuren ist sehr einfach einzusehen, und die Methode von Brunn zum Nachweis jener Ungleichung ist wesentlich ein Schluß von 2 auf 3 Dimensionen, wobei die Schnitte des konvexen Körpers mit allen denjenigen Ebenen zu Hilfe genommen werden, welche die Schnittfigur in $\mathfrak{A}$ in einer Schar paralleler

*) *Über Ovale und Eiflächen*, S. 23, Inaugural-Dissertation, München 1887; *Über Kurven ohne Wendepunkte*, S. 50, Habilitationsschrift, München 1889.

Linien schneiden und gleichzeitig die Schnittfigur in $\mathfrak{C}$ jedesmal in zwei Stücke von gleichem Verhältnis der Flächeninhalte wie die Schnittfigur in $\mathfrak{A}$ zerlegen. Besondere Schwierigkeiten macht die strenge Erledigung der Grenzfälle, in welchen das Zeichen $=$ in jener Ungleichung eintritt.*)

Brunn hat auch bereits bemerkt, daß die eben erwähnten Sätze sich auf konvexe Körper in Mannigfaltigkeiten von mehr als drei Dimensionen ausdehnen lassen. Die hierzu erforderlichen Entwicklungen sind vollständig und in analytischer Form in den §§ 56—57 meiner „Geometrie der Zahlen" auseinandergesetzt.

5. Hier nun werden uns die betreffenden Sätze für eine Mannigfaltigkeit von 4 Dimensionen dienlich sein; diese lassen sich auch leicht als Sätze über konvexe Körper in 3 Dimensionen fassen. Ich gehe wieder nur auf die Behandlung von Polyedern ein.

Es seien die n Richtungen $(\alpha_\nu, \beta_\nu, \gamma_\nu)$ für $\nu = 1, \ldots, n$ wie in 3. beschaffen, und es sollen alle dort erklärten Bezeichnungen für sie Verwendung finden. Es seien q_ν $(\nu = 1, \ldots, n)$ und r_ν $(\nu = 1, \ldots, n)$ zwei Systeme von jedesmal n Größen $\geqq 0$, so wird durch

$$0 \leqq t \leqq 1, \quad \alpha_\nu x + \beta_\nu y + \gamma_\nu z - (1-t) q_\nu - t r_\nu \leqq 0 \quad (\nu = 1, \ldots, n)$$

ein konvexer Bereich in der Mannigfaltigkeit der vier Variablen x, y, z, t definiert. Liegt dieser Bereich ganz in einer dreidimensionalen Ebene, so sind alle Größen $J((1-t)q_\nu + tr_\nu)$ für $0 \leqq t \leqq 1$ gleich Null. Anderenfalls haben wir, wenn wir den in Rede stehenden Satz auf die Schnitte dieses Bereichs mit *den* drei Ebenen anwenden, die durch $t = 0$, durch $t = 1$ und durch einen beliebigen Wert $t > 0$ und < 1 bestimmt sind, für letzteren Wert t die Ungleichung zu verzeichnen:

$$(14) \qquad \sqrt[3]{J((1-t)q_\nu + tr_\nu)} \geqq (1-t)\sqrt[3]{J(q_\nu)} + t\sqrt[3]{J(r_\nu)};$$

des weiteren tritt, wenn wir noch die q_ν für $\mathfrak{P}(q_\nu)$ und die r_ν für $\mathfrak{P}(r_\nu)$ als tangentiale Parameter voraussetzen, in dieser Ungleichung insbesondere das Gleichheitszeichen dann und nur dann ein, wenn alle q_ν oder alle r_ν Null sind oder die Bereiche $\mathfrak{P}(q_\nu)$ und $\mathfrak{P}(r_\nu)$ auseinander durch Dilatation und Translation hervorgehen, also Beziehungen

$$q_\nu = a\alpha_\nu + b\beta_\nu + c\gamma_\nu + dr_\nu \qquad (d > 0)$$

statthaben. —

Sind $J(q_\nu)$ und $J(r_\nu)$ beide > 0 und wird $\dfrac{\sqrt[3]{J(q_\nu)}}{\sqrt[3]{J(r_\nu)}} = d$ gesetzt, so geht

*) Geometrie der Zahlen, §§ 56—57. — H. Brunn, Referat über eine Arbeit: Exakte Grundlagen für eine Theorie der Ovale, Sitzungsberichte der mathematisch-physikalischen Klasse der bayrischen Akademie der Wissenschaften, 1894, Bd. XXIV, S. 101.

(14) vermöge der Substitution $\frac{(1-t)d}{t} = \frac{1-\tau}{\tau}$ bei Multiplikation mit $\frac{\tau}{t}$ in

$$\sqrt[3]{J((1-\tau)\frac{q_\nu}{d}+\tau r_\nu)} \geqq (1-\tau)\sqrt[3]{J\left(\frac{q_\nu}{d}\right)} + \tau\sqrt[3]{J(r_\nu)} = \sqrt[3]{J(r_\nu)}$$

über. Man erkennt daraus, daß die Ungleichung (14) wesentlich auf den einfacheren Satz hinausläuft: Hat man $J(q_\nu) = J(r_\nu)$, so gilt für $0 < t < 1$ stets $J((1-t)q_\nu + tr_\nu) \geqq J(r_\nu)$.

6. Wir schreiben nun $\sqrt[3]{J((1-t)q_\nu + tr_\nu)} = j(t)$. Diese Funktion $j(t)$ ist im Intervalle $0 \leqq t \leqq 1$ eine stetige Funktion von t, und aus der allgemein aufgefaßten Regel (14) geht des weiteren

$$j(t) \geqq \frac{t_1 - t}{t_1 - t_0} j(t_0) + \frac{t - t_0}{t_1 - t_0} j(t_1) \tag{15}$$

für $0 \leqq t_0 < t < t_1 \leqq 1$ hervor. Diese Ungleichung lehrt, daß, wenn wir t, u als Parallelkoordinaten eines Punktes in einer zweidimensionalen Ebene $\mathfrak{E}$ deuten, durch $0 \leqq t \leqq 1$, $u = j(t)$, kurz ausgedrückt, ein nach der Seite der wachsenden u hin *konvexer Zug* in dieser Ebene geliefert wird; derselbe kann auch geradlinige Strecken aufweisen oder selbst eine einzige Strecke sein.

Nun wollen wir speziell annehmen, daß die q_ν und die r_ν und somit auch alle Systeme $(1-t)q_\nu + tr_\nu$ für $0 \leqq t \leqq 1$ tangentiale Parameter sind und weder alle q_ν noch alle r_ν Null sind, noch auch $\mathfrak{P}(q_\nu)$ und $\mathfrak{P}(r_\nu)$ auseinander durch Dilatation und Translation hervorgehen. Dann gilt nach den Ausführungen in 5. in der Ungleichung (15) stets das Zeichen $>$ und enthält daher der ebengenannte konvexe Zug keine geradlinige Strecke. Es sei J das Volumen, F_ν der Flächeninhalt der ν^{ten} Seitenfläche von $\mathfrak{P}((1-t)q_\nu + tr_\nu)$ und t dabei irgendein Wert > 0 und < 1; aus der Gleichung (1) entnimmt man dann leicht, daß durch

$$(1-\bar{t})(F_1 q_1 + \cdots + F_n q_n) + \bar{t}(F_1 r_1 + \cdots + F_n r_n) = 3 J^{\frac{2}{3}} \bar{u},$$

$\bar{t}, \bar{u}$ als Koordinaten eines variablen Punktes in $\mathfrak{E}$ gedacht, die einzige vorhandene Tangente an diesen konvexen Zug im Punkte $t, u = j(t)$ dargestellt wird. Der Schnittpunkt dieser Tangente mit der Geraden $\bar{t} = 1$ hat die Ordinate

$$\bar{u} = \frac{F_1 r_1 + \cdots + F_n r_n}{3 J^{\frac{2}{3}}};$$

nach der Natur *eines nach der Seite der wachsenden u hin konvexen Zuges ohne geradlinige Strecken* wird daher der Ausdruck

$$\frac{F_1 r_1 + \cdots + F_n r_n}{3 J^{\frac{2}{3}}}, \tag{16}$$

(in welchem $r_1, \ldots, r_n$ fest und $J, F_1, \ldots, F_n$ mit t variabel sind), eine *mit wachsendem* t von $t = 0$ bis $t = 1$ *beständig abnehmende Funktion* von t sein. Insbesondere also wird dieser Ausdruck für $t = 0$ stets größer als für $t = 1$, d. h. $> J^{\frac{1}{3}}$ sein.

§ 3. Die einer Kugel umbeschriebenen Polyeder.

7. Nehmen wir speziell alle Größen $r_\nu = 1$, also für $\mathfrak{P}(r_\nu)$ das Polyeder Π aus 3., so geht der Ausdruck (16) in

$$\frac{O}{3J^{\frac{2}{3}}}$$

über, wo J das Volumen, $O = F_1 + \cdots + F_n$ die Gesamtoberfläche von $\mathfrak{P}((1-t)q_\nu + t)$ darstellt. Für das Polyeder Π ist zufolge (2): $3J = O$, also, wenn das Volumen von Π wie in der Zeile vorher mit $\frac{1}{\varrho^3}$ bezeichnet wird, $\frac{O}{3J^{\frac{2}{3}}} = \frac{1}{\varrho}$.

Mit Bezug auf *die* Fälle, in welchen $\frac{O^3}{J^2}$ in der unbestimmten Form $\frac{0}{0}$ erscheint, sei folgendes bemerkt. Hat ein Bereich $\mathfrak{P}(p_\nu)$ ein Volumen $J > 0$ und sind die p_ν tangentiale Parameter, so gilt nach (7) und (6) für ihn stets $p_\nu < \frac{12}{\pi} J^{\frac{1}{3}} \left(\frac{O^3}{J^2}\right)^{\frac{2}{3}}$. Läßt man nun die p_ν als tangentiale Parameter sich stetig verändern und nach Grenzwerten konvergieren, die nicht sämtlich Null sind, während J dabei nach Null konvergiere, so wird daher das Verhältnis $\frac{O^3}{J^2}$ dabei stets *über jede Grenze hinaus* wachsen, selbst wenn auch O zugleich nach Null konvergiert.

Die hier erlangten Resultate sprechen wir folgendermaßen aus:

Lehrsatz I. *Es seien* $(\alpha_\nu, \beta_\nu, \gamma_\nu)$ *für* $\nu = 1, \ldots, n$ *irgend* n *verschiedene Richtungen so, daß darunter drei unabhängige sind und die Gleichungen*

$$\sum H_\nu \alpha_\nu = 0, \quad \sum H_\nu \beta_\nu = 0, \quad \sum H_\nu \gamma_\nu = 0$$

eine Auflösung in n *positiven Größen* H_ν *zulassen. Dann und nur dann existieren Polyeder* $\mathfrak{P}$ *mit* n *oder weniger Seitenflächen, bei welchen die Richtungen der äußeren Normalen der Flächen zu jenen* n *Richtungen gehören. Unter diesen Polyedern gibt es solche mit* n *Flächen, die Kugeln umbeschrieben sind; es sind dies diejenigen, welche dem Polyeder* $\alpha_\nu x + \beta_\nu y + \gamma_\nu z \leqq 1$ $(\nu = 1, \ldots, n)$ *ähnlich und ähnlich gelegen sind. Unter allen Polyedern* $\mathfrak{P}$ *haben diese letzteren das Minimum von* $\frac{O^3}{J^2}$, *des Verhältnisses der dritten Potenz der Oberfläche zum Quadrat des Volumens.*

Ist ferner $\mathfrak{P}_0$ *ein beliebiges unter den Polyedern* $\mathfrak{P}$, *das nicht zu den eben erwähnten speziellen Polyedern gehört, und konstruiert man zu den* n *Stützebenen von* $\mathfrak{P}_0$ *mit den Richtungen* $(\alpha_\nu, \beta_\nu, \gamma_\nu)$ *als äußeren Normalen Parallelebenen in einem Abstande* l *nach dem Äußeren des Polyeders hin, so begrenzen diese ein gewisses Polyeder* $\mathfrak{P}_l$; *dann ist für diese Polyeder* $\mathfrak{P}_l$ *die Funktion* $\frac{O^3}{J^2}$ *eine mit wachsendem* l *beständig abnehmende, und sie konvergiert für* $l = \infty$ *nach jenem Minimumwerte von* $\frac{O^3}{J^2}$.

Dilatiert man vom Nullpunkte aus ein jedes Polyeder $\mathfrak{P}_l$ zu einem Polyeder $\overline{\mathfrak{P}}_l$ mit einer Oberfläche $= \frac{3}{\varrho^3}$, so ist für diese Polyeder $\overline{\mathfrak{P}}_l$ *das Volumen eine mit* l *beständig wachsende Größe*, und es deckt sich $\overline{\mathfrak{P}}_\infty$ mit Π.

Der erste Teil des Lehrsatzes I ist bereits von Herrn L. Lindelöf*) durch interessante, ganz andersartige Betrachtungen bewiesen worden. Hier hat sich nicht allein die betreffende Maximumeigenschaft des Polyeders Π herausgestellt, es hat sich zugleich für jedes Polyeder $\mathfrak{P}$, das nicht Π ähnlich und ähnlich gelegen ist, ein ganz bestimmter einfacher Übergang zu einem Polyeder dieser Art ergeben, wobei das Verhältnis $\frac{O^3}{J^2}$ beständig abnimmt und nach seinem Minimumwerte konvergiert.

Wenn man in derselben Weise, wie wir soeben die Ungleichung (14) und die Bemerkungen über das Eintreten des Gleichheitszeichens in ihr behandelt haben, von den entsprechenden Sätzen über beliebige konvexe Körper Gebrauch macht, so kommt man zu den Sätzen:

Unter allen konvexen Körpern besitzen die Kugeln das Minimum von $\frac{O^3}{J^2}$. *Ist* $\mathfrak{K}_0$ *ein konvexer Körper, der keine Kugel vorstellt, und konstruiert man zu jeder Stützebene von* $\mathfrak{K}_0$ *eine parallele Ebene im Abstande* l *auf der dem Körper abgewandten Seite der Ebene, so begrenzen diese sämtlichen Parallelebenen jedesmal wieder einen konvexen Körper* $\mathfrak{K}_l$; *dann ist für diese Körper* $\mathfrak{K}_l$ *die Funktion* $\frac{O^3}{J^2}$ *eine mit wachsendem* l *beständig abnehmende, und sie konvergiert für* $l = \infty$ *nach ihrem Werte für Kugeln. Während für eine Kugel* $O^3 = 36\pi J^2$ *gilt, besteht danach für jeden konvexen Körper, der keine Kugel ist, die bekannte Ungleichung* $O^3 > 36\pi J^2$.

Die Begrenzung von $\mathfrak{K}_l$ wird von der *äußeren Parallelfläche* im Abstande l zur Begrenzung von $\mathfrak{K}_0$ gebildet, und an diese Bemerkung knüpft sich leicht eine Ausdehnung der letzten Sätze auch auf nicht konvexe Körper, wie ich bei einer anderen Gelegenheit auseinandersetzen will.

*) Propriétés générales des polyèdres qui, sous une étendue superficielle donnée, renferment le plus grand volume, Mathematische Annalen, Bd. 2, S. 150. — Mémoire couronné par l'Académie Royale des Sciences de Berlin du prix Steiner en 1880.

§ 4. Bestimmung eines konvexen Polyeders unter Verwendung der Größen der Seitenflächen.

8. Es mögen alle Bezeichnungen wie in 5. Geltung haben, und man setze allgemein $\sqrt[3]{J(r_\nu)} = \psi(r_\nu)$; die Ungleichung (14) geht dann in

(17) $$\psi((1-t)q_\nu + tr_\nu) \geqq (1-t)\psi(q_\nu) + t\psi(r_\nu)$$

über. Es sei nun $\mathfrak{W}$ in der Mannigfaltigkeit der $n+1$ Variablen $r_1, \ldots, r_n, w$ der durch

$$r_1 \geqq 0, \ldots, r_n \geqq 0, \quad 0 \leqq w \leqq \psi(r_\nu)$$

definierte Bereich. Aus (17) ist zu ersehen, daß mit irgend zwei Punkten, die diesem Bereiche $\mathfrak{W}$ angehören, stets jeder Punkt der sie verbindenden Strecke zu ihm gehört. Da überdies wegen der Stetigkeit von $\psi(r_\nu)$ als Funktion der r_ν dieser Bereich in jener Mannigfaltigkeit eine abgeschlossene Punktmenge ist, so stellt er einen *konvexen Körper* in derselben vor, freilich einen solchen, der sich auch ins Unendliche erstreckt. Wegen der Beziehung $\psi(tr_\nu) = t\psi(r_\nu)$ $(t \geqq 0)$ ist $\mathfrak{W}$ ein Kegel mit der Spitze im Nullpunkte $r_1 = 0, \ldots, r_n = 0$.

Es sei weiter $\mathfrak{V}$ die Menge der durch

$$r_1 \geqq 0, \ldots, r_n \geqq 0, \quad w = \psi(r_\nu)$$

definierten Punkte. Die *Begrenzung* von $\mathfrak{W}$ wird von den Punkten aus $\mathfrak{W}$, für welche $w = 0$ ist, und zudem von der Menge $\mathfrak{V}$ gebildet. Nach der Natur eines konvexen Körpers gibt es daher durch jeden Punkt von $\mathfrak{V}$ mindestens eine (n-dimensionale) *Stützebene* an $\mathfrak{W}$, also eine Ebene, die $\mathfrak{W}$ ganz auf einer Seite liegen hat, abgesehen von den Punkten aus $\mathfrak{W}$, die sie selbst enthält.

Sind $p_1, \ldots, p_n$ lauter Werte > 0, und ist J das Volumen, F der Flächeninhalt der ν^{ten} Seitenfläche von $\mathfrak{P}(p_\nu)$, so besitzt, wie man leicht aus der Gleichung (1) erkennt, die Menge $\mathfrak{V}$ im Punkte $r_1 = p_1, \ldots, r_n = p_n$, $w = \psi(p_\nu)$ die durch die Gleichung

$$3J^{\frac{2}{3}}w = F_1 r_1 + \cdots + F_n r_n$$

dargestellte Ebene als *Tangentialebene.* Diese Ebene ist somit die einzige Ebene durch den Punkt, welche überhaupt Stützebene an $\mathfrak{W}$ sein könnte, und demnach gilt dann für jeden beliebigen Punkt $r_1, \ldots, r_n, w$ in $\mathfrak{W}$ stets

(18) $$3J^{\frac{2}{3}}w \leqq F_1 r_1 + \cdots + F_n r_n.$$

9. Wir können nunmehr den folgenden Lehrsatz beweisen:

Lehrsatz II. *Es seien $(\alpha_\nu, \beta_\nu, \gamma_\nu)$ für $\nu = 1, \ldots, n$ irgend n Richtungen, unter denen sich drei unabhängige finden, und F_ν für $\nu = 1, \ldots, n$ irgend n gegebene positive Größen so, daß*

$$\sum F_\nu \alpha_\nu = 0, \quad \sum F_\nu \beta_\nu = 0, \quad \sum F_\nu \gamma_\nu = 0$$

ist, endlich sei $\mathfrak{o}$ *irgendein gegebener Punkt; dann existiert stets ein und nur ein konvexes Polyeder mit* $\mathfrak{o}$ *als Schwerpunkt und mit* n *Seitenflächen, wobei je eine Seitenfläche die Richtung* $(\alpha_\nu, \beta_\nu, \gamma_\nu)$ *als äußere Normale und* F_ν *als Flächeninhalt hat.*

Beweis. Wir setzen der Einfachheit halber $\mathfrak{o}$ als den Nullpunkt der Koordinaten voraus. Wir machen in bezug auf die gegebenen n Richtungen $(\alpha_\nu, \beta_\nu, \gamma_\nu)$ von den in 3. und 8. eingeführten Bezeichnungen Gebrauch und bilden dazu gemäß 8. die Punktmengen $\mathfrak{W}$ und $\mathfrak{B}$ in einer $n+1$-fachen Mannigfaltigkeit.

Zunächst wollen wir annehmen, daß ein Bereich $\mathfrak{P}(p_\nu)$ je mit F_ν als Größe der ν^{ten} Seitenfläche und mit $\mathfrak{o}$ als Schwerpunkt bereits bekannt ist, und wir beweisen, daß es nicht noch einen *anderen* Bereich derselben Art geben kann. Da alle $F_\nu > 0$ sein sollen, stellen die p_ν gewiß *tangentiale Parameter* vor; da sie jedenfalls nicht alle Null sind, folgt aus (2): $J(p_\nu) > 0$, und da nunmehr der Schwerpunkt gewiß ein *innerer* Punkt in $\mathfrak{P}(p_\nu)$ ist, fallen die Größen p_ν sämtlich > 0 aus. Nach (18) gilt für ein jedes System $r_1 \geqq 0, \ldots, r_n \geqq 0$, da alsdann $r_1, \ldots, r_n$, $w = \psi(r_\nu)$ ein Punkt in $\mathfrak{W}$ ist, stets

$$3(\psi(p_\nu))^2 \psi(r_\nu) \leqq F_1 r_1 + \cdots + F_n r_n.$$

Jetzt sei $\mathfrak{P}(q_\nu)$ gleichfalls ein Bereich mit $\mathfrak{o}$ als Schwerpunkt und F_ν als Größe der ν^{ten} Seitenfläche, so ist $F_1 q_1 + \cdots + F_n q_n = 3(\psi(q_\nu))^3$ und folgt daher mit Rücksicht auf die vorstehende Ungleichung $\psi(p_\nu) \leqq \psi(q_\nu)$. Genau so würde $\psi(q_\nu) \leqq \psi(p_\nu)$ hervorgehen und also müßte zunächst $\psi(p_\nu) = \psi(q_\nu)$ sein. Dann würde also der Punkt $r_1 = q_1, \ldots, r_n = q_n$, $w = \psi(q_\nu)$ in der Stützebene

$$3(\psi(p_\nu))^2 w = F_1 r_1 + \cdots + F_n r_n$$

durch den Punkt $r_1 = p_1, \ldots, r_n = p_n$, $w = \psi(p_\nu)$ an $\mathfrak{W}$ liegen. Mit diesen zwei Punkten in einer Stützebene müßte die ganze sie verbindende Strecke zur Begrenzung von $\mathfrak{W}$, also zu $\mathfrak{B}$, gehören; es würde demnach in der Ungleichung

$$\psi((1-t)p_\nu + t q_\nu) \geqq (1-t)\psi(p_\nu) + t\psi(q_\nu) \quad \text{für } 0 < t < 1$$

stets das Gleichheitszeichen gelten. Dies hätte nach den Bemerkungen bei (14) zur Folge, daß das System q_ν von der Form

$$q_\nu = a\alpha_\nu + b\beta_\nu + c\gamma_\nu + d p_\nu$$

mit einem Koeffizienten $d > 0$ wäre. Dabei wäre nun d das Verhältnis $\sqrt[3]{J(q_\nu)} : \sqrt[3]{J(r_\nu)}$, also $= 1$, und da auch die Schwerpunkte von $\mathfrak{P}(p_\nu)$ und $\mathfrak{P}(q_\nu)$ übereinstimmen sollen, so hätte man weiter $a = 0$, $b = 0$, $c = 0$; also wäre $\mathfrak{P}(q_\nu)$ nicht von $\mathfrak{P}(p_\nu)$ verschieden.

Ich will jetzt den Schnitt von $\mathfrak{W}$ durch die Ebene $w=1$ mit $\mathfrak{W}'$ bezeichnen. Ferner bedeute $\frac{1}{\varrho^3}$ das Volumen des speziellen Polyeders $\mathfrak{P}(r_\nu=1)$; der Punkt $r_1=\varrho, \ldots, r_n=\varrho, w=1$ liegt dann in $\mathfrak{W}'$ und $\mathfrak{B}$. Es mögen nun irgendwelche positive Werte F_ν von der im Lehrsatze angegebenen Beschaffenheit vorausgesetzt werden; es sei F das Minimum unter diesen Werten. Für jeden Punkt $r_1=r_1', \ldots, r_n=r_n'$, $w=1$ in $\mathfrak{W}'$ gilt dann, wenn r' das Maximum unter den Werten r_ν' bedeutet, mit Rücksicht auf (12):

(19) $$F_1 r_1' + \cdots + F_n r_n' \geqq F r' \geqq F\varrho \sqrt[3]{J(r_\nu')} \geqq F\varrho.$$

Für den Punkt $r_1'=\varrho, \ldots, r_n'=\varrho, w=1$ in $\mathfrak{W}'$ wird

$$F_1 r_1' + \cdots + F_n r' = \left(\sum F_\nu\right)\varrho.$$

Nun wird durch die Bedingung $F_1 r_1' + \cdots + F_n r_n' \leqq \left(\sum F_\nu\right)\varrho$ aus $\mathfrak{W}'$ ein bestimmter konvexer Bereich ausgesondert, in dem für alle Koordinaten r_ν' obere Grenzen bestehen. In diesem endlichen Bereich wird der Ausdruck $F_1 r_1' + \cdots + F_n r_n'$ ein bestimmtes Minimum besitzen, das zufolge (19) jedenfalls >0 ausfallen wird und welches $3l^2$ heißen möge. Es sei $r_1=p_1', \ldots, r_n=p_n', w=1$ ein Punkt aus $\mathfrak{W}'$, in dem dieses Minimum eintritt. Dieses Minimum ist zugleich das Minimum von $F_1 r_1' + \cdots + F_n r_n'$ im ganzen Bereiche $\mathfrak{W}'$, und also gilt in $\mathfrak{W}'$ stets $F_1 r_1' + \cdots + F_n r_n' \geqq 3l^2$ und somit im Bereiche $\mathfrak{W}$, der ein Kegel mit der Spitze im Nullpunkte ist, stets $F_1 r_1 + \cdots + F_n r_n \geqq 3l^2 w$. Die Ebene

(20) $$F_1 r_1 + \cdots + F_n r_n = 3l^2 w$$

ist nunmehr eine Stützebene durch den Punkt $r_1=p_1', \ldots, r_n=p_n'$, $w=1$ an $\mathfrak{W}$, dieser Punkt somit jedenfalls ein Punkt aus $\mathfrak{B}$, mithin das Volumen von $\mathfrak{P}(p_\nu')$ gleich 1. Es seien a, b, c die Koordinaten des Schwerpunktes von $\mathfrak{P}(p_\nu')$ und allgemein

$$q_\nu' = p_\nu' - a\alpha_\nu - b\beta_\nu - c\gamma_\nu,$$

so sind wegen $J(p_\nu')=1$ alle Größen $q_\nu'>0$; es entsteht nun $\mathfrak{P}(q_\nu')$ durch Translation aus $\mathfrak{P}(p_\nu')$ und hat den Nullpunkt $\mathfrak{o}$ als Schwerpunkt. Wegen der für die Größen F_ν vorausgesetzten drei linearen Gleichungen liegt auch der Punkt $r_1=q_1', \ldots, r_n=q_n', w=1$ in der Ebene (20). Da durch diesen Punkt nur eine Stützebene an $\mathfrak{W}$ geht, so leuchtet ein, daß für das Polyeder $\mathfrak{P}(q_\nu')$ der Inhalt der ν^{ten} Seitenfläche $=\frac{F_\nu}{l^2}$ ausfällt. Das Polyeder $\mathfrak{P}(lq_\nu')$ ist dann ein solches mit F_ν als Größe der ν^{ten} Seitenfläche und $\mathfrak{o}$ als Schwerpunkt, trägt mithin genau den im Lehrsatze geforderten Charakter.

10. Es seien die n Richtungen $(\alpha_\nu, \beta_\nu, \gamma_\nu)$ wieder so beschaffen, daß der Bereich $\alpha_\nu x + \beta_\nu y + \gamma_\nu z \leqq 1$ sich nicht ins Unendliche erstreckt, und

es seien F_ν $(\nu = 1, \ldots, n)$ irgend n Größen $\geqq 0$, so daß $\sum F_\nu \alpha_\nu = 0$, $\sum F_\nu \beta_\nu = 0$, $\sum F_\nu \gamma_\nu = 0$ ist. Es sollen diese Größen nicht sämtlich Null sein, so daß $F_1 + \cdots + F_n = O > 0$ ist; sie brauchen aber jetzt nicht sämtlich > 0 zu sein.

Wir betrachten diejenigen Richtungen $(\alpha_\nu, \beta_\nu, \gamma_\nu)$, zu denen ein $F_\nu > 0$ gegeben ist. Haben wir *erstens* den Fall, daß unter diesen Richtungen schon drei unabhängige vorkommen, so gibt es nach dem Lehrsatze II unter den Bereichen $\mathfrak{P}(r_\nu)$ zu den gegebenen n Richtungen ein und nur ein Polyeder $\mathfrak{P}(p_\nu)$ je mit F_ν als Größe der ν^{ten} Seitenfläche für $\nu = 1, \ldots, n$ und noch mit beliebigem Schwerpunkte; wir wollen dann unter $\mathrm{J}(F_\nu)$ das Volumen dieses Polyeders verstehen. *Zweitens* mögen dagegen alle jene Richtungen $(\alpha_\nu, \beta_\nu, \gamma_\nu)$, für welche ein $F_\nu > 0$ gegeben ist, einer einzigen Ebene E angehören. Nähern wir uns dann dem gegebenen Systeme F_ν irgendwie vermittels solcher Systeme $F_\nu^{(0)}$, die dem zuerst genannten Falle entsprechen, und konstruieren für diese jedesmal das zugehörige Polyeder $\mathfrak{P}(p_\nu^{(0)})$ wie soeben, so konvergiert für diese Polyeder $\mathfrak{P}(p_\nu^{(0)})$ die senkrechte Projektion ihrer Oberfläche auf die Ebene E schließlich nach Null; es wird damit für diese Polyeder auch die kleinste unter ihren *Breiten* d (s. 2.) in den Richtungen dieser Ebene und zufolge der Formel (4): $\frac{1}{2} O d > J$ also auch $\mathrm{J}(F_\nu^{(0)})$ stets nach Null konvergieren. In diesem zweiten Falle setzen wir demgemäß $\mathrm{J}(F_\nu) = 0$. Endlich werde, wenn alle Größen $F_\nu = 0$ sind, ebenfalls $\mathrm{J}(F_\nu) = 0$ gesetzt.

Auf solche Weise ist nun für jedes System F_ν in dem durch

$$(21) \qquad F_\nu \geqq 0, \quad \sum F_\nu \alpha_\nu = 0, \quad \sum F_\nu \beta_\nu = 0, \quad \sum F_\nu \gamma_\nu = 0$$

definierten Bereiche der Wert $\mathrm{J}(F_\nu)$ eindeutig festgelegt und stellt dieser Wert, wie aus dem Lehrsatze II und den eben gemachten Bemerkungen leicht ersichtlich ist, eine stetige Funktion der F_ν in diesem ganzen Bereiche vor.

Wir setzen nun $(\mathrm{J}(F_\nu))^{\frac{2}{3}} = \Psi(F_\nu)$. Dann gilt, wenn G_ν und H_ν $(\nu = 1, \ldots, n)$ irgend zwei Systeme in dem Bereiche (21) sind und noch $\Psi(H_\nu) > 0$ ist, für jeden Wert $t > 0$ und < 1 stets

$$\Psi((1-t)G_\nu + tH_\nu) \geqq (1-t)\Psi(G_\nu) + t\Psi(H_\nu),$$

und zwar tritt das Zeichen $=$ hier nur dann ein, wenn $G_1 : \ldots : G_n = H_1 : \ldots : H_n$ ist.

Daß in dem zuletzt bezeichneten Falle diese Ungleichung und zwar mit dem Zeichen $=$ erfüllt ist, leuchtet ohne weiteres ein. Nehmen wir nun an, es sei nicht $G_1 : \ldots : G_n = H_1 : \ldots : H_n$. Nach (18) gilt für jedes System von Größen $r_\nu \geqq 0$ stets

$$(22) \qquad G_1 r_1 + \cdots + G_n r_n \geqq 3\Psi(G_\nu)\psi(r_\nu),$$

$$(23) \qquad H_1 r_1 + \cdots + H_n r_n \geqq 3\Psi(H_\nu)\psi(r_\nu).$$

Wegen $\Psi(H_\nu) > 0$ und $t > 0$ gibt es ein bestimmtes Polyeder $\mathfrak{P}(p_\nu)$ mit $(1-t)G_\nu + tH_\nu$ als Größe der ν^{ten} Seitenfläche und dem Nullpunkt als Schwerpunkt. Für dieses Polyeder hat man dann

$$((1-t)G_1 + tH_1)p_1 + \cdots + ((1-t)G_n + tH_n)p_n = 3\Psi((1-t)G_\nu + tH_\nu)\psi(p_\nu).$$

Es sind dabei die p_ν sämtlich > 0 und geht daher durch den Punkt $r_1 = p_1, \ldots, r_n = p_n$, $w = \psi(p_\nu)$ nur eine Stützebene an $\mathfrak{W}$; nun gelten die Ungleichungen (22), (23) auch für $r_1 = p_1, \ldots, r_n = p_n$; aus dem eben angeführten Grunde und weil nicht

$$(1-t)G_1 + tH_1 : \ldots : (1-t)G_n + tH_n = H_1 : \ldots : H_n$$

ist, hat dabei in der zweiten jedenfalls das Zeichen $>$ statt. Man erhält somit aus ihnen

$$((1-t)G_1 + tH_1)p_1 + \cdots + ((1-t)G_n + tH_n)p_n > 3((1-t)\Psi(G_\nu) + t\Psi(H_\nu))\psi(p_\nu);$$

der Vergleich dieser Relation mit der davor angegebenen liefert unmittelbar die zu beweisende Ungleichung.

Es sei jetzt O eine beliebige positive Größe. Unter allen Polyedern $\mathfrak{P}(r_\nu)$ mit einer Gesamtoberfläche $= O$ gibt es, wie schon in 7. ausgeführt wurde, ein, bis auf Translationen völlig bestimmtes Polyeder wirklich mit n Seitenflächen, welches einer Kugel umbeschrieben ist. Es sei Φ_ν die Größe der ν^{ten} Seitenfläche bei diesem Polyeder. Ist dann F_ν $(\nu = 1, \ldots, n)$ irgendein von dem Systeme der Φ_ν $(\nu = 1, \ldots, n)$ verschiedenes System von Größen $\geqq 0$ im Bereiche (21) und gleichfalls mit der Summe $F_1 + \cdots + F_n = O$, so gilt nach dem Lehrsatze I stets $\Psi(F_\nu) < \Psi(\Phi_\nu)$. Betrachtet man nun t, u als Parallelkoordinaten in einer Ebene und faßt die Punkte $0 \leqq t \leqq 1$, $u = \Psi((1-t)F_\nu + t\Phi_\nu)$ ins Auge, so bilden diese Punkte nach den vorhin gewonnenen Ungleichungen daselbst einen nach der Seite der wachsenden u hin konvexen Zug, und nach der eben gemachten Bemerkung hat dabei u für $t = 1$ seinen größten Wert. Nach der Natur eines solchen Zuges muß nun, wenn auf demselben u zugleich mit t am größten ist, auf seiner ganzen Ausdehnung u mit abnehmendem t beständig abnehmen. Danach stellt $\mathrm{J}((1-t)F_\nu + t\Phi_\nu)$ im Intervalle $0 \leqq t \leqq 1$ eine mit wachsendem t beständig wachsende Funktion vor. Damit ist ein sehr bemerkenswerter *neuer Prozeß* gefunden, *um von einem beliebigen der Polyeder $\mathfrak{P}(r_\nu)$, welches nicht einer Kugel und zwar mit n Berührungen umbeschrieben ist, zu einem Polyeder $\mathfrak{P}(r_\nu)$ dieser besonderen Art überzugehen so, daß die Oberfläche sich nicht ändert und das Volumen beständig wächst.*

§ 5. Konvexe Körper mit Mittelpunkt.

11. Es sei jetzt n eine gerade Zahl $= 2m$ und die $2m$ Richtungen $(\alpha_\nu, \beta_\nu, \gamma_\nu)$ $(\nu = 1, \ldots, 2m)$ sollen aus m Paaren entgegengesetzter Rich-

tungen bestehen. Sowie sich unter diesen $2m$ Richtungen drei unabhängige finden, was wir jetzt voraussetzen wollen, zeigt sich bereits, daß der Bereich $\alpha_\nu x + \beta_\nu y + \gamma_\nu z - 1 \leqq 0$ $(\nu = 1, \ldots, n)$ ganz im Endlichen liegt; denn es begrenzen alsdann die sechs Ebenen $\alpha_\nu x + \beta_\nu y + \gamma_\nu z = 1$ zu diesen drei Richtungen und den drei ihnen entgegengesetzten ein Parallelepipedum, welches jenen Bereich ganz in sich schließt.

Es sei

$$(24) \qquad \alpha_{m+\mu} = -\alpha_\mu, \quad \beta_{m+\mu} = -\beta_\mu, \quad \gamma_{m+\mu} = -\gamma_\mu \qquad (\mu = 1, \ldots, m).$$

Wir wollen nun von den Bereichen $\mathfrak{P}(r_\nu)$ zu den $2m$ gegebenen Richtungen nur diejenigen betrachten, bei welchen $r_{m+\mu} = r_\mu$ für $\mu = 1, \ldots, m$ ist; einen solchen Bereich bezeichnen wir durch $\mathfrak{P}\{r_\mu\}$, er ist stets ein Bereich mit dem Nullpunkt als *Mittelpunkt*, und haben wir dabei stets $F_{m+\mu} = F_\mu$ $(\mu = 1, \ldots, m)$, unter F_ν die Größe der ν^{ten} Seitenfläche des Bereichs verstanden. Bezeichnen wir das Volumen von $\mathfrak{P}\{r_\mu\}$ mit $J\{r_\mu\}$, so folgt aus (14) sogleich

$$\sqrt[3]{J\{(1-t)q_\mu + tr_\mu\}} \geqq (1-t)\sqrt[3]{J\{q_\mu\}} + t\sqrt[3]{J\{r_\mu\}},$$

und auch die Bemerkungen über das Eintreten des Gleichheitszeichens in (14) sind sinngemäß auf diese Ungleichung zu übertragen. Setzen wir $\sqrt[3]{J\{r_\mu\}} = \psi\{r_\mu\}$, so ist danach der durch

$$r_1 \geqq 0, \ldots, r_m \geqq 0, \quad 0 \leqq w \leqq \psi\{r_\mu\}$$

definierte Bereich in der Mannigfaltigkeit der $m+1$ Variablen $r_1, \ldots, r_m, w$ ein *konvexer Körper*; und durch jeden Punkt, wo $r_1 > 0, \ldots, r_m > 0$, $w = \psi\{r_\mu\}$ ist, gibt es stets nur eine Stützebene an diesen Körper.

Erwägen wir nun, daß für beliebige $2m$ Größen $F_\nu \geqq 0$ $(\nu = 1, \ldots, 2m)$, bei welchen $F_{m+\mu} = F_\mu$ $(\mu = 1, \ldots, m)$ ist, wegen (24) die Gleichungen $\sum F_\nu \alpha_\nu = 0$, $\sum F_\nu \beta_\nu = 0$, $\sum F_\nu \gamma_\nu = 0$ stets erfüllt sind, so gelangen wir durch ganz entsprechende Überlegungen wie in 9. zu dem Satze:

Lehrsatz III. *Es seien $(\alpha_\mu, \beta_\mu, \gamma_\mu)$ für $\mu = 1, \ldots, m$ irgend m verschiedene Richtungen, von denen auch keine zwei einander entgegengesetzt sind und unter denen sich drei unabhängige finden, ferner seien F_μ für $\mu = 1, \ldots, m$ irgend m positive Größen, und $\mathfrak{o}$ ein gegebener Punkt; dann gibt es stets ein und nur ein konvexes Polyeder mit $\mathfrak{o}$ als Mittelpunkt und mit $2m$ paarweise parallelen Seitenflächen, von denen je ein Paar als Richtungen der äußeren Normalen $(\alpha_\mu, \beta_\mu, \gamma_\mu)$ und $(-\alpha_\mu, -\beta_\mu, -\gamma_\mu)$ und als Größe der Seitenfläche F_μ haben.*

Wir ziehen hieraus und aus Lehrsatz II sogleich die weitere Folgerung:

Lehrsatz IV. *Ein konvexes Polyeder mit einer geraden Anzahl von Seitenflächen, wobei diese paarweise parallel und von gleichem Flächeninhalt sind, ist stets ein Polyeder mit Mittelpunkt.*

Denn es sei $n = 2m$ die Anzahl der Seitenflächen des Polyeders, $(\alpha_\nu, \beta_\nu, \gamma_\nu)$ für $\nu = 1, \ldots, n$ die Richtung der äußeren Normalen, F_ν die Größe seiner ν^{ten} Seitenfläche, und man habe $\alpha_{m+\mu} = -\alpha_\mu$, $\beta_{m+\mu} = -\beta_\mu$, $\gamma_{m+\mu} = -\gamma_\mu$, $F_{m+\mu} = F_\mu$ $(\mu = 1, \ldots, m)$, endlich sei $\mathfrak{o}$ der Schwerpunkt des Polyeders. Nach dem Lehrsatze II kann es überhaupt nur *ein* konvexes Polyeder, also nur das vorgelegte geben, bei welchem alle die eben erwähnten Stücke in der betreffenden Weise eintreten; andererseits ist nach Lehrsatz III zu diesen Stücken speziell ein konvexes Polyeder mit $\mathfrak{o}$ als Mittelpunkt vorhanden; mithin ist das vorgelegte Polyeder notwendig ein Polyeder mit Mittelpunkt.

12. Wir können weiter den Satz aufstellen:

Lehrsatz V. *Wenn irgendwelche* (nicht notwendig konvexe) *Polyeder in endlicher Anzahl, von denen jedes einen Mittelpunkt hat und die untereinander nur in Punkten der Begrenzungen zusammenstoßen, durch ihre Vereinigung ein konvexes Polyeder erfüllen, so hat dieses zusammengesetzte konvexe Polyeder stets ebenfalls einen Mittelpunkt.*

Denn betrachten wir irgendeine Seitenfläche $\mathfrak{F}$ dieses so zusammengesetzten konvexen Polyeders $\mathfrak{P}$. Es sei (α, β, γ) die Richtung der äußeren Normale von $\mathfrak{F}$. Unter den Einzelpolyedern, deren Vereinigung $\mathfrak{P}$ vorstellt, finden sich dann notwendig ebenfalls solche, welche sei es eine, sei es mehrere Seitenflächen mit (α, β, γ) als Richtung der äußeren Normalen darbieten. Bei jedem hier in Betracht kommenden Einzelpolyeder treten, da das Polyeder jedesmal einen Mittelpunkt besitzt, symmetrisch in bezug auf diesen, zu den Seitenflächen mit der äußeren Normalenrichtung (α, β, γ) ebensoviele Seitenflächen mit der äußeren Normalenrichtung $(-\alpha, -\beta, -\gamma)$ auf; und irgend zwei einander auf diese Weise entsprechende Seitenflächen haben stets gleichen Flächeninhalt. Bilden wir den gesamten Flächeninhalt aller bei den Einzelpolyedern auftretenden Seitenflächen mit der äußeren Normalenrichtung (α, β, γ) und subtrahieren davon den gesamten Flächeninhalt aller bei ihnen auftretenden Seitenflächen mit der äußeren Normalenrichtung $(-\alpha, -\beta, -\gamma)$, so muß daher die Differenz $= 0$ sein. Nun wird, soweit diese verschiedenen Seitenflächen im Inneren von $\mathfrak{P}$ liegen, hier die Gesamtheit der Seitenflächen der ersteren Stellung genau überdeckt von der Gesamtheit der Seitenflächen der anderen Stellung; also verschwindet für sich der Teil jener Differenz, welcher sich auf Seitenflächen bezieht, die (abgesehen vielleicht von Punkten ihres Randes) ins Innere von $\mathfrak{P}$ fallen. Weiter setzen diejenigen von den Seitenflächen der ersteren Stellung, welche auf die Begrenzung von $\mathfrak{P}$ fallen, hier eben die Seitenfläche $\mathfrak{F}$ von $\mathfrak{P}$ zusammen. Nunmehr leuchtet ein, daß noch Seitenflächen der anderen Stellung übrig bleiben, welche zusammen eine begrenzende Seitenfläche von $\mathfrak{P}$ mit der äußeren Normalenrichtung $(-\alpha, -\beta, -\gamma)$ und genau von einem Flächeninhalt gleich dem von $\mathfrak{F}$ ergeben müssen. Es sind danach die Seitenflächen des konvexen Polyeders $\mathfrak{P}$ paarweise parallel und von gleichem Flächeninhalt. Nach dem Lehrsatze IV ist somit $\mathfrak{P}$ ein Polyeder mit Mittelpunkt.

§ 6. Konvexe Restbereiche.

Die Gesamtheit der Punkte x, y, z, für welche sowohl x, wie y, wie z ganze rationale Zahlen sind, soll das *Zahlengitter* heißen; ein einzelner Punkt daraus heiße ein *Gitterpunkt*. Unter einem *konvexen Restbereich* soll ein konvexer Körper $\mathfrak{K}$ von solcher Art verstanden werden, daß $\mathfrak{K} = \mathfrak{K}_{0,0,0}$ und die Gesamtheit derjenigen Körper $\mathfrak{K}_{a,b,c}$, die aus $\mathfrak{K}_{0,0,0}$ durch die Translationen vom Nullpunkte $0, 0, 0$ nach den verschiedenen anderen Gitterpunkten a, b, c hervorgehen, den ganzen Raum *lückenlos* überdecken, und zwar so, daß irgend zwei von diesen Körpern *höchstens in Punkten der Begrenzung* zusammenstoßen.

Lehrsatz VI. *Ein jeder konvexe Restbereich ist ein konvexes Polyeder mit Mittelpunkt und wird von nicht mehr als* $2(2^3-1)$ *Seitenflächen begrenzt; dabei ist weiter jede Seitenfläche ein konvexes Polygon mit Mittelpunkt.*

Beweis. Es sei $\mathfrak{K} = \mathfrak{K}_{0,0,0}$ ein konvexer Restbereich; man erkennt sofort, daß $\mathfrak{K}$ nicht einen ganz im Endlichen gelegenen konvexen Körper von einem Volumen > 1 enthalten kann und somit selbst ganz im Endlichen liegen muß; also wird $\mathfrak{K}$ auch nur mit einer endlichen Anzahl der anderen Körper $\mathfrak{K}_{a,b,c}$ in Punkten der Begrenzung zusammenstoßen. Da der Körper $\mathfrak{K}$ von jedem dieser Körper $\mathfrak{K}_{a,b,c}$, mit dem er zusammentrifft, durch eine gemeinsame Stützebene geschieden werden kann, so daß die gemeinschaftlichen Punkte beider Körper in dieser Ebene und im übrigen der eine ganz auf der einen, der andere ganz auf der anderen Seite von ihr liegt, so leuchtet zuvörderst ein, daß $\mathfrak{K}$ jedenfalls ein von einer endlichen Anzahl von Ebenen begrenztes konvexes Polyeder ist.

Wir wollen unter $\mathfrak{L}$ denjenigen Körper verstehen, der zu $\mathfrak{K}$ symmetrisch in bezug auf den Nullpunkt liegt; dann ist $\mathfrak{L}$ ebenfalls ein konvexer Restbereich, so daß die sämtlichen Körper $\mathfrak{L}_{a,b,c}$, die aus $\mathfrak{L}$ durch die Translationen nach den einzelnen Gitterpunkten a, b, c entstehen, den ganzen Raum erfüllen und dabei je zwei unter ihnen stets in den inneren Punkten durchweg verschieden sind. Es wird nun unter allen diesen Polyedern $\mathfrak{L}_{a,b,c}$ eine endliche Anzahl von solchen geben, welche ins Innere von $\mathfrak{K}$ eintreten; und der Körper $\mathfrak{K}$ erscheint dann genau zusammengesetzt aus den einzelnen Polyedern, welche $\mathfrak{K}$ mit diesen einzelnen Körpern $\mathfrak{L}_{a,b,c}$ gemein hat. Nun ist ein Bereich $\mathfrak{L}_{a,b,c}$ jedesmal symmetrisch zu $\mathfrak{K}$ in bezug auf den Punkt $\frac{a}{2}, \frac{b}{2}, \frac{c}{2}$; ein Polyeder, welches

$\mathfrak{K}$ und $\mathfrak{L}_{a,b,c}$ gemein haben, wird danach ein Polyeder mit $\frac{a}{2}, \frac{b}{2}, \frac{c}{2}$ als Mittelpunkt sein. Es erscheint also $\mathfrak{K}$ zerlegt in eine endliche Anzahl von Polyedern mit Mittelpunkt; nach dem Lehrsatze V ist daher $\mathfrak{K}$ selbst ein Polyeder mit Mittelpunkt.

Da durch eine Translation eines konvexen Restbereichs offenbar stets wieder ein solcher Bereich hervorgeht, so wollen wir jetzt der Einfachheit wegen annehmen, es habe $\mathfrak{K}$ den Nullpunkt als Mittelpunkt. Betrachten wir nun irgendeine Seitenfläche $\mathfrak{S}$ von $\mathfrak{K} = \mathfrak{K}_{0,0,0}$, so gibt es unter allen übrigen Polyedern $\mathfrak{K}_{a,b,c}$ eines oder mehrere, welche sich an diese Seitenfläche mit einem Flächenstück (nicht bloß mit Punkten einer Kante) anlegen. Ist $\mathfrak{K}_{a,b,c}$ ein derartiges Polyeder, so ist das Flächenstück aus $\mathfrak{S}$, das $\mathfrak{K}$ und $\mathfrak{K}_{a,b,c}$ gemein haben, da $\mathfrak{K}_{a,b,c}$ symmetrisch zu $\mathfrak{K}$ in bezug auf den Punkt $\frac{a}{2}, \frac{b}{2}, \frac{c}{2}$ ist, ein Polygon mit $\frac{a}{2}, \frac{b}{2}, \frac{c}{2}$ als Mittelpunkt. Danach erscheint das konvexe Polygon $\mathfrak{S}$ zerlegt in Polygone mit Mittelpunkt, und von diesen ist noch leicht ersichtlich, daß sie untereinander nur in den Rändern zusammentreffen können. Nun gilt ein dem Satze V ganz entsprechender Satz für zwei Dimensionen, und danach ist die Fläche $\mathfrak{S}$ notwendig selbst ein Polygon mit Mittelpunkt.

Wie sich ferner ergeben hat, liegt auf der Fläche $\mathfrak{S}$, noch von ihrem Rande abgesehen, mindestens ein Punkt $\frac{a}{2}, \frac{b}{2}, \frac{c}{2}$, wo a, b, c ganze Zahlen sind. Dabei können a, b, c niemals sämtlich gerade Zahlen sein, weil die Gitterpunkte im Inneren der betrachteten Polyeder liegen.

Andererseits kann kein Punkt $\frac{a}{2}, \frac{b}{2}, \frac{c}{2}$, bei dem a, b, c ganze Zahlen, aber nicht sämtlich Null sind, ins Innere von $\mathfrak{K}$ fallen; denn sonst hätte $\mathfrak{K}$ mit dem Körper $\mathfrak{K}_{a,b,c}$ einen inneren Punkt gemein. Es sei nun $\overline{\mathfrak{S}}$ eine Seitenfläche von $\mathfrak{K}$, die von $\mathfrak{S}$ und auch von der zu $\mathfrak{S}$ parallelen Seitenfläche verschieden ist, und $\frac{\bar{a}}{2}, \frac{\bar{b}}{2}, \frac{\bar{c}}{2}$ ein in dieser Seitenfläche, aber nicht auf ihrem Rande gelegener Punkt mit ganzen Zahlen $\bar{a}$, $\bar{b}$, $\bar{c}$; dann kann nicht $\bar{a} \equiv a$, $\bar{b} \equiv b$, $\bar{c} \equiv c$ (mod 2) sein, da sonst $\frac{\bar{a}+a}{4}, \frac{\bar{b}+b}{4}, \frac{\bar{c}+c}{4}$ ein Punkt der eben besprochenen Art im Inneren von $\mathfrak{K}$ wäre. Da es nun im ganzen $2^3 - 1$ nach 2 inkongruente und von 0, 0, 0 (mod 2) verschiedene Systeme a, b, c (mod 2) gibt, so besteht danach die Begrenzung von $\mathfrak{K}$ aus höchstens $2(2^3 - 1)$ Seitenflächen.

Die Lehrsätze I—VI sind hier nur für komplexe Polyeder im Raume von drei Dimensionen ausgesprochen, sie sind mit ihren hier auseinandergesetzten Beweisen unmittelbar auf Mannigfaltigkeiten von beliebig vielen Veränderlichen zu übertragen.

Zürich, den 22. Juli 1897.

XXIII.

Über die Begriffe Länge, Oberfläche und Volumen.

(Referat über einen Vortrag: Jahresbericht der Deutschen Mathematikervereinigung, Band IX, S. 115—121.)

1. Der Begriff des Ausdehnungsintegrals in einer Mannigfaltigkeit: $\int dx_1\, dx_2 \ldots dx_n$, d. i. für $n = 3$ der Begriff des *Volumens eines Körpers*, gehört zu den elementarsten Begriffen in der Analysis des Unendlichen; es knüpft dieser Begriff unmittelbar an den Begriff der Anzahl an. (Vgl. C. Jordan, Cours d'Analyse, 2e éd., T. I, pp. 18—31.)

Wesentlich schwieriger als die Einführung des Volumenbegriffs ist die Begründung der *Länge einer Kurve* als Grenze der Länge von Polygonen, die der Kurve geeignet eingeschrieben sind, und der *Oberfläche einer krummen Fläche* als Grenze der Oberfläche von Polyedern, die in bezug auf die Fläche geeignet konstruiert sind.

Man kann jedoch diese anderen Begriffe Länge und Oberfläche auch allein aus dem Begriffe des Volumens mittels eines einfachen Grenzüberganges entwickeln:

Es sei C eine Kurve. Um jeden Punkt von C als Mittelpunkt denke man sich eine Kugel mit dem Radius r abgegrenzt, unter r eine feste positive Größe verstanden. Die Menge aller derjenigen Punkte des Raumes, welche in das Innere oder die Begrenzung von wenigstens einer dieser Kugel zu liegen kommen, definiert uns den *Bereich der Entfernung* $\leqq r$ *von der Kurve* C. Es sei $V(r)$ das Volumen dieses Bereichs (falls ihm ein bestimmtes Volumen zukommt), so kann der Grenzwert von $\frac{V(r)}{\pi r^2}$ für ein nach Null abnehmendes r (falls dieser Grenzwert existiert), als die *Länge der Kurve* C eingeführt werden. — Es sei F eine Fläche. Man konstruiere in entsprechender Weise den *Bereich der Entfernung* $\leqq r$ *von* F. Es sei $V(r)$ das Volumen dieses Bereichs, so kann der Grenzwert von $\frac{V(r)}{2r}$ für ein nach Null abnehmendes r (vorausgesetzt, daß die Größe $V(r)$ sowie dieser Grenzwert existiert), als die *Oberfläche der Fläche* F eingeführt werden.

Es ist einleuchtend, daß hierbei zunächst die Länge einer geradlinigen Strecke und die Oberfläche eines ebenen Dreiecks genau mit den gewöhnlich dafür angenommenen Werten sich ergeben; infolgedessen werden überhaupt in *regulären* Fällen Längen und Oberflächen in dem eben erklärten und andererseits in dem üblichen Sinne die gleichen Werte vorstellen.

2. Die soeben gegebene Definition einer Oberfläche führt uns zu einer bemerkenswerten Verallgemeinerung des Begriffs Oberfläche, indem wir an Stelle von Kugeln beliebige einander ähnliche und ähnlich gelegene konvexe Körper verwenden. Ich werde mich hier auf die Betrachtung geschlossener Flächen beschränken.

Unter einem *konvexen Körper* verstehe ich eine Punktmenge im Raume, welche abgeschlossen ist, die Eigenschaft hat, mit einer beliebigen Geraden stets entweder eine Strecke oder einen Punkt oder keinen Punkt gemein zu haben, und endlich nicht ganz in einer Ebene liegt. Eine *konvexe Fläche* bedeute die vollständige Begrenzung eines konvexen Körpers. Denken wir uns nun einen beliebigen konvexen Körper K zugrunde gelegt. Es sei G die Begrenzung von K und O irgendein bestimmter innerer Punkt von K. Ich will G die *Fläche der Distanz* 1 *von* O nennen (auch die *Eichfläche der Distanzen*). Ist P ein beliebiger Punkt und r eine positive Größe, so soll dann unter der *Fläche der Distanz* r *von* P diejenige konvexe Fläche H verstanden werden, welche P umschließt und mit G ähnlich und ähnlich gelegen ist derart, daß je zwei *gleichgerichtete* Radienvektoren von P nach H und von O nach G stets in ihren Längen das konstante Verhältnis $r:1$ darbieten. Der von dieser Fläche H umschlossene konvexe Körper ist dann der Bereich der Distanz $\leqq r$ von P.

Es sei nun F eine beliebige, ganz im Endlichen gelegene *geschlossene Fläche*, d. h. eine Punktmenge, mittels deren der ganze Raum sich in zwei *abgeschlossene* Mengen, A und J, zerlegt, von denen eine jede die Menge F als *vollständige* Begrenzung besitzt und welche sonst untereinander keinen Punkt gemein haben; dasjenige von diesen zwei durch F geschiedenen Raumgebieten, in dem keine Grenzen für die Koordinaten der Punkte vorhanden sind, A, heiße der *äußere Raum* von F, das andere, J, der *innere Raum* von F. Wir denken uns um jeden Punkt von F den Körper der Distanz $\leqq r$ von dem Punkte abgegrenzt. Es sei $Q_A(r)$, bzw. $Q_J(r)$ der Teil des Gebiets A, bzw. des Gebiets J, welcher von der Gesamtheit aller dieser Körper überdeckt wird, weiter $V_A(r)$, bzw. $V_J(r)$ das Volumen von $Q_A(r)$, bzw. von $Q_J(r)$, so heiße der Grenzwert von $\frac{V_A(r)}{r}$, bzw. $\frac{V_J(r)}{r}$ für ein nach Null abnehmendes r die *verallgemeinerte Außenoberfläche*, bzw. *Innenoberfläche* (abgekürzt v. A O. bzw. v. J O.) von F, immer stillschweigend vorausgesetzt, daß die betreffenden Volumina und Grenzen existieren. Die halbe Summe aus v. AO. und v. JO. von F heiße die *verallgemeinerte Oberfläche* von F.

3. Die Existenz der hier in Frage kommenden Grenzwerte läßt sich in einfacher Weise dartun, wenn die zu behandelnde Fläche F, ebenso wie die Eichfläche der Distanzen G, *eine konvexe Fläche* ist. Dann ist der innere Raum J von F ein konvexer Körper, und es sei C_0 sein Volumen. Der Raum $Q_A(r)$ wird hier jedesmal außer von F noch von einer zweiten konvexen Fläche $F_A(r)$ begrenzt, der Fläche derjenigen Punkte in A, für welche die kleinste Distanz von den Punkten in F gleich r ist.

Sind zunächst sowohl J wie K *Polyeder*, d. h. je von einer *endlichen* Anzahl von Ebenen vollständig begrenzt, so wird auch der von $F_A(r)$ begrenzte konvexe Körper bei beliebigem Werte des r ein Polyeder sein. Bei Zugrundelegung irgendeines Parallelkoordinatensystems erweisen sich alsdann die Koordinaten der Ecken von $F_A(r)$ als ganze lineare Funktionen von r, und vermöge der dreireihigen Determinanten für Volumina von Tetraedern erscheint hernach $V_A(r)$ als eine bestimmte ganze Funktion dritten Grades von r, d. h. *der vierte Differentialquotient der Funktion $V_A(r)$ ist gleich Null.*

Nun kann man eine beliebige konvexe Fläche stets durch zwei Polyederflächen annähern, von denen die eine ganz im inneren Raume, die andere ganz im äußeren Raume der Fläche verläuft, und welche miteinander ähnlich und ähnlich gelegen sind, und zwar noch derart, daß dabei das lineare Dilatationsverhältnis zur Erzeugung der zweiten Polyederfläche aus der ersten beliebig nahe an 1 liegt. (Vgl. meine Geometrie der Zahlen, S. 33.) Wenden wir diesen Hilfssatz sowohl in bezug auf die eine Fläche F, wie auch in bezug auf die Eichfläche G an, so zeigt sich, daß jene Eigenschaft des Verschwindens des vierten Differenzenquotienten von $V_A(r)$ sich von Polyederflächen sofort auf zwei beliebige konvexe Flächen F, G überträgt. Danach wird in allen Fällen das Volumen des von $F_A(r)$ begrenzten Körpers einen Ausdruck haben:

$$W(r) = C_0 + V_A(r) = C_0 + 3C_1 r + 3C_2 r^2 + C_3 r^3,$$

wo C_0, C_1, C_2, C_3 gewisse von r unabhängige Konstanten sind.

Nunmehr wird $3C_1$ die verallgemeinerte Außenoberfläche von F.

Man erkennt leicht, daß bei Veränderung des Punktes O im Inneren von K die Größen C_0, C_1, C_2, C_3 sich nicht ändern, daß sie also nur von den zwei Flächen F und G, nicht von dem Punkte O abhängen. Vertauscht man die Rollen dieser zwei Flächen, so treten an die Stelle von C_0, $3C_1$, $3C_2$, C_3 die Werte C_3, $3C_2$, $3C_1$, C_0. Es ist also C_3 das Volumen von K und $3C_2$ die v. Außenoberfläche von G, wenn F als Eichfläche der Distanzen benutzt wird. Alle Größen C_0, C_1, C_2, C_3 sind danach positiv.

Für den hier eingeführten Begriff der v. Außenoberfläche heben wir als *in gewissem Sinne charakteristisch* die Eigenschaft hervor:

Enthält ein konvexer Körper einen anderen konvexen Körper in sich, so besitzt stets die Begrenzung des ersteren Körpers eine größere v. Außenoberfläche.

Weiter läßt sich zeigen: Die v. Innenoberfläche einer konvexen Fläche F ist gleich dem Werte, der für ihre v. Außenoberfläche entsteht, wenn die Eichfläche der Distanzen G durch die zu ihr in bezug auf den Punkt O symmetrische Fläche ersetzt wird. Danach erweisen sich v. Außenoberfläche und v. Innenoberfläche für eine konvexe Fläche F stets als gleich, wenn die Eichfläche eine *Fläche mit Mittelpunkt* ist.

Wird nunmehr *als Eichfläche eine Kugelfläche vom Radius* 1 genommen, so erweist sich $3C_1$ als die *Oberfläche* der konvexen Fläche F *im üblichen Sinne,* während alsdann $3C_2$ die gesamte mittlere Krümmung von F darstellt.

Endlich machen wir die folgende Bemerkung:

Sind F und G miteinander ähnlich und ähnlich gelegen (worunter der Fall einzubegreifen ist, daß die Flächen durch bloße Parallelverschiebung auseinander hervorgehen), so ergibt sich

$$\frac{C_0}{C_1} = \frac{C_1}{C_2} = \frac{C_2}{C_3} = \sqrt[3]{\frac{C_0}{C_3}}.$$

4. Von diesen Betrachtungen will ich hier hauptsächlich Gebrauch machen, um einen *neuen* und *strengen Beweis* für den Satz zu geben, *daß unter allen konvexen Körpern von gleichem Volumen die Kugel die kleinste Oberfläche hat,* und *um zugleich diesen Satz auf einen inhaltreicheren und analytisch einfacheren zurückzuführen.*

Ich stütze mich dabei auf den folgenden, von Herrn H. Brunn*) bewiesenen Satz:

Es seien J_0 und J_1 zwei beliebige konvexe Körper, die nicht miteinander sowohl ähnlich wie ähnlich gelegen sind, vom Volumen W_0 bzw. W_1. Verbindet man jeden Punkt von J_0 mit jedem von J_1 und teilt die Verbindungsstrecke jedesmal in einem festen Verhältnisse $t:1-t$, wobei $0 < t < 1$ ist, so erfüllt die Menge aller verschiedenen solchen Teilpunkte wieder einen konvexen Körper J_t und gilt für dessen Volumen W_t die Ungleichung:

$$\sqrt[3]{W_t} > (1-t)\sqrt[3]{W_0} + t\sqrt[3]{W_1}.$$

*) Inauguraldissertation, München, 1887, S. 31. — Herr Brunn hat freilich an der angeführten Stelle ausdrücklich die Meinung geäußert: „Zum Beweise der Maximaleigenschaft der Kugel läßt sich dieser Satz nicht verwenden.“

Wir nehmen nun an, es seien die Flächen F und G nicht einander ähnlich und ähnlich gelegen, und können alsdann diesen Satz in der Weise anwenden, daß wir für J_0 und J_1 die zwei konvexen Körper nehmen, welche von zwei der oben betrachteten Flächen $F_A(r)$ für irgend zwei Werte $r = r_0$ und $r = r_1$ begrenzt werden; für J_t erscheint hierbei der von $F_A(r)$ für $r = (1-t)r_0 + tr_1$ begrenzte Körper. Die entstehende Ungleichung kommt nun darauf hinaus, daß die durch

$$w = \sqrt[3]{W(r)}$$

für $r \geqq 0$ dargestellte Kurve, wenn man r und w als Abszisse und Ordinate in einer Ebene deutet, überall konvex auf ihrer der r-Achse abgewandten Seite ist, oder anders formuliert, daß

$$\frac{d^2 \sqrt[3]{W(r)}}{d r^2} < 0$$

ist im ganzen Bereiche $r \geqq 0$.

Führen wir den in 3. gewonnenen Ausdruck von $W(r)$ ein, so muß danach

$$-\frac{1}{2}[W(r)]^{\frac{5}{3}} \frac{d^2[W(r)]^{\frac{1}{3}}}{d r^2} = (C_1^2 - C_0 C_2) + (C_1 C_2 - C_0 C_3) r + (C_2^2 - C_1 C_3) r^2$$

für alle Werte $r \geqq 0$ stets > 0 sein. Hierfür wieder sind die zwei Bedingungen

(I) $$C_1^2 - C_0 C_2 > 0,$$

(II) $$C_2^2 - C_1 C_3 > 0$$

oder also die Ungleichungen

$$\frac{C_0}{C_1} < \frac{C_1}{C_2} < \frac{C_2}{C_3}$$

erforderlich und hinreichend.

Beachten wir, daß wir die Rollen der beiden Flächen F und G vertauschen können und daß alsdann an Stelle der Größen C_0, C_1, C_2, C_3 diese Größen in umgekehrter Folge treten, so sehen wir, daß vermöge dieser Reziprozität die Ungleichung (I), *für zwei beliebige konvexe Flächen* genommen, bereits die Ungleichung (II) in sich schließt.

Nun leiten wir aus (I):

$$C_1^4 > C_0^2 C_2^2,$$

dann aus (II):

$$C_0^2 C_2^2 > C_0^2 C_1 C_3,$$

also mit Elimination von C_2:

$$C_1^3 > C_0^2 C_3$$

her. Nehmen wir jetzt für die Eichfläche der Distanzen eine Kugelfläche vom Radius 1, so ist

$$C_3 = \frac{4\pi}{3},$$

ferner C_0 das Volumen und $3C_1$ die Oberfläche des von F begrenzten Körpers im gewöhnlichen Sinne; setzen wir

$$C_0 = \frac{4\pi}{3} R^3,$$

so folgt daher $3C_1 > 4\pi R^2$, d. i. der Satz, daß unter allen konvexen Körpern von gleichem Volumen die Kugel die kleinste Oberfläche besitzt.

Diese Eigenschaft der Kugel erscheint aber hier als Ausfluß des weit allgemeineren und analytisch einfacheren Theorems

$$C_1^2 > C_0 C_2,$$

welches sich auf zwei beliebige konvexe Körper bezieht. Dieses Theorem liefert im speziellen, wenn man für einen der Körper die Kugel nimmt, zwei neue, die Kugel unter allen konvexen Körpern charakterisierende Beziehungen: Nämlich unter allen konvexen Körpern von gleicher Oberfläche besitzt die Kugel erstens *die kleinste mittlere Krümmung*, zweitens *das größte Produkt aus Volumen und mittlerer Krümmung*. Aus beiden Sätzen zugleich resultiert als Folgerung jene bekannte isoperimetrische Eigenschaft der Kugel.

5. Der Schluß des Vortrags brachte noch ein Theorem über die Bestimmung einer geschlossenen konvexen Fläche, wenn für sie in jedem Punkte die Gaußische Krümmung als Funktion der Normalenrichtung in dem Punkte beliebig vorgeschrieben ist.

XXIV.

Über die geschlossenen konvexen Flächen.*)

Im folgenden teile ich einige Resultate einer Untersuchung über geschlossene konvexe Flächen mit. Ich bin zu dieser Untersuchung durch den Satz, daß unter allen Körpern gleichen Volumens die Kugel die kleinste Oberfläche hat, angeregt worden.

Der Einfachheit wegen will ich mich hier auf die Betrachtung solcher konvexer Flächen beschränken, die in jedem Punkte eine bestimmte Tangentialebene und bestimmte endliche Hauptkrümmungsradien haben.

1. Es bedeute Ω die Kugelfläche mit dem Nullpunkte O als Mittelpunkt vom Radius 1, und es seien $\cos\psi \sin\vartheta$, $\sin\psi \sin\vartheta$, $\cos\vartheta$ die Koordinaten eines beliebigen Punktes Π dieser Kugelfläche.

Es bedeute K einen beliebigen konvexen Körper; es sei

$$x \cos\psi \sin\vartheta + y \sin\psi \sin\vartheta + z \cos\vartheta = H$$

die Gleichung derjenigen Tangentialebene an die Oberfläche von K, welche die Richtung $O\Pi$ als äußere Normale hat. Dabei stellt dann H eine eindeutige Funktion auf der Kugelfläche Ω vor, und durch Angabe dieser Funktion $H(\vartheta, \psi)$ ist der Körper K bereits vollständig bestimmt.

Setzt man

$$R = \frac{\partial^2 H}{\partial \vartheta^2} + H, \quad S = \frac{1}{\sin\vartheta}\frac{\partial^2 H}{\partial\vartheta\,\partial\psi} - \frac{\cos\vartheta}{\sin^2\vartheta}\frac{\partial H}{\partial\psi},$$

$$T = \frac{1}{\sin^2\vartheta}\frac{\partial^2 H}{\partial\psi^2} + \frac{\cos\vartheta}{\sin\vartheta}\frac{\partial H}{\partial\vartheta} + H,$$

so ist $Ru^2 + 2Suv + Tv^2$ eine positive quadratische Form. Bekanntlich ist $R + T$ die Summe, $RT - S^2$ das Produkt der Hauptkrümmungsradien im Berührungspunkte jener Tangentialebene.

---

*) Diese Abhandlung erschien in den Comptes rendus de l'Académie des Sciences, Paris 1901, t. 132, pp. 21—24, in einer vom Verfasser herrührenden französischen Übersetzung unter dem Titel: Sur les surfaces convexes fermés. Dieser Abdruck folgt dem deutschen Originalmanuskript. Einige Zusätze der französischen Ausgabe sind übersetzt und in Klammern [] hinzugefügt worden. (Anm. d. Herausg.)

2. Es seien nun K_1, K_2, K_3 irgend drei konvexe Körper, und die Größen H, R, S, T für sie mögen durch Hinzufügen von Indizes [bzw. 1, 2, 3] unterschieden werden.

Ich bezeichne alsdann den Wert des Integrals

$$\frac{1}{6}\int H_1(R_2 T_3 - 2 S_2 S_3 + T_2 R_3)\, d\omega = A_{1\,2\,3},$$

erstreckt über alle Elemente $d\omega = \sin\vartheta\, d\vartheta\, d\psi$ der Kugelfläche Ω, als das *gemischte Volumen* der Körper K_1, K_2, K_3.

Dieses Integral fällt stets positiv aus, und *der Wert dieses Integrals ändert sich nicht, wenn die Körper irgendwie permutiert werden*, ferner auch nicht, wenn die Körper irgendwelchen Translationen unterworfen werden.

Sind die drei Körper identisch mit einem einzigen Körper, so stellt das Integral das Volumen dieses Körpers vor.

3. Drei konvexe Körper K_1, K_2, K_3 mögen *unabhängig* heißen, wenn zwischen ihren Funktionen H_1, H_2, H_3 keine identische Relation

$$w_1 H_1 + w_2 H_2 + w_3 H_3 = x_0 \cos\psi \sin\vartheta + y_0 \sin\psi \sin\vartheta + z_0 \cos\vartheta$$

mit irgendwelchen 6 [von ϑ und ψ unabhängigen] Konstanten w_1, w_2, w_3, x_0, y_0, z_0 besteht.

Sind K_1, K_2, K_3 beliebige konvexe Körper mit den drei zugehörigen Funktionen H_1, H_2, H_3 und sind w_1, w_2, w_3 irgendwelche Konstanten $\geqq 0$, jedoch nicht alle drei gleich Null, so wird durch die Funktion

$$H = w_1 H_1 + w_2 H_2 + w_3 H_3$$

jedesmal wieder ein konvexer Körper K bestimmt. Das Volumen dieses Körpers ist alsdann

$$F(w_1, w_2, w_3) = \sum_i \sum_k \sum_l A_{i\,k\,l}\, w_i w_k w_l \qquad (i, k, l = 1, 2, 3),$$

wo $A_{i\,k\,l}$ das gemischte Volumen von K_i, K_k, K_l ist. Nunmehr gilt folgendes Theorem:

Die Fläche

$$F(w_1, w_2, w_3) = 1,$$

[wo w_1, w_2, w_3 als rechtwinklige Koordinaten aufgefaßt werden] *ist im Gebiete $w_1 \geqq 0$, $w_2 \geqq 0$, $w_3 \geqq 0$ eine konvexe Fläche, welche ihre Konvexität nach der dem Nullpunkte abgewandten Seite kehrt.*

Sind K_1, K_2, K_3 unabhängig, so enthält diese Fläche auch niemals eine geradlinige Strecke. Alsdann ist die Determinante

$$\begin{vmatrix} A_{111}, & A_{112}, & A_{113} \\ A_{121}, & A_{122}, & A_{123} \\ A_{131}, & A_{132}, & A_{133} \end{vmatrix} > 0$$

und sind die zwei entsprechenden Determinanten [die als ersten Index 2 oder 3 an Stelle von 1 enthalten] *positiv und sind*

$$\begin{vmatrix} A_{111}, & A_{112} \\ A_{121}, & A_{122} \end{vmatrix} < 0$$

und alle entsprechenden Verbindungen sämtlich negativ.

Insbesondere folgt daraus:

Sind zwei konvexe Körper K_1, K_2 nicht ähnlich und ähnlich gelegen, so gilt stets

$$A_{111} A_{122} < A_{112}^2, \quad A_{112} A_{222} < A_{122}^2.$$

Hierin ist A_{111} das Volumen von K_1. *Nimmt man nun insbesondere K_2 gleich einer Kugel vom Radius* 1, *so wird* ferner $3A_{112}$ *die Größe der Oberfläche von K_1* und weiter $3A_{122}$ *die gesamte mittlere Krümmung dieser Fläche,* während endlich $A_{222} = \frac{4\pi}{3}$ ist. Auf diese Weise erhält man die Sätze:

Unter allen konvexen Körpern von gleicher Oberfläche hat die Kugel das größte Produkt aus Volumen und mittlerer Krümmung, ferner die kleinste mittlere Krümmung und durch beides schließlich das größte Volumen.

Eine andere Folgerung der letzten Ungleichungen ist diese:

Hat ein konvexer Körper ein Volumen $= 1$, *ohne ein Würfel mit Seitenflächen parallel den Koordinatenebenen zu sein, so ist stets das arithmetische Mittel aus den Flächeninhalten seiner drei Projektionen auf die drei Koordinatenebenen* > 1.

4. *Es sei $G(\vartheta, \psi)$ eine auf der Kugelfläche Ω eindeutige und stetige Funktion, welche daselbst überall > 0 ist, und noch derart beschaffen ist, daß die drei Integrale*

$$\int \frac{\cos\psi \sin\vartheta}{G} d\omega, \quad \int \frac{\sin\psi \sin\vartheta}{G} d\omega, \quad \int \frac{\cos\vartheta}{G} d\omega,$$

über diese ganze Kugelfläche erstreckt, sämtlich verschwinden. Alsdann existiert stets ein konvexer Körper K, für den die Gaußische Krümmung in dem Punkte, dessen äußere Normale die Richtungskosinus $\cos\psi \sin\vartheta$, $\sin\psi \sin\vartheta$, $\cos\vartheta$ *hat, gleich $G(\vartheta, \psi)$ ist, und dieser Körper ist bis auf eine beliebige Translation, die man ihm noch erteilen kann, eindeutig bestimmt.*

Man kann nämlich unter allen konvexen Körpern *vom Volumen* 1 zunächst einen Körper derart bestimmen, daß für seine Funktion H der Wert des Integrals

$$J = \int \frac{H}{G} d\omega$$

möglichst klein ausfällt. Dieser Körper ist bis auf eine Translation völlig bestimmt; erlangt für ihn das Integral J den Wert λ, so entsteht aus diesem Körper durch Dilatation im Verhältnis $\sqrt{\lambda} : 1$ der gesuchte Körper K, für den $RT - S^2 = \frac{1}{G}$ ist.

XXV.

Theorie der konvexen Körper, insbesondere Begründung ihres Oberflächenbegriffs.*)

I. Kapitel.

Die konvexen Körper als Punktgebilde.

§ 1. Definition der konvexen Körper.

Eine Punktmenge soll ein *konvexer Körper* heißen, wenn sie 1^0 mit einer beliebigen Geraden jedesmal sei es eine endliche Strecke, sei es einen Punkt, sei es keinen Punkt, gemein hat und 2^0 nicht ganz in einer Ebene gelegen ist.

Es sei $\mathfrak{K}$ ein konvexer Körper. Nach Voraussetzung enthält $\mathfrak{K}$ irgend vier nicht in einer Ebene gelegene Punkte $\mathfrak{a}, \mathfrak{b}, \mathfrak{c}, \mathfrak{d}$. Mit $\mathfrak{a}$ und $\mathfrak{b}$ enthält $\mathfrak{K}$ nach Voraussetzung von der durch $\mathfrak{a}$ und $\mathfrak{b}$ gehenden Geraden jedenfalls die ganze Strecke $\mathfrak{a}\mathfrak{b}$, sodann mit $\mathfrak{c}$ jeden Punkt des Dreiecks $\mathfrak{a}\mathfrak{b}\mathfrak{c}$, weiter mit $\mathfrak{d}$ jeden Punkt des Tetraeders $\mathfrak{a}\mathfrak{b}\mathfrak{c}\mathfrak{d}$. Es besitzt also die Punktmenge $\mathfrak{K}$ jedenfalls auch *innere* Punkte. — Indem wir eine Parallelverschiebung (Translation) von $\mathfrak{K}$ zulassen, können wir einen beliebig gegebenen Punkt als inneren von $\mathfrak{K}$ annehmen.

§ 2. Die Distanzfunktion für einen konvexen Körper, welcher den Nullpunkt im Inneren enthält.

Der konvexe Körper $\mathfrak{K}$ enthalte den Anfangspunkt $\mathfrak{o}$ der rechtwinkligen Koordinaten x, y, z als einen *inneren* Punkt.

Ziehen wir vom Nullpunkte $\mathfrak{o}$ aus in einer beliebigen Richtung einen geradlinigen Strahl, so muß dieser nach 1^0 mit $\mathfrak{K}$ jedesmal eine bestimmte Strecke $\mathfrak{o}\mathfrak{p}_0$ gemein haben. Es seien x_0, y_0, z_0 die Koordinaten des Endpunktes $\mathfrak{p}_0$ dieser Strecke, so wollen wir, wenn x, y, z die Koordinaten

*) Diese bisher unveröffentlichte Abhandlung, die sich im Nachlaß gefunden hat, ist der erste Teil eines größeren Werkes über die Theorie der konvexen Körper. Vom zweiten Teil sind nur wenige Paragraphen ausgeführt, deren Resultate, wenn auch nach andern Methoden abgeleitet, in die Abhandlung „Volumen und Oberfläche“ übergegangen sind. (Anm. d. Herausg.)

eines völlig beliebigen Punktes $\mathfrak{p}$ jenes Strahles sind, den gemeinsamen Wert der Quotienten

$$\frac{x}{x_0} = \frac{y}{y_0} = \frac{z}{z_0} = f(x, y, z)$$

setzen und die so entstehende Funktion $f(x, y, z)$ die *Distanzfunktion* des Körpers $\mathfrak{K}$ nennen.

Für die verschiedenen Punkte $\mathfrak{p}_0$ ist dann $f(x_0, y_0, z_0) = 1$, und für die Punkte der Menge $\mathfrak{K}$ und nur für diese Punkte gilt $f(x, y, z) \leqq 1$. Die hier eingeführte Funktion $f(x, y, z)$ besitzt nun die folgenden Eigenschaften:

1. Für jedes von $0, 0, 0$ verschiedene Wertsystem x, y, z ist $f(x, y, z) > 0$; ferner ist $f(0, 0, 0) = 0$;

2. Man hat immer

$$f(tx, ty, tz) = tf(x, y, z),$$

wenn $t > 0$ ist.

3. Für beliebige zwei Systeme x_1, y_1, z_1; x_2, y_2, z_2 gilt allgemein:

$$f(x_1, y_1, z_1) + f(x_2, y_2, z_2) \geqq f(x_1 + x_2,\ y_1 + y_2,\ z_1 + z_2).$$

Ist eines der Systeme mit $0, 0, 0$ identisch, so versteht sich diese Relation wegen $f(0, 0, 0) = 0$ von selbst. Wenn $\frac{x_2}{x_1} = \frac{y_2}{y_1} = \frac{z_2}{z_1} > 0$ ist, folgt sie aus 2. Nehmen wir jetzt an, es seien die Punkte $\mathfrak{p}_1(x_1, y_1, z_1)$ und $\mathfrak{p}_2(x_2, y_2, z_2)$ von $\mathfrak{o}$ verschieden und auch die Richtungen $\mathfrak{o}\mathfrak{p}_1$ und $\mathfrak{o}\mathfrak{p}_2$ voneinander verschieden. Wir setzen

$$f(x_1, y_1, z_1) + f(x_2, y_2, z_2) = s,\ f(x_1, y_1, z_1) = ts,\ f(x_2, y_2, z_2) = (1 - t)s;$$

dabei ist $0 < t < 1$. Es sei $\mathfrak{q}_1$ der Punkt mit den Koordinaten $\frac{x_1}{ts}, \frac{y_1}{ts}, \frac{z_1}{ts}$ und $\mathfrak{q}_2$ der Punkt mit den Koordinaten $\frac{x_2}{(1-t)s}, \frac{y_2}{(1-t)s}, \frac{z_2}{(1-t)s}$; für den einen wie für den anderen Punkt wird dann nach 2.: $f(x, y, z) = 1$. Es gehören diese Punkte also zur Menge $\mathfrak{K}$ und muß infolgedessen auch jeder Punkt der Strecke $\mathfrak{q}_1\mathfrak{q}_2$ zu $\mathfrak{K}$ gehören, insbesondere also der Punkt $t\mathfrak{q}_1 + (1-t)\mathfrak{q}_2$ (d. h. der Schwerpunkt von $\mathfrak{q}_1$ und $\mathfrak{q}_2$, wenn dem Punkte $\mathfrak{q}_1$ die Masse t, dem Punkte $\mathfrak{q}_2$ die Masse $1 - t$ beigelegt wird). Dieser Punkt hat die Koordinaten $\frac{x_1 + x_2}{s}, \frac{y_1 + y_2}{s}, \frac{z_1 + z_2}{s}$ und folgt nunmehr für ihn $f(x, y, z) \leqq 1$, d. i. mit Rücksicht auf 2. die Ungleichung in 3.

Die Beziehung $f(-x, -y, -z) = f(x, y, z)$ wird dann und nur dann statthaben, wenn der Körper $\mathfrak{K}$ den Punkt $\mathfrak{o}$ als Mittelpunkt hat.

§ 3. Stetigkeit der Distanzfunktion und Folgerungen.

Aus 3. folgt

$$f(x, y, z) \leqq f(x, y, 0) + f(0, 0, z) \leqq f(x, 0, 0) + f(0, y, 0) + f(0, 0, z).$$

Es werde der größte Wert unter den sechs Größen $f(\pm 1, 0, 0)$, $f(0, \pm 1, 0)$,

$f(0, 0, \pm 1)$ mit G bezeichnet, so folgt hieraus mit Rücksicht auf die Regel 2. in § 2 weiter:

$$(1) \qquad f(x, y, z) \leqq G(|x| + |y| + |z|).$$

Das durch $|x| + |y| + |z| \leqq \frac{1}{G}$ definierte *Oktaeder* und um so mehr der durch

$$|x| \leqq \frac{1}{3G}, \quad |y| \leqq \frac{1}{3G}, \quad |z| \leqq \frac{1}{3G}$$

definierte *Würfel* sind danach ganz im Körper $\mathfrak{K}$ enthalten.

Nun geht aus der Regel 3. in § 2:

$$(2) \quad -f(-x_2, -y_2, -z_2) \leqq f(x_2 + x_1, y_2 + y_1, z_2 + z_1) - f(x_1, y_1, z_1) \leqq f(x_2, y_2, z_2),$$

also

$$(3) \quad \begin{aligned} |f(x_2 + x_1, y_2 + y_1, z_2 + z_1) - f(x_1, y_1, z_1)| &\leqq G(|x_2| + |y_2| + |z_2|) \\ &\leqq \sqrt{3}\, G \sqrt{x_2^2 + y_2^2 + z_2^2} \end{aligned}$$

hervor. Diese Beziehung zeigt, daß $f(x, y, z)$ eine *stetige* Funktion der Argumente x, y, z ist.

Wir wollen stets mit $\mathfrak{E}$ die Kugelfläche vom Radius 1 mit dem Nullpunkt $\mathfrak{o}$ als Mittelpunkt bezeichnen, also den Bereich derjenigen Punkte α, β, γ, für welche $\alpha^2 + \beta^2 + \gamma^2 = 1$ ist. Unter einer *Richtung* (α, β, γ), wobei dann stets α, β, γ die Koordinaten eines Punktes $\mathfrak{r}$ dieser Kugelfläche $\mathfrak{E}$ bedeuten sollen, werden wir die Richtung von $\mathfrak{o}$ nach $\mathfrak{r}$ verstehen.

Der Ausdruck $f(\alpha, \beta, \gamma)$ wird als stetige Funktion seiner Argumente α, β, γ in dem *abgeschlossenen* Bereiche der Kugelfläche $\mathfrak{E}$ ein bestimmtes *Minimum* besitzen. Der Wert dieses Minimum wird wie alle Werte, welche $f(x, y, z)$ außerhalb des Nullpunktes hat, wesentlich positiv sein. Wir bezeichnen ihn mit $\frac{1}{R}$, wobei dann R eine bestimmte positive endliche Größe sein wird. Ferner wird $f(\alpha, \beta, \gamma)$ auf $\mathfrak{E}$ ein bestimmtes *Maximum* haben, das wir $= \frac{1}{r}$ setzen. Dabei gilt jedenfalls $G \leqq \frac{1}{r}$. Wir haben nun auf $\mathfrak{E}$ stets $\frac{1}{r} \geqq f(\alpha, \beta, \gamma) \geqq \frac{1}{R}$. Auf einer Kugelfläche von einem Radius t mit dem Mittelpunkt $\mathfrak{o}$ wird dann stets $\frac{t}{r} \geqq f(x, y, z) \geqq \frac{t}{R}$ sein, d. h. es gilt allgemein

$$(4) \qquad \frac{1}{r}\sqrt{x^2 + y^2 + z^2} \geqq f(x, y, z) \geqq \frac{1}{R}\sqrt{x^2 + y^2 + z^2}.$$

Ziehen wir zunächst die untere Grenze für $f(x, y, z)$ hier in Betracht, so enthält danach die Kugel vom Radius R und um so mehr der durch

$$|x| \leqq R, \quad |y| \leqq R, \quad |z| \leqq R$$

definierte Würfel den Körper $\mathfrak{K}$ ganz in sich. Insbesondere ist hiernach ein konvexer Körper stets *ganz im Endlichen gelegen*, das soll heißen, es bestehen stets für die Koordinaten seiner Punkte obere und untere Grenzen.

Wegen der Stetigkeit der Funktion $f(x, y, z)$ ist der konvexe Körper $\mathfrak{K}$ stets eine *abgeschlossene* Punktmenge, d. h. alle *Häufungsstellen* dieser Menge sind in ihr selbst enthalten, und wird die *Begrenzung* dieser Menge genau von denjenigen Punkten gebildet, für welche $f(x, y, z) = 1$ ist. Die vollständige Begrenzung eines konvexen Körpers bezeichnen wir als eine *konvexe Fläche.*

Derjenige Punkt x, y, z der Begrenzung von $\mathfrak{K}$, welcher in einer bestimmten Richtung (α, β, γ) von $\mathfrak{o}$ aus liegt, wird bestimmt durch

$$\frac{x}{\alpha} = \frac{y}{\beta} = \frac{z}{\gamma} = \frac{f(x, y, z)}{f(\alpha, \beta, \gamma)} \text{ und } f(x, y, z) = 1,$$

also ist $\frac{1}{f(\alpha, \beta, \gamma)}$ seine Entfernung vom Nullpunkte.

Die Eigenschaft 1^0 (§ 1) einer Punktmenge $\mathfrak{K}$, mit jeder Geraden eine Strecke oder einen Punkt oder keinen Punkt gemein zu haben, können wir in vielen Fällen vorteilhafter durch die Gesamtheit der folgenden drei Eigenschaften ersetzen:

1a) Mit irgend zwei Punkten der Menge gehört stets auch jeder Punkt der dieselben verbindenden Strecke zur Menge,

1b) die Menge ist ganz im Endlichen gelegen,

1c) sie ist eine abgeschlossene Punktmenge.

Daß die Eigenschaft 1^0 bei einer Punktmenge, die nicht ganz in einer Ebene liegt, diese Eigenschaften 1a), 1b), 1c) nach sich zieht, haben wir soeben gesehen. Indem wir zu diesem Satze für den Raum die analogen Tatsachen für die Ebene und die gerade Linie hinzunehmen, erkennen wir ganz allgemein, daß aus der Eigenschaft 1^0 die Eigenschaften 1a), 1b), 1c) folgen.

Setzen wir nun umgekehrt für eine Punktmenge $\mathfrak{K}$ die drei letzteren Eigenschaften voraus. Betrachten wir irgendeine Gerade, die wenigstens zwei Punkte von $\mathfrak{K}$ enthält, und bestimmen wir die verschiedenen Punkte auf der Geraden mittels einer Kartesischen Koordinate. Wegen 1b) haben wir dann die Werte dieser Koordinate bei allen denjenigen Punkten der Geraden, welche zu $\mathfrak{K}$ gehören, eine obere und eine untere Grenze. Wegen 1c) gehören die diesen Grenzwerten der Koordinate entsprechenden zwei Punkte der Geraden dann ebenfalls selbst zu $\mathfrak{K}$, und wegen 1a) hat dann $\mathfrak{K}$ mit der Geraden genau die diese zwei Grenzpunkte verbindende Strecke gemein.

Nunmehr können wir die bisher erlangten Resultate in folgender Weise umkehren:

Ist $f(x, y, z)$ eine beliebige Funktion mit den in § 2 bei 1., 2., 3. angegebenen Eigenschaften, so stellt der durch $f(x, y, z) \leq 1$ definierte Bereich $\mathfrak{K}$ stets einen konvexen Körper mit dem Nullpunkte als inneren Punkt vor.

Denn die betreffende Funktion $f(x, y, z)$ ist jedesmal stetig und danach der Nullpunkt, für den $f(0, 0, 0) = 0$ ist, ein innerer Punkt von $\mathfrak{K}$, die Menge $\mathfrak{K}$ also gewiß nicht ganz in einer Ebene gelegen, ferner ist dann $\mathfrak{K}$ ganz im Endlichen gelegen und abgeschlossen. Endlich gilt noch die Eigenschaft 1a). Denn sind $\mathfrak{p}_1(x_1, y_1, z_1)$ und $\mathfrak{p}_2(x_2, y_2, z_2)$ irgend zwei verschiedene Punkte aus $\mathfrak{K}$, also dafür $f(x_1, y_1, z_1) \leqq 1$, $f(x_2, y_2, z_2)$ und ist t ein Wert > 0 und < 1, so folgt für den Punkt $t\mathfrak{p}_1 + (1-t)\mathfrak{p}_2$ der Strecke $\mathfrak{p}_1\mathfrak{p}_2$ aus § 2, 2. und 3.:

$$f(tx_1 + (1-t)x_2,\ ty_1 + (1-t)y_2,\ tz_1 + (1-t)z_2) \leqq t + (1-t) = 1,$$

es gehört also die ganze, $\mathfrak{p}_1$ und $\mathfrak{p}_2$ verbindende Strecke zu $\mathfrak{K}$.

§ 4. Polyeder. Stützebenen.

Bedeutet $\mathfrak{p}$ einen Punkt mit den Koordinaten x, y, z und s eine Konstante, so soll der Punkt, dessen Koordinaten die Werte sx, sy, sz haben, mit $s\mathfrak{p}$ bezeichnet werden. Sind $\mathfrak{p}'(x', y', z')$ und $\mathfrak{p}''(x'', y'', z'')$ zwei Punkte, so soll unter $\mathfrak{p}' + \mathfrak{p}''$ der Punkt mit den Koordinaten $x' + x'', y' + y'', z' + z''$ verstanden werden. — Bedeutet $\mathfrak{K}$ eine Menge von Punkten $\mathfrak{p}$ und s eine Konstante, so soll $s\mathfrak{K}$ die Menge der Punkte $s\mathfrak{p}$ vorstellen.

Sind $\mathfrak{p}_1, \mathfrak{p}_2, \ldots, \mathfrak{p}_n$ eine *endliche* Anzahl von Punkten, so bildet die Gesamtheit aller derjenigen Punkte $\mathfrak{p}$, welche sich in der Form

$$\mathfrak{p} = t_1\mathfrak{p}_1 + t_2\mathfrak{p}_2 + \cdots + t_n\mathfrak{p}_n \tag{5}$$

darstellen, so daß dabei

$$t_1 \geqq 0,\ t_2 \geqq 0, \ldots, t_n \geqq 0,\ t_1 + t_2 + \cdots + t_n = 1 \tag{6}$$

ist, einen Bereich, der die Eigenschaften 1a), 1b), 1c) eines konvexen Körpers besitzt, und den wir als den *konvexen Bezirk* $(\mathfrak{p}_1, \mathfrak{p}_2, \ldots, \mathfrak{p}_n)$ bezeichnen wollen. Der Bereich enthält die Punkte $\mathfrak{p}_1, \mathfrak{p}_2, \ldots, \mathfrak{p}_n$ und muß in jedem konvexen Körper, der diese Punkte sämtlich aufnimmt, stets vollständig enthalten sein.

Besitzt einer jener Punkte, z. B. $\mathfrak{p}_n$ außer der selbstverständlichen Darstellung $t_1 = 0, \ldots, t_{n-1} = 0,\ t_n = 1$ noch eine zweite Darstellung in der Form (5) und (6), wobei dann also $t_n < 1$ ist, so erweist sich dadurch $\mathfrak{p}_n$ bereits als Punkt des konvexen Bezirks $(\mathfrak{p}_1, \mathfrak{p}_2, \ldots, \mathfrak{p}_{n-1})$ und ist also der konvexe Bezirk $(\mathfrak{p}_1, \mathfrak{p}_2, \ldots, \mathfrak{p}_{n-1}, \mathfrak{p}_n)$ in dem konvexen Bezirke $(\mathfrak{p}_1, \mathfrak{p}_2, \ldots, \mathfrak{p}_{n-1})$ enthalten und daher mit letzterem Bezirke identisch. Indem wir in solcher Weise, soweit als möglich, die Anzahl der dem konvexen Bezirk zugrunde liegenden Punkte verringern, verbleiben schließlich gewisse Punkte jener Reihe, etwa $\mathfrak{p}_1, \mathfrak{p}_2, \ldots, \mathfrak{p}_m$ $(m \leqq n)$ derart, daß der konvexe Bezirk $(\mathfrak{p}_1, \mathfrak{p}_2, \ldots, \mathfrak{p}_n)$ noch mit $(\mathfrak{p}_1, \mathfrak{p}_2, \ldots, \mathfrak{p}_m)$ identisch ist, daß aber jeder dieser Punkte $\mathfrak{p}_1, \mathfrak{p}_2, \ldots, \mathfrak{p}_m$ in der Form

$t_1\mathfrak{p}_1 + t_2\mathfrak{p}_2 + \cdots + t_m\mathfrak{p}_m$ mit $t_1 \geqq 0,\ t_2 \geqq 0, \ldots, t_m \geqq 0,\ t_1 + t_2 + \cdots + t_m = 1$

und daher auch in der ursprünglich betrachteten Form (5) und (6) nur auf eine Weise darstellbar ist.

Diejenigen Punkte $\mathfrak{p}_h$ der Reihe $\mathfrak{p}_1, \mathfrak{p}_2, \ldots, \mathfrak{p}_n$, welche in der Form (5) und (6) nur so darzustellen sind, daß $t_h = 1$ und die anderen Größen $t_g\,(g \neq h)$ Null sind, heißen die *Eckpunkte* des konvexen Bezirks $(\mathfrak{p}_1, \mathfrak{p}_2, \ldots, \mathfrak{p}_n)$. Auf einer Geraden durch einen Eckpunkt $\mathfrak{p}_h$ können niemals zu beiden Seiten von $\mathfrak{p}_h$ Punkte des konvexen Bezirks liegen.

Liegen die Punkte $\mathfrak{p}_1, \mathfrak{p}_2, \ldots, \mathfrak{p}_n$ nicht sämtlich in einer Ebene, so ist der konvexe Bezirk $(\mathfrak{p}_1, \mathfrak{p}_2, \ldots, \mathfrak{p}_n)$ ein konvexer Körper und heißt ein (konvexes) *Polyeder*. — Wir bemerken, daß alsdann jeder Punkt $\mathfrak{p}$, der in der Form (5) und (6) mit lauter *positiven* Faktoren $t_1, t_2, \ldots, t_n$ erscheint, stets ein *innerer* Punkt des Polyeders ist. Denn bedeutet $\mathfrak{e}$ irgendeinen inneren Punkt des Polyeders, wobei nun nicht $\mathfrak{e} = \mathfrak{p}$ sei, so erscheinen die Punkte $(1+t)\mathfrak{p} - t\mathfrak{e}$ für hinreichend kleines positives t, d. s. also Punkte auf dem Strahle von $\mathfrak{e}$ durch $\mathfrak{p}$ über $\mathfrak{p}$ hinaus, ebenfalls noch in der Form (5) und (6), während diese Punkte nach § 1 außerhalb des Polyeders liegen müßten, wenn $\mathfrak{p}$ ein Punkt seiner Begrenzung wäre.

Liegen $\mathfrak{p}_1, \mathfrak{p}_2, \ldots, \mathfrak{p}_n$ sämtlich in einer Ebene, aber nicht sämtlich auf einer Geraden, so heißt der konvexe Bezirk $(\mathfrak{p}_1, \mathfrak{p}_2, \ldots, \mathfrak{p}_n)$ ein (konvexes) *Polygon*. Ein jeder Punkt $\mathfrak{p}$ der Form (5) und (6) mit lauter *positiven* Koeffizienten t_h ist dann stets ein *innerer* Punkt des Polygons in der Mannigfaltigkeit seiner Ebene, oder wie wir anstatt dessen lieber sagen wollen, da ein Polygon als eine Punktmenge im Raume überhaupt keinen inneren Punkt hat, ein *inwendiger* Punkt des Polygons.

Liegen $\mathfrak{p}_1, \mathfrak{p}_2, \ldots, \mathfrak{p}_n$ sämtlich auf einer Geraden, so reduziert sich der konvexe Bereich $(\mathfrak{p}_1, \mathfrak{p}_2, \ldots, \mathfrak{p}_n)$ auf eine *Strecke*, wofern er nicht bloß einen einzelnen *Punkt* vorstellt.

Ist

$$\alpha x + \beta y + \gamma z = d, \tag{7}$$

wobei $\alpha^2 + \beta^2 + \gamma^2 = 1$ statthabe, die Gleichung einer Ebene, so bezeichnen wir diejenigen Punkte x, y, z, für welche

$$\alpha x + \beta y + \gamma z > d$$

gilt, als auf der *Seite* (α, β, γ) dieser Ebene gelegen.

Es sei $\mathfrak{K}$ eine abgeschlossene Punktmenge; finden wir in (7) eine Ebene, welche wenigstens einen Punkt von $\mathfrak{K}$ enthält, aber auf der Seite (α, β, γ) von sich keinen Punkt von $\mathfrak{K}$ liegen hat, so daß also in $\mathfrak{K}$ durchweg

$$\alpha x + \beta y + \gamma z \leqq d \tag{8}$$

gilt, so bezeichnen wir eine solche Ebene als *Stützebene* an $\mathfrak{K}$, mit der (äußeren) *Normalen* (α, β, γ) und mit der *Bedingung* (8). Jeder Punkt von $\mathfrak{K}$ in der Stützebene gehört notwendig der Begrenzung von $\mathfrak{K}$ an.

Wir beweisen jetzt den folgenden Satz:

Für ein Polyeder kann man stets eine endliche Anzahl von Stützebenen angeben, derart, daß durch die Bedingungen dieser Stützebenen der Bereich des Polyeders vollständig charakterisiert ist.

Es sei $\mathfrak{P}$ ein Polyeder mit den Eckpunkten $\mathfrak{p}_1, \mathfrak{p}_2, \ldots, \mathfrak{p}_m$. Es sei $\mathfrak{e}$ irgendein innerer Punkt von $\mathfrak{P}$. Wir konstruieren jede Verbindungsstrecke $\mathfrak{p}_i\mathfrak{p}_j$ von zwei der Eckpunkte und jedesmal, wenn diese Strecke nicht $\mathfrak{e}$ enthält, die Ebene durch $\mathfrak{e}, \mathfrak{p}_i, \mathfrak{p}_j$. Es sei nun $\mathfrak{p}$ ein solcher Punkt der *Begrenzung* von $\mathfrak{P}$, der in keiner dieser Ebenen $\mathfrak{e}\mathfrak{p}_i\mathfrak{p}_j$ und daher gewiß auch auf keiner Strecke $\mathfrak{p}_i\mathfrak{p}_j$ liegt. Der Punkt $\mathfrak{p}$ erscheint irgendwie in einer Form

$$\mathfrak{p} = t_i\mathfrak{p}_i + t_j\mathfrak{p}_j + \cdots + t_l\mathfrak{p}_l,$$

so daß $i, j, \ldots, l$ Werte der Reihe $1, 2, \ldots, m$ und $t_i, t_j, \ldots, t_l$ sämtlich > 0 und dabei $t_i + t_j + \cdots + t_l = 1$ ist. Dabei können die Punkte nicht sämtlich auf einer Geraden liegen, da ja $\mathfrak{p}$ auf keiner Strecke $\mathfrak{p}_i\mathfrak{p}_j$ liegt; ihre Anzahl ist also $\geqq 3$. Andererseits aber müssen alle diese Punkte in einer Ebene liegen, denn sonst würde der konvexe Bezirk $(\mathfrak{p}_i, \mathfrak{p}_j, \ldots, \mathfrak{p}_l)$ ein Polyeder und nach einer oben gemachten Bemerkung $\mathfrak{p}$ ein innerer Punkt dieses Polyeders und daher um so mehr ein innerer Punkt von $\mathfrak{P}$ selbst sein. Also bildet der konvexe Bereich $(\mathfrak{p}_i, \mathfrak{p}_j, \ldots, \mathfrak{p}_l)$ ein *Polygon*, und ist $\mathfrak{p}$ nach einer zweiten Bemerkung oben ein *inwendiger* Punkt dieses Polygons.

Jetzt muß die Ebene dieses Polygons eine Stützebene an das Polyeder $\mathfrak{P}$ sein. Denn die Ebene enthält gewiß nicht $\mathfrak{e}$, von den Eckpunkten $\mathfrak{p}_1, \mathfrak{p}_2, \ldots, \mathfrak{p}_m$ befindet sich dann notwendig wenigstens einer, etwa $\mathfrak{p}_g$, auf derselben Seite dieser Ebene wie $\mathfrak{e}$. Hätte nun die Ebene auch auf der entgegengesetzten Seite einen Eckpunkt, etwa $\mathfrak{p}_h$ liegen, so würden die beiden konvexen Bezirke $(\mathfrak{p}_g, \mathfrak{p}_i, \mathfrak{p}_j, \ldots, \mathfrak{p}_l)$ und $(\mathfrak{p}_h, \mathfrak{p}_i, \mathfrak{p}_j, \ldots, \mathfrak{p}_l)$ (die *Pyramiden* mit jenem Polygon als Basis und $\mathfrak{p}_g$ bzw. $\mathfrak{p}_h$ als Spitze) durch diese Ebene getrennt sein, und $\mathfrak{p}$ würde als inwendiger Punkt ihrer gemeinsamen Basis ein innerer Punkt in dem aus den beiden Pyramiden zusammengesetzten Bereiche und um so mehr ein innerer Punkt in $\mathfrak{P}$ sein, was gegen die Voraussetzung wäre. Damit sind wir zunächst zu folgendem Ergebnisse gekommen:

Bestimmen wir alle Ebenen durch je drei nicht in einer Geraden gelegene der Eckpunkte $\mathfrak{p}_1, \mathfrak{p}_2, \ldots, \mathfrak{p}_m$, so haben wir in dieser endlichen Anzahl von Ebenen gewisse Stützebenen an $\mathfrak{P}$. Es seien

$$\alpha^{(\varkappa)}x + \beta^{(\varkappa)}y + \gamma^{(\varkappa)}z \leqq d^{(\varkappa)} \qquad (\varkappa = 1, 2, \ldots, \nu) \tag{9}$$

die Bedingungen dieser verschiedenen Stützebenen an $\mathfrak{P}$, so gehen diese Stützebenen jedenfalls durch jeden solchen Punkt $\mathfrak{p}$ der Begrenzung von $\mathfrak{P}$, der in keiner der Ebenen $\mathfrak{e}\mathfrak{p}_i\mathfrak{p}_j$ liegt. Nun können wir aber eine Richtung $(\alpha^*, \beta^*, \gamma^*)$, die in einer jener Ebenen $\mathfrak{e}\mathfrak{p}_i\mathfrak{p}_j$ auftritt, da die Anzahl der Ebenen endlich ist, jedenfalls als eine Häufungsstelle von solchen Richtungen (α, β, γ) darstellen, die nicht diesen Ebenen angehören, und danach ist weiter jeder solche Punkt $\mathfrak{p}^*$ der Begrenzung von $\mathfrak{P}$, für den $\mathfrak{e}\mathfrak{p}^*$ in eine der Ebenen $\mathfrak{e}\mathfrak{p}_i\mathfrak{p}_j$ fällt, eine Häufungsstelle von solchen Punkten $\mathfrak{p}$ der Begrenzung, für die $\mathfrak{e}\mathfrak{p}$ nicht in diese Ebenen fällt, welche also in den Ebenen (9) liegen. Die Ebenen (9) müssen deshalb überhaupt *jeden* Punkt der Begrenzung von $\mathfrak{P}$ aufnehmen.

Es gelten im ganzen Bereiche $\mathfrak{P}$ die Ungleichungen (9). Ist aber $\mathfrak{q}$ ein Punkt außerhalb $\mathfrak{P}$, so enthält die Strecke $\mathfrak{e}\mathfrak{q}$ einen Punkt $\mathfrak{p}$ der Begrenzung von $\mathfrak{P}$. Führt durch diesen Punkt $\mathfrak{p}$ etwa die $\varkappa^{\text{te}}$ der Stützebenen (9), so ist der Ausdruck

$$\alpha^{(\varkappa)}x + \beta^{(\varkappa)}y + \gamma^{(\varkappa)}z$$

für $\mathfrak{e}$ kleiner als $d^{(\varkappa)}$, für $\mathfrak{p}$ gleich $d^{(\varkappa)}$, für $\mathfrak{q}$ daher größer als $d^{(\varkappa)}$, also erfüllt $\mathfrak{q}$ nicht die Bedingungen (9). Danach ist der Bereich $\mathfrak{P}$ genau durch die Ungleichungen (9) charakterisiert.

In jeder der Ebenen (9) gehört zu $\mathfrak{P}$ ein gewisses Polygon, das wir als *Seitenfläche* von $\mathfrak{P}$ bezeichnen.

§ 5. Annäherung an einen konvexen Körper durch konvexe Polyeder.

Es sei wieder $\mathfrak{K}$ ein beliebiger konvexer Körper mit dem Nullpunkte $\mathfrak{o}$ im Inneren; es sei $f(x, y, z)$ seine Distanzfunktion und $\frac{1}{R}$ das Minimum, $\frac{1}{r}$ das Maximum von $f(\alpha, \beta, \gamma)$ auf der Kugelfläche $\alpha^2 + \beta^2 + \gamma^2 = 1$.

Es sei δ eine beliebige positive Größe, und konstruieren wir irgendein *Netz* $\mathfrak{N}$ von lauter kongruenten Würfeln mit der Kante δ und Seitenflächen parallel den Koordinatenebenen, die nur in den Seitenflächen aneinanderstoßen und den ganzen Raum lückenlos überdecken. Es seien U Würfel des Netzes vorhanden, welche überhaupt wenigstens einen Punkt des Körpers $\mathfrak{K}$ enthalten, und es sei $\mathfrak{U}$ der Bereich dieser Würfel, $\overline{\mathfrak{U}}$ der Bereich aller anderen Würfel des Netzes. Der ganze abgeschlossene Bereich $\overline{\mathfrak{U}}$ enthält keinen Punkt von $\mathfrak{K}$; die Bereiche $\mathfrak{U}$ und $\overline{\mathfrak{U}}$ aber haben ihre Begrenzung gemeinsam. Danach ist auf der Begrenzung von $\mathfrak{U}$ überall $f(x, y, z) > 1$ und enthält $\mathfrak{U}$ den Körper $\mathfrak{K}$ ganz im Inneren.

Denken wir uns die sämtlichen Punkte $\mathfrak{p}_1, \mathfrak{p}_2, \ldots, \mathfrak{p}_n$ aufgesucht, die als Eckpunkte der Würfel in $\mathfrak{U}$ auftreten und konstruieren wir das kleinste, alle diese Punkte enthaltende konvexe Polyeder $\mathfrak{P} = (\mathfrak{p}_1, \mathfrak{p}_2, \ldots, \mathfrak{p}_n)$, so wird dieses Polyeder $\mathfrak{P}$ gewiß alle Würfel aus $\mathfrak{U}$, also den ganzen Bereich $\mathfrak{U}$ enthalten, also ebenfalls den Körper $\mathfrak{K}$ ganz im Inneren enthalten.

Andererseits gibt es in jedem Würfel, der zum Bereiche $\mathfrak{U}$ beiträgt, wenigstens einen Punkt x, y, z von $\mathfrak{K}$, also wofür $f(x, y, z) \leqq 1$ ist, und dann gilt gemäß § 3, (3) und (4) in dem ganzen betreffenden Würfel von der Kante δ jedesmal $f(x, y, z) \leqq 1 + \frac{\sqrt{3}}{r}\delta$. Insbesondere gilt daher diese Relation für alle Punkte $\mathfrak{p}_1, \mathfrak{p}_2, \ldots, \mathfrak{p}_n$, und werden alle diese Punkte und mithin auch das ganze Polyeder $\mathfrak{P}$ vollständig in dem Körper $\left[1 + \frac{\sqrt{3}}{r}\delta\right]\mathfrak{K}$ enthalten sein, der durch Dilatation des Körpers $\mathfrak{K}$ vom Punkte $\mathfrak{o}$ aus im Verhältnisse $1 + \frac{\sqrt{3}}{r}\delta : 1$ entsteht. Dilatieren wir dann die Körper $\mathfrak{P}$ und $\left[1 + \frac{\sqrt{3}}{r}\delta\right]\mathfrak{K}$ vom Punkte $\mathfrak{o}$ aus in dem umgekehrten Verhältnisse $1 : 1 + \frac{\sqrt{3}}{r}\delta$, so erkennen wir, daß das Polyeder

$$\mathfrak{Q} = \frac{1}{1 + \frac{\sqrt{3}}{r}\delta}\,\mathfrak{P}$$

ganz im Körper $\mathfrak{K}$ enthalten ist. Wir kommen damit zu dem folgenden wichtigen Satze:

Ist $\mathfrak{K}$ ein beliebiger konvexer Körper mit dem Punkte $\mathfrak{o}$ im Inneren, so kann man stets zwei einander in bezug auf den Punkt $\mathfrak{o}$ homothetische (ähnliche und ähnlich gelegene) *Polyeder $\mathfrak{P}$ und $\mathfrak{Q}$ konstruieren, so daß $\mathfrak{K}$ ganz in $\mathfrak{P}$, andererseits $\mathfrak{Q}$ ganz in $\mathfrak{K}$ liegt und dabei das Dilatationsverhältnis zur Erzeugung von $\mathfrak{P}$ aus $\mathfrak{Q}$ beliebig wenig größer als 1 ist.*

§ 6. Stützebenen eines konvexen Körpers.

Wir knüpfen an das letzte Ergebnis noch eine wichtige Bemerkung. Nach der Definition einer Stützebene in § 4 haben wir unter einer *Stützebene an einen konvexen Körper* eine solche Ebene zu verstehen, welche wenigstens einen Punkt der Begrenzung des Körpers enthält, aber sein Inneres ganz auf einer Seite liegen hat. Wir können nun den Satz beweisen:

Durch jeden Punkt der Begrenzung eines konvexen Körpers geht wenigstens eine Stützebene an den Körper.

Durch § 4 ist dieser Satz bereits für Polyeder sichergestellt. Es sei nun $\mathfrak{K}$ ein beliebiger konvexer Körper mit $\mathfrak{o}$ im Inneren, und denken wir uns für ihn wie vorhin das Polyeder $\mathfrak{P}$ konstruiert. Es sei $\mathfrak{p}_0$ mit den

Koordinaten x_0, y_0, z_0 ein beliebiger Punkt auf der Begrenzung von $\mathfrak{K}$. Der Strahl von $\mathfrak{o}$ durch $\mathfrak{p}_0$ treffe die Begrenzung des Polyeders $\mathfrak{P}$ im Punkte $\mathfrak{p}$ und es sei

(10) $$ux + vy + wz \leqq 1$$

die Bedingung einer Stützebene durch $\mathfrak{p}$ an $\mathfrak{P}$, also etwa einer Seitenfläche von $\mathfrak{P}$, welche durch den Punkt $\mathfrak{p}$ geht.

Da $\mathfrak{P}$ den Körper $\mathfrak{K}$ enthält, gilt dann (10) für jeden beliebigen Punkt x, y, z in $\mathfrak{K}$. Da $\mathfrak{P}$ den Körper $\mathfrak{K}$ und dieser die Kugel vom Radius r mit $\mathfrak{o}$ als Mittelpunkt ganz enthält, andererseits $\mathfrak{P}$ in

$$\left[1 + \frac{\sqrt{3}}{r}\delta\right]\mathfrak{K}$$

und letzterer Körper in der Kugel vom Radius $\left[1 + \frac{\sqrt{3}}{r}\delta\right]R$ mit $\mathfrak{o}$ als Mittelpunkt enthalten ist, wird

(11) $$\frac{1}{r} \geqq \sqrt{u^2 + v^2 + w^2} \geqq \frac{1}{\left[1 + \frac{\sqrt{3}}{r}\delta\right]R}$$

sein. Insbesondere gilt (10) für den Punkt $\mathfrak{p}_0$; andererseits ist das Verhältnis der Längen $\mathfrak{op} : \mathfrak{op}_0 \leqq 1 + \frac{\sqrt{3}}{r}\delta$ und $\frac{\mathfrak{p}_0\mathfrak{p}}{\mathfrak{op}} \leqq \frac{\sqrt{3}}{r}\delta$, danach folgt

(12) $$0 \leqq 1 - (ux_0 + vy_0 + wz_0) \leqq \frac{\sqrt{3}}{r}\delta.$$

Denken wir uns nun für δ eine unendliche Reihe nach der Grenze Null konvergierender positiver Werte angenommen, und bestimmen jedesmal in der hier dargelegten Weise zum Punkte $\mathfrak{p}_0$ ein System u, v, w, so werden die betreffenden unendlich vielen Systeme u, v, w nach der ersten Ungleichung in (11) wenigstens eine Häufungsstelle u_0, v_0, w_0 besitzen müssen; dabei werden wegen der zweiten Ungleichung in (12) diese Werte $u_0, v_0, w_0 \neq 0, 0, 0$ sein. Dann gilt wegen (10) für jeden Punkt x, y, z in $\mathfrak{K}$ die Ungleichung

(13) $$u_0x + v_0y + w_0z \leqq 1,$$

und wegen (13) wird für den Punkt x_0, y_0, z_0 in dieser Ungleichung das Gleichheitszeichen gelten. Also stellt (13) in der Tat die Bedingung einer durch $\mathfrak{p}_0$ gehenden Stützebene an $\mathfrak{K}$ dar.

Bedeutet $\mathfrak{q}$ einen Punkt außerhalb $\mathfrak{K}$, so trifft die Strecke $\mathfrak{oq}$ die Begrenzung von $\mathfrak{K}$ in einem Punkte $\mathfrak{p}_0$, und wir können durch $\mathfrak{p}_0$ eine Stützebene an $\mathfrak{K}$ legen. Eine parallele Ebene dazu durch einen, von $\mathfrak{p}_0$ und $\mathfrak{q}$ verschiedenen Punkt der Strecke $\mathfrak{p}_0\mathfrak{q}$ hat dann $\mathfrak{q}$ auf einer Seite, den Körper $\mathfrak{K}$ ganz auf der anderen Seite von sich liegen.

Wir geben für die hier entwickelten Sätze noch einen anderen Beweis.

Es sei $\mathfrak{q}$ ein Punkt außerhalb $\mathfrak{K}$. Betrachten wir die Entfernung des Punktes $\mathfrak{q}$ von einem in $\mathfrak{K}$ beliebig variablen Punkte x, y, z, so besitzt diese stetige Funktion von x, y, z, da $\mathfrak{K}$ eine abgeschlossene Punktmenge vorstellt, in $\mathfrak{K}$ ein bestimmtes Minimum. Es sei dann $\mathfrak{r}$ ein Punkt aus $\mathfrak{K}$, für den dieses Minimum eintritt, so kann die Ebene durch $\mathfrak{r}$ senkrecht zur Strecke $\mathfrak{q}\mathfrak{r}$ keinen Punkt von $\mathfrak{K}$ auf derselben Seite wie $\mathfrak{q}$ liegen haben. Denn wäre $\mathfrak{s}$ ein Punkt von $\mathfrak{K}$ auf derselben Seite dieser Ebene wie $\mathfrak{q}$, so würde mit $\mathfrak{r}$ und $\mathfrak{s}$ die ganze Strecke $\mathfrak{r}\mathfrak{s}$ zu $\mathfrak{K}$ gehören; auf dieser Strecke aber befänden sich jedenfalls Punkte, deren Entfernung von $\mathfrak{q}$ kleiner als die des Punktes $\mathfrak{r}$ von $\mathfrak{q}$ wären. Die Ebene durch $\mathfrak{q}$ senkrecht auf $\mathfrak{q}\mathfrak{r}$ enthält nunmehr keinen Punkt von $\mathfrak{K}$.

Jetzt sei $\mathfrak{p}_0$ ein Punkt der Begrenzung von $\mathfrak{K}$. Wir nehmen wieder an, daß $\mathfrak{K}$ den Nullpunkt $\mathfrak{o}$ im Inneren enthalte. Wenn t ein Wert > 0 und < 1 ist, liegt dann der Körper $t\mathfrak{K}$ ganz im Inneren von $\mathfrak{K}$ und also $\mathfrak{p}_0$ stets außerhalb $t\mathfrak{K}$. Nach dem soeben Ausgeführten läßt sich infolgedessen eine Ebene durch $\mathfrak{p}_0$ legen, welche den Körper $t\mathfrak{K}$ ganz auf einer Seite läßt. Wir benutzen nun eine unendliche Reihe von wachsenden, nach der Grenze 1 konvergierenden Werten t, und stellen jedesmal in der angegebenen Weise dazu eine Ebene $ux + vy + wz = 1$ durch $\mathfrak{p}_0$ her; alsdann können wir ähnlich wie oben einsehen, daß die Wertsysteme u, v, w in den Gleichungen dieser Ebenen eine vom Systeme 0, 0, 0 verschiedene Häufungsstelle u_0, v_0, w_0 besitzen, die uns eine Stützebene durch $\mathfrak{p}_0$ an $\mathfrak{K}$ bestimmt.

Die letzten Betrachtungen führen uns noch zu folgendem Satze:

Sind $\mathfrak{K}$ und $\mathfrak{K}^*$ zwei verschiedene konvexe Körper, die keinen inneren Punkt miteinander gemein haben, so kann stets eine Ebene konstruiert werden, welche das Innere von $\mathfrak{K}$ ganz auf einer Seite, das Innere von $\mathfrak{K}^*$ ganz auf der anderen Seite liegen hat.

Nehmen wir zuerst den Fall an, daß $\mathfrak{K}$ und $\mathfrak{K}^*$ überhaupt keinen Punkt gemein haben. In der Mannigfaltigkeit aller möglichen Wertsysteme von sechs reellen Variablen x, y, z, x^*, y^*, z^* bilden diejenigen dieser Systeme, bei denen x, y, z einen Punkt aus $\mathfrak{K}$ und x^*, y^*, z^* einen Punkt aus $\mathfrak{K}^*$ bedeuten, offenbar eine abgeschlossene Menge, weil $\mathfrak{K}$ sowohl wie $\mathfrak{K}^*$ für sich abgeschlossene Punktmengen sind. Infolgedessen gibt es unter den sämtlichen Entfernungen von je einem Punkte aus $\mathfrak{K}$ nach je einem Punkte aus $\mathfrak{K}^*$ ein bestimmtes Minimum und es seien z. B. $\mathfrak{r}$ in $\mathfrak{K}$ und $\mathfrak{r}^*$ in $\mathfrak{K}^*$ zwei Punkte, welche dieses Minimum der Entfernung zwischen $\mathfrak{K}$ und $\mathfrak{K}^*$ darbieten. Alsdann zeigt sich, daß die zur Strecke $\mathfrak{r}\mathfrak{r}^*$ senkrechten Ebenen durch die Punkte dieser Strecke einen Parallelstreifen bilden, der das Innere von $\mathfrak{K}$ ganz auf einer Seite, das Innere von $\mathfrak{K}^*$ ganz auf der anderen Seite von sich liegen hat.

Haben jedoch $\mathfrak{K}$ und $\mathfrak{K}^*$ wenigstens einen Punkt ihrer Begrenzungen gemein, so wollen wir uns den Nullpunkt $\mathfrak{o}$ im Inneren von $\mathfrak{K}$ gelegen denken, ersetzen $\mathfrak{K}$ durch $t\mathfrak{K}$, wobei $t > 0$ und < 1 ist, und gelangen zum Beweise unseres Satzes, indem wir eine Reihe nach der Grenze 1 wachsender Werte t heranziehen.

§ 7. Volumen eines konvexen Körpers. Schwerpunkt.

Für die Begründung des Volumenbegriffs ist folgende Bemerkung wichtig: Ein Bereich sei so beschaffen, daß er sich in eine endliche Anzahl von rechtwinkligen Parallelepipeda mit Seitenflächen parallel den Koordinatenebenen, also Bereichen von der Art

$$x_0 \leqq x \leqq x_0 + a, \quad y_0 \leqq y \leqq y_0 + b, \quad z_0 \leqq z \leqq z_0 + c$$

zerschneiden läßt, und enthalte einen zweiten in derselben Art zu zerlegenden Bereich. Indem man alle Ebenen, in welchen Seitenflächen der beiden Reihen von Parallelepipeda liegen, ganz durch die beiden Bereiche hindurchführt, erkennt man leicht, daß die Summe $\sum abc$ über alle Produkte abc für die Parallelepipeda des ersteren Bereichs stets größer ist als die entsprechende Summe in bezug auf den zweiten Bereich.

Es sei jetzt $\mathfrak{K}$ ein beliebiger konvexer Körper. Indem wir eine Parallelverschiebung der Koordinatenachsen zulassen, denken wir uns den Anfangspunkt $\mathfrak{o}$ als inneren Punkt von $\mathfrak{K}$ und führen für $\mathfrak{K}$ die Funktion $f(x, y, z)$ und die Radien r und R wie in § 2 und § 3 ein. Es sei ε irgendeine positive Größe < 1, und betrachten wir irgendein den Raum erfüllendes Netz $\mathfrak{N}$ von Würfeln mit einer Kante δ und gleichzeitig ein zweites solches Netz $\mathfrak{N}'$ von Würfeln mit einer Kante δ', wobei δ wie δ' beide $< \frac{r}{\sqrt{3}}\varepsilon$ seien. Es bedeute U die Anzahl aller der Würfel des Netzes $\mathfrak{N}$, welche überhaupt wenigstens einen Punkt von $\mathfrak{K}$ enthalten, und A die Anzahl aller solchen Würfel aus $\mathfrak{N}$, welche mit allen ihren Punkten ganz ins Innere von $\mathfrak{K}$ fallen, ferner bedeute $\mathfrak{U}$ den Bereich jener U Würfel und falls $A > 0$ ist, $\mathfrak{A}$ den Bereich dieser A Würfel. Endlich mögen U', A', $\mathfrak{U}'$, $\mathfrak{A}'$ die entsprechenden Anzahlen und Bereiche in bezug auf das zweite Netz $\mathfrak{N}'$ vorstellen wie U, A, $\mathfrak{U}$, $\mathfrak{A}$ in bezug auf $\mathfrak{N}$.

Weil $\mathfrak{K}$ und daher auch $\mathfrak{A}$ ganz in dem Würfel $|x| \leqq R$, $|y| \leqq R$, $|z| \leqq R$ liegt, hat man nach der am Eingange dieses Paragraphen gemachten Bemerkung

(14) $$A\delta^3 \leqq 8R^3.$$

Weil $\mathfrak{K}$ und daher auch $\mathfrak{U}'$ den Würfel $|x| \leqq \frac{1}{\sqrt{3}} r$, $|y| \leqq \frac{1}{\sqrt{3}} r$, $|z| \leqq \frac{1}{\sqrt{3}} r$ ganz enthält, so gilt andererseits

$$(15) \qquad U'\delta'^3 \geqq \frac{8}{\sqrt{27}} r^3.$$

Da $\mathfrak{U}'$ den Körper $\mathfrak{K}$ und $\mathfrak{K}$ den Bereich $\mathfrak{A}$ ganz enthält, gilt

$$(16) \qquad U'\delta'^3 - A\delta^3 \geqq 0.$$

Ist $\mathfrak{p}(x, y, z)$ ein Punkt im Körper $(1-\varepsilon)\mathfrak{K}$, so gilt dafür $f(x, y, z) \leqq 1 - \varepsilon < 1 - \frac{\sqrt{3}}{r}\delta$; alsdann folgt für jeden solchen Punkt, welcher mit $\mathfrak{p}$ sich in einem und dem nämlichen Würfel von $\mathfrak{N}$ befindet, wenigstens (s. § 6) $f(x, y, z) < 1$. Danach muß jedenfalls der Körper $(1-\varepsilon)\mathfrak{K}$ mit allen seinen Punkten in den Bereich $\mathfrak{A}$ aufgenommen werden, und ist gewiß $A > 0$.

Jeder Würfel von $\mathfrak{U}'$ andererseits enthält wenigstens einen Punkt, wofür $f(x, y, z) \leqq 1$ ist, und gilt dann in dem ganzen Würfel für alle Punkte $f(x, y, z) \leqq 1 + \frac{\sqrt{3}}{r}\delta < 1 + \varepsilon$. Also liegt $\mathfrak{U}'$ ganz im Körper $(1+\varepsilon)\mathfrak{K}$.

Dilatiert man nun den Bereich $\mathfrak{A}$, welcher $(1-\varepsilon)\mathfrak{K}$ enthält, vom Nullpunkte $\mathfrak{o}$ aus in allen Richtungen im Verhältnisse $1+\varepsilon : 1-\varepsilon$, so entsteht ein Bereich, der den Körper $(1+\varepsilon)\mathfrak{K}$ und daher auch den Bereich $\mathfrak{U}'$ ganz in sich enthält. Danach ist auf Grund der am Anfange gemachten Bemerkung

$$\left(\frac{1+\varepsilon}{1-\varepsilon}\right)^3 A\delta^3 \geqq U'\delta'^3.$$

Hieraus und aus (16) und (14) entnehmen wir nunmehr

$$(17) \qquad 0 \leqq U'\delta'^3 - A\delta^3 \leqq 8R^3\left(\left(\frac{1+\varepsilon}{1-\varepsilon}\right)^3 - 1\right).$$

In dieser Relation können wir noch $U'\delta'^3$ mit $U\delta^3$ und andererseits $A\delta^3$ mit $A'\delta'^3$ vertauschen.

Diese Beziehung (17) zeigt uns, daß mit abnehmender Kante δ eines Würfelnetzes $\mathfrak{N}$ die daraus in bezug auf den Körper $\mathfrak{K}$ abgeleiteten Größen $A\delta^3$ und $U\delta^3$ nach einem bestimmten und beide nach dem nämlichen Grenzwerte V konvergieren; die Ungleichung (15) läßt noch erkennen, daß dieser Grenzwert V stets > 0 ist. Dieser Grenzwert heißt das *Volumen* des Körpers $\mathfrak{K}$.

Wir stellen sogleich noch die Existenz des *Schwerpunktes* eines konvexen Körpers fest. Bilden wir das Raumintegral

$$\iiint x\,dx\,dy\,dz,$$

zunächst erstreckt über die Bereiche $\mathfrak{U}'$ und $\mathfrak{A}$, so finden wir bestimmte Werte, die wir gleich

(18) $$U'\delta'^3 x_{\mathfrak{U}'} \quad \text{bzw.} \quad A\delta^3 x_{\mathfrak{A}}$$

setzen. Nun enthält der Integrationsbereich $\mathfrak{U}'$ ganz den Bereich $\mathfrak{A}$, in $\mathfrak{U}'$ gilt überdies stets $|x| \leqq (1+\varepsilon)R$. Danach ist der Betrag der Differenz dieser zwei Werte

$$|U'\delta'^3 x_{\mathfrak{U}'} - A\delta^3 x_{\mathfrak{A}}| \leqq (1+\varepsilon)R(U'\delta'^3 - A\delta^3).$$

Mit Rücksicht auf (17) geht daraus hervor, daß mit abnehmender Kante der Würfelnetze die Größen in (18) nach einer bestimmten Grenze konvergieren, die wir als das Raumintegral $\iiint x\,dx\,dy\,dz$ über $\mathfrak{K}$ bezeichnen und $= Vx_{\mathfrak{K}}$ schreiben, worin V das Volumen von $\mathfrak{K}$ bedeute. Durch analoge Behandlung der y- und z-Koordinaten in $\mathfrak{K}$ gelangen wir zu zwei entsprechenden Grenzwerten $y_{\mathfrak{K}}$ und $z_{\mathfrak{K}}$. Der Punkt, dessen Koordinaten $x_{\mathfrak{K}}, y_{\mathfrak{K}}, z_{\mathfrak{K}}$ sind, erweist sich sodann als unveränderlich bei Einführung anderer Parallelkoordinaten an Stelle von x, y, z; dieser Punkt heißt der *Schwerpunkt* des Körpers $\mathfrak{K}$.

Der Schwerpunkt eines konvexen Körpers ist stets ein innerer Punkt des Körpers.

Denn ist $\mathfrak{p}$ irgendein Punkt außerhalb oder auf der Begrenzung von $\mathfrak{K}$, so können wir nach § 6 eine Ebene durch $\mathfrak{p}$ legen, welche auf einer Seite keinen Punkt von $\mathfrak{K}$ liegen hat. Ist $Z = 0$ die Gleichung dieser Ebene und haben wir in $\mathfrak{K}$ stets $Z \geqq 0$, so gilt in $\mathfrak{A}$ stets $Z > 0$ und ist das Integral $\iiint Z\,dx\,dy\,dz$ über $\mathfrak{A}$ positiv und gewiß nicht größer als das entsprechende Integral über $\mathfrak{K}$. Dadurch stellt sich der Wert Z für den Schwerpunkt von $\mathfrak{K}$ als > 0 heraus, es kann mithin dieser Punkt niemals mit $\mathfrak{p}$ identisch sein.

II. Kapitel.

Die konvexen Körper als Ebenengebilde.

§ 8. Die Stützebenenfunktion eines konvexen Körpers mit dem Nullpunkte im Inneren.

Es sei zunächst $\mathfrak{K}$ wieder ein solcher konvexer Körper, welcher den Nullpunkt $\mathfrak{o}$ als inneren Punkt enthält. Sind u, v, w irgendwelche feste Werte, die nicht sämtlich Null sind, und denkt man sich x, y, z als Koordinaten eines Punktes in $\mathfrak{K}$ variabel, so besitzt der Ausdruck

(19) $$ux + vy + wz,$$

da $\mathfrak{K}$ eine abgeschlossene und ganz im Endlichen gelegene Punktmenge vorstellt, in $\mathfrak{K}$ einen bestimmten größten Wert. Wir bezeichnen dieses *Maximum* von (19) in $\mathfrak{K}$ mit $H(u, v, w)$. Alsdann gilt für alle Punkte x, y, z in $\mathfrak{K}$ stets

$$ux + vy + wz \leqq H(u, v, w), \tag{20}$$

und zugleich gibt es stets wenigstens einen solchen Punkt in $\mathfrak{K}$, für den in dieser Ungleichung das Gleichheitszeichen statthat, so daß (20) die Bedingung einer Stützebene an $\mathfrak{K}$ vorstellt. Da der Nullpunkt $\mathfrak{o}$ als innerer Punkt von $\mathfrak{K}$ nicht in dieser Ebene liegen kann, ist dann jedesmal $H(u, v, w) > 0$. — Für das System $u, v, w = 0, 0, 0$ verschwindet der Ausdruck (19) identisch und setzen wir demgemäß $H(0, 0, 0) = 0$.

Die hiermit definierte Funktion $H(u, v, w)$ nennen wir die *Stützebenenfunktion* des Körpers $\mathfrak{K}$. Diese Funktion ergibt in einfacher Weise die sämtlichen Stützebenen an den Körper $\mathfrak{K}$. Wir wollen eine nicht durch den Nullpunkt gehende Ebene, deren Gleichung

$$ux + vy + wz = 1$$

mit irgendwelchen Konstanten $u, v, w \neq 0, 0, 0$ lautet, kurz als die Ebene (u, v, w) bezeichnen. Zufolge (20) wird nun eine solche Ebene (u, v, w) den Körper $\mathfrak{K}$ nicht treffen und ihn ganz auf der Seite des Nullpunktes liegen haben, oder aber eine Stützebene an $\mathfrak{K}$ sein oder auch einen Teil von $\mathfrak{K}$ auf der dem Nullpunkte entgegengesetzten Seite liegen haben, je nachdem

$$H(u, v, w) < 1 \text{ oder } = 1 \text{ oder } > 1$$

ist. Die Gesamtheit aller Ebenen (u, v, w), welche den Körper $\mathfrak{K}$ nicht zerschneiden, wird danach durch die Bedingung $H(u, v, w) \leqq 1$ und die Gesamtheit aller Stützebenen an $\mathfrak{K}$ wird durch die Bedingung $H(u, v, w) = 1$ definiert.

Der Körper $\mathfrak{K}$ ist genau der Bereich aller derjenigen Punkte x, y, z, für welche bei jedem beliebigen Systeme u, v, w stets

$$ux + vy + wz \leqq H(u, v, w) \tag{20}$$

gilt.

Denn für jeden Punkt x, y, z aus $\mathfrak{K}$ bestehen diese sämtlichen Ungleichungen. Ist aber $\mathfrak{p}(x, y, z)$ ein Punkt außerhalb $\mathfrak{K}$, so gibt es auf der Strecke vom Nullpunkte $\mathfrak{o}$ nach $\mathfrak{p}$ einen Punkt $\mathfrak{p}_0$ der Begrenzung von $\mathfrak{K}$. Ist sodann (u_0, v_0, w_0) eine Stützebene durch $\mathfrak{p}_0$ an $\mathfrak{K}$, so gilt dabei $H(u_0, v_0, w_0) = 1$ und wird für $\mathfrak{p}$:

$$u_0 x + v_0 y + w_0 z > 1 = H(u_0, v_0, w_0); \tag{21}$$

es bestehen also für $\mathfrak{p}$ nicht sämtliche Ungleichungen (20).

Danach ist ein konvexer Körper $\mathfrak{K}$ mit dem Nullpunkte im Inneren *durch Angabe seiner Stützebenenfunktion $H(u, v, w)$ jedesmal völlig bestimmt.*

Die Funktion $H(u, v, w)$ besitzt die folgenden Eigenschaften:

1. Wenn $u, v, w \neq 0, 0, 0$ ist, gilt stets $H(u, v, w) > 0$. Ferner ist $H(0, 0, 0) = 0$.

2. Aus der Definition dieser Funktion ergibt sich unmittelbar:

$$H(tu, tv, tw) = tH(u, v, w), \quad \text{wenn } t > 0 \text{ ist.} \tag{22}$$

3. Für beliebige zwei Systeme u_1, v_1, w_1; u_2, v_2, w_2 gilt allgemein

$$H(u_1, v_1, w_1) + H(u_2, v_2, w_2) \geqq H(u_1 + u_2, v_1 + v_2, w_1 + w_2). \tag{23}$$

Denn nach (20) gilt für jeden Punkt x, y, z in $\mathfrak{K}$

$$u_1 x + v_1 y + w_1 z \leqq H(u_1, v_1, w_1), \quad u_2 x + v_2 y + w_2 z \leqq H(u_2, v_2, w_2),$$

also auch

$$(u_1 + u_2)x + (v_1 + v_2)y + (w_1 + w_2)z \leqq H(u_1, v_1, w_1) + H(u_2, v_2, w_2).$$

Es gibt aber andererseits wenigstens einen solchen Punkt x, y, z in $\mathfrak{K}$, für den die linke Seite der vorstehenden Ungleichung genau

$$= H(u_1 + u_2, v_1 + v_2, w_1 + w_2)$$

ausfällt, und dadurch folgt alsdann die Ungleichung (23).

Denken wir uns jetzt zu jeder Ebene (u, v, w), welche den Körper $\mathfrak{K}$ nicht zerschneidet, den Punkt mit den Koordinaten u, v, w, also den *Pol* der Ebene in bezug auf die Kugelfläche $\mathfrak{E}$:

$$x^2 + y^2 + z^2 = 1$$

konstruiert. Aus den Sätzen in § 3 erkennen wir alsdann nach diesen Eigenschaften von $H(u, v, w)$, daß die Gesamtheit aller dieser Pole u, v, w, unter Hinzunahme noch des Nullpunktes, also aller Punkte u, v, w mit der Bedingung $H(u, v, w) \leqq 1$ einen gewissen konvexen Körper $\mathfrak{H}$ mit dem Nullpunkt im Inneren erfüllt. Dieser Körper $\mathfrak{H}$ möge der *polare* Körper zu $\mathfrak{K}$ heißen.

Für einen beliebigen Punkt x, y, z aus $\mathfrak{K}$ und einen beliebigen Punkt u, v, w aus $\mathfrak{H}$ gilt nach (20) stets

$$ux + vy + wz \leqq 1. \tag{24}$$

Der Körper $\mathfrak{H}$ ist dem Obigen zufolge genau der Bereich aller derjenigen einzelnen Systeme u, v, w, für welche bei *jedem* Punkte x, y, z aus $\mathfrak{K}$ stets diese Ungleichung (24) gilt, und wird eben durch diese Eigenschaft aus $\mathfrak{K}$ abgeleitet.

Andererseits ist nun $\mathfrak{K}$ genau der Bereich aller einzelnen Punkte x, y, z, für welche bei *jedem* Systeme u, v, w aus $\mathfrak{H}$ die Ungleichung (24) besteht. Denn, wie wir bei (21) sahen, gibt es, wenn x, y, z ein Punkt *außerhalb* $\mathfrak{K}$ ist, stets ein solches System u, v, w, wofür $H(u, v, w) = 1$ ist und (24) *nicht* gilt. Danach erkennen wir, daß die Beziehung der beiden konvexen Körper $\mathfrak{K}$ und $\mathfrak{H}$ hier eine reziproke ist. *Der Körper* $\mathfrak{K}$

ist wieder der polare Körper zu $\mathfrak{H}$. Zugleich leuchtet jetzt aus den Sätzen in § 3 ein, daß eine jede Funktion $H(u, v, w)$, welche die Bedingungen 1., 2., 3. erfüllt, stets die Stützebenenfunktion eines bestimmten konvexen Körpers $\mathfrak{K}$ mit dem Nullpunkte im Inneren ist.

Wir fügen noch folgende Bemerkungen über diesen Begriff des polaren Körpers hinzu. Bezeichnet $\mathfrak{H}$ den polaren Körper zu $\mathfrak{K}$ und ist t ein positiver Wert, so ist der polare Körper zu $t\mathfrak{K}$ der Körper $\frac{1}{t}\mathfrak{H}$. Enthält $\mathfrak{K}$ einen anderen konvexen Körper $\mathfrak{K}^*$ mit $\mathfrak{o}$ im Inneren, so enthält umgekehrt der polare Körper $\mathfrak{H}^*$ zu $\mathfrak{K}^*$ den polaren Körper $\mathfrak{H}$ zu $\mathfrak{K}$. Endlich zeigen wir, *daß der polare Körper zu einem Polyeder mit* $\mathfrak{o}$ *im Inneren stets wieder ein Polyeder ist.*

Bedeutet $\mathfrak{K}$ ein Polyeder, so läßt sich nach dem Satze in § 4 der Bereich der Punkte x, y, z in $\mathfrak{K}$ bereits vollständig durch eine endliche Anzahl von Ungleichungen

$$(25) \qquad u^{(\varkappa)}x + v^{(\varkappa)}y + w^{(\varkappa)}z \leqq 1 \qquad (\varkappa = 1, 2, \ldots, \nu)$$

charakterisieren. Sowie eine Ungleichung $\alpha u + \beta v + \gamma w \leqq d$, wobei $\alpha^2 + \beta^2 + \gamma^2 = 1$ und $d > 0$ ist, für *alle* ν Systeme $u, v, w = u^{(\varkappa)}, v^{(\varkappa)}, w^{(\varkappa)}$ gilt, ist jedesmal $\frac{\alpha}{d}, \frac{\beta}{d}, \frac{\gamma}{d}$ ein Punkt in $\mathfrak{K}$. Es bedeute $\mathfrak{h}^{(\varkappa)}$ den Punkt mit den Koordinaten $u^{(\varkappa)}, v^{(\varkappa)}, w^{(\varkappa)}$ für $\varkappa = 1, 2, \ldots, \nu$. Zudem ist noch $\mathfrak{K}$ als Polyeder ganz im Endlichen gelegen, d. h. in einer gewissen Kugel $x^2 + y^2 + z^2 \leqq R^2$ enthalten. Danach kann es nun keine Ebene mit einer Distanz $< \frac{1}{R}$ von $\mathfrak{o}$ geben, welche alle die ν Punkte $\mathfrak{h}^{(\varkappa)}$ ganz auf einer Seite von sich liegen hat, d. h. der kleinste, alle diese Punkte enthaltende konvexe Bezirk $\mathfrak{H}^* = (\mathfrak{h}^{(1)}, \mathfrak{h}^{(2)}, \ldots, \mathfrak{h}^{(\nu)})$ enthält notwendig den Nullpunkt im Inneren und ist also ein Polyeder. Bedeutet jetzt $\mathfrak{H}$ den polaren Körper zu $\mathfrak{K}$, so enthält $\mathfrak{H}$ jeden der Punkte $\mathfrak{h}^{(\varkappa)}$ und also das ganze Polyeder $\mathfrak{H}^*$. Ist dann $\mathfrak{K}^*$ der zu $\mathfrak{H}^*$ polare Körper, so erfüllt jeder Punkt x, y, z dieses Körpers alle ν Ungleichungen (25), also ist $\mathfrak{K}^*$ ganz in $\mathfrak{K}$ enthalten und enthält daher umgekehrt $\mathfrak{H}^*$ den Körper $\mathfrak{H}$. Danach ist der polare Körper zu $\mathfrak{K}$ identisch mit dem Polyeder $(\mathfrak{h}^{(1)}, \mathfrak{h}^{(2)}, \ldots, \mathfrak{h}^{(\nu)})$.

§ 9. Kugeln, die in einem konvexen Körper enthalten sind. Homothetische Körper.

Zu jeder Richtung (α, β, γ) haben wir in

$$(26) \qquad \alpha x + \beta y + \gamma z \leqq H(\alpha, \beta, \gamma)$$

eine Stützebene an $\mathfrak{K}$ mit dieser Richtung als (äußerer) Normale, so daß also auf der Seite dieser Ebene, nach der jene Richtung weist, kein Punkt von $\mathfrak{K}$ liegt. Der senkrechte Abstand dieser Stützebene vom Nullpunkte ist $H(\alpha, \beta, \gamma)$.

Bilden wir gemäß § 2 die Distanzfunktion $f(x, y, z)$ des Körpers $\mathfrak{K}$ und wenden die Ungleichung (26) auf den Punkt der Begrenzung von $\mathfrak{K}$ an, der in der Richtung (α, β, γ) von $\mathfrak{o}$ aus liegt, so folgt

$$\frac{1}{f(\alpha, \beta, \gamma)} \leqq H(\alpha, \beta, \gamma).$$

Es sei $\mathfrak{K}^*$ ein zweiter konvexer Körper mit $\mathfrak{o}$ im Inneren und $H^*(u, v, w)$ die Stützebenenfunktion von $\mathfrak{K}^*$. *Ist der Körper* $\mathfrak{K}^*$ *ganz in* $\mathfrak{K}$ *enthalten, so gilt für jede Richtung* (α, β, γ) stets

$$(27) \qquad H^*(\alpha, \beta, \gamma) \leqq H(\alpha, \beta, \gamma),$$

und wegen der Regel 2. in § 8 dann überhaupt allgemein $H^*(u, v, w) \leqq H(u, v, w)$. *Umgekehrt, wenn* allgemein *die Ungleichungen* (27) *statthaben, so ist* nach (20) *der Körper* $\mathfrak{K}^*$ *ganz im Körper* $\mathfrak{K}$ *enthalten.*

Ist insbesondere $\mathfrak{K}$ ein Polyeder und gilt die Ungleichung (27) für diejenigen Richtungen (α, β, γ), welche die äußeren Normalen der Seitenflächen von $\mathfrak{K}$ abgeben, so ist nach § 4 bereits $\mathfrak{K}^*$ in $\mathfrak{K}$ enthalten und gilt also jene Ungleichung bereits für jede mögliche Richtung.

Für die Kugel $x^2 + y^2 + z^2 \leqq t^2$ $(t > 0)$ ist $H^*(\alpha, \beta, \gamma)$ konstant gleich dem Radius t. Es sei wie in § 3 r das Minimum, R das Maximum von $\frac{1}{f(\alpha, \beta, \gamma)}$ auf der Kugelfläche $\mathfrak{E}$, also r der Radius der größten in $\mathfrak{K}$ enthaltenen, R der Radius der kleinsten, $\mathfrak{K}$ enthaltenden Kugel mit dem Nullpunkte als Mittelpunkt. Alsdann gilt nach (27) für $\mathfrak{K}$ stets $r \leqq H(\alpha, \beta, \gamma)$ und $H(\alpha, \beta, \gamma) \leqq R$, aber, wenn t ein Wert $> r$ und $< R$ ist, weder stets $t \leqq H(\alpha, \beta, \gamma)$ noch stets $H(\alpha, \beta, \gamma) \leqq t$. Also bedeuten zugleich r das Minimum und R das Maximum von $H(\alpha, \beta, \gamma)$ auf der ganzen Kugelfläche $\alpha^2 + \beta^2 + \gamma^2 = 1$.

Sind a, b, c irgendwelche feste Werte, so stellt der Ausdruck

$$(28) \qquad H(\alpha, \beta, \gamma) - a\alpha - b\beta - c\gamma$$

den Abstand des Punktes a, b, c von der Stützebene an $\mathfrak{K}$ mit der Normale α, β, γ vor, und zwar, falls die Stützebene den Körper und den Punkt voneinander trennt, diesen Abstand noch mit negativem Vorzeichen versehen. Der Ausdruck (28) besitzt auf der Kugelfläche $\mathfrak{E}$ ein bestimmtes *Minimum*, das wir mit $r(a, b, c)$ bezeichnen. Dieses Minimum ist immer dann und nur dann noch positiv, wenn a, b, c ein *innerer* Punkt von $\mathfrak{K}$ ist, und in solchem Falle bedeutet $r(a, b, c)$ den Radius der größten Kugel mit a, b, c als Mittelpunkt, welche noch ganz im Körper $\mathfrak{K}$ enthalten ist. Weiter stellt der Wert $r(a, b, c)$ offenbar eine stetige Funktion der Argumente a, b, c vor und besitzt deshalb in dem abgeschlossenen Bereiche der Punkte des Körpers $\mathfrak{K}$ ein bestimmtes Maximum, das $r_{\max}$ heiße und alsdann zugleich das Maximum unter den Radien aller ganz in $\mathfrak{K}$ enthaltenen Kugeln bedeutet. Insbesondere ist daher $r(0, 0, 0) \leqq r_{\max}$. — Wir werden in der Folge (§ 23) beweisen, daß, wenn a, b, c speziell die Koordinaten des *Schwerpunktes* des Körpers $\mathfrak{K}$ bedeuten, jedenfalls $r(a, b, c) \geqq \frac{1}{2} r_{\max}$ ist.

Die zu einer Richtung (α, β, γ) entgegengesetzte Richtung hat als Kosinus ihrer Neigungswinkel gegen die Achsen $-\alpha, -\beta, -\gamma$. Die Stützebene an $\mathfrak{K}$ mit dieser Richtung $(-\alpha, -\beta, -\gamma)$ als (äußerer) Normale hat vom Nullpunkte den Abstand $H(-\alpha, -\beta, -\gamma)$ und $\mathfrak{K}$ befindet sich sodann ganz in dem von diesen zwei parallelen Stützebenen begrenzten Streifen

(29) $$-H(-\alpha, -\beta, -\gamma) \leqq \alpha x + \beta y + \gamma z \leqq H(\alpha, \beta, \gamma).$$

Der gegenseitige Abstand dieser zwei parallelen Stützebenen ist $H(\alpha, \beta, \gamma) + H(-\alpha, -\beta, -\gamma)$. Diese Größe heiße die *Breite* des Körpers $\mathfrak{K}$ in der Richtung α, β, γ (oder $-\alpha, -\beta, -\gamma$); sie ist jedenfalls stets $\geqq 2r_{\max}$.

Wir entwickeln hier noch ein in der Folge nützliches Kriterium zur Entscheidung, ob zwei gegebene konvexe Körper $\mathfrak{K}$ und $\mathfrak{K}'$ *homothetisch* sind (auseinander durch *Translation* und *Dilatation* hervorgehen) oder nicht. Wir können jeden der Körper durch eine bestimmte Translation so verschieben, daß sein Schwerpunkt in den Nullpunkt zu liegen kommt. Denken wir uns der Einfachheit wegen, daß solches für beide Körper von vornherein der Fall ist; sind die Körper homothetisch, so muß dann der eine Körper aus dem anderen durch eine Dilatation von dem gemeinsamen Schwerpunkte abzuleiten sein. Es seien nun $H(u, v, w)$ und $H'(u, v, w)$ die Stützebenenfunktionen, ferner V und V' die Volumina von $\mathfrak{K}$ und $\mathfrak{K}'$. Der Körper $\mathfrak{K}^* = \sqrt[3]{\frac{V}{V'}}\,\mathfrak{K}'$ hat dann dasselbe Volumen V wie $\mathfrak{K}$ und muß daher, wenn $\mathfrak{K}$ und $\mathfrak{K}'$ homothetisch sind, sich mit $\mathfrak{K}$ decken. Fallen jedoch $\mathfrak{K}^*$ und $\mathfrak{K}$ nicht zusammen, so kann auch nicht $\mathfrak{K}^*$ ganz in $\mathfrak{K}$ enthalten sein, da $\mathfrak{K}^*$ sonst ein kleineres Volumen wie $\mathfrak{K}$ besäße. Also muß es dann nach (27) wenigstens eine Richtung (α, β, γ) geben, wofür $\sqrt[3]{\frac{V}{V'}}\,H'(\alpha, \beta, \gamma) > H(\alpha, \beta, \gamma)$ ist.

Betrachten wir nun die Funktion

(30) $$\sqrt[3]{\frac{V}{V'}}\,\frac{H'(\alpha, \beta, \gamma)}{H(\alpha, \beta, \gamma)},$$

deren Nenner niemals verschwindet, so hat diese Funktion auf der Kugelfläche $\mathfrak{E}$ ein bestimmtes *Maximum*, das Q heiße. Alsdann gilt $Q = 1$ oder $Q > 1$, je nachdem $\mathfrak{K}$ und $\mathfrak{K}'$ homothetisch sind oder nicht.

Die Größe Q bedeutet zugleich den kleinsten Wert, wofür noch alle Ungleichungen

$$\sqrt[3]{\frac{V}{V'}}\,H'(\alpha, \beta, \gamma) \leqq QH(\alpha, \beta, \gamma)$$

bestehen und also der Körper $\mathfrak{K}^*$ noch im Körper $Q\mathfrak{K}$ enthalten ist. Für den Fall, daß $\mathfrak{K}$ ein Polyeder vorstellt, gilt nach einer oben gemachten Bemerkung diese Ungleichung für jede Richtung (α, β, γ), sowie sie für die (äußeren) Normalen der Seitenflächen von $\mathfrak{K}$ erfüllt ist, und wird daher der Maximumwert Q von (30) bereits bei einer dieser letzteren Richtungen, die in endlicher Anzahl vorhanden sind, zum Vorschein kommen.

Andererseits besitzt die Funktion (30) auf der Kugeloberfläche $\mathfrak{E}$ ein bestimmtes, noch positives *Minimum*, das q heiße, und wird dann $q = 1$ oder $q < 1$ sein, je nachdem $\mathfrak{K}$ und $\mathfrak{K}'$ homothetisch sind oder nicht. Die Größen $Q - 1$ und $1 - q$ sind also beide gleichzeitig $= 0$ oder > 0.

§ 10. Konvexe Körper in beliebiger Lage zum Nullpunkte.

Wir definieren jetzt die Stützebenenfunktion für einen konvexen Körper ohne Rücksicht auf dessen Lage zum Nullpunkte. Es sei $\mathfrak{K}$ ein beliebiger konvexer Körper und $\mathfrak{e}$ mit den Koordinaten $x = a$, $y = b$, $z = c$ ein beliebig angenommener Punkt im Inneren von $\mathfrak{K}$. Durch die Translation des Körpers $\mathfrak{K}$ vom Punkte a, b, c nach dem Nullpunkte $\mathfrak{o}$ erhalten wir einen konvexen Körper $\mathfrak{K}^*$ mit $\mathfrak{o}$ im Inneren; dieser besteht in der Menge der Punkte $x - a$, $y - b$, $z - c$, während x, y, z sich in $\mathfrak{K}$ bewegt. Es sei $H^*(u, v, w)$ die Stützebenenfunktion von $\mathfrak{K}^*$, so bedeutet $H^*(u, v, w)$ das Maximum von

$$u(x-a) + v(y-b) + w(z-c)$$

für die Punkte x, y, z in $\mathfrak{K}$. Das Maximum von $ux + vy + wz$ in $\mathfrak{K}$ wird dann durch den Ausdruck

$$H(u,v,w) = H^*(u,v,w) + au + bv + cw \tag{31}$$

dargestellt sein; dieses Maximum $H(u, v, w)$ bezeichnen wir wieder als die *Stützebenenfunktion* von $\mathfrak{K}$. Dabei erweist sich wieder $\mathfrak{K}$ genau als der Bereich derjenigen Punkte x, y, z, welche sämtlichen Ungleichungen

$$ux + vy + wz \leqq H(u,v,w) \tag{32}$$

für alle möglichen Werte u, v, w genügen, so daß die Stützebenenfunktion jedenfalls wieder den konvexen Körper $\mathfrak{K}$ vollständig bestimmt.

Nach der Regel 1. in § 8 war stets $H^*(u, v, w) > 0$, wenn $u, v, w \neq 0, 0, 0$ ist. Diese Ungleichung braucht nun nicht mehr stets für $H(u, v, w)$ zu gelten; wir finden jedoch aus (31):

$$H(u,v,w) + H(-u,-v,-w) = H^*(u,v,w) + H^*(-u,-v,-w)$$

und können danach folgende Eigenschaften behaupten:

1. Für die Funktion $H(u,v,w)$ gilt stets

(33) $$H(u,v,w)+H(-u,-v,-w)>0, \quad \text{wenn} \quad u,v,w \neq 0,0,0$$

ist. Außerdem ist $H(0,0,0)=0$.

Aus den Regeln 2. und 3. für $H^*(u,v,w)$ gemäß § 8, finden wir genau wie früher:

2. $H(tu,tv,tw)=tH(u,v,w)$, wenn $t>0$ ist.

3. $H(u_1,v_1,w_1)+H(u_2,v_2,w_2)\geqq H(u_1+u_2,v_1+v_2,w_1+w_2)$.

Wir beweisen jetzt umgekehrt den folgenden Satz:

Genügt eine Funktion $H(u,v,w)$ den vorstehenden Bedingungen 1., 2., 3., so ist sie jedesmal die Stützebenenfunktion eines bestimmten konvexen Körpers.

Wir haben zunächst festzustellen, daß unter der gemachten Voraussetzung stets drei Konstanten a, b, c auf solche Weise bestimmt werden können, daß die Funktion

$$H(u,v,w)-(au+bv+cw)=H^*(u,v,w)$$

für alle von 0, 0, 0 verschiedenen Systeme u, v, w stets >0 ausfällt. Alsdann wird nach den Resultaten in § 8 diese Funktion $H^*(u,v,w)$ die Stützebenenfunktion eines gewissen konvexen Körpers $\mathfrak{K}^*$ mit dem Nullpunkte im Inneren bilden, und $H(u,v,w)$ wird die Stützebenenfunktion desjenigen konvexen Körpers $\mathfrak{K}$ sein, der aus $\mathfrak{K}^*$ durch die Translation vom Nullpunkte nach dem Punkte a, b, c entsteht, dabei also den letzteren Punkt als inneren aufweist.

Gilt stets $H(u,v,w)>0$, wenn $u,v,w \neq 0,0,0$ sind, so brauchen wir nur $a=0, b=0, c=0$ zu nehmen.

Wir setzen jetzt voraus, es sei nicht für jedes System $u,v,w \neq 0,0,0$ stets $H(u,v,w)>0$, wir nehmen aber zunächst an, daß wenigstens stets $H(u,v,0)>0$ gelte, so oft $u,v\neq 0,0$ sind. Um den Gang des alsdann zu führenden Beweises vorauszusehen, bedenken wir, daß, wenn tatsächlich der durch die Ungleichungen (32) definierte Bereich ein konvexer Körper ist, die letzte Annahme darauf hinauskommen wird, daß die orthogonale Projektion dieses Körpers auf die xy-Ebene den Nullpunkt $x=0$, $y=0$ als inwendigen Punkt enthält. Alsdann steht zu erwarten, daß die z-Achse den Körper in einer Strecke $\mathfrak{c}'\mathfrak{c}''$ durchsetzt und jeder von den Endpunkten verschiedene Punkt dieser Strecke ein innerer Punkt des Körpers wird. Wir haben nun allein aus den Bedingungen 1., 2., 3. für die Funktion $H(u,v,w)$ abzuleiten, daß auf der z-Achse innere Punkte des Bereichs (32) vorhanden sind.

Wir setzen hiernach $a=0$, $b=0$ und haben alsdann eine Konstante c derart zu suchen, daß stets $H(u,v,w)-cw>0$ ist, wenn $w\neq 0$ ist. Ersetzen wir, wenn $w \neq 0$ ist, u, v durch uw, vw und beachten die Regel 1., so sollen also nach Voraussetzung *nicht* alle Ungleichungen $H(u,v,1) > 0$, $H(-u,-v,-1) > 0$ gelten, es existiere etwa ein System $-u^{(0)}, -v^{(0)}, -1$, wofür $H(-u^{(0)}, -v^{(0)}, -1) = -c^{(0)} \leqq 0$ ist. Verlangt wird, die Konstante c derart zu bestimmen, daß stets

$$H(u, v, 1) - c > 0, \quad H(-u, -v, -1) + c > 0 \tag{34}$$

ist.

Für die Funktion $H(u, v, 0)$ der zwei Argumente u, v haben wir $H(u, v, 0) > 0$, wenn $u, v \neq 0, 0$ sind, $H(0,0,0) = 0$, ferner entnehmen wir aus 2. und 3.:

$$H(tu, tv, 0) = tH(u, v, 0), \text{ wenn } t > 0 \text{ ist,}$$
$$H(u_1, v_1, 0) + H(u_2, v_2, 0) \geqq H(u_1 + u_2, v_1 + v_2, 0).$$

Durch entsprechende Überlegungen, wie sie in § 3 für die Funktion $f(x, y, z)$ angestellt wurden, erkennen wir hieraus, daß $H(u, v, 0)$ eine stetige Funktion von u, v ist, und schließen wir auf die Existenz zweier positiver Größen s und S derart, daß stets

$$\frac{1}{s}\sqrt{u^2+v^2} \geqq H(u,v,0) \geqq \frac{1}{S}\sqrt{u^2+v^2} \tag{35}$$

ist. Die Beziehungen

$$-H(-u_2, -v_2, 0) \leqq H(u_1+u_2, v_1+v_2, 1) - H(u_1, v_1, 1) \leqq H(u_2, v_2, 0)$$

und die erste Ungleichung in (35) zeigen uns, daß $H(u, v, 1)$ eine stetige Funktion der Argumente u, v ist, und analog erkennen wir $H(-u, -v, -1)$ als stetige Funktion von u, v.

Aus

$$H(u, v, 1) + H(-u^{(0)}, -v^{(0)}, -1) \geqq H(u - u^{(0)}, v - v^{(0)}, 0) \tag{36}$$

folgt, wenn $u, v \neq u^{(0)}, v^{(0)}$ ist, $H(u, v, 1) > c^{(0)}$. Für das System $u = u^{(0)}$, $v = v^{(0)}$ geht aus $H(u^{(0)}, v^{(0)}, 1) + H(-u^{(0)}, -v^{(0)}, -1) > 0$ nach Regel 1. die entsprechende Ungleichung hervor, so daß allgemein für jedes mögliche System u, v stets

$$H(u, v, 1) > c^{(0)} \tag{37}$$

gilt. Aus (36) unter Berücksichtigung der zweiten Ungleichung in (35) ergibt sich ferner, daß gewiß nur dann, wenn

$$\sqrt{(u-u^{(0)})^2 + (v-v^{(0)})^2} \leqq S(H(u^{(0)}, v^{(0)}, 1) + H(-u^{(0)}, -v^{(0)}, -1)) \tag{38}$$

gilt, der Wert $H(u, v, 1)$ sich $\leqq H(u^{(0)}, v^{(0)}, 1)$ erweisen kann. In dem durch diese Ungleichung (38) definierten abgeschlossenen Bereiche nun besitzt $H(u, v, 1)$ ein bestimmtes Minimum, dessen Wert c'' sei und das etwa für $u = u''$, $v = v''$ eintrete. Für jedes beliebige System u, v gilt dann

$$H(u, v, 1) \geqq c''. \tag{39}$$

Aus (37) folgt für $u = u''$, $v = v''$ insbesondere $c'' > c^{(0)}$.

Betrachten wir ferner die Funktion $H(-u, -v, -1)$; diese besitzt unter anderem den Wert $-c^{(0)}$, der $\leqq 0$ ist. Wegen

$$H(-u, -v, -1) + H(u^{(0)}, v^{(0)}, 1) \geqq H(-u + u^{(0)}, -v + v^{(0)}, 0)$$

kann sie Werte, die $\leqq H(-u^{(0)}, -v^{(0)}, -1)$ sind, jedenfalls nur wieder in dem durch (38) definierten Bereiche von Systemen u, v annehmen. In diesem abgeschlossenen Bereiche wird sie ein bestimmtes Minimum $-c'$ besitzen, wobei $c' \geqq c^{(0)} \geqq 0$ ist, und es sei $u = u'$, $v = v'$ ein solches System, für das $H(-u', -v', -1) = -c'$ ist. Für jedes mögliche System u, v gilt dann

$$H(-u, -v, -1) \geqq -c'. \tag{40}$$

Wir könnten nun an Stelle des Systems $u^{(0)}$, $v^{(0)}$ oben auch das System u', v' verwenden, und genau wie $c'' > c^{(0)}$ vorhin finden wir dann $c'' > c'$. Ist jetzt c irgendeine Konstante $> c'$ und $< c''$, so haben wir nach (39) und (40)

$$H(u, v, 1) > c \quad \text{und} \quad H(-u, -v, -1) > -c$$

und diese Konstante c entspricht daher den oben gestellten Anforderungen. —

Wir nehmen jetzt zweitens an, daß auch nicht durchweg $H(u, v, 0) > 0$ sei, wenn $u, v \neq 0, 0$ sind, daß aber wenigstens stets $H(u, 0, 0) > 0$ für ein $u \neq 0$ gelte, d. h. also daß $H(1, 0, 0)$ und $H(-1, 0, 0)$ beide > 0 seien. Alsdann können wir $a = 0$ setzen und durch eine entsprechende Überlegung für die Funktion $H(u, v, 0)$ von zwei Argumenten, wie wir sie soeben in bezug auf $H(u, v, w)$ anstellten, ermitteln wir eine Konstante b derart, daß $H(u, v, 0) - bv$ stets > 0 ist, wenn $v \neq 0$ ist. Damit bekommt die letztere Differenz den Charakter, den wir vorhin für $H(u, v, w)$ voraussetzten und wir können weiter c so wählen, daß noch

$$(H(u, v, w) - bv) - cw$$

stets > 0 ist, wenn $w \neq 0$ ist.

Sind endlich auch nicht $H(1, 0, 0)$ und $H(-1, 0, 0)$ beide positiv, so können wir a so wählen, daß $a < H(1, 0, 0)$ und $> -H(-1, 0, 0)$ ist. Damit wird $H(u, 0, 0) - au > 0$ für jedes $u \neq 0$, und wir können darauf wie soeben b und c nacheinander so bestimmen, daß

$$H(u, v, 0) - au - bv > 0$$

ist, sowie $v \neq 0$ ist, und endlich $H(u, v, w) - au - bv - cw > 0$, sowie $w \neq 0$ ist.

§ 11. Ovale. Konvexe Bezirke.

Eine Punktmenge, welche ganz in einer Ebene gelegen ist und welche dabei 1° mit einer beliebigen Geraden der Ebene sei es eine Strecke, sei es einen Punkt, sei es keinen Punkt gemein hat, 2^0 wenigstens drei nicht in einer Geraden gelegene Punkte aufweist, soll ein *Oval* heißen.*)

Wir können die Betrachtungen in §§ 1—10 über gewisse räumliche Gebilde sinngemäß auf die ebenen Ovale übertragen. Insbesondere zeigt sich (s. § 3), daß ein Oval stets ganz im Endlichen liegt, d. h. für die Koordinaten der sämtlichen Punkte in ihm obere und untere Grenzen existieren, stets abgeschlossen ist, ferner daß in der Ebene des Ovals durch jeden Punkt seiner *Berandung* (Begrenzung in der Mannigfaltigkeit der Ebene) wenigstens eine Gerade geht, welche nicht zu beiden Seiten von sich Punkte des Ovals liegen hat und die wir danach als eine *Stützgerade* an das Oval bezeichnen (s. § 6).

Eine Punktmenge, von welcher allein die Eigenschaft 1^0 der konvexen Körper feststeht, daß sie mit einer jeden Geraden sei es eine Strecke, sei es einen Punkt, sei es keinen Punkt gemein hat, bezeichnen wir schlechthin als einen konvexen *Bezirk*. Ein beliebiger konvexer Bezirk bedeutet entweder einen konvexen Körper oder ein Oval in einer Ebene oder eine geradlinige Strecke oder einen einzelnen Punkt. Jene Grundeigenschaft 1^0 der konvexen Bezirke ist nach § 3 gleichbedeutend mit dem Inbegriff der drei Eigenschaften:

1a) die Menge enthält mit irgend zwei Punkten stets auch die ganze dieselben verbindende Strecke;

1b) die Menge ist ganz im Endlichen gelegen;

1c) die Menge ist abgeschlossen.

Wir können jedem konvexen Bezirke $\mathfrak{K}$ eine *Stützebenenfunktion* $H(u, v, w)$ zuweisen; dabei definieren wir $H(u, v, w)$ bei beliebigen Argumenten u, v, w als das Maximum des Ausdrucks $ux + vy + wz$ in der Menge der Punkte x, y, z des Bezirks $\mathfrak{K}$. Dieser Bezirk $\mathfrak{K}$ ist sodann jedesmal durch die sämtlichen Ungleichungen

$$ux + vy + wz \leqq H(u, v, w) \tag{41}$$

völlig charakterisiert. Bei einem beliebigen konvexen Bereich $\mathfrak{K}$ haben wir für die Stützebenenfunktion $H(u, v, w)$ im allgemeinen die Regeln 1., 2., 3. wie in § 10 für einen konvexen Körper, nur müssen wir in der unter (33) aufgeführten Ungleichung noch das Zeichen = zulassen, wir können also nur die Bedingung

$$H(u, v, w) + H(-u, -v, -w) \geqq 0, \tag{42}$$

auch wenn $u, v, w \neq 0, 0, 0$ sind, behaupten. Diese Ungleichung (42) geht daraus hervor, daß das Minimum von $ux + vy + wz$ in $\mathfrak{K}$ gleich $-H(-u, -v, -w)$ ist. Andererseits gilt nun der Satz:

*) Diese Bezeichnung ist dem Aufsatze von Herrn Brunn „Über Ovale und Eiflächen" (Inaugural-Dissertation, München, 1887) entnommen.

Eine beliebige Funktion $H(u, v, w)$, welche allgemein die Bedingungen

1. $H(u, v, w) + H(-u, -v, -w) \geqq 0, \quad H(0, 0, 0) = 0,$
2. $H(tu, tv, tw) = tH(u, v, w)$, wenn $t > 0$ ist,
3. $H(u_1, v_1, w_1) + H(u_2, v_2, w_2) \geqq H(u_1 + u_2, v_1 + v_2, w_1 + w_2)$

erfüllt, ist jedesmal die Stützebenenfunktion eines bestimmten konvexen Bezirks.

In der Tat, gilt dabei in (42) stets das Zeichen $>$, wenn $u, v, w \neq 0, 0, 0$ sind, so ist nach § 10 dann $H(u, v, w)$ die Stützebenenfunktion eines bestimmten konvexen Körpers. Finden wir jedoch irgendein von $0, 0, 0$ verschiedenes System u^*, v^*, w^*, wofür die Gleichung

$$H(u^*, v^*, w^*) + H(-u^*, -v^*, -w^*) = 0$$

besteht, so zeigen die unter den Ungleichungen (41) enthaltenen zwei Bedingungen

$$-H(-u^*, -v^*, -w^*) \leqq u^*x + v^*y + w^*z \leqq H(u^*, v^*, w^*),$$

daß der durch diese Ungleichungen (41) definierte Bereich jedenfalls ganz in der Ebene

$$u^*x + v^*y + w^*z = H(u^*, v^*, w^*)$$

liegen muß. Wir denken uns nun eine solche Transformation der orthogonalen Koordinaten vorgenommen, daß in den neuen Koordinaten, für die wir wieder die alten Zeichen verwenden, diese Ebene die xy-Ebene wird, oder also, wir setzen $H(0, 0, 1) = -H(0, 0, -1) = 0$ voraus. Alsdann haben wir

$$0 = -H(0, 0, -w) \leqq H(u, v, w) - H(u, v, 0) \leqq H(0, 0, w) = 0,$$

mithin wird allgemein $H(u, v, w) = H(u, v, 0)$ und das System der Ungleichungen (41) kommt auf das System der Bedingungen

$$z = 0, \quad ux + vy \leqq H(u, v, 0) \tag{43}$$

hinaus. Ist sodann stets $H(u, v, 0) + H(-u, -v, 0) > 0$, wenn $u, v \neq 0, 0$ sind, so zeigen entsprechende Überlegungen wie in § 10, daß der hierdurch definierte Bereich ein Oval in der Ebene $z = 0$ mit der Stützebenenfunktion $H(u, v, w) = H(u, v, 0)$ ist.

Finden wir weiter noch ein System $u, v \neq 0, 0$, wofür die eben erwähnte Summe $= 0$ ist, so erkennen wir dagegen, daß der Bereich (43) ganz in einer Geraden der xy-Ebene liegt. Unter Zulassung einer Koordinatentransformation in der xy-Ebene nehmen wir an, es sei

$$H(0, 1, 0) = -H(0, -1, 0) = 0.$$

Dann folgt allgemein $H(u, v, 0) = H(u, 0, 0)$ und muß der durch (43) definierte Bereich in die x-Achse fallen. Er stellt eine Strecke auf der

x-Achse vor, wenn $H(1, 0, 0) + H(-1, 0, 0) > 0$ ist. Wenn endlich auch die letztere Summe $= 0$ ist, gilt durchgehends $H(u,v,w) + H(-u,-v,-w) = 0$ und reduziert sich der Bereich (43) auf einen einzigen Punkt.

Aus der Bedeutung der Stützebenenfunktion eines konvexen Bezirks entnehmen wir sofort die Tatsache:

Sind $\mathfrak{K}$ und $\mathfrak{K}^*$ zwei konvexe Bezirke mit den Stützebenenfunktionen H und H^*, so ist dann und nur dann $\mathfrak{K}$ in $\mathfrak{K}^*$ enthalten, wenn für jedes Wertsystem u, v, w stets

$$H(u, v, w) \leqq H^*(u, v, w) \tag{44}$$

gilt.

Wir erwähnen hier noch eine Methode, die dazu dient, mittels mehrerer konvexer Bezirke einen bestimmten weiteren solchen Bezirk zu definieren.

Sind $\mathfrak{K}_1, \mathfrak{K}_2, \ldots, \mathfrak{K}_m$ eine endliche Reihe von konvexen Bezirken mit den Stützebenenfunktionen $H_1, H_2, \ldots, H_m$ und bedeutet $H(u, v, w)$ bei beliebigen Argumenten u, v, w jedesmal das Maximum unter den Werten

$$H_1(u, v, w), \quad H_2(u, v, w), \quad \ldots, \quad H_m(u, v, w), \tag{45}$$

so bildet $H(u, v, w)$ stets wieder die Stützebenenfunktion eines gewissen konvexen Bezirks. Dieser neue Bezirk, den wir mit $(\mathfrak{K}_1, \mathfrak{K}_2, \ldots, \mathfrak{K}_m)$ bezeichnen wollen, enthält jeden der Bezirke $\mathfrak{K}_1, \mathfrak{K}_2, \ldots, \mathfrak{K}_m$ ganz in sich und ist selbst stets in jedem anderen konvexen Bezirke enthalten, der $\mathfrak{K}_1, \mathfrak{K}_2, \ldots, \mathfrak{K}_m$ sämtlich in sich aufnimmt.

In der Tat, aus den Regeln 1. und 2. für die m einzelnen Funktionen $H_1, H_2, \ldots, H_m$ gehen die entsprechenden Regeln für die Funktion $H(u, v, w)$ hervor. Bedeuten ferner u_1, v_1, w_1 und u_2, v_2, w_2 zwei beliebige Wertsysteme und ist j dann ein solcher Index aus der Reihe $1, 2, \ldots, m$, wobei $H_j(u_1 + u_2, v_1 + v_2, w_1 + w_2)$ möglichst groß ausfällt, so haben wir

$$\begin{aligned} H(u_1 + u_2, v_1 + v_2, w_1 + w_2) &= H_j(u_1 + u_2, v_1 + v_2, w_1 + w_2) \\ &\leqq H_j(u_1, v_1, w_1) + H_j(u_2, v_2, w_2) \leqq H(u_1, v_1, w_1) + H(u_2, v_2, w_2), \end{aligned}$$

also gilt auch die Regel 3. für $H(u, v, w)$ und diese Funktion ist die Stützebenenfunktion eines bestimmten konvexen Bezirks $\mathfrak{K}$. Da nun für $i = 1, 2, \ldots, m$ stets $H(u, v, w) \geqq H_i(u, v, w)$ ist, so enthält dieser Bezirk $\mathfrak{K}$ jeden der Bezirke $\mathfrak{K}_i$. Ist andererseits $\mathfrak{K}^*$ ein beliebiger konvexer Bezirk, der alle m Bezirke $\mathfrak{K}_i$ enthält, und H^* die Stützebenenfunktion von $\mathfrak{K}^*$, so muß bei jedem System u, v, w stets $H^*(u,v,w) \geqq H_i(u,v,w)$ für alle Indizes $i = 1, 2, \ldots, m$ und also $H^*(u, v, w) \geqq H(u, v, w)$ gelten. Danach enthält dann $\mathfrak{K}^*$ jedesmal den Bezirk $\mathfrak{K} = (\mathfrak{K}_1, \mathfrak{K}_2, \ldots, \mathfrak{K}_m)$.

Ein duales Analogon zu der eben dargelegten Tatsache haben wir in folgendem Satze:

Sind $\mathfrak{K}_1, \mathfrak{K}_2, \ldots, \mathfrak{K}_m$ eine Reihe von konvexen Körpern, von denen ein jeder den Nullpunkt im Inneren enthält, mit den Distanzfunktionen $f_1, f_2, \ldots, f_m$ und bedeutet $f(x, y, z)$ für ein beliebiges System x, y, z jedesmal das Maximum unter den m Werten

$$f_1(x, y, z),\quad f_2(x, y, z),\quad \ldots,\quad f_m(x, y, z),$$

so ist $f(x, y, z)$ wieder die Distanzfunktion eines bestimmten konvexen Körpers mit dem Nullpunkte im Inneren, und dieser neue konvexe Körper besteht genau aus allen denjenigen Punkten, die allen m Körpern $\mathfrak{K}_1, \mathfrak{K}_2, \ldots, \mathfrak{K}_m$ gemeinsam sind.

§ 12. Die extremen Punkte eines konvexen Bezirks.

Es sei $\mathfrak{K}$ mit der Stützebenenfunktion H ein beliebiger konvexer Bezirk (also ein konvexer Körper oder ein Oval oder eine Strecke oder ein Punkt). Wir bezeichnen einen Punkt $\mathfrak{p}$ in $\mathfrak{K}$ als einen *extremen Punkt* von $\mathfrak{K}$, wenn $\mathfrak{p}$ auf keine Weise als inwendiger Punkt einer ganz in $\mathfrak{K}$ enthaltenen Strecke erscheint, d. h. also wenn man nicht in $\mathfrak{K}$ zwei verschiedene Punkte $\mathfrak{p}_1, \mathfrak{p}_2$ und dazu einen Wert $t > 0$ und < 1 finden kann, so daß $\mathfrak{p} = (1-t)\mathfrak{p}_1 + t\mathfrak{p}_2$ gilt.

Wir erkennen sofort: Ein innerer Punkt eines konvexen Körpers, ein inwendiger Punkt eines Ovals in der Ebene des Ovals, weiter ein Punkt einer Strecke, der von ihren Endpunkten verschieden ist, bildet niemals einen extremen Punkt des betreffenden konvexen Bezirks.

Denken wir uns nun $\mathfrak{p}$ als einen extremen Punkt von $\mathfrak{K}$. Besitzt $\mathfrak{K}$ innere Punkte, d. h. ist $\mathfrak{K}$ ein konvexer Körper, so ist $\mathfrak{p}$ jedenfalls kein innerer Punkt von $\mathfrak{K}$. Von welcher Art also auch der konvexe Bezirk $\mathfrak{K}$ sein mag, so gehört $\mathfrak{p}$ jedenfalls der Begrenzung von $\mathfrak{K}$ an und können wir daher wenigstens eine Stützebene durch $\mathfrak{p}$ an $\mathfrak{K}$ konstruieren. Wir bezeichnen diese Stützebene mit $\{\mathfrak{F}\}$ und es sei (α, β, γ) ihre (äußere) Normale.

Sodann bedeute $\mathfrak{F}$ die gesamte Menge von Punkten, welche $\mathfrak{K}$ in dieser Ebene $\{\mathfrak{F}\}$ liegen hat und wozu insbesondere der Punkt $\mathfrak{p}$ gehört. Die Eigenschaft eines konvexen Bezirks überträgt sich von $\mathfrak{K}$ auf diesen ebenen Bezirk $\mathfrak{F}$, und wird $\mathfrak{F}$ entweder ein Oval oder eine Strecke oder einen einzelnen Punkt in der Ebene $\{\mathfrak{F}\}$ bedeuten.

Ist $\mathfrak{F}$ ein Oval, so kann $\mathfrak{p}$ kein inwendiger Punkt dieses Ovals sein, sondern muß notwendig seiner Berandung angehören. Von welcher Art nun auch der Bereich $\mathfrak{F}$ ist, so können wir daher in jedem Falle in der Ebene $\{\mathfrak{F}\}$ wenigstens eine Stützgerade durch $\mathfrak{p}$ an $\mathfrak{F}$ konstruieren. Wir bezeichnen diese Stützgerade mit $\{\mathfrak{L}\}$ und es sei $(\alpha', \beta', \gamma')$ ihre (äußere) Normale in der Ebene $\{\mathfrak{F}\}$.

Weiter bedeute $\mathfrak{L}$ die Menge der Punkte, welche $\mathfrak{F}$ in dieser Geraden $\{\mathfrak{L}\}$ liegen hat und wozu insbesondere der Punkt $\mathfrak{p}$ gehört. Die Eigenschaft eines konvexen Bezirks überträgt sich von $\mathfrak{F}$ weiter auf $\mathfrak{L}$ und wird daher $\mathfrak{L}$ entweder eine Strecke oder ein Punkt sein. Im ersteren Falle muß $\mathfrak{p}$ ein Endpunkt jener Strecke sein, im letzteren $\mathfrak{L}$ sich auf $\mathfrak{p}$ reduzieren. Es sei endlich $(\alpha'', \beta'', \gamma'')$ von den beiden Richtungen in der Geraden $\{\mathfrak{L}\}$ im ersteren Falle diejenige, welche vom Punkte $\mathfrak{p}$ aus von der Strecke $\{\mathfrak{L}\}$ fortführt, im zweiten Falle eine beliebige dieser zwei Richtungen. Die drei Richtungen (α, β, γ), $(\alpha', \beta', \gamma')$, $(\alpha'', \beta'', \gamma'')$ stehen aufeinander senkrecht, so daß zu jedem extremen Punkte von $\mathfrak{K}$ in der hier dargelegten Weise wenigstens eine orthogonale Substitution gehört.

Andererseits leuchtet ein, daß zu einer jeden beliebigen linearen Substitution, insbesondere zu einer orthogonalen Substitution

$$\text{(S)} \quad \xi = \alpha'' x + \beta'' y + \gamma'' z, \quad \eta = \alpha' x + \beta' y + \gamma' z, \quad \zeta = \alpha x + \beta y + \gamma z$$

stets ein bestimmter Punkt in $\mathfrak{K}$ gehört, der unter allen Punkten von $\mathfrak{K}$ zunächst einen möglichst großen Wert von ζ, nächstdem einen möglichst großen Wert von η und nächstdem einen möglichst großen Wert von ξ besitzt. Dieser Punkt $\mathfrak{p}$ ist dann jedesmal ein extremer Punkt von $\mathfrak{K}$. Denn gehörte $\mathfrak{p}$ einer Strecke $\mathfrak{p}_1\mathfrak{p}_2$ an, wobei $\mathfrak{p}_1$ und $\mathfrak{p}_2$ zwei von $\mathfrak{p}$ verschiedene Punkte aus $\mathfrak{K}$ wären, so kann zunächst ζ weder für $\mathfrak{p}_1$, noch für $\mathfrak{p}_2$ größer wie für $\mathfrak{p}$ sein und müßte daher für beide Punkte denselben Wert wie für $\mathfrak{p}$ haben, weiter müßte η und endlich auch ξ für $\mathfrak{p}_1$ und $\mathfrak{p}_2$ denselben Wert wie für $\mathfrak{p}$ haben, was unmöglich ist. Wir bezeichnen den in Frage kommenden Punkt $\mathfrak{p}$ als den zur Substitution (S) gehörenden extremen Punkt von $\mathfrak{K}$. Sehen wir nun zu, wie dieser zu (S) gehörende extreme Punkt von $\mathfrak{K}$ sich mittels der Stützebenenfunktion $H(u, v, w)$ des Bezirks $\mathfrak{K}$ charakterisieren läßt.

Indem wir uns von vornherein die orthogonale Koordinatentransformation (S) vorgenommen denken, können wir der Einfachheit wegen annehmen, es handle sich speziell um den extremen Punkt, der zu den ursprünglichen Koordinaten, d. h. der Substitution

$$(46) \qquad \xi = x, \quad \eta = y, \quad \zeta = z$$

gehört. Alsdann ist zunächst für (α, β, γ) die Richtung der positiven z-Achse einzuführen und also unter $\{\mathfrak{F}\}$ die Stützebene $z = H(0, 0, 1)$ an $\mathfrak{K}$ zu verstehen. Ermitteln wir nun den Bereich $\mathfrak{F}$ der Punkte von $\mathfrak{K}$ in dieser Ebene.

Nach den Ausführungen in § 8 und § 11 werden in dieser Ebene zu $\mathfrak{K}$ alle diejenigen Punkte x, y, z gehören, für deren Koordinaten x, y bei beliebigen Werten u, v, w stets

$$ux + vy \leqq H(u, v, w) - wH(0, 0, 1)$$

gilt. Wir setzen zur Abkürzung

(47) $$H(u, v, w) - wH(0, 0, 1) = H'(u, v, w);$$

diese Funktion H' genügt dann ebenso wie H den Bedingungen 1., 2., 3. in § 11. Dabei wird $H'(0, 0, 1) = 0$, $H'(0, 0, -1) \geqq 0$, also allgemein

$$H'(0, 0, t) = 0, \quad H'(0, 0, -t) \geqq 0,$$

wenn $t > 0$ ist. Aus

$$H'(u, v, w_0) + H'(0, 0, w - w_0) \geqq H'(u, v, w)$$

geht nunmehr, wenn $w > w_0$ ist, stets $H'(u, v, w_0) \geqq H'(u, v, w)$ hervor. Danach nimmt die Funktion $H'(u, v, w)$ mit wachsendem w bei festen u, v niemals zu. Andererseits ist stets

$$H'(u, v, w) + H'(-u, -v, 0) \geqq H'(0, 0, w) \geqq 0,$$
$$H'(u, v, w) \geqq -H'(-u, -v, 0),$$

so daß $H'(u, v, w)$ bei festen Werten u, v nicht unter eine bestimmte Grenze sinken kann. Mithin wird die Funktion $H'(u, v, w)$ bei festen Werten u, v für ein unbegrenzt wachsendes w, ohne jemals zuzunehmen, nach einer endlichen unteren Grenze konvergieren (die sie auch schon von einem endlichen Werte w an erreichen kann); diese Grenze $H'(u, v, +\infty)$ wollen wir schlechthin mit $H'(u, v)$ bezeichnen. Aus den Eigenschaften der Funktion $H'(u, v, w)$ gehen folgende Umstände für die Funktion $H'(u, v)$ hervor:

1. $H'(u, v) + H'(-u, -v) \geqq 0, \quad H'(0, 0) = 0;$
2. $H'(tu, tv) = tH'(u, v)$, wenn $t > 0$ ist;
3. $H'(u_1, v_1) + H'(u_2, v_2) \geqq H'(u_1 + u_2, v_1 + v_2).$

Die Punkte x, y, z des Bezirks $\mathfrak{F}$ sind nun völlig charakterisiert durch $z = H(0, 0, 1)$ und die Ungleichungen

(48) $$ux + vy \leqq H'(u, v)$$

für alle möglichen Wertsysteme u, v.

Weiter ist für $(\alpha', \beta', \gamma')$ die Richtung der positiven y-Achse einzuführen und unter $\{\mathfrak{L}\}$ die Stützgerade $y = H'(0, 1)$ an $\mathfrak{F}$ in der Ebene $\{\mathfrak{F}\}$ zu verstehen. Durch analoge Betrachtungen, wie sie soeben angestellt wurden, erkennen wir, daß die Funktion

(49) $$H'(u, v) - vH'(0, 1) = H''(u, v)$$

bei festem Werte u für ein unbegrenzt wachsendes v, ohne jemals zuzunehmen, nach einer endlichen unteren Grenze $H''(u, +\infty)$ konvergiert, die wir einfach mit $H''(u)$ bezeichnen. Alsdann gilt

$$H''(0) = 0; \quad H''(tu) = tH''(u), \text{ wenn } t > 0 \text{ ist}; \quad H''(1) + H''(-1) \geqq 0;$$

und finden wir den Bereich $\mathfrak{L}$ der Punkte von $\mathfrak{F}$ in der Geraden $\{\mathfrak{L}\}$ durch

(50) $z = H(0,0,1), \quad y = H'(0,1), \quad -H''(-1) \leqq x \leqq H''(1)$

bestimmt.

Endlich soll noch $(\alpha'', \beta'', \gamma'')$ die Richtung der positiven x-Achse bedeuten und ist der zur Substitution (46) gehörende extreme Punkt $\mathfrak{p}$ von $\mathfrak{K}$ völlig charakterisiert durch die Koordinatenwerte

(51) $z = H(0,0,1), \quad y = H'(0,1), \quad x = H''(1).$

Zu jedem konvexen Bezirk $\mathfrak{K}$ gehören in der hier dargelegten Weise gewisse Bezirke $\mathfrak{F}$ und $\mathfrak{L}$ in Ebenen und Geraden und gewisse extreme Punkte $\mathfrak{p}$. Der Bezirk $\mathfrak{K}$ besteht alsdann 1) aus seinen inneren Punkten, falls $\mathfrak{K}$ ein konvexer Körper ist, 2) aus den inwendigen Punkten der Bezirke $\mathfrak{F}$, soweit diese Ovale sind, 3) aus den inwendigen Punkten der Bezirke $\mathfrak{L}$, soweit diese Strecken sind, endlich 4) aus den extremen Punkten $\mathfrak{p}$.

Ist $\mathfrak{K}$ ein konvexer Körper, $\mathfrak{p}$ ein beliebiger extremer Punkt von $\mathfrak{K}$, so finden wir die inneren Punkte von $\mathfrak{K}$ auf den Strecken von $\mathfrak{p}$ nach den anderen Punkten der Begrenzung von $\mathfrak{K}$ gelegen. Ist $\mathfrak{F}$ ein Oval, $\mathfrak{p}$ ein beliebiger extremer Punkt von $\mathfrak{F}$, so liegen die inwendigen Punkte von $\mathfrak{F}$ auf den Strecken von $\mathfrak{p}$ nach den anderen Punkten der Berandung von $\mathfrak{F}$. Ist $\mathfrak{L}$ eine Strecke, so sind die Endpunkte ihre extremen Punkte.

Überblicken wir diese Tatsachen, so erkennen wir, daß in einem konvexen Bezirk $\mathfrak{K}$ ein beliebiger Punkt stets entweder selbst ein extremer Punkt von $\mathfrak{K}$ ist oder einer Strecke oder einem Dreieck oder einem Tetraeder angehört, deren zwei, drei, vier Eckpunkte lauter extreme Punkte von $\mathfrak{K}$ sind.

Ein konvexer Bezirk $\mathfrak{K}$ ist auf diese Weise durch die Gesamtheit seiner extremen Punkte völlig bestimmt als der kleinste konvexe Bezirk, der alle diese Punkte aufnimmt. *Ein konvexer Bezirk mit einer endlichen Anzahl von extremen Punkten* stellt danach gemäß den Definitionen in § 4 stets entweder ein Polyeder oder ein Polygon oder eine Strecke oder einen Punkt vor. Umgekehrt sind bei den eben genannten Bereichen nach einer Bemerkung in § 4 allein die Eckpunkte extreme Punkte und also die extremen Punkte in der Tat jedesmal nur in endlicher Anzahl vorhanden.

Wir beweisen noch den folgenden Satz:

Ist $\mathfrak{K}$ ein konvexer Körper mit dem Nullpunkte $\mathfrak{o}$ im Inneren und ε eine beliebige positive Größe, so können wir stets ein Polyeder $\mathfrak{Q}$ bestimmen, dessen Ecken sämtlich extreme Punkte von $\mathfrak{K}$ sind, welches daher ganz in $\mathfrak{K}$ enthalten ist, und so daß andererseits das Polyeder $(1+\varepsilon)\mathfrak{Q}$ den Körper $\mathfrak{K}$ ganz enthält.

In der Tat, wir bestimmen zunächst nach § 5 ein Polyeder $\mathfrak{Q}^*$ irgendwie so, daß $\mathfrak{Q}^*$ in $\mathfrak{K}$ und $\mathfrak{K}$ in $(1+\varepsilon)\mathfrak{Q}^*$ enthalten ist. Jeden einzelnen Eckpunkt $\mathfrak{q}^*$ von $\mathfrak{Q}^*$ können wir, wenn er nicht selbst ein extremer Punkt ist, als Punkt einer Strecke oder eines Dreiecks oder eines Tetraeders darstellen, deren zwei, drei, vier Eckpunkte extreme Punkte von $\mathfrak{K}$ sind. Es bedeute sodann $\mathfrak{Q}$ den kleinsten konvexen Bezirk, welcher sämtliche verschiedenen hierbei herangezogenen extremen Punkte von $\mathfrak{K}$ in sich aufnimmt, so stellt dieser Bezirk $\mathfrak{Q}$, der natürlich nicht ganz in eine Ebene fällt, ein Polyeder mit diesen extremen Punkten von $\mathfrak{K}$ als Eckpunkten vor. Dabei enthält nun $\mathfrak{Q}$ jeden Eckpunkt von $\mathfrak{Q}^*$ und also das ganze Polyeder $\mathfrak{Q}^*$ und wird daher $(1+\varepsilon)\mathfrak{Q}$ das Polyeder $(1+\varepsilon)\mathfrak{Q}^*$ und somit den Körper $\mathfrak{K}$ enthalten. Das Polyeder $\mathfrak{Q}$ entspricht danach allen in dem obigen Satze gestellten Anforderungen.

§ 13. Projektionsraum eines konvexen Körpers von einem Punkte seiner Begrenzung. Extreme Stützebenen.

Wir haben jetzt einige Bemerkungen über das Verhalten eines konvexen Körpers in der Umgebung eines Punktes seiner Begrenzung anzuschließen. Es sei $\mathfrak{K}$ ein konvexer Körper mit der Stützebenenfunktion $H(u, v, w)$ und $\mathfrak{p}$ mit den Koordinaten x_0, y_0, z_0 ein beliebiger Punkt seiner Begrenzung. Wir denken uns jeden Strahl von $\mathfrak{p}$ aus konstruiert, der durch innere Punkte von $\mathfrak{K}$ geht. Die gesamte Menge der Punkte auf allen diesen Strahlen, mit Ausschluß des Punktes $\mathfrak{p}$ selbst, werde mit $\mathfrak{R}'$ bezeichnet. Da um jeden inneren Punkt von $\mathfrak{K}$ eine Kugel, aus lauter inneren Punkten von $\mathfrak{K}$ bestehend, konstruiert werden kann, besitzt die Menge $\mathfrak{R}'$ offenbar nur innere Punkte und enthält also keinen Punkt ihrer Begrenzung. Es sei sodann $\mathfrak{R}$ diejenige abgeschlossene Menge, welche aus $\mathfrak{R}'$ und der ganzen Begrenzung von $\mathfrak{R}'$ besteht; diese Menge $\mathfrak{R}$ nennen wir den *Projektionsraum* des Körpers $\mathfrak{K}$ von $\mathfrak{p}$ aus. Wir denken uns ferner um $\mathfrak{p}$ als Mittelpunkt eine Kugel vom Radius 1 konstruiert, und das Gebiet P, welches $\mathfrak{R}$ mit dieser Kugel gemein hat, heiße der *Projektionssektor* des Körpers $\mathfrak{K}$ von $\mathfrak{p}$ aus.

Sind $\mathfrak{r}_1'$ und $\mathfrak{r}_2'$ zwei Punkte aus $\mathfrak{R}'$ auf zwei verschiedenen Strahlen von $\mathfrak{p}$ aus, so können wir auf diesen Strahlen irgend zwei innere Punkte $\mathfrak{q}_1$ und $\mathfrak{q}_2$ von $\mathfrak{K}$ angeben. Jeder Punkt der Strecke $\mathfrak{q}_1\mathfrak{q}_2$ ist dann ebenfalls ein innerer Punkt von $\mathfrak{K}$ und gehört dadurch jeder Punkt der Strecke $\mathfrak{r}_1'\mathfrak{r}_2'$ wieder zu $\mathfrak{R}'$. Die Menge $\mathfrak{R}'$ besitzt also die Eigenschaft 1a) eines konvexen Bezirks.

Zu jedem Punkte $\mathfrak{r}$ von $\mathfrak{R}$ gibt es, wenn er nicht zu $\mathfrak{R}'$ gehört, in beliebig kleiner Entfernung von ihm Punkte $\mathfrak{r}'$ aus $\mathfrak{R}'$. Sind $\mathfrak{r}_1$, $\mathfrak{r}_2$ zwei

Punkte aus $\mathfrak{R}$, so wird man daher zwei Punkte $\mathfrak{r}_1'$, $\mathfrak{r}_2'$ aus $\mathfrak{R}'$ angeben können, so daß die Entfernungen $\mathfrak{r}_1\mathfrak{r}_1'$, $\mathfrak{r}_2\mathfrak{r}_2'$ unterhalb einer beliebig kleinen Größe liegen, und da die Strecke $\mathfrak{r}_1'\mathfrak{r}_2'$ ganz zu $\mathfrak{R}'$ gehört, existiert also auch zu jedem Punkte der Strecke $\mathfrak{r}_1\mathfrak{r}_2$ in beliebiger Umgebung ein Punkt von $\mathfrak{R}'$, ist also jeder Punkt dieser Strecke ein Punkt von $\mathfrak{R}'$ oder doch eine Häufungsstelle von $\mathfrak{R}'$, mithin stets in $\mathfrak{R}$ enthalten. Es besitzt also auch die Menge $\mathfrak{R}$ die Eigenschaft 1a) eines konvexen Bezirks; dabei besteht $\mathfrak{R}$ aus lauter Strahlen von $\mathfrak{p}$ aus. Der Raum $\mathfrak{R}$ besitzt weiter die Eigenschaft 1c) eines konvexen Bezirks, abgeschlossen zu sein, und enthält den ganzen Körper $\mathfrak{K}$, da jeder Punkt der Begrenzung von $\mathfrak{K}$ eine Häufungsstelle von inneren Punkten von $\mathfrak{K}$ ist.

Die Menge $\mathfrak{R}'$ besteht nun genau aus allen inneren Punkten von $\mathfrak{R}$. Denn ist $\mathfrak{r}$ irgendein innerer Punkt von $\mathfrak{R}$, so können wir vier nicht in einer Ebene gelegene Punkte $\mathfrak{r}_1$, $\mathfrak{r}_2$, $\mathfrak{r}_3$, $\mathfrak{r}_4$ aus $\mathfrak{R}$ so wählen, daß $\mathfrak{r}$ im Inneren des Tetraeders $(\mathfrak{r}_1, \mathfrak{r}_2, \mathfrak{r}_3, \mathfrak{r}_4)$ liegt. Weiter können wir in beliebiger Nähe von jedem dieser Punkte einen Punkt aus $\mathfrak{R}'$ finden und daher auch vier Punkte $\mathfrak{r}_1'$, $\mathfrak{r}_2'$, $\mathfrak{r}_3'$, $\mathfrak{r}_4'$ aus $\mathfrak{R}'$ wählen, so daß $\mathfrak{r}$ dem Bezirke $(\mathfrak{r}_1', \mathfrak{r}_2', \mathfrak{r}_3', \mathfrak{r}_4')$ angehört; alsdann aber gehört nach dem vorhin Auseinandergesetzten $\mathfrak{r}$ selbst zu $\mathfrak{R}'$. Andererseits kann $\mathfrak{R}'$, wie wir bereits gesehen haben, keinen Punkt der Begrenzung von $\mathfrak{R}$ enthalten.

Die Eigenschaften 1a), 1c), 2) eines konvexen Körpers übertragen sich von dem Projektionsraume $\mathfrak{R}$ sofort auf den Projektionssektor P; dieser besitzt schließlich noch die Eigenschaft 1b) eines konvexen Bezirks, ganz im Endlichen zu liegen, und stellt somit in der Tat einen konvexen Körper vor. Nach § 8 ist nun ein konvexer Körper völlig bestimmt durch die Bedingungen seiner Stützebenen, und zwar geht aus den Ausführungen bei (21) dort hervor, daß zur Charakterisierung des Körpers nicht durchaus seine sämtlichen Stützebenen erforderlich sind, sondern daß dazu bereits die Bedingungen jeder solchen Menge unter den Stützebenen völlig hinreichen, welche für sich schon die Eigenschaft hat, jeden einzelnen Punkt der Begrenzung von $\mathfrak{K}$ aufzunehmen. Nun baut sich der Projektionssektor P aus lauter Radien der Kugel

$$(x - x_0)^2 + (y - y_0)^2 + (z - z_0)^2 \leqq 1 \tag{52}$$

auf. Durch jeden Endpunkt eines solchen Radius geht eine Tangentialebene dieser Kugel, welche zugleich eine Stützebene an P bildet. Ist aber $\mathfrak{r}$ ein Zwischenpunkt eines solchen Radius und gehört der Begrenzung von P an, so kann eine Stützebene durch $\mathfrak{r}$ an P nicht Punkte dieses Radius trennen und muß also durch $\mathfrak{p}$ gehen, ist somit eine Stützebene durch $\mathfrak{p}$ an P und dann weiter auch an $\mathfrak{R}$ und endlich an $\mathfrak{K}$ selbst. Andererseits hat jede Stützebene durch $\mathfrak{p}$ an $\mathfrak{K}$ den Raum $\mathfrak{R}'$ ganz auf einer Seite liegen und ist daher zugleich auch Stützebene durch $\mathfrak{p}$ an $\mathfrak{R}$ und an P.

Hiernach wird nun der Projektionssektor P bereits völlig charakterisiert sein durch die Ungleichung (52), welche die Bedingungen aller Stützebenen an diese Kugel zusammenfaßt, und zudem durch die Bedingungen aller Stützebenen

(53) $$\alpha x + \beta y + \gamma z \leqq H(\alpha, \beta, \gamma)$$

an $\mathfrak{K}$, welche durch $\mathfrak{p}$ gehen, also die Beziehung

(54) $$\alpha x_0 + \beta y_0 + \gamma z_0 = H(\alpha, \beta, \gamma)$$

erfüllen. Nach der Art, wie der Projektionsraum $\mathfrak{R}$ und der Projektionssektor P sich gegenseitig bestimmen, wird dann der Projektionsraum $\mathfrak{R}$ schon allein durch die letzteren Bedingungen (53), (54), also durch die Bedingungen der sämtlichen vorhandenen Stützebenen durch $\mathfrak{p}$ an $\mathfrak{K}$ charakterisiert sein. Die Menge $\mathfrak{R}'$ endlich bildet, wie wir sahen, das ganze Innere des Raumes $\mathfrak{R}$. —

Wir nennen zwei Richtungen unabhängig, wenn sie weder identisch noch einander entgegengesetzt sind, drei Richtungen unabhängig, wenn sie nicht sämtlich einer einzigen Ebene angehören. Wir bezeichnen einen Punkt $\mathfrak{p}$ der Begrenzung von $\mathfrak{K}$ als einen *Flächenpunkt* von $\mathfrak{K}$, wenn durch $\mathfrak{p}$ nur eine einzige Stützebene an $\mathfrak{K}$ geht, als einen *Kantenpunkt* von $\mathfrak{K}$, wenn durch $\mathfrak{p}$ mehrere Stützebenen an $\mathfrak{K}$ gehen, aber deren Normalenrichtungen sämtlich einer Ebene angehören, als einen *Eckpunkt* von $\mathfrak{K}$, wenn durch $\mathfrak{p}$ sich drei solche Stützebenen an $\mathfrak{K}$ legen lassen, deren Normalen nicht sämtlich einer einzigen Ebene angehören.

Gilt in $\mathfrak{K}$ durchweg $\varphi \leqq 0$, wobei $\varphi = 0$ die Gleichung einer Ebene, aber nicht durchaus einer Stützebene an $\mathfrak{K}$ vorstellt, so wollen wir den durch $\varphi \leqq 0$ bestimmten Bereich als einen *Halbraum um* $\mathfrak{K}$ bezeichnen. Sind in diesem Sinne $\varphi_1 \leqq 0$, $\varphi_2 \leqq 0$ zwei Halbräume um $\mathfrak{K}$ und sind c_1, c_2 zwei positive Konstante, so gilt in $\mathfrak{K}$ auch stets $\varphi = c_1\varphi_1 + c_2\varphi_2 \leqq 0$ und stellt also diese Bedingung $\varphi \leqq 0$ jedesmal wieder einen Halbraum um $\mathfrak{K}$ dar. Wir bezeichnen nun einen Halbraum $\varphi \leqq 0$ um $\mathfrak{K}$ als einen *extremen* Halbraum um $\mathfrak{K}$, wenn es nicht möglich ist, zwei *verschiedene* Halbräume $\varphi_1 \leqq 0$, $\varphi_2 \leqq 0$ um $\mathfrak{K}$ und zwei positive Konstanten c_1, c_2 so zu wählen, daß $\varphi = c_1\varphi_1 + c_2\varphi_2$ ist.

Wir denken uns jetzt der Einfachheit wegen den Anfangspunkt $\mathfrak{o}$ der Koordinaten im Inneren von $\mathfrak{K}$ gelegen, um gemäß § 8 den polaren Körper $\mathfrak{H}$ von $\mathfrak{K}$ einzuführen. Es gilt dann stets $H(u, v, w) > 0$, wenn $u, v, w \neq 0, 0, 0$ sind. Die Bedingung eines jeden den Nullpunkt im Inneren einschließenden Halbraumes können wir in die Form

(55) $$\psi = ux + xy + wz - 1 \leqq 0$$

setzen, und ein solcher „Halbraum (u, v, w)“ enthält den ganzen Körper $\mathfrak{K}$, jedesmal dann, wenn $H(u, v, w) \leqq 1$ ist. Andererseits besteht der polare Körper $\mathfrak{H}$ aus allen Punkten mit Koordinaten u, v, w, wobei $H(u, v, w) \leqq 1$ ist, und entsprechen jetzt die extremen Halbräume (u, v, w) um $\mathfrak{K}$ offenbar genau den extremen Punkten (u, v, w) des Körpers $\mathfrak{H}$. Da letztere Punkte notwendig der Begrenzung von $\mathfrak{H}$ angehören, also für sie stets $H(u, v, w) = 1$ ist, sehen wir zunächst, daß die Bedingung eines extremen Halbraumes um $\mathfrak{K}$ jedenfalls zugleich die Bedingung einer *Stützebene* an $\mathfrak{K}$ vorstellt; die bezüglichen Stützebenen bezeichnen wir als *extreme* Stützebenen an $\mathfrak{K}$.

Dem Punkte $\mathfrak{p}(x_0, y_0, z_0)$ auf der Begrenzung von $\mathfrak{K}$ entspricht dualistisch die Stützebene

$$x_0 u + y_0 v + z_0 w - 1 \leqq 0 \tag{56}$$

an $\mathfrak{H}$. Die Menge der Punkte von $\mathfrak{H}$ in dieser Ebene wollen wir mit $\mathfrak{D}(\mathfrak{p})$ bezeichnen; jeder Stützebene durch $\mathfrak{p}$ an $\mathfrak{K}$ mit einer Bedingung $u_0 x + v_0 y + w_0 z - 1 \leqq 0$ entspricht in $\mathfrak{D}(\mathfrak{p})$ ein Punkt (u_0, v_0, w_0). Je nachdem nun $\mathfrak{p}$ ein Flächen-, Kanten-, Eckpunkt von $\mathfrak{K}$ ist, wird $\mathfrak{D}(\mathfrak{p})$ einen einzelnen Punkt oder eine Strecke oder ein Oval vorstellen. Auf Grund der oben abgeleiteten Resultate erkennen wir nun die folgenden Umstände.

Ist zunächst $\mathfrak{p}$ ein *Flächenpunkt* von $\mathfrak{K}$ und $\psi \leqq 0$ die Bedingung der einzigen alsdann vorhandenen Stützebene durch $\mathfrak{p}$ an $\mathfrak{K}$, so wird der Projektionsraum $\mathfrak{R}$ des Körpers $\mathfrak{K}$ von $\mathfrak{p}$ aus der ganze *Halbraum* $\psi \leqq 0$.

Ist zweitens $\mathfrak{p}$ ein *Kantenpunkt* von $\mathfrak{K}$, so gibt es zwei extreme Stützebenen durch $\mathfrak{p}$ an $\mathfrak{K}$, deren Bedingungen $\psi_1 \leqq 0$, $\psi_2 \leqq 0$ seien, und diese haben dann die Bedingung jeder anderen durch $\mathfrak{p}$ an $\mathfrak{K}$ vorhandenen Stützebene in einer Form $(1-t)\psi_1 + t\psi_2 \leqq 0$, $0 < t < 1$ zur Folge. Der Projektionsraum $\mathfrak{R}$ des Körpers $\mathfrak{K}$ von $\mathfrak{p}$ aus wird hier der durch die beiden Ungleichungen $\psi_1 \leqq 0$, $\psi_2 \leqq 0$ dargestellte *Keil*.

Wir schalten jetzt eine Bemerkung in bezug auf die ebenen Figuren ein. Wir können die hier für den Raum und konvexe Körper eingeführten Begriffe sinngemäß auf die Ebene und Ovale übertragen. Ist $\mathfrak{S}$ ein ebenes Oval, $\mathfrak{s}$ ein Punkt seiner Berandung, so nennen wir $\mathfrak{s}$ einen *Linienpunkt* oder einen *Eckpunkt* von $\mathfrak{S}$, je nachdem in der Ebene von $\mathfrak{S}$ durch $\mathfrak{s}$ nur eine oder mehrere Stützgeraden an $\mathfrak{S}$ gehen. Wir bilden sodann in der gehörigen Weise die Begriffe der extremen Halbebene um $\mathfrak{S}$ und der extremen Stützgeraden an $\mathfrak{S}$ und erkennen: Im Falle eines Linienpunktes $\mathfrak{s}$ ist die einzige Stützgerade durch $\mathfrak{s}$ an $\mathfrak{S}$ eine extreme Stützgerade an $\mathfrak{S}$, im Falle eines Eckpunktes $\mathfrak{s}$ gibt es zwei verschiedene extreme Stützgeraden durch $\mathfrak{s}$ an $\mathfrak{S}$, aus welchen dann die Bedingungen aller übrigen Stützgeraden der „Eckstützgeraden“ durch $\mathfrak{s}$ an $\mathfrak{S}$ folgen.

Jetzt nehmen wir drittens $\mathfrak{p}$ als einen *Eckpunkt* von $\mathfrak{K}$ an, wobei dann $\mathfrak{D}(\mathfrak{p})$ ein Oval vorstellt. Diejenigen Stützebenen durch $\mathfrak{p}$ an $\mathfrak{K}$, welche den *inwendigen* Punkten dieses Ovals entsprechen, bezeichnen wir als *Eckstützebenen* durch $\mathfrak{p}$ an $\mathfrak{K}$. Zu jedem inwendigen Punkte $\mathfrak{d}$ von $\mathfrak{D}(\mathfrak{p})$ können wir drei nicht in gerader Linie gelegene Punkte $\mathfrak{d}_1, \mathfrak{d}_2, \mathfrak{d}_3$ in $\mathfrak{D}(\mathfrak{p})$ derart annehmen, daß $\mathfrak{d}$ im Inneren des Dreiecks $(\mathfrak{d}_1, \mathfrak{d}_2, \mathfrak{d}_3)$ liegt. Die charakteristische Eigenschaft einer Eckstützebene durch $\mathfrak{p}$ an $\mathfrak{K}$ ist danach die, daß man ihre Bedingung in eine Form

(57) $$\varphi = c_1\varphi_1 + c_2\varphi_2 + c_3\varphi_3 \leqq 0$$

setzen kann, so daß $\varphi_1 \leqq 0$, $\varphi_2 \leqq 0$, $\varphi_3 \leqq 0$ die Bedingungen dreier Stützebenen durch $\mathfrak{p}$ an $\mathfrak{K}$ mit *unabhängigen* Normalenrichtungen und c_1, c_2, c_3 positive Konstanten sind.

Es bedeute in dieser Weise (57) eine Eckstützebene durch $\mathfrak{p}$ an $\mathfrak{K}$. Alsdann sind $\varphi_1, \varphi_2, \varphi_3$ drei unabhängige homogene lineare Ausdrücke in $x - x_0$, $y - y_0$, $z - z_0$, so daß umgekehrt letztere Differenzen durch φ_1, φ_2, φ_3 ausgedrückt werden können. Im Projektionsraume $\mathfrak{R}$ des Körpers $\mathfrak{K}$ von $\mathfrak{p}$ aus gilt jedenfalls

(58) $$\varphi_1 \leqq 0, \quad \varphi_2 \leqq 0, \quad \varphi_3 \leqq 0.$$

Fordern wir gleichzeitig $\varphi = 0$, so muß wegen (57) notwendig $\varphi_1 = 0$, $\varphi_2 = 0$, $\varphi_3 = 0$ gelten. Die Ebene $\varphi = 0$ enthält also vom Raume $\mathfrak{R}$ allein den Punkt $\mathfrak{p}$, während im übrigen in $\mathfrak{R}$ stets $\varphi < 0$ ist. Bezeichnen wir den Schnitt von $\mathfrak{R}$ mit der Ebene $\varphi = -1$ mit $\mathfrak{S}$, so gilt wegen (57) und (58) in $\mathfrak{S}$:

(59) $$-\frac{1}{c_1} \leqq \varphi_1 \leqq 0, \quad -\frac{1}{c_2} \leqq \varphi_2 \leqq 0, \quad -\frac{1}{c_3} \leqq \varphi_3 \leqq 0,$$

und danach bestehen auch für die Beträge von $x - x_0$, $y - y_0$, $z - z_0$ bei den Punkten in $\mathfrak{S}$ obere Grenzen. Der Bereich $\mathfrak{S}$ ist also ganz im Endlichen gelegen; der Raum $\mathfrak{R}$ ist dann der Kegel aller Strahlen von $\mathfrak{p}$ durch die Punkte von $\mathfrak{S}$, und enthält gewiß drei nicht in gerader Linie gelegene Punkte. Von $\mathfrak{R}$ übernimmt $\mathfrak{S}$ ferner die Eigenschaften 1a) und 1c) eines konvexen Bezirks und stellt nun $\mathfrak{S}$ ein *Oval* in der Ebene $\varphi = -1$ vor.

Als Stützebenen durch $\mathfrak{p}$ an $\mathfrak{R}$ oder an $\mathfrak{K}$ haben wir dann außer der Ebene $\varphi = 0$ jede Ebene durch $\mathfrak{p}$, welche die Ebene $\varphi = -1$ in einer solchen Geraden schneidet, die das Oval $\mathfrak{S}$ überhaupt nicht trifft oder eine Stützgerade an $\mathfrak{S}$ ist. Aus den entsprechenden Tatsachen über die Stützgeraden eines Ovals entnehmen wir, daß eine Stützebene durch $\mathfrak{p}$ an $\mathfrak{K}$ dann und nur dann eine *extreme* Stützebene an $\mathfrak{K}$ ist, wenn sie durch eine extreme Stützgerade an $\mathfrak{S}$ in $\varphi = -1$ führt. Ferner erkennen wir als die Eckstützebenen durch $\mathfrak{p}$ an $\mathfrak{K}$ diejenigen Ebenen durch $\mathfrak{p}$, welche $\mathfrak{S}$ überhaupt nicht treffen. Ist $\mathfrak{q}$ ein von $\mathfrak{p}$ verschiedener Punkt, der weder in $\mathfrak{R}$ noch in dem zu $\mathfrak{R}$ in bezug auf $\mathfrak{p}$ symmetrischen Kegel liegt, so gehen durch die Gerade $\mathfrak{pq}$ offenbar noch unendlich viele dieser Eckstützebenen.

Der Projektionssektor P wird nun im Falle eines Flächenpunktes eine Halbkugel, im Falle eines Kantenpunktes ein Keilsektor, im Falle eines Eckpunktes ein Kegelsektor.

Nach dem am Schlusse von § 12 bewiesenen Satze können wir, wenn ε eine beliebige positive Größe bedeutet, stets zum Körper $\mathfrak{H}$ ein Polyeder $\mathfrak{P}$ bestimmen, dessen Ecken lauter extreme Punkte von $\mathfrak{H}$ sind und so daß $(1+\varepsilon)\mathfrak{P}$ den Körper $\mathfrak{H}$ ganz enthält. Dabei ist der Nullpunkt $\mathfrak{o}$ ein innerer Punkt von $(1+\varepsilon)\mathfrak{P}$ und also auch von $\mathfrak{P}$. Es bedeute $\mathfrak{Q}$ den zu $\mathfrak{P}$ polaren Körper, so ist nunmehr $\mathfrak{Q}$ ein Polyeder, bei welchem die Ebenen der einzelnen Seitenflächen lauter extreme Stützebenen an $\mathfrak{K}$ sind, und enthält $\mathfrak{Q}$ den Körper $\mathfrak{K}$. Andererseits wird der zu $(1+\varepsilon)\mathfrak{P}$ polare Körper das Polyeder $\frac{1}{1+\varepsilon}\mathfrak{Q}$ sein und ganz in $\mathfrak{K}$ enthalten sein. Wir gelangen damit zu folgendem Satze:

Ist $\mathfrak{K}$ ein konvexer Körper mit dem Nullpunkte im Inneren und ε eine beliebige positive Größe, so können wir stets ein Polyeder $\mathfrak{Q}$ bestimmen, bei welchem die Ebenen der Seitenflächen lauter extreme Stützebenen an $\mathfrak{K}$ sind und so daß andererseits $\mathfrak{Q}$ ganz in $(1+\varepsilon)\mathfrak{K}$ enthalten ist.

§ 14. Tangentialebenen.

Es sei $\mathfrak{K}$ ein konvexer Körper und

(60) $$\psi = \alpha x + \beta y + \gamma z - H(\alpha, \beta, \gamma) \leqq 0$$

die Bedingung der Stützebene an $\mathfrak{K}$ mit der beliebigen Richtung (α, β, γ) als (äußerer) Normale. So lange d positiv ist und eine gewisse Größe $(H(\alpha, \beta, \gamma) + H(-\alpha, -\beta, -\gamma))$ nicht erreicht, trifft die parallele Ebene $\psi = -d$ den Körper $\mathfrak{K}$, ohne an ihn Stützebene zu sein, geht also durch innere Punkte von $\mathfrak{K}$ und hat mit $\mathfrak{K}$ einen ebenen Bereich gemein, der von $\mathfrak{K}$ die Eigenschaft eines konvexen Bezirks übernimmt und gewiß drei nicht in gerader Linie gelegene Punkte aufweist, also ein Oval vorstellt. Es sei $\varrho(d)$ das Maximum unter den Radien der ganz in diesem Oval enthaltenen Kreise. Wir bezeichnen die Stützebene $\psi \leqq 0$ an $\mathfrak{K}$ als eine *Tangentialebene* an $\mathfrak{K}$, wenn der Quotient $\frac{\varrho(d)}{d}$ für ein nach Null abnehmendes d über jede Grenze hinauswächst. Wir können nun die folgende Tatsache beweisen:

Die extremen Stützebenen an $\mathfrak{K}$ und allein diese Stützebenen sind Tangentialebenen an $\mathfrak{K}$.

Fassen wir einen beliebigen Punkt $\mathfrak{p}$ der Begrenzung von $\mathfrak{K}$ ins Auge.

Ist zunächst $\mathfrak{p}$ ein *Flächenpunkt* von $\mathfrak{K}$, so ist die alsdann vorhandene einzige Stützebene durch $\mathfrak{p}$ an $\mathfrak{K}$ nach § 13 eine extreme Stützebene an $\mathfrak{K}$, und wie wir jetzt zeigen wollen, zugleich Tangentialebene an $\mathfrak{K}$ in dem eben festgelegten Sinne. Bedeutet (60) die Bedingung dieser Stützebene, so ist der Projektionsraum $\mathfrak{R}$ des Körpers $\mathfrak{K}$ von $\mathfrak{p}$ aus hier der ganze Halbraum $\psi \leqq 0$. Die Parallelebene $\psi = -1$ fällt daher vollständig ins *Innere* dieses Raumes $\mathfrak{R}$ und können wir drei innere Punkte $\mathfrak{r}_1, \mathfrak{r}_2, \mathfrak{r}_3$ von $\mathfrak{R}$ in dieser Ebene $\psi = -1$ so annehmen, daß das Dreieck $(\mathfrak{r}_1, \mathfrak{r}_2, \mathfrak{r}_3)$ einen Kreis von beliebig großem Radius ϱ_0 enthält. Alsdann können wir auf den Strecken $\mathfrak{p}\mathfrak{r}_1, \mathfrak{p}\mathfrak{r}_2, \mathfrak{p}\mathfrak{r}_3$ irgendwelche inneren Punkte $\mathfrak{q}_1, \mathfrak{q}_2, \mathfrak{q}_3$ von $\mathfrak{K}$ finden; ist für diese Punkte $\psi = -d_1, -d_2, -d_3$, so gehören bei jedem positiven Werte d, der $\leqq d_1, \leqq d_2, \leqq d_3$ ist, alle drei Punkte

$$(1-d)\mathfrak{p} + d\mathfrak{r}_1, \quad (1-d)\mathfrak{p} + d\mathfrak{r}_2, \quad (1-d)\mathfrak{p} + d\mathfrak{r}_3$$

in der Ebene $\psi = -d$ und daher auch das ganze Dreieck mit letzteren Punkten als Eckpunkten dem Inneren von $\mathfrak{K}$ an. Dieses dem Dreieck $(\mathfrak{r}_1, \mathfrak{r}_2, \mathfrak{r}_3)$ in bezug auf $\mathfrak{p}$ homothetische Dreieck enthält einen Kreis vom Radius $d\varrho_0$ und ist also dabei $\frac{\varrho(d)}{d} \geqq \varrho_0$. Danach muß in der Tat der Quotient $\frac{\varrho(d)}{d}$ für ein nach Null abnehmendes d über jede Grenze hinauswachsen.

Ist zweitens $\mathfrak{p}$ ein *Kantenpunkt* von $\mathfrak{K}$, so ist der Projektionsraum $\mathfrak{R}$ des Körpers $\mathfrak{K}$ von $\mathfrak{p}$ aus nach § 13 ein von zwei extremen Stützebenen $\psi_1 \leqq 0$, $\psi_2 \leqq 0$ an $\mathfrak{K}$ gebildeter Keil. Alsdann sind diese beiden extremen Stützebenen Tangentialebenen an $\mathfrak{K}$. Denn betrachten wir eine dieser Ebenen, $\psi_1 = 0$. Der Keil $\mathfrak{R}$ schneidet aus der zu ihr parallelen Ebene $\psi_1 = -1$ eine Halbebene heraus. Wir können drei innere Punkte $\mathfrak{r}_1, \mathfrak{r}_2, \mathfrak{r}_3$ von $\mathfrak{R}$ in dieser Halbebene so annehmen, daß das Dreieck $(\mathfrak{r}_1, \mathfrak{r}_2, \mathfrak{r}_3)$ einen Kreis von beliebig großem Radius enthält, und die weiteren Schlüsse genau wie vorhin einrichten, um für $\psi_1 = 0$ den Charakter einer Tangentialebene an $\mathfrak{K}$ einzusehen. — Daß die übrigen Stützebenen durch $\mathfrak{p}$ an $\mathfrak{K}$, welche mit dem Keile $\mathfrak{R}$ nur die Kante $\psi_1 = 0$, $\psi_2 = 0$ gemein haben, *nicht* Tangentialebenen an $\mathfrak{K}$ vorstellen, leuchtet ebenso einfach ein.

Analoge Bemerkungen wie hier zu den Flächen- und Kantenpunkten eines konvexen Körpers können wir zu den Linien- und Eckpunkten eines ebenen Ovals machen, und wir kommen dadurch zu folgendem Satze: Es sei $\mathfrak{S}$ ein ebenes Oval, $\mathfrak{s}$ ein Punkt seiner Berandung, $\mathfrak{s}\mathfrak{t}$ eine Stützgerade an $\mathfrak{S}$ und bezeichnen wir die Länge der zu $\mathfrak{s}\mathfrak{t}$ parallelen Sehne von $\mathfrak{S}$ in einem senkrechten Abstande d' von $\mathfrak{s}\mathfrak{t}$ mit $\varrho'(d')$, so wächst für ein nach Null abnehmendes d' der Quotient $\frac{\varrho'(d')}{d'}$ über jede Grenze oder konvergiert nach einer endlichen Grenze, je nachdem die Stützgerade $\mathfrak{st}$ an $\mathfrak{S}$ eine extreme ist oder nicht.

Es sei endlich $\mathfrak{p}$ ein *Eckpunkt* von $\mathfrak{K}$. Wir bezeichnen wieder mit $\mathfrak{R}$ den Projektionsraum des Körpers $\mathfrak{K}$ von $\mathfrak{p}$ aus, sodann sei $\varphi \leqq 0$ die Bedingung irgendeiner Eckstützebene durch $\mathfrak{p}$ an $\mathfrak{K}$ und $\mathfrak{S}$ (Fig. 1) das Oval, welches $\mathfrak{R}$ aus der Ebene $\varphi = -1$ ausschneidet, $\mathfrak{s}$ ein beliebiger Punkt der Berandung von $\mathfrak{S}$, endlich $\mathfrak{st}$ in $\varphi = -1$ eine extreme Stützgerade durch $\mathfrak{s}$ an $\mathfrak{S}$. Die Ebene durch $\mathfrak{p}$ und $\mathfrak{st}$ ist dann eine extreme Stützebene und, wie wir nun zeigen, eine Tangentialebene an $\mathfrak{K}$. Es sei $\psi \leqq 0$ die Bedingung dieser Stützebene in der Form (60).

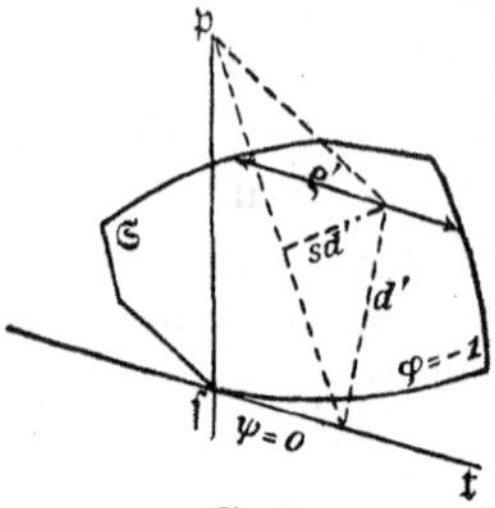

Fig. 1.

Bezeichnen wir die Länge einer zu $\mathfrak{st}$ parallelen Sehne von $\mathfrak{S}$ in einem senkrechten Abstande d' von $\mathfrak{st}$ (so lange es eine solche Sehne von $\mathfrak{S}$ gibt), mit $\varrho'(d')$, so wächst $\frac{\varrho'(d')}{d'}$ mit nach Null abnehmendem d' über jede Grenze. Jene Sehne besitzt von der Ebene $\psi = 0$ den senkrechten Abstand sd', wenn s den Sinus des Neigungswinkels der beiden Ebenen $\varphi = 0$ und $\psi = 0$ bedeutet, und wird sie daher von $\mathfrak{p}$ aus auf die Ebene $\psi = -1$ im Abstande 1 von $\psi = 0$ in eine Strecke von der Länge $\frac{\varrho'(d')}{sd'}$ projiziert. Der vom Kegel $\mathfrak{R}$ aus $\psi = -1$ herausgeschnittene Bereich enthält danach zu $\mathfrak{st}$ parallele Strecken von beliebig großer Länge. Zweitens aber hat dieser Bereich die Eigenschaft, wenn $\mathfrak{r}$ ein beliebiger Punkt darin ist, den ganzen unendlichen, von $\mathfrak{r}$ parallel zur Richtung von $\mathfrak{p}$ nach $\mathfrak{s}$ verlaufenden Strahl zu enthalten, und infolge dieser beiden Umstände wird es offenbar möglich sein, in diesem Bereiche drei innere Punkte $\mathfrak{r}_1, \mathfrak{r}_2, \mathfrak{r}_3$ von $\mathfrak{R}$ so zu wählen, daß das Dreieck $(\mathfrak{r}_1, \mathfrak{r}_2, \mathfrak{r}_3)$ einen Kreis von beliebig großem Radius enthält. Daraus geht dann wie oben hervor, daß $\psi = 0$ eine Tangentialebene an $\mathfrak{K}$ ist. — Daß jede Eckstützebene durch $\mathfrak{p}$ an $\mathfrak{K}$, sowie jede Ebene durch $\mathfrak{p}$, welche durch einen Eckpunkt $\mathfrak{s}$ von $\mathfrak{S}$ und eine Eckstützgerade $\mathfrak{st}$ an $\mathfrak{S}$ läuft, niemals eine Tangentialebene an $\mathfrak{K}$ ist, erkennen wir durch ähnliche Überlegungen.

§ 15. Normalensektor zu einem Eckpunkte.

Wir wollen die Kugel $x^2 + y^2 + z^2 \leqq 1$ mit $\mathfrak{o}$ als Mittelpunkt vom Radius 1 stets mit $\mathfrak{G}$, ihre begrenzende Fläche mit $\mathfrak{E}$ bezeichnen.

Es sei jetzt $\mathfrak{K}$ ein beliebiger konvexer Bezirk und es sei $\mathfrak{p}$ mit den Koordinaten x_0, y_0, z_0 ein *Eckpunkt* von $\mathfrak{K}$. Wir haben den Begriff des Eckpunktes in § 14 für konvexe Körper und für Ovale festgelegt; bei einer Strecke bezeichnen wir die Endpunkte der Strecke auch als ihre

Eckpunkte und, handelt es sich um einen Bezirk, der einen einzelnen Punkt bedeutet, diesen Punkt auch als Eckpunkt des Bezirks. In allen Fällen ist dann ein Eckpunkt $\mathfrak{p}$ eines konvexen Bezirks $\mathfrak{K}$ dadurch charakterisiert, daß durch ihn drei Stützebenen an $\mathfrak{K}$ mit unabhängigen Normalenrichtungen gehen. Als *Eckstützebenen* durch $\mathfrak{p}$ an $\mathfrak{K}$ bezeichnen wir jede solche Stützebene durch $\mathfrak{p}$ an $\mathfrak{K}$, deren Bedingung sich auf irgendeine Weise in eine Form $c_1\varphi_1 + c_2\varphi_2 + c_3\varphi_3 \leqq 0$ bringen läßt, so daß $\varphi_1 \leqq 0$, $\varphi_2 \leqq 0$, $\varphi_3 \leqq 0$ die Bedingungen dreier Stützebenen an $\mathfrak{K}$ mit unabhängigen Normalenrichtungen und c_1, c_2, c_3 positive Konstanten sind. Für diese Eckstützebenen ist dann auch folgende Eigenschaft charakteristisch: Ist $(\alpha_0, \beta_0, \gamma_0)$ Normale einer Eckstützebene durch $\mathfrak{p}$ an $\mathfrak{K}$, so ist eine jede Richtung (α, β, γ), wobei die Beträge $|\alpha - \alpha_0|$, $|\beta - \beta_0|$, $|\gamma - \gamma_0|$ unter einer gewissen positiven Größe bleiben, ebenfalls stets Normale einer Stützebene durch $\mathfrak{p}$ an $\mathfrak{K}$.

Wir denken uns zu jeder Bedingung

$$u(x - x_0) + v(y - y_0) + w(z - z_0) \leqq 0$$

einer Stützebene durch $\mathfrak{p}$ an $\mathfrak{K}$ den Punkt mit den Koordinaten u, v, w bestimmt und nehmen dazu noch den Nullpunkt $u = 0$, $v = 0$, $w = 0$ hinzu. Die dadurch hervorgehende, aus lauter Strahlen von $\mathfrak{o}$ aus bestehende Punktmenge ist dann abgeschlossen, hat die Eigenschaft 1a) eines konvexen Bezirks und enthält den Nullpunkt $\mathfrak{o}$ sowie drei nicht mit ihm in einer Ebene gelegene Punkte. Diese Eigenschaften 1c), 1a), 2) eines konvexen Körpers übertragen sich auch auf denjenigen Bereich, welchen diese Punktmenge mit der Kugel $\mathfrak{G}$ gemein hat und den wir mit $\mathsf{N}(\mathfrak{p})$ bezeichnen. Dieser Bereich $\mathsf{N}(\mathfrak{p})$ ist zudem ganz im Endlichen gelegen und wird nun tatsächlich einen konvexen Körper vorstellen. Dieser Körper $\mathsf{N}(\mathfrak{p})$ besteht aus allen Radien der Kugel $\mathfrak{G}$ von $\mathfrak{o}$ nach *den* Punkten (α, β, γ) auf $\mathfrak{E}$, welche zugleich äußere Normalen von Stützebenen durch $\mathfrak{p}$ an $\mathfrak{K}$ bedeuten, und wir wollen deshalb $\mathsf{N}(\mathfrak{p})$ den *Normalensektor* zum Eckpunkte $\mathfrak{p}$ von $\mathfrak{K}$ nennen.

Enthält $\mathsf{N}(\mathfrak{p})$ den Punkt $\mathfrak{o}$ als inneren Punkt, so muß $\mathsf{N}(\mathfrak{p})$ mit der ganzen Kugel $\mathfrak{G}$ zusammenfallen und also jede Stützebene an $\mathfrak{K}$ durch $\mathfrak{p}$ laufen. Dieser Fall tritt nur ein, wenn der Bezirk $\mathfrak{K}$ den einen Punkt $\mathfrak{p}$ bedeutet. In jedem anderen Falle ist $\mathfrak{o}$ notwendig ein Punkt der Begrenzung von $\mathsf{N}(\mathfrak{p})$ und der Körper $\mathsf{N}(\mathfrak{p})$ zugleich sein eigener Projektionssektor von $\mathfrak{o}$ aus.

Ist $\mathfrak{K}$ ein konvexer Körper und (α, β, γ) (äußere) Normale einer Stützebene durch $\mathfrak{p}$ an $\mathfrak{K}$, so geht die Stützebene an $\mathfrak{K}$ mit der (äußeren) Normale $(-\alpha, -\beta, -\gamma)$ jedenfalls nicht durch $\mathfrak{p}$. Der Sektor $\mathsf{N}(\mathfrak{p})$ kann also hier nicht zwei Radien von $\mathfrak{o}$ aus in entgegengesetzten Richtungen enthalten. Der Punkt $\mathfrak{o}$ ist daher in diesem Falle ein Eckpunkt in $\mathsf{N}(\mathfrak{p})$ und $\mathsf{N}(\mathfrak{p})$ ein Kegelsektor. Bedeutet alsdann $(-\alpha^*, -\beta^*, -\gamma^*)$ die Normale einer Eckstützebene durch $\mathfrak{o}$ an $\mathsf{N}(\mathfrak{p})$, so gilt für jede Normale (α, β, γ) einer Stützebene durch $\mathfrak{p}$ an $\mathfrak{K}$ stets die Beziehung

$$\alpha\alpha^* + \beta\beta^* + \gamma\gamma^* > 0. \tag{61}$$

Ist $\mathfrak{K}$ ein Oval, so ist die Ebene des Ovals und nur diese eine Ebene Stützebene an $\mathfrak{K}$ zugleich mit zwei einander entgegengesetzten (äußeren) Normalen. Alsdann enthält $\mathsf{N}(\mathfrak{p})$ einen einzigen Durchmesser der Kugel $\mathfrak{G}$, der Punkt $\mathfrak{o}$ ist ein Kantenpunkt von $\mathsf{N}(\mathfrak{p})$ und $\mathsf{N}(\mathfrak{p})$ ein Keilsektor der Kugel $\mathfrak{G}$.

Wenn endlich $\mathfrak{K}$ eine Strecke bedeutet, so enthält $\mathsf{N}(\mathfrak{p})$ gewiß zwei verschiedene Durchmesser von $\mathfrak{G}$, und ist $\mathfrak{o}$ ein Flächenpunkt von $\mathsf{N}(\mathfrak{p})$ und daher $\mathsf{N}(\mathfrak{p})$ eine Halbkugel von $\mathfrak{G}$.

Die *inneren* Radien von $\mathsf{N}(\mathfrak{p})$, d. h. diejenigen, welche von $\mathfrak{o}$ aus ins Innere von $\mathsf{N}(\mathfrak{p})$ eintreten, entsprechen den Normalen (α, β, γ) der *Eckstützebenen* durch $\mathfrak{p}$ an $\mathfrak{K}$. Da eine solche Eckstützebene von $\mathfrak{K}$ überhaupt nur den einen Punkt $\mathfrak{p}$ enthält, kann sie niemals durch einen zweiten Eckpunkt von $\mathfrak{K}$ gehen. Besitzt der konvexe Bezirk $\mathfrak{K}$ verschiedene Eckpunkte, so müssen danach die Normalensektoren zu diesen Eckpunkten untereinander in ihren inneren Punkten durchweg verschieden sein. Nun sind sie sämtlich Teile der Kugel $\mathfrak{G}$, deren Volumen endlich $= \frac{4\pi}{3}$ ist. Auch in dem Falle, daß die Zahl der Eckpunkte von $\mathfrak{K}$ eine unendliche ist, kann es daher unter diesen Eckpunkten jedesmal nur eine endliche Anzahl geben, bei welchen das Volumen des zugehörigen Normalensektors eine beliebig angenommene positive Größe übersteigt. Wir sind danach stets imstande, die sämtlichen Eckpunkte eines konvexen Bezirks nach dem Volumen ihrer Normalensektoren in eine abzählbare Reihe zu ordnen.

Ist $\mathfrak{K}$ ein konvexer Bezirk mit einer endlichen Anzahl von extremen Punkten, also ein Polyeder, Polygon, eine Strecke oder ein Punkt, so sind alle extremen Punkte von $\mathfrak{K}$ zugleich Eckpunkte von $\mathfrak{K}$. Es geht daher jede Stützebene an $\mathfrak{K}$ durch wenigstens einen Eckpunkt von $\mathfrak{K}$, und gehört infolgedessen jeder Radius von $\mathfrak{G}$ dem Normalensektor zu wenigstens einem Eckpunkte von $\mathfrak{K}$ an. Die Normalensektoren der sämtlichen Eckpunkte von $\mathfrak{K}$ erfüllen dann also die ganze Kugel $\mathfrak{G}$ und die Summe ihrer Volumina ist genau $= \frac{4\pi}{3}$.

§ 16. Normalensektor zu einem äußeren Punkte eines konvexen Körpers. Kappenkörper.

Es sei jetzt $\mathfrak{K}$ ein konvexer Körper und $\mathfrak{p}$ mit den Koordinaten x_0, y_0, z_0 ein beliebiger Punkt außerhalb $\mathfrak{K}$. Es bedeute $H(u, v, w)$ die Stützebenenfunktion von $\mathfrak{K}$, diejenige des Punktes $\mathfrak{p}$ ist

$$H_0(u, v, w) = ux_0 + vy_0 + wz_0. \tag{62}$$

Bezeichnen wir das Maximum unter den zwei Werten $H(u, v, w)$ und $H_0(u, v, w)$ jedesmal mit $H^*(u, v, w)$, so ist $H^*(u, v, w)$ nach § 11 die Stützebenenfunktion des kleinsten, den Körper $\mathfrak{K}$ und den Punkt $\mathfrak{p}$ zusammen enthaltenden konvexen Körpers $(\mathfrak{p}, \mathfrak{K})$. Die Menge aller derjenigen Punkte, welche dieser Körper $(\mathfrak{p}, \mathfrak{K})$ außer den Punkten von $\mathfrak{K}$ enthält, möge die *Kappe* von $\mathfrak{p}$ an $\mathfrak{K}$ heißen.

Wir wollen die Punktmenge aller Strecken $\mathfrak{p}\mathfrak{k}$ von $\mathfrak{p}$ nach den verschiedenen Punkten $\mathfrak{k}$ des Körpers $\mathfrak{K}$ mit $\mathfrak{K}^*$ bezeichnen. Wir stellen nun vor allem fest, daß der Körper $(\mathfrak{p}, \mathfrak{K})$ sich genau mit dieser Punktmenge $\mathfrak{K}^*$ deckt. In der Tat, zunächst enthält $(\mathfrak{p}, \mathfrak{K})$ als konvexer Bezirk jede von jenen Strecken $\mathfrak{p}\mathfrak{k}$ und also die ganze Menge $\mathfrak{K}^*$.

Diese Menge $\mathfrak{K}^*$ aber bildet bereits für sich einen konvexen Bezirk. Sie besitzt offenbar die Eigenschaft 1a) eines konvexen Bezirks deshalb, weil diese Eigenschaft dem Körper $\mathfrak{K}$ zukommt; zweitens ist sie wie $\mathfrak{K}$ und $\mathfrak{p}$ ganz im Endlichen gelegen. Drittens ist sie nun auch eine abgeschlossene Punktmenge. Denn erscheint irgendein Punkt $\mathfrak{r}$ im Raume als Häufungsstelle von unendlich vielen Punkten der Form $(1-t)\mathfrak{p} + t\mathfrak{k}$, wobei jedesmal $\mathfrak{k}$ einen Punkt von $\mathfrak{K}$ und t einen Wert $\geqq 0$ und $\leqq 1$ bedeutet, so können wir aus diesen Punkten eine unendliche Reihe solcher herausnehmen, die nach dem Punkte $\mathfrak{r}$ konvergieren, d. h. deren Abstände von $\mathfrak{r}$ nach Null abnehmen. Da $\mathfrak{K}$ ganz in einer Kugel von endlichem Radius liegt, unendlich viele Punkte $\mathfrak{k}$ aus $\mathfrak{K}$ also stets wenigstens eine Häufungsstelle besitzen müssen, können wir dann weiter aus jener ersten Reihe von Punkten eine zweite unendliche Reihe

$$(1-t_1)\mathfrak{p} + t_1\mathfrak{k}_1, \quad (1-t_2)\mathfrak{p} + t_2\mathfrak{k}_2, \ \ldots$$

aussondern, für die auch noch die darin vorkommende Punktreihe $\mathfrak{k}_1, \mathfrak{k}_2, \ldots$ nach einem Grenzpunkte konvergiert. Da $\mathfrak{K}$ eine abgeschlossene Punktmenge vorstellt, ist dieser Grenzpunkt wieder irgendein Punkt $\mathfrak{k}$ aus $\mathfrak{K}$, und gleichzeitig muß auch die Reihe der Werte $t_1, t_2, \ldots$ nach einem Grenzwerte $t \geqq 0$ und $\leqq 1$ konvergieren, mit dem dann $\mathfrak{r} = (1-t)\mathfrak{p} + t\mathfrak{k}$ gilt. Danach liegt die Häufungsstelle $\mathfrak{r}$ der Menge $\mathfrak{K}^*$ selbst auf einer Strecke von $\mathfrak{p}$ nach einem Punkte von $\mathfrak{K}$, gehört somit selbst zu $\mathfrak{K}^*$, d. h. eben $\mathfrak{K}^*$ ist eine abgeschlossene Punktmenge; $\mathfrak{K}^*$ besitzt also in der Tat alle Eigenschaften eines konvexen Bezirks. Da nun der Körper $(\mathfrak{p}, \mathfrak{K})$ in jedem, $\mathfrak{p}$ und $\mathfrak{K}$ enthaltenden konvexen Bezirk enthalten ist, muß danach umgekehrt $(\mathfrak{p}, \mathfrak{K})$ in $\mathfrak{K}^*$ enthalten sein und deckt sich also genau mit der Menge $\mathfrak{K}^*$.

Betrachten wir weiter alle Punkte der Form $\mathfrak{p} + t(\mathfrak{k} - \mathfrak{p})$, wobei $\mathfrak{k}$ einen Punkt von $\mathfrak{K}$ und t jetzt einen beliebigen Wert $\geqq 0$ bedeute, so ist die Menge $\mathfrak{R}$ dieser Punkte ebenso wie $\mathfrak{K}$ abgeschlossen und stellt den Projektionsraum des Körpers $(\mathfrak{p}, \mathfrak{K})$ von $\mathfrak{p}$ aus vor. Durch $\mathfrak{p}$ können wir jedenfalls eine solche Ebene legen, welche $\mathfrak{K}$ nicht trifft, und diese enthält dann vom Raume $\mathfrak{R}$ einzig den Punkt $\mathfrak{p}$, danach ist $\mathfrak{p}$ ein *Eckpunkt* im Körper $(\mathfrak{p}, \mathfrak{K})$.

Als (äußere) Normalen der Stützebenen durch $\mathfrak{p}$ an $(\mathfrak{p}, \mathfrak{K})$ haben wir diejenigen Richtungen (α, β, γ), bei welchen

$$(63) \qquad H^*(\alpha, \beta, \gamma) = \alpha x_0 + \beta y_0 + \gamma z_0 = H_0(\alpha, \beta, \gamma)$$

oder also, was damit gleichbedeutend ist,

$$(64) \qquad H(\alpha, \beta, \gamma) \leqq \alpha x_0 + \beta y_0 + \gamma z_0$$

gilt. Die Radien der Kugel $\mathfrak{G}$, die von $\mathfrak{o}$ aus in diesen Richtungen führen, bilden den Normalensektor zur Ecke $\mathfrak{p}$ im Körper $(\mathfrak{p}, \mathfrak{K})$, den wir jetzt den *Normalensektor zum äußeren Punkte* $\mathfrak{p}$ *von* $\mathfrak{K}$ nennen und wieder mit $\mathsf{N}(\mathfrak{p})$ bezeichnen. Die *inneren* Radien von $\mathsf{N}(\mathfrak{p})$ bestimmen uns die Normalen (α, β, γ) der *Eckstützebenen* durch $\mathfrak{p}$ an $(\mathfrak{p}, \mathfrak{K})$; für diese Richtungen gilt

$$(65) \qquad H(\alpha, \beta, \gamma) < \alpha x_0 + \beta y_0 + \gamma z_0,$$

sie bedeuten also gleichzeitig die Normalen derjenigen Stützebenen an $\mathfrak{K}$, welche $\mathfrak{p}$ von $\mathfrak{K}$ trennen, d. h. $\mathfrak{p}$ auf entgegengesetzter Seite wie das Innere von $\mathfrak{K}$ liegen haben.

Es sei sodann $\overline{\mathsf{N}}(\mathfrak{p})$ der zu $\mathsf{N}(\mathfrak{p})$ komplementäre abgeschlossene Sektor in der Kugel, d. h. die Punktmenge aller Radien von $\mathfrak{o}$ nach solchen Punkten (α, β, γ) auf $\mathfrak{E}$, für welche

$$(66) \qquad H(\alpha, \beta, \gamma) \geqq \alpha x_0 + \beta y_0 + \gamma z_0$$

oder also

$$(67) \qquad H^*(\alpha, \beta, \gamma) = H(\alpha, \beta, \gamma)$$

ist. Die beiden Sektoren $\mathsf{N}(\mathfrak{p})$ und $\overline{\mathsf{N}}(\mathfrak{p})$ bestimmen einander gegenseitig, indem sie zusammen die ganze Kugel $\mathfrak{G}$ ausfüllen, in ihren inneren Punkten durchweg verschieden sind, ihre begrenzenden Radien dagegen völlig gemeinsam haben.

Entsprechend seiner Stützebenenfunktion $H^*(u, v, w)$ hat der Körper $\mathfrak{K}^* = (\mathfrak{p}, \mathfrak{K})$ jede solche Stützebene, deren Normale der Bedingung (67), also einem Radius von $\overline{\mathsf{N}}(\mathfrak{p})$ entspricht, mit dem Körper $\mathfrak{K}$ gemein; es erfüllt also $(\mathfrak{p}, \mathfrak{K})$ die Bedingungen

$$\alpha x + \beta y + \gamma z \leqq H(\alpha, \beta, \gamma) \tag{68}$$

für alle Richtungen (α, β, γ), die den Radien von $\overline{\mathsf{N}}(\mathfrak{p})$ entsprechen. Von den bezüglichen Stützebenen (68) gehen diejenigen, welche den begrenzenden Radien von $\overline{\mathsf{N}}(\mathfrak{p})$ entsprechen, durch den Punkt $\mathfrak{p}$. Da $\overline{\mathsf{N}}(\mathfrak{p})$ und die inneren Radien von $\mathsf{N}(\mathfrak{p})$ die ganze Kugel $\mathfrak{S}$ zusammensetzen, besitzt der Körper $(\mathfrak{p}, \mathfrak{K})$ an weiteren Stützebenen nur die Eckstützebenen durch $\mathfrak{p}$, welche von diesem Körper einzig den Punkt $\mathfrak{p}$ enthalten. Hiernach nehmen bereits die zuerst genannten Stützebenen die ganze Begrenzung von $(\mathfrak{p}, \mathfrak{K})$ in sich auf, und ist daher der Körper $(\mathfrak{p}, \mathfrak{K})$ durch die Gesamtheit der Bedingungen (68), (66) schon vollkommen charakterisiert. Auf diese Weise ist durch $\mathfrak{K}$ und den in der Kugel $\mathfrak{S}$ konstruierten Sektor $\overline{\mathsf{N}}(\mathfrak{p})$ bzw. den Sektor $\mathsf{N}(\mathfrak{p})$ der Körper $(\mathfrak{p}, \mathfrak{K})$ und sodann der Punkt $\mathfrak{p}$ als der einzige, nicht zu $\mathfrak{K}$ gehörende Eckpunkt von $(\mathfrak{p}, \mathfrak{K})$ genau bestimmt.

Es seien jetzt $\mathfrak{p}$ und $\mathfrak{q}$ zwei verschiedene Punkte außerhalb $\mathfrak{K}$, so können wir das Verhalten der durch $\mathfrak{p}$ und $\mathfrak{q}$ gelegten Geraden zum Körper $\mathfrak{K}$ mit Hilfe der zu $\mathfrak{p}$ und $\mathfrak{q}$ gehörigen Normalensektoren $\mathsf{N}(\mathfrak{p})$ und $\mathsf{N}(\mathfrak{q})$ in einfacher Weise beurteilen. Wir haben folgende Möglichkeiten zu erwägen:

1. Die Gerade $\mathfrak{p}\mathfrak{q}$ treffe den Körper $\mathfrak{K}$ nicht auf der Strecke $\mathfrak{p}\mathfrak{q}$, aber auf deren Verlängerung über $\mathfrak{q}$ hinaus. Alsdann ist $\mathfrak{q}$ ein Punkt der Kappe von $\mathfrak{p}$ an $\mathfrak{K}$ und daher der Körper $(\mathfrak{q}, \mathfrak{K})$ ganz in $(\mathfrak{p}, \mathfrak{K})$ und weiter die Kappe von $\mathfrak{q}$ an $\mathfrak{K}$ ganz in der Kappe von $\mathfrak{p}$ an $\mathfrak{K}$ enthalten. Andererseits sind dann diejenigen Stützebenen an $\mathfrak{K}$, welche gleichzeitig Stützebenen an $(\mathfrak{p}, \mathfrak{K})$ vorstellen, notwendig auch Stützebenen an $(\mathfrak{q}, \mathfrak{K})$ und ist daher der Sektor $\overline{\mathsf{N}}(\mathfrak{p})$ ganz in dem Sektor $\overline{\mathsf{N}}(\mathfrak{q})$ enthalten, also enthält endlich der komplementäre Sektor $\mathsf{N}(\mathfrak{p})$ ganz den komplementären Sektor $\mathsf{N}(\mathfrak{q})$.

Umgekehrt erkennen wir, daß, wenn der Sektor $\mathsf{N}(\mathfrak{p})$ den Sektor $\mathsf{N}(\mathfrak{q})$ enthält, notwendig für die Gerade $\mathfrak{p}\mathfrak{q}$ der hier angenommene Fall vorliegt. Denn es ist dann andererseits der komplementäre Sektor $\overline{\mathsf{N}}(\mathfrak{p})$ ganz in dem komplementären Sektor $\overline{\mathsf{N}}(\mathfrak{q})$ enthalten, und genügt daher der Körper $(\mathfrak{q}, \mathfrak{K})$ allen den Ungleichungen (68), welche in ihrer Gesamtheit genau den Bereich des Körpers $(\mathfrak{p}, \mathfrak{K})$ charakterisieren. Mithin ist $\mathfrak{q}$ selbst in $(\mathfrak{p}, \mathfrak{K})$ enthalten, also ein Punkt der Kappe von $\mathfrak{p}$ an $\mathfrak{K}$.

2. Die Gerade $\mathfrak{p}\mathfrak{q}$ treffe den Körper $\mathfrak{K}$ nicht auf der Strecke $\mathfrak{p}\mathfrak{q}$, aber auf deren Verlängerung über $\mathfrak{p}$ hinaus. Für diesen Fall ist charakteristisch, daß der Sektor $\mathsf{N}(\mathfrak{p})$ ganz in dem Sektor $\mathsf{N}(\mathfrak{q})$ enthalten ist.

3. Die Gerade $\mathfrak{p}\mathfrak{q}$ treffe den Körper $\mathfrak{K}$ überhaupt nicht. Der Punkt $\mathfrak{q}$ gehört dann weder dem Projektionsraume $\mathfrak{R}$ des Körpers $(\mathfrak{p}, \mathfrak{K})$ von $\mathfrak{p}$

aus noch dem dazu in bezug auf $\mathfrak{p}$ symmetrischen Kegelraume an, und gibt es daher nach § 14 Ebenen durch $\mathfrak{p}\mathfrak{q}$, welche mit $\mathfrak{K}$ nur den Punkt $\mathfrak{p}$ gemein haben, also keinen Punkt von $\mathfrak{K}$ enthalten, mithin gleichzeitig Eckstützebenen durch $\mathfrak{p}$ an $(\mathfrak{p}, \mathfrak{K})$ und durch $\mathfrak{q}$ an $(\mathfrak{q}, \mathfrak{K})$ sind. In diesem Falle haben daher die Normalensektoren $\mathsf{N}(\mathfrak{p})$ und $\mathsf{N}(\mathfrak{q})$ innere Punkte gemein, es ist aber nach dem bei 1. und 2. Ausgeführten keiner dieser Sektoren vollständig in dem anderen enthalten.

4. Endlich enthalte die Strecke $\mathfrak{p}\mathfrak{q}$ selbst wenigstens einen Punkt $\mathfrak{k}$ von $\mathfrak{K}$. Alsdann gibt es keine Stützebene an $\mathfrak{K}$, welche $\mathfrak{p}$ und $\mathfrak{q}$ beide auf der entgegengesetzten Seite wie das Innere von $\mathfrak{K}$ liegen hat. In diesem Falle haben daher die Normalensektoren $\mathsf{N}(\mathfrak{p})$ und $\mathsf{N}(\mathfrak{q})$ keinen inneren Punkt gemein, und umgekehrt erkennen wir letzteren Umstand als charakteristisch für die hier angenommene Lage der Punkte $\mathfrak{p}$ und $\mathfrak{q}$ zu $\mathfrak{K}$, wenn wir damit die Ergebnisse in den zuerst untersuchten Fällen vergleichen. Ist dann $\mathfrak{p}^*$ ein Punkt der Kappe von $\mathfrak{p}$ an $\mathfrak{K}$, $\mathfrak{q}^*$ ein Punkt der Kappe von $\mathfrak{q}$ an $\mathfrak{K}$, so ist der Normalensektor $\mathsf{N}(\mathfrak{p}^*)$ im Sektor $\mathsf{N}(\mathfrak{p})$ und der Normalensektor $\mathsf{N}(\mathfrak{q}^*)$ im Sektor $\mathsf{N}(\mathfrak{q})$ enthalten und haben daher auch $\mathsf{N}(\mathfrak{p}^*)$ und $\mathsf{N}(\mathfrak{q}^*)$ keinen inneren Punkt gemein. Somit kann niemals $\mathfrak{p}^*$ mit $\mathfrak{q}^*$ identisch sein, und zudem enthält die Strecke $\mathfrak{p}^*\mathfrak{q}^*$ stets wenigstens einen Punkt $\mathfrak{k}^*$ von $\mathfrak{K}$ und läßt sich dann in zwei Strecken $\mathfrak{p}^*\mathfrak{k}^*$ und $\mathfrak{k}^*\mathfrak{q}^*$ zerlegen, von denen die eine ganz dem Körper $(\mathfrak{p}, \mathfrak{K})$, die andere ganz dem Körper $(\mathfrak{q}, \mathfrak{K})$ angehört.

Auf Grund der letzten Bemerkung leiten wir noch folgenden Satz her:

Es sei $\mathfrak{K}$ ein konvexer Körper und es seien $\mathfrak{p}_1, \mathfrak{p}_2, \ldots$ eine endliche oder unendliche Reihe von Punkten außerhalb $\mathfrak{K}$ derart, daß von ihren Normalensektoren $\mathsf{N}(\mathfrak{p}_1), \mathsf{N}(\mathfrak{p}_2), \ldots$ in bezug auf $\mathfrak{K}$ keine zwei untereinander einen inneren Punkt gemein haben. Alsdann bildet die Vereinigung der sämtlichen Körper $(\mathfrak{p}_1, \mathfrak{K}), (\mathfrak{p}_2, \mathfrak{K}), \ldots$ (d. i. also der Körper $\mathfrak{K}$ unter Hinzunahme der Kappen von allen einzelnen Punkten $\mathfrak{p}_1, \mathfrak{p}_2, \ldots$ an $\mathfrak{K}$) stets wieder einen konvexen Körper.

Wir bezeichnen den in dieser Art gebildeten Bereich mit

$$\mathfrak{K}^* = (\mathfrak{p}_1, \mathfrak{p}_2, \ldots, \mathfrak{K}).$$

Aus der zuletzt gemachten Bemerkung erhellt, daß dieser Bereich jedenfalls die Eigenschaft 1a) eines konvexen Bezirks hat, mit irgend zwei Punkten $\mathfrak{p}^*, \mathfrak{q}^*$ stets die ganze Strecke $\mathfrak{p}^*\mathfrak{q}^*$ zu enthalten. Ist die vorausgesetzte Punktreihe $\mathfrak{p}_1, \mathfrak{p}_2, \ldots$ eine endliche, so versteht sich ferner, daß ebenso wie jeder einzelne der Körper $(\mathfrak{p}_1, \mathfrak{K}), (\mathfrak{p}_2, \mathfrak{K}), \ldots$ auch dieser ganze Bereich eine abgeschlossene Punktmenge und ganz im Endlichen gelegen ist. In diesem Falle bedeutet dann $\mathfrak{K}^*$ einfach den kleinsten, $\mathfrak{K}$ und die sämtlichen Punkte $\mathfrak{p}_1, \mathfrak{p}_2, \ldots$ aufnehmenden konvexen Bezirk.

Stellt $\mathfrak{K}$ ein Polyeder vor, so ist der soeben angenommene Fall, daß die Reihe $\mathfrak{p}_1, \mathfrak{p}_2, \ldots$ eine endliche ist, überhaupt allein möglich. Denn ist dann $\mathfrak{p}$ ein Punkt außerhalb $\mathfrak{K}$, so muß es unter den Ebenen der Seitenflächen des Polyeders $\mathfrak{K}$ wenigstens eine geben, welche $\mathfrak{p}$ auf entgegengesetzter Seite liegen hat wie das Innere von $\mathfrak{K}$. Der Radius der Kugel $\mathfrak{G}$ in Richtung der Normale (α, β, γ) dieser Seitenfläche tritt dann als ein innerer Radius in dem zu $\mathfrak{p}$ gehörenden Normalensektor $\mathsf{N}(\mathfrak{p})$ auf. Danach kann die vorausgesetzte Reihe von Punkten $\mathfrak{p}_1, \mathfrak{p}_2, \ldots$ außerhalb $\mathfrak{K}$ mit Normalensektoren $\mathsf{N}(\mathfrak{p}_1)$, $\mathsf{N}(\mathfrak{p}_2), \ldots$, die im Inneren durchweg verschieden sind, gewiß nicht mehr Punkte aufweisen, als das Polyeder $\mathfrak{K}$ Seitenflächen besitzt.

Es sei jetzt der konvexe Körper $\mathfrak{K}$ kein Polyeder und die vorausgesetzte Reihe der Punkte $\mathfrak{p}_1, \mathfrak{p}_2, \ldots$ eine unendliche. Wir wollen uns der Einfachheit wegen den Nullpunkt $\mathfrak{o}$ im Inneren von $\mathfrak{K}$ gelegen denken. Ist ε eine beliebige positive Größe, so können wir dann nach § 5 zu $\mathfrak{K}$ stets ein Polyeder $\mathfrak{Q}$ bestimmen, welches den Körper $\mathfrak{K}$ enthält und selbst in $(1+\varepsilon)\mathfrak{K}$ enthalten ist. Ist $\mathfrak{p}$ ein Punkt außerhalb $\mathfrak{Q}$, so ist jede Stützebene durch $\mathfrak{p}$ an den Körper $(\mathfrak{p}, \mathfrak{Q})$ zugleich eine Stützebene durch $\mathfrak{p}$ an $(\mathfrak{p}, \mathfrak{K})$ und ist daher der Normalensektor zum Eckpunkte $\mathfrak{p}$ von $(\mathfrak{p}, \mathfrak{Q})$ ganz im Normalensektor $\mathsf{N}(\mathfrak{p})$ zum Eckpunkte $\mathfrak{p}$ von $(\mathfrak{p}, \mathfrak{K})$ enthalten. Haben wir verschiedene Punkte $\mathfrak{p}$ außerhalb $\mathfrak{Q}$, deren Normalensektoren in bezug auf $\mathfrak{K}$ in ihren inneren Punkten verschieden sind, so werden daher auch gewiß deren Normalensektoren in bezug auf $\mathfrak{Q}$ in ihren inneren Punkten verschieden sein. Da $\mathfrak{Q}$ ein Polyeder ist, kann es nach dem vorhin Bemerkten infolgedessen in der Reihe $\mathfrak{p}_1, \mathfrak{p}_2, \ldots$ jedesmal nur eine endliche Anzahl von Punkten geben, die außerhalb $\mathfrak{Q}$, und um so mehr nur eine endliche Anzahl geben, die außerhalb $(1+\varepsilon)\mathfrak{K}$ liegen. Daraus entnehmen wir weiter, daß jede irgend vorhandene Häufungsstelle der Reihe $\mathfrak{p}_1, \mathfrak{p}_2, \ldots$ notwendig ein Punkt auf der Begrenzung von $\mathfrak{K}$ ist, und daß auch in diesem Falle, wo es sich um unendlich viele Punkte $\mathfrak{p}_1, \mathfrak{p}_2, \ldots$ handelt, die Körper $(\mathfrak{p}_1, \mathfrak{K})$, $(\mathfrak{p}_2, \mathfrak{K}), \ldots$ zusammen in einer Kugel von endlichem Radius enthalten sind und ihre Vereinigung $\mathfrak{K}^*$ eine abgeschlossene Punktmenge vorstellt, somit in der Tat $\mathfrak{K}^*$ wieder alle Eigenschaften eines konvexen Körpers besitzt.

Der Körper $\mathfrak{K}^*$ ist in jedem Falle vollständig charakterisiert als der kleinste konvexe Körper, der $\mathfrak{K}$ und die sämtlichen Punkte $\mathfrak{p}_1, \mathfrak{p}_2, \ldots$ aufnimmt; wir bezeichnen deshalb $\mathfrak{K}^*$ auch mit $(\mathfrak{p}_1, \mathfrak{p}_2, \ldots, \mathfrak{K})$ und wir wollen jeden in dieser Art aus $\mathfrak{K}$ abgeleiteten konvexen Körper einen *Kappenkörper* von $\mathfrak{K}$ nennen. Die Punkte $\mathfrak{p}_h$ sind sämtlich Eckpunkte in $\mathfrak{K}^*$, da $\mathfrak{K}^*$ ganz im Projektionsraume des Körpers $(\mathfrak{p}_h, \mathfrak{K})$ von $\mathfrak{p}_h$ aus liegt. Jede Stützebene an $\mathfrak{K}^*$ ist notwendig Stützebene an wenigstens einen der Körper $(\mathfrak{p}_h, \mathfrak{K})$, also entweder Stützebene an $\mathfrak{K}$ oder Eckstützebene an $\mathfrak{K}^*$ durch einen Eckpunkt $\mathfrak{p}_h$. Umgekehrt gilt folgende Tatsache:

Sind für einen konvexen Körper $\mathfrak{K}^*$ alle Stützebenen mit Ausnahme der Eckstützebenen durch gewisse Eckpunkte $\mathfrak{p}_1, \mathfrak{p}_2, \ldots$ zugleich Stützebenen an den konvexen Körper $\mathfrak{K}$, so ist $\mathfrak{K}^*$ ein Kappenkörper von $\mathfrak{K}$.

Denn da in einem Eckpunkte $\mathfrak{p}_h$ von $\mathfrak{K}^*$ die Bedingungen der Eckstützebenen aus den Bedingungen der anderen Stützebenen durch $\mathfrak{p}_h$ an $\mathfrak{K}^*$ folgen, so erfüllt $\mathfrak{K}$ jedenfalls die Bedingungen aller Stützebenen an $\mathfrak{K}^*$, es ist also $\mathfrak{K}$ in $\mathfrak{K}^*$ enthalten und liegen $\mathfrak{p}_1, \mathfrak{p}_2, \ldots$ außerhalb $\mathfrak{K}$. Sodann sind die Normalensektoren zu den Eckpunkten $\mathfrak{p}_1, \mathfrak{p}_2, \ldots$ von $\mathfrak{K}^*$ untereinander im Inneren verschieden, und gilt daher das Nämliche von den Normalensektoren zu $\mathfrak{p}_1, \mathfrak{p}_2, \ldots$ in bezug auf $\mathfrak{K}$, so daß wir den Kappenkörper $(\mathfrak{p}_1, \mathfrak{p}_2, \ldots, \mathfrak{K})$ von $\mathfrak{K}$ herstellen können. Jede Stützebene an $\mathfrak{K}^*$ ist dann zugleich Stützebene an diesen Kappenkörper und ist daher $\mathfrak{K}^*$ mit letzterem Körper identisch.

Nehmen wir für den Körper $\mathfrak{K}$ speziell die Kugel $\mathfrak{G}$ mit $\mathfrak{o}$ als Mittelpunkt vom Radius 1 und ist $\mathfrak{p}$ ein Punkt außerhalb $\mathfrak{G}$, so ergänzen die Kappe von $\mathfrak{p}$ an $\mathfrak{G}$ und der Normalensektor $\mathsf{N}(\mathfrak{p})$ dieser Kappe sich genau zu dem Doppelkegel, der durch Rotation eines Dreiecks $\mathfrak{otp}$, wobei die Länge $\mathfrak{ot} = 1$ und der Winkel $\mathfrak{otp}$ ein rechter ist, um $\mathfrak{op}$ entsteht. Der allgemeinste Kappenkörper der Kugel $\mathfrak{G}$ wird sodann erhalten, indem man auf der Oberfläche dieser Kugel eine endliche oder unendliche Reihe von Kalotten bezeichnet, von denen eine jede kleiner als eine Halbkugel ist und die untereinander in ihren inwendigen Punkten durchweg verschieden sind, und auf jede Kalotte den Rotationskegel aufsetzt, der die Kalotte als Basis hat und dessen Spitze in solcher Distanz von $\mathfrak{o}$ liegt, daß die Strecken auf dem Mantel die Kugel berühren.

III. Kapitel.

Scharen konvexer Körper.

§ 17. Schar konvexer Bezirke.

Bedeuten $\mathfrak{p}_1, \mathfrak{p}_2, \ldots, \mathfrak{p}_m$ irgendwelche Punkte und sind x_i, y_i, z_i die Werte der Koordinaten x, y, z von $\mathfrak{p}_i$ (für $i = 1, 2, \ldots, m$), sind ferner $s_1, s_2, \ldots, s_m$ irgend m Konstanten, so soll nach einer in § 4 getroffenen Festsetzung unter

(69) $$\mathfrak{p} = s_1\mathfrak{p}_1 + s_2\mathfrak{p}_2 + \cdots + s_m\mathfrak{p}_m$$

derjenige Punkt verstanden werden, dessen Koordinaten durch

(70) $$x = \sum s_i x_i, \quad y = \sum s_i y_i, \quad z = \sum s_i z_i \qquad (i = 1, 2, \ldots, m)$$

bestimmt sind. Die Bedeutung dieses Punktes $\mathfrak{p}$ ist stets dann völlig unabhängig von dem zugrunde gelegten Systeme von Parallelkoordinaten x, y, z, wenn $s_1 + s_2 + \cdots + s_m = 1$ ist, dagegen, wenn nicht die letztere Beziehung statthat, noch wesentlich abhängig von dem als Anfangspunkt der Koordinaten angenommenen Punkte $\mathfrak{o}$, wie die Darstellung desselben Punktes in der Form

(71) $$\mathfrak{p} = s_1\mathfrak{p}_1 + s_2\mathfrak{p}_2 + \cdots + s_m\mathfrak{p}_m + (1 - s_1 - s_2 - \cdots - s_m)\mathfrak{o}$$

zum Ausdrucke bringt.

Es seien $\mathfrak{K}_1, \mathfrak{K}_2, \ldots, \mathfrak{K}_m$ eine endliche Reihe von konvexen Bezirken, von denen also ein jeder einen konvexen Körper oder ein ebenes Oval oder eine Strecke oder einen Punkt bedeuten kann, und

(72) $$H_1(u, v, w),\ H_2(u, v, w), \ldots, H_m(u, v, w)$$

ihre Stützebenenfunktionen. Jede dieser Funktionen genügt den Bedingungen 1., 2., 3. in § 11. Sind nun $s_1, s_2, \ldots, s_m$ beliebige solche konstante Werte, die sämtlich $\geqq 0$ sind, so können wir aus jenen Bedingungen für diese einzelnen Funktionen sofort die entsprechenden Beziehungen für die Funktion

(73) $$H(u, v, w) = s_1 H_1(u, v, w) + s_2 H_2(u, v, w) + \cdots + s_m H_m(u, v, w)$$

herleiten, und wird daher nach einem Satze in § 11 diese lineare Verbindung $H = \sum s_i H_i$ jedesmal wieder die Stützebenenfunktion eines gewissen konvexen Bezirks $\mathfrak{K}$ vorstellen. Für diesen Bezirk $\mathfrak{K}$ können wir sodann die folgende zweite Entstehungsweise aus den Bezirken $\mathfrak{K}_1, \mathfrak{K}_2, \ldots, \mathfrak{K}_m$ feststellen:

Der konvexe Bezirk $\mathfrak{K}$ mit der Stützebenenfunktion

$$H = \sum s_i H_i \qquad (i = 1, 2, \ldots, m)$$

ist identisch mit der Menge aller derjenigen Punkte $\mathfrak{p}$, welche sich auf irgendeine Weise in die Form

$$\mathfrak{p} = \sum s_i \mathfrak{p}_i \qquad (i = 1, 2, \ldots, m)$$

setzen lassen, so daß dabei jedesmal $\mathfrak{p}_i$ ein Punkt aus dem konvexen Bezirke $\mathfrak{K}_i$ ist.

In der Tat, bezeichnen wir vorläufig die Menge aller Punkte $\mathfrak{p}$, welche irgendwie in der eben erwähnten Form $\sum s_i \mathfrak{p}_i$ darzustellen sind, mit $\mathfrak{K}^*$, so leuchtet zunächst ein, daß der konvexe Bezirk $\mathfrak{K}$ mit der Stützebenenfunktion $H = \sum s_i H_i$ jedenfalls diese Punktmenge $\mathfrak{K}^*$ ganz enthält. Denn sind u, v, w irgendwelche Werte, so gilt für einen Punkt $\mathfrak{p}_i$ mit den Koordinaten x_i, y_i, z_i aus $\mathfrak{K}_i$ jedesmal

(74) $$u x_i + v y_i + w z_i \leqq H_i(u, v, w),$$

und infolgedessen für die Koordinaten x, y, z des Punktes $\mathfrak{p} = \sum s_i \mathfrak{p}_i$ zufolge (70) und (73) dann

(75) $$ux + vy + wz \leqq H(u, v, w),$$

so daß ein beliebiger derartiger Punkt $\mathfrak{p}$ aus $\mathfrak{K}^*$ notwendig stets zum Bezirke $\mathfrak{K}$ mit der Stützebenenfunktion $H = \sum s_i H_i$ gehört.

Ferner können wir zeigen, daß die Punktmenge $\mathfrak{K}^*$ für sich bereits einen konvexen Bezirk vorstellt. Haben wir für zwei verschiedene Punkte $\mathfrak{p}'$ und $\mathfrak{p}''$ aus $\mathfrak{K}^*$ Darstellungen

(76) $$\mathfrak{p}' = \sum s_i \mathfrak{p}_i', \quad \mathfrak{p}'' = \sum s_i \mathfrak{p}_i'' \qquad (i = 1, 2, \ldots, m),$$

wo $\mathfrak{p}_i'$ und $\mathfrak{p}_i''$ Punkte aus $\mathfrak{K}_i$ sind, und ist t ein Wert > 0 und < 1, so folgt

(77) $$(1 - t)\mathfrak{p}' + t\mathfrak{p}'' = \sum s_i((1 - t)\mathfrak{p}_i' + t\mathfrak{p}_i''),$$

und ist daraus nach der Eigenschaft 1a) für die Bezirke $\mathfrak{K}_i$ sofort ersichtlich, daß auch jeder Punkt der Strecke $\mathfrak{p}'\mathfrak{p}''$ als Punkt der Menge $\mathfrak{K}^*$ auftritt, somit dieser Menge $\mathfrak{K}^*$ ebenfalls die Eigenschaft 1a) eines konvexen Bezirks zukommt. Weiter bestehen für die Koordinaten der Punkte $\mathfrak{p}_i$ in $\mathfrak{K}_i$ untere und obere Grenzen und erschließen wir daraus mit Rücksicht auf (70) sogleich eine untere und obere Grenze für die Koordinaten der Punkte in $\mathfrak{K}^*$, so daß $\mathfrak{K}^*$ die Eigenschaft 1b) eines konvexen Bezirks hat. Endlich ist $\mathfrak{K}^*$ auch eine abgeschlossene Punktmenge. Denn ist irgendein Punkt $\mathfrak{q}$ eine Häufungsstelle von $\mathfrak{K}^*$, so können wir in $\mathfrak{K}^*$ eine unendliche Reihe von Punkten

(78) $$\mathfrak{p}^{(1)}, \mathfrak{p}^{(2)}, \mathfrak{p}^{(3)}, \ldots$$

angeben, welche nach $\mathfrak{q}$ konvergieren, d. h. deren Abstände von $\mathfrak{q}$ mit wachsendem Index nach Null abnehmen. Jeden dieser Punkte $\mathfrak{p}^{(\varkappa)}$ können wir auf irgendeine Art in die Form

(79) $$\mathfrak{p}^{(\varkappa)} = s_1 \mathfrak{p}_1^{(\varkappa)} + s_2 \mathfrak{p}_2^{(\varkappa)} + \cdots + s_m \mathfrak{p}_m^{(\varkappa)}$$

setzen, so daß dabei $\mathfrak{p}_i^{(\varkappa)}$ ein Punkt aus $\mathfrak{K}_i$ ist. Nun können wir, da $\mathfrak{K}_1$ ganz im Endlichen liegt, zunächst aus der Reihe $\mathfrak{p}_1^{(1)}, \mathfrak{p}_1^{(2)}, \mathfrak{p}_1^{(3)}, \ldots$ eine solche unendliche Reihe $\mathfrak{p}_1^{(\varkappa_1')}, \mathfrak{p}_1^{(\varkappa_2')}, \mathfrak{p}_1^{(\varkappa_3')}, \ldots$ aussondern, die nach einem bestimmten Grenzpunkte konvergiert, der $\mathfrak{p}_1$ heiße, sodann können wir, da $\mathfrak{K}_2$ ganz im Endlichen liegt, aus der Reihe $\mathfrak{p}_2^{(\varkappa_1')}, \mathfrak{p}_2^{(\varkappa_2')}, \mathfrak{p}_2^{(\varkappa_3')}, \ldots$ eine solche unendliche Reihe $\mathfrak{p}_2^{(\varkappa_1'')}, \mathfrak{p}_2^{(\varkappa_2'')}, \mathfrak{p}_2^{(\varkappa_3'')}, \ldots$ aussondern, die nach einem bestimmten Grenzpunkte $\mathfrak{p}_2$ konvergiert, usw. Zuletzt kommen wir dann zu einer unendlichen Reihe von Indizes $\varkappa_1^{(m)}, \varkappa_2^{(m)}, \varkappa_3^{(m)}, \ldots$ aus der Reihe $1, 2, 3, \ldots$ derart, daß zu gleicher Zeit für jeden Index $i = 1, 2, \ldots, m$ die Reihe

(80) $$\mathfrak{p}_i^{(\varkappa_1^{(m)})}, \mathfrak{p}_i^{(\varkappa_2^{(m)})}, \mathfrak{p}_i^{(\varkappa_3^{(m)})}, \ldots$$

je nach einem bestimmten Grenzpunkte $\mathfrak{p}_i$ konvergiert. Dabei entspringt für $\mathfrak{q}$ als Grenzpunkt der Reihe (78) notwendig die Darstellung

$$\mathfrak{q} = s_1 \mathfrak{p}_1 + s_2 \mathfrak{p}_2 + \cdots + s_m \mathfrak{p}_m. \tag{81}$$

Nun gehört jedesmal der Grenzpunkt $\mathfrak{p}_i$ zu $\mathfrak{K}_i$ selbst, da diese Menge abgeschlossen ist. Durch den letzten Ausdruck erscheint daher die Häufungsstelle $\mathfrak{q}$ von $\mathfrak{K}^*$ selbst stets als ein Punkt dieser Menge $\mathfrak{K}^*$. Hiernach besitzt $\mathfrak{K}^*$ auch die dritte, für einen konvexen Bezirk zu fordernde Eigenschaft, abgeschlossen zu sein.

Es sei jetzt $H^*(u, v, w)$ die Stützebenenfunktion von $\mathfrak{K}^*$, so gilt einerseits stets $H^*(u, v, w) \leq H(u, v, w)$, weil $\mathfrak{K}^*$ in $\mathfrak{K}$ enthalten ist. Wir können aber, wenn u, v, w feste Werte sind, dazu für $\mathfrak{p}_i$ jedesmal einen solchen Punkt x_i, y_i, z_i aus $\mathfrak{K}_i$ wählen, daß für ihn genau

$$ux_i + vy_i + wz_i = H_i(u, v, w)$$

ist, und dann wird für die Koordinaten x, y, z von $\mathfrak{p} = \sum s_i \mathfrak{p}_i$ genau

$$ux + vy + wz = H(u, v, w)$$

sein. Also ist das Maximum von $ux + vy + wz$ im Bezirke $\mathfrak{K}^*$, nämlich $H^*(u, v, w)$, andererseits $\geq H(u, v, w)$; es folgt danach allgemein $H^*(u, v, w) = H(u, v, w)$, $\mathfrak{K}^* = \mathfrak{K}$, was zu beweisen war.

Im Hinblick auf den eben bewiesenen Satz bezeichnen wir den konvexen Bezirk mit der Stützebenenfunktion $H = \sum s_i H_i$ auch schlechthin durch $\mathfrak{K} = \sum s_i \mathfrak{K}_i$. Die Gesamtheit der konvexen Bezirke $\sum s_i \mathfrak{K}_i$ für alle möglichen Parameterwerte $s_1, s_2, \ldots, s_m$, die sämtlich ≥ 0 sind, nennen wir die *Schar konvexer Bezirke mit den Grundbezirken* $\mathfrak{K}_1, \mathfrak{K}_2, \ldots, \mathfrak{K}_m$. Diejenigen Bezirke der Schar, welche mit lauter Parameterwerten $s_1, s_2, \ldots, s_m$, die > 0 sind, konstruiert werden, sollen *inwendige* Bezirke der Schar, die anderen Bezirke, für welche ein Teil der Parameter $s_1, s_2, \ldots, s_m$ oder diese sämtlich $= 0$ sind, *Randbezirke* der Schar heißen. Es ist dabei nicht ausgeschlossen, daß ein und derselbe konvexe Bezirk in der Schar mittels verschiedener Wertsysteme der Parameter und insbesondere sowohl als ein inwendiger wie als ein Randbezirk auftritt.

Sind $\mathfrak{K}_1, \mathfrak{K}_2, \ldots, \mathfrak{K}_m$ speziell m ebene Bezirke (Ovale, Strecken, Punkte) in m parallelen Ebenen, welche die Richtung (α, β, γ) als gemeinsame Normale haben, so gilt bei jedem Index $i = 1, 2, \ldots, m$ stets $H_i(\alpha, \beta, \gamma) + H_i(-\alpha, -\beta, -\gamma) = 0$ und daher auch für jeden Bezirk $\mathfrak{K} = \sum s_i \mathfrak{K}_i$ stets $H(\alpha, \beta, \gamma) + H(-\alpha, -\beta, -\gamma) = 0$. Es ist dann also jeder einzelne Bezirk der betreffenden, aus $\mathfrak{K}_1, \mathfrak{K}_2, \ldots, \mathfrak{K}_m$ entspringenden Schar ganz in einer Ebene mit der Normale (α, β, γ) gelegen.

Gibt es keine Richtung (α, β, γ), wofür alle m Gleichungen

$$H_i(\alpha, \beta, \gamma) + H_i(-\alpha, -\beta, -\gamma) = 0 \quad (i = 1, 2, \ldots, m) \tag{82}$$

auf einmal gelten, sind also $\mathfrak{K}_1, \mathfrak{K}_2, \ldots, \mathfrak{K}_m$ nicht m ebene Bezirke in m parallelen Ebenen, so wird für einen inwendigen Bezirk $\mathfrak{K}$ der aus ihnen entspringenden Schar notwendig bei jeder beliebigen Richtung (α, β, γ) immer

(83) $$H(\alpha, \beta, \gamma) + H(-\alpha, -\beta, -\gamma) > 0$$

sein. In diesem Falle sind daher die *inwendigen* Bezirke der Schar durchweg konvexe Körper und soll die Schar als *Schar konvexer Körper* bezeichnet werden; dabei wird zugelassen, daß als Randbezirke der Schar auch Ovale, Strecken, Punkte auftreten.

§ 18. Die Begrenzungen in den Bezirken einer Schar.

Für die soeben festgestellte Bildungsweise der Bezirke in einer Schar aus den Grundbezirken geben wir jetzt noch eine zweite Ableitung, durch welche wir zugleich wichtige Aufschlüsse über die Begrenzung eines beliebigen Bezirks der Schar erhalten.

Es seien $\mathfrak{K}_1, \mathfrak{K}_2, \ldots, \mathfrak{K}_m$ irgend m konvexe Bezirke mit den Stützebenenfunktionen $H_1, H_2, \ldots, H_m$ und $\mathfrak{K}$ der Bezirk mit der Stützebenenfunktion $H = \sum s_i H_i$ $(i = 1, 2, \ldots, m)$, wobei wir jetzt die Werte $s_1, s_2, \ldots, s_m$ sämtlich > 0 voraussetzen.

Betrachten wir einen beliebigen extremen Punkt $\mathfrak{p}$ von $\mathfrak{K}$; es sei S:

$$\xi = \alpha'' x + \beta'' y + \gamma'' z, \quad \eta = \alpha' x + \beta' y + \gamma' z, \quad \zeta = \alpha x + \beta y + \gamma z$$

eine orthogonale Substitution, zu der dieser extreme Punkt von $\mathfrak{K}$ gehört. Wir bezeichnen wie in § 12 mit $\{\mathfrak{F}\}$ die Stützebene an $\mathfrak{K}$ mit der Normale (α, β, γ), mit $\mathfrak{F}$ die Menge der Punkte von $\mathfrak{K}$ in dieser Ebene, weiter in der Ebene $\{\mathfrak{F}\}$ mit $\{\mathfrak{L}\}$ die Stützgerade an $\mathfrak{F}$ mit der Normale $(\alpha', \beta', \gamma')$, mit $\mathfrak{L}$ die Menge der Punkte von $\mathfrak{F}$ in dieser Geraden. Der Punkt $\mathfrak{p}$ ist dann endlich derjenige Punkt von $\mathfrak{L}$, von dem aus in der Richtung $(\alpha'', \beta'', \gamma'')$ kein weiterer Punkt von $\mathfrak{L}$ liegt.

In analoger Weise wie die Bereiche $\{\mathfrak{F}\}, \mathfrak{F}, \{\mathfrak{L}\}, \mathfrak{L}, \mathfrak{p}$ für $\mathfrak{K}$ mögen in bezug auf genau dieselbe orthogonale Substitution S für jeden Bezirk $\mathfrak{K}_i$ $(i = 1, 2, \ldots, m)$ die Bereiche $\{\mathfrak{F}_i\}, \mathfrak{F}_i, \{\mathfrak{L}_i\}, \mathfrak{L}_i, \mathfrak{p}_i$ definiert sein, so daß also insbesondere $\mathfrak{p}_i$ der zu S gehörende extreme Punkt von $\mathfrak{K}_i$ wird.

Fragen wir nun, wie für den Punkt $\mathfrak{p}$ eine Darstellung

(84) $$\mathfrak{p} = s_1 \mathfrak{q}_1 + s_2 \mathfrak{q}_2 + \cdots + s_m \mathfrak{q}_m$$

möglich ist, wobei $\mathfrak{q}_i$ jedesmal ein Punkt aus $\mathfrak{K}_i$ sein soll.

Indem wir eine orthogonale Koordinatentransformation zulassen, können wir ohne Beeinträchtigung der Allgemeinheit annehmen, die Richtungen $(\alpha'', \beta'', \gamma'')$, $(\alpha', \beta', \gamma')$, (α, β, γ) seien die der positiven x, y, z-Achse. Die Ebene $\{\mathfrak{F}\}$, welche $\mathfrak{p}$ enthält, ist dann durch $z = H(0, 0, 1)$

bestimmt; für einen Punkt $\mathfrak{q}_i(x_i, y_i, z_i)$ aus $\mathfrak{K}_i$ gilt jedenfalls $z_i \leqq H_i(0, 0, 1)$. Nun haben wir insbesondere

(85) $H(0, 0, 1) = s_1 H_1(0, 0, 1) + s_2 H_2(0, 0, 1) + \cdots + s_m H_m(0, 0, 1)$.

Eine Relation, wie wir sie in (84) fordern, kann danach gewiß nur in der Weise statthaben, daß dabei für jeden Punkt $\mathfrak{q}_i$ stets $z_i = H_i(0, 0, 1)$ ist, d. h. daß $\mathfrak{q}_i$ in der Ebene $\{\mathfrak{F}_i\}$, als Punkt von $\mathfrak{K}_i$ also in $\mathfrak{F}_i$ liegt.

Nach § 12 besitzt die Funktion $H(u, v, w) - wH(0, 0, 1)$ und entsprechend besitzen die Ausdrücke $H_i(u, v, w) - wH_i(0, 0, 1)$ bei festgehaltenen Werten u, v für ein unbegrenzt wachsendes w jedesmal einen bestimmten Grenzwert; wir bezeichnen diese Grenzwerte mit $H'(u, v)$, $H_i'(u, v)$. Aus $H(u, v, w) = \sum s_i H_i(u, v, w)$ und der daraus entnommenen speziellen Gleichung (85) folgt dann $H'(u, v) = \sum s_i H_i'(u, v)$.

Die Gerade $\{\mathfrak{L}\}$ der Ebene $\{\mathfrak{F}\}$ wird durch $y = H'(0, 1)$ bestimmt und hat daher für $\mathfrak{p}$ weiter dieser Wert von y statt. Für einen Punkt $\mathfrak{q}_i$ aus $\mathfrak{F}_i$ gilt jedenfalls $y_i \leqq H_i'(0, 1)$. Nun ist insbesondere

(86) $H'(0, 1) = s_1 H'(0, 1) + s_2 H'(0, 1) + \cdots + s_m H_m'(0, 1)$.

Danach kann eine Relation, wie wir sie in (84) fordern, jedenfalls nur so statthaben, daß dabei für $\mathfrak{q}_i$ jedesmal $y_i = H_i'(0, 1)$ ist, d. h. daß $\mathfrak{q}_i$ auf der Geraden $\{\mathfrak{L}_i\}$, also als Punkt von $\mathfrak{F}_i$ notwendig in $\mathfrak{L}_i$ liegt.

Weiter besitzen nach § 12 die Ausdrücke $H'(u, v) - vH'(0, 1)$, $H_i'(u, v) - vH_i'(0, 1)$ bei festem u für ein unbegrenzt wachsendes v bestimmte Grenzwerte, die wir $H''(u)$, $H_i''(u)$ nennen wollen. Aus $H'(u, v) = \sum s_i H_i'(u, v)$ und der daraus abgeleiteten speziellen Gleichung (86) folgt dann $H''(u) = \sum s_i H_i''(u)$.

Für den Punkt $\mathfrak{p}$ in $\mathfrak{L}$ ist nun endlich $x = H''(1)$. Für einen Punkt $\mathfrak{q}_i$ aus $\mathfrak{L}_i$ gilt jedenfalls $x_i \leqq H_i''(1)$. Nun haben wir insbesondere

(87) $H''(1) = s_1 H_1''(1) + s_2 H_2''(1) + \cdots + s_m H_m''(1)$.

Danach kann endlich die Relation (84) nur noch so statthaben, daß dabei für $\mathfrak{q}_i$ jedesmal $x_i = H_i''(1)$ ist, d. h. daß $\mathfrak{q}_i$ mit dem zur Substitution S gehörenden extremen Punkte $\mathfrak{p}_i$ von $\mathfrak{K}_i$ identisch wird. Mit den Punkten $\mathfrak{q}_i = \mathfrak{p}_i$ aber besteht nach den Gleichungen (85), (86), (87) in der Tat die Formel (84).

Auf diese Weise sind wir zu dem folgenden Resultate gekommen:

Ein beliebiger extremer Punkt $\mathfrak{p}$ des Bezirks $\mathfrak{K}$ mit der Stützebenenfunktion $H = \sum s_i H_i$, wobei die Werte s_i sämtlich > 0 sind, läßt sich stets auf eine und nur eine Weise in die Form $\mathfrak{p} = \sum s_i \mathfrak{p}_i$ setzen, so daß dabei jedesmal $\mathfrak{p}_i$ ein Punkt von $\mathfrak{K}_i$ ist. Gehört $\mathfrak{p}$ als extremer Punkt von $\mathfrak{K}$ insbesondere zu einer orthogonalen Substitution S, so muß dabei $\mathfrak{p}_i$ der zu derselben Substitution S gehörende extreme Punkt von $\mathfrak{K}_i$ werden.

Wir sahen bereits in § 17 ((76) und (77)), daß, wenn für zwei Punkte

$\mathfrak{p}$ und $\mathfrak{p}^*$ Darstellungen der hier verlangten Form (84) bestehen, daraus sogleich entsprechende Darstellungen für jeden Punkt der $\mathfrak{p}$ und $\mathfrak{p}^*$ verbindenden Strecke folgen. Von dem soeben abgeleiteten Satze aus gelangen wir, auf diese Bemerkung gestützt, nacheinander zu den weiteren Beziehungen:

$$\mathfrak{L} = \sum s_i \mathfrak{L}_i, \quad \mathfrak{F} = \sum s_i \mathfrak{F}_i, \quad \mathfrak{K} = \sum s_i \mathfrak{K}_i \quad (i = 1, 2, \ldots, m), \tag{88}$$

deren Sinn sein soll, daß für jeden beliebigen Punkt $\mathfrak{q}$ aus $\mathfrak{L}$, bzw. aus $\mathfrak{F}$, bzw. aus $\mathfrak{K}$ stets eine Darstellung $\mathfrak{q} = \sum s_i \mathfrak{q}_i$ möglich ist, so daß dabei $\mathfrak{q}_i$ jedesmal einen Punkt aus $\mathfrak{L}_i$, bzw. aus $\mathfrak{F}_i$, bzw. aus $\mathfrak{K}_i$ bedeutet.

Sind die Grundbezirke $\mathfrak{K}_1, \mathfrak{K}_2, \ldots, \mathfrak{K}_m$ speziell m Punkte, oder sind sie ganz in m parallelen Geraden oder sind sie ganz in m parallelen Ebenen gelegen, so ist jeder Bezirk $\mathfrak{K}$ der aus ihnen entspringenden Schar ein Punkt, oder in einer zu den m Geraden parallelen Geraden oder in einer zu den m Ebenen parallelen Ebene gelegen.

§ 19. Polyederscharen.

Wir wollen jetzt die Annahme verfolgen, daß $\mathfrak{K}_1, \mathfrak{K}_2, \ldots, \mathfrak{K}_m$ speziell lauter konvexe Bezirke je mit einer *endlichen* Anzahl von extremen Punkten, also Polyeder, Polygone, Strecken, Punkte seien. Alsdann gilt der Satz:

Jeder beliebige Bezirk $\mathfrak{K} = \sum s_i \mathfrak{K}_i$ der Schar mit den Grundbezirken $\mathfrak{K}_i$ weist notwendig nur eine endliche Anzahl von extremen Punkten auf, kann also gleichfalls nur ein Polyeder, Polygon, eine Strecke oder ein Punkt sein.

Dieser Satz ist unmittelbar daraus einleuchtend, daß jeder extreme Punkt von $\mathfrak{K}$ nach § 18 in der Form $\sum s_i \mathfrak{p}_i$ auftreten muß, wobei $\mathfrak{p}_i$ jedesmal einen extremen Punkt von $\mathfrak{K}_i$ vorstellt. Wir können weiter feststellen:

Alle inwendigen Bezirke der Schar besitzen untereinander die gleiche Anzahl von Ecken mit den gleichen zugehörigen Normalensektoren in der Kugel $\mathfrak{G}$ $(x^2 + y^2 + z^2 \leqq 1)$.

In der Tat, setzen wir jetzt in $\mathfrak{K} = \sum s_i \mathfrak{K}_i$ die sämtlichen m Parameter $s_i > 0$ voraus. Es sei $\mathfrak{p}$ eine beliebige Ecke, also ein extremer Punkt von $\mathfrak{K}$, so ist die Relation $\mathfrak{p} = \sum s_i \mathfrak{p}_i$ mit Punkten $\mathfrak{p}_i$ aus den Bezirken $\mathfrak{K}_i$ nach § 18 auf eine einzige Weise herzustellen, wobei dann jedesmal $\mathfrak{p}_i$ wieder einen extremen Punkt, also unter den gegenwärtigen Umständen eine gewisse Ecke von $\mathfrak{K}_i$ bedeutet. Ist dann (α, β, γ) Normale einer Stützebene durch $\mathfrak{p}$ an $\mathfrak{K}$, so muß die Stützebene an $\mathfrak{K}_i$ mit dieser Normale (α, β, γ) jedesmal durch den Punkt $\mathfrak{p}_i$ gehen. Bezeichnen wir mit $\mathsf{N}(\mathfrak{p})$ den (in der Kugel $\mathfrak{G}$ konstruierten) Normalensektor der

Ecke $\mathfrak{p}$ von $\mathfrak{K}$, mit $\mathsf{N}_i(\mathfrak{p}_i)$ den Normalensektor der Ecke $\mathfrak{p}_i$ von $\mathfrak{K}_i$, so muß danach der ganze Sektor $\mathsf{N}(\mathfrak{p})$ stets in jedem einzelnen Sektor $\mathsf{N}_i(\mathfrak{p}_i)$ enthalten sein, es müssen somit die hier miteinander in Verbindung tretenden Ecken $\mathfrak{p}_1$ von $\mathfrak{K}_1$, $\mathfrak{p}_2$ von $\mathfrak{K}_2, \ldots, \mathfrak{p}_m$ von $\mathfrak{K}_m$ jedenfalls derart beschaffen sein, daß ihre zugehörigen Normalensektoren $\mathsf{N}_1(\mathfrak{p}_1)$, $\mathsf{N}_2(\mathfrak{p}_2), \ldots, \mathsf{N}_m(\mathfrak{p}_m)$ gewisse innere Punkte alle gemeinsam haben.

Umgekehrt bedeute $\mathfrak{p}_i$ für $i = 1, 2, \ldots, m$ jedesmal eine Ecke von $\mathfrak{K}_i$ und es mögen dabei die m zugehörigen Normalensektoren $\mathsf{N}_i(\mathfrak{p}_i)$ sämtlich gewisse innere Punkte gemeinsam haben. Alsdann ist das ihnen allen gemeinsame Gebiet (s. den Schluß von § 11) wieder ein gewisser konvexer Körper N, der ebenfalls aus lauter Radien der Kugel $\mathfrak{G}$ von $\mathfrak{o}$ aus bestehen wird. Ist (α, β, γ) die Richtung irgendeines solchen Radius von N, der von $\mathfrak{o}$ aus ins Innere von N und also damit zugleich ins Innere eines jeden der Sektoren $\mathsf{N}_i(\mathfrak{p}_i)$ eintritt, so ist die Stützebene an $\mathfrak{K}_i$ mit der Normale (α, β, γ) jedesmal eine Eckstützebene durch $\mathfrak{p}_i$ an $\mathfrak{K}_i$, enthält also von $\mathfrak{K}_i$ allein den Punkt $\mathfrak{p}_i$. Die Stützebene mit der Normale (α, β, γ) an $\mathfrak{K}$ kann alsdann von $\mathfrak{K}$ allein den Punkt $\mathfrak{p} = \sum s_i \mathfrak{p}_i$ enthalten; also ist dieser Punkt $\mathfrak{p}$ notwendig ein extremer Punkt, somit eine Ecke von $\mathfrak{K}$ und N stellt den Normalensektor dieser Ecke $\mathfrak{p}$ von $\mathfrak{K}$ vor.

Wir bemerken nun noch, daß nach dem Satze am Schlusse von § 15 die Normalensektoren zu den sämtlichen Ecken des Bezirks $\mathfrak{K}$ oder eines der Bezirke $\mathfrak{K}_i$ jedesmal die Kugel $\mathfrak{G}$ vollständig erfüllen müssen, und können alsdann die Normalensektoren der sämtlichen Ecken von $\mathfrak{K}$ offenbar in folgender Weise aus den Grundbezirken $\mathfrak{K}_i$ ermitteln. Es möge $\mathfrak{p}_i$ nacheinander die sämtlichen Ecken von $\mathfrak{K}_i$ durchlaufen. Die zugehörigen Normalensektoren $\mathsf{N}_i(\mathfrak{p}_i)$ erfüllen jedesmal zusammengenommen die ganze Kugel $\mathfrak{G}$, und erscheint danach die Kugel $\mathfrak{G}$, den Werten $i = 1, 2, \ldots, m$ entsprechend, auf m Weisen in Sektoren zerlegt. Jeder solche Radius von $\mathfrak{G}$, welcher bei keiner einzigen dieser m Zerlegungen als begrenzender Radius eines Sektors $\mathsf{N}_i(\mathfrak{p}_i)$ auftritt, ist dann ein innerer Radius eines ganz bestimmten Sektors $\mathsf{N}_1(\mathfrak{p}_1)$, eines ganz bestimmten Sektors $\mathsf{N}_2(\mathfrak{p}_2), \ldots$, eines ganz bestimmten Sektors $\mathsf{N}_m(\mathfrak{p}_m)$, so daß die betreffenden m Sektoren dann notwendig gewisse innere Punkte gemein haben. Danach erhalten wir genau die Zerschneidung der Kugel $\mathfrak{G}$ in die gesuchten Normalensektoren $\mathsf{N}(\mathfrak{p})$ der sämtlichen Ecken $\mathfrak{p}$ des Bezirks $\mathfrak{K}$, indem wir alle Begrenzungen, welche bei jenen m einzelnen Zerlegungen von $\mathfrak{G}$ auftreten, gleichzeitig zu einer einzigen Zerlegung der Kugel $\mathfrak{G}$ verwenden. Diese Sektoren $\mathsf{N}(\mathfrak{p})$ fallen auf diese Weise in der Tat identisch aus für alle inwendigen Bezirke $\mathfrak{K}$ der Schar.

Wenn $\mathfrak{K}_1, \mathfrak{K}_2, \ldots, \mathfrak{K}_m$ nicht m ebene Bezirke (Polygone, Strecken,

Punkte) in m parallelen Ebenen sind, ist jeder inwendige Bezirk $\mathfrak{K}$ der aus ihnen entspringenden Schar ein Polyeder und wollen wir von der Schar als einer *Polyederschar* sprechen. Die Randbezirke der Schar, speziell die Grundbezirke selbst, können dabei auch Polygone, Strecken, Punkte sein; sie lassen sich dann in der Regel als Grenzfälle der inwendigen Bezirke auffassen.

Wir setzen jetzt die Schar der Bezirke $\mathfrak{K} = \sum s_i \mathfrak{K}_i \; (s_i \geqq 0,\ i = 1, 2, \ldots, m)$ als Polyederschar voraus. Aus dem zuletzt bewiesenen Satze können wir dann weiter ableiten, daß die inwendigen Polyeder der Schar auch in bezug auf die Normalen und Anordnungen der Seitenflächen und Kanten sämtlich übereinstimmen.

In der Tat, betrachten wir einen beliebigen inwendigen Bezirk $\mathfrak{K}$ der Schar. Es sei $\mathfrak{K}$ ein Polyeder mit ν Seitenflächen, die wir in irgendeiner Weise numeriert $\mathfrak{F}^{(1)}, \mathfrak{F}^{(2)}, \ldots, \mathfrak{F}^{(\nu)}$ nennen. Es sei $(\alpha^{(\tau)}, \beta^{(\tau)}, \gamma^{(\tau)})$ die Normale von $\mathfrak{F}^{(\tau)}$ für $\tau = 1, 2, \ldots, \nu$. Sodann sei $\mathfrak{F}^{(\tau)}$ ein Polygon mit μ_τ Seiten, die wir in irgendeiner Weise numeriert mit $\mathfrak{L}^{(\tau 1)}, \mathfrak{L}^{(\tau 2)}, \ldots, \mathfrak{L}^{(\tau \mu_\tau)}$ bezeichnen. Es sei $(\alpha^{(\tau\sigma)}, \beta^{(\tau\sigma)}, \gamma^{(\tau\sigma)})$ die Normale der Seite $\mathfrak{L}^{(\tau\sigma)}$ in $\mathfrak{F}^{(\tau)}$ für $\sigma = 1, 2, \ldots, \mu_\tau$. Endlich bezeichnen wir die Endpunkte der Strecke $\mathfrak{L}^{(\tau\sigma)}$ mit $\mathfrak{p}^{(\tau\sigma 1)}$ und $\mathfrak{p}^{(\tau\sigma 2)}$, und es sei $(\alpha^{(\tau\sigma\varrho)}, \beta^{(\tau\sigma\varrho)}, \gamma^{(\tau\sigma\varrho)})$ für $\varrho = 1, 2$ diejenige Richtung in dieser Strecke, welche von $\mathfrak{p}^{(\tau\sigma\varrho)}$ aus ihr herausführt. Wir setzen ferner jedesmal

$$(89) \qquad \begin{aligned} \mathfrak{x}^{(\tau\sigma\varrho)} &= \alpha^{(\tau\sigma\varrho)} x + \beta^{(\tau\sigma\varrho)} y + \gamma^{(\tau\sigma\varrho)} z, \\ \eta^{(\tau\sigma)} &= \alpha^{(\tau\sigma)} x + \beta^{(\tau\sigma)} y + \gamma^{(\tau\sigma)} z, \\ \mathfrak{z}^{(\tau)} &= \alpha^{(\tau)} x + \beta^{(\tau)} y + \gamma^{(\tau)} z, \end{aligned}$$

und bezeichnen die durch diese drei Gleichungen bestimmte orthogonale Substitution mit $S^{(\tau\sigma\varrho)}$.

Die Punkte $\mathfrak{p}^{(\tau\sigma\varrho)}$ werden die Ecken von $\mathfrak{K}$. Eine jede Ecke $\mathfrak{p}^{(\tau\sigma\varrho)}$ gehört in $\mathfrak{F}^{(\tau)}$ außer der Kante $\mathfrak{L}^{(\tau\sigma)}$ stets noch einer zweiten Kante $\mathfrak{L}^{(\tau\sigma')}$ zu und gibt es also unter jenen Indexsystemen zu dem Systeme τ, σ, ϱ stets ein bestimmtes zweites System τ, σ', ϱ' $(\sigma' \neq \sigma)$, wobei die Ecke $\mathfrak{p}^{(\tau\sigma'\varrho')} = \mathfrak{p}^{(\tau\sigma\varrho)}$ ist. Die Beziehung der zwei Systeme τ, σ, ϱ und τ, σ', ϱ' zueinander ist offenbar eine gegenseitige. Die zugehörigen orthogonalen Substitutionen $S^{(\tau\sigma\varrho)}$ und $S^{(\tau\sigma'\varrho')}$ stimmen in ihrer Form $\mathfrak{z}^{(\tau)}$ überein, während in der Ebene $\mathfrak{z}^{(\tau)} = 0$ das System der $\mathfrak{x}^{(\tau\sigma\varrho)}$- und der $\eta^{(\tau\sigma)}$-Achse einerseits und das System der $\mathfrak{x}^{(\tau\sigma'\varrho')}$- und der $\eta^{(\tau\sigma')}$-Achse andererseits nicht kongruent sind, so daß die Determinanten dieser zwei Substitutionen stets entgegengesetzt gleich sind.

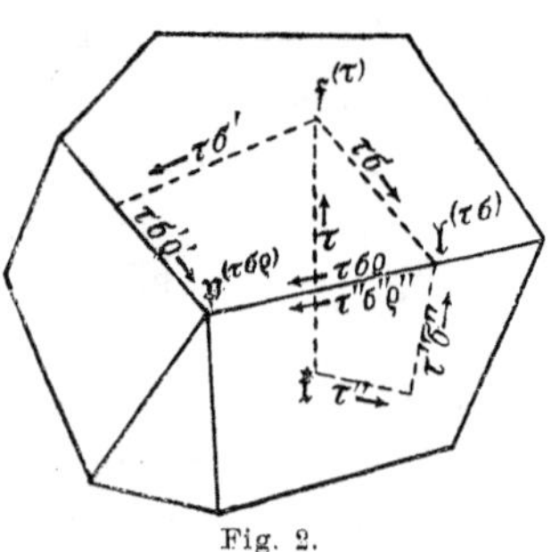

Fig. 2.

Ferner wird eine jede Kante $\mathfrak{L}^{(\tau\sigma)}$ von $\mathfrak{F}^{(\tau)}$ aus der Ebene von $\mathfrak{F}^{(\tau)}$ stets durch die Ebene einer bestimmten anderen Seitenfläche $\mathfrak{F}^{(\tau'')}$ von $\mathfrak{K}$ herausgeschnitten und gehört dann auch dieser Seitenfläche als Kante zu; danach gibt es unter jenen Indexsystemen zu jedem Systeme τ, σ, ϱ ein bestimmtes anderes System $\tau'', \sigma'', \varrho''$ $(\tau'' \neq \tau)$, wobei $\mathfrak{L}^{(\tau''\sigma'')} = \mathfrak{L}^{(\tau\sigma)}$, $\mathfrak{p}^{(\tau''\sigma''\varrho'')} = \mathfrak{p}^{(\tau\sigma\varrho)}$ und daher auch $\mathfrak{x}^{(\tau''\sigma''\varrho'')} = \mathfrak{x}^{(\tau\sigma\varrho)}$ ist. Die Beziehung solcher zwei Systeme τ, σ, ϱ und $\tau'', \sigma'', \varrho''$ zueinander ist eine gegenseitige. Die zugehörigen Substitutionen $S^{(\tau\sigma\varrho)}$ und $S^{(\tau''\sigma''\varrho'')}$ stimmen in ihrer $\mathfrak{x}$-Form überein, dagegen sind in der gemeinsamen Ebene $\mathfrak{x}^{(\tau\sigma\varrho)} = \mathfrak{x}^{(\tau''\sigma''\varrho'')} = 0$ das System der $\eta^{(\tau\sigma)}$- und der $\zeta^{(\tau)}$-Achse einerseits und das System der $\eta^{(\tau''\sigma'')}$- und der $\zeta^{(\tau'')}$-Achse andererseits nicht kongruent, so daß die Determinanten dieser zwei Substitutionen stets entgegengesetzt gleich sind.

Nehmen wir jetzt ein beliebiges anderes inwendiges Polyeder $\mathfrak{K}^*$ der Schar, so muß es in $\mathfrak{K}^*$ nach dem vorhin bewiesenen Satze eine Ecke $\mathfrak{p}^*$ geben mit dem gleichen Normalensektor in der Kugel $\mathfrak{G}$ wie die Ecke $\mathfrak{p}^{(\tau\sigma\varrho)}$ von $\mathfrak{K}$. Alsdann muß der Projektionsraum des Polyeders $\mathfrak{K}$ von $\mathfrak{p}^{(\tau\sigma\varrho)}$ aus durch die Translation von $\mathfrak{p}^{(\tau\sigma\varrho)}$ nach $\mathfrak{p}^*$ unmittelbar in den Projektionsraum des Polyeders $\mathfrak{K}^*$ von $\mathfrak{p}^*$ aus übergehen. Danach muß $\mathfrak{K}^*$ eine Seitenfläche $\mathfrak{F}^*$ mit der Normale $(\alpha^{(\tau)}, \beta^{(\tau)}, \gamma^{(\tau)})$ und in dieser eine Kante $\mathfrak{L}^*$ mit der Normale $(\alpha^{(\tau\sigma)}, \beta^{(\tau\sigma)}, \gamma^{(\tau\sigma)})$ und dabei endlich $\mathfrak{p}^*$ als einen solchen Endpunkt von $\mathfrak{L}^*$ besitzen, daß in der Richtung $(\alpha^{(\tau\sigma\varrho)}, \beta^{(\tau\sigma\varrho)}, \gamma^{(\tau\sigma\varrho)})$ von $\mathfrak{p}^*$ kein weiterer Punkt von $\mathfrak{L}^*$ liegt; ferner muß in $\mathfrak{p}^*$ eine zweite Kante von $\mathfrak{F}^*$ mit der Normale $(\alpha^{(\tau\sigma')}, \beta^{(\tau\sigma')}, \gamma^{(\tau\sigma')})$ enden und muß $\mathfrak{L}^*$ einer zweiten Seitenfläche von $\mathfrak{K}^*$ mit der Normale $(\alpha^{(\tau'')}, \beta^{(\tau'')}, \gamma^{(\tau'')})$ zugehören. Da in derselben Weise die bei $\mathfrak{K}^*$ vorkommenden Normalen der Seitenflächen und Kanten sich auch sämtlich bei $\mathfrak{K}$ vorfinden müssen, erkennen wir, daß die mit Hilfe irgendeines inwendigen Polyeders $\mathfrak{K}$ der Schar eingeführten Zahlen $\nu, \mu_1, \mu_2, \ldots, \mu_\nu$, Richtungen

$$\alpha^{(\tau)},\ \beta^{(\tau)},\ \gamma^{(\tau)};\quad \alpha^{(\tau\sigma)},\ \beta^{(\tau\sigma)},\ \gamma^{(\tau\sigma)};\quad \alpha^{(\tau\sigma\varrho)},\ \beta^{(\tau\sigma\varrho)},\ \gamma^{(\tau\sigma\varrho)}$$
$$(\tau = 1, 2, \ldots, \nu;\ \sigma = 1, 2, \ldots, \mu_\tau;\ \varrho = 1, 2)$$

und Zuordnungen τ, σ, ϱ; τ, σ', ϱ'; $\tau'', \sigma'', \varrho''$ eine unveränderliche Bedeutung für alle inwendigen Polyeder der Schar besitzen.

Wir wollen noch zusehen, wie die hier genannten Größen aus den Grundbezirken $\mathfrak{K}_1, \mathfrak{K}_2, \ldots, \mathfrak{K}_m$ selbst hergeleitet werden können. Wir verstehen für jeden Bezirk $\mathfrak{K}_i$ $(i = 1, 2, \ldots, m)$ unter $\{\mathfrak{F}_i^{(\tau)}\}$ die Stützebene an $\mathfrak{K}_i$ mit der Normale $(\alpha^{(\tau)}, \beta^{(\tau)}, \gamma^{(\tau)})$, unter $\mathfrak{F}_i^{(\tau)}$ die Menge der Punkte von $\mathfrak{K}_i$ in $\{\mathfrak{F}_i^{(\tau)}\}$, sodann in dieser Ebene $\{\mathfrak{F}_i^{(\tau)}\}$ unter $\{\mathfrak{L}_i^{(\tau\sigma)}\}$ die Stützgerade an $\mathfrak{F}_i^{(\tau)}$ mit der Normale $(\alpha^{(\tau\sigma)}, \beta^{(\tau\sigma)}, \gamma^{(\tau\sigma)})$, unter $\mathfrak{L}_i^{(\tau\sigma)}$ die Menge der Punkte von $\mathfrak{F}_i^{(\tau)}$ in $\{\mathfrak{L}_i^{(\tau\sigma)}\}$, endlich unter $\mathfrak{p}_i^{(\tau\sigma\varrho)}$ denjenigen Punkt in $\mathfrak{L}_i^{(\tau\sigma)}$, von dem aus in der Richtung $(\alpha^{(\tau\sigma\varrho)}, \beta^{(\tau\sigma\varrho)}, \gamma^{(\tau\sigma\varrho)})$ kein weiterer

Punkt von $\mathfrak{L}_i^{(\tau\sigma)}$ liegt. Alsdann gelten für einen beliebigen inwendigen Bezirk $\mathfrak{K} = \sum s_i \mathfrak{K}_i$ der Schar nach § 18 stets die Beziehungen:

(90) $$\mathfrak{F}^{(\tau)} = \sum s_i \mathfrak{F}_i^{(\tau)}, \quad \mathfrak{L}^{(\tau\sigma)} = \sum s_i \mathfrak{L}^{(\tau\sigma)}, \quad \mathfrak{p}^{(\tau\sigma\varrho)} = \sum s_i \mathfrak{p}_i^{(\tau\sigma\varrho)}.$$

Nun soll für $\mathfrak{K}$ jeder Bereich $\mathfrak{F}^{(\tau)}$ $(\tau = 1, 2, \ldots, \nu)$ wirklich ein Polygon sein und können nach der ersten Relation hier daher nicht $\mathfrak{F}_1^{(\tau)}$, $\mathfrak{F}_2^{(\tau)}, \ldots, \mathfrak{F}_m^{(\tau)}$ lauter Strecken oder Punkte in m parallelen Geraden vorstellen, wir müssen also unter diesen m Bereichen entweder wenigstens ein Polygon oder wenigstens zwei einander nicht parallele Strecken vorfinden. Die sämtlichen Richtungen $(\alpha^{(\tau)}, \beta^{(\tau)}, \gamma^{(\tau)})$, die als äußere Normalen von Seitenflächen in $\mathfrak{K}$ auftreten, entstehen danach auf zweierlei Arten: *Erstens* haben wir darunter jede Richtung, welche bei irgendeinem der Grundbezirke $\mathfrak{K}_i$ als äußere Normale einer Seitenfläche vorkommt. So oft wir *zweitens* bei irgend zweien der Grundbezirke $\mathfrak{K}_i, \mathfrak{K}_j$ $(i \neq j)$ zwei nicht parallele Kanten $\mathfrak{L}_i, \mathfrak{L}_j$ vorfinden, derart, daß die Ebene durch $\mathfrak{L}_i$ parallel zu $\mathfrak{L}_j$ Stützebene an $\mathfrak{K}_i$ und die Ebene durch $\mathfrak{L}_j$ parallel zu $\mathfrak{L}_i$ Stützebene an $\mathfrak{K}_j$ ist, und zwar diese beiden Stützebenen als solche mit gleicher (nicht mit entgegengesetzter) Normale auftreten, kommt die betreffende Normale stets ebenfalls unter den Richtungen $(\alpha^{(\tau)}, \beta^{(\tau)}, \gamma^{(\tau)})$ vor.

Hierbei haben wir in bezug auf diejenigen Bezirke $\mathfrak{K}_i$, welche Polygone oder Strecken bedeuten, noch folgendes zu beachten. Bei einem Polygon ist die Ebene des Polygons gleichzeitig Stützebene an dasselbe mit zwei einander entgegengesetzten Normalen und haben wir den Bereich des Polygons wie zwei Seitenflächen für das Polygon mit den betreffenden zwei Normalen aufzufassen, ferner die Seiten des Polygons als Kanten dieser Seitenflächen in Betracht zu ziehen. Bei einem Bezirk, der eine Strecke bedeutet, haben wir eine Kante eben in der Strecke selbst in Betracht zu ziehen.

Jeder Bereich $\mathfrak{L}^{(\tau\sigma)}$ für das Polyeder $\mathfrak{K}$ soll wirklich eine Strecke sein, und muß wegen der zweiten Gleichung in (90) dann unter den m Bereichen $\mathfrak{L}_1^{(\tau\sigma)}, \mathfrak{L}_2^{(\tau\sigma)}, \ldots, \mathfrak{L}_m^{(\tau\sigma)}$ jedesmal wenigstens eine Strecke vorhanden sein. Danach haben wir unter den Richtungen $(\alpha^{(\tau\sigma)}, \beta^{(\tau\sigma)}, \gamma^{(\tau\sigma)})$ zu einem bestimmten Index τ eine jede solche, in $\xi^{(\tau)} = 0$ vorkommende Richtung, welche als äußere Normale einer Kante bei einem Bereiche $\mathfrak{F}_i^{(\tau)}$ in einer Ebene $\{\mathfrak{F}_i^{(\tau)}\}$ auftritt, und nur diese Richtungen.

§ 20. Volumen und Schwerpunkt in einer Polyederschar.

Betrachten wir wieder eine Polyederschar mit m Grundbezirken $\mathfrak{K}_1, \mathfrak{K}_2, \ldots, \mathfrak{K}_m$. Wir suchen jetzt das Volumen und ferner die Koordinaten des Schwerpunkts für einen beliebigen Bezirk $\mathfrak{K} = \sum s_i \mathfrak{K}_i$ der Schar als Funktion der Parameter s_i darzustellen. Zu dem Ende werden wir zunächst zeigen, wie ein solcher Bereich $\mathfrak{K}$ sich in gewisser Weise aus lauter Tetraedern aufbaut.

Wir halten an allen im vorigen Paragraphen eingeführten Bezeichnungen fest, und wir wollen uns zunächst die s_i sämtlich > 0, also $\mathfrak{K}$ als inwendigen Bezirk der Schar denken. Wir nehmen einen Punkt $\mathfrak{k}$ im Raume beliebig an, es seien a, b, c die Koordinaten von $\mathfrak{k}$ und wir fällen von $\mathfrak{k}$ Lote auf die Ebenen $\{\mathfrak{F}^{(\tau)}\}$ der einzelnen Seitenflächen $\mathfrak{F}^{(\tau)}$ von $\mathfrak{K}$ (für $\tau = 1, 2, \ldots, \nu$). Wir bezeichnen mit $C^{(\tau)}$ die Länge des Lotes von $\mathfrak{k}$ auf die Ebene $\{\mathfrak{F}^{(\tau)}\}$ und zwar noch mit negativem Vorzeichen versehen, falls diese Ebene den Punkt $\mathfrak{k}$ und das Innere von $\mathfrak{K}$ auf verschiedenen Seiten von sich liegen hat, so daß also in jedem Falle $C^{(\tau)}$ das Maximum von $\alpha^{(\tau)}(x-a) + \beta^{(\tau)}(y-b) + \gamma^{(\tau)}(z-c)$ für die Punkte x, y, z in $\mathfrak{K}$ bedeutet. Wir wollen bei einer beliebigen reellen Größe C unter $\operatorname{sgn} C$ das Vorzeichen ± 1 von C verstehen, wenn $C \neq 0$ ist, oder den Wert Null, wenn $C = 0$ ist. Das ganze Polyeder $\mathfrak{K}$ setzt sich nun in gewisser Weise mit Hilfe der einzelnen Pyramiden $\mathfrak{k}\mathfrak{F}^{(\tau)}$ zusammen, welche $\mathfrak{k}$ als Spitze und die einzelnen Flächen $\mathfrak{F}^{(\tau)}$ als Grundflächen haben. Liegt $\mathfrak{k}$ im Inneren von $\mathfrak{K}$, so sind alle Größen $C^{(\tau)} > 0$ und überdecken jene Pyramiden zusammen genau den Bereich von $\mathfrak{K}$, wobei sie untereinander nur in den Begrenzungen gemeinsame Punkte haben. Entsprechendes gilt, wenn $\mathfrak{k}$ auf der Begrenzung von $\mathfrak{K}$ liegt, nur daß alsdann eine oder mehrere Größen $C^{(\tau)}$ gleich Null sind. Liegt $\mathfrak{k}$ außerhalb $\mathfrak{K}$, so überdecken diejenigen jener Pyramiden $\mathfrak{k}\mathfrak{F}^{(\tau)}$, welche Werten $C^{(\tau)} > 0$ entsprechen, das kleinste, $\mathfrak{k}$ und $\mathfrak{K}$ zugleich enthaltende Polyeder $(\mathfrak{k}, \mathfrak{K})$ (s. § 16), während sie untereinander nur in den Begrenzungen gemeinsame Punkte haben, und andererseits bilden diejenigen Pyramiden $\mathfrak{k}\mathfrak{F}^{(\tau)}$, welche Werten $C^{(\tau)} < 0$ entsprechen, (wenn wir die Punkte aus den Flächen $\mathfrak{F}^{(\tau)}$ selbst fortlassen), genau die *Kappe* von $\mathfrak{k}$ an $\mathfrak{K}$, wobei diese Pyramiden ebenfalls nur in den Begrenzungen zusammenstoßen. So oft endlich eine Größe $C^{(\tau)} = 0$ ist, reduziert sich die betreffende Pyramide $\mathfrak{k}\mathfrak{F}^{(\tau)}$ auf eine Polygonfläche, erlangt also ein Volumen $= 0$.

Wir können hiernach in jedem Falle für den Bereich des Polyeders $\mathfrak{K}$ eine Relation

$$(91) \qquad [\mathfrak{K}] = \sum \operatorname{sgn} C^{(\tau)} \cdot [\mathfrak{k}\mathfrak{F}^{(\tau)}] \qquad (\tau = 1, 2, \ldots, \nu)$$

in folgendem Sinne behaupten: Bringen wir jeden Punkt des Raumes, der irgendwie in die Bereiche $\mathfrak{k}\mathfrak{F}^{(\tau)}$ zu liegen kommt, bei jedem Bereich $\mathfrak{k}\mathfrak{F}^{(\tau)}$, dem er angehört, mit dem Gewicht $\operatorname{sgn} C^{(\tau)}$ in Rechnung, so resultiert hieraus (von den Punkten in einer endlichen Anzahl von Polygonflächen abgesehen) für jeden Punkt in $\mathfrak{K}$ ein Gesamtgewicht $= 1$, für jeden Punkt außerhalb $\mathfrak{K}$ ein Gesamtgewicht $= 0$. Betrachten wir nun irgendeine Funktion Φ der Koordinaten x, y, z und bezeichnen den Wert des Raumintegrals $\iiint \Phi\, dx\, dy\, dz$ über einen Raum $\mathfrak{R}$, (wenn diesem Integrale eine Bedeutung zukommt), mit $J(\mathfrak{R})$, so besteht alsdann zwischen den Werten $J(\mathfrak{K})$ und $J(\mathfrak{k}\mathfrak{F}^{(\tau)})$ für das Polyeder $\mathfrak{K}$ und für die einzelnen Pyramiden $\mathfrak{k}\mathfrak{F}^{(\tau)}$ notwendig der folgende Zusammenhang:

$$J(\mathfrak{K}) = \sum \operatorname{sgn} C^{(\tau)} \cdot J(\mathfrak{k}\mathfrak{F}^{(\tau)}) \qquad (\tau = 1, 2, \ldots, \nu). \tag{92}$$

Wir nehmen weiter in einer jeden Ebene $\{\mathfrak{F}^{(\tau)}\}$ einen Punkt $\mathfrak{f}^{(\tau)}$ beliebig an und fällen von ihm die Lote auf alle Geraden $\{\mathfrak{L}^{(\tau\sigma)}\}$ der Kanten $\mathfrak{L}^{(\tau\sigma)}$ von $\mathfrak{F}^{(\tau)}$ (für $\sigma = 1, 2, \ldots, \mu_\tau$). Es sei $B^{(\tau\sigma)}$ die Länge des Lotes von $\mathfrak{f}^{(\tau)}$ auf $\{\mathfrak{L}^{(\tau\sigma)}\}$ und zwar noch mit negativem Vorzeichen versehen, wenn diese Gerade den Punkt $\mathfrak{f}^{(\tau)}$ und das Inwendige von $\mathfrak{F}^{(\tau)}$ auf verschiedenen Seiten von sich liegen hat. Alsdann setzt sich das Polygon $\mathfrak{F}^{(\tau)}$ aus den einzelnen Dreiecken $\mathfrak{f}^{(\tau)}\mathfrak{L}^{(\tau\sigma)}$ mit $\mathfrak{f}^{(\tau)}$ als Spitze und den Kanten $\mathfrak{L}^{(\tau\sigma)}$ als Grundlinien dergestalt additiv und subtraktiv zusammen, daß wir für die Bereiche dieser ebenen Flächen die Relation

$$[\mathfrak{F}^{(\tau)}] = \sum \operatorname{sgn} B^{(\tau\sigma)} \cdot [\mathfrak{f}^{(\tau)}\mathfrak{L}^{(\tau\sigma)}] \qquad (\sigma = 1, 2, \ldots, \mu_\tau) \tag{93}$$

in einem ganz entsprechenden Sinne hinschreiben können, wie vorhin die Formel (91) aufgestellt wurde. Dieser Zusammensetzung des Polygons $\mathfrak{F}^{(\tau)}$ entspricht dann ein gewisser Aufbau der Pyramide $\mathfrak{k}\mathfrak{F}^{(\tau)}$ aus den einzelnen Tetraedern $\mathfrak{k}\mathfrak{f}^{(\tau)}\mathfrak{L}^{(\tau\sigma)}$ mit $\mathfrak{k}$ als Spitze und den Dreiecken $\mathfrak{f}^{(\tau)}\mathfrak{L}^{(\tau\sigma)}$ als Grundflächen, und können wir dadurch die Formel (92) weiter zu der Gleichung

$$J(\mathfrak{K}) = \sum \operatorname{sgn}(B^{(\tau\sigma)} C^{(\tau)}) \cdot J(\mathfrak{k}\mathfrak{f}^{(\tau)}\mathfrak{L}^{(\tau\sigma)}) \qquad \begin{pmatrix} \tau = 1, 2, \ldots, \nu \\ \sigma = 1, 2, \ldots, \mu_\tau \end{pmatrix} \tag{94}$$

entwickeln.

Endlich nehmen wir noch in jeder Geraden $\{\mathfrak{L}^{(\tau\sigma)}\}$ einen Punkt $\mathfrak{l}^{(\tau\sigma)}$ beliebig an; dabei treffen wir die Bestimmung, daß bei je zwei Indexsystemen $\tau\sigma$ und $\tau''\sigma''$, wofür gemäß § 19 sich $\mathfrak{L}^{(\tau''\sigma'')} = \mathfrak{L}^{(\tau\sigma)}$ erweist, stets auch $\mathfrak{l}^{(\tau''\sigma'')}$ mit $\mathfrak{l}^{(\tau\sigma)}$ identisch gewählt werde. Es sei sodann $A^{(\tau\sigma\varrho)}$ die Länge der Entfernung von $\mathfrak{l}^{(\tau\sigma)}$ nach der Ecke $\mathfrak{p}^{(\tau\sigma\varrho)}$ von $\mathfrak{L}^{(\tau\sigma)}$ (für $\varrho = 1, 2$) und zwar noch mit negativem Vorzeichen versehen, wenn $\mathfrak{l}^{(\tau\sigma)}$ auf entgegengesetzter Seite der Ecke $\mathfrak{p}^{(\tau\sigma\varrho)}$ liegt als der zweite Endpunkt der Strecke $\mathfrak{L}^{(\tau\sigma)}$. Die Strecke $\mathfrak{L}^{(\tau\sigma)}$ setzt sich aus den zwei Stücken $\mathfrak{l}^{(\tau\sigma)}\mathfrak{p}^{(\tau\sigma\varrho)}$ ($\varrho = 1, 2$) dergestalt zusammen, daß wir für diese in der Geraden $\{\mathfrak{L}^{\tau\sigma}\}$ gelegenen Bereiche die Relation

$$[\mathfrak{L}^{(\tau\sigma)}] = \sum \operatorname{sgn} A^{(\tau\sigma\varrho)} \cdot [\mathfrak{l}^{(\tau\sigma)}\mathfrak{p}^{(\tau\sigma\varrho)}] \qquad (\varrho = 1, 2) \tag{95}$$

in einem entsprechenden Sinne haben, wie die Formel (93) einen Zusammenhang zwischen ebenen Bereichen darstellte. Aus dieser Zerlegung (95) folgt eine entsprechende Zerlegung des Dreiecks $\mathfrak{f}^{(\tau)}\mathfrak{L}^{(\tau\sigma)}$ in zwei Dreiecke $\mathfrak{f}^{(\tau)}\mathfrak{l}^{(\tau\sigma)}\mathfrak{p}^{(\tau\sigma\varrho)}$, und resultiert daraus weiter ein Aufbau von $\mathfrak{F}^{(\tau)}$ aus den Dreiecken $\mathfrak{f}^{(\tau)}\mathfrak{l}^{(\tau\sigma)}\mathfrak{p}^{(\tau\sigma\varrho)}$:

(96) $$[\mathfrak{F}^{(\tau)}] = \sum \operatorname{sgn}(A^{(\tau\sigma\varrho)} B^{(\tau\sigma)}) \cdot [\mathfrak{f}^{(\tau)} \mathfrak{l}^{(\tau\sigma)} \mathfrak{p}^{(\tau\sigma\varrho)}] \quad \begin{pmatrix} \sigma = 1, 2, \ldots, \mu_\tau \\ \varrho = 1, 2 \end{pmatrix},$$

und schließlich folgt ein Aufbau des Polyeders $\mathfrak{K}$ aus den Tetraedern $\mathfrak{k}\mathfrak{f}^{(\tau)}\mathfrak{l}^{(\tau\sigma)}\mathfrak{p}^{(\tau\sigma\varrho)}$:

(97) $$[\mathfrak{K}] = \sum \operatorname{sgn}(A^{(\tau\sigma\varrho)} B^{(\tau\sigma)} C^{(\tau)}) \cdot [\mathfrak{k}\mathfrak{f}^{(\tau)} \mathfrak{l}^{(\tau\sigma)} \mathfrak{p}^{(\tau\sigma\varrho)}] \quad \begin{pmatrix} \tau = 1, 2, \ldots, \nu \\ \sigma = 1, 2, \ldots, \mu_\tau \\ \varrho = 1, 2 \end{pmatrix}.$$

Diese letzte Zerlegung von $\mathfrak{K}$ liefert uns endlich für das Integral $J(\mathfrak{K})$ die Beziehung

(98) $$J(\mathfrak{K}) = \sum \operatorname{sgn}(A^{(\tau\sigma\varrho)} B^{(\tau\sigma)} C^{(\tau)}) \cdot J(\mathfrak{k}\mathfrak{f}^{(\tau)} \mathfrak{l}^{(\tau\sigma)} \mathfrak{p}^{(\tau\sigma\varrho)}).$$

Wir wollen das Volumen von $\mathfrak{K}$ mit V, den Flächeninhalt von $\mathfrak{F}^{(\tau)}$ mit $F^{(\tau)}$, die Länge von $\mathfrak{L}^{(\tau\sigma)}$ mit $L^{(\tau\sigma)}$ bezeichnen. Die Länge der Strecke $\mathfrak{l}^{(\tau\sigma)}\mathfrak{p}^{(\tau\sigma\varrho)}$ ist der Betrag von $A^{(\tau\sigma\varrho)}$, der Flächeninhalt des Dreiecks $\mathfrak{f}^{(\tau)}\mathfrak{l}^{(\tau\sigma)}\mathfrak{p}^{(\tau\sigma\varrho)}$ das Produkt dieser Länge in den Betrag von $\frac{1}{2}B^{(\tau\sigma)}$, das Volumen des Tetraeders $\mathfrak{k}\mathfrak{f}^{(\tau)}\mathfrak{l}^{(\tau\sigma)}\mathfrak{p}^{(\tau\sigma\varrho)}$ das Produkt dieses Flächeninhalts in den Betrag von $\frac{1}{3}C^{(\tau)}$. Danach entsteht aus (98), wenn wir $\Phi = 1$ nehmen, insbesondere

(99) $$V = \frac{1}{6} \sum_{\tau,\sigma,\varrho} A^{(\tau\sigma\varrho)} B^{(\tau\sigma)} C^{(\tau)} \quad \begin{pmatrix} \tau = 1, 2, \ldots, \nu \\ \sigma = 1, 2, \ldots, \mu_\tau \\ \varrho = 1, 2 \end{pmatrix},$$

während wir aus (96) und (95) analog erhalten:

(100) $$F^{(\tau)} = \frac{1}{2} \sum_{\sigma,\varrho} A^{(\tau\sigma\varrho)} B^{(\tau\sigma)}, \quad L^{(\tau\sigma)} = A^{(\tau\sigma 1)} + A^{(\tau\sigma 2)}.$$

Wir nehmen zweitens $\Phi = x$ an und wir wollen das Integral $\iiint x\,dx\,dy\,dz$ über das Polyeder $\mathfrak{K}$ durch $\mathfrak{X}$ bezeichnen. Nennen wir die x-Koordinate für $\mathfrak{k}, \mathfrak{f}^{(\tau)}, \mathfrak{l}^{(\tau\sigma)}, \mathfrak{p}^{(\tau\sigma\varrho)}$ bzw. $a, a^{(\tau)}, a^{(\tau\sigma)}, a^{(\tau\sigma\varrho)}$, so ist der Wert des entsprechenden Raumintegrals über den Bereich des Tetraeders $\mathfrak{k}\mathfrak{f}^{(\tau)}\mathfrak{l}^{(\tau\sigma)}\mathfrak{p}^{(\tau\sigma\varrho)}$ gleich dem Produkt aus dem Volumen dieses Tetraeders in

$$\frac{1}{4}(a + a^{(\tau)} + a^{(\tau\sigma)} + a^{(\tau\sigma\varrho)}),$$

und geht daher aus (98) für $\Phi = x$ die Relation

(101) $$\mathfrak{X} = \frac{1}{24} \sum_{\tau,\sigma,\varrho} (a + a^{(\tau)} + a^{(\tau\sigma)} + a^{(\tau\sigma\varrho)}) A^{(\tau\sigma\varrho)} B^{(\tau\sigma)} C^{(\tau)}$$

hervor.

Über die Hilfspunkte $\mathfrak{k}, \mathfrak{f}^{(\tau)}, \mathfrak{l}^{(\tau\sigma)}$ treffen wir nun die folgende Verfügung. Wir nehmen zunächst für jeden Index $i = 1, 2, \ldots, m$ und alle in Betracht kommenden τ, σ einen Punkt $\mathfrak{k}_i$ beliebig an, weiter einen Punkt $\mathfrak{f}_i^{(\tau)}$ beliebig in der Stützebene $\{\mathfrak{F}_i^{(\tau)}\}$ an $\mathfrak{K}_i$, einen Punkt $\mathfrak{l}_i^{(\tau\sigma)}$ beliebig in der Stützgeraden $\{\mathfrak{L}_i^{(\tau\sigma)}\}$ an $\mathfrak{F}_i^{(\tau)}$; für je zwei gemäß § 19 zugeordnete Systeme

τ, σ und τ'', σ'', wobei $\{\mathfrak{L}_i^{(\tau''\sigma'')}\} = \{\mathfrak{L}_i^{(\tau\sigma)}\}$ ist, wählen wir aber stets $\mathfrak{l}_i^{(\tau''\sigma'')} = \mathfrak{l}_i^{(\tau\sigma)}$. Hernach führen wir für jeden beliebigen Bezirk $\mathfrak{K} = \sum s_i \mathfrak{K}_i$ der Schar die Punkte $\mathfrak{k}$, $\mathfrak{f}^{(\tau)}$, $\mathfrak{l}^{(\tau\sigma)}$ durch die Formeln

(102) $$\mathfrak{k} = \sum s_i \mathfrak{k}_i,\ \mathfrak{f}^{(\tau)} = \sum s_i \mathfrak{f}_i^{(\tau)},\ \mathfrak{l}^{(\tau\sigma)} = \sum s_i \mathfrak{l}_i^{(\tau\sigma)} \quad (i = 1, 2, \ldots, m)$$

ein. Nach § 18 wird dann in der Tat, wie wir es fordern, jedesmal $\mathfrak{f}^{(\tau)}$ in der Stützebene $\{\mathfrak{F}^{(\tau)}\}$ an $\mathfrak{K}$ und $\mathfrak{l}^{(\tau\sigma)}$ in der Stützgeraden $\{\mathfrak{L}^{(\tau\sigma)}\}$ an $\mathfrak{F}^{(\tau)}$ liegen. Wir merken noch an, daß für die Ecken $\mathfrak{p}^{(\tau\sigma\varrho)}$ von $\mathfrak{K}$ die Formeln gelten:

(103) $$\mathfrak{p}^{(\tau\sigma\varrho)} = \sum s_i \mathfrak{p}_i^{(\tau\sigma\varrho)} \qquad (i = 1, 2, \ldots, m).$$

Führen wir die Substitution $S^{(\tau\sigma\varrho)}$ gemäß (89) ein, so bedeutet $C^{(\tau)}$ die Differenz der Werte von $\zeta^{(\tau)}$ für $\mathfrak{f}^{(\tau)}$ und $\mathfrak{k}$, sodann $B^{(\tau\sigma)}$ die Differenz der Werte von $\eta^{(\tau\sigma)}$ für $\mathfrak{l}^{(\tau\sigma)}$ und $\mathfrak{f}^{(\tau)}$, endlich $A^{(\tau\sigma\varrho)}$ die Differenz der Werte von $\xi^{(\tau\sigma\varrho)}$ für $\mathfrak{p}^{(\tau\sigma\varrho)}$ und $\mathfrak{l}^{(\tau\sigma)}$. Bezeichnen wir für $\mathfrak{K}_i$ die Differenz der $\zeta^{(\tau)}$-Werte von $\mathfrak{f}_i^{(\tau)}$ und $\mathfrak{k}_i$ mit $C_i^{(\tau)}$, der $\eta^{(\tau\sigma)}$-Werte von $\mathfrak{l}_i^{(\tau\sigma)}$ und $\mathfrak{f}_i^{(\tau)}$ mit $B_i^{(\tau\sigma)}$, der $\xi^{(\tau\sigma\varrho)}$-Werte von $\mathfrak{p}_i^{(\tau\sigma\varrho)}$ und $\mathfrak{l}_i^{(\tau\sigma)}$ mit $A_i^{(\tau\sigma\varrho)}$, so gelten zufolge (102) und (103) die Beziehungen:

(104) $$C^{(\tau)} = \sum s_i C_i^{(\tau)},\ B^{(\tau\sigma)} = \sum s_i B_i^{(\tau\sigma)},\ A^{(\tau\sigma\varrho)} = \sum s_i A_i^{(\tau\sigma\varrho)}.$$

Auf Grund dieser Gleichungen erhalten wir aus (100):

(105) $$L^{(\tau\sigma)} = \sum L_g^{(\tau\sigma)} s_g,\ F^{(\tau)} = \sum F_{gh}^{(\tau)} s_g s_h \quad (g, h = 1, 2, \ldots, m),$$

wenn

(106) $$L_g^{(\tau\sigma)} = A_g^{(\tau\sigma 1)} + A_g^{(\tau\sigma 2)},\ F_{gh}^{(\tau)} = \frac{1}{2} \sum_{\sigma,\varrho} A_g^{(\tau\sigma\varrho)} B_h^{(\tau\sigma)}$$

gesetzt wird. Aus (99) erhalten wir

(107) $$V = \sum V_{ghj} s_g s_h s_j \qquad (g, h, j = 1, 2, \ldots, m),$$

wenn wir

(108) $$V_{ghj} = \frac{1}{6} \sum_{\tau,\sigma,\varrho} A_g^{(\tau\sigma\varrho)} B_h^{(\tau\sigma)} C_j^{(\tau)}$$

einführen. Das Volumen V des Polyeders $\mathfrak{K}$ stellt sich danach als eine homogene Funktion dritten Grades der Parameter $s_1, s_2, \ldots, s_m$ dar.

Im speziellen können wir, wovon bisweilen Gebrauch zu machen sein wird, jeden Punkt $\mathfrak{k}_i$ im Bezirke $\mathfrak{K}_i$ selbst, jeden Punkt $\mathfrak{f}_i^{(\tau)}$ im Bezirke $\mathfrak{F}_i^{(\tau)}$ selbst, jeden Punkt $\mathfrak{l}_i^{(\tau\sigma)}$ im Bezirke $\mathfrak{L}_i^{(\tau\sigma)}$ selbst wählen. Bei Verwendung der Formeln (102) wird dann, wie aus den Relationen (88) in § 18 zu ersehen ist, bei beliebigen Werten $s_i \geqq 0$ stets $\mathfrak{k}$ in $\mathfrak{K}$ selbst, $\mathfrak{f}^{(\tau)}$ in $\mathfrak{F}^{(\tau)}$ selbst, $\mathfrak{l}^{(\tau\sigma)}$ in $\mathfrak{L}^{(\tau\sigma)}$ selbst zu liegen kommen und werden infolgedessen die Größen $A^{(\tau\sigma\varrho)}$, $B^{(\tau\sigma)}$, $C^{(\tau)}$ stets sämtlich $\geqq 0$ ausfallen.

Bezeichnen wir weiter die x-Koordinate von $\mathfrak{k}_i$, $\mathfrak{f}_i^{(\tau)}$, $\mathfrak{l}_i^{(\tau\sigma)}$, $\mathfrak{p}_i^{(\tau\sigma\varrho)}$ mit a_i, $a_i^{(\tau)}$, $a_i^{(\tau\sigma)}$, $a_i^{(\tau\sigma\varrho)}$, so folgen aus (103) und (102) die Gleichungen:

(109) $$a = \sum s_i a_i,\ a^{(\tau)} = \sum s_i a_i^{(\tau)},\ a^{(\tau\sigma)} = \sum s_i a_i^{(\tau\sigma)},\ a^{(\tau\sigma\varrho)} = \sum s_i a_i^{(\tau\sigma\varrho)},$$

und ersehen wir aus (101), daß das Integral $\mathfrak{X}$ für $\mathfrak{K}$ eine homogene Funktion vierten Grades in $s_1, s_2, \ldots, s_m$ wird.

Die hier zugrunde gelegte Zerlegung eines Bezirks $\mathfrak{K}$ läßt sich offenbar auch auf die Randbezirke der Schar übertragen und bleiben dadurch alle hier entwickelten Formeln auch noch für solche Parameterwerte s_i gültig, die zum Teil oder sämtlich gleich Null sind.

Wir werden jetzt die hier aufgestellten Entwicklungen von Polyedern auf beliebige konvexe Körper auszudehnen suchen. Zu dem Ende müssen wir vor allem die Bildungen $F_{gh}^{(\tau)}$ und V_{ghj} einer eingehenderen Untersuchung unterwerfen.

§ 21. Das gemischte Volumen dreier Polyeder.

Die m vorausgesetzten Grundbezirke $\mathfrak{K}_1, \mathfrak{K}_2, \ldots, \mathfrak{K}_m$ brauchen nicht verschieden zu sein; wir können in dieser Reihe auch einen und denselben Bezirk mehrfach aufnehmen, wodurch nur die Bedeutung der Parameter $s_1, s_2, \ldots, s_m$ etwas modifiziert wird, ohne daß die Schar $\sum s_i \mathfrak{K}_i$ in ihrer Gesamtheit sich verändert. Es wird deshalb genügen, die Bildungen $F_{12}^{(\tau)}, \cdot V_{123}$ mit verschiedenen Indizes zu betrachten, wobei wir uns bei dem ersten Ausdrucke $m \geqq 2$, bei dem zweiten $m \geqq 3$ denken. Wir werden nun vor allem den Satz beweisen:

Der Wert des Ausdrucks $F_{12}^{(\tau)}$ ändert sich nicht, wenn man darin die Indizes 1 *und* 2 *vertauscht; der Ausdruck V_{123} behält bei jeder Permutation der Indizes* 1, 2, 3 *seinen Wert bei.*

Danach wird dann der Koeffizient von $s_1 s_2$ im Ausdrucke (105) von $F^{(\tau)}$ genau $= 2 F_{12}^{(\tau)}$, der Koeffizient von $s_1 s_2 s_3$ im Ausdrucke (107) von V genau $= 6 V_{123}$ und werden infolgedessen die Werte von $F_{12}^{(\tau)}$ und V_{123} ganz unabhängig von der Wahl der Hilfspunkte $\mathfrak{k}_i$, $\mathfrak{f}_i^{(\tau)}$, $\mathfrak{l}_i^{(\tau\sigma)}$ sein.

Um jenen Satz zu beweisen, bemerken wir zunächst die Möglichkeit, diese Hilfspunkte so einzurichten, daß die folgenden Umstände zutreffen:

I. Während über $\mathfrak{k}_i$ irgendwie verfügt sei, soll $\mathfrak{f}_i^{(\tau)}$ speziell den Fußpunkt des von $\mathfrak{k}_i$ auf die Ebene $\{\mathfrak{F}_i^{(\tau)}\}$ gefällten Lotes, ferner $\mathfrak{l}_i^{(\tau\sigma)}$ den Fußpunkt des von $\mathfrak{k}_i$ auf die Gerade $\{\mathfrak{L}_i^{(\tau\sigma)}\}$ gefällten Lotes (d. i. also zugleich den Fußpunkt des von $\mathfrak{f}_i^{(\tau)}$ auf $\{\mathfrak{L}_i^{(\tau\sigma)}\}$ gefällten Lotes) vorstellen. Bei dieser Festsetzung werden $A_i^{(\tau\sigma\varrho)}$, $B_i^{(\tau\sigma)}$, $C_i^{(\tau)}$ einfach die Differenzen der Koordinaten $\xi^{(\tau\sigma\varrho)}$, $\eta^{(\tau\sigma)}$, $\zeta^{(\tau)}$ für $\mathfrak{p}_i^{(\tau\sigma\varrho)}$ und $\mathfrak{k}_i$, und kommen bei Anwendung der Formeln (102) allgemein $\mathfrak{k}$ mit $\mathfrak{f}^{(\tau)}$, $\mathfrak{f}^{(\tau)}$ mit $\mathfrak{l}^{(\tau\sigma)}$, $\mathfrak{l}^{(\tau\sigma)}$ mit $\mathfrak{p}^{(\tau\sigma\varrho)}$ in drei Gerade zu liegen, die beziehlich parallel der $\zeta^{(\tau)}$, $\eta^{(\tau\sigma)}$, $\xi^{(\tau\sigma\varrho)}$-Achse der Substitution $S^{(\tau\sigma\varrho)}$ sind, so daß z. B. für die x-Koordinaten der betreffenden Punkte die Gleichungen

(110) $a^{(\tau)} - a = \alpha^{(\tau)} C^{(\tau)}, \quad a^{(\tau\sigma)} - a^{(\tau)} = \alpha^{(\tau\sigma)} B^{(\tau\sigma)}, \quad a^{(\tau\sigma\varrho)} - a^{(\tau\sigma)} = \alpha^{(\tau\sigma\varrho)} A^{(\tau\sigma\varrho)}$

gelten werden.

II. Ferner sollen $\mathfrak{k}_1, \mathfrak{k}_2, \ldots, \mathfrak{k}_m$ sämtlich in einen und denselben Punkt $\mathfrak{k}_0$ des Raumes fallen, dessen Koordinaten a_0, b_0, c_0 seien. Für den Punkt $\mathfrak{k}$ in bezug auf einen beliebigen Bezirk $\mathfrak{K}$ gilt dann $\mathfrak{k} = (s_1 + s_2 + \cdots + s_m)\mathfrak{k}_0$.

Bei diesen beschränkenden Festsetzungen I. und II. würden schließlich allein die Koordinaten des Punktes $\mathfrak{k}_0$ willkürlich bleiben. Durch geeignete Verfügung über $\mathfrak{k}_0$ aber würden wir noch imstande sein, einem einzelnen Punkte $\mathfrak{l}_1^{(\tau\sigma)}$ eine beliebige Lage auf $\{\mathfrak{L}_1^{(\tau\sigma)}\}$ oder einem einzelnen Punkte $\mathfrak{f}_2^{(\tau)}$ eine beliebige Lage auf $\{\mathfrak{F}_2^{(\tau)}\}$ zu verschaffen oder $\mathfrak{k}$ beliebig anzunehmen.

Wir denken uns nun zunächst die Hilfspunkte $\mathfrak{k}_i, \mathfrak{f}_i^{(\tau)}, \mathfrak{l}_i^{(\tau\sigma)}$ noch in der ganzen Allgemeinheit wie in § 20. Die Größe

$$L_1^{(\tau\sigma)} = A_1^{(\tau\sigma 1)} + A_1^{(\tau\sigma 2)} \tag{111}$$

bedeutet die Länge der Kante $\mathfrak{L}_1^{(\tau\sigma)}$, ist also völlig unabhängig von der Lage von $\mathfrak{l}_1^{(\tau\sigma)}$, eine Tatsache, die auf den Gleichungen

$$\alpha^{(\tau\sigma 1)} + \alpha^{(\tau\sigma 2)} = 0, \quad \beta^{(\tau\sigma 1)} + \beta^{(\tau\sigma 2)} = 0, \quad \gamma^{(\tau\sigma 1)} + \gamma^{(\tau\sigma 2)} = 0 \tag{112}$$

beruht. Wir können alsdann

$$F_{12}^{(\tau)} = \frac{1}{2}\sum_{\sigma,\varrho} A_1^{(\tau\sigma\varrho)} B_2^{(\tau\sigma)} = \frac{1}{2}\sum_{\sigma} L_1^{(\tau\sigma)} B_2^{(\tau\sigma)} \qquad \begin{pmatrix}\sigma = 1, 2, \ldots, \mu_\tau \\ \varrho = 1, 2\end{pmatrix} \tag{113}$$

schreiben; dadurch erweist sich der Ausdruck $F_{12}^{(\tau)}$ als völlig unabhängig von der Wahl der Punkte $\mathfrak{l}_1^{(\tau\sigma)}$ und könnte daher nur noch mit der Lage von $\mathfrak{f}_2^{(\tau)}$ variieren.

Nun können wir bei beliebiger Wahl von $\mathfrak{f}_2^{(\tau)}$ in der Ebene $\{\mathfrak{F}_2^{(\tau)}\}$ die Punkte $\mathfrak{k}_i, \mathfrak{f}_i^{(\tau)}, \mathfrak{l}_i^{(\tau\sigma)}$ doch den sämtlichen Forderungen I. und II. gemäß einrichten. Alsdann sind zufolge I. die Werte $\xi^{(\tau\sigma\varrho)}, \eta^{(\tau\sigma)}$ für $\mathfrak{p}_1^{(\tau\sigma\varrho)} - \mathfrak{k}_1$ gleich $A_1^{(\tau\sigma\varrho)}, B_1^{(\tau\sigma)}$, für $\mathfrak{p}_2^{(\tau\sigma\varrho)} - \mathfrak{k}_2$ gleich $A_2^{(\tau\sigma\varrho)}, B_2^{(\tau\sigma)}$ und zufolge II. soll $\mathfrak{k}_1 = \mathfrak{k}_2 = \mathfrak{k}_0$ sein. Danach ergeben die senkrechten Projektionen der drei Punkte $\mathfrak{k}_0\ \mathfrak{p}_1^{(\tau\sigma\varrho)}\ \mathfrak{p}_2^{(\tau\sigma\varrho)}$ auf die Ebene $\zeta^{(\tau)} = 0$ in dieser ein Dreieck, bei welchem der Flächeninhalt gleich dem Betrage von

$$\frac{1}{2}\left(A_1^{(\tau\sigma\varrho)} B_2^{(\tau\sigma)} - A_2^{(\tau\sigma\varrho)} B_1^{(\tau\sigma)}\right) \tag{114}$$

sein wird, während das Vorzeichen dieser Determinante nur dann das negative sein wird, wenn die hier angewiesene Folge der Ecken für dieses Dreieck einen entgegengesetzten Umlaufssinn bedeutet, als er sich bei einem Dreiecke in derselben Ebene $\zeta^{(\tau)} = 0$ einfindet, dessen drei Ecken nacheinander im Nullpunkte, auf der positiven $\xi^{(\tau\sigma\varrho)}$-, auf der positiven $\eta^{(\tau\sigma)}$-Achse angenommen werden.

Jetzt gehört zu jedem Indexsysteme τ, σ, ϱ nach den Ausführungen in § 19 ein bestimmtes zweites System τ, σ', ϱ' ($\sigma' \neq \sigma$), wobei stets $\mathfrak{p}_1^{(\tau\sigma\varrho)} = \mathfrak{p}_1^{(\tau\sigma'\varrho')}$, $\mathfrak{p}_2^{(\tau\sigma\varrho)} = \mathfrak{p}_2^{(\tau\sigma'\varrho')}$ ist, während für die beiden orthogonalen Substitutionen $S^{(\tau\sigma\varrho)}$ und $S^{(\tau\sigma'\varrho')}$ in ihrer gemeinsamen Koordinatenebene $\zeta^{(\tau)} = 0$ das System der $\xi^{(\tau\sigma\varrho)}$- und $\eta^{(\tau\sigma)}$-Achse einerseits und das System der $\xi^{(\tau\sigma'\varrho')}$- und $\eta^{(\tau\sigma')}$-Achse entgegengesetzt orientiert erscheinen. Zufolge dieser Umstände muß der Ausdruck (114) nach seiner eben dargelegten Bedeutung bei Vertauschung von τ, σ, ϱ mit τ, σ', ϱ' einfach in den entgegengesetzten Wert übergehen, wir haben also stets

$$(115)\quad A_1^{(\tau\sigma\varrho)} B_2^{(\tau\sigma)} + A_1^{(\tau\sigma'\varrho')} B_2^{(\tau\sigma')} = A_2^{(\tau\sigma\varrho)} B_1^{(\tau\sigma)} + A_2^{(\tau\sigma'\varrho')} B_1^{(\tau\sigma')}.$$

Ordnen wir nun in dem Ausdrucke von $\mathfrak{F}_{12}^{(\tau)}$ die Glieder paarweise, indem wir mit jedem Gliede zu einem Indexsysteme τ, σ, ϱ das Glied zu dem korrespondierenden Indexsysteme τ, σ', ϱ' verbinden, so zeigt sich, daß

$$(116)\qquad F_{12}^{(\tau)} = \frac{1}{2} \sum_{\sigma,\varrho} A_2^{(\tau\sigma\varrho)} B_1^{(\tau\sigma)} = F_{21}^{(\tau)} = \frac{1}{2} \sum_{\sigma} L_2^{(\tau\sigma)} B_1^{(\tau\sigma)}$$

ist.

Denken wir uns jetzt den Bezirk $\mathfrak{K}_2$ einer Translation parallel der Ebene $\{\mathfrak{F}_2^{(\tau)}\}$ unterworfen, wodurch $\mathfrak{F}_2^{(\tau)}$ dieselbe Translation in dieser Ebene erfährt, und halten wir dabei den Punkt $\mathfrak{k}_1 = \mathfrak{k}_2$ und die Beschränkungen I. und II. fest; alsdann bleiben alle Längen $L_2^{(\tau\sigma)}$ und die Werte $B_1^{(\tau\sigma)}$, $A_1^{(\tau\sigma\varrho)}$ ungeändert; es ändert sich also auch nicht $F_{21}^{(\tau)}$. Zugleich bleibt aber auch die Relation (116) und somit auch der Wert des Ausdrucks $F_{12}^{(\tau)}$ bestehen. Eine Translation von $\mathfrak{F}_2^{(\tau)}$ in der Ebene $\{\mathfrak{F}_2^{(\tau)}\}$ bei festem $\mathfrak{f}_2^{(\tau)}$ kommt nun für die Bildung des Ausdrucks (113) von $F_{12}^{(\tau)}$ auf das Gleiche hinaus wie die entgegengesetzte Translation des Punktes $\mathfrak{f}_2^{(\tau)}$ bei festgehaltenem Bereiche $\mathfrak{F}_2^{(\tau)}$. Danach ist endlich der Wert $F_{12}^{(\tau)}$ auch von der Lage von $\mathfrak{f}_2^{(\tau)}$ unabhängig. Zugleich ersehen wir, daß allgemein $F_{12}^{(\tau)} = F_{21}^{(\tau)}$ gilt und daß $F_{12}^{(\tau)}$ bei einer beliebigen Translation von $\mathfrak{F}_1^{(\tau)}$ oder von $\mathfrak{F}_2^{(\tau)}$ stets seinen Wert beibehält.

Die Größe $B_2^{(\tau\sigma)}$ ist die Differenz der $\eta^{(\tau\sigma)}$-Werte für $\mathfrak{p}_2^{(\tau\sigma\varrho)}$ und für $\mathfrak{k}_2$, der zweite dieser Werte ist $= a_2\alpha^{(\tau\sigma)} + b_2\beta^{(\tau\sigma)} + c_2\gamma^{(\tau\sigma)}$. Da nun der Wert $F_{12}^{(\tau)}$ nicht von der Lage von $\mathfrak{k}_2$ abhängt, so entnehmen wir aus (113) die drei Gleichungen:

$$(117)\ \sum_{\sigma} \alpha^{(\tau\sigma)} L_1^{(\tau\sigma)} = 0,\ \sum_{\sigma} \beta^{(\tau\sigma)} L_1^{(\tau\sigma)} = 0,\ \sum_{\sigma} \gamma^{(\tau\sigma)} L_1^{(\tau\sigma)} = 0\,(\sigma = 1, 2, \ldots, \mu_\tau).$$

Nehmen wir jetzt speziell für $\mathfrak{f}_2^{(\tau)}$, wenn $\mathfrak{F}_2^{(\tau)}$ ein Polygon ist, einen inneren Punkt dieses Polygons in seiner Ebene, wenn $\mathfrak{F}_2^{(\tau)}$ eine Strecke ist, einen von den Endpunkten verschiedenen Punkt dieser Strecke, wenn $\mathfrak{F}_2^{(\tau)}$ ein Punkt ist, eben diesen Punkt, so sind im ersten Falle alle Größen $B_2^{(\tau\sigma)} > 0$, im zweiten alle > 0 mit Ausnahme der beiden, die den zwei

Normalen der Strecke in der Ebene $\{\mathfrak{F}_2^{(\tau)}\}$ entsprechen und die $=0$ sind, im dritten Falle alle $B_2^{(\tau\sigma)}=0$. Wir entnehmen dann aus dem zweiten Ausdrucke in (113), daß $F_{12}^{(\tau)}$ stets $\geqq 0$ ausfällt und nur dann $=0$ ist, wenn von den Bereichen $\mathfrak{F}_1^{(\tau)}$ und $\mathfrak{F}_2^{(\tau)}$ wenigstens einer ein Punkt ist oder diese beiden in zwei parallelen Geraden liegen. Wenn nicht dieser zweite Ausnahmefall statthat, ist überdies durch $\mathfrak{F}_1^{(\tau)}$ und $\mathfrak{F}_2^{(\tau)}$ die Ebene $\mathfrak{z}^{(\tau)}=0$ völlig bestimmt, und da in (113) gewiß nur solchen Indizes σ ein von Null verschiedener Term entspricht, wobei $L_1^{(\tau\sigma)}>0$ ist, die also wirklichen Kanten von $\mathfrak{F}_1^{(\tau)}$ entsprechen, so erkennen wir, daß der Wert von $F_{12}^{(\tau)}$ jedenfalls ganz allein von den zwei Bereichen $\mathfrak{F}_1^{(\tau)}$, $\mathfrak{F}_2^{(\tau)}$ und in keiner Weise von den sonst in Betracht kommenden Bereichen $\mathfrak{F}_3^{(\tau)},\ldots,\mathfrak{F}_m^{(\tau)}$ abhängt. Der Ausdruck $F_{11}^{(\tau)}$, in den $F_{12}^{(\tau)}$ übergeht, wenn $\mathfrak{F}_2^{(\tau)}$ mit $\mathfrak{F}_1^{(\tau)}$ identisch wird, bedeutet den Flächeninhalt von $\mathfrak{F}_1^{(\tau)}$. Wir wollen den Wert von $F_{12}^{(\tau)}$ als den *gemischten Flächeninhalt* von $\mathfrak{F}_1^{(\tau)}$ und $\mathfrak{F}_2^{(\tau)}$ bezeichnen.

Nun gilt

$$V_{123}=\frac{1}{6}\sum_{\tau,\sigma,\varrho} A_1^{(\tau\sigma\varrho)}B_2^{(\tau\sigma)}C_3^{(\tau)}=\frac{1}{3}\sum_{\tau} F_{12}^{(\tau)}C_3^{(\tau)}, \tag{118}$$

und entsprechend können wir V_{213} darstellen; wegen (116) haben wir daher $V_{123}=V_{213}$.

Wir betrachten ferner die Transposition von 2 mit 3 im Ausdrucke V_{123}. Nach der Gleichung (118) und den letzten Resultaten in betreff der Größen $F_{12}^{(\tau)}$ könnte V_{123} jetzt nur noch von der Lage des Punktes $\mathfrak{k}_3$ abhängen. Wir können bei beliebiger Verfügung über $\mathfrak{k}_3$ doch die beschränkenden Annahmen I. und II. einführen. Alsdann sind die Koordinaten $\eta^{(\tau\sigma)}$, $\mathfrak{z}^{(\tau)}$ für $\mathfrak{p}_2^{(\tau\sigma\varrho)}-\mathfrak{k}_2$ gleich $B_2^{(\tau\sigma)}$, $C_2^{(\tau)}$, für $\mathfrak{p}_3^{(\tau\sigma\varrho)}-\mathfrak{k}_3$ gleich $B_3^{(\tau\sigma)}$, $C_3^{(\tau)}$. Zugleich soll $\mathfrak{k}_2=\mathfrak{k}_3=\mathfrak{k}_0$ sein, und besitzt daher das Dreieck, das durch senkrechte Projektion von $\mathfrak{k}_0\mathfrak{p}_2^{(\tau\sigma\varrho)}\mathfrak{p}_3^{(\tau\sigma\varrho)}$ auf die Ebene $\mathfrak{x}^{(\tau\sigma\varrho)}=0$ entsteht, einen Flächeninhalt gleich dem Betrage von

$$\frac{1}{2}\left(B_2^{(\tau\sigma)}C_3^{(\tau)}-B_3^{(\tau\sigma)}C_2^{(\tau)}\right), \tag{119}$$

während das Vorzeichen dieser Determinante dann das negative ist, wenn die hier angewiesene Folge der Ecken für dieses Dreieck einen entgegengesetzten Umlaufssinn bedeutet, als er sich für ein Dreieck in derselben Ebene $\mathfrak{x}^{(\tau\sigma\varrho)}=0$ herausstellt, bei dem die Ecken nacheinander im Nullpunkte, auf der positiven $\eta^{(\tau\sigma)}$-, auf der positiven $\mathfrak{z}^{(\tau)}$-Achse angenommen sind.

Zu jedem Indexsysteme τ,σ,ϱ gehört nun nach § 19 ein bestimmtes zweites Indexsystem $\tau'',\sigma'',\varrho''$ $(\tau''\neq\tau)$, wobei immer $\mathfrak{p}_2^{(\tau\sigma\varrho)}=\mathfrak{p}_2^{(\tau''\sigma''\varrho'')}$, $\mathfrak{p}_3^{(\tau\sigma\varrho)}=\mathfrak{p}_3^{(\tau''\sigma''\varrho'')}$ und ferner $\mathfrak{x}^{(\tau\sigma\varrho)}=\mathfrak{x}^{(\tau''\sigma''\varrho'')}$ gilt. Die beiden Substitutionen $S^{(\tau\sigma\varrho)}$ und $S^{(\tau''\sigma''\varrho'')}$ haben dabei also die $\mathfrak{x}$-Achse gemein, dagegen sind in ihrer gemeinsamen Ebene $\mathfrak{x}^{(\tau\sigma\varrho)}=\mathfrak{x}^{(\tau''\sigma''\varrho'')}=0$ das System der $\eta^{(\tau\sigma)}$- und

$\zeta^{(\tau)}$-Achse einerseits und das System der $\eta^{(\tau''\sigma'')}$- und $\zeta^{(\tau'')}$-Achse andererseits entgegengesetzt orientiert. Nach der eben angegebenen Bedeutung des Ausdrucks (119) entnehmen wir hieraus, daß dieser Ausdruck bei Ersetzung von τ, σ, ϱ durch $\tau'', \sigma'', \varrho''$ in den entgegengesetzten Wert übergeht, wir haben also stets

(120) $$B_2^{(\tau\sigma)}C_3^{(\tau)} + B_2^{(\tau''\sigma'')}C_3^{(\tau'')} = B_3^{(\tau\sigma)}C_2^{(\tau)} + B_3^{(\tau''\sigma'')}C_2^{(\tau'')},$$

und zudem gilt

(121) $$A_1^{(\tau\sigma\varrho)} = A_1^{(\tau''\sigma''\varrho'')}.$$

Ordnen wir jetzt die Glieder in V_{123} paarweise, indem wir mit jedem Gliede zu einem Indexsysteme τ, σ, ϱ das Glied zu dem zugehörigen Systeme $\tau'', \sigma'', \varrho''$ verbinden, so zeigt sich durch (120) und (121) unmittelbar, daß $V_{123} = V_{132}$ wird.

Unterwerfen wir nunmehr $\mathfrak{K}_3$ einer beliebigen Translation, während wir $\mathfrak{k}_3$ und die Annahmen I. und II. festhalten, so bleiben alle Größen im Ausdrucke

$$V_{132} = \frac{1}{3}\sum F_{13}^{(\tau)} C_2^{(\tau)}$$

und auch die letzte Relation bestehen und kann daher auch V_{123} sich nicht ändern. Eine Translation von $\mathfrak{K}_3$ bei festgehaltenem $\mathfrak{k}_3$ ist aber für die Bildung des Ausdrucks V_{123} in (118) gleichbedeutend mit der entgegengesetzten Translation von $\mathfrak{k}_3$ bei festem $\mathfrak{K}_3$, also hängt der Wert von V_{123} auch nicht von der Lage von $\mathfrak{k}_3$ ab. Zugleich ersehen wir, daß ganz allgemein $V_{123} = V_{132}$ gilt. Bezeichnet $H_3(u, v, w)$ die Stützebenenfunktion von $\mathfrak{K}_3$, so haben wir offenbar

(122) $$H_3(\alpha^{(\tau)}, \beta^{(\tau)}, \gamma^{(\tau)}) = a_3\alpha^{(\tau)} + b_3\beta^{(\tau)} + c_3\gamma^{(\tau)} + C_3^{(\tau)} \quad (\tau = 1, 2, \ldots, \nu).$$

Da nun der Ausdruck (118) gar nicht von den Koordinaten a_3, b_3, c_3 abhängt, müssen danach stets die drei Beziehungen

(123) $$\sum_\tau \alpha^{(\tau)} F_{12}^{(\tau)} = 0, \quad \sum_\tau \beta^{(\tau)} F_{12}^{(\tau)} = 0, \quad \sum_\tau \gamma^{(\tau)} F_{12}^{(\tau)} = 0 \quad (\tau = 1, 2, \ldots, \nu)$$

bestehen, und insbesondere erhalten wir

(124) $$V_{123} = \frac{1}{3}\sum_\tau F_{12}^{(\tau)} H_3(\alpha^{(\tau)}, \beta^{(\tau)}, \gamma^{(\tau)}).$$

Die beiden Relationen $V_{123} = V_{213}$ und $V_{123} = V_{132}$ zusammen bedeuten nun bereits die Tatsache, daß V_{123} bei beliebigen Permutationen der Indizes seinen Wert nicht verändert. Zugleich erkennen wir, daß V_{123} auch bei beliebigen Translationen der einzelnen drei Bezirke $\mathfrak{K}_1, \mathfrak{K}_2, \mathfrak{K}_3$ stets ungeändert bleibt.

Wir denken uns jetzt $\mathfrak{k}_3$ speziell als einen *inwendigen* Punkt von $\mathfrak{K}_3$ angenommen, d. h. wenn $\mathfrak{K}_3$ ein Polyeder ist, soll $\mathfrak{k}_3$ ein innerer Punkt von $\mathfrak{K}_3$ sein, wenn $\mathfrak{K}_3$ ein Polygon oder eine Strecke ist, ein innerer

Punkt des Polygons in seiner Ebene bzw. der Strecke in ihrer Geraden, wenn $\mathfrak{K}_3$ ein Punkt ist, mit diesem Punkte identisch sein. Alsdann fallen die Größen $C_3^{(\tau)}$ sämtlich $\geqq 0$ aus und, soweit es dieser ihnen gemeinsame Charakter zuläßt, auch > 0 aus. Wir erkennen dann aus (118), daß V_{123} stets $\geqq 0$ ausfällt und insbesondere unter folgenden Umständen stets $= 0$ ist: 1. wenn unter den Bezirken $\mathfrak{K}_1, \mathfrak{K}_2, \mathfrak{K}_3$ wenigstens ein Punkt oder 2. darunter wenigstens zwei Bezirke in parallelen Geraden vorhanden sind oder 3. diese Bezirke in drei parallelen Ebenen liegen. Einen von Null verschiedenen Term $F_{12}^{(\tau)} C_3^{(\tau)}$ haben wir in (118) nur, sowie für eine Richtung $(\alpha^{(\tau)}, \beta^{(\tau)}, \gamma^{(\tau)})$ einerseits $F_{12}^{(\tau)}$, andererseits $C_3^{(\tau)} > 0$ ist; alsdann sind $\mathfrak{K}_1, \mathfrak{K}_2, \mathfrak{K}_3$ schon für sich jedenfalls Grundbezirke einer Polyederschar und kommt die Richtung bereits als Normale einer Seitenfläche dieser Schar vor. Danach hängt der Wert von V_{123} jedenfalls allein von $\mathfrak{K}_1$, $\mathfrak{K}_2, \mathfrak{K}_3$ und in keiner Weise von den weiteren etwa betrachteten Bezirken $\mathfrak{K}_4, \ldots, \mathfrak{K}_m$ ab. Die Größe V_{111}, in die V_{123} übergeht, wenn wir $\mathfrak{K}_2$ und $\mathfrak{K}_3$ mit $\mathfrak{K}_1$ identisch annehmen, bedeutet das Volumen von $\mathfrak{K}_1$. Wir wollen V_{123} das *gemischte Volumen* von $\mathfrak{K}_1, \mathfrak{K}_2, \mathfrak{K}_3$ nennen und, wo es auf die deutlichere Bezeichnung der betreffenden Bezirke ankommt, auch $V(\mathfrak{K}_1, \mathfrak{K}_2, \mathfrak{K}_3)$ schreiben.

Nehmen wir für $\mathfrak{K}_1, \mathfrak{K}_2, \mathfrak{K}_3$ beispielsweise drei nicht in einer Ebene gelegene Strecken $\mathfrak{o}\mathfrak{p}_1, \mathfrak{o}\mathfrak{p}_2, \mathfrak{o}\mathfrak{p}_3$ mit $\mathfrak{o}$ als Anfangspunkt, so können wir diese als drei Kanten für ein gewisses Parallelepipedum $\mathfrak{P}$ mit einer Ecke in $\mathfrak{o}$ auffassen. Alsdann bedeutet $s_1 \mathfrak{K}_1 + s_2 \mathfrak{K}_2 + s_3 \mathfrak{K}_3$ für positive s_1, s_2, s_3 den Bereich desjenigen Parallelepipedum mit einer Ecke in $\mathfrak{o}$, bei dem die drei von $\mathfrak{o}$ auslaufenden Kanten in den Punkten $s_1 \mathfrak{p}_1, s_2 \mathfrak{p}_2, s_3 \mathfrak{p}_3$ enden. Das Volumen dieses letzteren Parallelepipedum ist das $s_1 s_2 s_3$-fache des Volumens von $\mathfrak{P}$, danach ist unter diesen Umständen $6\, V_{123}$ gleich dem Volumen von $\mathfrak{P}$, mithin sicher $V_{123} > 0$.

Der Ausdruck $V(\mathfrak{K}_1, \mathfrak{K}_2, \mathfrak{K}_3)$ besitzt die folgende wichtige Eigenschaft:

Ist der konvexe Bezirk $\mathfrak{K}_3$ ganz enthalten in einem anderen konvexen Bezirk $\mathfrak{K}_3^*$ (ebenfalls mit einer endlichen Anzahl von extremen Punkten), so gilt stets

$$V(\mathfrak{K}_1, \mathfrak{K}_2, \mathfrak{K}_3) \leqq V(\mathfrak{K}_1, \mathfrak{K}_2, \mathfrak{K}_3^*). \tag{125}$$

Denn bedeuten H_3 und H_3^* die Stützebenenfunktionen von $\mathfrak{K}_3$ und $\mathfrak{K}_3^*$, so gilt dann nach (44) allgemein $H_3(u, v, w) \leqq H_3^*(u, v, w)$. Konstruieren wir nun eine Polyederschar, welche unter ihren Grundbezirken $\mathfrak{K}_1, \mathfrak{K}_2, \mathfrak{K}_3$ und $\mathfrak{K}_3^*$ enthält, so bestehen gemäß (124) für $V(\mathfrak{K}_1, \mathfrak{K}_2, \mathfrak{K}_3)$ und $V(\mathfrak{K}_1, \mathfrak{K}_2, \mathfrak{K}_3^*)$ gewisse Ausdrücke

$$\frac{1}{3} \sum_{\tau} F_{12}^{(\tau)} H_3(\alpha^{(\tau)}, \beta^{(\tau)}, \gamma^{(\tau)}), \qquad \frac{1}{3} \sum_{\tau} F_{12}^{(\tau)} H_3^*(\alpha^{(\tau)}, \beta^{(\tau)}, \gamma^{(\tau)}),$$

und da hierin alle Faktoren $F_{12}^{(\tau)} \geqq 0$ sind, geht in der Tat die Ungleichung (125) hervor.

Sind die drei konvexen Bezirke $\mathfrak{K}_1, \mathfrak{K}_2, \mathfrak{K}_3$ derart beschaffen, daß darunter weder ein Punkt, noch zwei parallele Strecken vorhanden sind, noch diese drei Bezirke in drei parallelen Ebenen liegen, so können wir stets drei Strecken $\mathfrak{L}_1, \mathfrak{L}_2, \mathfrak{L}_3$ bestimmen, die nicht sämtlich einer Ebene parallel sind und so daß $\mathfrak{L}_1$ in $\mathfrak{K}_1$, $\mathfrak{L}_2$ in $\mathfrak{K}_2$, $\mathfrak{L}_3$ in $\mathfrak{K}_3$ liegt. Nach einer vorhin gemachten Bemerkung ist alsdann $V(\mathfrak{L}_1, \mathfrak{L}_2, \mathfrak{L}_3) > 0$, während dem letzten Satze zufolge sicher $V(\mathfrak{K}_1, \mathfrak{K}_2, \mathfrak{K}_3) \geqq V(\mathfrak{L}_1, \mathfrak{L}_2, \mathfrak{L}_3)$ wird. Also muß unter den angegebenen Umständen stets $V(\mathfrak{K}_1, \mathfrak{K}_2, \mathfrak{K}_3) > 0$ ausfallen.

Aus (124) entnehmen wir ferner die Regeln:

Ist t ein positiver Parameter, so gilt

(126) $$V(\mathfrak{K}_1, \mathfrak{K}_2, t\mathfrak{K}_3) = t\,V(\mathfrak{K}_1, \mathfrak{K}_2, \mathfrak{K}_3).$$

Es besteht allgemein die Beziehung

(127) $$V(\mathfrak{K}_1, \mathfrak{K}_2, \mathfrak{K}_3 + \mathfrak{K}_4) = V(\mathfrak{K}_1, \mathfrak{K}_2, \mathfrak{K}_3) + V(\mathfrak{K}_1, \mathfrak{K}_2, \mathfrak{K}_4).$$

§ 22. Volumen in einer Schar konvexer Körper.

Es seien jetzt $\mathfrak{K}_1, \mathfrak{K}_2, \ldots, \mathfrak{K}_m$ m beliebige konvexe Bezirke, von denen ein jeder eine endliche oder unendliche Anzahl von extremen Punkten aufweisen kann. In jedem Bezirke $\mathfrak{K}_i$ $(i = 1, 2, \ldots, m)$ denken wir uns einen inwendigen Punkt $\mathfrak{e}_i$ beliebig gewählt. Ferner bedeute ε irgendeine positive Größe. Nach dem Satze in § 5 und dem entsprechenden Satze für die Ebene können wir, wenn $\mathfrak{K}_i$ einen konvexen Körper oder ein ebenes Oval vorstellt, dazu ein Polyeder bzw. ein Polygon $\mathfrak{P}_i$ derart bestimmen, daß $\mathfrak{K}_i$ ganz in $\mathfrak{P}_i$ enthalten ist und andererseits selbst den Bereich $\frac{1}{1+\varepsilon}\mathfrak{P}_i + \frac{\varepsilon}{1+\varepsilon}\mathfrak{e}_i = \mathfrak{Q}_i$, der durch Dilatation des Bereichs $\mathfrak{P}_i$ von $\mathfrak{e}_i$ aus im Verhältnis $\frac{1}{1+\varepsilon} : 1$ entsteht, ganz enthält. Bedeutet $\mathfrak{K}_i$ eine Strecke oder einen Punkt, so nehmen wir $\mathfrak{P}_i = \mathfrak{K}_i$ und haben noch eben diese Beziehungen zwischen $\mathfrak{K}_i, \mathfrak{P}_i, \mathfrak{e}_i, \varepsilon$. Die in solcher Art bestimmten Bereiche $\mathfrak{P}_i$ sind dann lauter konvexe Bezirke je mit einer endlichen Anzahl von extremen Punkten.

Bedeuten nun $s_1, s_2, \ldots, s_m$ irgendwelche m Werte $\geqq 0$, so wird jedesmal der Bezirk $\mathfrak{K} = \sum s_i \mathfrak{K}_i$ ganz im Bezirke $\mathfrak{P} = \sum s_i \mathfrak{P}_i$ enthalten sein, ferner den Punkt $\mathfrak{e} = \sum s_i \mathfrak{e}_i$ als inwendigen Punkt besitzen und den Bezirk $\frac{1}{1+\varepsilon}\mathfrak{P} + \frac{\varepsilon}{1+\varepsilon}\mathfrak{e}$ ganz in sich aufnehmen; dieser letztere Bezirk geht durch eine gewisse Translation aus $\frac{1}{1+\varepsilon}\mathfrak{P}$ hervor. Schreiben wir

$V(\mathfrak{P}_g, \mathfrak{P}_h, \mathfrak{P}_j) = W_{ghj}$, so finden wir dadurch für das Volumen V von $\mathfrak{K}$ die Ungleichungen

$$(128)\qquad \sum W_{ghj} s_g s_h s_j \geqq V \geqq \frac{1}{(1+\varepsilon)^3} \sum W_{ghj} s_g s_h s_j \qquad (g, h, j = 1, 2, \ldots, m).$$

Wir bestimmen ferner eine positive Größe R so groß, daß der Würfel

$$|x| \leqq R, \quad |y| \leqq R, \quad |z| \leqq R$$

alle Bereiche $\mathfrak{K}_1, \mathfrak{K}_2, \ldots, \mathfrak{K}_m$ völlig in sich aufnimmt. Alsdann enthält dieser Würfel auch jeden Bezirk $\mathfrak{Q}_i$, und mit Rücksicht auf den Satz bei (125) haben wir daher stets die Abschätzung:

$$(129)\qquad \frac{1}{(1+\varepsilon)^3} W_{ghj} \leqq 8R^3.$$

Jetzt denken wir uns noch auf irgendeine zweite Weise für jeden Bezirk $\mathfrak{K}_i$ einen inwendigen Punkt $\mathfrak{e}_i^*$ ausgesucht und in bezug auf die nämliche Größe ε jedesmal einen konvexen Bezirk $\mathfrak{P}_i^*$ mit einer endlichen Anzahl von extremen Punkten irgendwie derart bestimmt, daß $\mathfrak{K}_i$ in $\mathfrak{P}_i^*$ enthalten ist und seinerseits den Bezirk $\frac{1}{1+\varepsilon}\mathfrak{P}_i^* + \frac{\varepsilon}{1+\varepsilon}\mathfrak{e}_i^* = \mathfrak{Q}_i^*$ enthält. Alsdann ist jedenfalls $\mathfrak{Q}_i^*$ in $\mathfrak{P}_i$ enthalten und haben wir, wenn $V(\mathfrak{P}_g^*, \mathfrak{P}_h^*, \mathfrak{P}_j^*) = W_{ghj}^*$ geschrieben wird, nach (125) stets

$$(130)\qquad \frac{1}{(1+\varepsilon)^3} W_{ghj}^* \leqq W_{ghj}.$$

Mit Benutzung von (129) erhalten wir daraus

$$(131)\qquad W_{ghj}^* - W_{ghj} \leqq ((1+\varepsilon)^3 - 1)(1+\varepsilon)^3 \, 8R^3,$$

und hierin können wir noch W_{ghj} und W_{ghj}^* miteinander vertauschen, so daß die rechts stehende obere Grenze überhaupt für den Betrag der Differenz $W_{ghj}^* - W_{ghj}$ gilt. Daraus entnehmen wir, daß für ein nach Null abnehmendes ε jeder Ausdruck $V(\mathfrak{P}_g, \mathfrak{P}_h, \mathfrak{P}_j)$ nach einer bestimmten Grenze konvergiert, die wir mit $V(\mathfrak{K}_g, \mathfrak{K}_h, \mathfrak{K}_j)$ bezeichnen und *das gemischte Volumen* der konvexen Bezirke $\mathfrak{K}_g, \mathfrak{K}_h, \mathfrak{K}_j$ nennen. Aus den Ungleichungen (128) gewinnen wir alsdann, indem wir ε nach Null abnehmen lassen, für das Volumen V von $\mathfrak{K}$ allgemein die Entwicklung:

$$(132)\qquad V = \sum V(\mathfrak{K}_g, \mathfrak{K}_h, \mathfrak{K}_j) s_g s_h s_j \qquad (g, h, j = 1, 2, \ldots, m).$$

Wir stellen jetzt die sämtlichen Eigenschaften des Ausdrucks $V(\mathfrak{K}_1, \mathfrak{K}_2, \mathfrak{K}_3)$ in bezug auf drei beliebige konvexe Bezirke $\mathfrak{K}_1, \mathfrak{K}_2, \mathfrak{K}_3$ zusammen, die aus den entsprechenden Sätzen in § 21 unmittelbar folgen:

Der Wert von $V(\mathfrak{K}_1, \mathfrak{K}_2, \mathfrak{K}_3)$ ist unabhängig von der Reihenfolge der drei Bezirke; er ändert sich nicht bei beliebigen Translationen dieser einzelnen Bezirke.

Ist der Bezirk $\mathfrak{K}_3$ völlig enthalten in einem anderen konvexen Bezirk $\mathfrak{K}_3^*$, so gilt stets

(133) $$V(\mathfrak{K}_1, \mathfrak{K}_2, \mathfrak{K}_3) \leqq V(\mathfrak{K}_1, \mathfrak{K}_2, \mathfrak{K}_3^*).$$

In der Tat, wir können nach den oben gemachten Ausführungen stets vier konvexe Bezirke $\mathfrak{Q}_1, \mathfrak{Q}_2, \mathfrak{Q}_3, \mathfrak{P}_3^*$, einen jeden nur mit einer endlichen Anzahl von extremen Punkten, konstruieren, welche gewisse Annäherungen an $\mathfrak{K}_1, \mathfrak{K}_2, \mathfrak{K}_3, \mathfrak{K}_3^*$ vorstellen und zwar so, daß $\mathfrak{Q}_1$ in $\mathfrak{K}_1$, $\mathfrak{Q}_2$ in $\mathfrak{K}_2$, $\mathfrak{Q}_3$ in $\mathfrak{K}_3$ und andererseits $\mathfrak{K}_3^*$ in $\mathfrak{P}_3^*$ enthalten ist und daß dabei die Differenzen $V(\mathfrak{K}_1, \mathfrak{K}_2, \mathfrak{K}_3) - V(\mathfrak{Q}_1, \mathfrak{Q}_2, \mathfrak{Q}_3)$ und $V(\mathfrak{K}_1, \mathfrak{K}_2, \mathfrak{K}_3^*) - V(\mathfrak{Q}_1, \mathfrak{Q}_2, \mathfrak{P}_3^*)$ dem Betrage nach eine beliebig kleine positive Größe nicht übersteigen. Da nun auch $\mathfrak{Q}_3$ in $\mathfrak{P}_3^*$ enthalten ist und daher nach (125) sich

$$V(\mathfrak{Q}_1, \mathfrak{Q}_2, \mathfrak{P}_3^*) - V(\mathfrak{Q}_1, \mathfrak{Q}_2, \mathfrak{Q}_3) \geqq 0$$

erweist, liegt dann $V(\mathfrak{K}_1, \mathfrak{K}_2, \mathfrak{K}_3^*) - V(\mathfrak{K}_1, \mathfrak{K}_2, \mathfrak{K}_3)$ über einer negativen Größe, deren Betrag wir beliebig klein einrichten können, d. h. diese letztere Differenz ist gleichfalls $\geqq 0$.

Wir erkennen nun leicht, daß $V(\mathfrak{K}_1, \mathfrak{K}_2, \mathfrak{K}_3)$ stets $\geqq 0$ und nur in den Fällen $= 0$ ist, wenn 1. unter diesen drei Bezirken sich wenigstens ein Punkt oder 2. wenigstens zwei parallele Strecken finden oder 3. alle diese drei Bezirke ganz in drei parallelen Ebenen liegen.

Weiter übertragen sich die Regeln (126) und (127) sofort auf beliebige konvexe Bezirke. —

Für eine Schar mit nur zwei Grundbezirken $\mathfrak{K}, \mathfrak{K}'$ haben wir speziell die folgende Tatsache:

Sind $\mathfrak{K}$ und $\mathfrak{K}'$ irgend zwei konvexe Bezirke, so ist das Volumen eines Bezirks $s\mathfrak{K} + s'\mathfrak{K}'$, wobei $s \geqq 0$, $s' \geqq 0$ sind, durch einen kubischen Ausdruck

(134) $$V_0 s^3 + 3V_1 s^2 s' + 3V_2 s s'^2 + V_3 s'^3$$

dargestellt. Darin bedeutet V_0 das Volumen von $\mathfrak{K}$, V_3 das Volumen von $\mathfrak{K}'$. Wir werden uns nun weiterhin eingehend mit den Eigenschaften des Koeffizienten $3V_1 = 3V(\mathfrak{K}, \mathfrak{K}, \mathfrak{K}')$ beschäftigen; bei Vertauschung der Rollen von $\mathfrak{K}$ und von $\mathfrak{K}'$ entsteht aus diesem Koeffizienten der Koeffizient $3V_2$ von ss'^2.

In bezug auf $3V_1$ bemerken wir die folgende wichtige Darstellung:

Es bedeute $\mathfrak{P}$ ein konvexes Polyeder (oder Polygon) mit $\nu \geqq 3$ (oder $\nu = 2$) Seitenflächen $\mathfrak{F}_1, \mathfrak{F}_2, \ldots, \mathfrak{F}_\nu$. Es sei $(\alpha_\tau, \beta_\tau, \gamma_\tau)$ die äußere Normale und F_τ der Flächenhalt von $\mathfrak{F}_\tau$ für $\tau = 1, 2, \ldots, \nu$. Ferner sei $\mathfrak{K}'$ ein beliebiger konvexer Bezirk mit der Stützebenenfunktion $H'(u,v,w)$. Alsdann gilt die Darstellung:

(135) $$3V(\mathfrak{P}, \mathfrak{P}, \mathfrak{K}') = \sum_\tau F_\tau H'(\alpha_\tau, \beta_\tau, \gamma_\tau) \qquad (\tau = 1, 2, \ldots, \nu).$$

In der Tat, wir erhalten diese Beziehung sofort aus der Gleichung (124), wenn $\mathfrak{K}'$ eine endliche Anzahl von extremen Punkten besitzt. Insbesondere finden wir dadurch, indem wir für $\mathfrak{K}'$ einen beliebigen einzelnen Punkt a', b', c' nehmen, den Gleichungen (123) entsprechend, die drei Bedingungen:

(136) $$\sum_\tau \alpha_\tau F_\tau = 0, \quad \sum_\tau \beta_\tau F_\tau = 0, \quad \sum_\tau \gamma_\tau F_\tau = 0 \quad (\tau = 1, 2, \ldots, \nu).$$

Ist jedoch die Anzahl der extremen Punkte für $\mathfrak{K}'$ unendlich, so sei $\mathfrak{e}'$ mit den Koordinaten a', b', c' irgendein inwendiger Punkt in $\mathfrak{K}'$. Alsdann können wir, wenn eine positive Größe ε irgendwie angenommen wird, stets einen konvexen Bezirk $\mathfrak{P}'$ nur mit einer endlichen Anzahl von extremen Punkten derart bestimmen, daß $\mathfrak{K}'$ in $\mathfrak{P}'$ enthalten ist und selbst $\frac{1}{1+\varepsilon}\mathfrak{P}' + \frac{\varepsilon}{1+\varepsilon}\mathfrak{e}'$ enthält. Infolgedessen ist die Stützebenenfunktion von $\mathfrak{P}'$ für beliebige Argumente u, v, w

$$\geqq H'(u, v, w) \text{ und } \leqq (1+\varepsilon) H'(u, v, w) - \varepsilon(a'u + b'v + c'w).$$

Nun können wir zur Berechnung von $3V(\mathfrak{P}, \mathfrak{P}, \mathfrak{P}')$ bereits die in (135) angewiesene Regel verwenden, und durch diese letzten Ungleichungen sowie unter Verwendung der Relationen (136) erhalten wir, da alle Faktoren $F_\tau > 0$ sind,

$$3V(\mathfrak{P}, \mathfrak{P}, \mathfrak{P}') \geqq \sum_\tau F_\tau H'(\alpha_\tau, \beta_\tau, \gamma_\tau) \geqq \frac{1}{1+\varepsilon} 3V(\mathfrak{P}, \mathfrak{P}, \mathfrak{P}').$$

In denselben zwei Grenzen wie die Summe hier, befindet sich aber, nach (133) auch die Größe $3V(\mathfrak{P}, \mathfrak{P}, \mathfrak{K}')$. Da nun diese Grenzen für ein nach Null abnehmendes ε einander beliebig nahe kommen, ist danach offenbar für $3V(\mathfrak{P}, \mathfrak{P}, \mathfrak{K}')$ genau die Formel (135) zutreffend.

Diese Gleichung (135) benutzen wir noch zu einer weiteren Folgerung:

Es bedeute $\mathfrak{K}$ einen konvexen Körper und es sei c_0 der kleinste, c_1 der größte Wert von z in $\mathfrak{K}$, ferner ζ ein beliebiger Wert $> c_0$ und $< c_1$. Die Ebene $z = \zeta$ schneidet aus $\mathfrak{K}$ ein ebenes Oval heraus, das $\mathfrak{F}(\zeta)$ und dessen Flächeninhalt $F(\zeta)$ heiße; endlich bedeute $\mathfrak{K}_0$ denjenigen Teil des Körpers, in welchem $z \leqq \zeta$, und $\mathfrak{K}_1$ denjenigen Teil von $\mathfrak{K}$, in dem $z \geqq \zeta$ gilt; dabei sind $\mathfrak{K}_0$ und $\mathfrak{K}_1$ wieder zwei konvexe Körper. Ist nun $\mathfrak{K}'$ ein beliebiger konvexer Bezirk und c_0' $(= -H'(0, 0, -1))$ der kleinste, c_1' $(= H'(0, 0, 1))$ der größte Wert von z in $\mathfrak{K}'$, so haben wir stets die Gleichung:

(137) $$V(\mathfrak{K}_0, \mathfrak{K}_0, \mathfrak{K}') + V(\mathfrak{K}_1, \mathfrak{K}_1, \mathfrak{K}') = V(\mathfrak{K}, \mathfrak{K}, \mathfrak{K}') + \frac{1}{3}(c_1' - c_0')F(\zeta).$$

In der Tat, ist zunächst $\mathfrak{K}$ ein Polyeder, so sind auch $\mathfrak{K}_0$ und $\mathfrak{K}_1$ Polyeder und ist $\mathfrak{F}(\zeta)$ ein Polygon. Dabei besitzt $\mathfrak{K}_0$ dieses Polygon als Seitenfläche mit der Normale $(0, 0, 1)$ und $\mathfrak{K}_1$ dieses Polygon als Seitenfläche mit der Normale (0, 0, — 1), während alle übrigen Seitenflächen von $\mathfrak{K}_0$ und $\mathfrak{K}_1$ zusammengenommen genau die vollständigen Seitenflächen von $\mathfrak{K}$ herstellen. Danach kommen wir nun sogleich zur Formel (137), wenn wir die drei darin genannten gemischten Volumina der Regel (135) gemäß ausdrücken. — Ist sodann $\mathfrak{K}$ ein konvexer Körper, so brauchen wir nur einen inneren Punkt $\mathfrak{e}$ des Ovals $\mathfrak{F}(\zeta)$ in seiner Ebene $z = \zeta$ einzuführen, der dann zugleich ein innerer Punkt von $\mathfrak{K}$ wird, und, wenn ε eine beliebige positive Größe ist, ein Polyeder $\mathfrak{P}$ so zu bestimmen, daß $\mathfrak{K}$ in $\mathfrak{P}$ enthalten ist und selbst $\frac{1}{1+\varepsilon}\mathfrak{P} + \frac{\varepsilon}{1+\varepsilon}\mathfrak{e}$ enthält. Bilden wir dann die zu (137) entsprechende Gleichung ebenfalls in bezug auf die Schnittebene $z = \zeta$ für ein solches Polyeder $\mathfrak{P}$, so folgt aus dieser durch Übergang zur Grenze Lim $\varepsilon = 0$ sofort die Relation (137) für $\mathfrak{K}$.

Zu den Sätzen dieses Abschnitts können wir vollkommen analoge Aussagen in der Geometrie der Ebene aufstellen. Zu je zwei konvexen Bezirken $\mathfrak{F}$, $\mathfrak{F}'$ in einer Ebene gehört stets ein bestimmter gemischter Flächeninhalt. Derselbe ist stets $\geqq 0$ und nur dann $= 0$, wenn wenigstens einer der Bezirke ein Punkt oder beide parallele Strecken sind; er hängt von der Reihenfolge der Bezirke nicht ab; er bleibt bei beliebigen Translationen der einzelnen Bezirke ungeändert; endlich wird er niemals verkleinert, wenn man einen der Bezirke durch einen umfassenderen konvexen Bezirk in der Ebene ersetzt. Sind $\mathfrak{F}_1, \mathfrak{F}_2, \ldots, \mathfrak{F}_m$ m beliebige konvexe Bezirke in einer Ebene, so ist der Flächeninhalt eines Bezirks $\mathfrak{F} = \sum s_i \mathfrak{F}_i$ mit lauter Parametern $s_i \geqq 0$ durch

$$F = \sum F_{gh} s_g s_h \qquad (g, h = 1, 2, \ldots, m) \tag{138}$$

dargestellt, wo F_{gh} den gemischten Flächeninhalt von $\mathfrak{F}_g$ und $\mathfrak{F}_h$ bedeutet.

§ 23. Der Schwerpunkt in einer Schar konvexer Körper.

Wir betrachten jetzt den Schwerpunkt eines Körpers in einer Schar konvexer Körper $\mathfrak{K} = \sum s_i \mathfrak{K}_i$ $(i = 1, 2, \ldots, m;\ s_i \geqq 0)$.

Es handle sich zunächst um eine Polyederschar. Wir bezeichnen den Wert des Raumintegrals $\iiint x\,dx\,dy\,dz$ über den Bezirk $\mathfrak{K}$ mit $\mathfrak{X}$. Wie am Schlusse von § 20 ausgeführt ist, läßt sich $\mathfrak{X}$ als eine homogene Funktion vierten Grades der m Parameter s_i darstellen. Wir schreiben

$$\mathfrak{X} = \sum \mathfrak{X}_{ghjk} s_g s_h s_j s_k \qquad (g, h, j, k = 1, 2, \ldots, m), \tag{139}$$

wobei wir die Koeffizienten mit nicht lauter gleichen Indizes derart definieren, daß sie bei beliebigen Permutationen der vier Indizes sich nicht ändern sollen. Um zu zeigen, wie diese Entwicklung des Integrals $\mathfrak{X}$

sich auf Scharen mit völlig beliebigen Grundbezirken überträgt, haben wir mehrere Eigenschaften der Koeffizienten $\mathfrak{X}_{ghjk}$ abzuleiten.

Es wird genügen, die Bildungsweise eines Koeffizienten mit lauter verschiedenen Indizes ins Auge zu fassen, (wozu wir uns $m \geqq 4$ eingerichtet denken). Die Größe $\mathfrak{X}_{1234}$ wird sich, nach den Gleichungen (101), (104) und (109), folgendermaßen entwickeln:

$$(140) \qquad \mathfrak{X}_{1234} = \frac{1}{24 \cdot 24} \sum \sum_{\tau, \sigma, \varrho} (a_g^{(\tau\sigma\varrho)} + a_g^{(\tau\sigma)} + a_g^{(\tau)} + a_g) A_h^{(\tau\sigma\varrho)} B_j^{(\tau\sigma)} C_k^{(\tau)},$$

worin für g, h, j, k nacheinander alle 24 verschiedenen Permutationen von 1, 2, 3, 4, einzusetzen sind und die Summation nach τ, σ, ϱ in der in § 20 erörterten Weise zu geschehen hat. Der Wert dieses Ausdrucks $\mathfrak{X}_{1234}$ ist nach seiner Bedeutung als Entwicklungskoeffizient in $\mathfrak{X}$ völlig unabhängig von den benutzten Hilfspunkten $\mathfrak{k}_i$, $\mathfrak{f}_i^{(\tau)}$, $\mathfrak{l}_i^{(\tau\sigma)}$ und hängt auch nur von den vier Bezirken $\mathfrak{K}_1$, $\mathfrak{K}_2$, $\mathfrak{K}_3$, $\mathfrak{K}_4$ allein ab, falls die Zahl $m > 4$ ist; wir bezeichnen diese Größe auch in ausführlicherer Schreibweise mit $\mathfrak{X}(\mathfrak{K}_1, \mathfrak{K}_2, \mathfrak{K}_3, \mathfrak{K}_4)$.

Die Stützebenenfunktion von $\mathfrak{K}_i$ heiße $H_i(u, v, w)$. Um eine gewisse Ungleichung abzuleiten, verfügen wir zunächst über die Hilfspunkte $\mathfrak{k}_i$, $\mathfrak{f}_i^{(\tau)}$, $\mathfrak{l}_i^{(\tau\sigma)}$ $(i = 1, 2, 3, 4)$ in folgender besonderen Weise. Wir wählen jedesmal $\mathfrak{k}_i$ in $\mathfrak{K}_i$ selbst und zwar noch speziell in der Stützebene $x = H_i(1, 0, 0)$ an $\mathfrak{K}_i$, wo x den größten Wert in $\mathfrak{K}_i$ besitzt, ferner nehmen wir stets $\mathfrak{f}_i^{(\tau)}$ in $\mathfrak{F}_i^{(\tau)}$ selbst und $\mathfrak{l}_i^{(\tau\sigma)}$ in $\mathfrak{L}_i^{(\tau\sigma)}$ selbst an. Dann fallen alle Größen $A_i^{(\tau\sigma\varrho)}$, $B_i^{(\tau\sigma)}$, $C_i^{(\tau)} \geqq 0$ aus, ferner wird das arithmetische Mittel von je drei Punkten $\mathfrak{p}_i^{(\tau\sigma\varrho)}$, $\mathfrak{l}_i^{(\tau\sigma)}$, $\mathfrak{f}_i^{(\tau)}$ stets ebenfalls noch ein Punkt in $\mathfrak{K}_i$ sein und für die x-Koordinate dieses Punktes dadurch sich jedesmal

$$- H_i(-1, 0, 0) \leqq \frac{1}{3}(a_i^{(\tau\sigma\varrho)} + a_i^{(\tau\sigma)} + a_i^{(\tau)}) \leqq H_i(1, 0, 0)$$

herausstellen, und endlich haben wir noch $a_i = H_i(1, 0, 0)$. Mit Rücksicht auf diese Umstände gewinnen wir aus (140) die Ungleichungen:

$$(141) \qquad \frac{1}{4} \sum_{g=1}^{4} H_g(1, 0, 0)\, V_{hjk} \geqq \mathfrak{X}_{1234} \geqq$$

$$\geqq \frac{1}{16} \sum_{g=1}^{4} (-3\, H_g(-1, 0, 0) + H_g(1, 0, 0))\, V_{hjk},$$

wobei für g nacheinander 1, 2, 3, 4 zu nehmen ist, für h, j, k jedesmal die drei von g verschiedenen der Indizes 1, 2, 3, 4 nach der Größe geordnet zu setzen sind und V_{hjk} das gemischte Volumen von $\mathfrak{K}_h$, $\mathfrak{K}_j$, $\mathfrak{K}_k$ gemäß der Formel (108) bedeutet.

Nehmen wir die Bezirke $\mathfrak{K}_2$, $\mathfrak{K}_3$, $\mathfrak{K}_4$ als identisch mit $\mathfrak{K}_1$ an, so geht daraus spezieller

(142) $$H_1(1, 0, 0)\,V_{111} \geqq \mathfrak{X}_{1111} \geqq \frac{1}{4}(-3\,H_1(-1, 0, 0) + H_1(1, 0, 0))\,V_{111}$$

hervor; darin bedeutet dann V_{111} das Volumen von $\mathfrak{K}_1$. Ist nun $V_{111} > 0$, also $\mathfrak{K}_1$ ein konvexer Körper und denken wir uns den Nullpunkt der Koordinaten mit dem Schwerpunkte dieses Körpers zusammenfallend, so haben wir $\mathfrak{X}_{1111} = 0$ und finden $3\,H_1(-1, 0, 0) \geqq H_1(1, 0, 0)$. Da wir für die Richtung der x-Achse eine ganz beliebige Richtung einführen können, so gilt, wenn der Schwerpunkt von $\mathfrak{K}_1$ im Nullpunkte liegt, überhaupt allgemein für jedes Paar entgegengesetzter Richtungen $(-\alpha, -\beta, -\gamma)$ und (α, β, γ):

(143) $$2\,H_1(\alpha, \beta, \gamma) \geqq \frac{1}{2}(H_1(\alpha, \beta, \gamma) + H_1(-\alpha, -\beta, -\gamma)).$$

Die hier rechts stehende Größe bedeutet den halben gegenseitigen Abstand der zwei Stützebenen an $\mathfrak{K}_1$ mit den Normalen (α, β, γ) und $(-\alpha, -\beta, -\gamma)$ und ist niemals kleiner als der Radius der größten überhaupt in $\mathfrak{K}_1$ enthaltenen Kugel, während das Minimum von $H_1(\alpha, \beta, \gamma)$ gleich dem Radius der größten in $\mathfrak{K}_1$ enthaltenen Kugel mit dem Schwerpunkte von $\mathfrak{K}_1$ als Mittelpunkt ist. Danach ist der letztere Radius mindestens halb so groß wie der an erster Stelle genannte Radius, eine bereits in § 9 ohne Beweis angeführte Tatsache.

Wir wollen jetzt die Abhängigkeit des Ausdrucks $\mathfrak{X}(\mathfrak{K}_1, \mathfrak{K}_2, \mathfrak{K}_3, \mathfrak{K}_4)$ von einem einzelnen der betreffenden vier Bezirke, etwa von $\mathfrak{K}_4$, ins Auge fassen. Wir werden zeigen, daß wir aus dem Ausdrucke (140) die auf $\mathfrak{K}_4$ bezüglichen Größen $A_4^{(\tau\sigma\varrho)}$ und $B_4^{(\tau\sigma)}$ eliminieren können, so daß wir darin nur noch die Größen $C_4^{(\tau)}$ behalten, für welche wir

(144) $$C_4^{(\tau)} = -a_4\alpha^{(\tau)} - b_4\beta^{(\tau)} - c_4\gamma^{(\tau)} + H_4(\alpha^{(\tau)}, \beta^{(\tau)}, \gamma^{(\tau)})$$

haben, wenn a_4, b_4, c_4 die Koordinaten des Punktes $\mathfrak{k}_4$ sind.

Zum Zwecke dieser Umformung von (140) unterwerfen wir die Hilfspunkte $\mathfrak{k}_i$, $\mathfrak{f}_i^{(\tau)}$, $\mathfrak{l}_i^{(\tau\sigma)}$ $(i = 1, 2, 3, 4)$ zunächst wieder den beschränkenden Annahmen I. und II. aus § 21. Es sei also jedesmal $\mathfrak{f}_i^{(\tau)}$ der Fußpunkt des von $\mathfrak{k}_i$ auf die Ebene $\{\mathfrak{F}_i^{(\tau)}\}$, $\mathfrak{l}_i^{(\tau\sigma)}$ der Fußpunkt des von $\mathfrak{k}_i$ auf die Gerade $\{\mathfrak{L}_i^{(\tau\sigma)}\}$ gefällten Lotes, und ferner sei $\mathfrak{k}_1 = \mathfrak{k}_2 = \mathfrak{k}_3 = \mathfrak{k}_4$ angenommen, während die Koordinaten des einen Punktes $\mathfrak{k}_4$ noch völlig beliebig bleiben. Nach (110) haben wir

$$a_g^{(\tau\sigma\varrho)} + a_g^{(\tau\sigma)} + a_g^{(\tau)} + a_g = \alpha^{(\tau\sigma\varrho)}A_g^{(\tau\sigma\varrho)} + 2\,\alpha^{(\tau\sigma)}B_g^{(\tau\sigma)} + 3\,\alpha^{(\tau)}C_g^{(\tau)} + 4a_g.$$

Indem wir diesen Ausdruck in (140) einführen und den Index 4 besonders hervorheben, können wir die Differenz $\mathfrak{X}_{1234} - \frac{1}{4}\,V_{123}\,a_4$ zunächst in folgender Weise darstellen:

$$(145)\quad \frac{1}{24^2}\sum\sum_{\tau,\sigma,\varrho}(2\alpha^{(\tau\sigma\varrho)}A_g^{(\tau\sigma\varrho)}+2\alpha^{(\tau\sigma)}B_g^{(\tau\sigma)}+3\alpha^{(\tau)}C_g^{(\tau)}+4a_g)A_4^{(\tau\sigma\varrho)}B_h^{(\tau\sigma)}C_j^{(\tau)}$$

$$+\frac{1}{24^2}\sum\sum_{\tau,\sigma,\varrho}(\alpha^{(\tau\sigma\varrho)}A_g^{(\tau\sigma\varrho)}+4\alpha^{(\tau\sigma)}B_g^{(\tau\sigma)}+3\alpha^{(\tau)}C_g^{(\tau)}+4a_g)A_h^{(\tau\sigma\varrho)}B_4^{(\tau\sigma)}C_j^{(\tau)}$$

$$+\frac{1}{24^2}\sum\sum_{\tau,\sigma,\varrho}(\alpha^{(\tau\sigma\varrho)}A_g^{(\tau\sigma\varrho)}+2\alpha^{(\tau\sigma)}B_g^{(\tau\sigma)}+6\alpha^{(\tau)}C_g^{(\tau)}+4a_g)A_h^{(\tau\sigma\varrho)}B_j^{(\tau\sigma)}C_4^{(\tau)},$$

wobei dann g, h, j alle 6 Permutationen von 1, 2, 3 zu durchlaufen haben und die Summation über τ, σ, ϱ in der bisherigen Weise zu nehmen ist. Der in der ersten Reihe eingeklammerte Ausdruck ist $= 2a_g^{(\tau\sigma\varrho)} + a_g^{(\tau)} + a_g$. Nach den Ausführungen in § 21 gehört mit jedem Indexsysteme τ, σ, ϱ ein bestimmtes zweites System τ, σ', ϱ' $(\sigma' \neq \sigma)$ zusammen, derart, daß dabei stets (s. (115))

$$A_4^{(\tau\sigma\varrho)}B_h^{(\tau\sigma)}+A_4^{(\tau\sigma'\varrho')}B_h^{(\tau\sigma')}=A_h^{(\tau\sigma\varrho)}B_4^{(\tau\sigma)}+A_h^{(\tau\sigma'\varrho')}B_4^{(\tau\sigma')}$$

und zugleich $a_g^{(\tau\sigma\varrho)} = a_g^{(\tau\sigma'\varrho')}$ gilt. Indem wir die Glieder bei der ersten Summation $\sum\limits_{\tau,\sigma,\varrho}$ in (145) dementsprechend paarweise zusammenfassen, erkennen wir hieraus, daß wir in jenem ersten Aggregat, ohne seinen Wert zu ändern, die Indizes 4 und h miteinander vertauschen dürfen. Der Ausdruck (145) verwandelt sich dadurch in

$$(146)\quad \frac{1}{24^2}\sum\sum_{\tau,\sigma,\varrho}(3\alpha^{(\tau\sigma\varrho)}A_g^{(\tau\sigma\varrho)}+6\alpha^{(\tau\sigma)}B_g^{(\tau\sigma)}+6\alpha^{(\tau)}C_g^{(\tau)}+8a_g)A_h^{(\tau\sigma\varrho)}B_4^{(\tau\sigma)}C_j^{(\tau)}$$

$$+\frac{1}{24^2}\sum\sum_{\tau,\sigma,\varrho}(\alpha^{(\tau\sigma\varrho)}A_g^{(\tau\sigma\varrho)}+2\alpha^{(\tau\sigma)}B_g^{(\tau\sigma)}+6\alpha^{(\tau)}C_g^{(\tau)}+4a_g)A_h^{(\tau\sigma\varrho)}B_j^{(\tau\sigma)}C_4^{(\tau)}.$$

Hier ist der Faktor in der ersten Klammer $= 3a_g^{(\tau\sigma\varrho)} + 3a_g^{(\tau\sigma)} + 2a_g$. Weiter gehört nach § 21 mit jedem Systeme τ, σ, ϱ ein bestimmtes zweites System τ'', σ'', ϱ'', $(\tau'' \neq \tau)$ zusammen, derart, daß dabei stets (s. (120))

$$B_4^{(\tau\sigma)}C_j^{(\tau)}+B_4^{(\tau''\sigma'')}C_j^{(\tau'')}=B_j^{(\tau\sigma)}C_4^{(\tau)}+B_j^{(\tau''\sigma'')}C_4^{(\tau'')}$$

und zugleich $a_g^{(\tau\sigma\varrho)} = a_g^{(\tau''\sigma''\varrho'')}$, $a_g^{(\tau\sigma)} = a_g^{(\tau''\sigma'')}$, $A_h^{(\tau\sigma\varrho)} = A_h^{(\tau''\sigma''\varrho'')}$ gilt. Danach können wir weiter in dem ersten Aggregate in (146), ohne seinen Wert zu ändern, die Indizes 4 und j miteinander vertauschen; der ganze Ausdruck (146) geht dadurch in

$$(147)\quad \frac{1}{24^2}\sum\sum_{\tau,\sigma,\varrho}(4\alpha^{(\tau\sigma\varrho)}A_g^{(\tau\sigma\varrho)}+8\alpha^{(\tau\sigma)}B_g^{(\tau\sigma)}+12\alpha^{(\tau)}C_g^{(\tau)}+12a_g)A_h^{(\tau\sigma\varrho)}B_j^{(\tau\sigma)}C_4^{(\tau)}$$

über, und erlangen wir damit endlich die Formel

$$(148)\quad \mathfrak{X}_{1234}=\frac{1}{4}V_{123}a_4+\frac{1}{24\cdot 6}\sum\sum_{\tau,\sigma,\varrho}(a_g^{(\tau\sigma\varrho)}+a_g^{(\tau\sigma)}+a_g^{(\tau)})A_h^{(\tau\sigma\varrho)}B_j^{(\tau\sigma)}C_4^{(\tau)},$$

wo wieder g, h, j alle 6 Permutationen von 1, 2, 3 zu durchlaufen haben

Wir können nun den hier rechts stehenden Ausdruck auch bilden, ohne über die Hilfspunkte die beschränkenden Voraussetzungen I. und II. zu machen, und wir finden alsdann diesen Ausdruck stets von demselben Wert. In der Tat, denken wir uns jetzt die Hilfspunkte $\mathfrak{k}_i$, $\mathfrak{f}_i^{(\tau)}$, $\mathfrak{l}_i^{(\tau\sigma)}$ wieder in der vollen Allgemeinheit wie früher angenommen. Führen wir anstatt x, y, z neue orthogonale Koordinaten ξ, η, ζ auf irgendeine Weise derart ein, daß die positive ζ-Achse die Richtung $(\alpha^{(\tau)}, \beta^{(\tau)}, \gamma^{(\tau)})$ hat, so können wir das Flächenintegral $\mathfrak{X}^{(\tau)} = \iint x\, d\xi\, d\eta$ über das Gebiet $\mathfrak{F}^{(\tau)}$ in der Stützebene $\{\mathfrak{F}^{(\tau)}\}$ des Bezirks $\mathfrak{K}$, (ähnlich wie wir für $\mathfrak{X}$ den Ausdruck (101) herstellten), in der Formel

$$(149)\qquad \mathfrak{X}^{(\tau)} = \frac{1}{6}\sum_{\sigma,\varrho}(a^{(\tau\sigma\varrho)} + a^{(\tau\sigma)} + a^{(\tau)})A^{(\tau\sigma\varrho)}B^{(\tau\sigma)} \qquad \begin{pmatrix}\sigma = 1, 2, \ldots, \mu_\tau;\\ \varrho = 1, 2\end{pmatrix}$$

entwickeln. Vermöge der Gleichungen in (104) und (109) erweist sich dann dieser Wert $\mathfrak{X}^{(\tau)}$ als eine kubische Form in $s_1, s_2, \ldots, s_m$. Wir schreiben dieselbe

$$(150)\qquad \mathfrak{X}^{(\tau)} = \sum \mathfrak{X}^{(\tau)}_{g\,h\,j}\, s_g s_h s_j \qquad (g, h, j = 1, 2, \ldots, m),$$

so daß $\mathfrak{X}^{(\tau)}_{g\,h\,j}$ bei einer Permutation der Indizes g, h, j sich nicht verändert. Alsdann haben wir insbesondere

$$(151)\quad \mathfrak{X}^{(\tau)}_{123} = \frac{1}{6^2}\sum\sum_{\sigma,\varrho}(a_g^{(\tau\sigma\varrho)} + a_g^{(\tau\sigma)} + a_g^{(\tau)})A_h^{(\tau\sigma\varrho)}B_j^{(\tau\sigma)} \qquad \begin{pmatrix}\sigma = 1, 2, \ldots, \mu_\tau;\\ \varrho = 1, 2\end{pmatrix},$$

und kommt danach die Formel (148) auf die Entwicklung

$$(152)\qquad \mathfrak{X}_{1234} = \frac{1}{4}V_{123}a_4 + \frac{1}{4}\sum_\tau \mathfrak{X}^{(\tau)}_{123} C_4^{(\tau)} \qquad (\tau = 1, 2, \ldots, \nu)$$

hinaus.

Jede Größe $\mathfrak{X}^{(\tau)}_{123}$ hier ist nach ihrer Bedeutung als Entwicklungskoeffizient im Ausdrucke (150) von $\mathfrak{X}^{(\tau)}$ durchaus unabhängig von den benutzten Hilfspunkten. Nehmen wir jetzt insbesondere für $i = 1, 2, 3$ immer $\mathfrak{f}_i^{(\tau)}$ in $\mathfrak{F}_i^{(\tau)}$ selbst, $\mathfrak{l}_i^{(\tau\sigma)}$ in $\mathfrak{L}_i^{(\tau\sigma)}$ selbst, so sind in (151) die Größen $A_i^{(\tau\sigma\varrho)}$, $B_i^{(\tau\sigma)}$ sämtlich $\geqq 0$. Wir denken uns ferner eine positive Größe R derart bestimmt, daß $\mathfrak{K}_1$, $\mathfrak{K}_2$, $\mathfrak{K}_3$, $\mathfrak{K}_4$ ganz im Würfel

$$|x| \leqq R, \quad |y| \leqq R, \quad |z| \leqq R$$

enthalten sind; alsdann ist weiter jede Größe $a_i^{(\tau\sigma\varrho)}$, $a_i^{(\tau\sigma)}$, $a_i^{(\tau)}$ in (151) dem Betrage nach $\leqq R$ und finden wir daher

$$(153)\qquad |\mathfrak{X}^{(\tau)}_{123}| \leqq \frac{1}{3}R(F^{(\tau)}_{12} + F^{(\tau)}_{13} + F^{(\tau)}_{23}), \quad V_{123} \leqq 8R^3.$$

Die Relation (152) benutzen wir, um die Veränderung abzuschätzen, welche der Wert $\mathfrak{X}(\mathfrak{K}_1, \mathfrak{K}_2, \mathfrak{K}_3, \mathfrak{K}_4)$ bei einer Veränderung der Grundbezirke $\mathfrak{K}_i$ erfährt. Wir nehmen in jedem Bezirke $\mathfrak{K}_i$ $(i = 1, 2, 3, 4)$ einen inwendigen Punkt $\mathfrak{e}_i$ beliebig an, ferner sei ε eine beliebige positive Größe und sodann $\mathfrak{K}_i^*$ jedesmal ein solcher konvexer Bezirk ebenfalls mit einer endlichen Anzahl von extremen Punkten, der ganz in $\mathfrak{K}_i$ enthalten ist und seinerseits ganz den Bereich $\frac{1}{1+\varepsilon}\mathfrak{K}_i + \frac{\varepsilon}{1+\varepsilon}\mathfrak{e}_i$ enthält. Wir denken uns nun eine Polyederschar gebildet, welche sämtliche Bezirke $\mathfrak{K}_i, \mathfrak{K}_i^*$ $(i=1,2,3,4)$ unter ihren Grundbezirken enthält, und können dann zur Berechnung von $\mathfrak{X}(\mathfrak{K}_1, \mathfrak{K}_2, \mathfrak{K}_3, \mathfrak{K}_4)$ und andererseits von $\mathfrak{X}(\mathfrak{K}_1, \mathfrak{K}_2, \mathfrak{K}_3, \mathfrak{K}_4^*)$ die Regel (152) mit Bezug auf diese Schar verwenden, so daß also darin die Summation über alle solchen Richtungen $(\alpha^{(\tau)}, \beta^{(\tau)}, \gamma^{(\tau)})$ auszudehnen ist, welche als Normalen der Seitenflächen bei dieser weiteren Polyederschar auftreten. Legen wir nun den Punkt $\mathfrak{k}_4$ sowie den entsprechenden Hilfspunkt $\mathfrak{k}_4^*$ für $\mathfrak{K}_4^*$ in den Punkt $\mathfrak{e}_4$, so ist jede Größe $C_4^{(\tau)} \geqq 0$ und die zu $C_4^{(\tau)}$ entsprechende Größe $C_4^{*(\tau)}$ für $\mathfrak{K}_4^*$ jedesmal $\leqq C_4^{(\tau)}$ und $\geqq \frac{1}{1+\varepsilon} C_4^{(\tau)}$, und finden wir sodann mit Rücksicht auf (152) und (153):

$$(154)\qquad |\mathfrak{X}(\mathfrak{K}_1, \mathfrak{K}_2, \mathfrak{K}_3, \mathfrak{K}_4) - \mathfrak{X}(\mathfrak{K}_1, \mathfrak{K}_2, \mathfrak{K}_3, \mathfrak{K}_4^*)| \leqq \frac{1}{4}\frac{\varepsilon}{1+\varepsilon} R(V_{124} + V_{134} + V_{234}) \leqq \frac{6\varepsilon}{1+\varepsilon} R^4.$$

Von dieser Ungleichung aus kommen wir sogleich weiter zu der Beziehung:

$$(155)\qquad |\mathfrak{X}(\mathfrak{K}_1, \mathfrak{K}_2, \mathfrak{K}_3, \mathfrak{K}_4) - \mathfrak{X}(\mathfrak{K}_1^*, \mathfrak{K}_2^*, \mathfrak{K}_3^*, \mathfrak{K}_4^*)| \leqq \frac{24\varepsilon}{1+\varepsilon} R^4.$$

Auf diese Abschätzung fußend können wir, ähnlich wie wir in § 22 den Begriff des gemischten Volumens erweiterten, jetzt auch den Begriff der Bildung $\mathfrak{X}(\mathfrak{K}_1, \mathfrak{K}_2, \mathfrak{K}_3, \mathfrak{K}_4)$ auf beliebige konvexe Bezirke ausdehnen, die nicht bloß eine endliche Anzahl von extremen Punkten besitzen, und dabei übertragen sich dann die Ungleichungen (141) und (155) sofort auch auf beliebige konvexe Bezirke. Wir erhalten das Resultat, daß für jede beliebige Schar konvexer Bezirke $\mathfrak{K} = \sum s_i \mathfrak{K}_i$ $(i = 1, 2, \ldots, m;\ s_i \geqq 0)$ das Raumintegral $\mathfrak{X} = \iiint x\,dx\,dy\,dz$ über $\mathfrak{K}$ sich immer in der Form

$$(156)\qquad \mathfrak{X} = \sum \mathfrak{X}(\mathfrak{K}_g, \mathfrak{K}_h, \mathfrak{K}_j, \mathfrak{K}_k)\, s_g s_h s_j s_k \qquad (g, h, j, k = 1, 2, \ldots, m)$$

entwickeln läßt.

IV. Kapitel.

Zweigliedrige Scharen.

§ 24. Definition der Oberfläche eines konvexen Körpers.

Bei einem konvexen *Polyeder* erklären wir als die *Oberfläche* des Polyeders die Summe der Flächeninhalte seiner einzelnen Seitenflächen.

Wir bezeichnen wie schon früher mit $\mathfrak{G}$ die Kugel vom Radius 1 mit dem Nullpunkte $\mathfrak{o}$ als Mittelpunkt. Die Stützebenenfunktion dieser

Kugel $\mathfrak{G}$ ist für solche Argumente α, β, γ, welche der Bedingung $\alpha^2 + \beta^2 + \gamma^2 = 1$ genügen, konstant $= 1$. Vermöge der Formel (135) erkennen wir daher:

Die Oberfläche eines konvexen Polyeders $\mathfrak{P}$ *ist stets gleich dem Dreifachen des gemischten Volumens von* $\mathfrak{P}$, $\mathfrak{P}$, $\mathfrak{G}$.

Jetzt definieren wir allgemein die Oberfläche eines beliebigen konvexen Körpers $\mathfrak{K}$ als das Dreifache des gemischten Volumens von $\mathfrak{K}$, $\mathfrak{K}$, $\mathfrak{G}$, also ihre Größe $\mathfrak{O}$ durch die Gleichung

$$\mathfrak{O} = 3\,V(\mathfrak{K}, \mathfrak{K}, \mathfrak{G}). \tag{157}$$

Aus dem Satze in (133) entnehmen wir dann insbesondere die Folgerung:

Ist ein konvexer Körper $\mathfrak{K}$ ganz in einem anderen konvexen Körper $\mathfrak{K}^*$ enthalten, so ist die Oberfläche $\mathfrak{O}$ von $\mathfrak{K}$ gewiß niemals kleiner als die Oberfläche $\mathfrak{O}^*$ von $\mathfrak{K}^*$. Wir werden sogleich (in § 26 und § 27) sehen, daß dabei sogar immer $\mathfrak{O} < \mathfrak{O}^*$ gilt, also niemals $\mathfrak{O}$ gleich $\mathfrak{O}^*$ sein kann.

Analog wie wir hier für jeden konvexen Körper eine bestimmte „Oberfläche" einführen, definieren wir für jedes ebene Oval $\mathfrak{F}$ einen bestimmten *„Umfang"* von $\mathfrak{F}$ als *das Doppelte des gemischten Flächeninhalts von* $\mathfrak{F}$ *und einem Kreise mit dem Radius* 1 *in der Ebene von* $\mathfrak{F}$.

Bedeutet $\mathfrak{K}$ einen bestimmten konvexen Körper, t einen beliebigen positiven Parameter, so ist das Volumen des konvexen Körpers $\mathfrak{K} + t\mathfrak{G}$ gemäß (134) durch einen Ausdruck

$$V_0 + 3\,V_1 t + 3\,V_2 t^2 + V_3 t^3 \tag{158}$$

darzustellen; darin bezeichnet nun V_0 das Volumen, $3\,V_1$ die Oberfläche von $\mathfrak{K}$, weiter V_2 das gemischte Volumen $V(\mathfrak{K}, \mathfrak{G}, \mathfrak{G})$ und endlich V_3 das Volumen von $\mathfrak{G}$, also die Konstante $\frac{4\pi}{3}$. Fassen wir die Begrenzung von $\mathfrak{K} + t\mathfrak{G}$ näher ins Auge. Nach dem allgemeinen Satze in § 18 läßt jeder Punkt $\mathfrak{q}$ der Begrenzung des Körpers $\mathfrak{K} + t\mathfrak{G}$ eine Darstellung $\mathfrak{q} = \mathfrak{p} + t\mathfrak{g}$ zu, so daß $\mathfrak{p}$ ein Punkt von $\mathfrak{K}$ und $\mathfrak{g}$ ein Punkt von $\mathfrak{G}$ ist, und zwar muß dann notwendig $\mathfrak{p}$ der Begrenzung von $\mathfrak{K}$ und $\mathfrak{g}$ der Begrenzung von $\mathfrak{G}$ angehören und müssen zudem zwei Stützebenen mit der nämlichen äußeren Normalen durch $\mathfrak{p}$ an $\mathfrak{K}$ und durch $\mathfrak{g}$ an $\mathfrak{G}$ gehen. Da nun durch jeden Punkt $\mathfrak{g}$ der Begrenzung der Kugel $\mathfrak{G}$ stets nur eine einzige Stützebene an $\mathfrak{G}$, nämlich die Tangentialebene durch $\mathfrak{g}$ an $\mathfrak{G}$ existiert, so stellt danach die Begrenzung von $\mathfrak{K} + t\mathfrak{G}$ offenbar nichts anderes vor als die zur Begrenzung von $\mathfrak{K}$ im konstanten Normalabstande t nach dem Äußeren von $\mathfrak{K}$ hin konstruierte *Parallelfläche.*

Auf diese Bemerkung gestützt können wir das Zustandekommen der Formel (158) auf einem direkten Wege einsehen im Falle, daß $\mathfrak{K}$ speziell eine endliche Anzahl von extremen Punkten aufweist. Alsdann können wir nämlich den ganzen Körper $\mathfrak{K} + t\mathfrak{S}$ aus dem Polyeder $\mathfrak{K}$ als Kern unter Hinzufügung einer endlichen Anzahl einfach konstruierter und untereinander völlig getrennt liegender Zusatzstücke aufbauen.

Wir wollen die Seitenflächen, Kanten, Ecken des Polyeders $\mathfrak{K}$ wie in § 19 bezeichnen. Um das Polyeder $\mathfrak{K}$ zum Körper $\mathfrak{K} + t\mathfrak{S}$ auszugestalten, haben wir *erstens* auf jede Seitenfläche $\mathfrak{F}^{(\tau)}$ von $\mathfrak{K}$ als Grundfläche nach dem Äußeren von $\mathfrak{K}$ hin ein senkrechtes *Prisma* mit einer Höhe von der Länge t aufzubauen, also vom Volumen $tF^{(\tau)}$, unter $F^{(\tau)}$ den Flächeninhalt von $\mathfrak{F}^{(\tau)}$ verstanden. Das Prisma über $\mathfrak{F}^{(\tau)}$ besitzt über jeder Kante $\mathfrak{L}^{(\tau\sigma)}$ von $\mathfrak{F}^{(\tau)}$ eine Seitenfläche in Form eines Rechtecks mit der Basis $\mathfrak{L}^{(\tau\sigma)}$ und einer Höhe $= t$.

An einer beliebigen Kante $\mathfrak{L}^{(\tau\sigma)}$ von $\mathfrak{K}$ stoßen nunmehr immer zwei derartige, einander kongruente rechteckige Seitenflächen von zwei jener Prismen zusammen, des über $\mathfrak{F}^{(\tau)}$ und des über $\mathfrak{F}^{(\tau'')}$, wenn $\mathfrak{L}^{(\tau\sigma)} = \mathfrak{L}^{(\tau''\sigma'')}$ wie in § 19 gedacht ist. Alsdann haben wir *zweitens* jedesmal an der Kante $\mathfrak{L}^{(\tau\sigma)}$ als Achse denjenigen *Zylinderausschnitt* zu konstruieren, der durch eine im Äußeren von $\mathfrak{K}$ erfolgende Rotation des einen Rechtecks um die gemeinsame Grundlinie $\mathfrak{L}^{(\tau\sigma)}$ bis zum Zusammenfallen mit dem anderen Rechteck entsteht. Ist $L^{(\tau\sigma)}$ die Länge von $\mathfrak{L}^{(\tau\sigma)}$ und $\chi^{(\tau\sigma)}$ der Winkel, den die äußeren Normalen der beiden Seitenflächen $\mathfrak{F}^{(\tau)}$ und $\mathfrak{F}^{(\tau'')}$ miteinander bilden, so ist $\frac{1}{2}t^2\chi^{(\tau\sigma)}L^{(\tau\sigma)}$ das Volumen des auf solche Weise beschriebenen Körpers. Dieser Zylinderausschnitt an $\mathfrak{L}^{(\tau\sigma)}$ besitzt an jeder Ecke $\mathfrak{p}^{(\tau\sigma\varrho)}$ von $\mathfrak{L}^{(\tau\sigma)}$ eine Grundfläche in Form eines Sektors aus einer Kreisfläche vom Radius t.

An einer beliebigen Ecke $\mathfrak{p}^{(\tau\sigma\varrho)}$ von $\mathfrak{K}$ stoßen nunmehr immer genau so viele derartige Kreissektoren zusammen, als Kanten von ihr auslaufen. Alsdann haben wir *drittens* jedesmal an der Ecke $\mathfrak{p}^{(\tau\sigma\varrho)}$ von $\mathfrak{K}$ denjenigen *Sektor* der Kugel mit $\mathfrak{p}^{(\tau\sigma\varrho)}$ als Mittelpunkt vom Radius t zu konstruieren, welcher mit dem Normalensektor dieser Ecke von $\mathfrak{K}$ homothetisch ist; dieser Kugelsektor erhält jene Kreissektoren als begrenzende Seitenflächen. Das Volumen dieses Kugelsektors ist $\frac{1}{3}t^3\chi^{(\tau\sigma\varrho)}$, wenn wir mit $\frac{1}{3}\chi^{(\tau\sigma\varrho)}$ das Volumen des Normalensektors der Ecke $\mathfrak{p}^{(\tau\sigma\varrho)}$ von $\mathfrak{K}$ bezeichnen.

Das Polyeder $\mathfrak{K}$ nun, die hier errichteten Prismen auf den Seitenflächen $\mathfrak{F}^{(\tau)}$, die Zylinderausschnitte an den Kanten $\mathfrak{L}^{(\tau\sigma)}$, die Kugelsektoren an den Ecken $\mathfrak{p}^{(\tau\sigma\varrho)}$ von $\mathfrak{K}$ stellen lauter solche Bereiche vor, die untereinander in ihren inneren Punkten durchweg verschieden sind, und durch ihre Vereinigung ergeben sie genau den ganzen Körper $\mathfrak{K} + t\mathfrak{S}$. Das Volumen von $\mathfrak{K} + t\mathfrak{S}$ erhält danach den Ausdruck

(159) $$V_0 + t\sum F^{(\tau)} + \frac{1}{2}t^2 \sum \chi^{(\tau\sigma)} L^{(\tau\sigma)} + \frac{1}{3}t^3 \sum \chi^{(\tau\sigma\varrho)},$$

wo die drei Summen beziehungsweise über alle *verschiedenen* Flächen, Kanten, Ecken des Polyeders $\mathfrak{K}$ zu erstrecken sind. Durch Vergleichung mit (158) entsteht danach wieder $3V_1 = \sum F^{(\tau)}$; weiter gewinnen wir, indem wir noch dem Umstande Rechnung tragen, daß jede Kante $\mathfrak{L}^{(\tau\sigma)}$ zwei Seitenflächen $\mathfrak{F}^{(\tau)}$ angehört, für $3V_2$ die Darstellung

(160) $$3V_2 = \frac{1}{4}\sum_\tau \sum_\sigma \chi^{(\tau\sigma)} L^{(\tau\sigma)} \qquad (\tau = 1, 2, \ldots, \nu;\ \sigma = 1, 2, \ldots, \mu_\tau).$$

Den hier entwickelten Ausdruck für das Volumen des Raumes zwischen einer polyedrischen Fläche und einer Parallelfläche zu ihr hat Steiner*) aufgestellt. Nach der Benennung von Steiner würde $6V_2$ als die „Summe der Kantenkrümmung" von $\mathfrak{K}$ anzusprechen sein. Wir können passender, wie an einer späteren Stelle ausgeführt werden soll, den Wert $\frac{3V_2}{4\pi}$ als den *mittleren Krümmungsradius* von $\mathfrak{K}$ oder, wie wir sogleich näher erklären werden, als den *mittleren Stützebenenabstand* von $\mathfrak{K}$ bezeichnen.

§ 25. Der mittlere Stützebenenabstand eines konvexen Körpers.

Wir wollen uns jetzt zunächst mit der Bildung $V_2 = V(\mathfrak{K}, \mathfrak{G}, \mathfrak{G})$ in bezug auf einen beliebigen konvexen Bezirk $\mathfrak{K}$ beschäftigen und den Wert dieser Größe durch die Stützebenenfunktion von $\mathfrak{K}$ darzustellen suchen.

Zu dem Zwecke haben wir einige Bemerkungen über die Annäherung der Kugel $\mathfrak{G}$ $(x^2 + y^2 + z^2 \leqq 1)$ durch Polyeder vorauszuschicken. Es bedeute $\mathfrak{E}$ die Begrenzung von $\mathfrak{G}$, also die Kugelfläche $x^2 + y^2 + z^2 = 1$. Unter der *Winkeldistanz* zweier Punkte $\mathfrak{t}$ und $\mathfrak{t}^*$ auf $\mathfrak{E}$ wollen wir den Winkel ($\geqq 0$ und $\leqq \pi$) der zwei Richtungen von $\mathfrak{o}$ nach $\mathfrak{t}$ und von $\mathfrak{o}$ nach $\mathfrak{t}^*$ verstehen. Ist $\mathfrak{t}$ ein fester Punkt auf $\mathfrak{E}$ und ϑ irgendein Wert > 0 und $< \pi$, so bildet der Bereich aller Punkte auf $\mathfrak{E}$, die eine Winkeldistanz $\leqq \vartheta$ von $\mathfrak{t}$ haben, eine *Kalotte* von $\mathfrak{E}$, die wir mit $\mathfrak{E}(\mathfrak{t}, \vartheta)$ bezeichnen, und die sämtlichen Radien von $\mathfrak{o}$ nach den Punkten dieser Kalotte bilden einen Sektor, den wir $\mathfrak{G}(\mathfrak{t}, \vartheta)$ nennen. Das Volumen dieses Sektors ist $\frac{2\pi}{3}(1 - \cos\vartheta)$. Für einen Wert $\vartheta < \frac{\pi}{2}$ ist dieser Sektor stets ein konvexer Körper mit $\mathfrak{o}$ als Eckpunkt, für $\vartheta = \frac{\pi}{2}$ eine Halbkugel von $\mathfrak{G}$.

---

*) Steiner, Über parallele Flächen, Monatsberichte der Berliner Akademie, 1840, S. 114—118. (Werke, Bd. II, S. 173—176.)

Bedeutet 2ϑ einen beliebigen positiven Wert, den wir $< \frac{\pi}{2}$ annehmen, so können wir auf $\mathfrak{E}$ eine endliche Anzahl von Punkten $\mathfrak{t}_1, \mathfrak{t}_2, \ldots, \mathfrak{t}_\nu$ derart bestimmen, daß alsdann jeder beliebige Punkt $\mathfrak{t}$ der Fläche $\mathfrak{E}$ stets von wenigstens einem dieser ν Punkte eine Winkeldistanz $\leqq 2\vartheta$ besitzt oder, wie wir dafür kurz sagen wollen, daß ganz $\mathfrak{E}$ von $\mathfrak{t}_1, \mathfrak{t}_2, \ldots, \mathfrak{t}_\nu$ Winkeldistanzen $\leqq 2\vartheta$ hat. Diese Forderung ist offenbar gleichbedeutend damit, daß die Kalotten $\mathfrak{E}(\mathfrak{t}_1, 2\vartheta)$, $\mathfrak{E}(\mathfrak{t}_2, 2\vartheta), \ldots, \mathfrak{E}(\mathfrak{t}_\nu, 2\vartheta)$ zusammen die ganze Fläche $\mathfrak{E}$ überdecken sollen.

Eine spezielle Methode zur Ermittlung einer solchen Punktreihe $\mathfrak{t}_1, \mathfrak{t}_2, \ldots, \mathfrak{t}_\nu$ auf $\mathfrak{E}$ ist die folgende. Wir wählen den ersten Punkt $\mathfrak{t}_1$ beliebig auf $\mathfrak{E}$, dann den zweiten Punkt $\mathfrak{t}_2$ auf $\mathfrak{E}$ außerhalb der Kalotte $\mathfrak{E}(\mathfrak{t}_1, 2\vartheta)$, dann $\mathfrak{t}_3$ auf $\mathfrak{E}$ außerhalb der Kalotten $\mathfrak{E}(\mathfrak{t}_1, 2\vartheta)$ und $\mathfrak{E}(\mathfrak{t}_2, 2\vartheta)$ usf. Haben wir in solcher Art bereits gewisse Punkte $\mathfrak{t}_1, \mathfrak{t}_2, \ldots, \mathfrak{t}_{\varkappa-1}$ auf $\mathfrak{E}$ angenommen, so wählen wir, wenn die $\varkappa - 1$ Kalotten $\mathfrak{E}(\mathfrak{t}_1, 2\vartheta)$, $\mathfrak{E}(\mathfrak{t}_2, 2\vartheta), \ldots, \mathfrak{E}(\mathfrak{t}_{\varkappa-1}, 2\vartheta)$ noch nicht die ganze Fläche $\mathfrak{E}$ überdecken, weiter $\mathfrak{t}_\varkappa$ als einen beliebigen Punkt auf $\mathfrak{E}$ außerhalb jeder dieser $\varkappa - 1$ Kalotten, also derart, daß alle Winkel

$$\mathfrak{t}_1\mathfrak{o}\mathfrak{t}_\varkappa,\ \mathfrak{t}_2\mathfrak{o}\mathfrak{t}_\varkappa,\ \ldots,\ \mathfrak{t}_{\varkappa-1}\mathfrak{o}\mathfrak{t}_\varkappa > 2\vartheta$$

sind. Die Reihe der Punkte $\mathfrak{t}_1, \mathfrak{t}_2, \ldots$ läßt sich diesen Forderungen gemäß jedenfalls nicht unbegrenzt fortsetzen. Denn sind wir auf dem angegebenen Wege noch zu $\mathfrak{t}_\varkappa$ gelangt und betrachten wir nun die Kalotten $\mathfrak{E}(\mathfrak{t}_1, \vartheta)$, $\mathfrak{E}(\mathfrak{t}_2, \vartheta), \ldots, \mathfrak{E}(\mathfrak{t}_\varkappa, \vartheta)$ zu der halb so großen Winkeldistanz ϑ, so haben offenbar irgend zwei dieser letzteren Kalotten niemals einen Punkt miteinander gemein und stoßen daher die dazugehörigen Sektoren $\mathfrak{G}(\mathfrak{t}_1, \vartheta)$, $\mathfrak{G}(\mathfrak{t}_2, \vartheta), \ldots, \mathfrak{G}(\mathfrak{t}_\varkappa, \vartheta)$ untereinander nur in dem Punkte $\mathfrak{o}$ zusammen. Diese Sektoren stellen also lauter getrennte Teile der Kugel $\mathfrak{G}$ vor und muß daher die Summe ihrer Volumina kleiner als das Volumen der ganzen Kugel $\mathfrak{G}$ sein, d. h. wir haben

$$\frac{2\pi}{3}\varkappa(1 - \cos\vartheta) < \frac{4\pi}{3} \tag{161}$$

und besteht mithin eine obere Grenze für die Zahl $\varkappa$.

Nach dem angegebenen Prinzipe fortschreitend, müssen wir daher schließlich eine Reihe von Punkten $\mathfrak{t}_1, \mathfrak{t}_2, \ldots, \mathfrak{t}_\nu$ auf $\mathfrak{E}$ erlangen derart, daß alle Winkel

$$\mathfrak{t}_\iota\mathfrak{o}\mathfrak{t}_\varkappa > 2\vartheta \qquad (\iota < \varkappa;\ \iota, \varkappa = 1, 2, \ldots, \nu)$$

sind, daß aber nunmehr für jeden beliebigen Punkt $\mathfrak{t}$ auf $\mathfrak{E}$ stets wenigstens einer von den ν Winkeln $\mathfrak{t}\mathfrak{o}\mathfrak{t}_1, \mathfrak{t}\mathfrak{o}\mathfrak{t}_2, \ldots, \mathfrak{t}\mathfrak{o}\mathfrak{t}_\nu$ sich $\leqq 2\vartheta$ erweist, oder also, daß in der Tat die Kalotten $\mathfrak{E}(\mathfrak{t}_1, 2\vartheta)$, $\mathfrak{E}(\mathfrak{t}_2, 2\vartheta), \ldots, \mathfrak{E}(\mathfrak{t}_\nu, 2\vartheta)$ die ganze Kugelfläche $\mathfrak{E}$ überdecken. Dabei wird noch (161) mit $\varkappa = \nu$ gelten, andererseits aber erfüllen nun die Sektoren $\mathfrak{G}(\mathfrak{t}_1, 2\vartheta)$, $\mathfrak{G}(\mathfrak{t}_2, 2\vartheta), \ldots,$

$\mathfrak{G}(\mathfrak{t}_\nu, 2\vartheta)$ die ganze Kugel $\mathfrak{G}$ und wird daher gleichzeitig

$$(162) \qquad \frac{2\pi}{3}\nu(1-\cos 2\vartheta) \geqq \frac{4\pi}{3}$$

statthaben. Da wir $2\vartheta < \frac{\pi}{2}$ angenommen haben, können dabei $\mathfrak{t}_1, \mathfrak{t}_2, \ldots, \mathfrak{t}_\nu$ nicht sämtlich in einer Ebene durch $\mathfrak{o}$ gelegen sein.

Denken wir uns jetzt eine endliche Reihe von Punkten $\mathfrak{t}_1, \mathfrak{t}_2, \ldots, \mathfrak{t}_\nu$ auf $\mathfrak{E}$ irgendwie derart gewählt, daß ganz $\mathfrak{E}$ von ihr Winkeldistanzen $\leqq 2\vartheta$ hat. Es seien $\alpha_\varkappa, \beta_\varkappa, \gamma_\varkappa$ die Koordinaten von $\mathfrak{t}_\varkappa$ $(\varkappa = 1, 2, \ldots, \nu)$. Wir bezeichnen mit $\{\mathfrak{T}_\varkappa\}$ die Tangentialebene an $\mathfrak{G}$ durch $\mathfrak{t}_\varkappa$, d. i. die Stützebene an $\mathfrak{G}$ mit der Bedingung

$$\alpha_\varkappa x + \beta_\varkappa y + \gamma_\varkappa z \leqq 1;$$

es sei sodann $\mathfrak{S}$ der Bereich, der alle diese ν Ungleichungen für $\varkappa = 1, 2, \ldots, \nu$ erfüllt. Dieser Bereich $\mathfrak{S}$ enthält die Kugel $\mathfrak{G}$ ganz in sich. Andererseits ist für jeden beliebigen von $\mathfrak{o}$ verschiedenen Punkt $\mathfrak{p}(x, y, z)$ stets wenigstens einer der ν Winkel $\mathfrak{p}\mathfrak{o}\mathfrak{t}_\varkappa \leqq 2\vartheta$, somit die zugehörige Größe

$$\alpha_\varkappa x + \beta_\varkappa y + \gamma_\varkappa z \geqq \cos 2\vartheta \sqrt{x^2 + y^2 + z^2},$$

und befindet sich danach $\mathfrak{S}$ ganz in der Kugel $\frac{1}{\cos 2\vartheta}\mathfrak{G}$ mit $\mathfrak{o}$ als Mittelpunkt vom Radius $\frac{1}{\cos 2\vartheta}$, ist also ganz im Endlichen gelegen und stellt demnach ein konvexes Polyeder mit den ν extremen Stützebenen $\{\mathfrak{T}_\varkappa\}$ vor. Wir bezeichnen mit $\mathfrak{T}_\varkappa$ die Seitenfläche von $\mathfrak{S}$ in der Ebene $\{\mathfrak{T}_\varkappa\}$, mit $T_\varkappa$ den Flächeninhalt dieser Seitenfläche. Die Pyramide $\mathfrak{o}\mathfrak{T}_\varkappa$ mit $\mathfrak{o}$ als Spitze und $\mathfrak{T}_\varkappa$ als Basis hat mit der Kugelfläche $\mathfrak{E}$ eine gewisse Partie $\mathfrak{E}_\varkappa$ gemein, die aus allen den Punkten α, β, γ auf $\mathfrak{E}$ besteht, für welche $\alpha_\varkappa\alpha + \beta_\varkappa\beta + \gamma_\varkappa\gamma$ dem Betrage nach nicht kleiner ist als irgendeiner der $\nu - 1$ anderen Ausdrücke $\alpha_\iota\alpha + \beta_\iota\beta + \gamma_\iota\gamma$ $(\iota \neq \varkappa)$, für welche also die Winkeldistanz von $\mathfrak{t}_\varkappa$ nicht größer ist als die Winkeldistanz von irgendeinem der $\nu - 1$ anderen Punkte $\mathfrak{t}_\iota$ $(\iota \neq \varkappa)$. Mit $\mathfrak{G}$ hat sodann $\mathfrak{o}\mathfrak{T}_\varkappa$ ein Gebiet $\mathfrak{G}_\varkappa$ gemein, das aus allen Radien von $\mathfrak{o}$ nach den Punkten von $\mathfrak{E}_\varkappa$ besteht. Das Volumen dieser Kugelpyramide $\mathfrak{G}_\varkappa$, die einen konvexen Körper vorstellt, setzen wir $= \frac{1}{3}\mathfrak{O}_\varkappa$ und nennen alsdann $\mathfrak{O}_\varkappa$ die Oberfläche von $\mathfrak{E}_\varkappa$. Da $\mathfrak{G}_\varkappa$ jedenfalls ganz in dem Sektor $\mathfrak{G}(\mathfrak{t}_\varkappa, 2\vartheta)$ enthalten ist, wird

$$\frac{1}{3}\mathfrak{O}_\varkappa \leqq \frac{2\pi}{3}(1-\cos 2\vartheta)$$

sein.

Die ν Pyramiden $\mathfrak{o}\mathfrak{T}_\varkappa$ $(\varkappa = 1, 2, \ldots, \nu)$ setzen das ganze Polyeder $\mathfrak{S}$ und dementsprechend die ν Kugelpyramiden $\mathfrak{G}_\varkappa$ die ganze Kugel $\mathfrak{G}$ zusammen; danach gilt

(163) $$\frac{1}{3}(\mathfrak{O}_1 + \mathfrak{O}_2 + \cdots + \mathfrak{O}_\nu) = \frac{4\pi}{3}.$$

Da $\mathfrak{o}\mathfrak{T}_\varkappa$ den Bereich $\mathfrak{G}_\varkappa$ enthält und selbst ganz in $\frac{1}{\cos 2\vartheta}\mathfrak{G}_\varkappa$ enthalten ist, haben wir

(164) $$\frac{1}{3}\mathfrak{O}_\varkappa \leqq \frac{1}{3}T_\varkappa \leqq \frac{1}{3\cos^3 2\vartheta}\mathfrak{O}_\varkappa.$$

Jetzt bedeute $H(\alpha, \beta, \gamma)$ irgendeine Funktion, welche für alle Punkte α, β, γ auf $\mathfrak{E}$ definiert und auf $\mathfrak{E}$ stetig ist. Zu einer beliebig angenommenen positiven Größe ε können wir dann stets einen Winkel $2\vartheta\left(<\frac{\pi}{2}\right)$ derart bestimmen, daß für je zwei Punkte α, β, γ und $\alpha^*, \beta^*, \gamma^*$ auf $\mathfrak{E}$, deren Winkeldistanz $\leqq 2\vartheta$ ist, immer

(165) $$|H(\alpha^*, \beta^*, \gamma^*) - H(\alpha, \beta, \gamma)| \leqq \varepsilon$$

wird. Wir ermitteln hierauf irgendeine Punktreihe $\mathfrak{t}_1, \mathfrak{t}_2, \ldots, \mathfrak{t}_\nu$ auf $\mathfrak{E}$, von der ganz $\mathfrak{E}$ Winkeldistanzen $\leqq 2\vartheta$ hat, und stellen für sie den Ausdruck

(166) $$H_{\mathfrak{S}} = \frac{1}{4\pi}\sum H(\alpha_\varkappa, \beta_\varkappa, \gamma_\varkappa)\mathfrak{O}_\varkappa \qquad (\varkappa = 1, 2, \ldots, \nu)$$

her, indem wir dabei die Zeichen $\alpha_\varkappa, \beta_\varkappa, \gamma_\varkappa, \mathfrak{O}_\varkappa$, wie oben erklärt, verwenden. Ist nun $\mathfrak{t}_1^*, \mathfrak{t}_2^*, \ldots, \mathfrak{t}_\nu^*$ irgendeine zweite Punktreihe auf $\mathfrak{E}$, von der ebenfalls ganz $\mathfrak{E}$ Winkeldistanzen $\leqq 2\vartheta$ hat, so entsteht durch Vereinigung sämtlicher verschiedener Punkte aus den beiden Reihen stets wieder eine Punktreihe auf $\mathfrak{E}$ von demselben Charakter. Daraus entnehmen wir leicht mit Rücksicht auf (165) und (163), daß der zu (166) entsprechende Ausdruck für die zweite Punktreihe von dem Ausdrucke (166) selbst subtrahiert eine Differenz ergibt, deren Betrag jedenfalls $\leqq 2\varepsilon$ ist. Danach konvergiert der Ausdruck $H_{\mathfrak{S}}$, wenn wir den Winkel ϑ nach Null abnehmen lassen, nach einer bestimmten Grenze, die wir $H_{\mathfrak{G}}$ schreiben. Diese Grenze nennen wir das *Oberflächenintegral* $\frac{1}{4\pi}\int H(\alpha, \beta, \gamma)\,d\omega$ *über die Kugelfläche* $\mathfrak{E}$ oder auch den *Mittelwert der Funktion* $H(\alpha, \beta, \gamma)$ *für alle möglichen Richtungen* α, β, γ, wobei wir in Betracht ziehen, daß für $H(\alpha, \beta, \gamma) = 1$ auch $H_{\mathfrak{S}}$ konstant $= 1$ ist. Von dem Faktor $d\omega$ sprechen wir als dem *Flächenelement* von $\mathfrak{E}$ an der Stelle α, β, γ.

Es bedeute jetzt $\mathfrak{K}$ einen beliebigen konvexen Bezirk und $H(u, v, w)$ dessen Stützebenenfunktion; ferner sei R das Maximum von $H(\alpha, \beta, \gamma)$ für die Punkte α, β, γ auf $\mathfrak{E}$. Für je zwei Punkte $\alpha^*, \beta^*, \gamma^*$ und α, β, γ auf $\mathfrak{E}$ mit einer Winkeldistanz $\leqq 2\vartheta$ ist die geradlinige Distanz $\leqq 2\sin\vartheta$ und folgt daher (vgl. die Formel (2) in § 3) stets

(167) $$|H(\alpha^*, \beta^*, \gamma^*) - H(\alpha, \beta, \gamma)| \leqq 2R\sin\vartheta.$$

Die Funktion $H(\alpha, \beta, \gamma)$ ist also auf $\mathfrak{E}$ stetig. Den Mittelwert $H_{\mathfrak{G}}$ von $H(\alpha, \beta, \gamma)$ für alle möglichen Richtungen α, β, γ bezeichnen wir als den *mittleren Stützebenenabstand* des konvexen Bezirks $\mathfrak{K}$.

Denken wir uns jetzt zu einem Winkel $2\vartheta < \frac{\pi}{2}$ irgendwie eine Punktreihe $\mathfrak{t}_1, \mathfrak{t}_2, \ldots, \mathfrak{t}_\nu$ auf $\mathfrak{E}$ konstruiert, von der ganz $\mathfrak{E}$ Winkeldistanzen $\leqq 2\vartheta$ hat und dazu wie oben das Polyeder $\mathfrak{S}$ gebildet; dabei enthält $\mathfrak{S}$ die Kugel $\mathfrak{G}$ und ist selbst ganz in $\frac{1}{\cos 2\vartheta}\mathfrak{G}$ enthalten. Nach dem Satze in (133) haben wir demzufolge

(168) $$V(\mathfrak{K}, \mathfrak{G}, \mathfrak{G}) \leqq V(\mathfrak{K}, \mathfrak{S}, \mathfrak{S}) \leqq \frac{1}{\cos^2 2\vartheta} V(\mathfrak{K}, \mathfrak{G}, \mathfrak{G}).$$

Stellen wir nun $V(\mathfrak{S}, \mathfrak{S}, \mathfrak{K})$ gemäß der Formel (135) dar und ziehen die Ungleichungen (164) heran, so erhalten wir unter Verwendung der Abkürzung (166):

(169) $$\frac{4\pi}{3} H_{\mathfrak{S}} \leqq V(\mathfrak{S}, \mathfrak{S}, \mathfrak{K}) \leqq \frac{4\pi}{3\cos^3 2\vartheta} H_{\mathfrak{S}}.$$

Die beiden Formeln (168) und (169) zusammen führen dazu, daß für den Betrag der Differenz $V(\mathfrak{K}, \mathfrak{G}, \mathfrak{G}) - \frac{4\pi}{3} H_{\mathfrak{G}}$ eine obere Grenze besteht, deren Größe nach Null konvergiert, wenn wir ϑ nach Null abnehmen lassen. Da nun diese Differenz von ϑ gar nicht abhängt, kommen wir damit zu dem Satze:

Für einen konvexen Bezirk $\mathfrak{K}$ ist $V_2 = V(\mathfrak{K}, \mathfrak{G}, \mathfrak{G})$ gleich dem $\frac{4\pi}{3}$-fachen des mittleren Stützebenenabstands von $\mathfrak{K}$, also

(170) $$\frac{3}{4\pi} V_2 = \frac{1}{4\pi}\int H(\alpha, \beta, \gamma)\, d\omega.$$

Vermöge dieser Darstellung erkennen wir insbesondere, daß, wenn ein konvexer Bezirk $\mathfrak{K}$ ganz in einem anderen konvexen Bezirk $\mathfrak{K}^*$ enthalten ist, stets

(171) $$V(\mathfrak{K}, \mathfrak{G}, \mathfrak{G}) < V(\mathfrak{K}^*, \mathfrak{G}, \mathfrak{G})$$

gilt.

Nehmen wir für $\mathfrak{K}$ in (170) beispielsweise eine Strecke $\mathfrak{D}_0$ von der Länge 1, die einen Durchmesser von $\frac{1}{2}\mathfrak{G}$ bildet, also zwei Punkte $-\frac{1}{2}\alpha_0, -\frac{1}{2}\beta_0, -\frac{1}{2}\gamma_0$ und $\frac{1}{2}\alpha_0, \frac{1}{2}\beta_0, \frac{1}{2}\gamma_0$ auf $\frac{1}{2}\mathfrak{E}$ verbindet, so besteht der Körper $\mathfrak{D}_0 + t\mathfrak{G}$ aus dem geraden Kreiszylinder, dessen Achse $\mathfrak{D}_0$ ist und dessen Grundflächen Kreisflächen vom Radius t sind und zwei auf diesen Grundflächen aufgesetzten Halbkugeln. Das Volumen dieses Körpers ist $\pi t^2 + \frac{4\pi}{3} t^3$, also für ihn $3V_2 = \pi$, andererseits haben wir hier $H(\alpha, \beta, \gamma) = \frac{1}{2}|\alpha\alpha_0 + \beta\beta_0 + \gamma\gamma_0|$ und entsteht demnach

(172) $$\frac{1}{2} = \frac{1}{4\pi}\int |\alpha\alpha_0 + \beta\beta_0 + \gamma\gamma_0|\, d\omega.$$

Da $\mathfrak{G}$ den Nullpunkt als Mittelpunkt hat, besitzt derjenige konvexe Bezirk $\mathfrak{K}^{(-)}$, der zu einem gegebenen konvexen Bezirk $\mathfrak{K}$ in bezug auf den Nullpunkt symmetrisch ist, die gleiche Invariante V_2 wie $\mathfrak{K}$. Verwandeln wir in (170) α, β, γ und $-\alpha, -\beta, -\gamma$ und addieren die entstehende Formel zu (170), so erhalten wir

(173) $$\frac{3}{4\pi} V_2 = \frac{1}{8\pi} \int (H(\alpha, \beta, \gamma) + H(-\alpha, -\beta, -\gamma))\, d\omega .$$

Die Summe $H(\alpha, \beta, \gamma) + H(-\alpha, -\beta, -\gamma)$ hierin bedeutet den gegenseitigen Abstand der zwei parallelen Stützebenen an $\mathfrak{K}$ mit den äußeren Normalen α, β, γ und $-\alpha, -\beta, -\gamma$, die *Breite* von $\mathfrak{K}$ in der Richtung (α, β, γ). Denken wir uns jetzt den Bezirk $\mathfrak{K}$ als Körper, also alle seine Breiten > 0. Sind $\mathfrak{p}$ und $\mathfrak{q}$ zwei Punkte von $\mathfrak{K}$ in den Stützebenen an $\mathfrak{K}$ mit den Normalen α, β, γ und $-\alpha, -\beta, -\gamma$, so ist die Länge der sie verbindenden Strecke $\mathfrak{pq}$ mindestens so groß wie die Breite von $\mathfrak{K}$ in der Richtung und gilt daher mit Rücksicht auf das Resultat bei (172) und auf (126):

$$\frac{3}{4\pi} V(\mathfrak{pq}, \mathfrak{G}, \mathfrak{G}) \geqq \frac{1}{4} (H(\alpha, \beta, \gamma) + H(-\alpha, -\beta, -\gamma)).$$

Andererseits ist diese Strecke $\mathfrak{pq}$ ganz in $\mathfrak{K}$ enthalten und haben wir daher gemäß (171)

$$\frac{3}{4\pi} V(\mathfrak{K}, \mathfrak{G}, \mathfrak{G}) > \frac{3}{4\pi} V(\mathfrak{pq}, \mathfrak{G}, \mathfrak{G}),$$

so daß stets

(174) $$\frac{3}{4\pi} V_2 > \frac{1}{4} (H(\alpha, \beta, \gamma) + H(-\alpha, -\beta, -\gamma))$$

sein wird. Denken wir uns den Nullpunkt der Koordinaten mit dem Schwerpunkte von $\mathfrak{K}$ zusammenfallend, so gilt nach (143) immer

$$H(-\alpha, -\beta, -\gamma) \geqq \frac{1}{3} H(\alpha, \beta, \gamma)$$

und daher

(175) $$\frac{3}{4\pi} V_2 > \frac{1}{3} H(\alpha, \beta, \gamma).$$

Insbesondere wird danach das Maximum von $H(\alpha, \beta, \gamma)$, d. i. der Radius R der kleinsten, den Körper $\mathfrak{K}$ ganz enthaltenden Kugel mit dem Schwerpunkte von $\mathfrak{K}$ als Mittelpunkt stets $< \frac{9}{4\pi} V_2$ sein. Ist $\mathfrak{K}$ speziell ein Körper mit dem Nullpunkt als Mittelpunkt, so besteht allgemein

$$H(-\alpha, -\beta, -\gamma) = H(\alpha, \beta, \gamma)$$

und ist daher

$$R < \frac{3}{2\pi} V_2 .$$

Andererseits ist aus (173) unmittelbar ersichtlich, daß die größte vorhandene Breite von $\mathfrak{K}$ sicher $\geqq \frac{3}{2\pi} V_2$ ist und hier nur das Gleichheitszeichen statthat, wenn alle Breiten von $\mathfrak{K}$ untereinander gleich sind, und aus (170) folgt, daß gewiß $R \geqq \frac{3}{4\pi} V_2$ ist und hier das Gleichheitszeichen nur gilt, wenn $\mathfrak{K}$ eine Kugel vorstellt.

§ 26. Die Oberfläche eines konvexen Körpers als das Vierfache des arithmetischen Mittels seiner Projektionen.

Es sei $\mathfrak{K}$ ein konvexer Körper mit der Stützebenenfunktion $H(u, v, w)$. Für jeden Punkt x, y, z aus $\mathfrak{K}$ genügen die Werte x, y den Bedingungen

(176) $$ux + vy \leqq H(u, v, 0)$$

für alle möglichen Wertsysteme u, v. Umgekehrt, ist a, b ein spezielles System, wofür stets $H(u, v, 0) - au - bv \geqq 0$ ausfällt, so läßt sich nach den Ausführungen in § 10 immer eine Konstante c derart bestimmen, daß auch $H(u, v, w) - au - bv - cw \geqq 0$ für beliebige Werte u, v, w gilt, und alsdann ist der Punkt mit den Koordinaten a, b, c ein Punkt aus $\mathfrak{K}$. Den durch die sämtlichen Ungleichungen (176) definierten Bereich $\mathfrak{F}$ in der xy-Ebene, ein gewisses Oval in dieser Ebene, bezeichnen wir danach als die (orthogonale) *Projektion* des Körpers $\mathfrak{K}$ auf die xy-Ebene. Wir wollen jetzt den Flächeninhalt F dieses Ovals $\mathfrak{F}$ als ein gemischtes Volumen darstellen.

Es bedeute $\mathfrak{C}$ die Strecke von der Länge 1, die vom Punkte $0, 0, -\frac{1}{2}$ nach dem Punkte $0, 0, \frac{1}{2}$ führt und betrachten wir den Körper $\mathfrak{K} + t\mathfrak{C}$, wobei wir uns den Parameter $t > H(0, 0, 1) + H(0, 0, -1) = t_0$ denken. Für jeden Punkt a, b, c in $\mathfrak{K}$ ist $-H(0,0,-1) \leqq c \leqq H(0,0,1)$. Während a, b, c den Körper $\mathfrak{K}$ beschreibt, wird der Körper $\mathfrak{K} + t\mathfrak{C}$ von der Gesamtheit aller daraus abzuleitenden Punkte a, b, z erzeugt, für welche $-\frac{t}{2} \leqq z - c \leqq \frac{t}{2}$ gilt. Dabei verbleibt nun bei jedem beliebigen Systeme a, b aus $\mathfrak{F}$ die Koordinate z stets in den Grenzen

$$-\frac{t}{2} - H(0, 0, -1) \leqq z \leqq \frac{t}{2} + H(0, 0, 1),$$

und andererseits wird, zufolge unserer Voraussetzung über t, dabei z jedesmal zum mindesten alle Werte des Intervalls

$$-\frac{t}{2} + H(0, 0, 1) \leqq z \leqq \frac{t}{2} - H(0, 0, -1)$$

annehmen. Damit haben wir hier zwei gerade Zylinder mit $\mathfrak{F}$ als Querschnitt und Höhen $= t \pm t_0$ erlangt, von denen der erste den Körper $\mathfrak{K} + t\mathfrak{C}$ enthält, der zweite ganz in diesem Körper enthalten ist und finden wir danach das Volumen von $\mathfrak{K} + t\mathfrak{C}$ einerseits $\leqq (t + t_0)F$, andererseits $\geqq (t - t_0)F$. Stellen wir dieses Resultat mit dem Ausdrucke zusammen, der für dieses Volumen gemäß (134) besteht, und lassen wir t über jede

Grenze hinauswachsen, so erkennen wir, daß $V(\mathfrak{C}, \mathfrak{C}, \mathfrak{C}) = 0$, $3V(\mathfrak{K}, \mathfrak{C}, \mathfrak{C}) = 0$, $3V(\mathfrak{K}, \mathfrak{K}, \mathfrak{C}) = F$ ist.

In ganz analoger Weise können wir die (orthogonale) Projektion des Körpers $\mathfrak{K}$ auf eine Ebene $\alpha x + \beta y + \gamma z = 0$ mit einer beliebigen Richtung (α, β, γ) als Normale definieren. Wir brauchen nur eine orthogonale Koordinatentransformation heranzuziehen, wobei die neue dritte Achse in jene Richtung (α, β, γ) fällt. Die betreffende Projektion, die ein Oval in jener Ebene wird, nennen wir $\mathfrak{F}(\alpha, \beta, \gamma)$ und ihren Flächeninhalt $F(\alpha, \beta, \gamma)$; wir finden alsdann, wenn $\mathfrak{r}$ den Punkt mit den Koordinaten α, β, γ und $(\mathfrak{o}\mathfrak{r})$ die Strecke von $\mathfrak{o}$ nach $\mathfrak{r}$ bedeutet, jedesmal

$$(177) \qquad 3V(\mathfrak{K}, \mathfrak{K}, (\mathfrak{o}\mathfrak{r})) = F(\alpha, \beta, \gamma).$$

Wir definieren nun eine Funktion $F(u, v, w)$ für alle möglichen reellen Werte von u, v, w, indem wir, wenn $t > 0$ ist, allgemein

$$(178) \qquad F(t\alpha, t\beta, t\gamma) = tF(\alpha, \beta, \gamma)$$

festsetzen und zudem noch $F(0, 0, 0) = 0$ nehmen. Bedeutet $\mathfrak{s}$ den Punkt mit den Koordinaten u, v, w und $(\mathfrak{o}\mathfrak{s})$ die Strecke von $\mathfrak{o}$ nach $\mathfrak{s}$, bzw. wenn $\mathfrak{s}$ mit $\mathfrak{o}$ identisch ist, diesen Punkt allein, so haben wir alsdann stets

$$(179) \qquad 3V(\mathfrak{K}, \mathfrak{K}, (\mathfrak{o}\mathfrak{s})) = F(u, v, w).$$

Auf Grund dieser Formel können wir jetzt allgemein die Ungleichung

$$(180) \quad F(u_1, v_1, w_1) + F(u_2, v_2, w_2) \geqq F(u_1 + u_2, v_1 + v_2, w_1 + w_2)$$

erweisen. In der Tat, es seien $\mathfrak{s}_1, \mathfrak{s}_2, \mathfrak{s}$ die Punkte mit den Koordinaten u_1, v_1, w_1; u_2, v_2, w_2 und $u_1 + u_2, v_1 + v_2, w_1 + w_2$. Der im Sinne von § 17 aus $(\mathfrak{o}\mathfrak{s}_1)$ und $(\mathfrak{o}\mathfrak{s}_2)$ durch Addition hervorgehende Bereich bedeutet dann das Parallelogramm mit den Ecken $\mathfrak{o}, \mathfrak{s}_1, \mathfrak{s}_2, \mathfrak{s}$ und enthält daher jedenfalls den Bereich $(\mathfrak{o}\mathfrak{s})$ ganz in sich; nach (133) ist deshalb

$$3V(\mathfrak{K}, \mathfrak{K}, (\mathfrak{o}\mathfrak{s}_1) + (\mathfrak{o}\mathfrak{s}_2)) \geqq 3V(\mathfrak{K}, \mathfrak{K}, (\mathfrak{o}\mathfrak{s})),$$

während die linke Seite hier sich nach (127)

$$= 3V(\mathfrak{K}, \mathfrak{K}, (\mathfrak{o}\mathfrak{s}_1)) + 3V(\mathfrak{K}, \mathfrak{K}, (\mathfrak{o}\mathfrak{s}_2))$$

ergibt. Diese Umstände in Verbindung mit (179) führen sofort zur Ungleichung (180).

Ferner gilt, da allgemein je zwei Projektionen $\mathfrak{F}(-\alpha, -\beta, -\gamma)$ und $\mathfrak{F}(\alpha, \beta, \gamma)$ identisch sind, immer $F(-u, -v, -w) = F(u, v, w)$.

Nach ihren hier entwickelten Eigenschaften stellt nun $F(u, v, w)$ die Stützebenenfunktion eines gewissen konvexen Körpers $\mathfrak{L}$ mit dem Nullpunkte als Mittelpunkt dar, den wir den *Körper der Projektionen* von $\mathfrak{K}$ nennen wollen. Ersetzen wir $\mathfrak{K}$ durch $t\mathfrak{K}$, wobei $t > 0$ ist, so geht $\mathfrak{L}$ in $t^2\mathfrak{L}$ über; unterwerfen wir $\mathfrak{K}$ einer Translation, so bleibt $\mathfrak{L}$ unverändert. Wir werden jetzt zeigen, daß die Oberfläche des Körpers $\mathfrak{K}$ gleich dem Vierfachen des mittleren Stützebenenabstandes von $\mathfrak{L}$ ist.

Betrachten wir zunächst den Fall, daß $\mathfrak{K}$ ein Polyeder ist; es besitze $\mathfrak{K}$ dabei ν Seitenflächen $\mathfrak{F}_\tau (\tau = 1, 2, \ldots, \nu)$ und es sei $(\alpha_\tau, \beta_\tau, \gamma_\tau)$ die äußere Normale und F_τ der Flächeninhalt von $\mathfrak{F}_\tau$. Die Oberfläche von $\mathfrak{K}$ wird definiert durch

$$(181) \qquad \mathfrak{O} = 3\,V(\mathfrak{K}, \mathfrak{K}, \mathfrak{G}) = F_1 + F_2 + \cdots + F_\nu .$$

Fassen wir die orthogonale Projektion von $\mathfrak{K}$ auf irgendeine Ebene $\alpha x + \beta y + \gamma z = 0$ ins Auge, so trifft eine auf dieser Ebene senkrechte Gerade durch einen beliebigen inwendigen Punkt dieser Projektion $\mathfrak{F}(\alpha, \beta, \gamma)$ die Begrenzung von $\mathfrak{K}$ in zwei Punkten, einmal in einem Punkte einer solchen Seitenfläche $\mathfrak{F}_\tau$, für die $\alpha\alpha_\tau + \beta\beta_\tau + \gamma\gamma_\tau > 0$ ausfällt, und dann in einem Punkte einer solchen Seitenfläche $\mathfrak{F}_\tau$, für die der entsprechende Ausdruck < 0 ausfällt, und infolgedessen ergibt sich der doppelte Flächeninhalt jener Projektion

$$(182) \qquad 2F(\alpha, \beta, \gamma) = \sum_\tau |\alpha\alpha_\tau + \beta\beta_\tau + \gamma\gamma_\tau| F_\tau \quad (\tau = 1, 2, \ldots, \nu).$$

Mit Benutzung von (172) finden wir daraus den mittleren Stützebenenabstand des Körpers $\mathfrak{L}$:

$$\frac{1}{4\pi} \int F(\alpha, \beta, \gamma)\, d\omega = \frac{1}{4} \sum_\tau F_\tau = \frac{1}{4} \mathfrak{O},$$

also die Relation

$$(183) \qquad \frac{3}{4\pi} V(\mathfrak{L}, \mathfrak{G}, \mathfrak{G}) = \frac{3}{4} V(\mathfrak{K}, \mathfrak{K}, \mathfrak{G}).$$

Diese Beziehung können wir jetzt leicht auf einen beliebigen konvexen Körper $\mathfrak{K}$ ausdehnen, indem wir folgende Bemerkung verwenden: Es seien $\mathfrak{K}$, $\mathfrak{K}^*$ zwei konvexe Körper, $\mathfrak{L}$, $\mathfrak{L}^*$ die Körper der Projektionen von $\mathfrak{K}$, bzw. von $\mathfrak{K}^*$ und H, H^*, F, F^* die Stützebenenfunktionen von $\mathfrak{K}$, $\mathfrak{K}^*$, $\mathfrak{L}$, $\mathfrak{L}^*$. Ist der Körper $\mathfrak{K}$ ganz im Körper $\mathfrak{K}^*$ enthalten, so leuchtet ein, daß auch die Projektion von $\mathfrak{K}$ auf irgendeine Ebene $\alpha x + \beta y + \gamma z = 0$ stets ganz in der Projektion von $\mathfrak{K}^*$ auf diese Ebene enthalten sein und infolgedessen stets $F(\alpha, \beta, \gamma) \leqq F^*(\alpha, \beta, \gamma)$ und mithin auch $\mathfrak{L}$ in $\mathfrak{L}^*$ enthalten sein wird. Wir können noch hinzufügen, daß, wenn dabei $\mathfrak{K}$ und $\mathfrak{K}^*$ verschieden sind, auch $\mathfrak{L}$ und $\mathfrak{L}^*$ nicht identisch sein können. Denn es läßt sich dann gewiß eine solche Richtung $(\alpha_0, \beta_0, \gamma_0)$ angeben, für die $H(\alpha_0, \beta_0, \gamma_0) < H^*(\alpha_0, \beta_0, \gamma_0)$ ist. Wählen wir nun für (α, β, γ) irgendeine zu $(\alpha_0, \beta_0, \gamma_0)$ orthogonale Richtung, so erweisen sich die orthogonalen Projektionen von $\mathfrak{K}$ und von $\mathfrak{K}^*$ auf die Ebene $\alpha x + \beta y + \gamma z = 0$ in dieser als zwei Ovale mit verschiedenen Stützgeradenfunktionen und muß deshalb $F(\alpha, \beta, \gamma) < F^*(\alpha, \beta, \gamma)$ sein.

Ist jetzt $\mathfrak{K}$ ein beliebiger konvexer Körper und kein Polyeder, so greifen wir einen inneren Punkt $\mathfrak{k}$ von $\mathfrak{K}$ beliebig heraus und können dann zu jeder positiven Größe ε ein Polyeder $\mathfrak{K}^*$ derart bestimmen, daß $\mathfrak{K}$

ganz in $\mathfrak{K}^*$ enthalten ist und andererseits das Polyeder $\frac{1}{1+\varepsilon}\mathfrak{K}^* + \frac{\varepsilon}{1+\varepsilon}\mathfrak{k}$ ganz enthält. Bezeichnen wir mit $\mathfrak{L}^*$ den Körper der Projektionen von $\mathfrak{K}^*$, so ist dann jedesmal $\mathfrak{L}$ in $\mathfrak{L}^*$ enthalten und enthält andererseits den Körper $\frac{1}{(1+\varepsilon)^2}\mathfrak{L}^*$. Wir haben mithin

$$\frac{3}{4\pi} V(\mathfrak{L}^*, \mathfrak{G}, \mathfrak{G}) \geqq \frac{3}{4\pi} V(\mathfrak{L}, \mathfrak{G}, \mathfrak{G}) \geqq \frac{3}{4(1+\varepsilon)^2\pi} V(\mathfrak{L}^*, \mathfrak{G}, \mathfrak{G}),$$

während zugleich

$$\frac{3}{4} V(\mathfrak{K}^*, \mathfrak{K}^*, \mathfrak{G}) \geqq \frac{3}{4} V(\mathfrak{K}, \mathfrak{K}, \mathfrak{G}) \geqq \frac{3}{4(1+\varepsilon)^2} V(\mathfrak{K}^*, \mathfrak{K}^*, \mathfrak{G})$$

sein wird. Nun wissen wir bereits, da $\mathfrak{K}^*$ ein Polyeder ist, daß in diesen beiden Reihen bzw. die an erster und die an dritter Stelle aufgeführten Glieder miteinander übereinstimmen. Indem wir die Größe ε nach Null abnehmen lassen, erhalten wir alsdann die Formel (183) auch für den Körper $\mathfrak{K}$. Die damit allgemein festgestellte Formel

$$(184) \qquad \frac{1}{4}\mathfrak{O} = \frac{1}{4\pi}\int F(\alpha, \beta, \gamma)\, d\omega$$

sprechen wir kurz in folgender Weise aus:

Die Oberfläche eines konvexen Körpers ist gleich dem Vierfachen des arithmetischen Mittels der Querschnitte aller dem Körper umbeschriebenen Zylinder.

Aus dieser Darstellung der Oberfläche eines konvexen Körpers ersehen wir mit Rücksicht auf die bei (171) gemachte Bemerkung insbesondere sofort, daß, wenn ein konvexer Körper $\mathfrak{K}$ in einem anderen konvexen Körper $\mathfrak{K}^*$ enthalten ist, stets die Oberfläche von $\mathfrak{K}$ wirklich kleiner als die Oberfläche von $\mathfrak{K}^*$ ist.

Bringen wir die am Schlusse von § 25 für Körper mit Mittelpunkt gefundenen Ungleichungen $\frac{3}{2\pi} V_2 > R \geqq \frac{3}{4\pi} V_2$ auf den oben betrachteten Körper $\mathfrak{L}$ in Anwendung, so ergibt sich, daß das Maximum von $F(\alpha, \beta, \gamma)$ noch $< \frac{1}{2}\mathfrak{O}$ und andererseits $\geqq \frac{1}{4}\mathfrak{O}$ ist. Für einen konvexen Körper $\mathfrak{K}$ mit der Oberfläche $\mathfrak{O}$ besitzt danach jede Projektion einen Flächeninhalt $< \frac{1}{2}\mathfrak{O}$ und gibt es stets solche Projektionen, bei welchen der Flächeninhalt $\geqq \frac{1}{4}\mathfrak{O}$ ist.

Durch die Relation (172) finden wir überhaupt für eine beliebige ebene Fläche $\mathfrak{F}$ von einem Flächeninhalt F das (wie in (184) hergestellte) arithmetische Mittel ihrer Projektionen auf die sämtlichen Ebenen durch den Nullpunkt jedesmal $= \frac{1}{2}F$. Infolgedessen können wir auch bei beliebigen Flächen im Raume, die weder konvex noch geschlossen zu sein brauchen, unter sehr allgemeinen Bedingungen die Oberfläche gleich dem Doppelten des arithmetischen Mittels aller orthogonaler Projektionen der Fläche setzen, wobei wir aber bei jeder Projektion die mehrfach überdeckten Partien nach der Zahl der Überdeckungen in Rechnung zu bringen haben.

§ 27. Verallgemeinerung des Oberflächenbegriffs.

Während die letzten Betrachtungen ausschließlich auf den speziellen Eigenschaften der Kugel beruhten, entwickeln wir jetzt noch eine bemerkenswerte Verallgemeinerung des Begriffs der Oberfläche, wobei die Rolle, welche die Kugel $\mathfrak{G}$ in der Formel $\mathfrak{O} = 3\,V(\mathfrak{K}, \mathfrak{K}, \mathfrak{G})$ des § 24 spielt, durch einen beliebigen konvexen Bezirk übernommen wird.

Wir denken uns zu jeder Richtung (α, β, γ), also für jeden Punkt der Kugelfläche $\alpha^2 + \beta^2 + \gamma^2 = 1$, einen Wert $M(\alpha, \beta, \gamma)$ vorläufig in völlig beliebiger Weise angenommen; dieser Wert kann positiv, Null oder negativ sein. Bedeutet dann $\mathfrak{F}$ ein Polygon in einer Ebene $\alpha x + \beta y + \gamma z = d$ mit der Normale (α, β, γ) und ist F der Flächeninhalt dieses Polygons im gewöhnlichen Sinne, so wollen wir als *den verallgemeinerten* (kurz geschrieben: *v.*) *Flächeninhalt von* $\mathfrak{F}$ *auf der* (α, β, γ)-*Seite jener Ebene* das Produkt $M(\alpha, \beta, \gamma)\,F$ definieren. Dabei werden, wenn die Faktoren $M(\alpha, \beta, \gamma)$ und $M(-\alpha, -\beta, -\gamma)$ verschieden gewählt sind, dem Polygone $\mathfrak{F}$ verschiedene v. Flächeninhalte auf den zwei Seiten seiner Ebene zugeschrieben. Bei einem Polyeder $\mathfrak{P}$ bezeichnen wir als die *äußeren* v. Flächeninhalte der Seitenflächen deren v. Flächeninhalte auf denjenigen Seiten ihrer Ebenen, welche die äußeren Normalen dieser Ebenen in bezug auf $\mathfrak{P}$ vorstellen.

Wir definieren nun als verallgemeinerte (v.) Oberfläche eines Polyeders die Summe der äußeren v. Flächeninhalte seiner sämtlichen Seitenflächen.

Nunmehr stellen wir die Frage, welche Bedingungen der Funktion $M(\alpha, \beta, \gamma)$ für die Gesamtheit aller Richtungen (α, β, γ) aufzuerlegen sind, damit auch jedem beliebigen konvexen Körper eine bestimmte Größe der v. Oberfläche zugewiesen werden kann und dabei dann allgemein der folgenden Forderung Genüge geschieht:

(I.) *Wenn ein konvexer Körper* $\mathfrak{K}$ *in einem anderen konvexen Körper* $\mathfrak{K}^*$ *enthalten ist, soll die v. Oberfläche von* $\mathfrak{K}$ *niemals größer als die v. Oberfläche von* $\mathfrak{K}^*$ *sein.*

Um die angeregte Frage zu erledigen, fassen wir zunächst einige einfache konvexe Körper ins Auge. Es bedeute (α, β, γ) irgendeine Richtung, $(\mathfrak{o}\mathfrak{r})$ die Strecke vom Nullpunkte $\mathfrak{o}$ nach dem Punkte $\mathfrak{r}$ mit den Koordinaten α, β, γ, und $\mathfrak{F}$ ein Dreieck in der Ebene $\alpha x + \beta y + \gamma z = 0$

vom Flächeninhalte $F = 1$ und noch mit dem Nullpunkte $\mathfrak{o}$ im Inneren. Der Bereich $s\mathfrak{F} + (\mathfrak{o}\mathfrak{r})$ bei positivem s bedeutet dann das dreiseitige Prisma mit $s\mathfrak{F}$ als Basis und $(\mathfrak{o}\mathfrak{r})$ als Höhe, und dieser konvexe Körper wird um so umfassender, je größer wir s wählen. Die v. Oberfläche dieses Prismas besitzt offenbar einen Ausdruck

$$(M(\alpha, \beta, \gamma) + M(-\alpha, -\beta, -\gamma))s^2 + Ns,$$

worin N einen von s unabhängigen Wert vorstellt, und dieser Ausdruck darf nun nach unserer Forderung mit wachsendem s niemals abnehmen. Daraus geht hervor, daß bei jeder beliebigen Richtung (α, β, γ) notwendig immer

$$(185) \qquad M(\alpha, \beta, \gamma) + M(-\alpha, -\beta, -\gamma) \geqq 0$$

sein muß.

Wir definieren jetzt eine Funktion $M(u, v, w)$ für beliebige Werte u, v, w, indem wir festsetzen, daß, wenn $t > 0$ ist, stets

$$(186) \qquad M(t\alpha, t\beta, t\gamma) = tM(\alpha, \beta, \gamma)$$

sei, und noch $M(0, 0, 0) = 0$ annehmen.

Es seien jetzt $\alpha_1, \beta_1, \gamma_1$; $\alpha_2, \beta_2, \gamma_2$ irgend zwei Richtungen, die verschieden und auch nicht einander entgegengesetzt sind, t_1, t_2 Werte > 0 und wir setzen

$$t_1\alpha_1 = u_1, \quad t_1\beta_1 = v_1, \quad t_1\gamma_1 = w_1; \quad t_2\alpha_2 = u_2, \quad t_2\beta_2 = v_2, \quad t_2\gamma_2 = w_2.$$

Sodann bedeute $\alpha_3, \beta_3, \gamma_3$ eine der zwei auf jenen beiden senkrechten Richtungen, $\mathfrak{r}_3$ den Punkt mit den Koordinaten $\alpha_3, \beta_3, \gamma_3$, und schreiben wir $\psi_i = \alpha_i x + \beta_i y + \gamma_i z$ $(i = 1, 2, 3)$. In der Ebene $\psi_3 = 0$ bestimmen wir einen Punkt $\mathfrak{p}_1$ auf der Geraden $\psi_1 = 0$, so daß für ihn $\psi_2 < 0$ und die Länge $\mathfrak{o}\mathfrak{p}_1 = t_1$ ist, und einen Punkt $\mathfrak{p}_2$ auf der Geraden $\psi_2 = 0$, so daß für ihn $\psi_1 < 0$ und die Länge $\mathfrak{o}\mathfrak{p}_2 = t_2$ ist. Im Dreieck $\mathfrak{p}_1\mathfrak{o}\mathfrak{p}_2$ haben dann die Seiten $\mathfrak{o}\mathfrak{p}_1$ und $\mathfrak{o}\mathfrak{p}_2$ die Längen t_1 und t_2 und die äußeren Normalen $(\alpha_1, \beta_1, \gamma_1)$ und $(\alpha_2, \beta_2, \gamma_2)$; es sei sodann t die Länge der Seite $\mathfrak{p}_1\mathfrak{p}_2$ und $(-\alpha, -\beta, -\gamma)$ deren äußere Normale in bezug auf das Dreieck, und setzen wir $t\alpha = u$, $t\beta = v$, $t\gamma = w$. Bringen wir die drei Relationen (136) auf das dreiseitige Prisma mit $\mathfrak{p}_1\mathfrak{o}\mathfrak{p}_2$ als der einen Grundfläche und $\mathfrak{o}\mathfrak{r}_3$ als Höhe in Anwendung, so kommen wir, da die zwei Grundflächen des Prismas gleichen Flächeninhalt und entgegengesetzt gerichtete Normalen haben, zu den Gleichungen:

$$u_1 + u_2 - u = 0, \quad v_1 + v_2 - v = 0, \quad w_1 + w_2 - w = 0.$$

Jetzt sei $\mathfrak{q}$ irgendein Punkt in $\psi_3 = 0$ im Winkelraume $\psi_1 < 0$, $\psi_2 < 0$ und noch außerhalb des Dreiecks $\mathfrak{p}_1\mathfrak{o}\mathfrak{p}_2$ gelegen. Vergleichen wir die v. Oberflächen für zwei gerade Prismen miteinander, von denen das eine das Viereck $\mathfrak{o}\mathfrak{p}_1\mathfrak{q}\mathfrak{p}_2$, das andere das Dreieck $\mathfrak{p}_1\mathfrak{q}\mathfrak{p}_2$ als Basis hat, während die Höhe für beide dieselbe und an Länge $= s$ sein soll, so enthält das erste dieser Prismen das zweite in sich und muß deshalb auf Grund unserer Forderung die Differenz dieser zwei v. Oberflächen $\geqq 0$ sein. Diese Differenz erhält den Ausdruck

$$s(t_1 M(\alpha_1, \beta_1, \gamma_1) + t_2 M(\alpha_2, \beta_2, \gamma_2) - t M(\alpha, \beta, \gamma)) \\ + F(M(\alpha_3, \beta_3, \gamma_3) + M(-\alpha_3, -\beta_3, -\gamma_3)),$$

wo F den Flächeninhalt des Dreiecks $\mathfrak{p}_1 \mathfrak{o} \mathfrak{p}_2$ bedeutet. Indem nun diese Differenz bei beliebigem positivem Werte s stets $\geqq 0$ sein soll, muß der Koeffizient von s darin $\geqq 0$, also

$$(187) \quad M(u_1, v_1, w_1) + M(u_2, v_2, w_2) \geqq M(u_1 + u_2, v_1 + v_2, w_1 + w_2)$$

sein. — Für solche Argumente u_1, v_1, w_1; u_2, v_2, w_2, wobei $\frac{u_2}{u_1} = \frac{v_2}{v_1} = \frac{w_2}{w_1}$ und dieser Wert > 0 bzw. < 0 ist, erhalten wir die nämliche Relation aus (186) allein, bzw. aus (186) unter Berücksichtigung von (185).

Für das Bestehen der Forderung (I) muß demnach die Funktion $M(u, v, w)$ den Bedingungen (185), (186), (187) Genüge leisten; sie erweist sich damit nach § 11 als die Stützebenenfunktion irgendeines konvexen Bezirks $\mathfrak{M}$, der einen konvexen Körper, aber auch ein Oval oder eine Strecke oder einen Punkt vorstellen kann. Gemäß der Formel (135) bedeutet dann für ein Polyeder $\mathfrak{P}$ die v. Oberfläche einfach den Wert des Ausdrucks $3V(\mathfrak{P}, \mathfrak{P}, \mathfrak{M})$, und durch den Satz bei (133) erkennen wir, daß alsdann für einen beliebigen konvexen Körper $\mathfrak{K}$ die v. Oberfläche nur mit $3V(\mathfrak{K}, \mathfrak{K}, \mathfrak{M})$ zusammenfallen kann, wenn (I) gelten soll. Definieren wir aber allgemein für einen konvexen Körper $\mathfrak{K}$ die v. Oberfläche durch $3V(\mathfrak{K}, \mathfrak{K}, \mathfrak{M})$, so leuchtet in der Tat ein, daß alle an diesen Begriff hier gestellten Forderungen erfüllt sind. Den gerade verwandten Bezirk $\mathfrak{M}$ bezeichnen wir als den *Eichbezirk* der v. Oberflächen.

Nehmen wir z. B. für $\mathfrak{M}$ die Strecke von $\mathfrak{o}$ nach dem Punkte $\mathfrak{c}$ mit den Koordinaten 0, 0, 1, so bedeutet nach § 26 die v. Oberfläche $3V(\mathfrak{K}, \mathfrak{K}, (\mathfrak{o}\mathfrak{c}))$ den Flächeninhalt der Projektion von $\mathfrak{K}$ auf die xy-Ebene.

Nehmen wir ferner für $\mathfrak{M}$ den Würfel $\mathfrak{W}$, der durch

$$(188) \qquad 0 \leqq x \leqq 1, \quad 0 \leqq y \leqq 1, \quad 0 \leqq z \leqq 1$$

bestimmt wird. Bedeuten $\mathfrak{a}, \mathfrak{b}, \mathfrak{c}$ die Punkte mit den Koordinaten 1,0,0; 0,1,0; 0,0,1, so ist $\mathfrak{W}$ identisch mit der Summe der drei Strecken $(\mathfrak{o}\mathfrak{a}) + (\mathfrak{o}\mathfrak{b}) + (\mathfrak{o}\mathfrak{c})$ und auf Grund der Regel (127) finden wir daher die v. Oberfläche $3V(\mathfrak{K}, \mathfrak{K}, \mathfrak{W})$ gleich der Summe der Flächeninhalte der drei Projektionen des Körpers $\mathfrak{K}$ auf die drei Koordinatenebenen.

Nehmen wir endlich für $\mathfrak{M}$ das Oktaeder, welches durch

$$(189) \qquad |x| + |y| + |z| \leqq 1$$

definiert ist, so bedeutet $M(\alpha, \beta, \gamma)$, das Maximum von $\alpha x + \beta y + \gamma z$ in diesem Oktaeder, den größten Wert unter den drei Beträgen $|\alpha|, |\beta|, |\gamma|$.

Im Hinblick auf die Formel (135) können wir dann $3\,V(\mathfrak{K}, \mathfrak{K}, \mathfrak{M})$ als die maximale Projektion von $\mathfrak{K}$ auf die Gesamtheit der drei Koordinatenebenen bezeichnen.

Wir untersuchen jetzt noch, welche besondere Eigentümlichkeit dem Eichbezirk $\mathfrak{M}$ der verallgemeinerten Oberflächen zukommen muß, damit an Stelle von (I) die schärfere Aussage treten kann: Wenn ein konvexer Körper $\mathfrak{K}$ in einem anderen konvexen Körper $\mathfrak{K}^*$ enthalten ist, so erweist sich $3\,V(\mathfrak{K}, \mathfrak{K}, \mathfrak{M}) <$ (nicht bloß $\leqq$) $3\,V(\mathfrak{K}^*, \mathfrak{K}^*, \mathfrak{M})$. Wir werden für diesen weiteren Umstand als notwendig und hinreichend erkennen, daß der Bezirk $\mathfrak{M}$ keinen Eckpunkt (s. § 13) besitze.

In der Tat, nehmen wir zunächst an, daß $\mathfrak{M}$ irgendeinen Eckpunkt $\mathfrak{p}$ aufweise. Es sei (α, β, γ) die Normale einer Eckstützebene durch $\mathfrak{p}$ an $\mathfrak{M}$, so können wir jedenfalls drei Stützebenen durch $\mathfrak{p}$ an $\mathfrak{M}$ mit drei unabhängigen Normalenrichtungen $(\alpha_i, \beta_i, \gamma_i)$ $(i = 1, 2, 3)$, wobei also die Determinante dieser drei Reihen $\alpha_i, \beta_i, \gamma_i$ von Null verschieden ausfällt, derart finden, daß

(190) $$\alpha = t_1\alpha_1 + t_2\alpha_2 + t_3\alpha_3, \quad \beta = t_1\beta_1 + t_2\beta_2 + t_3\beta_3, \quad \gamma = t_1\gamma_1 + t_2\gamma_2 + t_3\gamma_3$$

mit drei *positiven* Faktoren t_1, t_2, t_3 gilt. Indem t_1, t_2, t_3 positiv sind, besteht nach (187) und (186) jedenfalls die Ungleichung

(191) $$M(\alpha, \beta, \gamma) \leqq t_1 M(\alpha_1, \beta_1, \gamma_1) + t_2 M(\alpha_2, \beta_2, \gamma_2) + t_3 M(\alpha_3, \beta_3, \gamma_3)$$

und da alle jene vier Stützebenen durch den Punkt $\mathfrak{p}$ gehen, so wird hierin notwendig das Zeichen $=$ gelten.

Setzen wir nun

$$\psi_i = \alpha_i x + \beta_i y + \gamma_i z, \quad \psi = t_1\psi_1 + t_2\psi_2 + t_3\psi_3 \qquad (i = 1, 2, 3)$$

und es seien $\mathfrak{s}_1, \mathfrak{s}_2, \mathfrak{s}_3$ die drei Punkte in der Ebene $\psi = -1$, für welche $\psi_2 = 0$, $\psi_3 = 0$ bzw. $\psi_1 = 0$, $\psi_3 = 0$ bzw. $\psi_1 = 0$, $\psi_2 = 0$ gilt. Die vier Punkte $\mathfrak{o}, \mathfrak{s}_1, \mathfrak{s}_2, \mathfrak{s}_3$ sind dann die Eckpunkte eines Tetraeders $\mathfrak{T}$, dessen vier Seitenflächen in die Ebenen $\psi = -1$, $\psi_1 = 0$, $\psi_2 = 0$, $\psi_3 = 0$ fallen und die äußeren Normalen $(-\alpha, -\beta, -\gamma)$, $(\alpha_1, \beta_1, \gamma_1)$, $(\alpha_2, \beta_2, \gamma_2)$, $(\alpha_3, \beta_3, \gamma_3)$ haben. Bezeichnen wir die Flächeninhalte dieser Seitenflächen mit F, F_1, F_2, F_3, so bestehen nach (136) die Gleichungen

$$F\alpha = F_1\alpha_1 + F_2\alpha_2 + F_3\alpha_3, \qquad F\beta = F_1\beta_1 + F_2\beta_2 + F_3\beta_3,$$
$$F\gamma = F_1\gamma_1 + F_2\gamma_2 + F_3\gamma_3;$$

da die Determinante der rechts stehenden Ausdrücke in F_1, F_2, F_3 von Null verschieden ist, führt der Vergleich mit (190) zu:

(192) $$F_1 = t_1 F, \quad F_2 = t_2 F, \quad F_3 = t_3 F.$$

Ist jetzt $\mathfrak{s}^*$ irgendein Punkt, für den $\psi_1 < 0$, $\psi_2 < 0$, $\psi_3 < 0$, $\psi < -1$ ist, so setzen die zwei Tetraeder $\mathfrak{o}\mathfrak{s}_1\mathfrak{s}_2\mathfrak{s}_3$ und $\mathfrak{s}^*\mathfrak{s}_1\mathfrak{s}_2\mathfrak{s}_3$ sich wieder zu einem konvexen Körper $\mathfrak{T}^*$ zusammen und haben wir für

$$3\,V(\mathfrak{T}^*, \mathfrak{T}^*, \mathfrak{M}) - 3\,V(\mathfrak{T}, \mathfrak{T}, \mathfrak{M})$$

den Ausdruck

(193) $$F_1 M(\alpha_1, \beta_1, \gamma_1) + F_2 M(\alpha_2, \beta_2, \gamma_2) + F_3 M(\alpha_3, \beta_3, \gamma_3) - F M(\alpha, \beta, \gamma),$$

welcher vermöge (192) und, da in (191) das Zeichen $=$ gilt, sich $= 0$ erweist. Danach würden hier also in $\mathfrak{T}$ und $\mathfrak{T}^*$ zwei verschiedene konvexe Körper vorliegen, von denen der erste ganz im zweiten enthalten ist und welche doch die gleiche v. Oberfläche besitzen.

Jetzt nehmen wir andererseits an, daß der Bezirk $\mathfrak{M}$ keinen Eckpunkt besitze. Betrachten wir dann irgendein Tetraeder $\mathfrak{T}$, bei welchem die vier Seitenflächen die Flächeninhalte F, F_1, F_2, F_3 und die äußeren Normalen $(-\alpha, -\beta, -\gamma)$, $(\alpha_1, \beta_1, \gamma_1)$, $(\alpha_2, \beta_2, \gamma_2)$, $(\alpha_3, \beta_3, \gamma_3)$ haben mögen, so muß der mit diesen Größen gebildete Ausdruck (193) jedesmal notwendig > 0 sein. Denn es gelten dann die Gleichungen (190) mit (192) und besteht daher (191), ist also der Ausdruck (193) sicher $\geqq 0$. Würde nun dieser Ausdruck $= 0$ ausfallen, so würde die Gleichung

$$M(\alpha, \beta, \gamma) - \alpha x - \beta y - \gamma z = 0$$

in $\mathfrak{M}$, da hier durchweg

$$M(\alpha_i, \beta_i, \gamma_i) - \alpha_i x - \beta_i y - \gamma_i z \geqq 0 \qquad (i = 1, 2, 3)$$

ist, nur so eintreten können, daß zugleich in diesen drei letzten Ungleichungen immer das Zeichen $=$ statthat; d. h. der Schnittpunkt der drei Stützebenen an $\mathfrak{M}$ mit den Normalen $(\alpha_i, \beta_i, \gamma_i)$ müßte notwendig ein Punkt von $\mathfrak{M}$ sein und dieser Punkt wäre dann ein Eckpunkt von $\mathfrak{M}$.

Jetzt seien $\mathfrak{K}$ und $\mathfrak{K}^*$ irgend zwei verschiedene konvexe Körper und es sei $\mathfrak{K}$ ganz in $\mathfrak{K}^*$ enthalten. Wir können alsdann jedenfalls eine solche Ebene $\{\mathfrak{F}\}$ konstruieren, welche innere Punkte von $\mathfrak{K}^*$ enthält, aber $\mathfrak{K}$ gar nicht trifft, und es sei (α, β, γ) die Normale dieser Ebene nach der Seite, auf der $\mathfrak{K}$ nicht liegt. Wir nehmen in $\{\mathfrak{F}\}$ drei nicht in gerader Linie gelegene Punkte $\mathfrak{q}_1, \mathfrak{q}_2, \mathfrak{q}_3$ aus $\mathfrak{K}^*$ an und können hernach einen vierten Punkt $\mathfrak{q}$ aus $\mathfrak{K}^*$ so nahe an der Ebene $\{\mathfrak{F}\}$ auf ihrer (α, β, γ)-Seite wählen, daß in dem Tetraeder $\mathfrak{T} = (\mathfrak{q}, \mathfrak{q}_1, \mathfrak{q}_2, \mathfrak{q}_3)$ die äußeren Normalen der drei, $\mathfrak{q}$ enthaltenden Seitenflächen $\mathfrak{F}_1$, $\mathfrak{F}_2$, $\mathfrak{F}_3$ beliebig wenig von (α, β, γ) abweichen und die Ebenen $\{\mathfrak{F}_1\}$, $\{\mathfrak{F}_2\}$, $\{\mathfrak{F}_3\}$ dieser Seitenflächen $\mathfrak{K}$ ebenfalls nicht treffen und auf derselben Seite wie jedesmal die vierte Ecke von $\mathfrak{T}$ liegen lassen. Es sei nun $\mathfrak{J}^*$ derjenige Teil von $\mathfrak{K}^*$, welcher zugleich die Bedingungen der drei Stützebenen $\{\mathfrak{F}_1\}$, $\{\mathfrak{F}_2\}$, $\{\mathfrak{F}_3\}$ an $\mathfrak{T}$ erfüllt, und $\mathfrak{J}$ der Teil von $\mathfrak{J}^*$, der nicht auf der (α, β, γ)-Seite von $\{\mathfrak{F}\}$ liegt. Alsdann ist $\mathfrak{J}^*$ in $\mathfrak{K}^*$ und $\mathfrak{K}$ in $\mathfrak{J}$ enthalten und $\mathfrak{J}^*$ setzt sich aus $\mathfrak{J}$ und $\mathfrak{T}$ zusammen, wobei diese Körper in der Fläche $\mathfrak{F}$

aneinanderstoßen. Wir haben daher

$$3\,V(\mathfrak{K}^*, \mathfrak{K}^*, \mathfrak{M}) \geqq 3\,V(\mathfrak{J}^*, \mathfrak{J}^*, \mathfrak{M}), \quad 3\,V(\mathfrak{J}, \mathfrak{J}, \mathfrak{M}) \geqq 3\,V(\mathfrak{K}, \mathfrak{K}, \mathfrak{M})$$

und die Differenz $3\,V(\mathfrak{J}^*, \mathfrak{J}^*, \mathfrak{M}) - 3\,V(\mathfrak{J}, \mathfrak{J}, \mathfrak{M})$ erweist sich nach (137) gleich dem Ausdrucke (193) in bezug auf das Tetraeder $\mathfrak{T}$, also > 0, mithin gilt auch stets

$$(194) \qquad 3\,V(\mathfrak{K}^*, \mathfrak{K}^*, \mathfrak{M}) > 3\,V(\mathfrak{K}, \mathfrak{K}, \mathfrak{M}).$$

Insbesondere erhalten wir auf diese Weise für die Oberflächen im gewöhnlichen Sinne, deren Eichkörper die Kugel vom Radius 1 mit dem Nullpunkt als Mittelpunkt ist, von neuem die Tatsache:

Wenn ein konvexer Körper $\mathfrak{K}$ ganz in einem anderen konvexen Körper $\mathfrak{K}^*$ enthalten ist, so besitzt $\mathfrak{K}$ stets eine kleinere Oberfläche als $\mathfrak{K}^*$.

§ 28. Tangentialkörper und Kappenkörper.

Wir besprechen hier für eine spätere Anwendung noch einen weiteren Grenzfall der Ungleichung (133). Es seien $\mathfrak{K}$ und $\mathfrak{K}'$ zwei konvexe Körper mit den Stützebenenfunktionen H und H' und es sei $\mathfrak{K}'$ ganz in $\mathfrak{K}$ enthalten. Für die vier Größen

$$V(\mathfrak{K}, \mathfrak{K}, \mathfrak{K}), \quad V(\mathfrak{K}, \mathfrak{K}, \mathfrak{K}'), \quad V(\mathfrak{K}, \mathfrak{K}', \mathfrak{K}'), \quad V(\mathfrak{K}', \mathfrak{K}', \mathfrak{K}'),$$

die wir mit V_0, V_1, V_2, V_3 bezeichnen, bestehen dann nach (133) jedenfalls die Ungleichungen

$$(195) \qquad V_0 \geqq V_1 \geqq V_2 \geqq V_3.$$

Ist $\mathfrak{K}'$ nicht identisch mit $\mathfrak{K}$, so gibt es innere Punkte von $\mathfrak{K}$, die nicht zu $\mathfrak{K}'$ gehören und ist infolgedessen gewiß $V_0 > V_3$. Wir fragen jetzt, unter welchen Umständen $V_0 > V_1$ und $V_0 > V_2$ gilt.

Wir wollen einen konvexen Körper $\mathfrak{K}$ als einen *Tangentialkörper* eines konvexen Körpers $\mathfrak{K}'$ bezeichnen, wenn jede Tangentialebene (extreme Stützebene) an $\mathfrak{K}$ stets auch eine Stützebene an $\mathfrak{K}'$ ist. Dabei versteht es sich nach § 14 und § 13 ohne weiteres, daß der Körper $\mathfrak{K}$ den Körper $\mathfrak{K}'$ ganz in sich enthält. Wir werden jetzt den Satz beweisen:

Ist $\mathfrak{K}'$ in $\mathfrak{K}$ enthalten, so besteht dann und nur dann die Gleichung

$$(196) \qquad V(\mathfrak{K}, \mathfrak{K}, \mathfrak{K}) = V(\mathfrak{K}, \mathfrak{K}, \mathfrak{K}'),$$

wenn $\mathfrak{K}$ ein Tangentialkörper von $\mathfrak{K}'$ ist.

In der Tat, nehmen wir zunächst an, während $\mathfrak{K}'$ in $\mathfrak{K}$ enthalten ist, gäbe es irgendeine solche Tangentialebene an $\mathfrak{K}$, die *nicht* zugleich Stützebene an $\mathfrak{K}'$ ist. Der Einfachheit wegen denken wir uns den Nullpunkt ins Innere von $\mathfrak{K}'$ und die positive z-Achse in die Richtung der äußeren Normale jener Tangentialebene gelegt. Es sei c_0' der kleinste, c_1' der größte Wert von z in $\mathfrak{K}'$ und c_0 der kleinste, c_1 der größte Wert von z

in $\mathfrak{K}$. Nach Voraussetzung ist dann $c_0' < 0 < c_1' < c_1$. Bedeutet δ eine positive Größe $< c_1 - c_1'$ und bezeichnen wir den Teil von $\mathfrak{K}$, wo $z \leqq c_1 - \delta$ ist, mit $\mathfrak{K}_0$, den Teil von $\mathfrak{K}$, wo $z \geqq c_1 - \delta$ ist, mit $\mathfrak{K}_1$, so ist $\mathfrak{K}'$ ganz in $\mathfrak{K}_0$ enthalten. Die Ebene $z = c_1 - \delta$ hat mit $\mathfrak{K}$ ein gewisses Oval $\mathfrak{F}(\delta)$ gemein; wir bezeichnen mit $F(\delta)$ den Flächeninhalt, mit $U(\delta)$ den Umfang von $\mathfrak{F}(\delta)$, mit $r(\delta)$ das Maximum unter den Radien aller ganz im Oval $\mathfrak{F}(\delta)$ enthaltenen Kreisflächen. Daß die Stützebene $z = c_1$ an $\mathfrak{K}$ eine Tangentialebene an $\mathfrak{K}$ ist, bedeutet nach § 14 soviel, wie daß der Quotient $\frac{r(\delta)}{\delta}$ für ein nach Null abnehmendes δ über jede Grenze hinauswächst. Indem das Oval $\mathfrak{F}(\delta)$ eine Kreisfläche vom Radius $r(\delta)$ enthält, ist der gemischte Flächeninhalt von $\mathfrak{F}(\delta)$ und dieser Kreisfläche gewiß nicht größer als der Flächeninhalt von $\mathfrak{F}(\delta)$, d. h. hat man

$$\frac{1}{2} r(\delta)\, U(\delta) \leqq F(\delta)$$

und wird mithin $\frac{F(\delta)}{\delta\, U(\delta)}$ mit nach Null abnehmendem δ gleichfalls über jede Grenze hinauswachsen.

Der Beziehung (137) gemäß gilt

$$(197) \qquad V(\mathfrak{K}_0, \mathfrak{K}_0, \mathfrak{K}') + V(\mathfrak{K}_1, \mathfrak{K}_1, \mathfrak{K}') = V(\mathfrak{K}, \mathfrak{K}, \mathfrak{K}') + \frac{1}{3}(c_1' - c_0')F(\delta).$$

Ist $\mathfrak{K}$ und damit auch $\mathfrak{K}_0$ ein Polyeder und stellen wir $V(\mathfrak{K}_0, \mathfrak{K}_0, \mathfrak{K})$ und $V(\mathfrak{K}_0, \mathfrak{K}_0, \mathfrak{K}')$ gemäß (135) dar, so erkennen wir die Differenz der ersten und der zweiten Größe als Aggregat von lauter Termen $\geqq 0$, unter denen ein Term $= \frac{1}{3} F(\delta)(c_1 - c_1')$ ist, und wir erhalten demnach

$$(198) \qquad V(\mathfrak{K}_0, \mathfrak{K}_0, \mathfrak{K}) \geqq V(\mathfrak{K}_0, \mathfrak{K}_0, \mathfrak{K}') + \frac{1}{3}(c_1 - c_1')F(\delta).$$

Diese Formel überträgt sich dann genau wie die Beziehung (137) von dem Falle eines Polyeders auf den Fall eines beliebigen konvexen Körpers $\mathfrak{K}$.

Nach (133) haben wir ferner, da $\mathfrak{K}_0$ in $\mathfrak{K}$ enthalten ist

$$(199) \qquad V(\mathfrak{K}, \mathfrak{K}, \mathfrak{K}) \geqq V(\mathfrak{K}_0, \mathfrak{K}_0, \mathfrak{K}).$$

Endlich brauchen wir eine gewisse obere Grenze für $V(\mathfrak{K}_1, \mathfrak{K}_1, \mathfrak{K}')$. Es sei $\mathfrak{p}$ ein Punkt aus $\mathfrak{K}$ in der Stützebene $z = c_1$, $\mathfrak{q}$ der Schnittpunkt von $\mathfrak{o}\mathfrak{p}$ mit $z = c_1 - \delta$, und s der Sinus des Neigungswinkels von $\mathfrak{o}\mathfrak{p}$ gegen diese Ebene, also $\frac{\delta}{s}$ die Länge von $\mathfrak{p}\mathfrak{q}$. Wir bilden durch Projektion des Ovals $\mathfrak{F}(\delta)$ vom Punkte $\mathfrak{o}$ aus auf die Ebene $z = c_1$ in dieser das Oval $\frac{c_1}{c_1 - \delta}\mathfrak{F}(\delta)$; konstruieren wir sodann den Zylinder $\mathfrak{C}_1$ mit letzterem Oval als einer Grundfläche und mit Erzeugenden des Mantels, die parallel und gleich $\mathfrak{p}\mathfrak{q}$ sind, so daß die andere Grundfläche durch Dilatation des Ovals $\mathfrak{F}(\delta)$ von $\mathfrak{q}$ aus im Verhältnisse $c_1 : c_1 - \delta$ entsteht, so enthält dieser Zylinder $\mathfrak{C}_1$ offenbar den Körper $\mathfrak{K}_1$ ganz in sich und gilt daher

(200) $$V(\mathfrak{C}_1, \mathfrak{C}_1, \mathfrak{K}') \geqq V(\mathfrak{K}_1, \mathfrak{K}_1, \mathfrak{K}').$$

Denken wir uns nun zunächst $\mathfrak{K}$ als Polyeder, so werden auch $\mathfrak{K}_1$ und $\mathfrak{C}_1$ Polyeder und hat der Mantel von $\mathfrak{C}_1$ einen Flächeninhalt

$$\leqq \frac{\delta}{s} \frac{c_1}{c_1 - \delta} U(\delta),$$

wo $U(\delta)$ den Umfang von $\mathfrak{F}(\delta)$ bedeutet. Bringen wir nun zur Berechnung von $V(\mathfrak{C}_1, \mathfrak{C}_1, \mathfrak{K}')$ die Formel (135) in Anwendung und bezeichnen das Maximum der Stützebenenabstände $H'(\alpha, \beta, \gamma)$ für $\mathfrak{K}'$ mit R', so gelangen wir zur Ungleichung

(201) $$\frac{1}{3}\left(\frac{c_1}{c_1 - \delta}\right)^2 F(\delta)(c_1' - c_0') + \frac{1}{3}\frac{\delta}{s}\frac{c_1}{c_1 - \delta} U(\delta) R' \geqq V(\mathfrak{C}_1, \mathfrak{C}_1, \mathfrak{K}').$$

Diese Formel läßt sich dann ebenso wie (137) sofort auf den Fall eines beliebigen konvexen Körpers $\mathfrak{K}$ ausdehnen.

Durch Summation der Beziehungen (197)—(201) entsteht nun

(202) $$V(\mathfrak{K}, \mathfrak{K}, \mathfrak{K}) - V(\mathfrak{K}, \mathfrak{K}, \mathfrak{K}') \geqq \frac{1}{3} F(\delta)\left[c_1 - c_1' - \frac{\delta(2c_1 - \delta)}{(c_1 - \delta)^2}(c_1' - c_0')\right] - \frac{1}{3}\delta\, U(\delta)\frac{c_1 R'}{s(c_1 - \delta)}.$$

Hierin ist $c_1 - c_1' > 0$ und, wie oben bemerkt, konvergiert $\frac{\delta\, U(\delta)}{F(\delta)}$ mit δ zugleich nach Null. Danach fällt der in (202) rechts vom Zeichen $\geqq$ befindliche Ausdruck sicher > 0 aus, wenn δ unter eine gewisse positive Größe gesunken ist, und ergibt sich somit bei der gegenwärtigen Voraussetzung:

(203) $$V(\mathfrak{K}, \mathfrak{K}, \mathfrak{K}) > V(\mathfrak{K}, \mathfrak{K}, \mathfrak{K}').$$

Hiernach ist für die Gleichheit der Werte $V(\mathfrak{K}, \mathfrak{K}, \mathfrak{K})$ und $V(\mathfrak{K}, \mathfrak{K}, \mathfrak{K}')$, wenn $\mathfrak{K}'$ in $\mathfrak{K}$ enthalten ist, jedenfalls eine notwendige Bedingung, daß eine jede Tangentialebene von $\mathfrak{K}$ stets zugleich eine Stützebene an $\mathfrak{K}'$ sei.

Nehmen wir jetzt andererseits diese Bedingung als erfüllt, somit $\mathfrak{K}$ als Tangentialkörper von $\mathfrak{K}'$ an. Stellt $\mathfrak{K}$ zunächst ein Polyeder vor, so gilt für die Richtungen (α, β, γ), welche die äußeren Normalen der Seitenflächen von $\mathfrak{K}$ abgeben, immer $H(\alpha, \beta, \gamma) = H'(\alpha, \beta, \gamma)$, und im Hinblick auf (135) erhalten wir daher in der Tat $V(\mathfrak{K}, \mathfrak{K}, \mathfrak{K}) = V(\mathfrak{K}, \mathfrak{K}, \mathfrak{K}')$. Wenn aber $\mathfrak{K}$ einen beliebigen konvexen Körper bedeutet und wie wir annahmen, $\mathfrak{o}$ ein innerer Punkt von $\mathfrak{K}$ ist, können wir nach dem am Schlusse von § 13 bewiesenen Satze in bezug auf jede vorgegebene Größe ε stets ein solches Polyeder $\mathfrak{P}$ konstruieren, dessen Seitenflächen lauter Tangentialebenen an $\mathfrak{K}$ sind und welches dabei ganz in $(1 + \varepsilon)\mathfrak{K}$ liegt. Da alsdann $\mathfrak{P}$ gleichfalls einen Tangentialkörper von $\mathfrak{K}'$ vorstellt, gilt nach dem soeben

Bemerkten gewiß $V(\mathfrak{P}, \mathfrak{P}, \mathfrak{P}) = V(\mathfrak{P}, \mathfrak{P}, \mathfrak{K}')$. Nun sinken die Differenzen $V(\mathfrak{P}, \mathfrak{P}, \mathfrak{P}) - V(\mathfrak{K}, \mathfrak{K}, \mathfrak{K})$ und $V(\mathfrak{P}, \mathfrak{P}, \mathfrak{K}') - V(\mathfrak{K}, \mathfrak{K}, \mathfrak{K}')$, die jedenfalls $\geqq 0$ sind, mit nach Null abnehmendem ε unter jede positive Größe, und danach finden wir auch $V(\mathfrak{K}, \mathfrak{K}, \mathfrak{K}) - V(\mathfrak{K}, \mathfrak{K}, \mathfrak{K}')$ beliebig klein, d. h. gleich Null. —

Wir bezeichnen einen konvexen Körper $\mathfrak{K}$ als einen *Kappenkörper* eines konvexen Körpers $\mathfrak{K}'$, wenn, von den Eckstützebenen an $\mathfrak{K}$ abgesehen, alle übrigen Stützebenen an $\mathfrak{K}$ zugleich auch Stützebenen an $\mathfrak{K}'$ sind (s. § 16). Dabei ist $\mathfrak{K}$ jedenfalls auch ein Tangentialkörper von $\mathfrak{K}'$ und enthält $\mathfrak{K}'$ ganz in sich. Wir werden jetzt den ferneren Satz beweisen:

Ist $\mathfrak{K}'$ in $\mathfrak{K}$ enthalten, so besteht dann und nur dann die Gleichung

$$(204) \qquad V(\mathfrak{K}, \mathfrak{K}, \mathfrak{K}) = V(\mathfrak{K}, \mathfrak{K}', \mathfrak{K}'),$$

wenn $\mathfrak{K}$ ein Kappenkörper von $\mathfrak{K}'$ ist.

In der Tat, nehmen wir an, es sei $\mathfrak{K}'$ nicht identisch mit $\mathfrak{K}$, und betrachten wir beliebige zwei Stützebenen an $\mathfrak{K}$ und $\mathfrak{K}'$ mit derselben äußeren Normale, welche nicht zusammenfallen. Der Einfachheit wegen denken wir uns $\mathfrak{o}$ ins Innere von $\mathfrak{K}'$ und die positive z-Achse in die Richtung jener Normale gelegt, und wir wollen in bezug auf $\mathfrak{K}$ und $\mathfrak{K}'$ und diese Richtung die Zeichen c_0', c_1', c_0, c_1, δ, $\mathfrak{K}_0$, $\mathfrak{K}_1$, $\mathfrak{F}(\delta)$, $F(\delta)$ genau wie vorhin verwenden. Indem wir die positive Größe $\delta < c_1 - c_1'$ einrichten, wird $\mathfrak{K}'$ ganz in $\mathfrak{K}_0$ enthalten sein und daher jedenfalls

$$(205) \qquad V(\mathfrak{K}, \mathfrak{K}, \mathfrak{K}) \geqq V(\mathfrak{K}, \mathfrak{K}_0, \mathfrak{K}_0) \geqq V(\mathfrak{K}, \mathfrak{K}', \mathfrak{K}')$$

statthaben. Ferner besteht gemäß (197) die Gleichung

$$(206) \qquad V(\mathfrak{K}, \mathfrak{K}_0, \mathfrak{K}_0) + V(\mathfrak{K}, \mathfrak{K}_1, \mathfrak{K}_1) = V(\mathfrak{K}, \mathfrak{K}, \mathfrak{K}) + \frac{1}{3}(c_1 - c_0) F(\delta).$$

Denken wir uns zunächst $\mathfrak{K}$ und damit auch $\mathfrak{K}_1$ als Polyeder, so stimmt die Stützebenenfunktion von $\mathfrak{K}_1$ für jede Richtung (α, β, γ), welche (äußere) Normale einer Seitenfläche von $\mathfrak{K}_1$ vorstellt, mit Ausnahme der Normale $(0, 0, -1)$ von $\mathfrak{F}(\delta)$, genau mit dem Werte $H(\alpha, \beta, \gamma)$ für $\mathfrak{K}$ überein, während für die eine Richtung $(0, 0, -1)$ die erstere Funktion $= -(c_1 - \delta)$, dagegen $H(0, 0, -1) = -c_0$ ist. Bilden wir nun $V(\mathfrak{K}_1, \mathfrak{K}_1, \mathfrak{K})$ und $V(\mathfrak{K}_1, \mathfrak{K}_1, \mathfrak{K}_1)$ gemäß der Formel (135), so entsteht daher die Beziehung

$$(207) \qquad \frac{1}{3}(c_1 - \delta - c_0) F(\delta) = V(\mathfrak{K}, \mathfrak{K}_1, \mathfrak{K}_1) - V(\mathfrak{K}_1, \mathfrak{K}_1, \mathfrak{K}_1).$$

Diese Gleichung läßt sich dann ebenso wie (137) auf den Fall eines beliebigen konvexen Körpers $\mathfrak{K}$ ausdehnen.

Soll nun $V(\mathfrak{K}, \mathfrak{K}, \mathfrak{K}) = V(\mathfrak{K}, \mathfrak{K}', \mathfrak{K}')$, mithin gemäß (205) auch $= V(\mathfrak{K}, \mathfrak{K}_0, \mathfrak{K}_0)$ sein, so folgt aus (206) und (207), daß

(208) $$V(\mathfrak{K}_1, \mathfrak{K}_1, \mathfrak{K}_1) = \frac{1}{3}\,\delta F(\delta)$$

statthaben muß. Ist nun $\mathfrak{p}$ irgendein Punkt aus $\mathfrak{K}$ in seiner Stützebene $z = c_1$, so bedeutet $\frac{1}{3}\delta F(\delta)$ das Volumen des Kegels mit $\mathfrak{F}(\delta)$ als Grundfläche und $\mathfrak{p}$ als Spitze. Dieser Kegel ist jedenfalls ganz in $\mathfrak{K}_1$ enthalten. Die Relation (208) kann danach nur bestehen, wenn $\mathfrak{K}_1$ mit diesem Kegel identisch wird; alsdann stellt $\mathfrak{p}$ einen Eckpunkt von $\mathfrak{K}$ und $z = c_1$ eine Eckstützebene durch $\mathfrak{p}$ an $\mathfrak{K}$ vor.

Auf diese Weise erkennen wir in der Tat als eine notwendige Bedingung für das Eintreten der Gleichung $V(\mathfrak{K}, \mathfrak{K}, \mathfrak{K}) = V(\mathfrak{K}, \mathfrak{K}', \mathfrak{K}')$, während $\mathfrak{K}'$ in $\mathfrak{K}$ enthalten ist, daß jede solche Stützebene an $\mathfrak{K}$, welche nicht Eckstützebene an $\mathfrak{K}$ ist, immer zugleich eine Stützebene an $\mathfrak{K}'$ sein muß, d. h. daß $\mathfrak{K}$ ein Kappenkörper von $\mathfrak{K}'$ ist.

Setzen wir andererseits jetzt $\mathfrak{K}$ als Kappenkörper von $\mathfrak{K}'$ voraus. Stellt $\mathfrak{K}'$ ein Polyeder vor, so ist alsdann, wie in § 16 gezeigt wurde, $\mathfrak{K}$ notwendig ebenfalls ein Polyeder und kommt der vorausgesetzte Charakter von $\mathfrak{K}$ darauf hinaus, daß nicht nur eine jede Seitenfläche von $\mathfrak{K}$, sondern auch bereits eine jede Kante von $\mathfrak{K}$ stets wenigstens einen Punkt von $\mathfrak{K}'$ enthält. Berechnen wir nun $V(\mathfrak{K}, \mathfrak{K}', \mathfrak{K}')$ gemäß (124), indem wir an die Stelle der Polyeder $\mathfrak{K}_1, \mathfrak{K}_2, \mathfrak{K}_3$ dort jetzt $\mathfrak{K}, \mathfrak{K}', \mathfrak{K}'$ treten lassen, so wird darin ein von Null verschiedener Faktor $F_{12}^{(\tau)}$ jedenfalls nur solchen Richtungen $(\alpha^{(\tau)}, \beta^{(\tau)}, \gamma^{(\tau)})$ entsprechen, wobei die Stützebenen an $\mathfrak{K}$ mit diesen Normalen sei es eine Seitenfläche, sei es eine Kante von $\mathfrak{K}$ enthalten. Für diese Richtungen stimmen nun gewiß die Funktionen H von $\mathfrak{K}$ und H' von $\mathfrak{K}'$ stets überein, und daher folgt $V(\mathfrak{K}, \mathfrak{K}', \mathfrak{K}') = V(\mathfrak{K}, \mathfrak{K}', \mathfrak{K})$ und da $\mathfrak{K}$ zugleich ein Tangentialkörper von $\mathfrak{K}'$ ist, nach (196) dann weiter $= V(\mathfrak{K}, \mathfrak{K}, \mathfrak{K})$. Ist $\mathfrak{K}'$ ein beliebiger konvexer Körper und denken wir uns $\mathfrak{o}$ im Inneren von $\mathfrak{K}'$ gelegen, so können wir in bezug auf jede positive Größe ε zu $\mathfrak{K}'$ stets ein Polyeder $\mathfrak{P}'$ konstruieren, welches $\mathfrak{K}'$ enthält und selbst in $(1+\varepsilon)\mathfrak{K}'$ enthalten ist. Es sei $\mathfrak{K}$ nicht identisch mit $\mathfrak{K}'$, so liegt bei hinreichend kleinem ε gewiß irgendein Eckpunkt von $\mathfrak{K}$ außerhalb $\mathfrak{P}'$. Bezeichnet $\mathfrak{p}$ einen Eckpunkt von $\mathfrak{K}$ außerhalb $\mathfrak{P}'$, so ist der Normalensektor des Eckpunktes $\mathfrak{p}$ von $(\mathfrak{p}, \mathfrak{P}')$ ganz enthalten im Normalensektor des Eckpunktes $\mathfrak{p}$ von $(\mathfrak{p}, \mathfrak{K}')$. Es seien nun $\mathfrak{p}_1, \mathfrak{p}_2, \ldots$ die sämtlichen Eckpunkte von $\mathfrak{K}$ außerhalb $\mathfrak{P}'$, so werden hiernach, da $\mathfrak{K}$ ein Kappenkörper von $\mathfrak{K}'$ ist, auch die Normalensektoren dieser Punkte in bezug auf $\mathfrak{P}'$ untereinander in den inneren Punkten durchweg verschieden ausfallen und wird daher der gemäß § 16 zu bildende konvexe Körper $\mathfrak{P} = (\mathfrak{p}_1, \mathfrak{p}_2, \ldots, \mathfrak{P}')$ einen Kappenkörper von $\mathfrak{P}'$ vorstellen; dabei erweist sich die Zahl der Eckpunkte $\mathfrak{p}_1, \mathfrak{p}_2, \ldots$ jedenfalls als eine endliche und wird $\mathfrak{P}$ wieder ein Polyeder sein. Dieses Polyeder $\mathfrak{P}$ enthält den Körper $\mathfrak{K}$ und ist seinerseits ganz in $(1+\varepsilon)\mathfrak{K}$ enthalten. Nach dem vorhin Bewiesenen finden wir bereits

$$V(\mathfrak{P}, \mathfrak{P}, \mathfrak{P}) - V(\mathfrak{P}, \mathfrak{P}', \mathfrak{P}') = 0,$$

und von der Differenz hier links weicht $V(\mathfrak{K}, \mathfrak{K}, \mathfrak{K}) - V(\mathfrak{K}, \mathfrak{K}', \mathfrak{K}')$ um eine Größe ab, für welche eine, zugleich mit ε nach Null konvergierende obere Grenze besteht. Danach muß nun in jedem Falle

$$V(\mathfrak{K}, \mathfrak{K}, \mathfrak{K}) = V(\mathfrak{K}, \mathfrak{K}', \mathfrak{K}')$$

gelten, wenn $\mathfrak{K}$ ein Kappenkörper von $\mathfrak{K}'$ ist.

XXVI.

Volumen und Oberfläche.

Herrn Rudolf Lipschitz zum fünfzigjährigen Doktorjubiläum, 9. August 1903, in herzlicher Verehrung gewidmet vom Verfasser.

(Mathematische Annalen, Band 57, S. 447—495).

Für die konvexen Körper gibt es einen elementaren Weg, um den Begriff der Oberfläche aus dem einfacheren Begriffe des Volumens heraus zu entwickeln, und in Verfolg dieses Weges gelangt man zu sehr bemerkenswerten Erweiterungen der Tatsache, wonach unter allen Körpern gleichen Volumens die Kugel die kleinste Oberfläche besitzt.

Liegt ein konvexer Körper $\mathfrak{K}$ vor und versteht man unter x, y, z rechtwinklige Koordinaten eines Punktes aus $\mathfrak{K}$, so nimmt ein linearer Ausdruck $ux+vy+wz$, wo u, v, w feste Größen sind, in $\mathfrak{K}$ immer einen bestimmten größten Wert $H(u, v, w)$ an; und diese Funktion $H(u, v, w)$ von drei beliebigen reellen Argumenten, die Stützebenenfunktion von $\mathfrak{K}$, charakterisiert den konvexen Körper $\mathfrak{K}$ vollkommen. Das Volumen des Körpers $\mathfrak{K}$ erscheint als ein gewisser homogener Ausdruck dritten Grades V_H^3 in den sämtlichen Werten $H(u, v, w)$. Aus diesem Ausdrucke entspringt für drei beliebige konvexe Körper $\mathfrak{K}_1, \mathfrak{K}_2, \mathfrak{K}_3$ eine polare Bildung, ein symbolisches Produkt $V_{H_1} V_{H_2} V_{H_3}$, das gemischte Volumen der drei Körper $\mathfrak{K}_1, \mathfrak{K}_2, \mathfrak{K}_3$. Diese Größe ist invariant bei beliebigen Translationen der einzelnen Körper. Werden zwei der Körper mit einem bestimmten Körper $\mathfrak{K}$, der dritte aber mit einer Kugel vom Radius 1 identifiziert, so ist das dreifache ihres gemischten Volumens die Oberfläche von $\mathfrak{K}$.

Für die gemischten Volumina gilt der wichtige Satz: Für irgend drei Körper vom Volumen 1 wird das gemischte Volumen stets $\geqq 1$ und nur dann $= 1$, wenn die drei Körper miteinander homothetisch sind. Daß jeder konvexe Körper, der keine Kugel ist, eine größere Oberfläche hat als eine Kugel von demselben Volumen, ist nur ein spezieller Fall dieses Satzes.

Diese fundamentale Ungleichung läßt weiter die folgende Auslegung zu: Man bezeichne in der Mannigfaltigkeit aller möglichen Funktionen $H(u, v, w)$ von drei reellen Argumenten u, v, w eine einzelne Funktion

$H(u, v, w)$ als einen „Punkt", den Inbegriff der aus zwei Funktionen H_1 und H_2 abzuleitenden Funktionen $(1-t)H_1 + tH_2$ für $0 \leqq t \leqq 1$ als die H_1 und H_2 verbindende „Strecke"; alsdann besitzt die Gesamtheit der Stützebenenfunktionen H zu allen denjenigen konvexen Körpern, welche ein Volumen $\geqq 1$ haben, die Eigenschaft, mit irgend zwei Punkten stets die ganze sie verbindende Strecke zu enthalten, stellt also ein „konvexes Gebilde" in jener Mannigfaltigkeit vor.

Geht man auf die Tangentialebenen des Gebildes ein, so ist sein konvexer Charakter gleichbedeutend mit folgendem Theorem:

Auf der Kugelfläche vom Radius 1 mit dem Nullpunkt als Mittelpunkt denke man sich Masse in einer beliebigen stetigen und durchweg positiven Flächendichtigkeit ausgebreitet, doch so, daß der Schwerpunkt der ganzen Belegung in den Nullpunkt fällt; alsdann existiert eine geschlossene konvexe Fläche, bei welcher an jeder Stelle das Produkt der Krümmungsradien gleich der Flächendichtigkeit an dem Punkte der Kugel mit gleicher Normale ist; und diese Fläche ist völlig bestimmt bis auf eine beliebige Translation, durch die man sie noch variieren kann.

In diesem Theorem erkennt man eine Aussage über eine gewisse quadratische partielle Differentialgleichung zweiter Ordnung, deren Lösbarkeit unter bestimmten Bedingungen hier durch eine eigenartige, wohl noch mancher weiteren Anwendungen fähige Methode sichergestellt wird.

§ 1. Stützebenenfunktion eines konvexen Körpers.

1. Es seien x, y, z rechtwinklige Koordinaten eines Punktes im Raume, und $\mathfrak{M}$ bedeute eine *abgeschlossene* Menge von Punkten x, y, z, die ganz in einer Kugel von *endlichem* Radius enthalten ist, aber nicht völlig in eine einzige Ebene fällt. Sind u, v, w irgendwelche festen Werte, so hat der Ausdruck $ux + vy + wz$ für die Gesamtheit der Punkte x, y, z in $\mathfrak{M}$ ein bestimmtes *Maximum*, das $H(u, v, w)$ heiße.

Diese Funktion $H(u, v, w)$ von drei beliebigen reellen Argumenten erfüllt offenbar *folgende Bedingungen* (1)—(4):

$$H(0, 0, 0) = 0, \tag{1}$$

$$H(tu, tv, tw) = tH(u, v, w), \tag{2}$$

wenn $t > 0$ ist. Sind u_1, v_1, w_1 und u_2, v_2, w_2 irgend zwei Systeme der Argumente, so gibt es in $\mathfrak{M}$ immer wenigstens einen Punkt x, y, z, wofür

$$(u_1 + u_2)x + (v_1 + v_2)y + (w_1 + w_2)z = H(u_1 + u_2,\ v_1 + v_2,\ w_1 + w_2)$$

wird, und da für diesen Punkt sicherlich

$$u_1x + v_1y + w_1z \leqq H(u_1, v_1, w_1), \quad u_2x + v_2y + w_2z \leqq H(u_2, v_2, w_2)$$

ist, so gilt daher immer:

(3) $H(u_1+u_2,\ v_1+v_2,\ w_1+w_2) \leqq H(u_1, v_1, w_1) + H(u_2, v_2, w_2).$

Das Maximum von $-(ux+vy+wz)$ in $\mathfrak{M}$ ist $H(-u, -v, -w)$, also gilt in $\mathfrak{M}$ stets:

$$-H(-u, -v, -w) \leqq ux+vy+wz \leqq H(u, v, w).$$

Wenn die Werte $u, v, w \neq 0, 0, 0$ sind, muß daher, da $\mathfrak{M}$ nicht ganz in einer Ebene liegen soll, stets

(4) $$H(u, v, w) + H(-u, -v, -w) > 0$$

sein.

2. Eine Ebene, welche wenigstens einen Punkt der Begrenzung von $\mathfrak{M}$ enthält, aber außer den Punkten, die sie mit $\mathfrak{M}$ gemein hat, $\mathfrak{M}$ ganz auf einer Seite von sich liegen läßt, nennen wir eine *Stützebene an* $\mathfrak{M}$.

Ist $H(u, v, w)$ eine beliebige reelle Funktion von drei reellen Argumenten u, v, w, welche allen den Bedingungen (1)—(4) *genügt, so bezeichnen wir den Bereich $\mathfrak{K}$ von Punkten x, y, z, welcher durch die sämtlichen Ungleichungen*

(5) $$ux+vy+wz \leqq H(u, v, w)$$

für alle möglichen Wertsysteme u, v, w definiert ist, als einen konvexen Körper.

Die Funktion H nennen wir die *Stützebenenfunktion* von $\mathfrak{K}$, da aus den Ungleichungen (5) offenbar genau die Stützebenen an $\mathfrak{K}$ zu erkennen sind.

Ist $H(u, v, w)$ wie in 1. aus der Punktmenge $\mathfrak{M}$ hergeleitet, so wird der durch die Ungleichungen (5) definierte Bereich $\mathfrak{K}$ *der kleinste, $\mathfrak{M}$ enthaltende konvexe Körper*, d. h. $\mathfrak{K}$ ist ein notwendiger Bestandteil *jedes* konvexen Körpers, der $\mathfrak{M}$ ganz in sich aufnimmt.

Ist $\mathfrak{K}^*$ ein zweiter konvexer Körper mit der Stützebenenfunktion $H^*(u, v, w)$, so ist dann und nur dann $\mathfrak{K}$ ganz in $\mathfrak{K}^*$ enthalten, wenn stets

$$H(u, v, w) \leqq H^*(u, v, w)$$

ausfällt.

3. Ein konvexer Körper ist andererseits völlig durch die Eigenschaften zu charakterisieren, *erstens*, daß jede Gerade mit ihm sei es eine Strecke, sei es einen Punkt, sei es keinen Punkt gemein hat, *zweitens*, daß zu ihm wenigstens vier nicht in einer Ebene gelegene Punkte gehören.

4. Ist $\mathfrak{p}$ ein beliebiger Punkt, so verstehen wir unter $\mathfrak{K}+\mathfrak{p}$ den Körper, der aus $\mathfrak{K}$ durch diejenige *Translation* entsteht, durch welche der Nullpunkt nach $\mathfrak{p}$ gelangt. Sind a, b, c die Koordinaten von $\mathfrak{p}$, so wird die Stützebenenfunktion von $\mathfrak{K}+\mathfrak{p}$:

$$H(u, v, w) + au + bv + cw.$$

Unterwerfen wir $\mathfrak{K}$ einer *Dilatation* vom Nullpunkte aus nach allen

Richtungen in einem festen positiven Verhältnisse $t:1$, so bezeichnen wir den entstehenden Körper mit $t\mathfrak{K}$; eine Stützebenenfunktion wird $tH(u, v, w)$.

5. Wir bezeichnen mit $\mathfrak{G}$ die Kugel $x^2 + y^2 + z^2 \leqq 1$, vom Radius 1 mit dem Nullpunkt $\mathfrak{o}$ als Mittelpunkt, mit $\mathfrak{E}$ die Kugelfläche $x^2 + y^2 + z^2 = 1$, mit α, β, γ die Koordinaten eines beliebigen Punktes auf $\mathfrak{E}$, bzw. die *Richtung* vom Nullpunkte nach diesem Punkte. Infolge der Eigenschaft (2) sind alle Werte der Funktion H bereits durch deren Werte $H(\alpha, \beta, \gamma)$ für die Punkte auf $\mathfrak{E}$ bestimmt. Die Ungleichung

$$\alpha x + \beta y + \gamma z \leqq H(\alpha, \beta, \gamma)$$

bezeichnen wir als die *Bedingung der Stützebene an* $\mathfrak{K}$ *mit der äußeren Normale* (α, β, γ).

Die Funktion $H(u, v, w)$ ist nach den Eigenschaften (1)—(4) eine *stetige* Funktion ihrer Argumente, und besitzen infolgedessen die Werte $H(\alpha, \beta, \gamma)$ auf $\mathfrak{E}$ ein bestimmtes *Maximum* G. Ist ein Wert $H(\alpha, \beta, \gamma) \leqq 0$, so ist nach (4) der zugehörige Wert $H(-\alpha, -\beta, -\gamma)$ positiv und von größerem Betrage; G ist daher jedenfalls > 0. Mit Hilfe von (3) und (2) gewinnen wir die Ungleichung

$$(6) \qquad |H(u - u_0, v - v_0, w - w_0) - H(u_0, v_0, w_0)| \leqq G\sqrt{u^2 + v^2 + w^2}.$$

§ 2. Annäherung an einen beliebigen konvexen Körper durch vollkommene Ovaloide.

6. Ist $\varphi = 0$ die Gleichung einer Ebene und der konvexe Körper $\mathfrak{K}$ ganz im Bereiche $\varphi \leqq 0$ enthalten, so heißt $\varphi \leqq 0$ ein *Halbraum um* $\mathfrak{K}$. Ist ein Halbraum $\varphi \leqq 0$ um $\mathfrak{K}$ so beschaffen, daß man *nicht* $\varphi = t_1\varphi_1 + t_2\varphi_2$ setzen kann, so daß $t_1 > 0$, $t_2 > 0$ und $\varphi_1 \leqq 0$, $\varphi_2 \leqq 0$ zwei *verschiedene* Halbräume um $\mathfrak{K}$ sind, so heißt $\varphi \leqq 0$ ein *extremer Halbraum um* $\mathfrak{K}$. Die Ebene $\varphi = 0$ ist dann jedenfalls eine Stützebene an $\mathfrak{K}$ und heißt eine *extreme Stützebene* an $\mathfrak{K}$. Ein konvexer Körper mit einer *endlichen* Anzahl von extremen Stützebenen heißt ein *(konvexes) Polyeder*.

7. Unter einem *vollkommenen Ovaloid* wollen wir einen konvexen Körper verstehen, bei dem die *Begrenzung* durch eine *analytische* Gleichung in den rechtwinkligen Koordinaten x, y, z definiert wird und überdies in jedem Punkte eine *bestimmte* und immer nur eine *Berührung erster Ordnung* eingehende *Tangentialebene* besitzt.

8. *Ist* $\mathfrak{K}$ *ein beliebiger konvexer Körper mit dem Nullpunkte als innerem Punkt und* ε *eine beliebige positive Größe, so läßt sich stets ein vollkommenes Ovaloid* $\mathfrak{O}$ *bestimmen, so daß* $\mathfrak{O}$ *den Körper* $\mathfrak{K}$ *enthält und selbst in* $(1 + \varepsilon)\,\mathfrak{K}$ *enthalten ist.*

Es sei $H(u, v, w)$ die Stützebenenfunktion von $\mathfrak{K}$. Da der Nullpunkt im Inneren von $\mathfrak{K}$ liegt, ist jede Größe $H(\alpha, \beta, \gamma) > 0$. Es sei nun g

das *Minimum* der Werte $H(\alpha, \beta\ \gamma)$ auf der Kugelfläche $\mathfrak{E}$, so ist auch $g > 0$. Wir denken uns den ganzen Raum durch ein *Netz von* lauter gleichen *Würfeln* mit einer Kante δ erfüllt. Es sei $\mathfrak{W}$ der Gesamtbereich aller derjenigen Würfel dieses Netzes, welche überhaupt wenigstens einen Punkt von $\mathfrak{K}$ aufnehmen, und $\mathfrak{P}$ der kleinste, diesen Bereich $\mathfrak{W}$ ganz enthaltende konvexe Körper, so ist $\mathfrak{P}$ ein Polyeder, und für jede Richtung (α, β, γ) ist der Abstand derjenigen Stützebene an $\mathfrak{P}$, welche (α, β, γ) als äußere Normale hat, vom Nullpunkte einerseits $> H(\alpha, \beta, \gamma)$, andererseits

$$\leqq H(\alpha, \beta, \gamma) + \delta\sqrt{3} \leqq H(\alpha, \beta, \gamma)\left(1 + \frac{\delta\sqrt{3}}{g}\right).$$

Danach enthält $\mathfrak{P}$ den Körper $\mathfrak{K}$ im Inneren und ist selbst ganz in $\left(1 + \frac{\delta\sqrt{3}}{g}\right)\mathfrak{K}$ enthalten.

Das Polyeder $\mathfrak{P}$ besitze n Seitenflächen; da $\mathfrak{P}$ den Nullpunkt im Inneren enthält, können wir die Bedingungen dieser n extremen Stützebenen an $\mathfrak{P}$ in der Form

(7) $$\chi_1 \leqq 1,\ \chi_2 \leqq 1, \ldots, \chi_n \leqq 1$$

schreiben, so daß dabei $\chi_1, \chi_2, \ldots, \chi_n$ *homogene* lineare Ausdrücke in x, y, z sind. Es sei nun ω eine beliebige positive Größe, die wir $> \lg n$ annehmen, und $\mathfrak{Q}$ der durch die Ungleichung

(8) $$\Omega = e^{\omega\chi_1} + e^{\omega\chi_2} + \cdots + e^{\omega\chi_n} \leqq n e^{\omega}$$

bestimmte Bereich.

Dieser Bereich $\mathfrak{Q}$ enthält jedenfalls das durch die Ungleichungen (7) definierte Polyeder $\mathfrak{P}$ in sich. Andererseits ist $\mathfrak{Q}$ ganz in $\left(1 + \frac{\lg n}{\omega}\right)\mathfrak{P}$ enthalten; denn in jedem Punkte außerhalb des letzteren Polyeders erweist sich stets wenigstens eine der Größen $\chi_1, \chi_2, \ldots, \chi_n$ als $> 1 + \frac{\lg n}{\omega}$ und die rechte Seite in (8) daher als $> n e^{\omega}$. Nach der Lagenbeziehung von $\mathfrak{P}$ zu $\mathfrak{K}$ wird weiter $\mathfrak{Q}$ den Körper $\mathfrak{K}$ enthalten und selbst in

$$\left(1 + \frac{\delta\sqrt{3}}{g}\right)\left(1 + \frac{\lg n}{\omega}\right)\mathfrak{K}$$

enthalten sein. Wir können nun δ so klein und ω so groß annehmen, daß der hier stehende Faktor von $\mathfrak{K}$ sich $\leqq 1 + \varepsilon$ erweist.

Die Begrenzung von $\mathfrak{Q}$ ist die *analytische* Fläche $\Omega = n e^{\omega}$. Wir finden den Ausdruck

(9) $$\frac{\partial\Omega}{\partial x}x + \frac{\partial\Omega}{\partial y}y + \frac{\partial\Omega}{\partial z}z = \omega\chi_1 e^{\omega\chi_1} + \omega\chi_2 e^{\omega\chi_2} + \cdots + \omega\chi_n e^{\omega\chi_n},$$

mithin auf der Begrenzung von $\mathfrak{Q}$ stets $\geqq \omega e^{\omega} - \frac{n-1}{e}$; denn dort ist in jedem Punkte wenigstens eine der Größen $\chi \geqq 1$ und andererseits gilt immer $\zeta e^{\zeta} \geqq -\frac{1}{e}$. Mit Berücksichtigung von $e^{\omega} > n$ ersehen wir hieraus, daß auf der Begrenzung von $\mathfrak{Q}$ niemals $\frac{\partial \Omega}{\partial x}, \frac{\partial \Omega}{\partial y}, \frac{\partial \Omega}{\partial z}$ gleichzeitig Null sein können, mithin in jedem Punkte dieser Begrenzung stets eine bestimmte Tangentialebene existiert.

Weiter finden wir, wenn x, y, z als lineare Funktionen eines Parameters t dargestellt werden, immer

$$(10) \qquad \frac{d^2\Omega}{dt^2} = \omega^2 \left(\left(\frac{d\chi_1}{dt}\right)^2 e^{\omega \chi_1} + \left(\frac{d\chi_2}{dt}\right)^2 e^{\omega \chi_2} + \cdots + \left(\frac{d\chi_n}{dt}\right)^2 e^{\omega \chi_n} \right) > 0.$$

Aus dieser Beziehung folgt, daß auf einer beliebigen geradlinigen Strecke der Ausdruck $\Omega(x, y, z)$ seinen größten Wert immer an wenigstens einem der Endpunkte annimmt, daß mithin $\mathfrak{Q}$ mit irgend zwei Punkten stets die ganze sie verbindende Strecke enthält. Andererseits ist aus (10) ersichtlich, daß jede Tangentialebene an $\mathfrak{Q}$ mit $\mathfrak{Q}$ nur eine Berührung erster Ordnung eingeht. Nach allen diesen Umständen besitzt $\mathfrak{Q}$ in der Tat die in unserem Satze verlangten Eigenschaften.

9. Auf Grund dieses Satzes können wir weiter zu einem gegebenen konvexen Körper $\mathfrak{K}$, der den Nullpunkt $\mathfrak{o}$ im Inneren enthält, mit einer Stützebenenfunktion H, immer eine unendliche Reihe von vollkommenen Ovaloiden $\mathfrak{Q}', \mathfrak{Q}'', \ldots$ mit solchen Stützebenenfunktionen $Q', Q'', \ldots$ herstellen, daß die Reihe der Quotienten

$$\frac{Q'(\alpha, \beta, \gamma)}{H(\alpha, \beta, \gamma)}, \quad \frac{Q''(\alpha, \beta, \gamma)}{H(\alpha, \beta, \gamma)}, \ldots$$

nach der Grenze 1 konvergiert und zwar *gleichmäßig* für alle Systeme α, β, γ auf der ganzen Kugelfläche $\mathfrak{E}$. Trifft der hier bezeichnete Umstand zu, so wollen wir sagen, die Reihe der konvexen Körper $\mathfrak{Q}', \mathfrak{Q}'', \ldots$ hat den konvexen Körper $\mathfrak{K}$ als *Grenze*, oder *konvergiert* nach $\mathfrak{K}$.

Ist $\mathfrak{p}$ ein beliebiger Punkt, so bezeichnen wir weiter den Körper $\mathfrak{K} + \mathfrak{p}$, der $\mathfrak{p}$ als inneren Punkt enthält, als *Grenze* der Körper

$$\mathfrak{Q}' + \mathfrak{p}, \ \mathfrak{Q}'' + \mathfrak{p}, \cdots.$$

§ 3. Volumen eines konvexen Körpers.

10. Jedem konvexen Körper kommt ein bestimmtes Volumen zu, ferner ein bestimmter Schwerpunkt, welcher stets ein innerer Punkt des Körpers ist.

11. Wir führen für die Punkte α, β, γ der Kugelfläche $\mathfrak{E}$ Polarkoordinaten ein und setzen

$$\alpha = \sin\vartheta \cos\psi, \quad \beta = \sin\vartheta \sin\psi, \quad \gamma = \cos\vartheta,$$

wobei wir ϑ und ψ in den Grenzen $0 \leqq \vartheta \leqq \pi$, $0 \leqq \psi \leqq 2\pi$ annehmen. Wir schreiben ferner

$$\alpha_1 = \frac{\partial \alpha}{\partial \vartheta} = \cos\vartheta \cos\psi, \qquad \beta_1 = \frac{\partial \beta}{\partial \vartheta} = \cos\vartheta \sin\psi, \qquad \gamma_1 = \frac{\partial \gamma}{\partial \vartheta} = -\sin\vartheta,$$

$$\alpha_2 = \frac{1}{\sin\vartheta}\frac{\partial \alpha}{\partial \psi} = -\sin\psi, \qquad \beta_2 = \frac{1}{\sin\vartheta}\frac{\partial \beta}{\partial \psi} = \cos\psi, \qquad \gamma_2 = \frac{1}{\sin\vartheta}\frac{\partial \gamma}{\partial \psi} = 0;$$

dabei ergeben die drei Gleichungen

(11) $\xi = \alpha_1 x + \beta_1 y + \gamma_1 z, \quad \eta = \alpha_2 x + \beta_2 y + \gamma_2 z, \quad \zeta = \alpha x + \beta y + \gamma z$

stets eine orthogonale Transformation der Koordinaten x, y, z mit einer Determinante $= +1$.

12. Es sei $\mathfrak{K}$ ein vollkommenes Ovaloid, $\mathfrak{F}$ seine begrenzende Fläche, $H(u, v, w)$ die Stützebenenfunktion von $\mathfrak{K}$. Wir schreiben

$$H(\alpha, \beta, \gamma) = H(\vartheta, \psi) = H.$$

Die Stützebene an $\mathfrak{K}$ mit der äußeren Normale (α, β, γ) hat die Gleichung

(12) $$\zeta = H(\vartheta, \psi);$$

sie ist hier zugleich Tangentialebene an $\mathfrak{F}$ und berührt $\mathfrak{F}$ in einem bestimmten Punkte $\mathfrak{p}$. Die ganze Fläche $\mathfrak{F}$ erscheint damit punktweise, durch parallele Normalen, auf die Kugelfläche $\mathfrak{E}$ bezogen. Wir wollen nun unter $x, y, z, \alpha, \beta, \gamma, \vartheta, \psi$ speziell die betreffenden Bestimmungsstücke für den Punkt $\mathfrak{p}$ verstehen und die Veränderungen dieser Größen beim Übergang zu einem anderen Punkte auf $\mathfrak{F}$ durch Vorsetzen von Δ andeuten; ferner sollen $\Delta\xi, \Delta\eta, \Delta\zeta$ die Werte der Ausdrücke (11) bedeuten, wenn darin $\Delta x, \Delta y, \Delta z$ an die Stelle von x, y, z treten. Dann gilt auf $\mathfrak{F}$ in einer gewissen Umgebung von $\mathfrak{p}$ für $\Delta\zeta$ eine Entwicklung nach Potenzen von $\Delta\xi, \Delta\eta$:

$$\Delta\zeta = -\frac{1}{2}(\mathsf{P}\Delta\xi^2 + 2\Sigma\Delta\xi\Delta\eta + \mathsf{T}\Delta\eta^2) + (\Delta\xi, \Delta\eta)_3 + \cdots;$$

darin bilden die quadratischen Glieder eine definite negative Form, es ist also $\mathsf{P} > 0$, $\mathsf{PT} - \Sigma^2 > 0$. Wir können alsdann, da $\mathsf{PT} - \Sigma^2 \neq 0$ ist, in einer gewissen Umgebung von $\mathfrak{p}$ die Werte $\Delta\xi, \Delta\eta$ durch $\frac{\partial \Delta\zeta}{\partial \Delta\xi}$ und $\frac{\partial \Delta\zeta}{\partial \Delta\eta}$ ausdrücken, welche letzteren Größen sich sofort mittels $\Delta\alpha, \Delta\beta, \Delta\gamma$ darstellen lassen. Daraus erkennen wir, daß die Koordinaten x, y, z des Punktes $\mathfrak{p}$ von $\mathfrak{F}$, wo die äußere Normale die Richtung α, β, γ hat, und weiter der zugehörige Wert $H(\alpha, \beta, \gamma)$ *analytische* Funktionen der Größen α, β, γ auf $\mathfrak{E}$ sind.

Da die Ebene (12) Tangentialebene an $\mathfrak{F}$ ist, haben wir

(13) $$\alpha\frac{\partial x}{\partial \vartheta} + \beta\frac{\partial y}{\partial \vartheta} + \gamma\frac{\partial z}{\partial \vartheta} = 0, \quad \frac{1}{\sin\vartheta}\left(\alpha\frac{\partial x}{\partial \psi} + \beta\frac{\partial y}{\partial \psi} + \gamma\frac{\partial z}{\partial \psi}\right) = 0,$$

und mit Rücksicht hieraus folgen aus den allgemeinen Formeln (11) zur Bestimmung der Koordinaten x, y, z des Punktes $\mathfrak{p}$ die Gleichungen:

(14) $$\xi = \frac{\partial H(\vartheta, \psi)}{\partial \vartheta}, \quad \eta = \frac{1}{\sin\vartheta}\frac{\partial H(\vartheta, \psi)}{\partial \psi}, \quad \zeta = H(\vartheta, \psi).$$

13. Um nun das Volumen V des Körpers $\mathfrak{K}$ auszudrücken, zerlegen wir die Kugelfläche $\mathfrak{E}$ in Flächenelemente $d\omega = \sin\vartheta\, d\vartheta\, d\psi$; jedem Element $d\omega$ entspricht als Abbild durch parallele Normalen ein Element df auf der Fläche $\mathfrak{F}$, und wir konstruieren jedesmal die Pyramide mit dem Nullpunkt $\mathfrak{o}$ als Spitze und dem Element df als Grundfläche; die Höhe dieser Pyramide, mit gewissem Vorzeichen genommen, ist $= H(\alpha, \beta, \gamma)$ und ihr Volumen mit demselben Vorzeichen daher

$$\frac{1}{3} H df = \frac{1}{3} \left| x, \frac{\partial x}{\partial \vartheta}, \frac{\partial x}{\partial \psi} \right| d\vartheta\, d\psi. \tag{15}$$

(Wir bezeichnen hier und weiterhin eine dreireihige Determinante, in welcher die Glieder der ersten Reihe von der Koordinate x abhängen und die der zweiten und dritten in der entsprechenden Weise mit Hilfe des Zeichens y bzw. z darzustellen sind, einfach durch Angabe bloß der ersten Reihe). Der Körper $\mathfrak{K}$ ist nun derart das Aggregat aller jener Elementarpyramiden, daß sein Volumen genau

$$V = \frac{1}{3}\int H df = \frac{1}{3}\iint \left| x, \frac{\partial x}{\partial \vartheta}, \frac{\partial x}{\partial \psi} \right| d\vartheta\, d\psi \tag{16}$$

wird, wo die Integrale über die ganze Fläche $\mathfrak{F}$, bzw. die ganze Kugelfläche $\mathfrak{E}$ zu erstrecken sind.

14. Wir setzen jetzt

$$\alpha \frac{\partial^2 x}{\partial \vartheta^2} + \beta \frac{\partial^2 y}{\partial \vartheta^2} + \gamma \frac{\partial^2 z}{\partial \vartheta^2} = -R, \quad \frac{1}{\sin\vartheta}\left(\alpha \frac{\partial^2 x}{\partial \vartheta\, \partial \psi} + \beta \frac{\partial^2 y}{\partial \vartheta\, \partial \psi} + \gamma \frac{\partial^2 z}{\partial \vartheta\, \partial \psi}\right) = -S,$$

$$\frac{1}{\sin^2\vartheta}\left(\alpha \frac{\partial^2 x}{\partial \psi^2} + \beta \frac{\partial^2 y}{\partial \psi^2} + \gamma \frac{\partial^2 z}{\partial \psi^2}\right) = -T.$$

Durch Differentiation der zwei Gleichungen (13) einmal nach ϑ, einmal nach ψ erhalten wir noch die Beziehungen

$$R = \alpha_1 \frac{\partial x}{\partial \vartheta} + \beta_1 \frac{\partial y}{\partial \vartheta} + \gamma_1 \frac{\partial z}{\partial \vartheta}, \quad S = \frac{1}{\sin\vartheta}\left(\alpha_1 \frac{\partial x}{\partial \psi} + \beta_1 \frac{\partial y}{\partial \psi} + \gamma_1 \frac{\partial z}{\partial \psi}\right),$$

$$S = \alpha_2 \frac{\partial x}{\partial \vartheta} + \beta_2 \frac{\partial y}{\partial \vartheta} + \gamma_2 \frac{\partial z}{\partial \vartheta}, \quad T = \frac{1}{\sin\vartheta}\left(\alpha_2 \frac{\partial x}{\partial \psi} + \beta_2 \frac{\partial y}{\partial \psi} + \gamma_2 \frac{\partial z}{\partial \psi}\right).$$

Nun gilt

$$\Delta x = \frac{\partial x}{\partial \vartheta}\Delta\vartheta + \frac{\partial x}{\partial \psi}\Delta\psi + \frac{1}{2}\left(\frac{\partial^2 x}{\partial \vartheta^2}\Delta\vartheta^2 + 2\frac{\partial^2 x}{\partial \vartheta\, \partial \psi}\Delta\vartheta\,\Delta\psi + \frac{\partial^2 x}{\partial \psi^2}\Delta\psi^2\right) + \cdots, \cdots;$$

aus den Gleichungen (11) gewinnen wir dann mit Rücksicht auf die letzten Ausdrücke und auf (13):

$$\Delta\xi = R\Delta\vartheta + S\sin\vartheta\,\Delta\psi + \cdots, \quad \Delta\eta = S\Delta\vartheta + T\sin\vartheta\,\Delta\psi + \cdots,$$

$$\Delta\zeta = -\frac{1}{2}(R\Delta\vartheta^2 + 2S\sin\vartheta\,\Delta\vartheta\,\Delta\psi + T\sin^2\vartheta\,\Delta\psi^2) + \cdots,$$

und hieraus geht durch Elimination von $\Delta\vartheta$ und $\Delta\psi$ eine Entwicklung

$$\Delta\zeta = -\frac{1}{2}\left(\frac{T\Delta\xi^2 - 2S\Delta\xi\Delta\eta + R\Delta\eta^2}{RT - S^2}\right) + (\Delta\xi, \Delta\eta)_3 + \cdots$$

hervor.

Wir entnehmen daraus für die in 12. benutzten Größen P, Σ, T:

$$\mathsf{P} = \frac{T}{RT - S^2}, \quad \Sigma = \frac{-S}{RT - S^2}, \quad \mathsf{T} = \frac{R}{RT - S^2},$$

so daß

$$RT - S^2 = \frac{1}{\mathsf{PT} - \Sigma^2}$$

das Produkt,

$$R + T = \frac{\mathsf{P} + \mathsf{T}}{\mathsf{PT} - \Sigma^2}$$

die Summe der Hauptkrümmungsradien der Fläche $\mathfrak{F}$ im Punkte $\mathfrak{p}$ darstellen, während von $\frac{2S}{R - T}$ die Neigung der Krümmungskurven auf $\mathfrak{F}$ durch $\mathfrak{p}$ gegen die Richtungen $\alpha_1, \beta_1, \gamma_1$; $\alpha_2, \beta_2, \gamma_2$ abhängt.

Von den Relationen (14) ausgehend, erhalten wir folgende Ausdrücke für R, S, T allein durch die Funktion $H = H(\vartheta, \psi)$:

$$(17) \quad \begin{cases} R = \dfrac{\partial^2 H}{\partial \vartheta^2} + H, \\ S = \dfrac{1}{\sin\vartheta} \dfrac{\partial^2 H}{\partial\vartheta\,\partial\psi} - \dfrac{\cos\vartheta}{\sin^2\vartheta} \dfrac{\partial H}{\partial\psi}, \\ T = \dfrac{1}{\sin^2\vartheta} \dfrac{\partial^2 H}{\partial\psi^2} + \dfrac{\cos\vartheta}{\sin\vartheta} \dfrac{\partial H}{\partial\vartheta} + H. \end{cases}$$

Dabei wird immer $R > 0$, $RT - S^2 > 0$, und in diesen Ungleichungen sind bereits die allgemeinen Bedingungen (1)—(4) für die Stützebenenfunktion H völlig eingeschlossen.

Setzen wir die Determinante $\left| x, \frac{\partial x}{\partial \vartheta}, \frac{\partial x}{\partial \psi} \right|$ zu ihrer linken Seite mit der Determinante 1 der Substitution (11) zusammen, so finden wir sie $= H(RT - S^2) \sin\vartheta$, so daß aus (15):

$$(18) \qquad df = (RT - S^2)\, d\omega$$

und aus (16):

$$(19) \qquad V = \frac{1}{3} \int H(RT - S^2)\, d\omega$$

hervorgeht.

Das Volumen V erscheint hiernach als ein gewisser homogener Ausdruck dritten Grades in den Werten $H(\vartheta, \psi)$.

15. Ist ein konvexer Körper $\mathfrak{K}$ die Grenze einer unendlichen Reihe vollkommener Ovaloide $\mathfrak{O}', \mathfrak{O}'', \ldots$, so konvergieren die Volumina dieser Ovaloide nach dem Volumen von $\mathfrak{K}$. Man erschließt diese Tatsache ganz allein mit Hilfe des Umstandes, daß, wenn ein Ovaloid ein anderes in sich enthält, das erstere stets ein größeres Volumen besitzt. Ferner konvergieren die Koordinaten der Schwerpunkte von $\mathfrak{O}', \mathfrak{O}'', \ldots$ nach den Koordinaten des Schwerpunktes von $\mathfrak{K}$.

§ 4. Scharen konvexer Körper. Gemischtes Volumen dreier Körper.

16. Sind $H_1, H_2, \ldots, H_m$ die Stützebenenfunktionen von m konvexen Körpern $\mathfrak{K}_1, \mathfrak{K}_2, \ldots, \mathfrak{K}_m$, so genügt die Funktion

$$H(u, v, w) = t_1 H_1(u, v, w) + t_2 H_2(u, v, w) + \cdots + t_m H_m(u, v, w),$$

wenn die Parameter $t_1, t_2, \ldots, t_m$ sämtlich $\geqq 0$, aber nicht durchweg $= 0$ sind, stets ebenfalls allen Bedingungen (1)—(4) in § 1 und bildet daher wiederum die Stützebenenfunktion eines konvexen Körpers. Diesen Körper bezeichnen wir durch

$$\mathfrak{K} = t_1 \mathfrak{K}_1 + t_2 \mathfrak{K}_2 + \cdots + t_m \mathfrak{K}_m \tag{20}$$

und die Gesamtheit aller in solcher Weise aus gegebenen Grundkörpern $\mathfrak{K}_i$ herzuleitenden Körper $\mathfrak{K}$ nennen wir eine *Schar konvexer Körper.*

17. Sind $\mathfrak{K}_1, \mathfrak{K}_2, \ldots, \mathfrak{K}_m$ *vollkommene Ovaloide,* so gilt das gleiche von jedem Körper $\mathfrak{K}$ der Schar (20). Bezeichnen wir die Punkte auf den Begrenzungen von $\mathfrak{K}, \mathfrak{K}_i$, in welchen eine bestimmte (und die nämliche) äußere Normale α, β, γ vorhanden ist, mit x, y, z; x_i, y_i, z_i, so finden wir auf Grund der Gleichungen (14) die Beziehungen gültig:

$$x = t_1 x_1 + t_2 x_2 + \cdots + t_n x_n, \cdots. \tag{21}$$

Stellen wir nun das Volumen V von $\mathfrak{K}$ gemäß der Formel (16) dar, so resultiert mit Rücksicht auf diese Gleichungen (21) für V ein homogener Ausdruck dritten Grades in den Parametern t_i:

$$V = \sum V_{jkl} t_j t_k t_l \qquad (j, k, l = 1, 2, \ldots, m); \tag{22}$$

die Koeffizienten V_{jkl} mit nicht lauter gleichen Indizes denken wir uns dabei so eingeführt, daß sie bei Permutationen der Indizes sich nicht ändern. Ein jeder Koeffizient V_{jkl} ist allein von den drei zugehörigen Körpern $\mathfrak{K}_j, \mathfrak{K}_k, \mathfrak{K}_l$ abhängig; wir bezeichnen ihn auch mit $V(\mathfrak{K}_j, \mathfrak{K}_k, \mathfrak{K}_l)$ und nennen ihn das *gemischte Volumen* der Körper $\mathfrak{K}_j, \mathfrak{K}_k, \mathfrak{K}_l$.

18. Betrachten wir nun das gemischte Volumen $V_{123} = V(\mathfrak{K}_1, \mathfrak{K}_2, \mathfrak{K}_3)$ dreier vollkommener Ovaloide $\mathfrak{K}_1, \mathfrak{K}_2, \mathfrak{K}_3$. Schreiben wir

$$J_{123} = \frac{1}{3} \iint \left| x_1, \frac{\partial x_2}{\partial \vartheta}, \frac{\partial x_3}{\partial \psi} \right| d\vartheta \, d\psi$$

und definieren die analogen Ausdrücke für die Permutationen der Indizes 1, 2, 3, so ist

$$6 V_{123} = (J_{123} + J_{132}) + (J_{231} + J_{213}) + (J_{312} + J_{321}).$$

Nun gilt

$$\frac{1}{3} \iint \frac{\partial}{\partial \vartheta} \left| x_1, x_2, \frac{\partial x_3}{\partial \psi} \right| d\vartheta \, d\psi = J_{123} - J_{213} + \frac{1}{3} \iint \left| x_1, x_2, \frac{\partial^2 x_3}{\partial \vartheta \, \partial \psi} \right| d\vartheta \, d\psi,$$

$$\frac{1}{3} \iint \frac{\partial}{\partial \psi} \left| x_1, x_2, \frac{\partial x_3}{\partial \vartheta} \right| d\vartheta \, d\psi = J_{231} - J_{132} + \frac{1}{3} \iint \left| x_1, x_2, \frac{\partial^2 x_3}{\partial \vartheta \, \partial \psi} \right| d\vartheta \, d\psi.$$

Die linken Seiten in diesen zwei Gleichungen sind gleich Null, weil die Integranden Differentialquotienten nach ϑ, bzw. ψ sind und die Integrationen sich über die ganze Kugelfläche $\mathfrak{E}$ erstrecken. Durch Subtraktion der damit hervorgehenden Relationen folgt nun

$$(23)\qquad J_{123} + J_{132} = J_{231} + J_{213},$$

und durch zyklische Vertauschung von 1, 2, 3 hier finden wir weiter diese Ausdrücke $= J_{312} + J_{321}$, so daß sich

$$V_{123} = \frac{1}{2}(J_{123} + J_{132})$$

herausstellt.

Multiplizieren wir in J_{123} die Determinante $\left| x_1, \frac{\partial x_2}{\partial \vartheta}, \frac{\partial x_3}{\partial \psi} \right|$ zur linken Seite mit der Determinante 1 der Substitution (11), und bezeichnen wir die den Formeln (17) gemäß herzustellenden Ausdrücke R, S, T für $\mathfrak{K}_1$, $\mathfrak{K}_2$, $\mathfrak{K}_3$ mit den entsprechenden Indizes, so entsteht

$$J_{123} = \frac{1}{3}\int H_1 (R_2 T_3 - S_2 S_3)\, d\omega;$$

analog drücken wir J_{132} aus, und wir erhalten endlich

$$(24)\qquad V_{123} = \frac{1}{6}\int H_1(R_2 T_3 - 2 S_2 S_3 + T_2 R_3)\, d\omega.$$

Nach der Gleichung (23) *besteht für diesen Ausdruck die wichtige Eigenschaft, daß er bei beliebigen Permutationen von* 1, 2, 3 *seinen Wert nicht ändert.*

19. Wir knüpfen an diese Formel einige einfache Bemerkungen an. Die Größen R_3, S_3, T_3 bleiben bei einer Translation von $\mathfrak{K}_3$ ungeändert, mithin bleibt dabei auch V_{123} ungeändert, und da $V_{123} = V_{231} = V_{132}$ ist, so folgt allgemein:

Der Wert $V(\mathfrak{K}_1, \mathfrak{K}_2, \mathfrak{K}_3)$ *bleibt bei beliebigen Translationen der einzelnen Körper* $\mathfrak{K}_1$, $\mathfrak{K}_2$, $\mathfrak{K}_3$ *ungeändert.*

Der Ausdruck $R_2 T_3 - 2 S_2 S_3 + T_2 R_3$ ist als die Simultaninvariante zweier positiver binärer quadratischer Formen stets > 0. Hat $\mathfrak{K}_1$ den Nullpunkt im Inneren liegen (was sich stets durch eine Translation von $\mathfrak{K}_1$ hervorrufen läßt), so ist durchweg $H_1(\vartheta, \psi) > 0$ und also dann auch $V_{123} > 0$. Mit Rücksicht auf den eben bewiesenen Satz gilt daher allgemein:

Die Größe $V(\mathfrak{K}_1, \mathfrak{K}_2, \mathfrak{K}_3)$ *ist stets* > 0.

Ist der Körper $\mathfrak{K}_1$ in einem anderen vollkommenen Ovaloide $\mathfrak{K}_1^*$ mit der Stützebenenfunktion H_1^* enthalten, so gilt stets $H_1(\vartheta, \psi) \leqq H_1^*(\vartheta, \psi)$ und entnehmen wir aus (24):

$$(25)\qquad V(\mathfrak{K}_1, \mathfrak{K}_2, \mathfrak{K}_3) \leqq V(\mathfrak{K}_1^*, \mathfrak{K}_2, \mathfrak{K}_3).$$

Endlich bemerken wir die Regel: Ist t ein positiver Faktor, so gilt

$$V(t\mathfrak{K}_1, \mathfrak{K}_2, \mathfrak{K}_3) = t\,V(\mathfrak{K}_1, \mathfrak{K}_2, \mathfrak{K}_3). \tag{26}$$

20. Sind die Körper $\mathfrak{K}_1, \mathfrak{K}_2, \mathfrak{K}_3$ mit einem und demselben Körper $\mathfrak{K}$ identisch, so wird $V(\mathfrak{K}_1, \mathfrak{K}_2, \mathfrak{K}_3)$ das *Volumen* von $\mathfrak{K}$.

Die Stützebenenfunktion der Kugel $\mathfrak{G}\,(x^2 + y^2 + z^2 \leqq 1)$ ist für die Systeme α, β, γ auf $\mathfrak{E}$ konstant $= 1$. Beziehen sich H, R, S, T auf ein vollkommenes Ovaloid $\mathfrak{K}$ und bezeichnen wir das Oberflächenelement dieses Körpers mit df, seine ganze *Oberfläche* mit O, so folgt daher aus (24):

$$3\,V(\mathfrak{G}, \mathfrak{K}, \mathfrak{K}) = \int (RT - S^2)\,d\omega = \int df = O, \tag{27}$$

und durch (23) gelangen wir noch zu dem Ausdrucke

$$O = 3\,V(\mathfrak{K}, \mathfrak{G}, \mathfrak{K}) = \frac{1}{2}\int H(R + T)\,d\omega. \tag{28}$$

Andererseits wird

$$3\,V(\mathfrak{G}, \mathfrak{G}, \mathfrak{K}) = \frac{1}{2}\int (R + T)\,d\omega = \int \frac{\frac{1}{2}(R + T)}{RT - S^2}\,df; \tag{29}$$

die Größe $\dfrac{\frac{1}{2}(R + T)}{RT - S^2}$ hier bedeutet die mittlere Krümmung am Flächenelement df und können wir danach $3\,V(\mathfrak{G}, \mathfrak{G}, \mathfrak{K})$ als *das Integral der mittleren Krümmung* von $\mathfrak{K}$ bezeichnen. Wir haben dann noch die Beziehung

$$3\,V(\mathfrak{G}, \mathfrak{G}, \mathfrak{K}) = 3\,V(\mathfrak{K}, \mathfrak{G}, \mathfrak{G}) = \int H\,d\omega. \tag{30}$$

21. Sind $\mathfrak{K}_1, \mathfrak{K}_2, \ldots, \mathfrak{K}_m$ beliebige konvexe Körper, so können wir nach § 2 jeden dieser Körper $\mathfrak{K}_i$ als Grenze einer Reihe vollkommener Ovaloide $\mathfrak{O}_i$ darstellen. Auf Grund der in 19. abgeleiteten Regeln läßt sich dann zeigen, daß dabei ein jeder Ausdruck $V(\mathfrak{O}_j, \mathfrak{O}_k, \mathfrak{O}_l)$ immer nach einer bestimmten, von der Wahl der annähernden Ovaloide unabhängigen Grenze konvergiert, die wir mit $V(\mathfrak{K}_j, \mathfrak{K}_k, \mathfrak{K}_l)$ bezeichnen und das *gemischte Volumen von* $\mathfrak{K}_j, \mathfrak{K}_k, \mathfrak{K}_l$ nennen. Es übertragen sich dann alle Regeln aus 19. und die Entwicklung (22) sofort auf beliebige konvexe Körper.

Für die gemischten Volumina bestehen einige fundamentale Ungleichungen, die in dem Satze gipfeln, daß irgend drei Körper vom Volumen 1 stets ein gemischtes Volumen $\geqq 1$ ergeben. Als Vorbereitung zum Nachweis dieser Ungleichungen behandeln wir zunächst die entsprechenden Fragen für die Ebene.

§ 5. Ovale. Gemischter Flächeninhalt zweier Ovale.

22. Wir betrachten jetzt Figuren in einer Ebene $z = \text{const.}$ Es sei $H(u, v)$ eine reelle Funktion zweier reeller Argumente mit den Eigenschaften:

$$H(0, 0) = 0, \quad H(tu, tv) = tH(u, v), \quad \text{wenn} \quad t > 0 \quad \text{ist,}$$
$$H(u_1 + u_2,\ v_1 + v_2) \leqq H(u_1, v_1) + H(u_2, v_2),$$
$$H(u, v) + H(-u, -v) > 0, \quad \text{wenn} \quad u, v \neq 0, 0 \quad \text{ist.}$$

Den durch die sämtlichen Ungleichungen

$$ux + vy \leqq H(u, v)$$

für alle möglichen Systeme u, v definierten Bereich $\mathfrak{F}$ von Punkten x, y in der Ebene $z = \text{const.}$ bezeichnen wir als ein *Oval* in dieser Ebene, und wir nennen $H(u, v)$ die *Stützgeradenfunktion* dieses Ovals. Jedem solchen Oval $\mathfrak{F}$ kommt ein bestimmter Flächeninhalt, ferner ein bestimmter Schwerpunkt zu; der Schwerpunkt wird stets ein innerer Punkt des Ovals.

Ist s ein positiver Wert > 0, so stellt $sH(u, v)$ wieder die Stützgeradenfunktion eines Ovals vor, das wir dann $s\mathfrak{F}$ nennen.

23. Wir bezeichnen ein Oval $\mathfrak{F}$ als ein *vollkommenes Oval,* wenn die Begrenzung von $\mathfrak{F}$ durch eine *analytische* Gleichung in x, y gegeben ist und in jedem Punkte eine *bestimmte* und immer nur eine *Berührung erster Ordnung* eingehende *Tangente* hat.

Ist $\mathfrak{F}$ ein beliebiges Oval mit dem Nullpunkt als Schwerpunkt, und ε eine beliebige positive Größe, so kann man stets ein vollkommenes Oval $\mathfrak{F}^*$, ebenfalls mit dem Nullpunkte als Schwerpunkt, finden, welches $\mathfrak{F}$ enthält und selbst ganz in $(1 + \varepsilon)\ \mathfrak{F}$ enthalten ist. Jedes Oval kann als *Grenze* vollkommener Ovale mit dem nämlichen Schwerpunkt dargestellt werden.

24. Es sei $\mathfrak{F}$ ein vollkommenes Oval, $H(u, v)$ seine Stützgeradenfunktion. Wir bezeichnen mit α, β die Koordinaten eines Punktes der Kreislinie $x^2 + y^2 = 1$ bzw. die Richtung von $x = 0$, $y = 0$ nach diesem Punkte, führen $\alpha = \cos\vartheta$, $\beta = \sin\vartheta$, $0 \leqq \vartheta \leqq 2\pi$ ein und schreiben $H(\alpha, \beta) = H(\vartheta) = H$. Der Krümmungsradius der Begrenzung von $\mathfrak{F}$ in einem Punkte $\mathfrak{p}$, wo die äußere Normale die Richtung (α, β) hat, wird $R = H + \frac{\partial^2 H}{\partial \vartheta^2}$ und der Flächeninhalt von $\mathfrak{F}$ bekommt den Ausdruck:

$$F = \frac{1}{2}\int_0^{2\pi} H\left(H + \frac{\partial^2 H}{\partial \vartheta^2}\right) d\vartheta. \tag{31}$$

Wir haben nun in bezug auf den Flächeninhalt $\mathfrak{F}$ noch einige Bemerkungen zu entwickeln, die bald Anwendung finden werden.

Es sei a der kleinste, A der größte Wert von x in $\mathfrak{F}$ und bezeichnen wir für ein $x \geqq a$ und $\leqq A$ mit $y(x)$ die Länge der zur y-Achse parallelen Sehne von $\mathfrak{F}$, auf welcher der betreffende Abszissenwert x konstant ist. Die Funktion $y(x)$ ist im Inneren des Intervalls $a \leqq x \leqq A$ regulär und an den Grenzen nähert sie sich stetig dem Werte Null. *Ferner ist darin* $\frac{dy}{dx}$ *eine mit wachsendem* x *stets abnehmende Funktion.* Infolgedessen ist weiter insbesondere

$$\frac{\int\limits_a^x \frac{dy}{dx}\,dx}{\int\limits_a^x dx} = \frac{y}{x-a}$$

eine stets abnehmende und analog $\frac{y}{A-x}$ eine stets wachsende Funktion von x.

Der Flächeninhalt F von $\mathfrak{F}$ besitzt nun auch den Ausdruck

$$F = \int\limits_a^A y(x)\,dx. \tag{32}$$

Setzen wir, wenn $a \leqq x \leqq A$ ist,

$$\int\limits_a^x y(x)\,dx = \tau F,$$

so ist $\tau = \tau(x)$ eine solche Funktion der oberen Grenze x dieses Integrals, welche *kontinuierlich* von 0 bis 1 *zunimmt,* während x von a bis A läuft, und *können wir* daher *umgekehrt die obere Grenze dieses Integrals als eine bestimmte Funktion* $x(\tau)$ *des Wertes* τ *im Intervalle* $0 \leqq \tau \leqq 1$ *einführen.* Dabei gilt

$$y\frac{dx}{d\tau} = F, \quad \frac{d(y^2)}{d\tau} = 2F\frac{dy}{dx}.$$

Nach der zweiten Gleichung hier wird $\frac{d(y^2)}{d\tau}$ eine mit wachsendem τ stets abnehmende Funktion von τ; infolgedessen ist weiter $\frac{y^2}{\tau}$ eine stets abnehmende, $\frac{y^2}{1-\tau}$ eine stets zunehmende Funktion von τ.

Die Länge der Sehne $\mathfrak{bc}$ von $\mathfrak{F}$ auf der Geraden $x = \frac{a+A}{2}$, also $y\left(\frac{a+A}{2}\right)$, sei $= h$. Die Tangenten an $\mathfrak{F}$ in den Endpunkten dieser Sehne bilden mit den Geraden $x = a$ und $x = A$ ein Trapez, welches $\mathfrak{F}$ ganz in sich enthält; also folgt

$$(A-a)h \geqq F. \tag{33}$$

Andererseits enthält $\mathfrak{F}$ das Dreieck $\mathfrak{abc}$ mit jener Sehne $\mathfrak{bc}$ als Basis und der Spitze in dem Punkte $\mathfrak{a}$ von $\mathfrak{F}$, für den $x = a$ ist; daher gilt

$$\frac{1}{4}(A-a)h < \tau\left(\frac{a+A}{2}\right)F,$$

woraus mit Rücksicht auf (33) nun $\tau\left(\frac{a+A}{2}\right) > \frac{1}{4}$ hervorgeht; analog finden wir $\tau\left(\frac{a+A}{2}\right) < \frac{3}{4}$.

Für einen Wert $\tau > \frac{3}{4}$ fällt danach stets $x(\tau) > \frac{a+A}{2}$ aus; da $\frac{y}{A-x}$ und $\frac{y^2}{1-\tau}$ mit wachsendem x bzw. τ zunehmen, haben wir alsdann

$$\frac{y}{A-x} > \frac{h}{\frac{1}{2}(A-a)}, \quad (1-\tau)F = \int_x^A y\,dx > \frac{(A-x)^2 h}{A-a},$$

woraus mit Rücksicht auf (33) sich

$$(34) \qquad A - x(\tau) < (A-a)\sqrt{1-\tau}$$

ergibt, und erhalten wir andererseits

$$(35) \qquad \frac{y^2}{1-\tau} > \frac{h^2}{1-\tau\left(\frac{a+A}{2}\right)} > \frac{4}{3}h^2, \quad \frac{y^2}{\tau} > \frac{4}{3}\,\frac{(1-\tau)}{\tau}\,\frac{F^2}{(A-a)^2}.$$

Nehmen wir an, der Schwerpunkt von $\mathfrak{F}$ liege im Nullpunkte, so führt die Betrachtung der x-Koordinate des Schwerpunktes zur Gleichung

$$0 = \frac{1}{F}\int_a^A xy\,dx = \int_0^1 x\,d\tau,$$

woraus durch partielle Integration

$$(36) \qquad A = \int_a^A \tau\,dx, \quad A = F\int_0^1 \frac{\tau\,d\tau}{y}$$

folgt. Zerlegen wir $\mathfrak{F}$ in die Dreiecke mit $\mathfrak{a}$ als Spitze und den einzelnen Bogenelementen des Umfangs von $\mathfrak{F}$ als Grundlinien, so ist für den Schwerpunkt eines jeden dieser Dreiecke offenbar $A - x > \frac{1}{3}(A-a)$ und muß die gleiche Relation daher auch für den Schwerpunkt von $\mathfrak{F}$ selbst gelten, d. h. wir haben

$$(37) \qquad A > \frac{A-a}{3}.$$

25. Es seien $\mathfrak{F}_1$ und $\mathfrak{F}_2$ zwei beliebige Ovale und $H_1(u, v)$, $H_2(u, v)$ ihre Stützgeradenfunktionen; alsdann bildet $(1-t)H_1(u, v) + tH_2(u, v)$, wenn $t > 0$ und < 1 ist, immer ebenfalls die Stützgeradenfunktion eines Ovals, das mit $\mathfrak{F} = (1-t)\mathfrak{F}_1 + t\mathfrak{F}_2$ bezeichnet werde. Dieser Herstellung

von $\mathfrak{F}$ steht folgende Erzeugungsweise desselben Ovals dual gegenüber. Man verbinde jeden Punkt $\mathfrak{f}_1$ von $\mathfrak{F}_1$ mit jedem Punkte $\mathfrak{f}_2$ von $\mathfrak{F}_2$ und teile immer die Verbindungsstrecke $\mathfrak{f}_1\mathfrak{f}_2$ in einem Punkte $\mathfrak{f}$ so, daß

$$\mathfrak{f} = (1-t)\mathfrak{f}_1 + t\mathfrak{f}_2$$

ist (d. h. daß die Längen der Strecken $\mathfrak{f}_1\mathfrak{f}$ und $\mathfrak{f}\mathfrak{f}_2$ sich wie $t:1-t$ verhalten). Die Menge aller verschiedenen Punkte $\mathfrak{f}$, die auf diese Weise gefunden werden, bildet dann genau den Bereich des Ovals $\mathfrak{F}$. Bei dieser Konstruktion von $\mathfrak{F}$ denken wir uns zweckmäßig $\mathfrak{F}_1$ und $\mathfrak{F}_2$ in zwei verschiedenen Ebenen $z=$ const., etwa $\mathfrak{F}_1$ in $z=0$ und $\mathfrak{F}_2$ in $z=1$ gelegen; alsdann stellt $\mathfrak{F}=(1-t)\mathfrak{F}_1+t\mathfrak{F}_2$ den Schnitt des kleinsten, die beiden Ovale $\mathfrak{F}_1$ und $\mathfrak{F}_2$ ganz enthaltenden konvexen Körpers mit der Ebene $z=t$ vor.

Der Flächeninhalt des Ovals $\mathfrak{F}$ besitzt einen Ausdruck

$$F=(1-t)^2F_{11}+2(1-t)tF_{12}+t^2F_{22}, \tag{38}$$

wobei F_{11} den Flächeninhalt von $\mathfrak{F}_1$, F_{22} den von $\mathfrak{F}_2$ und F_{12} eine weitere Konstante bedeutet, die wir den *gemischten Flächeninhalt* von $\mathfrak{F}_1$ und $\mathfrak{F}_2$ nennen. F_{12} ändert sich nicht bei beliebigen Translationen von $\mathfrak{F}_1$ oder von $\mathfrak{F}_2$.

Sind $\mathfrak{F}_1$ und $\mathfrak{F}_2$ vollkommene Ovale, so finden wir, von der Formel (31) ausgehend,

$$F_{12}=\frac{1}{2}\int_0^{2\pi} H_1\left(H_2+\frac{\partial^2 H_2}{\partial \vartheta^2}\right)d\vartheta=\frac{1}{2}\int_0^{2\pi} H_2\left(H_1+\frac{\partial^2 H_1}{\partial \vartheta^2}\right)d\vartheta,$$

worin H_1 für $H_1(\cos\vartheta, \sin\vartheta)$ und H_2 für $H_2(\cos\vartheta, \sin\vartheta)$ steht.

Stellt $\mathfrak{F}_2$ die Kreisfläche $x^2+y^2\leqq 1$ vor, so ist H_2 hier konstant $=1$, $F_{22}=\pi$ und wird $2F_{12}$ die *Länge des Umfangs* von $\mathfrak{F}_1$.

26. Wir wollen nun den Satz beweisen, *daß stets die Ungleichung gilt:*

$$F_{12}\geqq\sqrt{F_{11}F_{22}}. \tag{39}$$

Diese Ungleichung ist gleichbedeutend mit folgender Beziehung für den in (38) entwickelten Ausdruck F:

$$\sqrt{F}\geqq(1-t)\sqrt{F_{11}}+t\sqrt{F_{22}}. \tag{40}$$

Von besonderem Werte ist es, auch die Grenzfälle der Ungleichung (39) mit aufzuklären. Wir werden den Zusatz gewinnen, *daß in dieser Ungleichung dann und nur dann das Gleichheitszeichen eintritt, wenn $\mathfrak{F}_1$ und $\mathfrak{F}_2$ homothetisch sind* (d. h. auseinander durch Translation und Dilatation hervorgehen, miteinander ähnlich und ähnlich gelegen sind).

Wir denken uns der Einfachheit wegen den Schwerpunkt von $\mathfrak{F}_1$ wie den von $\mathfrak{F}_2$ im Nullpunkte gelegen (was stets durch Translation dieser Ovale zu erreichen ist). Alsdann sind $H_1(\alpha,\beta)$ und $H_2(\alpha,\beta)$

immer >0. Auf der Kreislinie $\alpha^2+\beta^2=1$ hat die daselbst stetige Funktion

$$(41)\qquad \frac{\sqrt{F_{11}}\,H_2(\alpha,\beta)}{\sqrt{F_{22}}\,H_1(\alpha,\beta)}$$

ein bestimmtes *Maximum*, das wir D nennen. Dieser Wert hat die Bedeutung, daß das Oval $\frac{1}{\sqrt{F_{22}}}\mathfrak{F}_2$ vom Flächeninhalt 1 im Oval $\frac{s}{\sqrt{F_{11}}}\mathfrak{F}_1$ vom Flächeninhalt s^2 enthalten ist, wenn $s\geqq D$ ist, aber nicht ganz darin enthalten, wenn $s<D$ ist. Sind $\mathfrak{F}_1$ und $\mathfrak{F}_2$ homothetisch, so decken sich die Ovale $\frac{1}{\sqrt{F_{22}}}\mathfrak{F}_2$ und $\frac{1}{\sqrt{F_{11}}}\mathfrak{F}_1$ und ist daher auch ihr gemischter Flächeninhalt $=1$, also $F_{12}=\sqrt{F_{11}F_{22}}$ und wird andererseits $D=1$.

Jetzt verfolgen wir die Annahme, daß $\mathfrak{F}_1$ und $\mathfrak{F}_2$ *nicht homothetisch* sind. Alsdann muß $D>1$ ausfallen. Wir werden nun eine Ungleichung aufstellen

$$\frac{F_{12}}{\sqrt{F_{11}F_{22}}}-1\geqq \Pi(D),$$

worin $\Pi(D)$ eine stetige Funktion von D sein wird, die für ein $D>1$ stets >0 ist. Diese Beziehung setzt dann in Evidenz, daß stets $F_{12}>\sqrt{F_{11}F_{22}}$ wird, wenn $\mathfrak{F}_1$ und $\mathfrak{F}_2$ nicht homothetisch sind.

Eine Beziehung von diesem Charakter mit einer stetigen Funktion $\Pi(D)$ *braucht offenbar nur für vollkommene Ovale erwiesen zu werden.* Durch unseren Hilfssatz in 23. über die Annäherung eines beliebigen Ovals durch vollkommene Ovale gilt sie dann sofort für alle Ovale.

27. Es seien nunmehr $\mathfrak{F}_1$ und $\mathfrak{F}_2$ zwei vollkommene Ovale und sie seien nicht homothetisch. Wir drehen die Koordinatenachsen um den Nullpunkt derart, daß die positive x-Achse in eine solche Richtung fällt, wofür die Funktion (41) ihren größten Wert D erhält, d. h. also, wir nehmen

$$(42)\qquad \frac{\sqrt{F_{11}}\,H_2(1,0)}{\sqrt{F_{22}}\,H_1(1,0)}=D$$

an.

Es sei jetzt t irgendein bestimmter Wert >0 und <1; wir gebrauchen für das Oval $\mathfrak{F}=(1-t)\mathfrak{F}_1+t\mathfrak{F}_2$ die Zeichen a, A, $y(x)$ in derselben Weise, wie sie für ein Oval $\mathfrak{F}$ in 24. erklärt sind; die entsprechenden Größen für $\mathfrak{F}_1$ und $\mathfrak{F}_2$ bezeichnen wir mit a_1, A_1, $y_1(x)$, a_2, A_2, $y_2(x)$; insbesondere ist $A_1=H_1(1,0)$, $A_2=H_2(1,0)$. Alsdann bestehen für a und A, den kleinsten bzw. größten Wert von x in $\mathfrak{F}$, die Ausdrücke

$$(43)\qquad a=(1-t)a_1+ta_2,\quad A=(1-t)A_1+tA_2.$$

Die Flächeninhalte von $\mathfrak{F}_1$ und $\mathfrak{F}_2$ stellen wir gemäß der Formel (32) dar:

$$(44)\qquad F_{11} = \int_{a_1}^{A_1} y_1(x)\,dx, \quad F_{22} = \int_{a_2}^{A_2} y_2(x)\,dx.$$

Wir setzen nun, wenn $a_1 \leqq x_1 \leqq A_1$, $a_2 \leqq x_2 \leqq A_2$ ist,

$$(45)\qquad \int_{a_1}^{x_1} y_1(x)dx = \tau F_{11}, \quad \int_{a_2}^{x_2} y_2(x)\,dx = \tau F_{22}$$

und führen die oberen Grenzen dieser Integrale als Funktionen $x_1(\tau)$, $x_2(\tau)$ des Wertes τ ein, der sich im Intervalle $0 \leqq \tau \leqq 1$ bewegt. Indem wir unter τ in diesen beiden Funktionen ein und dasselbe Argument verstehen, wird ein gewisser Zusammenhang zwischen den zur y-Achse parallelen Sehnen von $\mathfrak{F}_1$ und von $\mathfrak{F}_2$ hergestellt.*)

Wir ziehen jetzt die in 25. angegebene Methode zur Erzeugung des Ovals $\mathfrak{F}$ aus den Punkten von $\mathfrak{F}_1$ und $\mathfrak{F}_2$ heran und bringen sie zunächst auf die Punkte der Sehne $\mathfrak{p}_1\mathfrak{q}_1$ von $\mathfrak{F}_1$ auf der Geraden $x = x_1(\tau)$ und der Sehne $\mathfrak{p}_2\mathfrak{q}_2$ von $\mathfrak{F}_2$ auf der Geraden $x = x_2(\tau)$ in Anwendung; dadurch erkennen wir, daß zu $\mathfrak{F}$ auf der Geraden

$$(46)\qquad x = (1-t)x_1(\tau) + tx_2(\tau)$$

jedenfalls alle diejenigen Punkte gehören müssen, welche diese Gerade aus dem Trapeze $\mathfrak{p}_1\mathfrak{q}_1\mathfrak{q}_2\mathfrak{p}_2$ herausschneidet. Die Längen der Sehnen $\mathfrak{p}_1\mathfrak{q}_1$ und $\mathfrak{p}_2\mathfrak{q}_2$ sind $y_1(x_1(\tau))$ bzw. $y_2(x_2(\tau))$; danach muß für die Länge $y(x)$ der Sehne $\mathfrak{p}\mathfrak{q}$ von $\mathfrak{F}$ auf der durch (46) angewiesenen Geraden jedenfalls die Ungleichung

$$(47)\qquad y(x) \geqq (1-t)\,y_1(x_1(\tau)) + ty_2(x_2(\tau))$$

gelten.

Für den Flächeninhalt F des Ovals $\mathfrak{F}$ haben wir

$$F = \int_a^A y(x)\,dx.$$

Nun wächst die durch (46) gegebene Funktion x kontinuierlich und läuft nach (43) in den Grenzen a bis A, wenn τ von 0 bis 1 zunimmt, und können wir sie daher als Variable in dieses Integral für F einführen. Schreiben wir zur Abkürzung x_1, y_1 und x_2, y_2 für $x_1(\tau)$, $y_1(x_1(\tau))$ und $x_2(\tau)$, $y_2(x_2(\tau))$ und machen von (47) Gebrauch, so ergibt sich

*) Die Idee dieser Zuordnung der parallelen Sehnen in zwei Ovalen nach dem Verhältnis der je zwei Flächenstücke, in welche sie die Ovale zerschneiden, rührt von Herrn H. Brunn her (vgl. *Ovale und Eiflächen*, Inauguraldissertation, München, 1887, S. 23).

$$F \geqq \int_0^1 ((1-t)y_1 + ty_2)\left((1-t)\frac{dx_1}{d\tau} + t\frac{dx_2}{d\tau}\right) d\tau.$$

Jetzt ziehen wir den Ausdruck (38) für F heran und benutzen die Gleichungen (44); dadurch erhalten wir

$$2F_{12} \geqq \int_0^1 \left(y_1 \frac{dx_2}{d\tau} + y_2 \frac{dx_1}{d\tau}\right) d\tau.$$

Hier führen wir gemäß (45):

$$\frac{dx_1}{d\tau} = \frac{F_{11}}{y_1}, \quad \frac{dx_2}{d\tau} = \frac{F_{22}}{y_2}$$

ein, und wir erzielen endlich

$$(48) \qquad 2(F_{12} - \sqrt{F_{11}F_{22}}) \geqq \int_0^1 \frac{(y_1\sqrt{F_{22}} - y_2\sqrt{F_{11}})^2}{y_1 y_2} d\tau.$$

Andererseits haben wir der Formel (36) zufolge:

$$A_1 = F_{11}\int_0^1 \frac{\tau\, d\tau}{y_1}, \quad A_2 = F_{22}\int_0^1 \frac{\tau\, d\tau}{y_2},$$

mithin

$$(49) \qquad \int_0^1 \frac{y_1\sqrt{F_{22}} - y_2\sqrt{F_{11}}}{y_1 y_2} \tau\, d\tau = \frac{A_2}{\sqrt{F_{22}}} - \frac{A_1}{\sqrt{F_{11}}} = (D-1)\frac{A_1}{\sqrt{F_{11}}} > 0.$$

Mit Hilfe der letzteren Beziehung suchen wir eine positive untere Grenze für das Integral auf der rechten Seite in (48) herzuleiten; dabei entsteht eine Schwierigkeit durch den Umstand, daß $\frac{\tau}{\sqrt{y_1 y_2}}$ bei Annäherung an $\tau = 1$ über jede Grenze hinauswächst. Es sei nun δ eine positive Größe $< \frac{1}{4}$, so gilt

$$F_{22}\int_{1-\delta}^1 \frac{\tau\, d\tau}{y_2} < F_{22}\int_{1-\delta}^1 \frac{d\tau}{y_2} = A_2 - x_2(1-\delta);$$

mit Rücksicht auf (34) und (37) finden wir die rechte Seite hier $< 3A_2\sqrt{\delta}$, und wir erhalten aus (49) die Ungleichung

$$(50) \qquad \int_0^{1-\delta} \frac{y_1\sqrt{F_{22}} - y_2\sqrt{F_{11}}}{y_1 y_2} \tau\, d\tau > \left(D(1 - 3\sqrt{\delta}) - 1\right)\frac{A_1}{\sqrt{F_{11}}}.$$

Die Ungleichung (48) bleibt bestehen, wenn wir die Integration rechts nur bis zur oberen Grenze $1-\delta$ erstrecken. Im Intervalle 0 bis $1-\delta$ sind zufolge einer in 24. gemachten Bemerkung $\frac{y_1}{\sqrt{\tau}}$ und $\frac{y_2}{\sqrt{\tau}}$

beständig abnehmende Funktionen und haben wir mit Rücksicht auf (35) und (37) und auf $\tau < 1$ durchweg

$$\frac{y_1 y_2}{\tau^2} > \frac{4}{27} \delta \frac{F_{11} F_{22}}{A_1 A_2};$$

damit erhalten wir aus (48) die Beziehung

$$2\left(F_{12} - \sqrt{F_{11} F_{22}}\right) \geqq \frac{4}{27} \delta \frac{F_{11} F_{22}}{A_1 A_2} \int_0^{1-\delta} \frac{\left(y_1 \sqrt{F_{22}} - y_2 \sqrt{F_{11}}\right)^2}{y_1{}^2 y_2{}^2} \tau^2 d\tau.$$

Bezeichnen wir den Integranden in (50) zur Abkürzung mit Ψ, so ist

$$\int_0^{1-\delta} (\Psi + s)^2 d\tau$$

für jeden reellen Wert von s stets $\geqq 0$ und gilt infolgedessen

$$\int_0^{1-\delta} \Psi^2 d\tau \geqq \frac{1}{1-\delta} \left(\int_0^{1-\delta} \Psi \, d\tau \right)^2. \tag{51}$$

Diese Beziehung führt uns nun mit Rücksicht auf (50) und, wenn wir noch hier rechts $1 - \delta$ im Nenner durch 1 ersetzen, zu

$$2\left(F_{12} - \sqrt{F_{11} F_{22}}\right) \geqq \frac{4}{27} \delta \frac{F_{11} F_{22}}{A_1 A_2} \frac{A_1{}^2}{F_{11}} \left(D\left(1 - 3\sqrt{\delta}\right) - 1\right)^2.$$

Das Maximum von $3\sqrt{\delta}\left(D - 1 - 3D\sqrt{\delta}\right)$ tritt für $3\sqrt{\delta} = \frac{D-1}{2D}$ ein, wobei $\delta < \frac{1}{36}$, also gewiß $< \frac{1}{4}$ ist, und wird $= \frac{(D-1)^2}{4D}$. Mit diesem Werte von δ entsteht, wenn wir noch von (42) Gebrauch machen:

$$\frac{F_{12}}{\sqrt{F_{11} F_{22}}} - 1 \geqq \frac{1}{2^3 \cdot 3^5} \frac{(D-1)^4}{D^3}. \tag{52}$$

In der hier geschriebenen Form (mit dem Zeichen $\geqq$) überträgt sich diese Relation unmittelbar auf beliebige Ovale; sie liefert in der Tat den Satz, *daß stets* $F_{12} > \sqrt{F_{11} F_{22}}$ *ist, wenn* $\mathfrak{F}_1$ *und* $\mathfrak{F}_2$ *nicht homothetisch sind.*

28. Nehmen wir für $\mathfrak{F}_2$ eine Kreisfläche vom Radius 1, so bedeutet $2F_{12}$ die Länge des Umfangs von $\mathfrak{F}_1$, während $F_{22} = \pi$ zu setzen ist. Die für diesen Fall aus (39) entstehende Ungleichung

$$\frac{2F_{12}}{2\pi} \geqq \sqrt{\frac{F_{11}}{\pi}}$$

besagt, *daß jedes Oval, welches von einem Kreise verschieden ist, immer kleineren Inhalt besitzt als ein Kreis von demselben Umfange. Diese Aussage läßt sich sogleich auch auf nicht konvexe Flächen ausdehnen,* indem zu jeder abgeschlossenen und zusammenhängenden Figur, welche nicht ein Oval vorstellt und welcher ein bestimmter Flächeninhalt und eine bestimmte Länge des Umfanges zukommt, immer ein bestimmtes kleinstes, die Figur ganz enthaltendes Oval gehört, und für dieses der Flächeninhalt größer, der Umfang kleiner ausfällt als für die Ausgangsfigur.

§ 6. Eine kubische Ungleichung für die gemischten Volumina.

29. Wir suchen jetzt die entsprechenden Tatsachen für den Raum abzuleiten. Zunächst schicken wir einige Hilfsbemerkungen voraus.

Es sei $\mathfrak{K}$ ein vollkommenes Ovaloid, c der kleinste, C der größte Wert von z in $\mathfrak{K}$; für jeden Wert $z \geqq c$ und $\leqq C$ bezeichnen wir mit $\mathfrak{F}(z)$ den Schnitt von $\mathfrak{K}$ mit der Ebene, in welcher der betreffende Wert z konstant ist, mit $(f(z))^2$ den Flächeninhalt von $\mathfrak{F}(z)$. Für die Werte im Inneren des Intervalls $c \leqq z \leqq C$ stellt $\mathfrak{F}(z)$ Ovale vor und ist die Funktion $f(z)$ immer regulär, an den Grenzen nähert sich $f(z)$ stetig dem Werte Null. Ist $c < z' < z < z'' < C$, $z = (1-t)z' + tz''$, so enthält das Schnittoval $\mathfrak{F}(z)$, da $\mathfrak{K}$ ein konvexer Körper ist, jedenfalls das ganze durch $(1-t)\mathfrak{F}(z') + t\mathfrak{F}(z'')$ dargestellte Oval in sich und gilt daher zufolge der Ungleichung (40) sicherlich

$$f(z) \geqq (1-t) f(z') + t f(z'').$$

Auf Grund dieser Eigenschaften erkennen wir, wenn wir z und f als rechtwinklige Koordinaten in einer Ebene deuten, daß der Bereich

$$c \leqq z \leqq C, \qquad 0 \leqq f \leqq f(z) \tag{53}$$

ein Oval in dieser Ebene vorstellt, und nimmt infolgedessen $\frac{df(z)}{dz}$ mit wachsendem z beständig ab.

Das Volumen V von $\mathfrak{K}$ drückt sich durch

$$V = \int_c^C (f(z))^2 \, dz \tag{54}$$

aus. Setzen wir nun, wenn $c \leqq z \leqq C$ ist,

$$\int_c^z (f(z))^2 dz = \tau V,$$

so wächst $\tau = \tau(z)$ kontinuierlich von 0 bis 1, während die obere Grenze z von c bis C zunimmt; wir können dann umgekehrt die obere Grenze z dieses Integrals als eine bestimmte Funktion $z(\tau)$ des Wertes τ einführen, die ihrerseits kontinuierlich von c bis C zunehmen wird, während τ von 0 bis 1 wächst. Dabei gilt, wenn wir zur Abkürzung $f(z(\tau)) = f$ setzen,

$$f^2 \frac{dz}{d\tau} = V.$$

Wir entnehmen daraus weiter

$$\frac{d(f^3)}{d\tau} = 3\,\frac{df}{dz}\,V,$$

so daß auch $\frac{d(f^3)}{d\tau}$ mit wachsendem τ beständig abnimmt; infolgedessen wird weiter $\frac{f^3}{\tau}$ eine beständig abnehmende und andererseits $\frac{f^3}{1-\tau}$ eine beständig zunehmende Funktion von τ sein.

Betrachten wir wieder das durch (53) bestimmte Oval in seiner zf-Ebene. Es sei h die Länge derjenigen Sehne dieses Ovals, auf der $z = \frac{c+C}{2}$ ist, also $h = f\left(\frac{c+C}{2}\right)$. Die Tangente des Ovals im Endpunkte $f = h$ dieser Sehne bildet mit den Geraden $z = c$, $z = C$ und $f = 0$ ein Trapez, in welchem das Oval ganz enthalten ist; dadurch ergibt sich

$$V < \frac{4}{3}\,(C-c)h^2. \tag{55}$$

Andererseits ist das Dreieck mit jener Sehne als Basis und der Spitze $z = c$, $f = 0$ ganz im Bereiche $z \leqq \frac{c+C}{2}$ des Ovals enthalten, und geht hieraus

$$\frac{1}{6}\,(C-c)h^2 < \tau\left(\frac{c+C}{2}\right) V$$

hervor; mit Rücksicht auf die Relation (55) erhalten wir sodann

$$\tau\left(\frac{c+C}{2}\right) > \frac{1}{8}.$$

Analog finden wir $1 - \tau\left(\frac{c+C}{2}\right) < \frac{1}{8}$, also $\tau\left(\frac{c+C}{2}\right) > \frac{7}{8}$.

Für einen Wert $\tau > \frac{7}{8}$ wird demnach immer $z(\tau) > \frac{c+C}{2}$ sein; es folgt dann

$$\frac{f(z)}{C-z} > \frac{h}{\frac{1}{2}\,(C-c)},\quad (1-\tau)\,V = \int\limits_z^C (f(z))^2\,dz > \frac{4}{3}\,\frac{(C-z)^3}{(C-c)^2}\,h^2,$$

woraus mit Hilfe von (55) die Ungleichung

$$C - z(\tau) < (C-c)\,\sqrt[3]{1-\tau} \tag{56}$$

hervorgeht, und es ergibt sich ferner

$$\frac{(f(z))^3}{1-\tau} > \frac{h^3}{1-\tau\left(\frac{c+C}{2}\right)} > \frac{8}{7}\,h^3,\quad \frac{(f(z))^3}{\tau} > \frac{8}{7}\,\frac{1-\tau}{\tau}\left(\frac{3}{4}\,\frac{V}{C-c}\right)^{\frac{3}{2}}. \tag{57}$$

Nehmen wir den Schwerpunkt von $\mathfrak{K}$ im Nullpunkt gelegen an, so führt die Betrachtung der z-Koordinate dieses Schwerpunkts zur Gleichung

$$0 = \frac{1}{V}\int\limits_c^C z f^2\,dz = \int\limits_0^1 z\,d\tau,\quad C = \int\limits_c^C \tau\,dz = V\int\limits_0^1 \frac{\tau\,d\tau}{f^2}. \tag{58}$$

Zerlegen wir $\mathfrak{K}$ in lauter Pyramiden mit der Spitze in demjenigen Punkte von $\mathfrak{K}$, für den $z = c$ ist, und mit den einzelnen Oberflächenelementen von $\mathfrak{K}$ als Grundflächen, so ist für den Schwerpunkt einer jeden dieser Pyramiden $C - z > \frac{1}{4}(C - c)$ und gilt daher die gleiche Relation auch für den Schwerpunkt von $\mathfrak{K}$ selbst, d. h. man hat

(59) $$C - c < 4C.$$

30. Es seien jetzt $\mathfrak{K}_1$ und $\mathfrak{K}_2$ zwei beliebige konvexe Körper mit den Stützebenenfunktionen H_1 und H_2 und t ein beliebiger Wert > 0 und < 1. Verbindet man jeden Punkt $\mathfrak{k}_1$ von $\mathfrak{K}_1$ mit jedem Punkte $\mathfrak{k}_2$ von $\mathfrak{K}_2$ und teilt die Strecke $\mathfrak{k}_1\mathfrak{k}_2$ immer in dem Punkte $\mathfrak{k} = (1-t)\mathfrak{k}_1 + t\mathfrak{k}_2$, so erfüllt die Gesamtheit aller verschiedenen in dieser Weise entstehenden Punkte $\mathfrak{k}$ genau den konvexen Körper $\mathfrak{K} = (1-t)\mathfrak{K}_1 + t\mathfrak{K}_2$, der als Stützebenenfunktion $H = (1-t)H_1 + tH_2$ besitzt (vgl. hierzu die Formel (21) in § 4). Das Volumen dieses Körpers $\mathfrak{K}$ wird durch einen Ausdruck

(60) $$V = (1-t)^3 V_0 + 3(1-t)^2 t V_1 + 3(1-t)t^2 V_2 + t^3 V_3$$

dargestellt, worin V_0, V_1, V_2, V_3 die gemischten Volumina

(61) $$V(\mathfrak{K}_1, \mathfrak{K}_1, \mathfrak{K}_1), \quad V(\mathfrak{K}_1, \mathfrak{K}_1, \mathfrak{K}_2), \quad V(\mathfrak{K}_1, \mathfrak{K}_2, \mathfrak{K}_2), \quad V(\mathfrak{K}_2, \mathfrak{K}_2, \mathfrak{K}_2)$$

bedeuten, insbesondere also V_0 das Volumen von $\mathfrak{K}_1$ und V_3 das von $\mathfrak{K}_2$ vorstellt. Diese vier Konstanten bleiben bei beliebigen Translationen von $\mathfrak{K}_1$ und von $\mathfrak{K}_2$ ungeändert.

Wir wollen nun den Satz beweisen:

Für diese Konstanten im Ausdruck von V gilt stets die Ungleichung

(62) $$V_1^3 \geqq V_0^2 V_3$$

und zwar tritt hier das Gleichheitszeichen dann und nur dann ein, wenn $\mathfrak{K}_1$ und $\mathfrak{K}_2$ homothetisch sind (auseinander durch Translation und Dilatation hervorgehen).

Wir denken uns von vornherein mit $\mathfrak{K}_1$ und $\mathfrak{K}_2$ solche Translationen vorgenommen, daß sowohl der Schwerpunkt von $\mathfrak{K}_1$ wie der von $\mathfrak{K}_2$ in den Nullpunkt zu liegen kommt. Alsdann sind die Stützebenenfunktionen dieser Körper, $H_1(u, v, w)$ und $H_2(u, v, w)$, für alle Argumente $u, v, w \neq 0, 0, 0$ stets > 0. Es sei D das Maximum der Funktion

(63) $$\frac{\sqrt[3]{V_0}\, H_2(\alpha, \beta, \gamma)}{\sqrt[3]{V_3}\, H_1(\alpha, \beta, \gamma)}$$

auf der ganzen Kugelfläche $\mathfrak{E}$ $(\alpha^2 + \beta^2 + \gamma^2 = 1)$; alsdann ist der Körper $\frac{1}{\sqrt[3]{V_3}}\mathfrak{K}_2$ vom Volumen 1 im Körper $\frac{s}{\sqrt[3]{V_0}}\mathfrak{K}_1$ vom Volumen s^3 enthalten, wenn $s \geqq D$ ist, aber nicht ganz darin enthalten, wenn $s < D$ ist. Wenn

$\mathfrak{K}_1$ und $\mathfrak{K}_2$ homothetisch sind, gilt $D = 1$ und entnehmen wir aus der Regel (26) in 19., daß alsdann $\frac{V_1}{V_0} = \frac{V_2}{V_1} = \frac{V_3}{V_2}$ und daher $V_1^3 = V_0^2 V_3$ ist.

Sind $\mathfrak{K}_1$ und $\mathfrak{K}_2$ nicht homothetisch, was wir jetzt annehmen wollen, so fällt $D > 1$ aus, und wir werden zeigen, daß alsdann eine Ungleichung besteht:

$$\frac{V_1}{\sqrt[3]{V_0^2 V_3}} - 1 \geqq \Pi(D),$$

worin $\Pi(D)$ eine stetige Funktion von D vorstellt, welche für ein $D > 1$ stets > 0 ausfällt. Eine derartige Relation mit einer *stetigen* Funktion $\Pi(D)$ braucht nur für vollkommene Ovaloide $\mathfrak{K}_1, \mathfrak{K}_2$ bewiesen zu werden; vermöge unseres Hilfssatzes aus § 2 über die Annäherung beliebiger konvexer Körper durch vollkommene Ovaloide gilt sie dann sofort für alle konvexen Körper.

31. Es seien jetzt $\mathfrak{K}_1$ und $\mathfrak{K}_2$ zwei vollkommene Ovaloide und sie seien nicht einander homothetisch. Wir geben den Koordinatenachsen eine solche Lage, daß die positive z-Achse in eine Richtung fällt, wofür die Funktion (63) ihren größten Wert D annimmt. Wir verwenden die Zeichen c, C, $\mathfrak{F}(z)$, $f(z)$ für den Körper $\mathfrak{K} = (1-t)\mathfrak{K}_1 + t\mathfrak{K}_2$, wie sie für den Körper $\mathfrak{K}$ in 29. erklärt sind, und bezeichnen die entsprechenden Größen und Bereiche in bezug auf $\mathfrak{K}_1$ oder $\mathfrak{K}_2$ analog unter Hinzufügung des Index 1 oder 2. Alsdann ist $C_1 = H_1(1, 0, 0)$, $C_2 = H_2(1, 0, 0)$ und nach der eben gemachten Voraussetzung wird

$$\frac{\sqrt[3]{V_0}\, C_2}{\sqrt[3]{V_3}\, C_1} = D > 1. \tag{64}$$

Der kleinste und größte Wert von z in $\mathfrak{K}$ bestimmen sich gemäß

$$c = (1-t)\, c_1 + t c_2, \qquad C = (1-t)\, C_1 + t C_2. \tag{65}$$

Wir setzen nun, wenn $c_1 \leqq z_1 \leqq C_1$, $c_2 \leqq z_2 \leqq C_2$ ist,

$$\int_{c_1}^{z_1} (f_1(z))^2 dz = \tau V_0, \qquad \int_{c_2}^{z_2} (f_2(z))^2 dz = \tau V_3, \tag{66}$$

und führen umgekehrt die oberen Grenzen dieser zwei Integrale als Funktionen $z_1(\tau)$, $z_2(\tau)$ der Variablen τ ein, die sich im Intervalle $0 \leqq \tau \leqq 1$ bewegt. Indem wir für τ in beiden Funktionen dasselbe Argument verwenden, erhalten wir eine gewisse Zuordnung der Schnitte $\mathfrak{F}_1(z_1(\tau))$ von $\mathfrak{K}_1$ und $\mathfrak{F}_2(z_2(\tau))$ von $\mathfrak{K}_2$.

Andererseits stellen wir das Volumen von $\mathfrak{K}$ in der Formel

$$V = \int_c^C (f(z))^2 dz \tag{67}$$

dar. Setzen wir

(68) $$z = (1-t)z_1(\tau) + tz_2(\tau),$$

so nimmt diese Funktion von τ, wenn τ von 0 bis 1 läuft, kontinuierlich wachsend die Werte von c bis C an. Wir wenden nun die in 30. erörterte Konstruktion, welche aus den Punkten von $\mathfrak{K}_1$ und von $\mathfrak{K}_2$ die Punkte von $\mathfrak{K}$ herzuleiten gestattet, speziell auf die Punkte $\mathfrak{k}_1$ von $\mathfrak{K}_1$ in seinem Schnitte $\mathfrak{F}_1(z_1(\tau))$ und die Punkte $\mathfrak{k}_2$ von $\mathfrak{K}_2$ in seinem Schnitte $\mathfrak{F}_2(z_2(\tau))$ an, wobei τ irgendein Wert >0 und <1 sei. Die Menge der dabei hervorgehenden Punkte $\mathfrak{k} = (1-t)\,\mathfrak{k}_1 + t\mathfrak{k}_2$ bildet alsdann genau den Bereich

(69) $$(1-t)\mathfrak{F}_1(z_1(\tau)) + t\mathfrak{F}_2(z_2(\tau))$$

in derjenigen Ebene $z = \text{const.}$, die durch den Wert z in (68) bestimmt ist; danach muß der zu diesem Werte z gehörige Schnitt $\mathfrak{F}(z)$ von $\mathfrak{K}$ gewiß den ganzen Bereich (69) in sich enthalten. Ziehen wir die Relation (40) aus 26. heran, so geht daraus

(70) $$f(z) \geqq (1-t)\,f_1(z_1(\tau)) + tf_2(z_2(\tau))$$

hervor. Aus (67) erhalten wir nunmehr, wenn wir für $z_1(\tau)$, $f_1(z_1(\tau))$, $z_2(\tau)$, $f_2(z_2(\tau))$ zur Abkürzung z_1, f_1, z_2, f_2 schreiben:

$$V \geqq \int_0^1 ((1-t)f_1 + tf_2)^2 \left((1-t)\frac{dz_1}{d\tau} + t\frac{dz_2}{d\tau}\right) d\tau .$$

Wir verwenden jetzt den Ausdruck (60) für V, machen noch von

$$V_0 = \int_0^1 f_1^2 \frac{dz_1}{d\tau}\, d\tau$$

Gebrauch und lassen endlich in der entstehenden Ungleichung die Größe t sich der Grenze Null nähern; dadurch kommen wir zur Ungleichung

$$3V_1 \geqq \int_0^1 \left(f_1^2 \frac{dz_2}{d\tau} + 2f_1 f_2 \frac{dz_1}{d\tau}\right) d\tau .$$

Nach den Gleichungen (66) haben wir

$$f_1^2 \frac{dz_1}{d\tau} = V_0, \quad f_2^2 \frac{dz_2}{d\tau} = V_3,$$

und so ergibt sich weiter

$$3V_1 \geqq \int_0^1 \left(V_3 \frac{f_1^2}{f_2^2} + 2V_0 \frac{f_2}{f_1}\right) d\tau .$$

Setzen wir

(71) $$\frac{f_1}{\sqrt[3]{V_0}} = \varphi_1, \quad \frac{f_2}{\sqrt[3]{V_3}} = \varphi_2,$$

so läßt sich diese letzte Ungleichung in

$$(72)\quad 3\left(\frac{V_1}{\sqrt[3]{V_0^2 V_3}}-1\right)\geqq\int_0^1\left(\frac{\varphi_1^2}{\varphi_2^2}-3+\frac{2\varphi_2}{\varphi_1}\right)d\tau=\int_0^1\frac{(\varphi_1-\varphi_2)^2(\varphi_1+2\varphi_2)}{\varphi_1\varphi_2^2}\,d\tau$$

umwandeln.

Andererseits haben wir gemäß (58):

$$\frac{C_1}{\sqrt[3]{V_0}}=\int_0^1\frac{\tau\,d\tau}{\varphi_1^2},\qquad \frac{C_2}{\sqrt[3]{V_3}}=\int_0^1\frac{\tau\,d\tau}{\varphi_2^2},$$

mithin

$$(73)\qquad \int_0^1\frac{(\varphi_1-\varphi_2)(\varphi_1+\varphi_2)\tau}{\varphi_1^2\varphi_2^2}\,d\tau=\frac{C_2}{\sqrt[3]{V_3}}-\frac{C_1}{\sqrt[3]{V_0}}=(D-1)\frac{C_1}{\sqrt[3]{V_0}}>0.$$

Nehmen wir jetzt eine positive Größe $\delta<\frac{1}{8}$ an, so wird unter Verwendung von (56) und (59):

$$\int_{1-\delta}^1\frac{\tau\,d\tau}{\varphi_2^2}<\int_{1-\delta}^1\frac{d\tau}{\varphi_2^2}=\frac{C_2-z_2(1-\delta)}{\sqrt[3]{V_3}}<4\sqrt[3]{\delta}\,\frac{C_2}{\sqrt[3]{V_3}},$$

und mit Rücksicht hierauf folgt aus (73):

$$(74)\qquad \int_0^{1-\delta}\frac{(\varphi_1-\varphi_2)(\varphi_1+\varphi_2)\tau}{\varphi_1^2\varphi_2^2}\,d\tau>\left(D\left(1-4\sqrt[3]{\delta}\right)-1\right)\frac{C_1}{\sqrt[3]{V_0}}\cdot$$

Die Ungleichung (72) bleibt gültig, wenn wir auf der rechten Seite die Integration nur bis zur oberen Grenze $1-\delta$ erstrecken. Bezeichnen wir den Integranden in (74) mit Ψ, so wird der Integrand in (72):

$$(75)\qquad \frac{(\varphi_1+2\varphi_2)\,\varphi_1^3\varphi_2^2}{(\varphi_1+\varphi_2)^2\tau^2}\Psi^2.$$

Nun ist im Intervalle $0<\tau\leqq 1-\delta$ zufolge (57) und (59):

$$\frac{\varphi_1^2}{\tau^{\frac{2}{3}}}>\frac{3}{7^{\frac{2}{3}}\cdot 4}\,\delta^{\frac{2}{3}}\frac{\sqrt[3]{V_0}}{C_1},\qquad \frac{\varphi_2^2}{\tau^{\frac{2}{3}}}>\frac{3}{7^{\frac{2}{3}}\cdot 4}\,\delta^{\frac{2}{3}}\frac{\sqrt[3]{V_3}}{C_2},$$

wobei von den zwei unteren Grenzen hier wegen (64) die erste die größere ist; andererseits hat man $\frac{\varphi_1(\varphi_1+2\varphi_2)}{(\varphi_1+\varphi_2)^2}\geqq\frac{3}{4}$, wenn $\varphi_1\geqq\varphi_2$ ist, und $\frac{\varphi_2(\varphi_1+2\varphi_2)}{(\varphi_1+\varphi_2)^2}\geqq\frac{3}{4}$, wenn $\varphi_2\geqq\varphi_1$ ist. Danach fällt der Faktor von Ψ^2 in (75) im Intervalle $0<\tau\leqq 1-\delta$ stets

$$>\frac{27}{7^{\frac{4}{3}}\cdot 64}\,\frac{\sqrt[3]{V_0V_3}}{C_1C_2}\,\delta^{\frac{4}{3}}$$

aus. Auf Grund der auch schon früher verwandten Hilfsformel (51) erhalten wir nunmehr:

$$3\left(\frac{V_1}{\sqrt[3]{V_0{}^2 V_3}} - 1\right) > \frac{3^3}{7^{\frac{4}{3}} \cdot 2^{14}} (4\sqrt[3]{\delta})^4 \frac{\left(D(1 - 4\sqrt[3]{\delta}) - 1\right)^2}{D}.$$

Das Produkt $(4\sqrt[3]{\delta})^2 (D - 1 - 4\sqrt[3]{\delta}\, D)$ nimmt seinen größten Wert für $4\sqrt[3]{\delta} = \frac{2(D-1)}{3\,D}$ an, wobei $\delta < \frac{1}{216}$, also sicher $< \frac{1}{8}$ ist, und wird dann $= \frac{4(D-1)^3}{27\,D^2}$. Mit diesem Werte für δ folgt endlich

$$\frac{V_1}{\sqrt[3]{V_0{}^2 V_3}} - 1 \geqq \frac{1}{2^{10} \cdot 3^4 \cdot 7^{\frac{4}{3}}} \frac{(D-1)^6}{D^5}. \tag{76}$$

In solcher Form überträgt sich diese Ungleichung sofort auf zwei beliebige konvexe Körper $\mathfrak{K}_1$ und $\mathfrak{K}_2$ und setzt in der Tat in Evidenz, *daß, wenn* $\mathfrak{K}_1$ *und* $\mathfrak{K}_2$ *nicht homothetisch sind, stets*

$$V_1 > \sqrt[3]{V_0{}^2 V_3}$$

ausfällt.

32. Vertauschen wir die Rollen von $\mathfrak{K}_1$ und $\mathfrak{K}_2$, so treten, wie aus (61) zu ersehen ist, an Stelle von V_0, V_1, V_2, V_3 diese Größen in umgekehrter Folge und geht aus $V_1 \geqq \sqrt[3]{V_0{}^2 V_3}$ die Ungleichung $V_2 \geqq \sqrt[3]{V_0 V_3{}^2}$ hervor. Diese zwei Ungleichungen zusammen ergeben für den Ausdruck V in (60) die Abschätzung

$$\sqrt[3]{V} \geqq (1-t)\sqrt[3]{V_0} + t\sqrt[3]{V_3}. \tag{77}$$

Bezeichnen wir das *Minimum* der Funktion (63) auf der Kugelfläche $\mathfrak{E}$ mit d, so ist der Körper $\frac{d}{\sqrt[3]{V_0}}\mathfrak{K}_1 = \mathfrak{L}_1$ ganz im Körper $\frac{1}{\sqrt[3]{V_3}}\mathfrak{K}_2 = \mathfrak{L}_2$ enthalten; infolgedessen gilt:

$$V(\mathfrak{L}_2, \mathfrak{L}_2, \mathfrak{L}_2) \geqq V(\mathfrak{L}_1, \mathfrak{L}_1, \mathfrak{L}_2),$$

d. h.

$$1 \geqq \frac{d^2 V_1}{\sqrt[3]{V_0{}^2 V_3}}, \quad \frac{1}{d^2} - 1 \geqq \frac{V_1}{\sqrt[3]{V_0{}^2 V_3}} - 1.$$

Verbinden wir hiermit die Ungleichung (76), so folgt

$$\frac{1}{d^2} - 1 \geqq \frac{1}{2^{10} \cdot 3^4 \cdot 7^{\frac{4}{3}}} \frac{(D-1)^6}{D^5}. \tag{78}$$

Vertauschen wir die Rollen von $\mathfrak{K}_1$ und $\mathfrak{K}_2$, so ist D durch $\frac{1}{d}$ und d durch $\frac{1}{D}$ zu ersetzen und dürfen wir mithin in dieser Relation (78) noch D und $\frac{1}{d}$ miteinander vertauschen.

33. Nehmen wir für $\mathfrak{K}_2$ eine Kugel vom Radius 1, so ist $V_3 = \frac{4\pi}{3}$ und $3\,V_1$ definiert uns die *Oberfläche* von $\mathfrak{K}_1$. Die aus (62) entstehende Ungleichung

$$\sqrt[2]{\frac{3\,V_1}{4\pi}} \geqq \sqrt[3]{\frac{V_0}{\frac{4\pi}{3}}}$$

besagt:

*Jeder konvexe Körper, welcher nicht eine Kugel ist, besitzt immer eine größere Oberfläche als eine Kugel von demselben Volumen.**)

Es sei jetzt $\mathfrak{K}_1$ zunächst ein vollkommenes Ovaloid. Wir bezeichnen mit df ein Element der Begrenzung von $\mathfrak{K}_1$, mit α, β, γ die äußere Normale dieses Elements, mit $d\omega^*$ ein Element der Kugelfläche $\mathfrak{E}$, mit $\alpha^*, \beta^*, \gamma^*$ die äußere Normale von $d\omega^*$. Alsdann hat die orthogonale Projektion der Begrenzung von $\mathfrak{K}_1$ auf eine zur Richtung $\alpha^*, \beta^*, \gamma^*$ senkrechte Ebene einen Flächeninhalt

$$P(\alpha^*, \beta^*, \gamma^*) = \frac{1}{2}\int |\alpha\alpha^* + \beta\beta^* + \gamma\gamma^*|\, df.$$

Das arithmetische Mittel aller Größen $P(\alpha^*, \beta^*, \gamma^*)$ in bezug auf alle möglichen Richtungen $(\alpha^*, \beta^*, \gamma^*)$ wird nun

$$\frac{\int P(\alpha^*, \beta^*, \gamma^*)\, d\omega^*}{\int d\omega^*} = \frac{1}{8\pi}\int\int |\alpha\alpha^* + \beta\beta^* + \gamma\gamma^*|\, df\, d\omega^* = \frac{1}{4}\int df = \frac{3}{4} V_1,$$

d. i. gleich dem vierten Teile der Oberfläche von $\mathfrak{K}_1$. Dieses Resultat überträgt sich sofort von vollkommenen Ovaloiden auf beliebige konvexe Körper. Verbinden wir damit den vorhin gefundenen Satz, so ergibt sich die Folgerung:

Jeder konvexe Körper, der nicht eine Kugel ist, besitzt stets unter den ihm umbeschriebenen Zylindern solche, welche einen größeren Querschnitt haben als die einer Kugel von demselben Volumen wie der Körper umbeschriebenen Zylinder.

34. Wir nehmen ferner für $\mathfrak{K}_2$ den Würfel von der Kante 1:

$$-\frac{1}{2} \leqq x \leqq \frac{1}{2}, \quad -\frac{1}{2} \leqq y \leqq \frac{1}{2}, \quad -\frac{1}{2} \leqq z \leqq \frac{1}{2};$$

für diesen Körper ist $H_2(\alpha, \beta, \gamma) = \frac{1}{2}(|\alpha| + |\beta| + |\gamma|)$ und stellt infolgedessen $3V_1 = 3V(\mathfrak{K}_2, \mathfrak{K}_1, \mathfrak{K}_1)$ nach (24) und (18) die Summe der Flächeninhalte der drei senkrechten Projektionen des Körpers $\mathfrak{K}_1$ auf die drei Koordinatenebenen dar, während $V_3 = 1$ ist. Aus unserer allgemeinen Ungleichung (62) folgt hier der Satz:

Wird ein konvexer Körper vom Volumen V senkrecht auf drei zueinander orthogonale Ebenen projiziert, so ist die Summe der Flächeninhalte dieser drei Projektionen stets $\geqq 3V^{\frac{2}{3}}$ und nur dann $= 3V^{\frac{2}{3}}$, wenn der Körper ein Würfel mit Seitenflächen parallel den drei Ebenen ist. Unter solchen drei zueinander orthogonalen Projektionen des Körpers befindet sich dann gewiß wenigstens eine von einem Flächeninhalt $\geqq V^{\frac{2}{3}}$.

*) Von der Literatur über diesen Satz seien erwähnt: Steiner, Über Maximum und Minimum bei den Figuren usw., Crelles Journal, Bd. 24, 1842 (auch Werke, Bd. II). — H. A. Schwarz, Göttinger Nachrichten, 1884 (auch Ges. Abhandlungen, Bd. II). — J. O. Müller, Inauguraldissertation, Göttingen, 1903.

§ 7. Weitere Ungleichungen für die gemischten Volumina.

35. Es seien wieder $\mathfrak{K}_1$ und $\mathfrak{K}_2$ zwei beliebige konvexe Körper und es mögen für sie V_0, V_1, V_2, V_3 die bisherige Bedeutung (s. (61)) haben. Das Volumen eines Körpers $s_1\mathfrak{K}_1 + s_2\mathfrak{K}_2$, wobei $s_1 > 0$ und $s_2 > 0$ ist, hat den Ausdruck

$$s_1^3 V_0 + 3s_1^2 s_2 V_1 + 3s_1 s_2^2 V_2 + s_2^3 V_3 .$$

Wenden wir diese Formel auf einen Körper

$$(1+t)\mathfrak{K}_1 + ts\mathfrak{K}_2 = \mathfrak{K}_1 + t(\mathfrak{K}_1 + s\mathfrak{K}_2)$$

an, wo t und $s > 0$ seien, und ordnen die entstehende Formel nach t, so kommen wir zu folgender Bemerkung:

Wenn $\mathfrak{K}_1$, $\mathfrak{K}_2$ durch $\mathfrak{K}_1$, $\mathfrak{K}_1 + s\mathfrak{K}_2$ ersetzt werden, so treten an die Stellen von V_0, V_1, V_2, V_3 die Größen

$$V_0,\ V_0 + sV_1,\quad V_0 + 2sV_1 + s^2V_2,\quad V_0 + 3sV_1 + 3s^2V_2 + s^3V_3 .$$

Aus der Ungleichung $V_1^3 - V_0^2V_3 \geqq 0$ entsteht nun bei dieser Substitution die Ungleichung

$$\begin{aligned}(V_0 + sV_1)^3 &- V_0^2(V_0 + 3sV_1 + 3s^2V_2 + s^3V_3)\\ &= s^2(3V_0(V_1^2 - V_0V_2) + s(V_1^3 - V_0^2V_3)) \geqq 0 .\end{aligned}$$

Lassen wir hierin die positive Größe s nach Null abnehmen, so gewinnen wir die folgende in den Größen V_i quadratische Ungleichung:

$$V_1^2 \geqq V_0V_2 . \tag{79}$$

36. Vertauschen wir die Rollen der Körper $\mathfrak{K}_1$ und $\mathfrak{K}_2$, so treten an die Stelle von V_0, V_1, V_2, V_3 diese Größen in umgekehrter Folge und aus (79) geht die andere Ungleichung

$$V_2^2 \geqq V_1V_3 \tag{80}$$

hervor.

Andererseits führen die zwei quadratischen Ungleichungen (79) und (80) bei Elimination von V_2 zu

$$V_1^3 \geqq \frac{V_0^2V_2^2}{V_1} \geqq V_0^2V_3 ,$$

mithin zurück zu der kubischen Ungleichung, von der wir ausgegangen sind, so daß jene kubische Ungleichung und die quadratische (79) einander gegenseitig zur Folge haben.

Doch besteht in der Abhängigkeit dieser Ungleichungen voneinander ein wesentlicher Unterschied, insofern als die Grenzfälle der quadratischen Ungleichung sofort auch die Grenzfälle der kubischen ergeben, dagegen nicht umgekehrt aus den Bedingungen, unter welchen in der kubischen Ungleichung das Gleichheitszeichen statthat, vollkommen zu ersehen ist, wann das Gleichheitszeichen in der quadratischen eintritt.

37. Man kann nun die quadratische Ungleichung $V_1^2 \geqq V_0 V_2$ auch auf einem direkten Wege durch analoge Überlegungen, wie sie zu der genaueren Ungleichung (76) führten, herleiten und gelangt alsdann auch zur Kenntnis der Grenzfälle dieser quadratischen Ungleichung. Wir begnügen uns hier, das bezügliche Resultat ohne Beweis anzugeben.

Wir bezeichnen eine Stützebene $\varphi \leqq 0$ an einen konvexen Körper $\mathfrak{K}$ als eine *Eckstützebene* an $\mathfrak{K}$, wenn wir $\varphi = t_1\varphi_1 + t_2\varphi_2 + t_3\varphi_3$ setzen können, so daß t_1, t_2, t_3 sämtlich > 0 und $\varphi_1 \leqq 0$, $\varphi_2 \leqq 0$, $\varphi_3 \leqq 0$ drei solche Stützebenen an $\mathfrak{K}$ sind, deren äußere Normalenrichtungen *unabhängig* sind, d. h. nicht einer einzigen Ebene angehören. Ein konvexer Körper $\mathfrak{K}$ heiße ein *Kappenkörper* eines konvexen Körpers $\mathfrak{K}'$, wenn mit Ausnahme nur von gewissen Eckstützebenen alle anderen Stützebenen an $\mathfrak{K}$ zugleich auch Stützebenen an $\mathfrak{K}'$ bilden. Der allgemeinste *Kappenkörper einer Kugel* wird erhalten, indem man die Kugel als Grundbestandteil nimmt, auf ihrer Oberfläche eine endliche oder unendliche Anzahl von Kalotten bezeichnet, von denen keine die Größe einer halben Kugelfläche erreicht oder überschreitet und die untereinander höchstens in den Randpunkten zusammenstoßen, und sodann die Kugel auf jeder dieser Kalotten mit der Kegelkappe versieht, bei der die Kalotte als Basis dient und die Erzeugenden des Mantels die Kugel in dem Rande der Kalotte berühren.

Es besteht nun der Satz:

In der Ungleichung $V_1^2 \geqq V_0 V_2$ für zwei beliebige konvexe Körper $\mathfrak{K}_1$ und $\mathfrak{K}_2$ hat dann und nur dann das Gleichheitszeichen statt, wenn $\mathfrak{K}_1$ homothetisch mit $\mathfrak{K}_2$ oder mit einem Kappenkörper von $\mathfrak{K}_2$ ist.

Bei einem vollkommenen Ovaloide kommen keine Eckstützebenen vor und kann ein solches daher niemals Kappenkörper eines anderen konvexen Körpers sein. Wenn also $\mathfrak{K}_1$ ein vollkommenes Ovaloid ist, gilt in $V_1^2 \geqq V_0 V_2$ das Gleichheitszeichen nur dann, wenn $\mathfrak{K}_2$ und $\mathfrak{K}_1$ selbst homothetisch sind.

Nehmen wir für $\mathfrak{K}_2$ eine Kugel vom Radius 1, so ist V_0 das Volumen, $3V_1$ die Oberfläche, $3V_2$ das Integral der mittleren Krümmung von $\mathfrak{K}_1$ und $V_3 = \frac{4\pi}{3}$. Alsdann gilt $V_1^2 \geqq V_0 V_2$ und hat hier das Gleichheitszeichen dann und nur dann statt, wenn $\mathfrak{K}_1$ eine Kugel oder ein Kappenkörper einer Kugel ist. Zweitens gilt $V_2^2 \geqq V_1 V_3$ und in dieser Ungleichung hat das Gleichheitszeichen dann und nur dann statt, wenn $\mathfrak{K}_1$ selbst eine Kugel ist.

Danach liefern unter allen konvexen Körpern von gleicher Oberfläche die Kugeln und die Kappenkörper von Kugeln das Maximum des Produkts aus Volumen und Integral der mittleren Krümmung und andererseits allein die Kugeln das Minimum des Integrals der mittleren Krümmung. Aus diesen beiden Tatsachen zusammen folgt, daß unter allen konvexen Körpern von gleicher Oberfläche die Kugeln das größte Volumen darbieten.

38. Es seien jetzt $\mathfrak{K}_1, \mathfrak{K}_2, \mathfrak{K}_3$ drei beliebige konvexe Körper; das Volumen eines Körpers $\mathfrak{K} = s_1\mathfrak{K}_1 + s_2\mathfrak{K}_2 + s_3\mathfrak{K}_3$, wobei $s_1, s_2, s_3 \geqq 0$, aber nicht durchweg 0 sind, stellt sich durch eine ternäre kubische Form

$$V = \sum V_{jkl} s_j s_k s_l$$

dar, wo jeder der Indizes die Werte 1, 2, 3 zu durchlaufen hat. Der Koeffizient V_{jkl} bedeutet das gemischte Volumen $V(\mathfrak{K}_j, \mathfrak{K}_k, \mathfrak{K}_l)$.

Wir wenden nun die für zwei konvexe Körper nachgewiesene Ungleichung $V_1^2 - V_0 V_2 \geqq 0$ derart an, daß wir für den ersten Körper $p_1\mathfrak{K}_1 + p_2\mathfrak{K}_2 + p_3\mathfrak{K}_3$, für den zweiten $q_1\mathfrak{K}_1 + q_2\mathfrak{K}_2 + q_3\mathfrak{K}_3$ nehmen, wobei $p_1, \ldots, q_3$ lauter positive Parameter seien. Setzen wir

$$V_{jk1}p_1 + V_{jk2}p_2 + V_{jk3}p_3 = P_{jk},$$

so wird hier

$$V_0 = \sum P_{jk}p_j p_k, \quad V_1 = \sum P_{jk}p_j q_k, \quad V_2 = \sum P_{jk}q_j q_k.$$

Wir nehmen noch

$$q_1 = tp_1 + r_1, \quad q_2 = tp_2 + r_2, \quad q_3 = tp_3 + r_3$$

an; *dabei können* r_1, r_2, r_3 *beliebige reelle Werte bedeuten* und bei positiven p_1, p_2, p_3 kann stets t so groß gewählt werden, daß auch q_1, q_2, q_3 sämtlich > 0 sind. Die in Rede stehende Ungleichung verwandelt sich nunmehr in

$$\left(\sum P_{jk}p_j r_k\right)^2 - \left(\sum P_{jk}p_j p_k\right)\left(\sum P_{jk}r_j r_k\right) \geqq 0.$$

Wir nehmen jetzt $p_3 = 1$ an und lassen die positiven Werte p_1, p_2 sich der Grenze Null nähern; es entsteht dann hieraus:

$$(V_{133}r_1 + V_{233}r_2)^2 - V_{333}(V_{113}r_1^2 + 2V_{123}r_1 r_2 + V_{223}r_2^2) \geqq 0$$

und dabei muß diese Ungleichung für beliebige Werte r_1, r_2 gelten. Setzen wir nun

$$\Delta^{(3)} = \begin{vmatrix} V_{113}, & V_{123}, & V_{133} \\ V_{213}, & V_{223}, & V_{233} \\ V_{313}, & V_{323}, & V_{333} \end{vmatrix}$$

und bezeichnen die adjungierte Unterdeterminante zum Element V_{jk3} hier mit $W_{jk}^{(3)}$, so schreibt sich diese Ungleichung

$$(81) \qquad -W_{22}^{(3)}r_1^2 + 2W_{21}^{(3)}r_1 r_2 - W_{11}^{(3)}r_2^2 \geqq 0.$$

Die Determinante der binären quadratischen Form rechts hier ist $V_{333}\Delta^{(3)}$ und folgt daher

$$\Delta^{(3)} \geqq 0.$$

Ferner haben wir insbesondere $-W_{22}^{(3)} \geqq 0$, $-W_{11}^{(3)} \geqq 0$. Ist nun etwa

$-W_{22}^{(3)} > 0$, so geht vermöge der Beziehung

$$W_{22}^{(3)} W_{33}^{(3)} - (W_{23}^{(3)})^2 = V_{113} \Delta^{(3)}$$

die Ungleichung

$$-W_{33}^{(3)} = V_{123}^2 - V_{113} V_{223} \geqq 0$$

hervor. Analog erschließt man diese Ungleichung, wenn $-W_{11}^{(3)} > 0$ ist.

Hat man jedoch sowohl $-W_{22}^{(3)} = 0$ wie $-W_{11}^{(3)} = 0$, so muß, da die Ungleichung (81) für beliebige r_1 und r_2 statthaben soll, durchaus auch $W_{12}^{(3)} = 0$ sein, und dann sind in $\Delta^{(3)}$ die erste und dritte und ferner die zweite und dritte Reihe proportional und folgt dadurch

$$\Delta^{(3)} = 0, \quad -W_{33}^{(3)} = 0.$$

In allen Fällen gilt hiernach

(82)
$$V_{123}^2 \geqq V_{113} V_{223}.$$

Verbinden wir diese Ungleichung mit den zwei Ungleichungen

(83)
$$V_{113}^3 \geqq V_{111}^2 V_{333}, \quad V_{223}^3 \geqq V_{222}^2 V_{333},$$

welche die Beziehung $V_1{}^3 \geqq V_0{}^2 V_3$ für $\mathfrak{K}_1$ und $\mathfrak{K}_3$ bzw. für $\mathfrak{K}_2$ und $\mathfrak{K}_3$ vorstellen, so gelangen wir durch Elimination von V_{113} und V_{223} zu

(84)
$$V_{123}^3 \geqq V_{111} V_{222} V_{333}.$$

Dabei kann in dieser Ungleichung das Gleichheitszeichen nur statthaben, wenn in *beiden* Ungleichungen (83) das Gleichheitszeichen gilt. Damit kommen wir zu folgendem Satze:

Drei beliebige konvexe Körper vom Volumen 1 $\left(\text{hier } \frac{1}{\sqrt[3]{V_{111}}}\mathfrak{K}_1, \frac{1}{\sqrt[3]{V_{222}}}\mathfrak{K}_2, \frac{1}{\sqrt[3]{V_{333}}}\mathfrak{K}_3\right)$ *ergeben stets ein gemischtes Volumen* $\left(\text{nämlich } \frac{V_{123}}{\sqrt[3]{V_{111} V_{222} V_{333}}}\right)$, *das* $\geqq 1$ *und nur dann* $= 1$ *ist, wenn alle drei Körper einander homothetisch sind.*

Die frühere Ungleichung $V_1{}^3 \geqq V_0{}^2 V_3$ geht aus diesem Satze, ebenso die Ungleichung $V_1{}^2 \geqq V_0 V_2$ aus (82) als spezieller Fall hervor, wenn der zweite und dritte Körper identisch gesetzt werden.

39. Es seien $\mathfrak{K}_1, \mathfrak{K}_2, \ldots, \mathfrak{K}_m$ m beliebige konvexe Körper. Wir wenden die Ungleichung (82) für drei konvexe Körper an, indem wir für den ersten einen Körper $\sum p_i \mathfrak{K}_i$, für den zweiten einen Körper $\sum (tp_i + r_i)\mathfrak{K}_i$, für den dritten einen Körper $\sum s_i \mathfrak{K}_i$ $(i = 1, 2, \ldots, m)$ nehmen, wobei die r_i beliebige Größen und die Werte p_i, $tp_i + r_i$, s_i sämtlich positiv sind. Setzen wir

$$V(\mathfrak{K}_j, \mathfrak{K}_k, \mathfrak{K}_l) = V_{jkl}, \quad V_{jk1} s_1 + V_{jk2} s_2 + \cdots + V_{jkm} s_m = S_{jk},$$

so wird die betreffende Ungleichung

$$\left(\sum S_{jk} p_j r_k\right)^2 - \left(\sum S_{jk} p_j p_k\right)\left(\sum S_{jk} r_j r_k\right) \geqq 0;$$

sie bedeutet, daß die quadratische Form $\sum S_{jk} r_j r_k$ bei einer Transformation in ein Aggregat von Quadraten reeller unabhängiger linearer Formen mit positiven oder negativen Vorzeichen *ein einziges Quadrat mit positivem und im übrigen lauter Quadrate mit negativem Vorzeichen* darbieten muß. Im besonderen muß danach die Determinante dieser Form mit $(-1)^{m-1}$ multipliziert, stets $\geqq 0$ sein, d. h. für beliebige positive Werte $s_1, s_2, \ldots, s_m$ muß stets die Ungleichung

$$(85) \qquad (-1)^{m-1} | V_{jk1} s_1 + V_{jk2} s_2 + \cdots + V_{jkm} s_m | \geqq 0$$

bestehen.

§ 8. Stetig gekrümmte konvexe Körper.

40. Das allgemeine Theorem $V_1^3 \geqq V_0^2 V_3$ für zwei beliebige konvexe Körper ist aufs engste mit gewissen Fragen über die Krümmung konvexer Körper verknüpft.

Sind $\mathfrak{K}$ und $\mathfrak{K}'$ zwei beliebige konvexe Körper, so wollen wir den Wert $3\,V(\mathfrak{K}', \mathfrak{K}, \mathfrak{K})$ die *Relativoberfläche von* $\mathfrak{K}$ *in bezug auf* $\mathfrak{K}'$ nennen. Es seien H und H' die Stützebenenfunktionen von $\mathfrak{K}$ und $\mathfrak{K}'$. Wir nehmen $\mathfrak{K}$ zunächst als ein vollkommenes Ovaloid an und verwenden dafür die in § 3 eingeführten Bezeichnungen; alsdann gilt nach (24) und (18) der Ausdruck

$$(86) \qquad 3\,V(\mathfrak{K}', \mathfrak{K}, \mathfrak{K}) = \int H'(RT - S^2)\, d\omega = \int H'\, df;$$

darin bedeutet df das Flächenelement der Begrenzung von $\mathfrak{K}$, welches durch parallele Normalen dem Element $d\omega$ der Kugelfläche $\mathfrak{E}$ entspricht, und $RT - S^2$ das Produkt der Hauptkrümmungsradien, die reziproke Gaußsche Krümmung, an der Stelle von df.

Setzen wir $H' = H + \delta H$, so hat der Körper $(1-t)\mathfrak{K} + t\mathfrak{K}'$, wenn $t > 0$ und < 1 ist, die Stützebenenfunktion $H + t\delta H$. Die Differenz aus dem Volumen dieses Körpers und dem Volumen von $\mathfrak{K}$ ist dann bis auf Größen von der Ordnung t^2 gleich

$$t \int \delta H (RT - S^2)\, d\omega = t \int \delta H\, df.$$

41. Diese Beziehungen, die jedenfalls bei einem vollkommenen Ovaloide $\mathfrak{K}$ statthaben, veranlassen uns nun zu folgender Definition:

Ein konvexer Körper $\mathfrak{K}$ soll stetig gekrümmt heißen, wenn für ihn eine auf der Kugeloberfläche $\mathfrak{E}$ stetige und durchweg positive Funktion $F = F(\alpha, \beta, \gamma)$ existiert derart, daß die Relativoberfläche von $\mathfrak{K}$ in bezug auf einen beliebigen konvexen Körper $\mathfrak{K}'$ mit der Stützebenenfunktion H' immer den Ausdruck hat:

$$(87) \qquad 3\,V(\mathfrak{K}', \mathfrak{K}, \mathfrak{K}) = \int H' F\, d\omega.$$

Diese Funktion $F(\alpha, \beta, \gamma)$ (oder $F(\vartheta, \psi)$) wollen wir dann die *Krümmungsfunktion* des Körpers $\mathfrak{K}$ nennen. Zunächst leuchtet ein, daß bei einem stetig gekrümmten Körper $\mathfrak{K}$ diese Funktion jedenfalls eine durchaus bestimmte ist. Denn nehmen wir an, es gäbe für $\mathfrak{K}$ noch eine zweite auf $\mathfrak{E}$ stetige und positive Funktion $F^*(\alpha, \beta, \gamma)$, welche in derselben Weise wie F in (87) eintreten könnte, so wäre dann für jeden beliebigen konvexen Körper $\mathfrak{K}'$ stets

$$(88) \qquad \int H' F^* d\omega = \int H' F d\omega, \qquad \int H'(F^* - F) d\omega = 0.$$

Da $F^* - F$ auf $\mathfrak{E}$ nicht durchweg Null ist, können wir auf $\mathfrak{E}$ einen Punkt finden, wo $F^* - F \neq 0$ ist, und hernach können wir, da $F^* - F$ auf $\mathfrak{E}$ stetig ist, eine ganze Kalotte um diesen Punkt bestimmen, (die wir kleiner als eine Halbkugel wählen), so daß $F^* - F$ daselbst überall $\neq 0$ und also von konstantem Vorzeichen, etwa stets > 0 ist. Wir setzen auf die Kalotte die Kegelkappe, bei welcher die Kalotte die Basis bildet und die Erzeugenden des Mantels die Kugelfläche $\mathfrak{E}$ im Rande der Kalotte berühren, und nehmen nun in der Gleichung (88) für $\mathfrak{K}'$ einmal den Körper, der aus der Kugel $\mathfrak{G}$ und dieser Kappe besteht, ein andres Mal $\mathfrak{G}$ selbst, so hat das Integral $\int H'(F^* - F) d\omega$ im ersten Falle einen größeren Wert als im zweiten Falle und kann daher nicht in beiden Fällen Null sein.

42. Nehmen wir mit dem Körper $\mathfrak{K}'$, für den (87) gebildet ist, die Translation vom Nullpunkte nach einem Punkte a, b, c vor, so ist $H'(\alpha, \beta, \gamma)$ durch

$$H'(\alpha, \beta, \gamma) + a\alpha + b\beta + c\gamma$$

zu ersetzen. Da nun hierbei der Wert $3V(\mathfrak{K}', \mathfrak{K}, \mathfrak{K})$ sich nicht ändert und die Größen a, b, c völlig beliebig sind, so ersehen wir:

Die Krümmungsfunktion F für einen stetig gekrümmten Körper muß stets die drei Bedingungsgleichungen erfüllen:

$$(89) \qquad \int \alpha F d\omega = 0, \quad \int \beta F d\omega = 0, \quad \int \gamma F d\omega = 0.$$

Andererseits erhellt, daß, wenn wir mit $\mathfrak{K}$ eine Translation vornehmen, dabei die Krümmungsfunktion invariant ist. Unter den sämtlichen, aus $\mathfrak{K}$ durch Translationen abzuleitenden Körpern können wir einen bestimmten Körper durch die Lage des Schwerpunkts fixieren.

Ist t ein positiver Parameter, so hat $t\mathfrak{K}$ die Krümmungsfunktion $t^2 F$, wenn F die Krümmungsfunktion von $\mathfrak{K}$ ist; dieses folgt unmittelbar aus der Formel

$$3V(\mathfrak{K}', t\mathfrak{K}, t\mathfrak{K}) = 3t^2 V(\mathfrak{K}', \mathfrak{K}, \mathfrak{K}).$$

43. Unsere weiteren Entwicklungen nun werden darauf gerichtet sein, den folgenden sehr bemerkenswerten Satz zu beweisen:

Ist $F(\alpha, \beta, \gamma)$ eine auf der Kugelfläche $\mathfrak{E}$ beliebig vorgeschriebene, daselbst stetige und durchweg positive Funktion, welche die drei Bedingungsgleichungen

$$\int \alpha F d\omega = 0, \qquad \int \beta F d\omega = 0, \qquad \int \gamma F d\omega = 0$$

erfüllt, so gibt es immer einen stetig gekrümmten konvexen Körper $\mathfrak{K}$ mit $F(\alpha, \beta, \gamma)$ als Krümmungsfunktion, und dieser Körper ist bestimmt bis auf eine willkürliche Translation, durch die man ihn noch abändern kann, also eindeutig festgelegt, wenn noch zusätzlich gefordert wird, daß sein Schwerpunkt im Nullpunkte liegen soll.

Wir beweisen zunächst den Nachsatz, daß den hier gestellten Forderungen, wenn überhaupt, jedenfalls nur durch einen einzigen Körper genügt werden kann. In der Tat, nehmen wir an, es sei ein konvexer Körper $\mathfrak{K}$ gefunden mit F als Krümmungsfunktion und mit dem Schwerpunkte im Nullpunkte, und es sei H die Stützebenenfunktion von $\mathfrak{K}$. Zunächst ist klar, daß unter den mit $\mathfrak{K}$ homothetischen Körpern kein anderer diese beiden Eigenschaften mit $\mathfrak{K}$ teilt.

Das Volumen von $\mathfrak{K}$ ist durch

$$V = \frac{1}{3}\int H F d\omega$$

dargestellt. Ist sodann $\mathfrak{K}'$ mit der Stützebenenfunktion H' und dem Volumen V' ein beliebiger konvexer Körper, der mit $\mathfrak{K}$ nicht homothetisch ist, so ergibt das allgemeine Theorem $\frac{V_1}{\sqrt[3]{V_3}} > \frac{V_0}{\sqrt[3]{V_0}}$ auf die Körper $\mathfrak{K}$ und $\mathfrak{K}'$ angewandt:

$$(90) \qquad \frac{1}{3}\int \frac{H'}{\sqrt[3]{V'}} F d\omega > \frac{1}{3}\int \frac{H}{\sqrt[3]{V}} F d\omega .$$

Darin sind nun $\frac{H}{\sqrt[3]{V}}$ und $\frac{H'}{\sqrt[3]{V'}}$ die Stützebenenfunktionen der Körper

$$\mathfrak{L} = \frac{1}{\sqrt[3]{V}}\mathfrak{K} \quad \text{und} \quad \mathfrak{L}' = \frac{1}{\sqrt[3]{V'}}\mathfrak{K}',$$

und diese zwei mit $\mathfrak{K}$ bzw. $\mathfrak{K}'$ homothetischen Körper sind dadurch charakterisiert, daß sie ein Volumen $= 1$ haben.

Damit kommen wir zu folgendem Ergebnisse, welches zeigt, daß der Körper $\mathfrak{K}$ eindeutig bestimmt ist.

Man betrachte für alle möglichen konvexen Körper $\mathfrak{L}$ vom Volumen 1 *das Integral*

$$J(\mathfrak{L}) = \frac{1}{3}\int L F d\omega,$$

wobei $L = L(\alpha, \beta, \gamma)$ die Stützebenenfunktion von $\mathfrak{L}$ und $F = F(\alpha, \beta, \gamma)$ die gegebene Funktion für die Argumente α, β, γ, die Normale in $d\omega$, be-

deute; gibt es einen stetig gekrümmten konvexen Körper $\mathfrak{K}$ mit F als Krümmungsfunktion, so hat dieses Integral $J(\mathfrak{L})$ für einen ganz bestimmten Körper $\mathfrak{L}$ mit dem Nullpunkte als Schwerpunkt (und für die aus ihm durch Translationen hervorgehenden Körper) einen kleinsten Wert J, und alsdann ist $\mathfrak{K}$ identisch mit $\sqrt{J}\mathfrak{L}$ oder geht aus letzterem Körper durch eine Translation hervor.

44. Zugleich werden wir hierdurch auf ein gewisses Variationsproblem hingewiesen, das in nahem Zusammenhange mit der von uns zu behandelnden Aufgabe steht; und in der Tat erkennen wir sofort, daß die Differentialgleichung zu diesem Variationsproblem

$$RT - S^2 = F(\vartheta, \psi)$$

wird, worin F die gegebene, den Gleichungen (89) genügende Funktion ist, und die in R, S, T auftretende Funktion $H(\vartheta, \psi)$ gefunden werden soll. Diese Gleichung ist nach den Ausdrücken von R, S, T in (17) für $H(\vartheta, \psi)$ eine quadratische Differentialgleichung zweiter Ordnung von dem Monge-Ampèreschen Typus; sie transformiert sich, wenn wir auf der Oberfläche des gesuchten Körpers die Koordinate z als Funktion von x, y einführen, in die Gleichung:

$$rt - s^2 = f(p, q)$$

für diese Funktion $z(x, y)$, wobei

$$\frac{\partial z}{\partial x} = p, \quad \frac{\partial z}{\partial y} = q, \quad \frac{\partial^2 z}{\partial x^2} = r, \quad \frac{\partial^2 z}{\partial x \partial y} = s, \quad \frac{\partial^2 z}{\partial y^2} = t$$

gesetzt ist und

$$\frac{f(p, q)}{(1 + p^2 + q^2)^2} = F$$

als eine beliebige eindeutige und stetige Funktion in

$$\alpha = \frac{-p}{\sqrt{1 + p^2 + q^2}}, \quad \beta = \frac{-q}{\sqrt{1 + p^2 + q^2}}, \quad \gamma = \frac{1}{\sqrt{1 + p^2 + q^2}}$$

vorgeschrieben sein kann, die nur den Gleichungen (89) zu genügen hat.

Wir werden jetzt ein gewisses Problem mit einer nur *endlichen* Anzahl von Parametern, sozusagen eine Art von Differenzengleichung erledigen und hernach von diesem Probleme aus durch einen Grenzübergang zur Lösung der hier gestellten Aufgabe, die von einer kontinuierlichen Funktion F handelt, gelangen.

§ 9. Bestimmung eines Polyeders durch die Normalen und die Inhalte der Seitenflächen.

45. Es sei $\mathfrak{P}$ ein beliebiges Polyeder mit n Seitenflächen, die in irgendeiner Ordnung numeriert seien. Wir wollen annehmen, der Nullpunkt liege in $\mathfrak{P}$ selbst, sei es im Inneren, sei es auf der Begrenzung

von $\mathfrak{P}$. Wir bezeichnen für $i = 1, 2, \ldots, n$ mit $(\alpha_i, \beta_i, \gamma_i)$ die äußere Normale, mit F_i den Flächeninhalt der i^{ten} Seitenfläche von $\mathfrak{P}$, mit p_i die Länge des vom Nullpunkt auf die Ebene dieser Fläche gefällten Lotes, endlich mit V das Volumen von $\mathfrak{P}$.

Die Richtungen $(\alpha_i, \beta_i, \gamma_i)$ sind gewiß so beschaffen, daß sie nicht sämtlich *einer* Ebene angehören; die Größen F_i sind sämtlich > 0. Bei einer Translation des Polyeders $\mathfrak{P}$ bleiben alle Größen $\alpha_i, \beta_i, \gamma_i, F_i$ ungeändert.

Indem wir das Polyeder $\mathfrak{P}$ nach der in § 2 entwickelten Methode als Grenze von vollkommenen Ovaloiden darstellen und die Formel (86) heranziehen, gewinnen wir die folgende Regel:

Ist $\mathfrak{Q}$ ein beliebiger konvexer Körper, Q seine Stützebenenfunktion und setzen wir allgemein $Q(\alpha_i, \beta_i, \gamma_i) = q_i$, so wird das gemischte Volumen

$$V(\mathfrak{Q}, \mathfrak{P}, \mathfrak{P}) = \frac{1}{3}(F_1 q_1 + F_2 q_2 + \cdots + F_n q_n). \tag{91}$$

Insbesondere entnehmen wir daraus für das Volumen von $\mathfrak{P}$ den Ausdruck

$$V = \frac{1}{3}(F_1 p_1 + F_2 p_2 + \cdots + F_n p_n). \tag{92}$$

Genau so, wie wir aus (87) die drei Gleichungen (89) folgerten, schließen wir aus (91) durch beliebige Translation des Körpers $\mathfrak{Q}$ auf das notwendige Bestehen der drei Gleichungen:

$$\sum F_i \alpha_i = 0, \quad \sum F_i \beta_i = 0, \quad \sum F_i \gamma_i = 0 \quad (i = 1, 2, \ldots, n). \tag{93}$$

Bezeichnen wir das Volumen von $\mathfrak{Q}$ mit V_* und bilden wir unsere allgemeine Ungleichung $\frac{3\,V_1}{\sqrt[3]{V_3}} \geq \frac{3\,V_0}{\sqrt[3]{V_0}}$ in bezug auf das Polyeder $\mathfrak{P}$ als ersten und den Körper $\mathfrak{Q}$ als zweiten Körper, so finden wir, daß stets

$$\frac{F_1 q_1 + F_2 q_2 + \cdots + F_n q_n}{V_*^{\frac{1}{3}}} \geq \frac{F_1 p_1 + F_2 p_2 + \cdots + F_n p_n}{V^{\frac{1}{3}}} \tag{94}$$

ist und hierin das Gleichheitszeichen nur dann gilt, wenn $\mathfrak{Q}$ mit $\mathfrak{P}$ homothetisch ist.

Wir werden nunmehr den folgenden Satz beweisen*):

Es seien n beliebige Richtungen $(\alpha_i, \beta_i, \gamma_i)$ für $i = 1, 2, \ldots, n$ gegeben, die nicht sämtlich einer Ebene angehören, und dazu n beliebige positive Größen F_i, so daß die drei Gleichungen bestehen

$$\sum F_i \alpha_i = 0, \quad \sum F_i \beta_i = 0, \quad \sum F_i \gamma_i = 0 \qquad (i = 1, 2, \ldots, n);$$

alsdann gibt es stets ein Polyeder $\mathfrak{P}$ mit n Seitenflächen, wofür die Richtungen

*) Diesen Satz habe ich zuerst in dem Aufsatze: *Allgemeine Lehrsätze über die konvexen Polyeder*, Göttinger Nachrichten, 1897, publiziert. (Diese Ges. Abhandlungen, Bd. II, S. 103.

$(\alpha_i, \beta_i, \gamma_i)$ *die äußeren Normalen und die Größen* F_i *die Flächeninhalte dieser Seitenflächen bilden, und dieses Polyeder* $\mathfrak{P}$ *ist vollkommen bestimmt bis auf eine beliebige Translation, durch die man dasselbe noch variieren kann,* also eindeutig festgelegt, wenn ferner noch die Lage seines Schwerpunktes beliebig vorgeschrieben wird.

46. Um zu einem Beweise dieses Satzes zu gelangen, fassen wir jetzt die Gesamtheit aller möglichen Polyeder mit n oder weniger Seitenflächen ins Auge, welche die äußeren Normalen der Seitenflächen nur unter den n Richtungen $(\alpha_i, \beta_i, \gamma_i)$ besitzen und welche ferner den Nullpunkt in sich schließen.

Sind $q_1, q_2, \ldots, q_n$ irgendwelche n Größen, sämtlich $\geqq 0$ und derart, daß die n Ungleichungen

$$\alpha_i x + \beta_i y + \gamma_i z \leqq q_i \qquad (i = 1, 2, \ldots, n) \tag{95}$$

ein wirkliches Polyeder definieren, so bezeichnen wir dieses Polyeder mit $\mathfrak{K}(q_1, q_2, \ldots, q_n)$ oder $\mathfrak{K}(q_i)$, sein Volumen mit $V(q_1, q_2, \ldots, q_n)$ oder $V(q_i)$. Dabei kann auch ein Teil dieser Ungleichungen eine Folge der übrigen sein, das Polyeder also weniger als n wirkliche Seitenflächen besitzen. Wir bezeichnen ferner mit q_i^* den größten Wert von $\alpha_i x + \beta_i y + \gamma_i z$ in $\mathfrak{K}(q_i)$; für diejenigen Indizes i, wobei $\mathfrak{K}$ eine wirkliche Seitenfläche mit der Normale $(\alpha_i, \beta_i, \gamma_i)$ besitzt, ist immer $q_i^* = q_i$, während wir bei den anderen Indizes nur $q_i \geqq q_i^*$ behaupten können. Wir nennen $q_1^*, q_2^*, \ldots, q_n^*$ die *tangentialen Parameter* von $\mathfrak{K}(q_1, q_2, \ldots, q_n)$; offenbar ist

$$\mathfrak{K}(q_1, q_2, \ldots, q_n) = \mathfrak{K}(q_1^*, q_2^*, \ldots, q_n^*).$$

Existiert nun ein Polyeder $\mathfrak{P} = \mathfrak{K}(p_1, p_2, \ldots, p_n)$ gemäß den Forderungen unseres Satzes, so zeigt die Ungleichung (94), daß unter allen vorhandenen Körpern $\mathfrak{K}(q_1, q_2, \ldots, q_n)$ eben dieses Polyeder $\mathfrak{P}$ und die ihm homothetischen Körper den kleinsten Wert des Ausdrucks

$$\frac{F_1 q_1 + F_2 q_2 + \cdots + F_n q_n}{\left(V(q_1, q_2, \ldots, q_n)\right)^{\frac{1}{3}}}$$

liefern. Daraus erhellt zunächst der letzte Teil jenes Satzes, daß nämlich das gesuchte Polyeder $\mathfrak{P}$ gewiß nur auf eine Art, abgesehen von einer Translation, bestimmt werden kann.

Nunmehr wollen wir die wirkliche Existenz jenes Polyeders $\mathfrak{P}$ dartun.

47. Wir zeigen vor allem, daß, wie die n Richtungen $(\alpha_i, \beta_i, \gamma_i)$ vorausgesetzt sind, gewiß irgendwelche Polyeder $\mathfrak{K}(q_1, q_2, \ldots, q_n)$ vorhanden sind. In der Tat, der durch die n Ungleichungen

$$\alpha_i x + \beta_i y + \gamma_i z \leqq 1 \qquad (i = 1, 2, \ldots, n) \tag{96}$$

definierte Bereich $\mathfrak{K}(1, 1, \ldots, 1) = \mathfrak{K}(1)$ stellt ein solches Polyeder, und zwar wirklich mit n Seitenflächen vor. Denn diese Ungleichungen sind die Bedingungen von n *verschiedenen* Tangentialebenen an die Kugel $\mathfrak{G}$; der Bereich enthält daher die Kugel $\mathfrak{G}$ in sich und besitzt jene n Ebenen als extreme Stützebenen. Andererseits kann dieser Bereich $\mathfrak{K}(1)$ sich nicht ins Unendliche erstrecken; denn der Abstand eines beliebigen Punktes x, y, z in ihm von der i^{ten} jener Stützebenen wird

$$t_i = 1 - \alpha_i x - \beta_i y - \gamma_i z \geqq 0$$

und entnehmen wir aus den Gleichungen (93) dann

$$\sum F_i t_i = \sum F_i \qquad (i = 1, 2, \ldots, n).$$

Da die Werte F_i sämtlich > 0 sind, besteht hiernach für eine jede Größe t_i eine obere Grenze. Nun können wir unter den Stützebenen (96) gewiß drei solche herausgreifen, die sich in einem Punkte schneiden; durch die oberen Grenzen der drei zugehörigen Größen t_i werden dann drei zu ihnen parallele Ebenen angewiesen, welche mit den ersteren zusammen ein Parallelepipedum bestimmen, in dem der Bereich $\mathfrak{K}(1)$ ganz enthalten sein muß. Danach liegt dieser Bereich ganz im Endlichen. Das Volumen von $\mathfrak{K}(1)$ setzen wir $= \frac{1}{l^3}$, alsdann hat $\mathfrak{K}(l, l, \ldots, l)$ das Volumen 1. Weiter wird überhaupt für beliebige endliche Werte $q_1, q_2, \ldots, q_n$ der durch die Ungleichungen (95) bestimmte Bereich ganz im Endlichen liegen und bei lauter positiven Werten q_i stets ein wirkliches Polyeder, wenn auch nicht immer mit n Seitenflächen, vorstellen.

48. Wir betrachten jetzt in der n-fachen Mannigfaltigkeit $\mathfrak{M}$ von n beliebig veränderlichen reellen Größen $q_1, q_2, \ldots, q_n$ den Bereich $\mathfrak{B}$ aller solchen Systeme $q_1, q_2, \ldots, q_n$, „Punkte" (q_i), *wobei* $q_1 \geqq 0, q_2 \geqq 0, \ldots, q_n \geqq 0$ *ist und den Größen* $q_1, q_2, \ldots, q_n$ *ein Polyeder* $\mathfrak{K}(q_1, q_2, \ldots, q_n)$ *von einem Volumen*

$$V(q_1, q_2, \ldots, q_n) \geqq 1$$

entspricht.

Sind (r_i) und (s_i) $(i = 1, 2, \ldots, n)$ zwei beliebige Punkte dieses Bereichs $\mathfrak{B}$ und (r_i^*) bzw. (s_i^*) die tangentialen Parameter von $\mathfrak{K}(r_i)$ und $\mathfrak{K}(s_i)$ und ist t ein Wert > 0 und < 1, so besitzt der aus diesen zwei Polyedern abzuleitende Bereich $(1 - t)\mathfrak{K}(r_i) + t\mathfrak{K}(s_i)$ nach (77) ein Volumen

$$\geqq \left((1-t)\sqrt[3]{V(r_i)} + t\sqrt[3]{V(s_i)}\right)^3 \geqq ((1-t) + t)^3 = 1\,.$$

Die Stützebenenfunktion des letzteren Bereichs hat für die Argumente $\alpha_i, \beta_i, \gamma_i$ den Wert $(1-t)r_i^* + ts_i^*$, und danach ist dieser Bereich entweder identisch, oder, wenn nicht identisch, so doch jedenfalls ganz enthalten in dem Bereich

$$\alpha_i x + \beta_i y + \gamma_i z \leqq (1-t)r_i^* + ts_i^* \qquad (i = 1, 2, \ldots, n),$$

der dadurch gewiß auch ein Polyeder vorstellt, und um so mehr dann enthalten im Polyeder $\mathfrak{K}((1-t)r_i + ts_i)$. Mithin ist für das letztere Polyeder notwendig ebenfalls das Volumen $\geqq 1$, also

$$V((1-t)r_i + ts_i) \geqq 1.$$

Der Bereich $\mathfrak{B}$ hat danach die Eigenschaft, mit irgend zwei Punkten $(r_i), (s_i)$ stets die ganze sie verbindende „Strecke" von Punkten $((1-t)r_i + ts_i)$ zu enthalten, und ist deshalb als ein *„konvexes Gebilde"* in der Mannigfaltigkeit $\mathfrak{M}$ anzusprechen. Da $V(q_1, q_2, \ldots, q_n)$ eine stetige Funktion der Argumente ist, wird ferner der Bereich $\mathfrak{B}$ *abgeschlossen* sein und wird seine Begrenzung von denjenigen Punkten (q_i) gebildet werden, für welche

$$V(q_1, q_2, \ldots, q_n) = 1$$

ist. Wir haben jetzt nach dem kleinsten Werte des mit den gegebenen positiven Größen F_i zu bildenden linearen Ausdrucks

$$F_1 q_1 + F_2 q_2 + \cdots + F_n q_n \tag{97}$$

im ganzen Bereiche $\mathfrak{B}$ zu fragen. Der Bereich $\mathfrak{B}$ erstreckt sich ins Unendliche. Insbesondere ist $q_1 = q_2 = \cdots = q_n = l$ ein Punkt aus $\mathfrak{B}$. Nun wird durch die Ungleichung

$$F_1 q_1 + F_2 q_2 + \cdots + F_n q_n \leqq l(F_1 + F_2 + \cdots + F_n)$$

ein Teil von $\mathfrak{B}$ bestimmt, der ganz im Endlichen liegt und zum mindesten jenen speziellen Punkt enthält. In diesem Teile hat der Ausdruck (97) sicher einen bestimmten kleinsten Wert, welcher nun zugleich das Minimum dieses Ausdrucks (97) im ganzen Bereiche $\mathfrak{B}$ sein wird.

Dieser kleinste Wert von (97) in $\mathfrak{B}$ sei $3V^{\frac{2}{3}}$, und es sei $r_1, r_2, \ldots, r_n$ ein Punkt in $\mathfrak{B}$, für den dieser Wert eintritt. Der Punkt (r_i) liegt dann jedenfalls auf der Begrenzung von $\mathfrak{B}$, es stellt also $\mathfrak{K}(r_i)$ ein Polyeder vom Volumen 1 vor. Nehmen wir mit diesem Polyeder diejenige Translation vor, wodurch sein Schwerpunkt in den Nullpunkt fällt, so treten an Stelle der Parameter r_i gewisse Werte $r_i + a\alpha_i + b\beta_i + c\gamma_i$; für diese hat dann aber der Ausdruck (97) genau denselben Wert, da wir für die Größen F_i die Gleichungen (93) als bestehend angenommen haben. Danach können wir auch von vornherein uns die Parameter r_i so beschaffen denken, daß der Schwerpunkt von $\mathfrak{K}(r_i)$ sich im Nullpunkte befindet. Alsdann sind notwendig die Größen $r_1, r_2, \ldots, r_n$ sämtlich > 0. Für alle Punkte (q_i) in $\mathfrak{B}$ gilt nun die Ungleichung

$$F_1 q_1 + F_2 q_2 + \cdots + F_n q_n \geqq 3V^{\frac{2}{3}} \tag{98}$$

und haben wir hierin also die Bedingung einer „Stützebene" an $\mathfrak{B}$ durch den Punkt (r_i), d. h. einer solchen Ebene, welche auf einer Seite von sich gar keinen Punkt von $\mathfrak{B}$ liegen hat.

Für das Polyeder $\mathfrak{K}(r_1, r_2, \ldots, r_n)$ bedeute allgemein Φ_i den Flächeninhalt der Seitenfläche mit der äußeren Normale $(\alpha_i, \beta_i, \gamma_i)$, wobei wir

$\Phi_i = 0$ zu setzen hätten, falls eine solche Seitenfläche im Polyeder nicht wirklich vorkäme. Alsdann können wir zeigen, daß die Ebene

$$\frac{1}{3}(\Phi_1 q_1 + \Phi_2 q_2 + \cdots + \Phi_n q_n) = 1,$$

die jedenfalls durch den Punkt (r_i) geht, die *einzige* Stützebene an $\mathfrak{B}$ durch diesen Punkt vorstellt, daß mithin die n Gleichungen

$$\Phi_i = \frac{F_i}{V^{\frac{2}{3}}} \qquad (i = 1, 2, \ldots, n) \tag{99}$$

gelten müssen. Denn hätten nicht diese n Gleichungen sämtlich statt, so könnten wir in der durch (98) dargestellten Stützebene an $\mathfrak{B}$ einen Punkt $(r_i + s_i)$ finden, für den

$$\frac{1}{3}(\Phi_1 s_1 + \Phi_2 s_2 + \cdots + \Phi_n s_n) > 0$$

ausfällt und noch alle Werte $r_i + s_i > 0$ sind. Nun ist $V(r_i) = 1$ und nach (91) das gemischte Volumen

$$V(\mathfrak{K}(r_i + s_i),\ \mathfrak{K}(r_i),\ \mathfrak{K}(r_i)) = 1 + \frac{1}{3}\sum \Phi_i s_i > 1;$$

infolgedessen wird das Volumen von $(1-t)\mathfrak{K}(r_i) + t\mathfrak{K}(r_i + s_i)$ dem Ausdrucke (60) zufolge bei hinreichend kleinen positiven Werten t sicher > 1 und umsomehr nach den oben gemachten Bemerkungen dann

$$V((1-t)r_i + t(r_i + s_i)) = V(r_i + ts_i) > 1.$$

Dieses könnte aber nicht der Fall sein, weil der Punkt $(r_i + ts_i)$ in einer Stützebene an $\mathfrak{B}$ liegt, somit gewiß nicht ein innerer Punkt von $\mathfrak{B}$ sein kann.

Damit ist in der Tat bewiesen, daß die n Gleichungen (99) gelten müssen. Setzen wir $V^{\frac{1}{3}} r_i = p_i$, so besitzt alsdann das Polyeder $\mathfrak{K}(p_i)$ zu den Normalen $(\alpha_i, \beta_i, \gamma_i)$ die Inhalte F_i der Seitenflächen, entspricht mithin genau den Forderungen unseres Satzes in 45.

§ 10. Bestimmung eines konvexen Körpers zu einer gegebenen Krümmungsfunktion.

49. Auf den soeben gewonnenen Satz über Polyeder gründen wir nun den Beweis des Satzes in 43. über die Existenz eines stetig gekrümmten konvexen Körpers zu einer gegebenen Krümmungsfunktion. Dabei wird uns namentlich die in (76) abgeleitete untere Grenze für die Differenz $V_1 - \sqrt[3]{V_0^2 V_3}$ von Nutzen sein.

Zunächst haben wir eine Bemerkung über gewisse Einteilungen auf der Kugelfläche $\mathfrak{E}$ $(x^2 + y^2 + z^2 = 1)$ vorauszuschicken. Unter der *Winkeldistanz* zweier Punkte $\mathfrak{r}$ und $\mathfrak{r}^*$ auf $\mathfrak{E}$ wollen wir den Winkel $\mathfrak{r}\mathfrak{o}\mathfrak{r}^*$ der

Radien vom Nullpunkte $\mathfrak{o}$ nach diesen Punkten verstehen. Es sei θ ein beliebiger positiver Wert, den wir $< \frac{\pi}{4}$ annehmen. Wir bestimmen auf $\mathfrak{E}$ sukzessive Punkte $\mathfrak{r}_1, \mathfrak{r}_2, \ldots$ derart, daß die Winkeldistanz jedes folgenden Punktes von allen vorhergehenden $> \theta$ ist. Da die Oberfläche von $\mathfrak{E}$ eine endliche Größe hat, können wir eine solche Reihe von Punkten nicht unbegrenzt bilden, sondern *wir gelangen* schließlich *zu einer endlichen Reihe* $\mathfrak{r}_1, \mathfrak{r}_2, \ldots, \mathfrak{r}_n$ *derart, daß* nun *für jeden beliebigen Punkt* $\mathfrak{r}$ *auf* $\mathfrak{E}$ *unter den* n *Winkeldistanzen von* $\mathfrak{r}$ *nach* $\mathfrak{r}_1, \mathfrak{r}_2, \ldots, \mathfrak{r}_n$ *immer wenigstens eine* $\leqq \theta$ *ausfällt.*

Es seien ξ_i, η_i, ζ_i die Koordinaten von $\mathfrak{r}_i (i = 1, 2, \ldots, n)$. Die n Ungleichungen

$$\xi_i x + \eta_i y + \zeta_i z \leqq 1 \qquad (i = 1, 2, \ldots, n)$$

bestimmen alsdann ein Polyeder mit n Seitenflächen $\mathfrak{R}_i$, das ganz in der Kugel mit $\mathfrak{o}$ als Mittelpunkt vom Radius $\frac{1}{\operatorname{tg}\theta}$ enthalten ist. Die Pyramide $\mathfrak{o}\mathfrak{R}_i$ mit $\mathfrak{o}$ als Spitze und $\mathfrak{R}_i$ als Basis schneidet aus der Kugelfläche $\mathfrak{E}$ eine Partie $\mathfrak{E}_i$ heraus, den Bereich aller der Punkte $\mathfrak{r}$ auf $\mathfrak{E}$, für welche die Winkeldistanz von dem betreffenden Punkte $\mathfrak{r}_i$ nicht größer als von irgendeinem der anderen $n-1$ Punkte $\mathfrak{r}_j$ $(j \neq i)$ ist. Es sei E_i der Flächeninhalt von $\mathfrak{E}_i$; das Gebiet $\mathfrak{E}_i$ enthält gewiß alle Punkte auf $\mathfrak{E}$ mit einer Winkeldistanz $\leqq \frac{\theta}{2}$ von $\mathfrak{r}_i$ und ist selbst ganz enthalten im Gebiet aller Punkte auf $\mathfrak{E}$ mit einer Winkeldistanz $\leqq \theta$ von $\mathfrak{r}_i$; daraus folgt

$$2\pi\left(1 - \cos\frac{\theta}{2}\right) < E_i < 2\pi(1 - \cos\theta).$$

Da überdies

$$E_1 + E_2 + \cdots + E_n = 4\pi$$

ist, so haben wir

$$\frac{1}{2} n\left(1 - \cos\frac{\theta}{2}\right) < 1 < \frac{1}{2} n(1 - \cos\theta).$$

50. Es sei nun $F(\alpha, \beta, \gamma)$ die gegebene auf $\mathfrak{E}$ durchweg stetige und positive Funktion, welche die drei Gleichungen

$$(100) \qquad \int \alpha F d\omega = 0, \quad \int \beta F d\omega = 0, \quad \int \gamma F d\omega = 0$$

erfüllt und als Krümmungsfunktion eines gewissen konvexen Körpers erkannt werden soll.

Verstehen wir unter $\alpha^*, \beta^*, \gamma^*$ ebenfalls einen beliebigen Punkt auf $\mathfrak{E}$, so stellt

$$(101) \qquad S(\alpha^*, \beta^*, \gamma^*) = \frac{1}{2} \int |\alpha\alpha^* + \beta\beta^* + \gamma\gamma^*| F(\alpha, \beta, \gamma)\, d\omega$$

eine Funktion der Argumente $\alpha^*, \beta^*, \gamma^*$ dar, welche gleichfalls auf $\mathfrak{E}$ durchweg stetig und positiv sein wird, und besitzt diese Funktion dann auf $\mathfrak{E}$

ein bestimmtes *Minimum*, das wir S_0 nennen und das auch noch > 0 sein wird.

51. Wir denken uns jetzt eine Massenbelegung der Kugelfläche $\mathfrak{E}$ vorgenommen, wobei die Flächendichtigkeit an einem Punkte α, β, γ durch $F(\alpha, \beta, \gamma)$ dargestellt ist. Der Schwerpunkt der Belegung des Gebiets $\mathfrak{E}_i$ wird alsdann, da der Sektor $\mathfrak{o}\mathfrak{E}_i$ mit $\mathfrak{o}$ als Spitze und $\mathfrak{E}_i$ als Basis ein konvexer Körper ist und die Punkte auf $\mathfrak{E}_i$ eine Winkeldistanz $\leqq \theta$ von $\mathfrak{r}_i$ haben, ein Punkt $\mathfrak{q}_i$ sein, der eine Entfernung $\varrho_i > \cos\theta$ und < 1 von $\mathfrak{o}$ besitzt und so gelegen ist, daß der Strahl $\mathfrak{o}\mathfrak{q}_i$ in seiner Verlängerung einen Punkt $\mathfrak{p}_i$ innerhalb $\mathfrak{E}_i$ trifft. Wir bezeichnen mit α_i, β_i, γ_i die Koordinaten von $\mathfrak{p}_i$, so daß $\varrho_i\alpha_i$, $\varrho_i\beta_i$, $\varrho_i\gamma_i$ die von $\mathfrak{q}_i$ sind. Setzen wir noch

$$\int\limits_{(\mathfrak{E}_i)} F d\omega = \frac{F_i}{\varrho_i}, \tag{102}$$

so wird

$$\int\limits_{(\mathfrak{E}_i)} \alpha F d\omega = \alpha_i F_i, \quad \int\limits_{(\mathfrak{E}_i)} \beta F d\omega = \beta_i F_i, \quad \int\limits_{(\mathfrak{E}_i)} \gamma F d\omega = \gamma_i F_i; \tag{103}$$

darin sind die vier Integrale über den Bereich $\mathfrak{E}_i$ zu erstrecken. Für die damit eingeführten n Richtungen α_i, β_i, γ_i und n positiven Größen F_i werden nunmehr auf Grund der Gleichungen (100) die Beziehungen

$$\sum \alpha_i F_i = 0, \quad \sum \beta_i F_i = 0, \quad \sum \gamma_i F_i = 0 \qquad (i = 1, 2, \ldots, n) \tag{104}$$

statthaben.

Jeder Punkt auf $\mathfrak{E}$ besitzt von wenigstens einem der Punkte $\mathfrak{r}_i$ eine Winkeldistanz $\leqq \theta$, und sodann von dem zugehörigen Punkte $\mathfrak{p}_i$ gewiß eine Winkeldistanz $< 2\theta$, weil immer $\mathfrak{r}_i$ von $\mathfrak{p}_i$ eine Winkeldistanz $< \theta$ hat. Da wir nun $2\theta < \frac{\pi}{2}$ vorausgesetzt haben, können hiernach die n Richtungen α_i, β_i, γ_i gewiß nicht sämtlich in einer Ebene liegen.

Nach dem Satze in 45. wird es nunmehr ein ganz bestimmtes Polyeder $\mathfrak{P}$ geben mit n Seitenflächen, den Richtungen $(\alpha_i, \beta_i, \gamma_i)$ als äußeren Normalen und den Größen F_i als Flächeninhalten dieser Seitenflächen, und zudem noch mit dem Schwerpunkte im Nullpunkte.

52. Wir haben jetzt noch einige allgemeinere Abschätzungen zur Sprache zu bringen.

Ist $\mathfrak{K}$ ein beliebiger konvexer Körper mit dem Schwerpunkte im Nullpunkte, H die Stützebenenfunktion von $\mathfrak{K}$, so wollen wir das Integral

$$\frac{1}{3}\int H(\alpha, \beta, \gamma)\, F(\alpha, \beta, \gamma)\, d\omega = J(\mathfrak{K}) \tag{105}$$

schreiben. Es sei G das Maximum unter den Werten $H(\alpha, \beta, \gamma)$ auf $\mathfrak{E}$, also der Radius der kleinsten, den Körper $\mathfrak{K}$ ganz in sich enthaltenden Kugel mit dem Nullpunkte als Mittelpunkt, und etwa $G\alpha^*$, $G\beta^*$, $G\gamma^*$

ein solcher Punkt der Begrenzung von $\mathfrak{K}$, der vom Nullpunkte die Entfernung G hat. Nach der Definition der Stützebenenfunktion ist dann sicherlich immer

(106) $$G(\alpha\alpha^* + \beta\beta^* + \gamma\gamma^*) \leqq H(\alpha, \beta, \gamma).$$

Andererseits haben wir, weil der Schwerpunkt von $\mathfrak{K}$ sich im Nullpunkte befindet, mit Rücksicht auf die Ungleichung (59) stets

(107) $$H(\alpha, \beta, \gamma) \leqq 3H(-\alpha, -\beta, -\gamma).$$

Wir wenden nun auf das Integral (105) die Ungleichung (106) für alle diejenigen Richtungen α, β, γ an, wobei $\alpha\alpha^* + \beta\beta^* + \gamma\gamma^* \geqq 0$ ist, und machen für die anderen Richtungen von (107) Gebrauch; beachten wir noch, daß zufolge der Gleichungen (100) das Integral

$$\frac{1}{2}\int |\alpha\alpha^* + \beta\beta^* + \gamma\gamma^*| F(\alpha, \beta, \gamma) d\omega,$$

erstreckt über die halben Kugelflächen von $\mathfrak{E}$, wo $\alpha\alpha^* + \beta\beta^* + \gamma\gamma^* \geqq 0$ bzw. $\leqq 0$ gilt, beide Male denselben Wert hat, mithin, nach der in 50. erklärten Bedeutung der Größe S_0, jedesmal $\geqq \frac{1}{2} S_0$ sein muß, so folgt

(108) $$J(\mathfrak{K}) \geqq \frac{1}{3}\left(S_0 + \frac{1}{3} S_0\right) G = \frac{4}{9} S_0 G.$$

Setzen wir

(109) $$\int F(\alpha, \beta, \gamma) d\omega = O_0,$$

so wird andererseits

(110) $$\frac{1}{3} O_0 G \geqq J(\mathfrak{K}).$$

Bei der Annahme $F(\alpha, \beta, \gamma) = 1$, wobei die Relationen (100) jedenfalls erfüllt sind, geht auf diese Weise insbesondere

(111) $$\frac{4\pi}{3} G \geqq \frac{1}{3}\int H d\omega \geqq \frac{4\pi}{9} G$$

hervor.

Setzen wir $H(\alpha_i, \beta_i, \gamma_i) = q_i$, so ist nach (91) das gemischte Volumen

(112) $$V(\mathfrak{K}, \mathfrak{P}, \mathfrak{P}) = \frac{1}{3}(F_1 q_1 + F_2 q_2 + \cdots + F_n q_n).$$

Jeder Punkt α, β, γ auf $\mathfrak{E}$ besitzt von wenigstens einem Punkte $\alpha_i, \beta_i, \gamma_i$ eine Winkeldistanz $< 2\theta$, also eine geradlinige Distanz $< 2\sin\theta$ und gilt alsdann nach der Ungleichung (6) in § 1 immer:

$$|H(\alpha, \beta, \gamma) - H(\alpha_i, \beta_i, \gamma_i)| < 2\sin\theta \cdot G.$$

Mit Hilfe dieser Beziehung und der Formeln (102) gewinnen wir aus (105) und (112) einerseits:

(113) $$J(\mathfrak{K}) > V(\mathfrak{K}, \mathfrak{P}, \mathfrak{P}) - 2\sin\theta \cdot O_0 G;$$

andererseits:

(114) $$\frac{1}{\cos\theta} V(\mathfrak{K}, \mathfrak{P}, \mathfrak{P}) > J(\mathfrak{K}) - 2\sin\theta \cdot O_0 G.$$

53. Die abgeleiteten Ungleichungen benutzen wir zunächst, um in betreff der Ausdehnung des in 51. konstruierten Polyeders $\mathfrak{P}$ gewisse Grenzen nachzuweisen. Es sei $P(u, v, w)$ die Stützebenenfunktion von $\mathfrak{P}$, N das Maximum unter den Werten $P(\alpha, \beta, \gamma)$, ferner V das Volumen von $\mathfrak{P}$. Aus (111) entnehmen wir

(115) $$\frac{4\pi}{3} N \geqq \frac{1}{3}\int P(\alpha, \beta, \gamma)\, d\omega \geqq \frac{4\pi}{9} N.$$

Die Oberfläche von $\mathfrak{P}$ ist

(116) $$F_1 + F_2 + \cdots + F_n < O_0 \quad \text{und} \quad > \cos\theta \cdot O_0 .$$

Wenden wir nun die allgemeinen Ungleichungen $V_1^3 \geqq V_0^2 V_3$, $V_2^3 \geqq V_0 V_3^2$ für zwei beliebige konvexe Körper auf das Polyeder $\mathfrak{P}$ und die Kugel $\mathfrak{G}$ an, so erhalten wir mit Rücksicht hierauf:

(117) $$\frac{1}{27} O_0^3 > \frac{4\pi}{3} V^2, \qquad \frac{4\pi}{3} N^3 > V.$$

Aus (113) gewinnen wir

(118) $$J(\mathfrak{P}) > V - 2\sin\theta \cdot O_0 N$$

und aus (114) und (108):

(119) $$\frac{V}{\cos\theta} > J(\mathfrak{P}) - 2\sin\theta \cdot O_0 N \geqq \left(\frac{4}{9} S_0 - 2\sin\theta \cdot O_0\right) N.$$

Mit Hilfe der zweiten Ungleichung in (117) folgt hieraus

(120) $$V^{\frac{2}{3}} > \left(\frac{3}{4\pi}\right)^{\frac{1}{3}} \cos\theta \left(\frac{4}{9} S_0 - 2\sin\theta \cdot O_0\right).$$

Wir nehmen nun einen Winkel θ_0 so klein an, daß jedenfalls

$$\sin\theta_0 < \frac{2}{9}\frac{S_0}{O_0}$$

ist, und gewinnen dann aus (120) eine von θ unabhängige positive Größe V_0 und hernach aus der zweiten Ungleichung in (117) eine von θ unabhängige Größe N_0 derart, daß immer

(121) $$V \geqq V_0, \quad N_0 \geqq N$$

statthat, wenn $\theta \leqq \theta_0$ ist, was wir von nun an voraussetzen.

Das Polyeder $\frac{1}{V^{\frac{1}{3}}}\mathfrak{P}$ hat das Volumen 1. Aus (119) entnehmen wir

(122) $$J\left(\frac{\mathfrak{P}}{V^{\frac{1}{3}}}\right) = \frac{1}{V^{\frac{1}{3}}} J(\mathfrak{P}) < \left(\frac{4\pi}{3}\right)^{\frac{2}{3}} \frac{1}{\cos\theta_0} N_0^2 + 2\sin\theta_0 \cdot \frac{O_0 N_0}{V_0^{\frac{1}{3}}};$$

die hier rechts stehende Größe setzen wir $= \frac{4}{9} S_0 M_0$, dann ist also

(123) $$J\left(\frac{\mathfrak{P}}{V^{\frac{1}{3}}}\right) < \frac{4}{9} S_0 M_0 .$$

54. Es sei jetzt $\mathfrak{L}$ ein beliebiger konvexer Körper vom Volumen 1 und mit dem Nullpunkte als Schwerpunkt, $L(u, v, w)$ die Stützebenen-

funktion von $\mathfrak{L}$. Wir fragen, unter welchen Umständen sich

$$(124) \qquad J(\mathfrak{L}) \leqq J\left(\frac{\mathfrak{P}}{V^{\frac{1}{3}}}\right)$$

herausstellen kann. Nach der Formel (108) und infolge der Ungleichung (123) wird hierzu jedenfalls nötig sein, daß $\mathfrak{L}$ ganz im Inneren der Kugel vom Radius M_0 mit dem Nullpunkt als Mittelpunkt enthalten ist, daß also stets $L(\alpha, \beta, \gamma) < M_0$ gilt. Nach (113) ist sodann

$$(125) \qquad J(\mathfrak{L}) > V(\mathfrak{L}, \mathfrak{P}, \mathfrak{P}) - 2 \sin\theta \cdot O_0 M_0 .$$

Jetzt ziehen wir die Resultate des § 6 heran. Bezeichnen wir mit D das Maximum unter den Quotienten

$$(126) \qquad \frac{V^{\frac{1}{3}} L(\alpha, \beta, \gamma)}{P(\alpha, \beta, \gamma)},$$

so gilt nach (76) die Ungleichung

$$(127) \qquad \frac{V(\mathfrak{L}, \mathfrak{P}, \mathfrak{P})}{V^{\frac{2}{3}}} - 1 \geqq \varkappa \frac{(D-1)^6}{D^5},$$

worin $\varkappa$ die numerische Konstante $\frac{1}{2^{10} \cdot 3^4 \cdot 7^{\frac{4}{3}}}$ bedeutet. Aus (125), (124), (119) und (121) schließen wir nun

$$(128) \qquad \left(\frac{1}{\cos\theta} - 1\right) + 2 \sin\theta \cdot O_0 \left(\frac{M_0}{V_0^{\frac{2}{3}}} + \frac{N_0}{V_0}\right) > \varkappa \frac{(D-1)^6}{D^5}.$$

Aus dieser Ungleichung entnehmen wir für $D - 1$ eine obere Grenze, die nach Null konvergiert, wenn θ nach Null abnimmt.

Andererseits haben wir, wenn d das Minimum der Funktion (126) bedeutet, nach (78) und der an diese Ungleichung angeschlossenen Bemerkung:

$$(129) \qquad D^2 - 1 \geqq \varkappa \frac{(1-d)^6}{d},$$

und hieraus ergibt sich weiter für $1 - d$ eine obere Grenze, die mit θ zugleich nach Null konvergiert. Wir werden somit auch eine Größe ε, die zugleich mit θ nach Null konvergiert, angeben können, so daß

$$1 + \varepsilon \geqq D, \quad d \geqq \frac{1}{1+\varepsilon}$$

gilt, und wir haben damit das Resultat erlangt:

Soll

$$J(\mathfrak{L}) \leqq J\left(\frac{\mathfrak{P}}{V^{\frac{1}{3}}}\right)$$

ausfallen, so muß jedenfalls $\mathfrak{L}$ ganz in $(1+\varepsilon)\frac{\mathfrak{P}}{V^{\frac{1}{3}}}$ enthalten sein und selbst das Polyeder $\frac{1}{1+\varepsilon}\frac{\mathfrak{P}}{V^{\frac{1}{3}}}$ in sich enthalten, wobei ε eine gewisse vom Winkel θ abhängende Größe bedeutet, die mit nach Null abnehmendem θ ebenfalls nach Null konvergiert.

55. Dieses Resultat zeigt uns sofort (s. 9.), daß, wenn wir den Winkel θ nach Null abnehmen lassen, das Polyeder $\frac{\mathfrak{P}}{V^{\frac{1}{3}}}$ nach einem bestimmten konvexen Körper $\mathfrak{L}$ als Grenze konvergieren muß, welchem die Eigenschaft zukommen wird, daß für ihn unter allen konvexen Körpern vom Volumen 1 und dem Nullpunkt als Schwerpunkt das Integral

$$J(\mathfrak{L}) = \frac{1}{3}\int L(\alpha, \beta, \gamma)\, F(\alpha, \beta, \gamma)\, d\omega,$$

unter L die Stützebenenfunktion von $\mathfrak{L}$ verstanden, den kleinsten Wert hat. Bezeichnen wir das betreffende Minimum dieses Integrals mit J, so konvergiert gleichzeitig $V^{\frac{2}{3}}$ nach J (s. (118) und (119)) und das Polyeder $\mathfrak{P}$ nach dem Körper $\mathfrak{K} = J^{\frac{1}{2}}\mathfrak{L}$.

Ist jetzt $\mathfrak{K}'$ ein beliebiger konvexer Körper, H' seine Stützebenenfunktion, G' das Maximum der Werte $H'(\alpha, \beta, \gamma)$, so folgt aus (113), (114) und (110):

$$|J(\mathfrak{K}') - V(\mathfrak{K}', \mathfrak{P}, \mathfrak{P})| < \left(\frac{1}{3}(1 - \cos\theta) + 2\sin\theta\right) O_0 G'.$$

Da nun für ein nach Null abnehmendes θ die Größe $V(\mathfrak{K}', \mathfrak{P}, \mathfrak{P})$ nach $V(\mathfrak{K}', \mathfrak{K}, \mathfrak{K})$ konvergiert, so ersehen wir hieraus, daß allgemein die Darstellung

$$V(\mathfrak{K}', \mathfrak{K}, \mathfrak{K}) = J(\mathfrak{K}'), \quad \text{d. i.} \quad = \frac{1}{3}\int H' F d\omega$$

gilt. Danach ist in der Tat der gefundene konvexe Körper $\mathfrak{K}$ ein stetig gekrümmter mit $F(\alpha, \beta, \gamma)$ als Krümmungsfunktion, mithin der Beweis für den Satz in 43. vollständig erbracht.

56. Wir können diesen Satz über die Bestimmung eines konvexen Körpers zu einer gegebenen Krümmungsfunktion F auch auf Fälle ausdehnen, wo diese vorgelegte Funktion F nicht durchweg stetig ist. Insbesondere lassen sich alle konvexen Körper, welche in der Regel *konstante* positive Krümmung und nur an singulären Stellen unendliche Krümmung besitzen, durch folgende Aussage charakterisieren:

Es seien auf der Kugelfläche $\mathfrak{E}$ beliebige Partien $\mathfrak{N}$ abgegrenzt, denen ein bestimmter und von Null verschiedener Flächeninhalt zukommt und so, daß der Schwerpunkt dieser Partien $\mathfrak{N}$ für sich, wie der der ganzen Kugelfläche $\mathfrak{E}$, im Nullpunkte liegt. Alsdann gibt es stets einen und nur einen konvexen Körper $\mathfrak{K}$ mit dem Nullpunkte als Schwerpunkt, derart daß für jeden beliebigen konvexen Körper $\mathfrak{K}'$ die Darstellung

$$V(\mathfrak{K}', \mathfrak{K}, \mathfrak{K}) = \frac{1}{3}\int\limits_{(\mathfrak{N})} H' d\omega$$

gilt, wo H' die Stützebenenfunktion von $\mathfrak{K}'$ bedeutet und das Integral nur über die Partien $\mathfrak{N}$ der Kugelfläche $\mathfrak{E}$ zu erstrecken ist.

XXVII.

Über die Körper konstanter Breite.

(In russischer Sprache erschienen in: Mathematische Sammlung (Matematičeskij Sbornik), Moskau, Band 25, S. 505—508.)

§ 1.

Unter der *Breite eines Körpers in einer gegebenen Richtung* soll der Abstand der zwei zu dieser Richtung normalen Stützebenen des Körpers voneinander verstanden werden. Als *Stützebene* des Körpers wird hier jede Ebene bezeichnet, welche an den Körper in wenigstens einem Punkte anstößt, ihn aber nicht durchsetzt.

Ein Körper, der in allen Richtungen gleiche Breite hat, soll von *konstanter Breite* heißen.

§ 2.

Es sei irgendein Körper K vorgelegt. Wir verwenden rechtwinklige Koordinaten x, y, z mit einem Punkte O im Inneren von K als Anfangspunkt, und führen zur Festlegung der Punkte α, β, γ auf der Kugelfläche vom Radius 1 um O Polarkoordinaten ϑ, ψ ein, so daß

$$\alpha = \sin\vartheta\cos\psi, \quad \beta = \sin\vartheta\sin\psi, \quad \gamma = \cos\vartheta \; (0 \leqq \vartheta \leqq \pi, \quad 0 \leqq \psi \leqq 2\pi)$$

ist.

Der Abstand derjenigen Stützebene an K, welche α, β, γ als die vom Körper abgewandte Normalenrichtung zeigt, vom Nullpunkt heiße $H(\vartheta, \psi)$.

Der zu einer Richtung $\alpha, \beta, \gamma\,(\vartheta, \psi)$ entgegengesetzten Richtung $-\alpha, -\beta, -\gamma$ entsprechen dann die Werte $\pi - \vartheta, \psi + \pi \pmod{2\pi}$ dieser Polarkoordinaten.

Die Breite von K in der Richtung α, β, γ wird alsdann durch

$$B(\vartheta, \psi) = H(\vartheta, \psi) + H(\pi - \vartheta, \psi + \pi)$$

dargestellt. Dieser Ausdruck bleibt ungeändert, wenn wir α, β, γ durch die entgegengesetzte Richtung $-\alpha, -\beta, -\gamma$ ersetzen.

Denken wir uns $H(\vartheta, \psi)$ in eine Reihe nach Kugelflächenfunktionen entwickelt,

$$H(\vartheta, \psi) = Y_0 + Y_1(\vartheta, \psi) + Y_2(\vartheta, \psi) + \cdots,$$

worin Y_0 eine Konstante und $Y_m(\vartheta, \psi)$ eine Kugelfunktion m^{ter} Ordnung vorstellt, so folgt

$$H(\pi - \vartheta, \psi + \pi) = Y_0 - Y_1(\vartheta, \psi) + Y_2(\vartheta, \psi) + \cdots$$

und

$$B(\vartheta, \psi) = 2\,Y_0 + 2\,Y_2(\vartheta, \psi) + 2\,Y_4(\vartheta, \psi) + \cdots.$$

Damit K einen Körper konstanter Breite vorstellt, ist hiernach notwendig und hinreichend, daß die Terme gerader Ordnung $Y_2(\vartheta, \psi)$, $Y_4(\vartheta, \psi), \cdots$ in der Entwicklung von $H(\vartheta, \psi)$ sämtlich identisch verschwinden.

§ 3.

Unter *dem Umfange* eines Körpers *in bezug auf eine gegebene Richtung* wollen wir den *Umfang des Querschnittes* bei demjenigen Zylinder verstehen, der von allen der betreffenden Richtung parallelen Stützebenen des Körpers umhüllt wird.

Ein Körper, der in bezug auf alle Richtungen gleichen Umfang hat, soll *von konstantem Umfange* heißen.

Wir werden hier den Satz beweisen:

Die Körper konstanter Breite und die Körper konstanten Umfanges sind miteinander identisch.

§ 4.

Der Umfang des Körpers K speziell in bezug auf die Richtung der z-Achse ist der Umfang der in der xy-Ebene von den sämtlichen Geraden

$$x \cos\psi + y \sin\psi = H\left(\frac{\pi}{2}, \psi\right) = h(\psi)$$

umhüllten geschlossenen konvexen Kurve. Für die Punkte x, y dieser Kurve haben wir neben dieser ersten Gleichung noch die andere

$$-x \sin\psi + y \cos\psi = \frac{\partial h(\psi)}{\partial \psi},$$

so daß für sie

$$x = h\cos\psi - \frac{\partial h}{\partial \psi}\sin\psi, \qquad y = h\sin\psi + \frac{\partial h}{\partial\psi}\cos\psi,$$

$$dx = -\left(h + \frac{\partial^2 h}{\partial\psi^2}\right)\sin\psi\, d\psi, \qquad dy = \left(h + \frac{\partial^2 h}{\partial \psi^2}\right)\cos\psi\, d\psi$$

gilt und also der Umfang jener Kurve durch

$$\int_0^{2\pi}\left(h + \frac{\partial^2 h}{\partial\psi^2}\right)d\psi = \int_0^{2\pi} h\, d\psi$$

dargestellt wird.

Setzen wir nun

$$Y_m(\vartheta, \psi) = A_0 P^{(m)}(\cos\vartheta) + \sum_{\nu=1}^{m}(A_\nu \cos\nu\psi + B_\nu \sin\nu\psi)\ \ P_\nu^{(m)}(\cos\vartheta)$$

an, wobei

$$P^{(m)}(1) = 1, \quad P^{(2l-1)}(0) = 0, \quad P^{(2l)}(0) = (-1)^l \frac{1 \cdot 3 \cdot 5 \cdots (2l-1)}{2 \cdot 4 \cdot 6 \cdots 2l}$$

ist,

$$P_\nu^{(m)}(1) = 0 \quad (\nu = 1, \cdots, m),$$

so erkennen wir, daß

$$\int_0^{2\pi} Y_m\left(\frac{\pi}{2}, \psi\right) d\psi$$

bei ungeradem m verschwindet und bei geradem m sich als das Produkt aus dem Werte der Funktion $Y_m(\vartheta, \psi)$ für den Pol $\vartheta = 0$ in eine gewisse von m abhängige Konstante $\tilde{\omega}_m = 2\pi P^{(m)}(0)$ ergibt.

Indem wir dieses in bezug auf die Richtung der z-Achse gewonnene Resultat auf eine beliebige Richtung übertragen, sehen wir, daß aus der angenommenen Entwicklung für $H(\vartheta, \psi)$ sich für den Umfang von K in bezug auf eine beliebige Richtung (ϑ, ψ) die folgende Entwicklung

$$U(\vartheta, \psi) = 2\pi Y_0 + \tilde{\omega}_2 Y_2(\vartheta, \psi) + \tilde{\omega}_4 Y_4(\vartheta, \psi) + \cdots$$

herausstellt.

Damit K ein Körper konstanten Umfanges ist, finden wir hiernach notwendig und hinreichend, daß in der Entwicklung von $H(\vartheta, \psi)$ nach Kugelfunktionen die Terme $Y_2, Y_4, \cdots$ sämtlich Null sind.

Ein Vergleich dieses Resultats mit dem vorhin gewonnenen über die Körper konstanter Breite zeigt in der Tat, daß ein Körper konstanter Breite jedesmal zugleich ein Körper konstanten Umfanges ist und umgekehrt.

ZUR PHYSIK

XXVIII.

Über die Bewegung eines festen Körpers in einer Flüssigkeit.

(Sitzungsberichte der K. Preußischen Akademie der Wissenschaften zu Berlin. Band XL. 1888. S. 1095—1110.)

(Vorgelegt von Herrn von Helmholtz.)

Gustav Kirchhoff*) hat aus dem Hamiltonschen Prinzipe Differentialgleichungen für die Bewegung eines festen Körpers in einer Flüssigkeit hergeleitet, und dieselben Gleichungen hat Sir William Thomson**) mit Hilfe seiner allgemeinen Bestimmung der nach Impulsen eintretenden Zustände gefunden. Es liegen diesen Gleichungen die Vorstellungen zugrunde, daß der Körper von unveränderlichem Gefüge, die Flüssigkeit homogen, inkompressibel und reibungslos ist, ferner, daß die Flüssigkeit nach allen Richtungen sich in die Unendlichkeit erstreckt, dort überall ruht, und daß an jedem ihrer Punkte ein einwertiges Geschwindigkeitspotential existiert. Diese Vorstellungen halte ich im folgenden fest, und ich gebe für den Fall, daß keine Kräfte wirken, eine Reduktion jener Gleichungen auf ein Problem, das mit dem der kürzesten Linien auf einem Ellipsoide Ähnlichkeit hat. Bisher sind, selbst für diesen elementarsten Fall, nur einzelne Integrale, partikuläre Lösungen, und Folgerungen, die sich auf Körper von spezieller Gestalt und Massenverteilung beziehen, bekannt; hier werde ich keinerlei Beschränkungen hinsichtlich des Körpers eintreten lassen.

Zunächst suche ich in § 1 diejenige Zerlegung der Bewegung eines Körpers in einer Flüssigkeit auf, welche das Analogon ist zu der Zerlegung der Bewegung eines Körpers im leeren Raume in die Bewegung des Trägheitsmittelpunktes des Körpers und die Rotation um diesen Punkt. In § 2 ist die Bedeutung der Differentialgleichungen von Kirchhoff und Thomson auseinandergesetzt, und werden diejenigen Bewegungszustände

*) Crelles Journal, Bd. 71, S. 237—262. — Auch in den Vorlesungen über Mechanik, XIX. Vorl.

**) Philosophical Magazine, 1871, Vol. 42, pp. 362—366.

eines Körpers in einer Flüssigkeit bestimmt, die sich, ohne Einfluß von Kräften, unverändert erhalten. Verschiedene von den Resultaten dieses Paragraphen finden sich bereits in den Aufsätzen der Herren H. Lamb*) und Th. Craig**); aber die Entwicklung derselben geschieht hier einfacher und übersichtlicher. In § 3 leite ich die Bewegung des Körpers — so wie sie vom Körper gesehen sich darstellt — für den Fall, daß keine Kräfte wirken, aus dem einen, der Bewegung eines Trägheitsmittelpunktes analogen Teile allein ab. Indem ich dann auch aus dem Ausdrucke des Hamiltonschen Prinzips die Koordinaten des anderen Teiles herausschaffe, tritt eine neue und sehr anschauliche Minimaleigenschaft zutage. Diese ermöglicht schließlich eine Anwendung der Sätze von C. G. J. Jacobi***) über diejenigen Probleme der Mechanik, welche nur zwei zu bestimmende Größen enthalten.

Eine ganz ähnliche und nicht minder bemerkenswerte Gelegenheit, von diesen wichtigen Sätzen Nutzen zu ziehen, bietet sich, worauf ich indessen hier nicht eingehe, in dem Probleme der Rotation eines, der *Schwere* unterworfenen Körpers um einen festen Punkt; ob die Rotation im leeren Raume oder in einer unendlichen, schweren Flüssigkeit vor sich geht, macht für die mathematische Behandlung nur insoweit einen Unterschied aus, als im letzteren Falle von den drei, auf den festen Punkt bezüglichen Hauptträgheitsmomenten auch eines größer als die Summe der beiden anderen sein kann, was im ersteren Falle ausgeschlossen ist.

§ 1.

In fester Verbindung mit dem betrachteten Körper sei ein rechtwinkliges Koordinatensystem angenommen; anstatt von der Bewegung des Körpers können wir von der Bewegung dieses Systems sprechen. Es seien $\mathfrak{u}$, $\mathfrak{v}$, $\mathfrak{w}$ die augenblicklichen Geschwindigkeiten des Anfangspunktes dieses Systems parallel zu den Achsen desselben, p, q, r die augenblicklichen Drehungsgeschwindigkeiten des Systems um diese Achsen. Über den Sinn positiver Drehungen sei die gewöhnliche Festsetzung getroffen, derzufolge die Ausdrücke für die Geschwindigkeiten eines Punktes, dessen Koordinaten x, y, z sind, lauten:

$$(1) \qquad \mathfrak{u} + zq - yr, \quad \mathfrak{v} + xr - zp, \quad \mathfrak{w} + yp - xq.$$

Mit unseren Voraussetzungen über die Ausdehnung und die Bewegung der Flüssigkeit erreichen wir, daß durch die Werte von $\mathfrak{u}$, $\mathfrak{v}$, $\mathfrak{w}$, p, q, r

*) Proceedings of the London Mathematical Society, 1877, VIII. pp. 273—286.

**) American Journal of Mathematics, 1879. II. pp. 162—171.

***) Vorlesungen über Dynamik, XXII. Vorl. — Ges. Werke, Supplementband, 1884, S. 175.

jedesmal auch der Bewegungszustand der Flüssigkeit völlig bestimmt ist, und daß wir uns den Zustand des ganzen, aus Körper und Flüssigkeit bestehenden Systems von der Ruhe aus momentan, durch einen gewissen, auf den Körper ausgeübten Impuls, entstanden denken können. Infolge dieser Umstände ist dann die gesamte lebendige Kraft des Körpers und der Flüssigkeit, die wir mit T bezeichnen, eine homogene Funktion zweiten Grades von $\mathfrak{u}, \mathfrak{v}, \mathfrak{w}, p, q, r$ mit konstanten Koeffizienten, deren Werte von der Gestalt des Körpers, der Masse dieses und ihrer Verteilung, sowie von der Dichtigkeit der Flüssigkeit abhängig sind; und der in Frage kommende Impuls, den wir kurz den augenblicklichen *Impuls der Bewegung* nennen, und der eine, T gleiche Arbeit zu leisten haben würde, ist äquivalent einer im Anfangspunkte der Koordinaten angreifenden impulsiven Kraft, deren Komponenten $\frac{\partial T}{\partial \mathfrak{u}}, \frac{\partial T}{\partial \mathfrak{v}}, \frac{\partial T}{\partial \mathfrak{w}}$ sind, verbunden mit einem impulsiven Kräftepaare von den Komponenten $\frac{\partial T}{\partial p}, \frac{\partial T}{\partial q}, \frac{\partial T}{\partial r}$. Diese Differentialquotienten sind hier nur als Symbole für gewisse lineare Ausdrücke in $\mathfrak{u}, \mathfrak{v}, \mathfrak{w}, p, q, r$ aufzufassen, die ich auch der Reihe nach mit $u, v, w, \mathfrak{p}, \mathfrak{q}, \mathfrak{r}$ bezeichne.

Zerlegung der lebendigen Kraft. In derselben Beziehung, wie die letzten sechs Größen zum Anfangspunkte der Koordinaten, stehen, vermöge der Ausdrücke (1), zu einem Punkte, dessen Koordinaten x, y, z sind, die Größen:

$$u,\ v,\ w,\ \mathfrak{p} + zv - yw,\ \mathfrak{q} + xw - zu,\ \mathfrak{r} + yu - xv.$$

Da hiernach die Bedeutung der impulsiven Einzelkräfte u, v, w — ähnlich wie die der Drehungsgeschwindigkeiten p, q, r — von der Wahl des Anfangspunktes völlig unabhängig ist und nur von den Richtungen der Achsen abhängt, so führe ich diese Größen u, v, w als neue Variable an Stelle von $\mathfrak{u}, \mathfrak{v}, \mathfrak{w}$ ein. Das kann geschehen, da die in Frage kommende Determinante niemals verschwindet, weil T eine wesentlich positive Form ist. *Die Form T mit sechs Variablen zerfällt aber dadurch in eine Form der drei Variablen u, v, w, und eine Form der drei Variablen p, q, r,* die ihrerseits beide wesentlich positiv sein müssen; ich schreibe:

$$T = E(u, v, w) + G(p, q, r).$$

Die Größen $\mathfrak{u}, \mathfrak{v}, \mathfrak{w}$ werden lineare Funktionen in u, v, w, p, q, r mit konstanten Koeffizienten. Aus den Ausdrücken (1), welche gewisse Funktionen eines beliebigen Punktes vorstellen, geht hervor, daß derjenige Punkt im Körper, dessen Koordinaten

$$\frac{1}{2}\left(\frac{\partial \mathfrak{w}}{\partial q} - \frac{\partial \mathfrak{v}}{\partial r}\right),\quad \frac{1}{2}\left(\frac{\partial \mathfrak{u}}{\partial r} - \frac{\partial \mathfrak{w}}{\partial p}\right),\quad \frac{1}{2}\left(\frac{\partial \mathfrak{v}}{\partial p} - \frac{\partial \mathfrak{u}}{\partial q}\right)$$

sind, eine von der Wahl des Koordinatensystems völlig unabhängige Bedeutung hat.

In diesen Punkt, den ich im Hinblick auf eine später auseinanderzusetzende Eigenschaft das *Zentrum der Hauptachsen des Körpers* nenne, soll für die Folge stets der Anfangspunkt des im Körper festen Koordinatensystems gelegt sein, d. h. ich setze die vorstehenden Differenzen gleich Null voraus. Dann lassen sich die Differenzen

$$\mathfrak{u} - \frac{\partial E}{\partial u}, \quad \mathfrak{v} - \frac{\partial E}{\partial v}, \quad \mathfrak{w} - \frac{\partial E}{\partial w},$$

die nicht mehr von u, v, w abhängen, als partielle Differentialquotienten nach p, q, r von einer gewissen quadratischen Form in p, q, r darstellen, die ich mit $-F(p, q, r)$ bezeichne; die Differenzen

$$\mathfrak{p} - \frac{\partial G}{\partial p}, \quad \mathfrak{q} - \frac{\partial G}{\partial q}, \quad \mathfrak{r} - \frac{\partial G}{\partial r}$$

sind hernach gleich den partiellen Differentialquotienten nach u, v, w von $+F(u, v, w)$.

Ein identisches Verschwinden dieser Form F — wie es beispielsweise immer eintritt, wenn der Körper der Gestalt und Verteilung der Masse nach ein Rotationskörper ist, oder wenn die Dichtigkeit der Flüssigkeit Null ist, d. h. die Bewegung im leeren Raume erfolgt — zeigt an, daß der betrachtete Körper hinsichtlich des Ausdrucks der lebendigen Kraft T den Charakter solcher Körper trägt, die der Gestalt und Massenverteilung nach einen *Mittelpunkt* aufweisen.

Der Ort des Zentrums der Hauptachsen und die drei Formen E, F, G mit je drei Variablen involvieren zusammen dieselbe Zahl von Konstanten, nämlich 21, wie die eine Form T mit sechs Variablen.

Ebenso wie die gesamte lebendige Kraft, erscheint die Bewegung des Körpers in zwei, von der Wahl eines Koordinatensystems völlig unabhängige Teile zerlegt, nämlich in eine *Verschiebungsgeschwindigkeit* ($p = 0$, $q = 0$, $r = 0$) und eine Bewegung, deren Impuls ein *impulsives Kräftepaar* ist ($u = 0$, $v = 0$, $w = 0$). Im leeren Raume würde der erste Teil die Bewegung des Trägheitsmittelpunktes, der zweite die Rotation um diesen Punkt vorstellen. Die Verschiebungsgeschwindigkeit hat zu Komponenten: $\frac{\partial E}{\partial u}, \frac{\partial E}{\partial v}, \frac{\partial E}{\partial w}$, das impulsive Kräftepaar: $\frac{\partial G}{\partial p}, \frac{\partial G}{\partial q}, \frac{\partial G}{\partial r}$.

Um diese Zerlegung weiter zu verfolgen, denke ich mir für einen Moment die Koordinatenachsen in Hauptachsen einer Fläche zweiten Grades $F(x, y, z) =$ konst. gelegt, so daß für $F(x, y, z)$ ein Ausdruck

$$\frac{1}{2}(ax^2 + by^2 + cz^2)$$

bestehe. Dann soll eine Linie, die in einer Richtung, deren Kosinus ξ, η, ζ sind, von dem Punkte

(2) $x = (b-c)\eta\zeta,\ y = (c-a)\zeta\xi,\ z = (a-b)\xi\eta \quad (\xi^2+\eta^2+\zeta^2=1)$

oder von dem, diesem Punkte in bezug auf das Zentrum der Hauptachsen gegenüberliegenden Punkte $-x$, $-y$, $-z$ ausgeht und sich ins Unendliche erstrecken mag, der zu der Richtung $\xi:\eta:\zeta$ gehörende *erste, bzw. zweite Radius des Körpers* heißen. Als gleichwertig mit $\xi:\eta:\zeta$ können hier offenbar nur solche Proportionen $m\xi:m\eta:m\zeta$ gelten, in welchen m ein positiver Faktor ist. Zwei zu entgegengesetzten Richtungen gehörende erste, bzw. zweite Radien greifen stets an demselben Punkte an; die Linie, die sie gemeinsam bestimmen, soll ein *erster, bzw. zweiter Durchmesser des Körpers* heißen.

Man bestätigt leicht mit Hilfe der Ausdrücke (1), daß durch das impulsive Kräftepaar $\frac{\partial G}{\partial p}, \frac{\partial G}{\partial q}, \frac{\partial G}{\partial r}$ eine Schraubenbewegung um den zu der Richtung $p:q:r$ gehörenden ersten Radius entsteht, wobei die Geschwindigkeit der Drehung die Größe $+\sqrt{p^2+q^2+r^2}$ und die der Steigung die Größe $\frac{-2F(p,q,r)}{p^2+q^2+r^2}$ erlangt. Ganz analog reduziert sich der Impuls der Verschiebungsgeschwindigkeit $\frac{\partial E}{\partial u}, \frac{\partial E}{\partial v}, \frac{\partial E}{\partial w}$ auf eine impulsive Kraft $+\sqrt{u^2+v^2+w^2}$ längs dem zu der Richtung $u:v:w$ gehörenden zweiten Radius, und ein impulsives Kräftepaar $\frac{2F(u,v,w)}{u^2+v^2+w^2}\sqrt{u^2+v^2+w^2}$ um diesen Radius.

Die zu den sämtlichen Richtungen gehörenden ersten (oder zweiten) Durchmesser bestimmen im Körper ein, noch von der Dichtigkeit der Flüssigkeit abhängendes, Strahlensystem zweiter Klasse mit ausgezeichneten metrischen Eigenschaften: Die Mittelpunkte der Strahlen, identisch mit den Punkten (2), sind zugleich die Fußpunkte ihrer kürzesten Entfernungen vom Zentrum der Hauptachsen; sie bilden in ihrer Gesamtheit eine geschlossene Steinersche Fläche, welche sich auf die Fläche eines Kreises oder gar auf das Zentrum der Hauptachsen zusammenzieht, wenn $F =$ konst. eine Rotationsfläche oder eine Kugel wird. Sieht man ferner irgend drei zueinander senkrechte erste (oder zweite) Durchmesser als nichtzusammenhängende Kanten eines Parallelepipedums an, so fällt der Mittelpunkt dieses in das Zentrum der Hauptachsen.

§ 2.

Man kann zunächst aus dem Hamiltonschen Prinzipe sehr einfach die am Anfange von § 1 auseinandergesetzte Bedeutung der Differentialquotienten der lebendigen Kraft T nach den Geschwindigkeiten erschließen; dann sind die Differentialgleichungen von Kirchhoff und Thomson nur ein Ausdruck für die fast selbstverständliche Tatsache, daß der augenblickliche Impuls der Bewegung in jedem Zeitelement dt genau um den, von den gerade vorhandenen Kräften während dt ausgeübten Impuls zunimmt, vorausgesetzt, daß ein jeder Impuls nicht allein der Größe nach, sondern auch nach Richtung und Lage im Raume geschätzt wird.

Wirken keine Kräfte, und auch nur in solchem Falle wird daher der Impuls der Bewegung einen unveränderlichen Ausdruck im Raume haben. Diese Bedingung bestimmt den ganzen Bewegungsvorgang; denn man erkennt aus ihr, welche Änderungen der Geschwindigkeiten mit jeder Ortsänderung des Körpers einhergehen müssen.

Der augenblickliche Impuls der Bewegung besitzt, wie jeder Impuls, eine einzige, völlig sichere Darstellung, sei es als nichtverschwindende impulsive Kraft mit einem, zu der Kraft *senkrechten* impulsiven Kräftepaare, sei es bloß als impulsives Kräftepaar. Unter der *Achse des Impulses* versteht man in dem einen Falle die der Richtung und Lage nach völlig bestimmte Linie, in welcher die impulsive Einzelkraft wirkt, in dem anderen Falle die nur der Richtung nach bestimmte Achse des alsdann allein vorhandenen impulsiven Kräftepaars. Die *Größe des Impulses* sei definiert durch den Inbegriff zweier Größen J und J_1, von denen die erste, J, die absolute Größe der impulsiven Einzelkraft, und die andere, J_1, die im Sinne der Achsenrichtung des Impulses gemessene Größe des Moments des impulsiven Kräftepaars bezeichnen soll.

Wenn keine Kräfte wirken, so muß also die Größe des Impulses konstant und seine Achse im Raume unveränderlich sein. Daß alsdann auch die gesamte lebendige Kraft T konstant sein wird, leuchtet aus dem Satze von der Erhaltung der lebendigen Kraft ein.

Den analytischen Ausdruck dieser Bedingungen findet man in folgender Weise, wobei man den Fall $J = 0$ als Grenzfall eines unendlich kleinen J auffassen kann. Zunächst ist für die Größe des Impulses:

$$(3) \qquad u^2 + v^2 + w^2 = J^2, \qquad J \geqq 0$$

$$(4) \qquad u\mathfrak{p} + v\mathfrak{q} + w\mathfrak{r} = JJ_1,$$

(wenn $J = 0$, d. h. $u = 0$, $v = 0$, $w = 0$ ist, so hat man: $\mathfrak{p}^2 + \mathfrak{q}^2 + \mathfrak{r}^2 = J_1^2$, $J_1 \geqq 0$). Die Achse des Impulses besitzt in bezug auf das im Körper angenommene Koordinatensystem die Gleichungen:

$$(5) \qquad \mathfrak{p} + zv - yw : \mathfrak{q} + xw - zu : \mathfrak{r} + yu - xv : J_1 = u : v : w : J$$

(oder ist im Falle $J = 0$ durch $\mathfrak{p} : \mathfrak{q} : \mathfrak{r}$ der Richtung nach bestimmt); nach Verlauf eines Zeitelements dt haben sich hierin u, v, w, $\mathfrak{p}$, $\mathfrak{q}$, $\mathfrak{r}$ um ihre Differentiale während dt geändert; da aber die Achse des Impulses dieselbe geblieben sein soll, und nur der Ort des Koordinatensystems sich geändert hat, so müssen die Gleichungen dieser Linie nach Verlauf von dt auch zum Vorschein kommen (bis auf unendlich kleine Größen zweiter Ordnung), wenn man in (5) nur zu x, y, z die in dt multiplizierten Geschwindigkeiten (1) hinzufügt. Hält man die Bedingung, daß die auf diese zweierlei Arten aus (5) entstehenden Gleichungen dieselben Punkte x, y, z definieren sollen, mit der anderen zusammen, daß J und J_1 Konstanten, d. h. die Differentialquotienten der linken Seiten von (3) und (4) nach t Null sein sollen, so hat man Beziehungen genug, um den Differentialquotienten jeder der Größen $u, v, w, \mathfrak{p}, \mathfrak{q}, \mathfrak{r}$ nach t als Funktion eben dieser Größen darzustellen, worauf die Differentialgleichungen von Kirchhoff und Thomson hinauslaufen.

Stationäre Bewegungen. Wie der Körper auch beschaffen sein mag, so gibt es stets für ihn *stationäre* Bewegungszustände, d. h. es gibt Wertsysteme der Geschwindigkeiten $\mathfrak{u}, \mathfrak{v}, \mathfrak{w}, p, q, r$, die, einmal erzeugt, unverändert bestehen, so lange als keine Kräfte wirken. Eine Bewegung, die mit Geschwindigkeiten solcher Art beginnt, setzt sich als gleichförmige Schraubenbewegung fort.

Die charakteristische Bedingung für stationäre Bewegungszustände ist die, daß die Achse der Bewegung (nämlich der durch die Geschwindigkeiten bestimmten Schraubenbewegung) und die Achse des Impulses der Bewegung der Lage nach zusammenfallen müssen.

Denn soll irgendein Bewegungszustand eine Weile andauern, der Körper also eine gleichförmige Schraubenbewegung ausführen, so muß der Impuls der Bewegung diese Schraubenbewegung sozusagen mitmachen; dabei bleibt natürlich seine Größe ungeändert, seine Achse aber ist nur dann fest, wenn sie in die Achse der Bewegung fällt.

Die genannte Bedingung ist, falls eine der Achsen nur der Richtung nach definiert, also keine Drehungsgeschwindigkeit oder keine impulsive Einzelkraft vorhanden ist, dahin aufzufassen, daß den Achsen gleiche oder entgegengesetzte Richtungen zukommen müssen.

Für die Achse des Impulses ist bereits ein analytischer Ausdruck angegeben; die Achse der Bewegung hat, wenn die Drehungsgeschwindigkeit nicht Null ist, die Gleichungen:

$$\mathfrak{u} + zq - yr : \mathfrak{v} + xr - zp : \mathfrak{w} + yp - xq = p : q : r,$$

anderenfalls ist sie durch $\mathfrak{u} : \mathfrak{v} : \mathfrak{w}$ der Richtung nach definiert. Damit diesen zweierlei Bestimmungen *eine* Linie genügen könne, ist notwendig und hinreichend, daß mit irgendwelchen Werten von λ und μ die Beziehungen bestehen:

$$u : v : w : 1 = p : q : r : \lambda = \mathfrak{u} - \lambda\mathfrak{p} : \mathfrak{v} - \lambda\mathfrak{q} : \mathfrak{w} - \lambda\mathfrak{r} : \mu,$$

d. i.

$$0 = \delta\left(T - \lambda J J_1 - \frac{\mu}{2} J^2\right)\left[= \delta\left(T + \frac{\lambda^2}{2\mu} J_1^2\right), \text{ wenn } J = 0 \text{ ist}\right].$$

Danach haben in stationären Bewegungen die Geschwindigkeiten solche

Werte, daß die, bei festgehaltener Größe des Impulses genommene erste Variation der lebendigen Kraft identisch verschwindet (dasselbe ist von der ersten Variation bei festgehaltener Größe der Schraubenbewegung auszusagen).

Um einen Überblick über sämtliche überhaupt existierenden stationären Bewegungen eines Körpers zu erhalten, kann man sie nach den Werten ihres λ anordnen; λ bedeutet für sie das Verhältnis ihrer Drehungsgeschwindigkeit zu ihrer impulsiven Einzelkraft, und zwar, wenn dasselbe nicht Null oder unendlich ist, mit positivem oder negativem Vorzeichen, je nachdem ihre zwei Achsen der Bewegung und des Impulses gleiche oder entgegengesetzte Richtung haben:

Die Verhältnisse der Geschwindigkeiten in *den* stationären Bewegungen, welche zu einem festen Werte von λ gehören, erfüllen die Proportion $u:v:w:1 = p:q:r:\lambda$ und die Bedingung, daß die durch $u:v:w$ (oder $p:q:r$) bestimmte Richtung die einer Hauptachse der Fläche zweiten Grades

$$(6) \quad T - \lambda J J_1 = E(u, v, w) - 2\lambda F(u, v, w) - \lambda^2 G(u, v, w) = \text{konst.}$$

sein muß, wenn man u, v, w als rechtwinklige Koordinaten eines Punktes (an Stelle von x, y, z) ansieht. Der Parameter λ kann hier jeden reellen Wert haben, und für jeden Wert von λ gehören so zu jeder Hauptachse der Fläche (6) je zwei, einander entgegengesetzte stationäre Bewegungen mit beliebigem Werte der lebendigen Kraft T.

Die Gesamtheit der Hauptachsen aller Flächen (6) bestimmt im Körper für gewöhnlich einen Kegel sechster Ordnung. Auf der, diesem Kegel parallelen, von den *Doppelachsen* sämtlicher stationären Bewegungen gebildeten geradlinigen Fläche haben irgend drei, zu demselben λ gehörende und zueinander senkrechte Doppelachsen stets eine solche Lage, daß der Mittelpunkt des Parallelepipedums, für welches sie nichtzusammenhängende Kanten sind, in unseren Koordinatenanfangspunkt fällt.

$\lambda = \infty$. Der letzten Eigenschaft ist nun auch die für diesen Anfangspunkt gewählte Bezeichnung als „Zentrum der Hauptachsen" entnommen. Unter *Hauptachsen* sollen nämlich hier, ähnlich wie bei einem Körper im leeren Raume, die Doppelachsen derjenigen stationären Bewegungen des Körpers verstanden werden, welche durch ein bloßes impulsives Kräftepaar zu erzeugen sind, d. h. der Annahme $J = 0$ $(\lambda = \infty)$ entsprechen. Die Hauptachsen sind hiernach erste Durchmesser des Körpers, und zwar diejenigen, welche zu den Richtungen der Hauptachsen eines Ellipsoids $G =$ konst. gehören.

Für die Folge sollen stets die im Körper festen Koordinatenachsen in die Richtungen dreier zueinander senkrechter Hauptachsen gelegt sein, und setze ich demgemäß für $G(p, q, r)$ einen Ausdruck $\frac{1}{2}(Ap^2 + Bq^2 + Cr^2)$ voraus; die Gleichung (4) für J_1 läßt sich dann in der Form schreiben:

$$Aup + Bvq + Cwr = JJ_1 - 2F(u, v, w), \tag{4a}$$

deren Vorzüge später hervortreten werden.

$\lambda = 0$. Die Annahme $\lambda = 0$ liefert *stationäre Bewegungen ohne Drehung*, also bloße Verschiebungen. Die Richtungen solcher stationären Verschiebungsgeschwindigkeiten sind, wie bereits Kirchhoff angegeben hat, durch die Hauptachsen eines Ellipsoids $E =$ konst. bezeichnet; die Achsen ihrer Schraubenimpulse sind die zu ihren Richtungen gehörenden zweiten Durchmesser des Körpers. —

Wird ein stationärer Bewegungszustand, wie wir ihn hier betrachten, *stabil* genannt, wenn aus keiner unendlich kleinen Störung des Zustandes im Laufe der Zeit endliche Änderungen seiner Geschwindigkeiten hervorgehen können, so ist eine, durch ein bloßes impulsives Kräftepaar entstandene stationäre Bewegung, etwa eine solche um die der z-Achse parallele Hauptachse — bei der zuletzt getroffenen Wahl des Koordinatensystems — in folgenden Fällen stabil: Wenn das Moment $C < A$ und $< B$, oder $C > A$ und $> B$ ist, mit Ausnahme des Falles, wo $C = A + B$ und nicht zugleich der Schnitt der xy-Ebene mit einer Fläche

$$F(x, y, z) - \frac{1}{4}\left(\frac{\partial^2 F}{\partial x^2} + \frac{\partial^2 F}{\partial y^2} + \frac{\partial^2 F}{\partial z^2}\right)(x^2 + y^2 + z^2) = \text{konst.}$$

eine Ellipse $\frac{x^2}{A} + \frac{y^2}{B} =$ konst. ist; endlich wenn $A = B = C$ und die z-Achse zugleich eine Hauptachse einer Fläche $F =$ konst. ist.

Für die übrigen stationären Bewegungen, bei welchen eine impulsive Einzelkraft mitwirkt, kann die Entscheidung über die Stabilität in einfacher Weise von einer gewissen quadratischen Gleichung abhängig gemacht werden. Es erweist sich hier als eine hinreichende Bedingung für Stabilität in dem angegebenen Sinne, wenn bei festgehaltener Größe des Impulses die zweite Variation der gesamten lebendigen Kraft wesentlich positiv ist. Letzteres wieder, und um so mehr Stabilität tritt sicher dann ein, wenn in der Fläche (6), die zu der betrachteten Bewegung gehört, und wo nun die Konstante der rechten Seite *positiv* angenommen sein soll, das reziproke Quadrat desjenigen Durchmessers, mit welchem die Achse der Bewegung parallel ist, numerisch kleiner ist als das reziproke Quadrat irgendeines anderen Durchmessers.

§ 3.

Nunmehr untersuchen wir, welchen Verlauf eine beliebige Bewegung des Körpers mit konstantem Impulse darbietet.

$J = 0$. Ist der Impuls ein bloßes impulsives Kräftepaar, so existiert nur *der* Teil der Bewegung, welcher von den Drehungsgeschwindigkeiten p, q, r abhängt; und letztere haben in jedem Augenblicke dieselben Werte, und ist dadurch auch die Winkelstellung des Körpers im Raume jederzeit dieselbe, als ob der Körper mit gleichem Impulse sich im leeren Raume bewegte, und dabei seine lebendige Kraft um den Trägheitsmittelpunkt den Ausdruck $G(p, q, r)$ hätte. Letztere Bewegung würde nach bekannten Formeln zu berechnen sein, befolgt übrigens auch die weiter unten für den Fall $J > 0$ aufgestellten Sätze, indem aus jenen Sätzen, wenn die Bewegung im leeren Raume vor sich geht, (wenn $E(u, v, w)$ ein Vielfaches von $u^2 + v^2 + w^2$ und F identisch Null ist), die *Größe* der impulsiven Einzelkraft ohne weiteres herausfällt. Sind die Drehungen des Körpers bereits ermittelt, so findet man die vom Zentrum der Hauptachsen parallel zu irgendeiner im Raume festen Richtung n zurückgelegte Strecke durch das Zeitintegral:

$$-\int\left(\frac{\partial F}{\partial p}\cos(nx) + \frac{\partial F}{\partial q}\cos(ny) + \frac{\partial F}{\partial r}\cos(nz)\right)dt.$$

Dieses Integral bleibt für Richtungen parallel zur Ebene des impulsiven Kräftepaars in der Regel *immer* endlich. Verschwindet die Form F identisch, so übernimmt das Zentrum der Hauptachsen offenbar die Rolle eines festen Punktes.

$J > 0$. Hat der Impuls der Bewegung eine nichtverschwindende impulsive Einzelkraft, so wird durch folgende Gleichungen zunächst ausgedrückt, daß für diese Kraft Größe und *Richtung* im Raume unveränderlich sind:

$$(7) \qquad \frac{du}{dt} = rv - qw, \quad \frac{dv}{dt} = pw - ru, \quad \frac{dw}{dt} = qu - pv.$$

Diese Gleichungen sind hinsichtlich p, q, r nicht voneinander unabhängig, sondern liefern die von p, q, r freie Relation $u\,du + v\,dv + w\,dw = 0$, welche zu der Gleichung (3) führt; bringt man sie aber in Verbindung mit der Gleichung (4a) für J_1, die ebenfalls linear in p, q, r ist, so gelangt man zu Beziehungen:

$$(Au^2 + Bv^2 + Cw^2)\,p = (JJ_1 - 2F(u, v, w))\,u + Cw\frac{dv}{dt} - Bv\frac{dw}{dt} \text{ usw.},$$

mit deren Hilfe man, da $Au^2 + Bv^2 + Cw^2$ hier gewiß von Null verschieden ist, die Drehungsgeschwindigkeiten p, q, r durch die impulsiven Einzelkräfte u, v, w und deren Differentialquotienten nach t darstellen kann. Führt man alsdann für u, v, w solche Funktionen zweier Argumente, e_1 und e_2, ein, daß die Gleichung $u^2 + v^2 + w^2 = J^2$ identisch erfüllt wird, so spricht sich der Inhalt der nach § 2 für u, v, w, p, q, r bestehenden Differentialgleichungen erster Ordnung, soweit er nicht bereits durch (3),

(4a) und (7) erschöpft ist, in zwei Differentialgleichungen zweiter Ordnung für e_1 und e_2 aus, Gleichungen, die, wie ich nach umständlichen Rechnungen gefunden habe, folgende Auslegung gestatten:

Man fixiere einen beliebigen Punkt und eine beliebige Richtung im Körper; in einem Zeitelement dt sei $d\sigma$ der Weg des Punktes längs der unveränderlichen Achse des Impulses, $d\sigma_1$ der Weg der Richtung um diese Achse; die Projektionen des Punktes auf die in Rede stehende Achse machen die Strecke $d\sigma$ anschaulich, den Winkel $d\sigma_1$ beschreiben die Projektionen der Richtung auf eine zu dieser Achse senkrechte Ebene. *Die Größen e_1 und e_2 sind innerhalb einer beliebigen Zeitperiode solche Funktionen ihrer ersten und ihrer letzten Werte und der Zeit, daß die erste Variation des über die Periode ausgedehnten Integrals*

$$\Phi = \int (T\,dt - J\,d\sigma - J_1\,d\sigma_1)$$

verschwindet.

Die Integrale $\int dt, \int d\sigma, \int d\sigma_1$ über die betreffende Periode wollen wir t, σ, σ_1 nennen.

Sind, in bezug auf das im Körper feste Koordinatensystem, a, b, c die Koordinaten des Punktes, α, β, γ die Kosinus der Richtung, so hat man:*)

$$d\sigma = \frac{1}{J}\left[u(\mathfrak{u} + cq - br) + v(\mathfrak{v} + ar - cp) + w(\mathfrak{w} + bp - aq)\right] dt,$$

$$d\sigma_1 = J\,\frac{up + vq + wr - (\alpha u + \beta v + \gamma w)(\alpha p + \beta q + \gamma r)}{u^2 + v^2 + w^2 - (\alpha u + \beta v + \gamma w)^2}\,dt.$$

Daß es auf die besondere Wahl des Punktes und der Richtung nicht ankommen kann, schließt man aus dem Umstande, daß die Differenz der Gesamtgrößen σ oder σ_1 für zwei Punkte bzw. zwei Richtungen sich ohne Integralzeichen, allein durch die Anfangs- und Endwerte von e_1 und e_2 darstellen läßt.

Nach der Definition von $d\sigma_1$ muß der Winkel σ_1 eine sprungweise Änderung um $\pm\pi$ erleiden, so oft die Richtung, auf welche sich σ_1 bezieht, eine Lage passiert, in welcher sie der Achse des Impulses parallel wird, was offenbar nur in nicht stationären Bewegungen und hier jedesmal nur für einfach unendlich viele Richtungen im Körper eintreten kann. Doch bleibt σ_1 in dem Falle stetig, wenn zu gleicher Zeit die augenblickliche Drehungsachse der Achse des Impulses parallel wird, d. h. $du = 0$, $dv = 0$, $dw = 0$ ist, in welchem Falle nicht auch $d^2u = 0$, $d^2v = 0$, $d^2w = 0$ sein kann, weil sonst die Bewegung stationär weitergehen müßte.

Daß die gesamte lebendige Kraft T konstant ist — wir wollen ihren

*) s. Kirchhoff, Crelles Journal, Bd. 71, S. 255.

konstanten Wert L nennen — drückt sich nach Elimination von p, q, r in der Gleichung aus:

$$(8)\quad E(u,v,w)+\frac{1}{2}\frac{[JJ_1-2F(u,v,w)]^2}{Au^2+Bv^2+Cw^2}+\frac{1}{2}\frac{BC\left(\frac{du}{dt}\right)^2+CA\left(\frac{dv}{dt}\right)^2+AB\left(\frac{dw}{dt}\right)^2}{Au^2+Bv^2+Cu^2}=L,$$

die offenbar dazu verwandt werden kann, das Element dt aus den Differentialgleichungen für e_1 und e_2 herauszuschaffen. Man kommt dadurch zu folgendem rein geometrischen Resultate:

Ist die Arbeit des Impulses der Bewegung (L) *und seine Größe* (J, J_1) *bekannt, und sind von den Stellungen, welche die Richtung der im Raume unveränderlichen Achse des Impulses zu den verschiedenen Zeiten in bezug auf den Körper einnimmt, irgend zwei* (e_1^0, e_2^0; e_1, e_2) *gegeben, so ist*

$$\Psi=\int_{(e_1^0,\, e_2^0)}^{(e_1,\, e_2)}(2Ldt-Jd\sigma-J_1d\sigma_1)$$

oder

$$2Lt-J\sigma-J_1\sigma_1$$

auf dem wirklichen Wege dieser Richtung im Körper ein Minimum (beziehlich, wenn die zwei Stellungen weiter auseinander liegen, ein Grenzwert).

Es empfiehlt sich, für die Bestimmungsstücke e_1 und e_2 dieser Stellungen die zwei elliptischen Koordinaten zu nehmen, die einem Punkte, dessen rechtwinklige Koordinaten (abgesehen von der Dimension)

$$x=\frac{1}{\sqrt{A}}\frac{u}{J},\quad y=\frac{1}{\sqrt{B}}\frac{v}{J},\quad z=\frac{1}{\sqrt{C}}\frac{w}{J}$$

sind, auf dem, mit dem Körper fest verbundenen Ellipsoide

$$Ax^2+By^2+Cz^2=1$$

zukommen. Die Gleichung (8) zeigt nämlich, daß die Geschwindigkeit, die ein so gewählter Punkt in seiner Bahn auf diesem Ellipsoide hat, allein eine Funktion seines Ortes auf letzterem ist; und heißt diese Geschwindigkeit $\frac{ds}{dt}$ oder s', so nimmt dazu das Element des Integrals Ψ einen Ausdruck an:

$$\frac{ABC}{A^2x^2+B^2y^2+C^2z^2}s'ds+F_1de_1+F_2de_2.$$

Hierin sind die Funktionen F_1 und F_2 Null (für $a, b, c = 0, 0, 0$), wenn die Form F identisch verschwindet und zugleich die Konstante J_1 Null ist. —

Auf die im vorstehenden entwickelten Minimalsätze sind nun die Methoden von Hamilton und Jacobi sehr einfach anzuwenden.*) Drückt man in $T-J\frac{d\sigma}{dt}-J_1\frac{d\sigma_1}{dt}$ die Größen u, v, w, p, q, r durch

*) Siehe C. G. J. Jacobi, Vorlesungen über Dynamik, Vorl. XIX und XXII.

$$e_1,\ e_2,\ \frac{de_1}{dt} = e_1',\ \frac{de_2}{dt} = e_2',\ J,\ J_1$$

aus, bezeichnet die entstehende Funktion mit Φ, führt $\frac{\partial \Phi}{\partial e_1'} = f_1,\ \frac{\partial \Phi}{\partial e_2'} = f_2$ ein, und stellt $f_1 e_1' + f_2 e_2' - \Phi$ als Funktion $\psi(e_1, e_2, f_1, f_2, J, J_1)$ dar, so lauten die Differentialgleichungen für e_1, e_2, f_1, f_2:

$$dt : de_1 : de_2 : df_1 : df_2 = 1 : \frac{\partial \psi}{\partial f_1} : \frac{\partial \psi}{\partial f_2} : -\frac{\partial \psi}{\partial e_1} : -\frac{\partial \psi}{\partial e_2}.$$

Die Gleichung $T = L$ geht in $\psi = L$ über und wird durch Einsetzung von $\frac{\partial \Psi}{\partial e_1}, \frac{\partial \Psi}{\partial e_2}$ für f_1, f_2 zu einer partiellen Differentialgleichung, welcher das Integral Ψ genügt, wenn man dasselbe als Funktion der Werte von e_1, e_2, an seiner oberen Grenze ansieht, die Werte dieser Größen für die untere Grenze, e_1^0, e_2^0, dagegen als konstant betrachtet.

Sobald von dieser partiellen Differentialgleichung eine Lösung gefunden ist, welche eine willkürliche Konstante, außer der bloß additiv hinzutretenden, enthält, können unmittelbar sämtliche Integralgleichungen der Bewegung des Körpers hingeschrieben werden. Bezeichnet man mit Ψ die Differenz aus einer solchen Lösung und dem Werte, den die Lösung für das System $e_1 = e_1^0$, $e_2 = e_2^0$ annimmt, und mit M jene, noch in dieser Differenz vorkommende Konstante, so sind

$$\frac{\partial \Psi}{\partial L} = t,\ \frac{\partial \Psi}{\partial M} = 0 \tag{9}$$

die Gleichungen, welche e_1 und e_2 als Funktionen von t definieren; eine eingehendere Betrachtung des Ausdrucks von Ψ als Integral führt zu:

$$\sigma_1 = -\frac{\partial \Psi}{\partial J_1},$$

und endlich ist:

$$\sigma = \frac{1}{J}(-\Psi + 2Lt - J_1 \sigma_1).$$

Diese Gleichungen bestimmen nun zu jeder Zeit den Ort des Körpers vollständig. Denn man erhält ein im Raume festes rechtwinkliges Koordinatensystem $\mathfrak{x}, \mathfrak{y}, \mathfrak{z}$, indem man folgende Annahmen macht: die $\mathfrak{z}$-Achse soll mit der Achse des Impulses identisch sein, der Anfangspunkt mit dem Ausgangspunkte der Strecke σ, die Richtung der $\mathfrak{x}$-Achse mit der Ausgangsrichtung des Winkels σ_1, und endlich soll vermöge der $\mathfrak{y}$-Achse das Koordinatensystem der $\mathfrak{x}, \mathfrak{y}, \mathfrak{z}$ dem im Körper festen Systeme der x, y, z kongruent sein. Die so definierten Achsen $\mathfrak{x}, \mathfrak{y}, \mathfrak{z}$ kann man aber in jedem Augenblicke vom Körper aus mit Hilfe der letzten Gleichungen, nämlich durch die Werte von e_1, e_2, e_1', e_2'; σ, σ_1 wiederfinden. Durch die vier ersten Größen oder vielmehr durch $u, v, w, \mathfrak{p}, \mathfrak{q}, \mathfrak{r}$ findet man nach (5) die $\mathfrak{z}$-Achse, dann durch σ den Anfangspunkt, durch σ_1 die Richtung der $\mathfrak{x}$-Achse.

Für die Entfernung, die irgendein Punkt des Körpers von der Achse des Impulses hat, gewinnt man leicht, durch Berücksichtigung des Umstandes, daß die lebendige Kraft T eine wesentlich positive Form ist, eine obere Grenze von der Art: $\frac{\sqrt{L}}{J}$, multipliziert in eine von den Koeffizienten der Form T abhängige Konstante, so daß diese Entfernung immer endlich bleibt. —

A. Clebsch*) hat bemerkt, daß für die von Kirchhoff aufgestellten Differentialgleichungen der Multiplikator eine Konstante wird, und er hat daraus den Schluß gezogen, daß eine vollständige Integration dieser Gleichungen durch Quadraturen gelingt, sowie den drei Integralen mit den Konstanten J, J_1, L irgendein, gleichfalls von t freies, viertes Integral hinzugefügt werden kann. Weit mehr, als die bloße Anwendung des Prinzips des letzten Multiplikators ergibt, leisten nach der hier vorgenommenen Transformation jener Gleichungen die Sätze von Jacobi über diejenigen Probleme der Mechanik, welche nur zwei zu bestimmende Größen enthalten. Bringt man das vierte Integral auf eine der Gleichung $\psi = L$ analoge Form:

$$\chi(e_1, e_2, f_1, f_2, J, J_1) = \text{konst.} = M,$$

und ermittelt aus diesen zwei Gleichungen f_1 und f_2 als Funktionen von e_1 und e_2, so ist nach jenen Sätzen $f_1 de_1 + f_2 de_2$ ein vollständiges Differential und

$$\Psi = \int_{(e_1^0, e_2^0)}^{(e_1, e_2)} (f_1 de_1 + f_2 de_2), \tag{10}$$

woraus die Quadraturen für alle Integralgleichungen zu ersehen sind.

Indem Clebsch den Ansatz machte, daß das vierte Integral eine ganze homogene Funktion ersten oder zweiten Grades der Geschwindigkeiten des Körpers sein sollte, ergaben sich ihm im ganzen zwei Fälle, in welchen ein derartiges viertes Integral existiert; in unserer Bezeichnung sind dieselben sehr einfach zu charakterisieren:

Wenn die drei Flächen $E = konst.$, $F = konst.$, $G = konst.$ Rotationsflächen um eine gemeinsame Achse sind, so ist die Drehungsgeschwindigkeit um diese Achse konstant. Von der Art, wie die Bewegung alsdann vonstatten geht, hat neuerdings Herr Halphen**) ein sehr anschauliches Bild auf Grund von Eigenschaften elliptischer Funktionen entworfen. Kommt der Umstand hinzu, daß die Form F identisch verschwindet, so sind Rotationskörper — nach Gestalt und Massenverteilung — denkbar, die in

*) Mathematische Annalen, Bd. 3, S. 238—262.

**) Journal de Liouville, 1888. 4e série, T. IV, pp. 1—81. — Auch in dem Traité des fonctions elliptiques et de leurs applications, T. II.

ihren Bewegungen ohne Einfluß von Kräften vollständig mit dem gegebenen Körper übereinstimmen, ein Fall, für welchen bereits Kirchhoff die Möglichkeit einer Integration durch Quadraturen gezeigt hatte.

Wenn ferner F identisch Null ist, und die durch zwei Flächen $E = konst.$ und $G = konst.$ bestimmte Flächenschar eine Kugel aufweist, d. h. eine lineare Relation

$$(11) \qquad 2E(x, y, z) + l(Ax^2 + By^2 + Cz^2) = m(x^2 + y^2 + z^2)$$

besteht, so ergibt sich als ein viertes Integral:

$$l(BCu^2 + CAv^2 + ABw^2) + A^2p^2 + B^2q^2 + C^2r^2 = \text{konst.} = 2M.$$

Ist $G = \text{konst.}$ die betreffende Kugel, also $l = \infty$, $A = B = C = \frac{m}{l}$, so scheint dieses Integral nur in die Gleichung (3) überzugehen, weshalb auch Clebsch diesen Fall besonders untersucht hat; indessen erweist sich die lineare Verbindung $lM - mL - \left(\frac{1}{2}(A + B + C)lm - m^2\right)J^2$ aus den drei Gleichungen für M, L und J^2 auch hier als ein neues Integral, nachdem man aus derselben zuerst mit Hilfe von (11) A, B, C eliminiert und dann für $\frac{m}{l}$ den gemeinsamen Wert dieser Größen und $l = \infty$ gesetzt hat; von der Möglichkeit, daß sowohl $G = \text{konst.}$ wie $E = \text{konst.}$ Kugeln sind, sehen wir dabei ab, dann würde übrigens jede Bewegung eine stationäre sein. In diesem zweiten Falle, der durch Quadraturen zu erledigen wäre, stieß Clebsch auf Schwierigkeiten bei dem Versuche, die Bewegung als explizite Funktion der Zeit darzustellen. Dieses Ziel hat dann Herr H. Weber*) durch Benutzung von Thetareihen mit zwei Argumenten für den Fall vollständig erreicht, wo die Konstante J_1 Null, der Impuls der Bewegung also eine einzelne impulsive Kraft ist. Hier wird durch die Gleichungen (9) und (10) für jeden Fall dasjenige Umkehrproblem in einfachster Weise bezeichnet, dessen Lösung den Kernpunkt bei der eigentlichen Berechnung der Bewegung bildet.

---

*) Mathematische Annalen, Bd. 14, S. 173—206.

XXIX.

Kapillarität.

(Enzyklopädie der mathematischen Wissenschaften. V 1. Heft 4. S. 558—613.)

Literatur.

Lehrbücher und Monographien.

Thomas Young, Essay on the cohesion of fluids, London Philosophical Transactions of the Royal Society, 1805.

P. S. Laplace, Théorie de l'action capillaire, Supplément au livre dixième de la Mécanique céleste, Paris 1806; Supplément à la théorie de l'action capillaire, Paris 1807; letzteres auch in Blainville, Journal de Physique, T. 2 (1806), p. 120; beides zusammen in Oeuvres, T. 4, Paris 1845 und Oeuvres, T. 4, Paris 1880; deutsch in Annalen der Physik, Bd. 33 (1809).

C. Fr. Gauss, Principia generalia theoriae figurae fluidorum in statu aequilibrii, Commentationes societatis regiae scientiarum Gottingensis recentiores, vol. 7 (1830), wiederabgedruckt in Werke, Bd. 5, S. 29, Göttingen 1867, übersetzt von R. H. Weber in Ostwalds Klassiker der exakten Wissenschaften, Nr. 135, Leipzig 1903.

S. D. Poisson, Nouvelle théorie de l'action capillaire, Paris 1831; in einem kurzen Auszuge übersetzt von Link, in Annalen der Physik und Chemie, Bd. 25 (1832), S. 270; Bd. 27 (1833), S. 193.

E. Betti, Teoria della capillarità, Nuovo Cimento, T. 25 (1867), p. 81, 225.

J. Plateau, Statique expérimentale et théorique des liquides soumis aux seules forces moléculaires, 2 Bde., Gand 1873.

J. C. Maxwell, Capillary action, Encyclopaedia Britannica 1875 (9. Aufl.), wiederabgedruckt in Scientific papers, vol. 2, Cambridge 1890, p. 541.

J. W. Gibbs, Equilibrium of heterogeneous substances, Connecticut Academical Transactions, vol. 3, New Haven 1876 und 1878, deutsch in: Thermodynamische Studien, übersetzt von W. Ostwald, Leipzig 1892, S. 66.

É. Mathieu, Théorie de la capillarité, Paris 1883.

J. D. van der Waals, Die Continuität des gasförmigen und flüssigen Zustandes, Leipzig 1881, 2. Aufl. 1. Teil, Leipzig 1899.

B. Weinstein, Untersuchungen über Capillarität, Annalen der Physik und Chemie, Bd. 27 (1886), S. 544.

J. D. van der Waals, Thermodynamische Theorie der Kapillarität unter Voraussetzung stetiger Dichteänderung, Verhandelingen der Koninklijke Akademie van wetenschappen, Amsterdam, Deel I, Nr. 8 (1893), übersetzt in Zeitschrift für physikalische Chemie, Bd. 13 (1894), S. 657; Archives Néerlandaises des Sciences exactes et naturelles; T. 28 (1894).

Fr. Neumann, Vorlesungen über die Theorie der Capillarität, herausg. von A. Wangerin, Leipzig 1894.

H. Poincaré, Capillarité (Leçons), Paris 1895.

Literaturnachweis: Domke, Wissenschaftliche Abhandlungen der K. Normaleichungskommission, Berlin 1902, S. 81—99.

1. Kapillarität und Kohäsion.

An den Grenzen einer Flüssigkeit gegen die sie umgebenden Medien äußert sich eine besondere Form der Energie, welche namentlich Gestalt und Lage der freien Grenzflächen beeinflußt, wie z. B. die Höhe des Ansteigens der Flüssigkeit in einer Kapillarröhre, und welche von diesem speziellen Phänomene her allgemein den Namen *Kapillarität* erhalten hat. Diese Energie ist sichtlich verknüpft mit dem, sei es nun diskontinuierlichen, sei es schnellen kontinuierlichen Wechsel des Zustandes über eine Trennungsfläche hinüber. Theoretisch wird sie entweder unmittelbar angesetzt mit einem Term, welcher dem Flächeninhalt der Trennungsfläche proportional ist, und wobei der Proportionalitätsfaktor eine *Spannung in der Oberfläche* angibt. Oder aber sie wird erklärt als die potentielle Energie von besonderen Anziehungskräften, welche zwischen allen Massenteilchen untereinander, jedoch mit wahrnehmbarem Betrage nur auf äußerst kleine Distanzen wirksam sind. Alsdann ist ein überwiegender Anteil dieser Energie dem Volumen der Flüssigkeit proportional, wobei der Proportionalitätsfaktor, negativ genommen, einen *Druck im Raume* angibt, den man die *Kohäsion* der Flüssigkeit nennt.

Es soll hier die erstere Auffassung der Kapillarität vorangestellt werden, welche dieser Energieform die Trennungsflächen als ausschließlichen Sitz zuweist. Diese Auffassung erscheint hernach als ein mathematisch einfacher Grenzfall der anderen tieferen Auffassung, welche die ganzen Massen als Spielraum von Kohäsionskräften annimmt.

I. Kapillarität als Flächenenergie.

2. Oberflächenenergie und deren Variation.

Eine Trennungsfläche zwischen einer Flüssigkeit A und einem zweiten Medium B ist verknüpft mit einer potentiellen Energie $T_{AB}F_{AB}$, wobei F_{AB} den Flächeninhalt der Fläche und T_{AB} eine von den beiderseits angrenzenden Medien abhängende Konstante ist. Dabei sind A und B homogen gedacht und sollen Änderungen von Temperatur und Dichte zunächst nicht in Betracht kommen. T_{AB} hat die Dimensionen $\frac{\text{erg}}{\text{cm}^2}$ und heißt *Oberflächenspannung* von A gegen B. Unter der Oberflächenspannung schlechthin versteht man für eine Flüssigkeit diejenige gegen ihren gesättigten Dampf, wovon die einer Trennungsfläche gegen Luft*) vielfach

*) Von einer Oberflächenspannung gegen eine gasförmige Phase kann, streng genommen, nur bei Flüssigkeiten die Rede sein, welche mit der gasförmigen Phase in chemischem Gleichgewicht koexistieren.

keine Verschiedenheit zeigt. Für Wasser gegen Luft ist

$$T = 74 \frac{\text{erg}}{\text{cm}^2} = 0{,}075 \frac{\text{gr Gewicht}}{\text{cm}},$$

für Quecksilber gegen Luft $T = 0{,}55$ gr Gewicht/cm, für Quecksilber gegen Wasser $T = 0{,}42$ gr Gewicht/cm.

Die Folgerungen aus dem Bestehen des Terms $T_{AB}F_{AB}$ in der Energie ließen sich am kürzesten darlegen auf Grund der Bemerkung, daß genau derselbe Ausdruck der Energie Platz greifen würde für eine unendlich dünne elastische Haut, welche die Trennungsfläche bedeckt, wenn in ihr überall eine konstante Spannung $= T_{AB}$ herrscht, d. h. jede in ihr angebrachte Schnittlinie an beiden Ufern einen von dem anderen fort gerichteten Zug T_{AB} auf die Längeneinheit erfährt. Diesen Vergleich von vornherein einzuführen, hieße aber, die Schwierigkeit, welche für die Theorie der Kapillarität in der Notwendigkeit der Annahme von Druckdiskontinuitäten transversal zu einer Trennungsfläche liegt, nicht beseitigen, sondern nur sie einem anderen Kapitel der Mechanik zuschieben. Um hinsichtlich der Voraussetzungen der Theorie Klarheit zu gewinnen, ist es deshalb notwendig, im wesentlichen den Gang von Gauß einzuhalten und den Einfluß des Terms TF der Energie auf Grund eines allgemeinen Prinzips der Mechanik zu verfolgen, wie des Prinzips, daß Gleichgewicht durch ein Minimum der potentiellen Energie oder, bei Berücksichtigung auch thermodynamischer Umstände, durch ein Minimum der Energie bei konstanter Entropie charakterisiert wird.

Hiernach muß vor allem die virtuelle Veränderlichkeit von TF betrachtet werden. Gauß hat, indem er bei diesem Anlasse überhaupt die Prinzipien für die Variation von Doppelintegralen mit veränderlichen Grenzen schuf, eine fundamentale Transformation für die Variation von TF entwickelt. Man kann sich allerdings, worauf auch Gauß beiläufig hinweist, das Resultat dieser Transformation durch infinitesimale Betrachtungen leicht plausibel machen, indem man eine beliebige unendlich kleine Verrückung einer Fläche in eine erste Verrückung, wobei jeder Punkt normal zur Fläche fortschreitet, und eine zweite Verrückung, wobei jeder Punkt tangential zur Fläche fortschreitet, zerlegt. Doch erscheint es angemessen, hier auch das eigentliche analytische Prinzip jener Umwandlung, welches in einer gewissen partiellen Integration besteht, anzugeben. In Anbetracht des Umstandes jedoch, daß die Variationsrechnung, namentlich in Hinsicht auf Probleme mit Nebenbedingungen, wie sie hier schließlich vorliegen werden, noch keine allgemein anerkannte Darstellung besitzt, auf die sonst einfach zu verweisen wäre, mag es zur Durchsichtigkeit beitragen, wenn wir nur auf bekanntere Hilfsmittel der Integralrechnung rekurrieren.

Die Trennungsfläche F_{AB}, die wir uns berandet denken wollen, durchlaufe bei einer virtuellen Bewegung, während welcher der Parameter w von $w = 0$ an wächst, eine Schar von Flächen $F(w)$. Wir konstruieren auf jeder Fläche die zwei zueinander orthogonalen Scharen von Krümmungslinien und sodann zwei Flächenscharen $u_2 =$ konst., $u_1 =$ konst., welche aus den $F(w)$ gerade diese Krümmungslinien herausschneiden. Wir stellen uns der Einfachheit halber die Flächen $F(w)$ sämtlich als auseinanderliegend und derart vor, daß in dem von ihnen erfüllten Gebiete jedem Punkte sich hiernach Werte u_1, u_2, w eindeutig zuordnen. Die Richtungen von einem Punkte u_1, u_2, w aus, in denen nur u_1, nur u_2, nur w und zwar zunehmend variiert, sollen in Argumenten trigonometrischer Funktionen kurz durch u_1, u_2, w angedeutet werden, und n bedeute die *nach B hin gerichtete* Normale auf $F(w)$; die u_1, u_2, n-Richtung sollen stets ein Rechtsschraubensystem wie die Koordinatenachsen x, y, z bilden (Fig. 1).

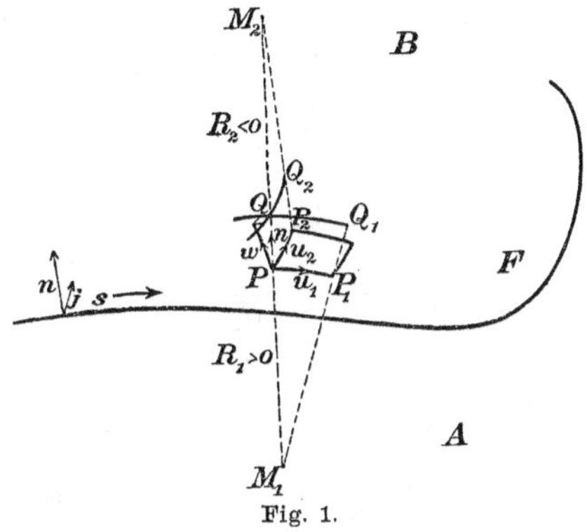

Fig. 1.

Die Berandung von $F(w)$ wird durch eine Gleichung $u_2 = \chi(u_1, w)$ dargestellt sein, und da wir irgendeine Funktion von u_1 und w als einen neuen Parameter an Stelle von u_1 einführen können, so dürfen wir diese Gleichung als w nicht enthaltend: $u_2 = \chi(u_1)$ annehmen. Das Quadrat des Linienelements in dem von den $F(w)$ erfüllten Gebiete wird sich

$$(1) \qquad \begin{aligned} ds^2 &= dx^2 + dy^2 + dz^2 \\ &= L_1^2(du_1 - l_1 dw)^2 + L_2^2(du_2 - l_2 dw)^2 + N^2 dw^2 \end{aligned}$$

schreiben lassen, wobei $L_1 > 0$, $L_2 > 0$ und $\frac{N}{\cos(wn)} = L > 0$ sei, also N mit dem Vorzeichen von $\cos(wn)$ gerechnet werde. Nun ist

$$F = \int\int L_1 L_2 du_1 du_2,$$

$$(2) \qquad \frac{dF}{dw} = \int\int \left(L_1 \frac{dL_2}{dw} + L_2 \frac{dL_1}{dw}\right) du_1 du_2,$$

wo das Doppelintegral sich über das Innere von $u_2 = \chi(u_1)$ erstreckt.

Der Ausdruck hier gestattet auf Grund der charakteristischen Eigenschaft der Krümmungskurven, daß die Normalen längs ihnen eine abwickelbare Fläche bilden, eine wichtige Umformung durch Produktintegration*). Zu einem Punkte $P(u_1, u_2, w)$ liegt auf der benachbarten

*) Die zunächst folgende infinitesimale Betrachtung dient nur dazu, diese Eigenschaft der Krümmungslinien schnell in eine Formel umzusetzen.

Fläche $F(w + dw)$ in der kleinstmöglichen Distanz $Ndw = dn$, also auf der Normalen von $F(w)$ der Punkt $Q(u_1 + l_1 dw,\ u_2 + l_2 dw,\ w + dw)$. Entsprechend liege normal über $P_1(u_1 + du_1,\ u_2,\ w)$ auf $F(w + dw)$ der Punkt Q_1; es sei M_1 der Krümmungsmittelpunkt der Krümmungslinie PP_1 auf $F(w)$, also der Treffpunkt der Geraden PQ und $P_1 Q_1$, R_1 der Krümmungsradius $M_1 P$ und zwar positiv, falls $M_1 P$ die Richtung n nach B hin hat, anderenfalls negativ. Man hat $PP_1 = L_1 du_1$. Aus der Ähnlichkeit der Dreiecke $M_1 PP_1$, $M_1 QQ_1$ und im Hinblick auf (1) folgt

$$\frac{PQ}{M_1 P} = \frac{QQ_1 - PP_1}{PP_1}, \quad \frac{dn}{R_1} = \frac{1}{L_1}\left(\frac{\partial L_1}{\partial n} dn + L_1 \frac{\partial l_1}{\partial u_1} dw\right),$$

d. i. nach Fortlassung des Faktors dw

$$\frac{N}{R_1} = \frac{1}{L_1}\left(\frac{\partial L_1}{\partial u_1} l_1 + \frac{\partial L_1}{\partial u_2} l_2 + \frac{\partial L_1}{\partial w} + L_1 \frac{\partial l_1}{\partial u_1}\right).$$

Eine entsprechende Relation gilt für den zweiten Hauptkrümmungsradius R_2 in P und durch Addition beider entsteht

$$N\left(\frac{1}{R_1} + \frac{1}{R_2}\right) L_1 L_2 = L_1 \frac{\partial L_2}{\partial w} + L_2 \frac{\partial L_1}{\partial w} + \frac{\partial L_1 L_2 l_1}{\partial u_1} + \frac{\partial L_1 L_2 l_2}{\partial u_2}.$$

Macht man hiervon in (2) Gebrauch und führt partielle Integrationen nach u_1 und u_2 aus, so ergibt sich

$$\frac{dF}{dw} = \int\limits_{(f)} N\left(\frac{1}{R_1} + \frac{1}{R_2}\right) df - \int\limits_{(s)} L_1 L_2 \left(l_1 \frac{du_2}{ds} - l_2 \frac{du_1}{ds}\right) ds,$$

darin bedeutet allgemein df das Flächenelement, ds das Randlinienelement von $F(w)$ in positivem Umlauf um die Normale n. Bezeichnet man mit j die Richtung, die normal auf ds ins Innere der Fläche $F(w)$ hineinführt (s. Fig. 1), so ist

$$L_1 \frac{du_1}{ds} = \cos(u_2 j), \quad L_2 \frac{du_2}{ds} = -\cos(u_1 j),$$

$$-L_1 l_1 = L\cos(u_1 w), \quad -L_2 l_2 = L\cos(u_2 w);$$

schreibt man noch $L\cos(wj)dw = dj$, so entsteht daher aus der letzten Gleichung die folgende Darstellung der ersten Ableitung der Kapillarenergie TF nach dem Variationsparameter w:

$$(3) \qquad T\frac{dF}{dw} = T\int\limits_{(f)} \frac{dn}{dw}\left(\frac{1}{R_1} + \frac{1}{R_2}\right) df - T\int\limits_{(s)} \frac{dj}{dw} ds,$$

die insbesondere für $w = 0$ anzuwenden sein wird. Darin bedeuten dann die $dn = Ndw$ für die Punkte der Trennungsfläche die zur Fläche normalen und die $dj = L\cos(wj)dw$ für die Punkte ihres Randes die in die Fläche fallenden, zum Rande normalen Komponenten der einem Zuwachs dw entsprechenden Verrückungen; hierauf fußend kann man sich die Transformation (3), wie schon oben angedeutet, unmittelbar geometrisch plausibel machen.*) $\frac{1}{2}\left(\frac{1}{R_1}+\frac{1}{R_2}\right)$ soll, wie die Vorzeichen von R_1 und R_2 oben festgelegt sind, die *mittlere Krümmung* der Stelle df *nach* B *hin* heißen.

Da in (3) die Parameter der Krümmungskurven wieder eliminiert sind, so ist diese Darstellung nicht an die anfänglich betreffs der Koordinaten u_1, u_2, w gemachte Beschränkung gebunden.

Die Volumina von A und B seien V_A, V_B, ihre Dichten ϱ_A, ϱ_B. Wir merken noch an, daß bei den fraglichen virtuellen Verrückungen die Volumina gemäß

$$\frac{dV_A}{dw}=\int\limits_{F_{AB}}\frac{dn}{dw}df,\quad \frac{dV_B}{dw}=-\int\limits_{F_{AB}}\frac{dn}{dw}df \tag{4}$$

variieren, ferner die potentielle Energie bezüglich der Schwerkraft für beide Medien zusammen die Ableitung nach w:

$$g(\varrho_A-\varrho_B)\int z\frac{dn}{dw}df \tag{5}$$

erfährt; dabei ist die z-Achse *vertikal nach oben* gedacht.

3. Differentialgleichung für eine freie Oberfläche.

Die Trennungsfläche von A gegen B sei frei beweglich (B eine Flüssigkeit wie A oder ein Gas), und neben der Kapillarität komme nur noch die Schwere in Betracht. Stabiles Gleichgewicht des Systems wird durch ein Minimum der potentiellen Energie gegenüber allen virtuellen Verrückungen charakterisiert. Nun liegt aber eine Nebenbedingung in der Konstanz des Gesamtvolumens von A (oder von B, vgl. (4)) vor. Um dieser Nebenbedingung Rechnung zu tragen, ziehen wir die Regeln der Differentialrechnung für ein sogenanntes relatives Extremum heran.

Wir denken uns wieder die Trennungsfläche F_{AB} als das Element $w=0$ einer beliebigen von einem Parameter w abhängenden Schar von Flächen $z=\psi(x,y,w)$, welche alle den Rand gemein haben mögen. Der Nebenbedingung würde allerdings, während w sich verändert, nicht mehr genügt werden. Denken wir uns aber noch eine beliebige zweite solche Schar von Flächen $z=\psi^*(x,y,w^*)$, welche wieder für $w^*=0$ von der gegebenen Fläche ausgeht, und erweitern wir diese zwei einparametrigen Scharen irgendwie zu einer Flächenschar mit zwei Parametern $z=\psi(x,y,w,w^*)$, welche für $w^*=0$ in die erste, für $w=0$ in die zweite einparametrige Schar übergeht, so wird die Größe des Volumens V_A bei den Flächen dieser

*) Wir haben im übrigen die gebräuchlichen Zeichen δF, δw usw. der ersten Variationen vermieden, um evident zu machen, daß es sich schließlich nur um Differentialquotienten im gewöhnlichen Sinne handelt.

allgemeineren Schar eine Funktion $V_A(w, w^*)$ der zwei Parameter sein, und innerhalb der zweiparametrigen Schar gibt uns diejenige einparametrige Schar, welche durch die Bedingung $V_A(w, w^*) = V_A(0, 0)$ ausgeschieden wird, jetzt eine tatsächliche virtuelle Bewegung der Trennungsfläche. Danach haben wir die Bedingung zu formulieren, daß unter allen Flächen der zweiparametrigen Schar, für welche $V_A(w, w^*) = V_A(0, 0)$ ist, die Fläche $w = 0$, $w^* = 0$ das Minimum der potentiellen Energie

$$E = T_{AB}F_{AB} + g\varrho_A \int\limits_A z\,dv + g\varrho_B \int\limits_B z\,dv$$

liefert; (die Bezeichnung hier ist so zu verstehen, daß dv in dem ersten Integral die Volumenelemente von A, in dem zweiten diejenigen von B durchläuft). Für dieses Extremum mit einer Nebenbedingung liefert nun die Differentialrechnung in bekannter Weise die zwei Gleichungen

$$\frac{\partial E}{\partial w} + \lambda_{AB}\frac{\partial V_A}{\partial w} = 0, \quad \frac{\partial E}{\partial w^*} + \lambda_{AB}\frac{\partial V_A}{\partial w^*} = 0 \quad (w = 0,\ w^* = 0)$$

mit einer geeigneten Konstante λ_{AB}. Die zweite Gleichung dient uns jetzt nur dazu, um zu erkennen, daß der Wert von λ_{AB} in keiner Weise von der beliebig angenommenen ersten Schar $z = \psi(x, y, w)$ abhängt, also für die Trennungsfläche F_{AB} an sich eine bestimmte Bedeutung hat; und bei ausdrücklicher Hinzunahme dieser Tatsache vertritt die erste Gleichung bereits das System der beiden. Danach muß (vgl. (3), (4), (5)) mit einer geeigneten Konstante λ_{AB}, die sich schließlich aus dem Werte von V_A bestimmen wird, die Bedingung

$$\int\limits_{\mathrm{F}_{AB}} N\left(T_{AB}\left(\frac{1}{R_1} + \frac{1}{R_2}\right) + g(\varrho_A - \varrho_B)z + \lambda_{AB}\right)df = 0$$

gelten. Dabei unterliegt vermöge der willkürlichen Wahl der Schar $\mathrm{F}(w)$ die Funktion $N = \frac{dn}{dw}$ auf der Fläche F_{AB} einzig der Beschränkung, daß sie durchweg stetig ist und am Rande gleich Null genommen wird. Für N in diesem Umfange kann das vorstehende Integral nur dann beständig gleich Null ausfallen, wenn der Faktor von N an jeder Stelle innerhalb F_{AB} verschwindet, d. h. die Gestalt der freien Oberfläche muß der Differentialgleichung

$$T_{AB}\left(\frac{1}{R_1} + \frac{1}{R_2}\right) + g(\varrho_A - \varrho_B)z + \lambda_{AB} = 0 \tag{6}$$

genügen.*)

Es kann F_{AB} auch aus mehreren getrennten Stücken bestehen und λ_{AB} hat für die verschiedenen Stücke denselben Wert.

*) Laplace, Supplément au livre X de la Mécanique céleste, no. 4.

Ein Minimum von E ist hier jedenfalls nur möglich, wenn $T_{AB} \geqq 0$ ist, da sonst durch ein Hin- und Herfalten der Trennungsfläche an ihrem Orte sich E beliebig verringern ließe.

Es möge $\varrho_A \neq \varrho_B$ sein. Setzen wir

$$z_{AB} = -\frac{\lambda_{AB}}{g(\varrho_A - \varrho_B)},$$

so wird durch $z = z_{AB}$ eine bestimmte horizontale Ebene angewiesen, welche *Niveauebene* heißen soll. Verlegen wir $z = 0$ nach der Niveauebene, so folgt die Gleichung (6) in der Gestalt

$$\text{(6a)} \qquad T_{AB}\left(\frac{1}{R_1} + \frac{1}{R_2}\right) = -g(\varrho_A - \varrho_B)z.$$

Danach ist an jeder Stelle der Trennungsfläche aus der mittleren Krümmung nach B hin sofort auf die Lage der Niveauebene zu schließen. *Ist $\varrho_A > \varrho_B$, so liegen die Stellen der Trennungsfläche, wo diese mittlere Krümmung positiv ist*, d. h. die Fläche nach B hin konvex-konvex oder konvex-konkav mit größerem Betrage der ersteren Hauptkrümmung ist, *unterhalb der Niveauebene* und zwar um so tiefer darunter, je stärker jene mittlere Krümmung ist; *Stellen, wo diese Krümmung nach B hin negativ ist, liegen oberhalb der Niveauebene*, Stellen, wo sie Null ist, notwendig genau in Höhe dieser Ebene (Fig. 2). Insbesondere kann die Trennungsfläche asymptotisch eben nur in Höhe dieser Ebene sich gestalten, wodurch ihre Bezeichnung als Niveauebene begründet ist.

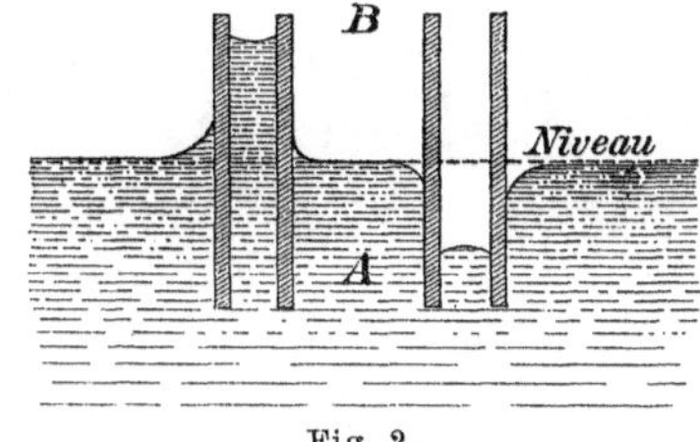

Fig. 2.

4. Randwinkel.

Zur vollständigen Festlegung von F_{AB} sind außer der Differentialgleichung (6) weitere Bedingungen für den Rand der Fläche dort, wo A und B an dritte Medien C grenzen, erforderlich.

Grenzen drei Flüssigkeiten A, B, C mit drei Trennungsflächen F_{AB}, F_{AC}, F_{BC}, in denen die Oberflächenspannungen T_{AB}, T_{AC}, T_{BC} herrschen, längs einer Kurve zusammen (Fig. 3), so würde zwar mit jedem virtuellen Bewegungszustand der Randkurve stets auch der entgegengesetzte Bewegungszustand für sie virtuell sein; immerhin wollen wir (weil hernach auch ein Fall von nicht in diesem Sinne umkehrbaren Verrückungen in Betracht kommt), zunächst nur von dem vorausgesetzten Gleichgewichtszustand an (nicht durch ihn hindurch)

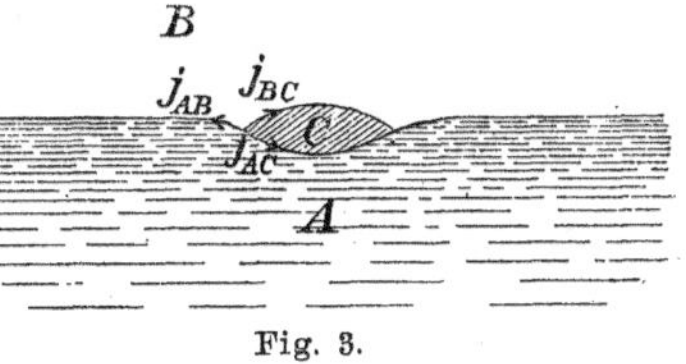

Fig. 3.

variieren, und wir denken uns eine von einem Parameter $w (\geqq 0)$ abhängende Schar von Lagen dieser Randkurve, mit den nämlichen Endpunkten, falls nicht die Kurve geschlossen ist, und von gewissen damit verbundenen Lagen der drei Trennungsflächen; dabei sollen diese stets gemeinsam an der Randkurve ansetzen, ihre sonstigen Randteile aber fest behalten und zugleich in ihren inneren Partien solche Deformationen erfahren, daß die ganzen Volumina von A, B, C unverändert bleiben. Um zum Ausdruck zu bringen, daß die Gesamtenergie E im Gleichgewichtszustand für $w = 0$ am kleinsten ist, haben wir dann in Anbetracht der erst einseitigen Variation bloß die Ungleichung

$$\frac{dE}{dw} \geqq 0 \quad (w = 0)$$

zu fordern. Da aber für die Trennungsflächen gemäß (6) bereits solche Gleichungen feststehen, daß die hierin als Flächenintegrale auftretenden Terme für sich Null sind, so zieht sich diese Ungleichung gemäß (3) zu

$$-\int L(T_{AB} \cos(w j_{AB}) + T_{AC} \cos(w j_{AC}) + T_{BC} \cos(w j_{BC}))\, ds \geqq 0$$

zusammen, wobei das Integral über die gegebene Lage der Randkurve zu erstrecken ist und an jedem Elemente ds unter w die Richtung, unter $L dw$ die Größe der dem Zuwachs dw entsprechenden Verrückung des Randpunktes, unter j_{AB}, j_{AC}, j_{BC} die auf ds ins Innere der Flächen hin errichteten Normalen zu verstehen sind. Da die Funktion L hier beliebig gewählt werden kann, nur daß sie stetig und stets $\geqq 0$ ist und an den Endpunkten der Randkurve verschwindet, so folgt hieraus

$$(7) \qquad -T_{AB} \cos(w j_{AB}) - T_{AC} \cos(w j_{AC}) - T_{BC} \cos(w j_{BC}) \geqq 0$$

längs der ganzen Randkurve, und zwar noch für beliebige Richtungen w. Nun können wir aber mit jeder Richtung w die entgegengesetzte kombinieren, und ist daher das Zeichen $\geqq$ hier durch $=$ zu ersetzen. Hiernach müssen sich drei Vektoren von den Längen T_{AB}, T_{AC}, T_{BC} und den zu j_{AB}, j_{AC}, j_{BC} parallelen Richtungen zu einem geschlossenen Dreiecke aneinanderfügen*). Der Winkel $(j_{AB} j_{AC}) = \omega_A$ z. B. ist dann der von den zwei ersten Seiten in diesem Dreieck gebildete Außenwinkel und hat hiernach längs der ganzen Randkurve einen konstanten aus den drei Spannungen folgenden Wert. Dieser Winkel ω_A heißt der *Randwinkel* von A gegen B und C.

Ein erstes Erfordernis für das angenommene Gleichgewicht ist nun, daß aus den drei Längen T_{AB}, T_{AC}, T_{BC} überhaupt ein Dreieck zu bilden ist, d. h. daß von jenen drei Spannungen keine größer als die Summe der

---

*) Diese Bedingung ist von F. Neumann aufgestellt und zuerst in der Dissertation von Paul du Bois-Reymond (Berlin 1859) veröffentlicht worden.

beiden anderen ist. Ist jedoch etwa $T_{AB} > T_{AC} + T_{BC}$, so wird vielmehr C sich zwischen A und B ausziehen, eventuell zu einer dünnen Schicht mit zwei einander derart nahe liegenden Trennungsflächen gegen A und B, daß dadurch Umstände resultieren, die erst auf Grund der Annahme einer räumlichen Verteilung der Kapillarenergie genauer zu verfolgen sein werden.

Die Relation $T_{AB} > T_{AC} + T_{BC}$ für drei Medien dient als hinreichende Erklärung der mannigfachsten Kapillarphänomene*).

Nach den Beobachtungen von Marangoni**) ist in allen Fällen für zwei Flüssigkeiten die gegenseitige Oberflächenspannung kleiner als die Differenz ihrer Oberflächenspannungen gegen Luft***), hierbei also niemals jenes Dreieck von Spannungen realisierbar. Der Fall von Quecksilber und Wasser, den Marangoni als eine Ausnahme ansah, fügt sich dieser allgemeinen Regel†). Wenn Wasser auf Quecksilber in einem Tropfen steht, so haften der Quecksilberoberfläche fremde Bestandteile an, die ihre Spannung herabsetzen††).

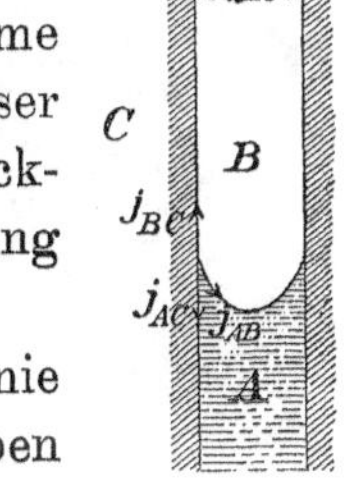

Fig. 4.

Stellt C einen festen Körper vor, so kann die Trefflinie von A, B, C nur auf der Oberfläche dieses frei verschoben werden, und erhalten wir die Relation (7) in dem entsprechenden beschränkteren Umfange, nämlich, wenn C keine Diskontinuität der Tangentialebene an der Randkurve hat (Fig. 4), einmal so, daß w mit j_{AC}, das andere Mal so, daß w mit j_{BC} zusammenfällt, und wir erschließen damit

$$\cos \omega_A = \frac{T_{BC} - T_{AC}}{T_{AB}}, \tag{8}$$

wo ω_A wieder den Randwinkel $(j_{AB} j_{AC})$ von A gegen B und C bezeichnet†††).

*) Eine bis zur Gegenwart reichende Übersicht der Beobachtungsmethoden und -ergebnisse zur Kapillarität bringt der Artikel von F. Pockels im Handbuch der Physik, herausg. von A. Winckelmann, Bd. 1 (Breslau 1907).

**) Marangoni, Sull' espansione delle goccie di liquido galleggiante sulla superficie di altro liquido, Pavia 1865; Ann. Phys. Chem. 143 (1871), S. 348. Dieselbe Tatsache fanden van der Mensbrugghe, Mém. cour. de l'Acad. de Belg. 34 (1869); ferner Lüdtge, Ann. Phys. Chem. 137 (1869), S. 362.

***) Siehe die Anm. auf S. 297.

†) Quincke, Ann. Phys. Chem. 139 (1870), S. 66. Lord Rayleigh, Sc. papers 3, p. 562.

††) Das Ausbreiten eines Tropfens einer Flüssigkeit auf einer anderen Flüssigkeit geschieht jedesmal in charakteristischen Formen, die mit den Substanzen sehr mannigfaltig variieren, den Tomlinsonschen Kohäsionsfiguren; vgl. darüber O. Lehmann, Molekularphysik 1 (Leipzig 1888), S. 260; Paul du Bois-Reymond, Ann. Phys. Chem. 139 (1870), S. 262.

†††) Quincke (Ann. Phys. Chem. 137 (1869), S. 42) fand, daß längs einer auf Glas keilförmig aufgetragenen dünnen Silberschicht Wasser oder Quecksilber einen kon-

Diese Relation würde unmöglich sein, wenn der Quotient rechts dem Betrage nach > 1 (oder < -1) ausfällt. Im Falle $T_{BC} > T_{AC} + T_{AB}$ (es brauchten hier T_{AC}, T_{BC} nicht $\geqq 0$ zu sein) kommt dann Gleichgewicht dadurch zustande, daß sich die Flüssigkeit A am festen Körper C in einer selbst mikroskopisch nicht meßbaren dünnen Schicht entlang zieht, C *benetzt*, wodurch an der zu bemerkenden Randlinie B beiderseits an A grenzt und daher eben nach dieser Formel (8), worin nun A statt C und $T_{AA} = 0$ zu nehmen ist, sich der Randwinkel von A gleich Null herausstellt.

Hat die Wand des festen Körpers C an der Randkurve gerade eine Schneide, (ein Fall, wie er sich bei der Adhäsion einer Flüssigkeit an einem festen Körper leicht darbietet (Fig. 5)), so kommen zweierlei nicht entgegengesetzte Verschiebungen der Randkurve auf C in Betracht. Das Ergebnis ist dasselbe, als wenn man sich die Schneide als Grenze abgerundeter Formen denkt; man kommt zur Ungleichung (7) einmal so, daß darin w durch j_{AC}, aber j_{BC} durch die zu j_{AC} entgegengesetzte Richtung, das andere Mal so, daß darin w durch j_{BC}, aber j_{AC} durch die zu j_{BC} entgegengesetzte Richtung vertreten wird; man erhält demnach

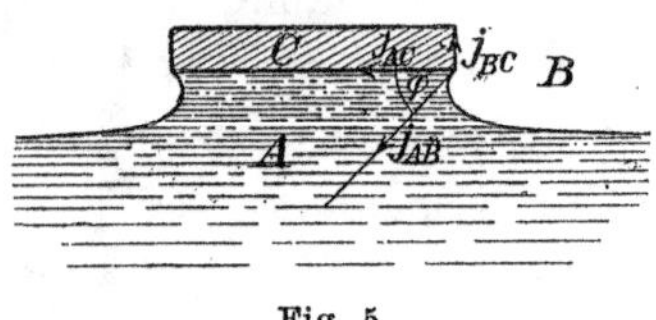

Fig. 5.

$$- T_{AB} \cos(j_{AC} j_{AB}) - T_{AC} + T_{BC} \geqq 0,$$
$$- T_{AB} \cos(j_{BC} j_{AB}) + T_{AC} - T_{BC} \geqq 0,$$

d. h.

$$(9) \qquad (j_{AC} j_{AB}) \geqq \omega_A, \quad (j_{AB} j_{BC}) \geqq \pi - \omega_A,$$

wo ω_A den durch (8) bestimmten Winkel $\geqq 0$ und $\leqq \pi$ bedeutet. Aus beiden Relationen zusammen folgt

$$(j_{AC} j_{BC}) \geqq \pi.$$

Danach kann im Zustande des Gleichgewichts die Grenzlinie der freien Oberfläche niemals längs eines endlichen Stücks auf einer konkaven Schneide des festen Körpers liegen*).

Die Bedingungen für das Zusammentreffen von vier Flüssigkeiten in einem Punkte sind nunmehr ohne weiteres ersichtlich. Die Möglichkeit der Bildung einer neuen Trennungsfläche an einer Linie, längs der mehr als drei Flüssigkeiten zusammentreffen, erörterte Gibbs**).

---

stanten Randwinkel erst dort ergibt, wo die Dicke der Silberlamelle mindestens 50×10^{-7} cm beträgt.

*) Gauß, Principia generalia theoriae figurae fluidorum, art. 30.

**) Gibbs, Equilibrium of heterogeneous substances, p. 453.

5. Kapillardruck. Oberflächenspannung.

Wollen wir den Begriff des Drucks in einer Flüssigkeit auch bei Erscheinungen der Kapillarität verwenden, so wird die Vorstellung notwendig, daß dieser Druck an einer Trennungsfläche zweier Flüssigkeiten im allgemeinen sich diskontinuierlich ändert. Die Diskontinuitäten sind mit den Schwerpunkts- und Flächensätzen der Mechanik in Übereinstimmung zu bringen. Will man die Diskontinuitäten weiter begründen, ohne jedoch Hypothesen über Molekularkräfte einzuführen, so kann man von dem Ansatze ausgehen, daß in einer Flüssigkeit an jeder Stelle eine räumliche Energiedichte besteht, welche von der Massendichte daselbst und auch noch von den örtlichen Differentialquotienten der Massendichte abhängt. Man hat sodann einen Grenzübergang in der Weise zu vollziehen, daß die Differentialquotienten der Massendichte im allgemeinen gleich Null gesetzt werden und nur an gewissen Flächen derart unendlich werden, daß dort die Massendichte einen konstanten Sprung erfährt. Der Begriff des Druckes entsteht dabei als der negativ genommene Differentialquotient der Energie einer Masse nach ihrem Volumen (Gl. (42) in Nr. **18**).

Der Kürze wegen begnügen wir uns hier mit folgenden mehr axiomatischen Festsetzungen: Innerhalb einer einzelnen Flüssigkeit A variiert der Druck stetig mit der Dichte, ist aber nur bis auf eine additive Konstante zu bestimmen; bei gewisser Verfügung über diese Konstante wollen wir von ihm als *kinetischem Druck* P_A sprechen. Nun seien zwei verschiedene, der Schwere unterworfene Flüssigkeiten A und B durch eine horizontale Ebene $z = 0$ getrennt und eine jede derart beschaffen, daß in ihr Dichte und Temperatur überall nur von der Vertikalhöhe z abhängen. Alsdann erleidet der kinetische Druck beim Übergang von A nach B eine Diskontinuität, die wir als *Kohäsionssprung* bezeichnen wollen. Die bezügliche Abnahme des kinetischen Drucks von A nach B können wir in die Form $K_A - K_B$ setzen, so daß K_A nur von A, K_B nur von B abhängt.

Die Differenz $P_A - K_A = p_A$ soll dann der *hydrodynamische Druck* in A heißen; dieser Druck würde nun *an horizontalen Trennungsflächen keinerlei Diskontinuität* erfahren. In einer ruhenden Flüssigkeit A, in welcher die Dichte nahezu als konstant anzusehen ist, variiert der Druck p_A derart, daß er abhängig von der Vertikalhöhe z allgemein den Ausdruck $p_0 - \varrho_A g z$ hat, wo p_0 eine Konstante ist.

Nun mögen zwei ruhende Flüssigkeiten A und B von verschiedener Dichte eine beliebige, der Differentialgleichung (6) entsprechende Trennungsfläche F_{AB} haben; wir bestimmen die Niveauebene dazu, wählen sie als Ebene $z = 0$ und denken uns andererseits in einem sehr weiten Gefäße ebenfalls A und B und beide durch eine horizontale Ebene und zwar genau in

Höhe jener Niveauebene getrennt, und verbinden endlich die A beiderseits und die B beiderseits je durch eine kommunizierende Röhre (Fig. 6), so wird das Gleichgewicht nach der Gleichung (6a) bestehen bleiben. Ist nun p_0 der in jener horizontalen Trennungsfläche in A und B gleiche hydrostatische Druck, so ist dieser Druck in A in einer Höhe z gleich $p_A = p_0 - \varrho_A g z$ und in B in einer Höhe z gleich $p_B = p_0 - \varrho_B g z$. An einer beliebigen Stelle der Trennungsfläche F_{AB} findet daher gemäß (6a) eine Druckdiskontinuität

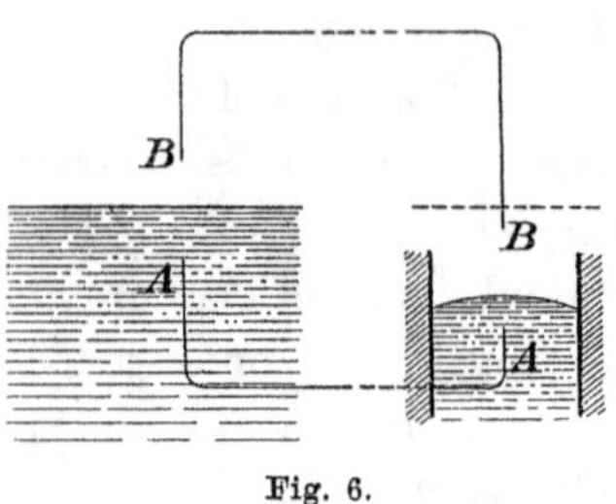

Fig. 6.

$$p_A - p_B = -g(\varrho_A - \varrho_B)z = T_{AB}\left(\frac{1}{R_1} + \frac{1}{R_2}\right) \tag{10}$$

statt. Diese Differenz heißt der *Kapillardruck* an der Stelle in A.

Stellt B den gesättigten Dampf der Flüssigkeit A vor, so ist p_0 der Sättigungsdruck über einer ebenen Flüssigkeitsoberfläche, und würde dagegen p_B den Druck des im Gleichgewicht mit der Flüssigkeit befindlichen Dampfes über einer solchen Stelle der Flüssigkeit, welche nach dem Dampfe hin die mittlere Krümmung $\frac{1}{2}\left(\frac{1}{R_1} + \frac{1}{R_2}\right)$ zeigt, angeben; danach überwiegt der letztere Sättigungsdruck p_B um

$$\frac{\varrho_B}{\varrho_A - \varrho_B} T_{AB}\left(\frac{1}{R_1} + \frac{1}{R_2}\right)$$

den Druck p_0*). Es folgt daraus z. B. ein vermehrtes Verdampfungsbestreben kleinster Wassertröpfchen in der Luft, weil mit dem Gleichgewichtsdruck des Dampfes über einer ebenen Wasseroberfläche noch nicht der Gleichgewichtsdruck über den Oberflächen der Tröpfchen erreicht ist.

Ist in dieser Weise einmal die Druckdiskontinuität des Kapillardrucks eingeführt, so würde das Bestehen der Trennungsflächenenergie nach dem Ausdrucke (3) ihrer Ableitung vollständig mit der weiteren Annahme zu erschöpfen sein, daß außerdem an jedem Randelement der Trennungsfläche in ihr, normal gegen den Rand nach innen gerichtet, eine konstante Zugspannung $= T_{AB}$, auf die Längeneinheit der Randlinie berechnet, herrscht.

Indem nun die Formel (3) sich auch auf jeden beliebigen Ausschnitt aus der Trennungsfläche anwenden läßt, würden die Kapillardrucke längs

*) W. Thomson, Edinburgh Proc. Roy. Soc. 7 (1870), p. 63. — In einer Kapillarröhre vom Radius 0,00012 cm, in welcher Wasser 1300 cm steigt, würde der Gleichgewichtsdruck des Wasserdampfes um etwa $\frac{1}{1000}$ kleiner als der Wert dafür über der Niveauebene sein. Mit den durch die Relation (10) gegebenen Umständen hängt auch der Siedeverzug luftfreier Flüssigkeiten, ferner die Schwierigkeit der Bildung der ersten Bläschen bei der Elektrolyse zusammen.

der Fläche und diese Zugspannungen an ihrem Rande für die virtuelle Arbeit gleichbedeutend mit der Annahme sein, daß *überall innerhalb der Trennungsfläche eine konstante Spannung* $= T_{AB}$ herrscht. Aber sprechen wir in solcher Allgemeinheit von einer Spannung innerhalb der ganzen Fläche, so heißt dieses im Grunde nichts anderes als: Es besteht für die Trennungsfläche eine potentielle Energie $= T_{AB} F_{AB}$, wovon wir eben ausgegangen sind.

Auf diese Analogie einer Flüssigkeitsoberfläche mit einer elastischen Haut gründete Thomas Young*) eine vollständige Theorie der Kapillarphänomene, die allerdings durch Vermeidung mathematischer Symbole an Durchsichtigkeit einbüßte. Den Begriff der Oberflächenspannung einer Flüssigkeit hat Segner**) eingeführt.

6. Formen freier Oberflächen. Tropfen.

Die Differentialgleichung einer freien Oberfläche kommt in Versuchen namentlich unter zweierlei speziellen Umständen in Betracht; nämlich es handelt sich meist entweder um Rotationsflächen um eine vertikale Achse oder aber um Zylinderflächen mit horizontalen Erzeugenden, wobei letztere Flächen auch noch als eine Approximation der ersteren bei großem Querschnitt dienen.

Im Falle einer *Rotationsfläche um die z-Achse* sei für die Meridiankurve r der Abstand von der Achse, φ der Neigungswinkel der Tangente gegen die horizontale r-Achse (Fig. 7), also $\operatorname{tg} \varphi = dz/dr$, so ist die Krümmung der Kurve $-\frac{1}{R_1} = \frac{d\varphi}{(\cos\varphi)^{-1} dr}$ und die reziproke Länge der Normale $-\frac{1}{R_2} = \frac{\sin\varphi}{r}$, die Gleichung (6) geht also in

$$T_{AB} \frac{d(r \sin\varphi)}{r\,dr} = \lambda_{AB} + g(\varrho_A - \varrho_B) z \tag{11}$$

über.

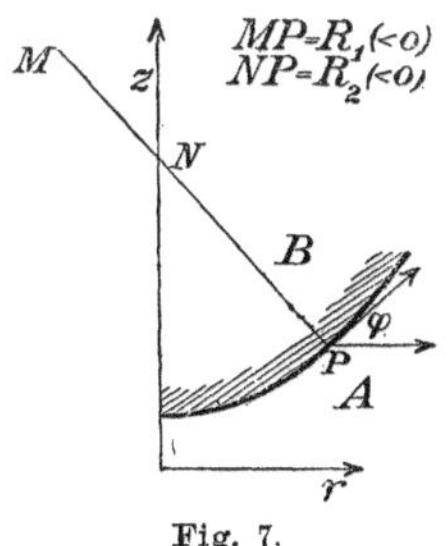

Fig. 7.

Zumeist handelt es sich um eine solche partikuläre Lösung dieser Gleichung, welche die Achse trifft und sie dann notwendig senkrecht durchsetzt, damit die Fläche sich an der Stelle regulär verhält. Diese Lösung hängt nur noch von einer Konstante ab, da

---

*) Th. Young, Essay on the cohesion of fluids, Phil. Trans. Roy. Soc. London 1805. — Für die Würdigung der Leistung von Young vgl. Lord Rayleigh, Phil. Mag. 30 (1890), p. 285, 456 = Scientific papers 3, p. 397.

**) Segner, Comment. soc. reg. Gotting. 1 (1751), p. 301. — Plateau (Statique des liquides, chap. V) gibt eine bis 1869 geführte historische Übersicht über die Arbeiten zur Theorie der Oberflächenspannung. Mannigfache Belege zu dieser Theorie hat namentlich Van der Mensbrugghe beigebracht.

$dz/dr = 0$ für $r = 0$ gefordert wird. Verlegt man den Koordinatenanfang in jenen Treffpunkt mit der Kurve, so bedeutet $2T_{AB}/\lambda_{AB}$ den Krümmungsradius daselbst und bei Wahl dieser Größe als Längeneinheit hängt die Form der Kurve nur noch von *einem* Parameter ab, der die Relation zwischen dem vorgeschriebenen Werte des Randwinkels von A am Ende der Meridiankurve und dem Volumen von A vermitteln muß.

Laplace*) und in der Folge Lord Kelvin**) haben die Meridiankurve der kapillaren Rotationsfläche aus kleinen Kreisbögen mit stetig sich aneinanderreihenden Tangenten unter Berechnung der Krümmung am Anfange jedes Bogens gemäß der Gleichung (11) angenähert aufgebaut. C. V. Boys***) hat diese Methode besonders handlich gemacht, indem er die Kreisbögen durch eine feste Marke an einem (durchsichtig hergestellten) Lineal beschreibt, auf dem das Drehungszentrum sukzessive verändert wird, wodurch die Stetigkeit in den Tangenten der sukzessiven Kreisbögen gesichert wird. Zudem sind die Teilstriche des Lineals durch ihre reziproken Entfernungen von der festen Marke bezeichnet, an der selbst dann ∞ steht. Bashforth†) lieferte ausgedehntes Tabellenmaterial zu jener partikulären Lösung von (11). C. Runge††) nahm die Gleichung als Beispiel bei Darlegung einer numerischen Integrationsmethode für die Differentialgleichungen zweiter Ordnung. Eine im Bereiche $0 \leqq \varphi < \pi/2$ konvergente Entwicklung von z nach Potenzen von r für die Lösung von (11) behandelten K. Lasswitz†††), Th. Lohnstein*†). Allerhand Annäherungsformeln, bzw. des Krümmungsradius für $r = 0$, des Maximalwertes von r usw. findet man bei Poisson**†), Fr. Neumann***†), A. König*††), H. Siedentopf**††).

Die Formen eines Quecksilbertropfens auf einer horizontalen Unterlage, einer gegen eine Horizontalebene stoßenden Luftblase, eines an einer Horizontalebene hängenden Wassertropfens sind Rotationsflächen, bestimmt

*) Laplace, Connaissance des Temps, 1812.

**) W. Thomson, Capillary attraction, Proc. Roy. Inst. 11 (1886), aufgen. in Popular lectures and addresses 1, London 1889. Der Aufsatz enthält verschiedene Diagramme zur Illustrierung des Verfahrens. — J. C. Schalkwijk, Leiden Communic. No. 67 (1901).

***) C. V. Boys, Phil. Mag. (5) 36 (1893), p. 75.

†) Bashforth and Adams, An attempt to test the theories of capillary action, Cambridge 1883.

††) C. Runge, Math. Ann. 46 (1895), S. 167.

†††) K. Lasswitz, Inaug.-Diss. Breslau 1873.

*†) Th. Lohnstein, Inaug.-Diss. Berlin 1891.

**†) Poisson, Nouv. théor. de l'act. capill., Paris 1831.

***†) Fr. Neumann, Vorl. über Capill. 1894.

*††) A. König, Ann. Phys. Chem. 16 (1882), S. 10.

**††) H. Siedentopf, Ann. Phys. Chem. 61 (1897), S. 235.

durch die Differentialgleichung (11), durch die Forderung, die Achse zu treffen, durch den Randwinkel am Endpunkt der Meridiankurve und durch das vorliegende Volumen.

Hängt die Lösung der Gleichung (6) von y nicht ab, ist sie also eine *Zylinderfläche mit horizontalen Erzeugenden parallel der y-Achse,* so wird die Gleichung ihres vertikalen Querschnitts mit der xz-Ebene, wenn φ den Winkel der Tangente gegen die x-Achse, ds das Bogenelement bedeutet:

$$(12) \qquad T_{AB}\frac{d\sin\varphi}{dx} = T_{AB}\frac{d\varphi}{ds} = \lambda_{AB} + g(\varrho_A - \varrho_B)z.$$

Es ist das die Gleichung der Gleichgewichtsform, die ein elastischer gleichförmiger unendlich dünner und ohne äußere Kräfte geradliniger Stab annimmt, wenn an den Enden zwei in die Richtung der positiven und negativen x-Achse fallende entgegengesetzt gleiche Kräfte und dazu die geeigneten Kräftepaare angreifen*). Die Differentiation von (12) nach s ergibt

$$T_{AB}\frac{d^2\varphi}{ds^2} = g(\varrho_A - \varrho_B)\sin\varphi,$$

und ist danach, $\varrho_A > \varrho_B$ angenommen, die Abhängigkeit des Winkels $\pi - \varphi$ von s dieselbe wie des Ausschlags eines gewöhnlichen mathematischen Pendels mit der Länge $\frac{T_{AB}}{\varrho_A - \varrho_B}$ von der Zeit. Wird $z = 0$ nach der Niveauebene gelegt, also $\lambda_{AB} = 0$ angenommen, so erhält man aus (12) durch Multiplikation mit $\operatorname{tg}\varphi\, dx = dz$ und Integration, entsprechend dem Integral der lebendigen Kraft in der Pendelbewegung:

$$(13) \qquad T_{AB}(c - \cos\varphi) = g(\varrho_A - \varrho_B)\frac{z^2}{2}.$$

Darin ist die Integrationskonstante $c = 1$, wenn die Fläche sich asymptotisch an die Niveauebene heranzieht, und $c > 1$, wenn sie sonst eine horizontale Tangente hat; andererseits ist, wenn die Fläche einen Wendepunkt $\left(\frac{d\varphi}{ds} = 0\right)$ besitzt, notwendig $c < 1$.

Die Form eines an einer Horizontalebene hängenden zylindrischen Tropfens, wie er durch Austreten einer Flüssigkeit aus einem langen Spalt entstehen könnte, hat Fr. Neumann**) behandelt. Um über die Stabilität der Form zu entscheiden, haben wir das Jacobische Kriterium für ein Extremum in einem Variationsproblem heranzuholen. Benetzt A die Ebene und wird der Einfachheit halber $2T_{AB} : g(\varrho_A - \varrho_B)$ als Flächeneinheit eingeführt, so kommt hier das Variationsproblem darauf hinaus,

*) Vgl. z. B. A. E. H. Love, A treatise on the mathematical theory of elasticity 2 (Cambridge 1893), Arts. 227—229. [(2nd edition 1906, Art. 262. Deutsche Ausgabe, bes. v. A. Timpe (Leipzig 1907) §§ 262, 263)].

**) Fr. Neumann, Vorl. über Capill., S. 117.

in einem Intervalle $-x_0 \leqq x \leqq x_0$, *dessen Länge* $2x_0$ *ebenfalls noch gesucht wird*, eine an den Enden verschwindende stetige Funktion $z(x)$ derart zu bestimmen, daß

$$\int_{-x_0}^{x_0} \left(\sqrt{1+\left(\frac{dz}{dx}\right)^2} - 1 - z^2\right) dx$$

zu einem *Minimum* wird, während $\int_{-x_0}^{x_0} z\,dx = J$ gegeben ist. In einer gewissen Tiefe $\frac{1}{2} z_0$ unter der Horizontalebene zeigt das tellerförmige Profil des Tropfens durch einen Wendepunkt die Niveauebene an und verläuft sodann gemäß (13) bis zum tiefsten Punkte als spiegelbildliche Fortsetzung am Wendepunkt, so daß z_0 die ganze Tiefe des Tropfens wird. Ist 2θ die Neigung der Wendetangente gegen die Horizontale und $\varkappa = \sin\theta$, so findet man auf Grund von (13):

$$z_0 = 2\sqrt{2}\varkappa, \quad x_0 = \sqrt{2}(2E - K), \qquad J = x_0 z_0,$$

wo K und E die vollständigen elliptischen Integrale erster und zweiter Gattung vom Modul $\varkappa$ sind. Der Ausdruck $J = x_0 z_0$ hat ein Maximum ungefähr bei $\theta = 35^0\,32'$ mit $J = 2{,}606$. Nur wenn das Volumen des Tropfens auf die Längeneinheit des Spalts, J, unterhalb dieser Größe liegt, gibt es überhaupt Tropfenformen, welche den Gleichungen des Problems entsprechen, und zwar dann eine breitere und weniger tiefe Form, wobei $\theta < 35^0\,32'$ ist, und eine schmälere tiefer herunterhängende, für welche diese stärkste Neigung gegen die Horizontale $> 35^0\,32'$ ist. Nur die erstere Form ist stabil.

Daß für rotationsförmige hängende Tropfen die Verhältnisse analog liegen dürften, geht aus einem Experiment von Lord Kelvin*) hervor, wonach eine um einen horizontalen Metallring gespannte dünne Kautschukhaut, die durch Hinaufgießen von Wasser in eine tropfenähnliche Form gedehnt wird, in einem gewissen Stadium der Füllung ruckweise eine Lage instabilen Gleichgewichts passiert.

Nach dem Abreißen eines Tropfens zieht sich der ausgezogene zurückschnellende Hals in einen oder mehrere kleinere Tropfen zusammen. Der Vorgang wird der Beobachtung zugänglicher, wenn die Tropfenbildung in einer nur wenig leichteren Flüssigkeit erfolgt, ist jedoch einer mathematischen Behandlung noch nicht unterzogen**).

---

*) W. Thomson, Popular lectures and addresses 1, London 1889, p. 38. — Daraus sind die Tropfenformen in Fig. 8 oben entnommen.

**) G. Hagen, Ann. Phys. Chem. 67 (1846), S. 1, 152; 77 (1849), S. 449. — C. V. Boys, Seifenblasen. Vorl. über Capill. Deutsche Übers. von G. Meyer, Leipzig 1893, S. 33, 65. — Die Beziehungen zwischen dem Durchmesser einer Röhre und dem Gewicht daraus abfallender Tropfen behandeln Lord Rayleigh, Phil. Mag. 48 (1899),

7. Steighöhen.

Die in einem Gefäße C senkrecht unterhalb der Trennungsfläche F_{AB}, von der Niveauebene $z = z_{AB}$ an gerechnet, stehende Masse von A überwiegt die dadurch verdrängte Masse von B um

$$(14)\qquad \begin{aligned} g(\varrho_A - \varrho_B)\int\limits_{F_{AB}}(z - z_{AB})\cos(nz)\,df &= -T_{AB}\int\limits_{F_{AB}}\left(\frac{1}{R_1}+\frac{1}{R_2}\right)\cos(nz)\,df \\ &= -T_{AB}\int \cos(j_{AB}z)\,ds, \end{aligned}$$

wo letzteres Integral sich über den Rand von F_{AB} erstreckt. Die erste Umformung folgt aus (6), die zweite durch Anwendung der Formel (3) auf eine Parallelverschiebung der Fläche in der z-Richtung, wobei ihr Flächeninhalt sich nicht ändert. Steht die Gefäßwand am Rande von F_{AB} überall vertikal, so ist hier $(j_{AB}z) = \pi - \omega_A$, unter ω_A den Randwinkel von A verstanden, und wird daher der letzte Ausdruck in (14) $= T_{AB}\cos\omega_A U$, wo U den Umfang der Randkurve bedeutet, insbesondere demnach positiv, Null oder negativ, je nachdem der Winkel ω_A spitz, ein rechter oder stumpf ist.

Stellt C eine vertikale Kapillarröhre mit kreisförmigem Querschnitte vom Radius R vor, so tritt in der Röhre ein Aufsteigen oder eine Depression von Flüssigkeit ein (wir denken uns hier $\varrho_A > \varrho_B$ und B oberhalb A gelegen), je nachdem der Randwinkel von A spitz oder stumpf ist, im speziellen also ein Ansteigen, wenn A die Röhre benetzt. *Die mittlere Steighöhe* über der Querschnittsfläche der Röhre *ist* nach (14)

$$h_m = \frac{2\,T_{AB}\cos\omega_A}{g(\varrho_A - \varrho_B)R} = 2\,\frac{T_{BC} - T_{AC}}{g(\varrho_A - \varrho_B)R},$$

also *umgekehrt proportional dem Radius der Röhre**). Der Meniskus läßt sich in erster Annäherung als eine Kugelfläche ansehen. Approximiert man ihn genauer als ein Rotationsellipsoid um die Röhrenachse**), welches mit ihm im Randwinkel, in dem Krümmungsradius auf der Achse und im

p. 321 (Sc. papers 4, p. 415), Th. Lohnstein, Ann. Phys. Chem. 20 (1906), S. 237, S. 606. — A. M. Worthington and R. S. Cole, Impact with a liquid surface, London Phil. Trans. 189 (1897), p. 137.

*) Die Proportionalität der Steighöhe in einer Kapillarröhre mit dem Reziproken des Durchmessers scheint zuerst von Borelli (De motionibus naturalibus a gravitate pendentibus, Reggio 1670) ausgeführt zu sein; der Satz wird von manchen Autoren Jurin (Phil. Trans. 30 (1718)) zugeschrieben.

**) Mathieu, Capillarité, Paris 1883, p. 49.

angehobenen Gewicht übereinstimmt, so folgt z. B., wenn A die Röhre benetzt, als Steighöhe auf der Achse

$$h = \frac{h_m}{1 + \frac{1}{3}\frac{R}{h_m}}.$$

Werden in einer Kapillarröhre mehrere die Wand nicht benetzende Flüssigkeiten A, B, $B_{,}^{*}$ ... übereinander geschichtet, so ist das gesamte angehobene Gewicht das nämliche, als wenn sich über A nur B befände. Ein Einwand, den Young aus Beobachtungen gegen diese Schlußfolgerung und damit überhaupt gegen die Theorie von Laplace erheben zu müssen glaubte, wurde durch Poisson*) entkräftet.

Zwischen zwei parallelen vertikalen Platten ist zufolge (14) die mittlere Steighöhe halb so groß als in einer Kapillarröhre von einem Durchmesser gleich dem Abstand der Platten. Stehen die zwei vertikalen Platten mit geringer Keilöffnung gegeneinander, so steigt die Flüssigkeit an ihnen zu

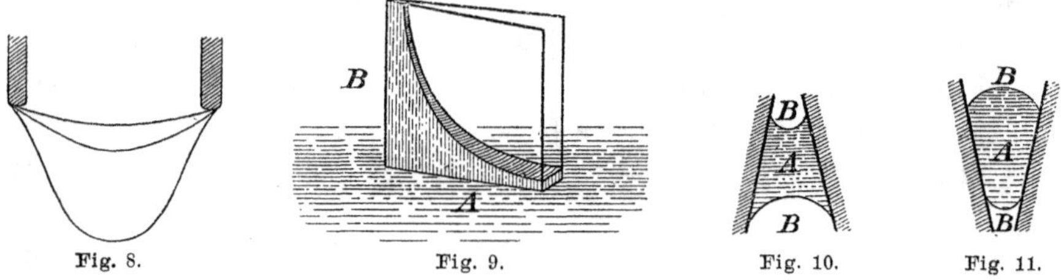

Fig. 8. Fig. 9. Fig. 10. Fig. 11.

einer gleichseitigen Hyperbel empor (Fig. 9). In einer konischen Röhre kann unter Umständen ein Tropfen im Gleichgewicht sein bei spitzem Randwinkel, wenn die Röhre sich nach oben verjüngt (Fig. 10), oder bei stumpfem Randwinkel, wenn sie sich nach unten verjüngt (Fig. 11).

8. Kapillarauftrieb. Adhäsion.

Der Körper C sei nur mit den Flüssigkeiten A und B in Berührung. Um den von C zur Erhaltung des Gleichgewichts gegen A und B zu leistenden Gegendruck in der Komponente $-P_w$ nach einer beliebigen Richtung w zu ermitteln, lassen wir C in dieser Richtung parallel mit sich verschiebbar sein. Wir nehmen sodann eine von einem Parameter w abhängende Schar von Verrückungen des Systems vor, wobei C in jener Richtung um die Längen w fortschreitet, die Partien F_{AC}, F_{BC}, also auch ihre gemeinsame Randlinie unverändert mitgehen, alle Grenzflächen in denen A und B an andere Medien als C anstoßen, festbleiben, endlich F_{AB} noch sich derart deformiert, daß die Volumina V_A und V_B ungeändert bleiben.

*) Poisson, Nouv. théor. de l'act. capill., p. 141.

Wir können alsdann für die gesamte ins Spiel kommende Energie E, einschließlich des Terms wP_w für den Gegendruck $-P_w$, die Relation $\frac{dE}{dw}=0$ ansetzen. Nun sind die Flächeninhalte von F_{AC}, F_{BC} unverändert, längs F_{AB} besteht die Differentialgleichung (6), zur Vereinfachung legen wir $z=0$ in die Niveauebene von A, B, haben also $\lambda_{AB}=0$. Im Hinblick auf (3) und (5) erhalten wir daher:

$$(15)\qquad \begin{aligned} P_w - \int\limits_{F_{AC}} g(\varrho_A-\varrho_C) z\cos(wn)\,df - \int\limits_{F_{BC}} g(\varrho_B-\varrho_C) z\cos(wn)\,df \\ - T_{AB}\int \cos(wj_{AB})\,ds = 0, \end{aligned}$$

wo sich das erste Integral auf F_{AC}, das zweite auf F_{BC}, das dritte auf ihren gemeinsamen Rand bezieht und n die äußere Normale von C bezeichnet.

Der auf C ausgeübte vertikale Auftrieb berechnet sich hieraus, indem wir für w die z-Richtung nehmen. Hat die Trennungsfläche F_{AB} keine Begrenzung außer ihrer Randlinie auf C, d. h. verläuft sie im übrigen asymptotisch an die Niveauebene, so zeigt die bei (14) vorgenommene Transformation, daß der letzte Term in (15) alsdann $=g(\varrho_A-\varrho_B)V_{AB}$ wird, unter V_{AB} das unterhalb F_{AB} bis zur Niveauebene reichende Volumen verstanden (soweit F_{AB} unterhalb der Niveauebene verläuft, ist das dazwischenliegende Volumen in V_{AB} negativ einzurechnen). Von diesem Volumen entfalle der Anteil V auf das Medium A (Fig. 12). Andererseits werde C durch Fortführung der Niveauebene in einen unteren Teil vom Volumen $V_C^{(A)}$ und einen oberen Teil vom Volumen $V_C^{(B)}$ zerlegt, so werden der zweite und dritte Term in (16) bzw.

$$-g(\varrho_A-\varrho_C)(V_C^{(A)}+V_{AB}-V),\quad -g(\varrho_B-\varrho_C)(V_C^{(B)}-V_{AB}+V)$$

und folgt demnach

$$(16)\qquad P_z = g(\varrho_A-\varrho_C)V_C^{(A)} + g(\varrho_B-\varrho_C)V_C^{(B)} - g(\varrho_A-\varrho_B)V.$$

Die ersten zwei Terme bilden den hydrostatischen Auftrieb, falls die Trennungsfläche in die Niveauebene fiele, der dritte Term, der *kapillare Auftrieb* (bzw. negative Abtrieb) ist entgegengesetzt gleich dem infolge der Kapillarität über die Niveauebene gehobenen Flüssigkeitsgewicht. Hiernach kann bei *stumpfem* Randwinkel ω_A unter Umständen ein Körper auf einer Flüssigkeit von geringerem spezifischen Gewicht schwimmen.

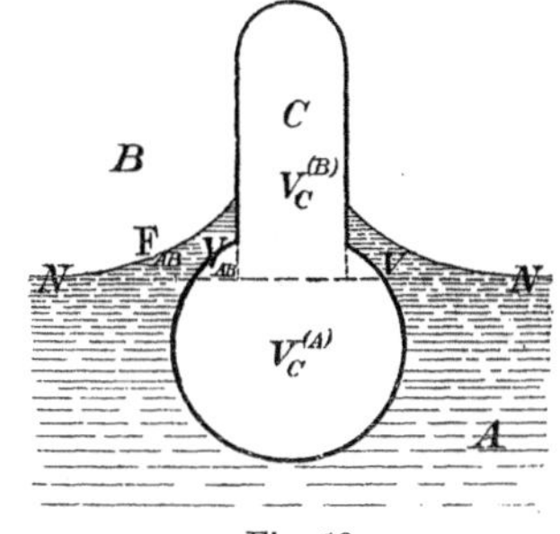

Fig. 12.

Wird eine kreisförmige Scheibe C auf eine weite horizontale Oberfläche von A in B gelegt (Fig. 5) und mit horizontal bleibender Basis, die stets ganz mit A in Berührung sei, kontinuierlich senkrecht gehoben, so entspricht die am Rande der Scheibe ansetzende freie Rotationsfläche wieder der Gleichung (11); die Meridiankurve verläuft asymptotisch an die Niveauebene, während der Randwinkel φ von A gegen die horizontale Basis der Scheibe kontinuierlich abnehmend zufolge der ersten Ungleichung (9) nur bis zu dem durch (8) bestimmten Werte ω_A heruntergehen kann, wobei dann die Flüssigkeit abreißt. Bei großem Flächeninhalt S der Scheibe ergibt sich die maximale Höhe z_0 des Anhebens angenähert aus (13) für $c=1$, $\varphi=\omega_A$ und zwar als unabhängig von S und folgt das dabei über die Niveauebene gehobene maximale Flüssigkeitsgewicht + dem Gewicht der Scheibe aus (16), indem dort $V_C^{(A)} = -z_0 S$ substituiert und $V = V_{AB}$ aus (14) mittels $(j_{AB}z) = \frac{\pi}{2} + \omega_A$ berechnet wird.

Bei der Adhäsion zweier sehr nahe befindlicher gleicher horizontaler Platten, sie mögen etwa wieder kreisförmig vom Flächeninhalte S sein, vermöge einer zwischen ihnen befindlichen dünnen und sie *benetzenden* Flüssigkeitsschicht A vom Volumen V_A ist für die angenähert durch (12) bestimmte Meridiankurve die Höhe z, die wir von der oberen Fläche der Schicht rechnen, und damit auch $d\varphi/ds$ wenig veränderlich und daher die Kurve angenähert ein Halbkreis vom Durchmesser V_A/S (Fig. 13). Nach (12) befindet sich dann die Niveauebene in einer Höhe $z = -z_0$, die umgekehrt proportional diesem Werte ist. Aus (15) entsteht wieder genau die Relation (16), wobei $V_C^{(A)} = -Sz_0$, $V=0$ einzusetzen ist, und folgt daraus der auf die obere Platte mitsamt ihrem Gewicht ausgeübte Zug nach unten, und zwar als proportional mit S^2/V_A. Bei kleinem V_A kann daher eine äußerst große Kraft zur Trennung der Platten nötig sein.

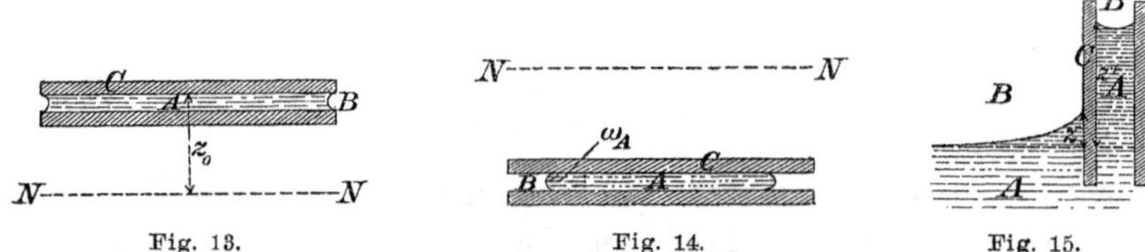

Fig. 13. Fig. 14. Fig. 15.

Sind dagegen die *Randwinkel* an den Platten *stumpf*, so liegt die Niveauebene über der Schicht, es richtet sich die Größe der von A bedeckten Fläche der Platten nach dem Werte von V_A, und es ist ein entsprechender Druck auf die Platten nötig, um ihre Distanz zu verringern (Fig. 14).

Stellt C eine auf beiden Seiten gleich beschaffene vertikale, der yz-Ebene parallele Platte von einer sehr großen Breite L vor, die in A und B eintaucht, wobei aber der Stand der Trennungsflächen F_{AB} beiderseits an C verschieden hoch sein kann (Fig. 15), so berechnet sich aus (15) die

Summe der zwei Drucke P_x^- und P_x^+ in Richtung der x-Achse, welche die Platte links und rechts, auf der Seite der kleineren bzw. der größeren x erfährt; die zwei Randintegrale heben sich auf, die Flächenintegrale bleiben nur für den einerseits von A, andererseits von B bedeckten Teil der Platte übrig. Steht A links bis zur Höhe z^-, rechts bis zur Höhe z^+ an der Platte, so resultiert als Gesamtdruck

$$P_x = g(\varrho_A - \varrho_B)\frac{(z^+)^2 - (z^-)^2}{2} L = T_{AB}(c^+ - c^-)L,$$

wenn für die Form der Fläche F_{AB} nach (13) links die Integrationskonstante c^-, rechts c^+ in Betracht kommt.

Tauchen jetzt zwei Platten C^- und C^+ von gleicher Breite L parallel zur yz-Ebene und sehr nahe zueinander ein und kommt für den Meniskus in der xz-Ebene zwischen ihnen die Integrationskonstante c in Betracht, während jenseits von ihnen die Flächen F_{AB} asymptotisch an die Niveauebene verlaufen mögen, also hier die betreffende Konstante den Wert 1 hat, so werden die Platten mit einer Kraft $T_{AB}(c-1)L$ gegeneinander getrieben. Bildet nun A an beiden Platten spitze oder an beiden Platten stumpfe Winkel, so zeigt der Meniskus in der xz-Ebene zwischen den Platten notwendig eine Stelle mit horizontaler Tangente und ist daher nach (13): $c > 1$, es findet also eine scheinbare Anziehung der Platten statt und zwar, da $c - 1$ nach (13) dem Quadrat der Steighöhe an jener Stelle proportional ist, angenähert umgekehrt proportional dem Quadrat des Abstandes der Platten. Bildet A an einer Platte spitze, an der anderen stumpfe Winkel, so entspricht einer gewissen Distanz der Platten ein labiles Gleichgewicht, das bei Annäherung der Platten (durch stärkere Krümmung des Meniskus) zu einer Anziehung, bei Entfernung zu einer Abstoßung führt*).

9. Ausschaltung der Schwerkraft.

Die Wirkung der Schwere auf die Gestalt der Trennungsfläche von A gegen B erscheint nach (6) ausgeschaltet, wenn $\varrho_A = \varrho_B$ ist, die beiden Flüssigkeiten also gleiche Dichte haben. Dieser Umstand, an den schon Segner**) gedacht hat, wurde von Plateau***) vielfältig benutzt, um reine Kapillarwirkungen zu studieren.

*) Laplace, Suppl. à la théor. de l'act. capill. (De l'attraction et de la répulsion apparente des petits corps qui nagent à la surface des fluides). — Poisson, Nouv. théor. de l'act. capill., chap. VI. — Allgemeinere Theoreme über Anziehung und Abstoßung schwimmender Körper entwickelt W. Voigt, Kompendium der theor. Phys. 1, Leipzig 1895, S. 239.

**) Siehe Anm. S. 311.

***) Plateau, Mém. de l'Acad. de Belgique, 1843 bis 1868; Statique expérimentale et théorique des liquides (Gand 1873).

Ein Öltropfen, in eine gleich schwere Mischung von Wasser und Alkohol gebracht. nimmt nach (6) im Gleichgewicht die Figur einer Fläche konstanter mittlerer Krümmung an. Schwebt der Tropfen vollkommen frei, so zeigt er daher notwendig Kugelgestalt, denn die Kugel ist die einzige geschlossene singularitätenfreie Fläche von konstanter mittlerer Krümmung*). Ist die Oberfläche des Tropfens nicht allseitig geschlossen, sondern lehnt sie sich teilweise an eingetauchte Rotationskörper an, so mag sie sich als eine Rotationsfläche um die bezügliche Achse bilden. Sind nun auf einer beliebigen Normale der Meridiankurve dieser Fläche nacheinander (Fig. 16) P der Punkt der Kurve, M das Krümmungszentrum, N der Treffpunkt mit der Achse, also PM, PN die zwei Hauptkrümmungsradien der Rotationsfläche und ist endlich Q derart gelegen, daß $PNQM$ vier harmonische Punkte sind, also

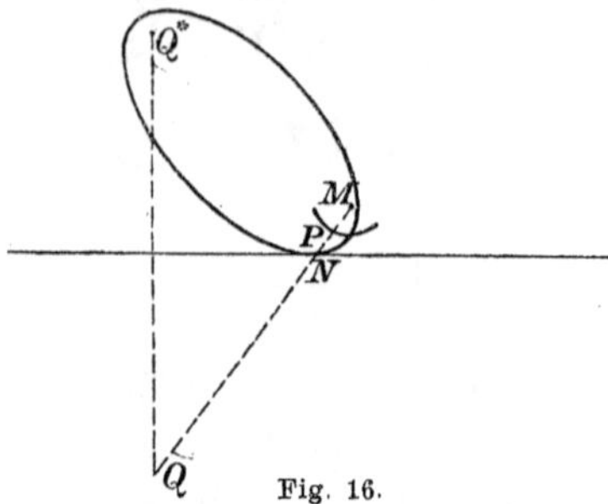

Fig. 16.

$$\frac{1}{PM} + \frac{1}{PN} = \frac{2}{PQ}$$

ist, so muß nach (6) oder (11) die Länge PQ konstant ausfallen; das Spiegelbild Q^* von Q an der Achse liefert daher eine konstante Summe $PN + NQ^* = PQ$, während PN und NQ^* entgegengesetzt gleiche Neigung gegen die Achse zeigen. Lassen wir nun P die Meridiankurve beschreiben und konstruieren fortwährend in der dargelegten Weise N, Q, Q^*, so wird, weil PQ konstant ist, Q eine Parallelkurve zur Meridiankurve beschreiben, daher die Bewegung von Q stets normal zu NP und also die spiegelbildlich dazu an der Achse verlaufende Bewegung von Q^* stets normal auf NQ^* sein. Daraus ist ersichtlich, daß die Meridiankurve unserer Rotationsfläche durch den Brennpunkt P eines bestimmten Kegelschnittes erzeugt wird, den man ohne Gleiten auf der Rotationsachse abrollen läßt, dessen anderer Brennpunkt Q^* und dessen doppelte große Achse PQ ist**).

Wird der Tropfen durch zwei mit den Zentren vertikal übereinander liegende horizontale Scheiben oder Ringe gestützt, so können durch Abänderung der Distanz dieser Stützen sowie der zwischen ihnen befindlichen Ölmasse die verschiedenen Formen dieser Rotationsflächen konstanter mittlerer Krümmung erzielt werden, das *Unduloid* in den Grenzen Kugel — Zylinder — Katenoid, das *Nodoid* in den Grenzen Katenoid — Kugel, welche bzw. einer rollenden Ellipse oder Hyperbel und den Grenzflächen Strecke,

*) Vgl. Liebmann, Math. Ann. 53, S. 81.

**) Ch. Delaunay, J. de math. (1) 6 (1841), p. 309. — Die Literatur über die Flächen mittlerer Krümmung bis 1869 bespricht ausführlich Plateau (Statique des liquides 1, p. 131).

Kreis, Parabel entsprechen (Fig. 17). Dabei werden außerhalb an den Ringen sich jedesmal noch Kugelkalotten von der nämlichen mittleren Krümmung wie der dazwischen befindliche Tropfen ansetzen. Das Katenoid ist hier eine stabile Gleichgewichtsfigur, nämlich wirklich eine Fläche von kleinstem Flächeninhalt bei gegebener Größe des zwischen den zwei Basiskreisflächen gehaltenen Volumens, nur so lange die Tangenten in den zwei Endpunkten der sie erzeugenden Meridiankurven ihren Schnittpunkt vor der Rotationsachse finden*), und die Zylinderfläche ist in demselben Sinne stabil, nur so lange die Höhe des Zylinders nicht den Umfang des Querschnitts erreicht**).

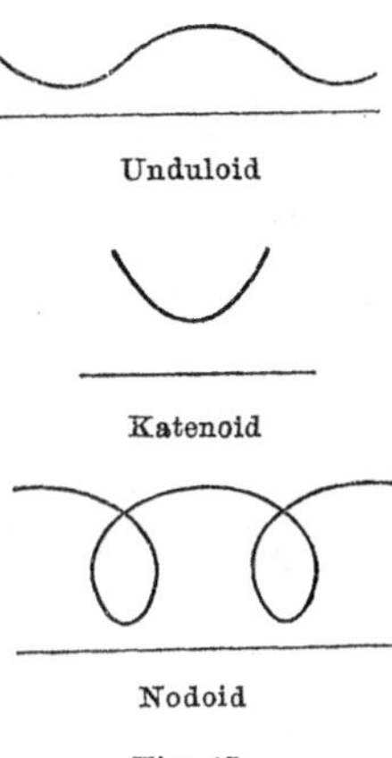

Fig. 17.

Wird der freischwebende und eine Kugelgestalt bildende Öltropfen mit Hilfe einer in das Öl eingetauchten Scheibe in gleichförmige Rotation um eine Achse — etwa die z-Achse — gesetzt, so entsprechen wachsenden Werten der Winkelgeschwindigkeit ω der Rotation verschiedene Gestalten des Tropfens; er erscheint zuerst ellipsoidisch, vertieft sich oben und unten, endlich löst sich am Äquator ein Ring ab, der an der Rotation teilnimmt***). Denkt man sich, was freilich dem Versuche nur unzureichend entspricht, es rotiere nur der Tropfen A, nicht die umgebende Flüssigkeit B, und behandelt die Bewegung von mitrotierenden Koordinatenachsen aus unter Einführung des Potentials der Zentrifugalkräfte $-\frac{\omega^2}{2}\varrho_A\int\limits_A r^2 dv$, so erhält man (mit Bezeichnungen wie in (11)) als Gleichung für die Meridiankurve des rotierenden Tropfens:

$$T_{AB}\frac{d(r\sin\varphi)}{r\,dr} = \lambda_{AB} - \frac{\omega^2}{2}\varrho_A r^2 \qquad \left(\frac{dz}{dr} = \operatorname{tg}\varphi\right).$$

Hieraus bestimmt sich z als hyperelliptisches Integral in r vom Geschlecht 2 und kommt man je nach den Werten von ω auf sphäroidische oder ringförmige Flächen†). — Einen Vergleich der hier auftretenden Figuren mit den Gestalten gravitierender in stationärer Rotation befindlicher Flüssigkeitsmassen könnte man allenfalls zustande bringen, indem man von Fernkräften mit dem Ausdrucke $-k\frac{e^{-cr}}{r}$ $(c \geqq 0)$ als Potential für zwei Masseneinheiten in der Distanz r ausgeht, woraus einerseits

*) L. Lindelöf in Moigno-Lindelöf, Calcul des variations, Paris 1861, p. 209, 231. — Poincaré, Capillarité, p. 66.

**) Plateau, Statique des liquides 2, chap. IX. — Poincaré, Capillarité, p. 95.

***) Plateau, Mém. de l'Acad. de Bruxelles 16 (1843).

†) Beer, Einl. in die math. Theorie der Elastizität u. Kapillarität, Leipzig 1869.

Gravitation, andererseits Oberflächenspannung als die zwei Grenzfälle $c = 0$ und $c = \infty$ folgen.

10. Flüssigkeitshäute.

Unter Umständen kann eine Flüssigkeit A in einem Medium B längere Zeit hindurch als eine dünne Haut mit zwei einander sehr nahen Trennungsflächen gegen B bestehen. Die Dauerhaftigkeit solcher Flüssigkeitshäute beruht nach Plateau*) auf einer vornehmlich nach den Grenzschichten hin hervortretenden gallertartigen Beschaffenheit (Oberflächenviskosität). Diese wieder erklärt sich durch eine andere Verteilung der stofflichen Bestandteile in den Oberflächenschichten als im Inneren der Haut, wodurch jene Schichten eher die Eigenschaften eines festen Körpers als einer Flüssigkeit haben**). In Häuten von sehr geringer Dicke wird dann ein Fließen des Inneren zwischen den Oberflächenschichten außerordentlich durch die innere Reibung der Flüssigkeit verzögert***) und dadurch eine Variation des gegenseitigen Abstandes der zwei Trennungsflächen sehr erschwert. Sind F_{AB}^-, F_{AB}^+ die Flächeninhalte der zwei Seiten der Haut, so ist alsdann zum Gleichgewicht der Haut das Minimum der potentiellen Energie

$$T_{AB}(F_{AB}^- + F_{AB}^+) + g(\varrho_A - \varrho_B)\int\limits_A z\,dv + g\varrho_B\int\limits_{A+B} z\,dv$$

ganz allein in bezug auf solche virtuelle Verrückungen von A zu fordern, wobei die normalen Abstände der zwei Trennungsflächen ungeändert bleiben; denn andere Verrückungen sind als unausführbar anzusehen. Diese Forderung kommt nun, wenn noch die Dicke der Haut als verschwindend zu betrachten ist, im Hinblick auf (3), (4), (5) einfach darauf hinaus, daß für die Haut $2\,T_{AB}F_{AB}$ oder also F_{AB}, darunter die ganze Ausdehnung der Haut verstanden, ein Minimum sein soll. Wird z. B. ein Rahmen, irgendwie aufgebaut aus festen Drähten, beweglichen Fäden, als Stütze dienenden festen Oberflächen, in eine Seifenlösung getaucht, so spannt sich hiernach innerhalb der vorgeschriebenen festen und veränderlichen Grenzen die Seifenlösung in der Form einer *Minimalfläche* (Artikel von Lilienthal, Enzyklopädie III D 5, S. 307) aus, und man trifft hier einen der seltenen Fälle an, daß ein rein mathematisches Gebiet aus einer verhältnismäßig leichten Experimentierkunst die vielseitigste Anregung zu schöpfen vermocht hat.

---

*) Plateau, Statique des liquides 2, chap. VII.

**) Marangoni, Nuovo Cimento (2) 5, 6 (1871/72); (3) 3 (1878). — Lord Rayleigh, Proc. Roy. Soc. 48 (1890), p. 127 (Sc. papers 3, p. 363).

***) Vgl. die bezüglichen Rechnungen bei Gibbs, Equilibrium of heterogeneous substances, p. 475.

Als Differentialgleichung für die Form der Haut erhält man

$$(17) \qquad \frac{1}{R_1} + \frac{1}{R_2} = 0,$$

während für ihren Rand, soweit er nicht fest vorgeschrieben ist, die Bedingung resultiert, auf die dazu dargebotenen Flächen senkrecht aufzutreffen. Dabei können sich infolge der vorgeschriebenen Grenzbedingungen Kreuzungsstellen der Haut in ihrem Verlaufe als notwendig erweisen; in stabilem Gleichgewicht können aber niemals mehr als drei Lamellen längs einer Kurve und zwar dann immer nur unter gleichen Flächenwinkeln, also von 120^0, zusammentreffen und höchstens vier, und zwar mit gleichen Raumwinkeln um einen Punkt herum ansetzen*). So bildet sich z. B. in dem Kantengerüst eines regulären Tetraeders eine Seifenhaut, bestehend aus sechs ebenen Lamellen, den sechs Dreiecken vom Schwerpunkt des Tetraeders aus nach den einzelnen Kanten, dagegen entsteht innerhalb des Kantengerüsts eines Würfels jedesmal eine Fläche, die nicht alle Symmetrien des Würfels übernimmt, sondern ein beliebiges Paar seiner Seitenflächen begünstigt (Fig. 18)**).

Es ist eine charakteristische Eigenschaft der Minimalflächen, daß ihre Abbildung durch parallele Normalen auf eine Kugelfläche eine konforme mit Umlegung der Winkel ist. Soll nun die Begrenzung der Minimalfläche ein gegebener geschlossener Streckenzug sein oder allgemeiner, soll sie stückweise in vorgeschriebenen Geraden oder Ebenen verlaufen, so müssen die Geraden Asymptotenkurven auf der Fläche werden und die Ebenen Krümmungskurven aus ihr herausschneiden, und jene sphärische Abbildung wird ein Kreisbogenpolygon von bekanntem Umriß. Die analytische Bestimmung der fraglichen Minimalfläche erfordert die konforme Abbildung dieses Polygons auf eine Halbebene, diese Abbildungsaufgabe hängt von einer linearen Differentialgleichung zweiter Ordnung mit rationalen Funktionen als Koeffizienten ab, und schließlich soll man eine endliche Anzahl von Parametern, die in diese Gleichung eingehen, den Längen und Winkeln des gegebenen Rahmens entsprechend einrichten, worin transzendente Relationen liegen, deren Theorie erst in Spezialfällen zu befriedigendem Abschluß gebracht werden konnte***).

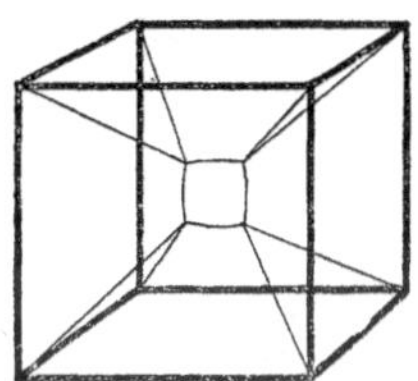

Fig. 18.

Plateau†) und in der Folge H. A. Schwarz***) haben eine Menge verschiedenartiger Minimalflächen (z. B. das Katenoid innerhalb zweier senk-

*) Lamarle, Mém. de l'Acad. de Belg. 35, 36. — Plateau, Statique des liquides 1, chap. V. **) Plateau, l. c. p. 318.

***) Vgl. H. A. Schwarz, Gesammelte math. Abh. 1, Berlin 1890.

†) Siehe Anm. S. 319.

recht übereinander gehaltener Kreisringe, eine Schraubenfläche innerhalb eines Glaszylinders zwischen zwei Erzeugenden) durch Seifenlamellen realisiert und zugleich die Grenzen ihres extremalen Charakters sowie die Umlagerungen bei eintretender Instabilität theoretisch wie experimentell festgestellt. — Innerhalb eines Drahtes, der in den sechs Kanten eines geraden, regelmäßigen, sechsseitigen Prismas und den sie abwechselnd in der einen und der anderen Grundfläche verbindenden Seiten ausgespannt ist, bildet sich, falls die Prismenkanten im Verhältnis zu den Basisseiten hinreichend lang sind, eine Lamelle aus, die auf der Mittellinie des Prismas einer der zwei Grundflächen wesentlich näher liegt und die durch ein leichtes Schütteln in das Gegenbild in bezug auf die andere Grundfläche überspringt; diese auffallende Erscheinung soll aber ganz allein auf die stets vorhandenen geringen Unvollkommenheiten der Modelle zu schieben sein.

Für die Stabilität einer Flüssigkeitshaut in einem festen Rahmen ist die Bedingung die, daß keine unendlich nahe Minimalfläche durch irgendein auf der Fläche liegendes geschlossenes Kurvensystem möglich ist*). Für den Fall beweglicher Grenzen geben die allgemeinen Kriterien von Hilbert**) bezüglich des Vorhandenseins eines Extremums Aufschluß über die Stabilität.

Indem man geeignet verfährt, kann man innerhalb eines festen Rahmens auch Seifenlamellen einspannen, in denen vollständig geschlossene Flächen (Blasen) auftreten. (Zum Beispiel kann man innerhalb des Kantengerüsts eines Würfels eine Seifenhaut herstellen, welche aus einer innen schwebenden geschlossenen nach außen gekrümmten Fläche mit den Symmetrien des Würfels und zwölf, deren Schneiden mit den entsprechenden Würfelkanten verbindenden trapezartigen, ebenen Lamellen besteht (Fig. 19)***).) Dabei enthält jede geschlossene Blase $B^{(i)}$ ein ganz bestimmtes Luftquantum bei irgendeinem Volumen $V^{(i)}$ und irgendeinem Druck $p^{(i)}$, und ist demgemäß zur potentiellen Energie des gesamten Systems jedesmal noch der entsprechende Term $-p^{(i)}V^{(i)}$ hinzuzufügen. Dadurch folgt dann für eine Seitenfläche der Blase, auf welche auf der anderen Seite ein Druck $p^{(h)}$ herrscht, in Anbetracht der zwei Trennungsflächen der Lamellen anstatt (17) allgemeiner und im Einklang mit (10):

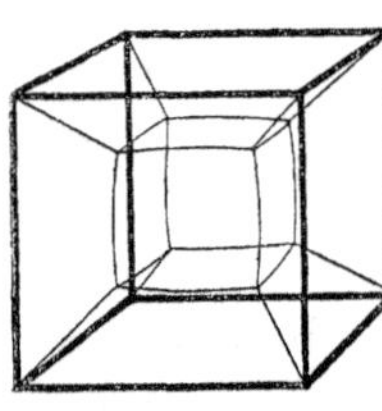
Fig. 19.

$$p^{(i)} - p^{(h)} = 2\,T_{AB}\left(\frac{1}{R_1} + \frac{1}{R_2}\right),$$

*) H. A. Schwarz, Acta soc. scient. Fennicae 15 (1885), p. 315 (Ges. math. Abh. 1, S. 223).

**) Hilbert, Gött. Nachr. 1905, S. 159.

***) Plateau, l. c. p. 361.

wo die Krümmungsradien positiv bei nach außen konvexer Krümmung zu rechnen sind; zur Festlegung der $p^{(i)}$ dienen der Wert des äußeren Druckes sowie die Beträge der einzelnen eingeschlossenen Luftquanta. Die Randbedingungen beim Zusammentreffen dreier Flächen sind dieselben wie im früheren Falle nicht geschlossener Lamellen. So lassen sich z. B. mit Hilfe zweier fester Ringe wieder alle Formen des Unduloids und Nodoids, geschlossen durch angesetzte Kugelkalotten, erzielen. Eine einzelne freie Seifenblase hat notwendig Kugelgestalt und ist der Überdruck innen umgekehrt proportional ihrem Radius und der Proportionalitätsfaktor das Vierfache der Oberflächenspannung.

11. Stabilität einer Trennungsfläche.

Für das stabile Gleichgewicht einer Trennungsfläche F_{AB}, die bereits der früher erörterten Bedingung $\frac{dE}{dw} = 0 \, (w = 0)$ in jeder von einem Parameter w abhängenden und durch sie hindurch führenden Schar von virtuellen Verrückungen entspricht, ist weiter der definit-positive Charakter der *zweiten Ableitung der potentiellen Energie nach dem Variationsparameter* w, d. i. die Ungleichung:

$$\frac{d^2 E}{dw^2} > 0 \qquad \text{für } w = 0 \tag{18}$$

erforderlich. Nehmen wir an, der Rand von F_{AB} sei festzuhalten, so daß das Kurvenintegral in (3) fortfällt, so folgt durch Differentiation nach w aus (3), (4), (5) im Hinblick auf (6):

$$\frac{d^2E}{dw^2} = \int\limits_{F_{AB}} N \left\{ T_{AB} \frac{\partial}{\partial w} \left(\frac{1}{R_1} + \frac{1}{R_2} \right) + g(\varrho_A - \varrho_B) \frac{\partial z}{\partial w} \right\} df.$$

Fig. 20.

Hiervon sei eine spezielle Anwendung gemacht. Die Trennungsfläche falle in die Niveauebene $z = 0$. Die Flüssigkeit B befinde sich oberhalb A in einem nach unten offenen Gefäße, sei aber schwerer als A, also $\varrho_B > \varrho_A$ (Fig. 20). Hier ist für die variierten Flächen

$$z \equiv Nw \; (\text{mod}\, w^2), \qquad \frac{\partial}{\partial w} \left(\frac{1}{R_1} + \frac{1}{R_2} \right) \equiv - \frac{\partial^2 N}{\partial x^2} - \frac{\partial^2 N}{\partial y^2} \; (\text{mod}\, w),$$

(wobei durch das Zeichen $\equiv$ und den Zusatz (mod w^2) bzw. (mod w) eine Gleichheit bis auf Glieder von der Ordnung w^2 bzw. w angedeutet werden soll), und kommt die Bedingung (18) auf

$$\int\limits_{F_{AB}} N \left\{ - T_{AB} \left(\frac{\partial^2 N}{\partial x^2} + \frac{\partial^2 N}{\partial y^2} \right) - g(\varrho_B - \varrho_A) N \right\} df > 0 \tag{19}$$

hinaus, während die Konstanz des Volumens V_A die Gleichung

$$\int_{F_{AB}} N\,df = 0 \tag{20}$$

erfordert und ferner N am Rande von F_{AB} durchweg Null sein soll.

In einer mehr elementaren Ausführung sagt Maxwell*), der Integrand in (19) müsse durchweg $\geqq 0$ sein, was überhaupt niemals für den ganzen Umfang der hier zuzulassenden Funktionen N zu erzielen wäre.

Ist die Öffnung des Gefäßes ein Kreis vom Radius R um den Nullpunkt, so trägt man der Bedingung des Verschwindens von $N(x, y)$ am Rande in allgemeinster Weise Rechnung durch den Ansatz:

$$N(r\cos\varphi,\ r\sin\varphi) = \sum_{m=0}^{\infty}\sum_{k=1}^{\infty} J_m\left(\frac{\lambda_{mk} r}{R}\right)(a_{mk}\cos m\varphi + b_{mk}\sin m\varphi),$$

worin $J_m(\lambda)$ die Besselsche Funktion erster Art von der Ordnung m und $\lambda_{m1}, \lambda_{m2}, \ldots$ ihre der Größe nach geordneten positiven Nullstellen bedeuten**). Aus (19) entsteht dann

$$\frac{\pi}{2} R^2 \sum_{m=0}^{\infty}\sum_{k=1}^{\infty}\left(\frac{m^2\lambda_{mk}^2}{R^2} T_{AB} - g(\varrho_B - \varrho_A)\right)(J_{m+1}(\lambda_{mk}))^2 (a_{mk}^2 + b_{mk}^2) > 0,$$

während aus (20) die Gleichung:

$$2\pi R^2 \sum_{k=1}^{\infty} \frac{J_1(\lambda_{0k})}{\lambda_{0k}} a_{0k} = 0$$

wird. Nach der Größenfolge der λ_{mk} kommt die Forderung hier in der Tat auf das von Maxwell angegebene Kriterium für Stabilität hinaus, daß

$$R < \lambda_{11}\sqrt{\frac{T_{AB}}{g(\varrho_B - \varrho_A)}}$$

sein soll. Benetzt B die Gefäßwand, so kann die obere Grenze hier $\frac{\lambda_{11}}{\sqrt{2}}\sqrt{h_m}$ geschrieben werden, wenn h_m die mittlere Steighöhe in einer Kapillarröhre vom Radius 1 ist (vgl. Nr. 7)***); die Konstante $\lambda_{11}/\sqrt{2}$ hat den Wert 2,709...

Ist die Öffnung des Gefäßes ein Rechteck mit den Seiten a, b und $a \geqq b$, so wird für die Stabilität des Gleichgewichtes

$$t^2\left(\frac{4}{a^2} + \frac{1}{b^2}\right) T_{AB} - g(\varrho_B - \varrho_A) > 0$$

---

*) J. C. Maxwell, Scientific papers 2, p. 585.

**) Vgl. Die part. Differentialgl. d. math. Physik, nach Riemanns Vorl. neu bearbeitet von H. Weber, 2, S. 262; 1, S. 164.

***) Beobachtungen von Duprez (Mém. de l'Acad. de Belgique 26 (1851), 28 (1854)) sind in Übereinstimmung mit diesem theoretischen Ergebnisse.

erfordert, woraus zugleich für $a = \infty$ die entsprechende Bedingung in bezug auf einen langen Spalt ersichtlich ist.

12. Kapillarschwingungen.

Im Gleichgewichtszustand befinde sich A ganz unterhalb, B ganz oberhalb der Niveauebene $z = 0$, und ihre *unbegrenzt* gedachte Trennungsfläche führe nunmehr unter Einfluß der Oberflächenspannung und der Schwere flache Schwingungen

$$z \equiv \varepsilon f(x, y, t) \pmod{\varepsilon^2}$$

aus, worin ε einen Parameter in gewisser Umgebung von 0 bedeutet. In A wie in B mögen Geschwindigkeitspotentiale $\equiv \varepsilon\varphi_A$ bzw. $\equiv \varepsilon\varphi_B \pmod{\varepsilon^2}$ gelten, welche der Laplaceschen Differentialgleichung genügen und deren *negativ* genommene Differentialquotienten nach den Koordinaten die bezüglichen Geschwindigkeitskomponenten darstellen. An der Trennungsfläche haben wir einerseits für A, andererseits für B erstens die kinematische Forderung einer zur Fläche tangentialen Relativgeschwindigkeit, zweitens für den dort geltenden Druck $\equiv p_0 + \varepsilon p_A$ bzw. $\equiv p_0 + \varepsilon p_B \pmod{\varepsilon^2}$ das Integral der lebendigen Kraft und bestimmt sich drittens die Druckdifferenz $\equiv \varepsilon(p_A - p_B) \pmod{\varepsilon^2}$ als Kapillardruck gemäß (10). Für $\lim \varepsilon = 0$, d. h. für unendlich flache Wellen werden diese Beziehungen:

$$-\frac{\partial f}{\partial t} = \frac{\partial \varphi_A}{\partial z} = \frac{\partial \varphi_B}{\partial z}, \quad \frac{p_A}{\varrho_A} = \frac{\partial \varphi_A}{\partial t} - gf, \quad \frac{p_B}{\varrho_B} = \frac{\partial \varphi_B}{\partial t} - gf, \ (z = 0),$$

$$p_A - p_B = -T_{AB}\left(\frac{\partial^2 f}{\partial x^2} + \frac{\partial^2 f}{\partial y^2}\right).$$

Soll noch A für $\lim z = -\infty$, B für $\lim z = +\infty$ ruhen, so wird allen hier genannten Bedingungen in einer Weise, die zur additiven Konstruktion ihrer allgemeinen Auflösung hinreicht, durch den partikulären Ansatz:

$$f = \Re(e^{-i\sigma t}F(x, y)), \quad \varphi_A = \Re\left(-\frac{i\sigma}{k}e^{kz - i\sigma t}F\right), \quad \varphi_B = \Re\left(\frac{i\sigma}{k}e^{-kz - i\sigma t}F\right),$$

$$\frac{\partial^2 F}{\partial x^2} + \frac{\partial^2 F}{\partial y^2} + k^2 F = 0$$

genügt, worin σ, k reelle positive Konstanten sind, $\Re$ das Zeichen für den reellen Teil der dahinter aufgeführten Größe ist und wo dann noch aus den letzten Relationen die Beziehung:

$$\left(\frac{\sigma}{k}\right)^2 = \frac{\varrho_A - \varrho_B}{\varrho_A + \varrho_B}\frac{g}{k} + \frac{T_{AB}}{\varrho_A + \varrho_B}k \tag{21}$$

zwischen k und σ folgt.

Wellen, die von y nicht abhängen, folgen bei dem Ansatze $F = Ce^{ik(x - x_0)}$ und damit ist $\lambda = \frac{2\pi}{k}$ die Länge horizontal-zylindrischer, in einer Richtung fortschreitender oder auch stehender Wellen von der Schwingungszahl $\frac{\sigma}{2\pi}$. Diese Beziehung (21) haben Lord Kelvin*), ferner Kolaček**) gegeben; sie findet Anwendung auf die Fortpflanzung von Wellen einer unbegrenzten Wasserfläche unter der gemeinsamen Wirkung von Schwere und Kapillarität ohne Wind, ferner auf solche erzwungene stehende Kapillarschwingungen, bei denen die Knotenlinien als parallele Geraden gelten können***).

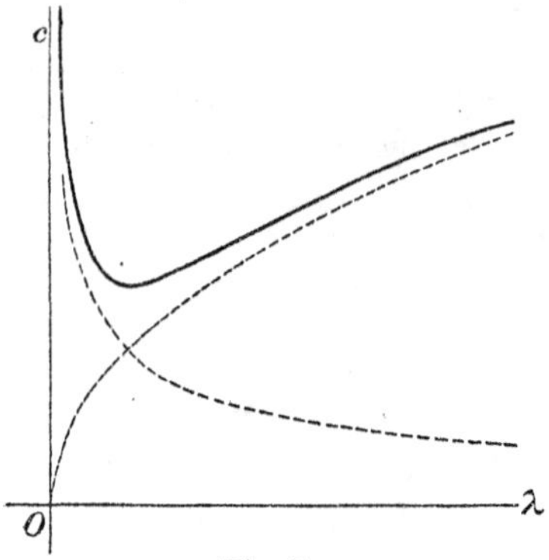

Fig. 21.

Der Gleichung (21) zufolge hat, $\varrho_A > \varrho_B$ vorausgesetzt, die Fortpflanzungsgeschwindigkeit $c = \frac{\sigma}{k}$ ein *Minimum* c_m bei einer gewissen Wellenlänge λ_m, mit welchen Größen dann (21) sich

$$(21\text{a}) \qquad \frac{c^2}{c_m^2} = \frac{1}{2}\left(\frac{\lambda}{\lambda_m} + \frac{\lambda_m}{\lambda}\right)$$

schreibt. (In Fig. 21 ist die hierdurch bestimmte Kurve in λ und c nebst den Kurven $c^2/c_m^2 = \frac{1}{2}\lambda/\lambda_m$ und $c^2/c_m^2 = \frac{1}{2}\lambda_m/\lambda$ dargestellt, um die Wirkungen von Schwere und Kapillarität zu vergleichen.) Mit einem jeden Werte $c > c_m$ vertragen sich alsdann zweierlei Wellenlängen, eine kürzere $\lambda_1 < \lambda_m$ und eine längere $\lambda_2 > \lambda_m$, wobei die Quotienten $\frac{\lambda_1}{\lambda_m}$ und $\frac{\lambda_2}{\lambda_m}$ reziprok sind. Die Wellen mit $\lambda < \lambda_m$, bei denen in (21) der Term mit T_{AB} gegenüber demjenigen mit g überwiegt, bezeichnet Lord Kelvin als „ripples". Für Wasserwellen in Luft ist etwa $\lambda_m = 1{,}75\,\text{cm}$, $c_m = 23{,}2\,\frac{\text{cm}}{\text{sec}}$.

Lord Kelvin erörterte ferner den Einfluß des Windes auf die Geschwindigkeit von Wasserwellen. Hierbei wird die Annahme gemacht, daß die obere Flüssigkeit B für $\lim z = \infty$ mit einer gegebenen Geschwindigkeit u in Richtung der x-Achse fortschreitet. Bei der Wellenlänge λ sind alsdann zweierlei Fortpflanzungsgeschwindigkeiten

$$c_u = \frac{\varrho}{1+\varrho}\,u \pm \sqrt{c^2 - \frac{\varrho}{(1+\varrho)^2}\,u^2}, \qquad \left(\varrho = \frac{\varrho_B}{\varrho_A}\right)$$

möglich, wo c die durch (21a) bestimmte Geschwindigkeit für $u = 0$ ist. Ein imaginärer Wert der Quadratwurzel hier würde bedeuten, daß die unverändert als Ausgangspunkt zu nehmende komplexe Partikulärlösung

*) W. Thomson, Phil. Mag. (4) 42 (1871), p. 368; Edinburgh Proc. Roy. Soc. 1870/71, p. 374.

**) Kolaček, Ann. Phys. Chem. 5 (1878), S. 425; 6 (1879), S. 616.

***) Vgl. die ausgedehnten Versuchsreihen von L. Grunmach, Wiss. Abh. d. kais. Normaleichungskommission, Berlin 1902, S. 101.

nunmehr in ihrem reellen Teile Wellen mit beständig zunehmender Amplitude darstellt. Diese Instabilität kommt für sämtliche Wellenlängen nicht in Frage, sowie $u < \frac{1+\varrho}{\varrho^{\frac{1}{2}}} c_m$ ist.

Denkt man sich wieder A in horizontal-zylindrischer, von y nicht abhängender Bewegung derart, daß das von $z = 0$ wenig abweichende, im übrigen aber völlig willkürlich angesetzte Wellenprofil von A gleichförmig mit der Geschwindigkeit c in der x-Richtung fortschreitet und andererseits A für $z = -\infty$ ruht, so gewinnt man durch das Integral der lebendigen Kraft an der Oberfläche von A und andererseits den Kapillardruck eine Integralgleichung (Fouriersches Integral), um das Wellenprofil gerade einer willkürlich angenommenen Verteilung des äußeren Druckes p_B an der Oberfläche anzupassen. Insbesondere wirkt eine mit einer Geschwindigkeit $c > c_m$ in der x-Richtung schwimmende zur y-Achse parallele Gerade, welche an ihrem Orte den Gesamtbetrag des Druckes auf die Längeneinheit um P vermehrt, während sonst der Druck p_B konstant sei, genau wie eine sprungweise Zunahme des Richtungskoeffizienten dz/dx des Wellenprofils um den Betrag $2P/T_{AB}$ und ruft in einiger Entfernung vor sich her einfach-harmonische Wellen von der Länge λ_1 $(< \lambda_m)$, hinter sich von der Länge λ_2 $(> \lambda_m)$ hervor. — Eine gegen ihre Fortschreitungsrichtung einen Winkel $\frac{\pi}{2} - \theta$ bildende Drucklinie wirkt dann, als wenn sie nur senkrecht gegen sich die Geschwindigkeit $c \cos\theta$ hat, woraus durch eine Integration nach θ sich die Wirkung eines gleichförmig mit der Geschwindigkeit c schwimmenden, druckvermehrend wirkenden Punktes berechnet und insbesondere sich zeigt, daß ein solcher eine keilförmige Wellenfront (man denke an das Bild von Schiffswellen) mit dem durch $c \cos\theta = c_m$ bestimmten Öffnungswinkel $2\left(\frac{\pi}{2} - \theta\right)$ vor sich hertreibt*).

Die Berücksichtigung der *inneren Reibung* wird für flache, in einer Richtung fortschreitende Wellen auf einer *reinen* Wasseroberfläche derart zu geschehen haben, daß an der Oberfläche die Schubspannung gleich Null angenommen, die Zugspannung dem Kapillardruck entsprechend berechnet wird. Ist μ der Reibungskoeffizient und $\nu = \mu/\varrho_A$, so findet man zu gegebener Wellenlänge λ anstatt der früheren Fortpflanzungsgeschwindigkeit c, wofern $\vartheta = 2\pi\nu/c\lambda$ klein ausfällt, (für Wasserwellen ist $\frac{2\pi\nu}{c_m} = 0{,}0048$ cm), eine modifizierte Wellengeschwindigkeit $= c(1 - \sqrt{2}\,\vartheta^{\frac{3}{2}})$, während zugleich die Amplituden einen Dämpfungsfaktor $e^{-\frac{8\pi^2\nu}{\lambda^2}t}$, also eine Relaxationszeit

*) Lord Rayleigh, Proc. Lond. Math. Soc. 15 (1883), p. 69 (Sc. papers 2, p. 258).

$$\frac{\lambda^2}{8\pi^2\nu} \; (= 0{,}712\, \lambda^2 \sec \text{ für Wasser})$$

aufweisen*).

Die beruhigende Einwirkung von Öl auf Wasserwellen wird dadurch erklärt**)***), daß zunächst infolge Überwiegens der Oberflächenspannung von Wasser gegen Luft über die Summe der zwei Oberflächenspannungen von Öl gegen Wasser und gegen Luft das Öl sich zu einer äußerst dünnen Haut auf dem Wasser auszieht und für die Oberflächenschicht mit der Beimengung von Öl dann elastische Eigenschaften zutage treten; ihre Spannung bleibt nicht länger konstant, sondern wächst, wenn die Dicke durch Streckung weiter zu reduzieren gesucht wird; dadurch wirkt sie gleichsam wie eine biegsame und schwer dehnbare Membran und hindert durch ihren Zug auf das darunter befindliche Wasser die freie Entfaltung und Fortpflanzung der Wellen. Infolgedessen ist, wenn man den Einfluß der inneren Reibung ermitteln will, nicht mehr, wie im Falle einer reinen Wasseroberfläche, mit der Grenzbedingung an der Oberfläche zu rechnen, daß dort die Schubspannung Null ist, sondern eher mit der anderen, daß dort die horizontale Geschwindigkeitskomponente Null sei†). Für diesen anderen extremen Fall ergibt sich eine gegen die vorhin betrachteten Umstände im Verhältnis $4\sqrt{2\vartheta} : 1$ kleinere Relaxationszeit.

Die kleinen Schwingungen einer Trennungsfläche von der Gestalt eines *Kreiszylinders* behandelte Lord Rayleigh††), um von da aus die Stabilität der Flüssigkeitsstrahlen beurteilen zu können. Die Schwere wird nicht berücksichtigt. Es sei A innerhalb, B außerhalb des Zylinders befindlich, R der Radius des Zylinders, seine Achse die z-Achse, und

$$r \equiv R + \varepsilon f(z, \theta, t) \,(\mathrm{mod}\, \varepsilon^2), \quad (x + iy = re^{i\theta}),$$

im $\lim \varepsilon = 0$ seine Schwingungsgleichung. Wird der äußere Druck in B konstant angenommen, was damit gleichwertig ist, $\varrho_B = 0$ zu nehmen, so kann man für das Geschwindigkeitspotential in A den partikulären Ansatz

$$\varepsilon \Re\left(Ce^{i(kz - \sigma t + m\theta)} J_m(ikr)\right) (\mathrm{mod}\, \varepsilon^2)$$

machen, wobei J_m die Besselsche Funktion erster Art von der Ordnung m bedeutet, und man gelangt durch die kinematische Bedingung und andererseits die Druckgleichung an der Oberfläche zu der Relation

$$\sigma^2 = \frac{ikRJ_m'(ikR)}{J_m(ikR)} (k^2R^2 + m^2 - 1) \frac{T_{AB}}{\varrho_A R^3}.$$

*) Vgl. H. Lamb, Hydrodynamics, 3rd ed., Cambridge 1906, p. 563. [Deutsche Ausgabe, bes. v. J. Friedel, Leipzig 1907, S. 699.]

**) Reynolds, Brit. Assoc. Rep. 1880 (Sc. papers 1, p. 409).

***) Aitken, Edinburgh Roy. Soc. Proc. 12 (1883), p. 56.

†) H. Lamb, Hydrodynamics, 3rd ed., Cambridge 1906, p. 570. [Deutsche Ausg., S. 709.]

††) Lord Rayleigh, Lond. Proc. Math. Soc. 10 (1878), p. 4; Proc. Roy. Soc. 29 (1879), p. 71 (Sc. papers 1, p. 361, 377; Theory of sound, 2nd ed. chapt. XX); in

Für $m = 0$ wird $\sigma^2 < 0$, falls $kR < 1$ ist, was den instabilen Charakter von Störungen bedeutet, deren Wellenlänge $2\pi/k$ den Umfang des Zylinders überschreitet. Die Instabilität wird infolge des Faktors $e^{|\sigma|t}$ in den Amplituden am größten, wenn dabei $|\sigma|$ am größten ausfällt, was auf $\frac{2\pi}{k} = 4{,}51 \times 2R$ hinführt, so daß für Schwellungen und Kontraktionen von dieser Wellenlänge die Tendenz des Strahls A zum Zerfallen in Tropfen am stärksten ist.

Nach ähnlichen Prinzipien behandelt Lord Rayleigh*) den Fall $\varrho_A = 0$, $\varrho_B > 0$, wobei sich als die Wellenlänge größter Instabilität $\frac{2\pi}{k} = 6{,}48 \times 2R$ ergibt.

Das erste Ergebnis findet Anwendung auf das Zerfallen eines Wasserstrahls in Luft, das zweite auf das Zerreißen eines durch Wasser geschickten Luftstrahls. Die Schwingungen für $m = 2, 3, 4$ treten prädominierend hervor, wenn der Strahl aus einer Öffnung von elliptischer, dreieckiger, quadratischer Form austritt.

Die kleinen Schwingungen einer Trennungsfläche von der Gestalt einer *Kugel* erledigen sich ausgehend von dem gleichzeitigen Ansatze**)***)

$$\varphi_A = \Re\left(\frac{-C}{m}\frac{r^m}{R^m}Y_m(\theta,\psi)e^{-i\sigma t}\right), \quad \varphi_B = \Re\left(\frac{C}{m+1}\frac{R^{m+1}}{r^{m+1}}Y_m(\theta,\psi)e^{-i\sigma t}\right),$$

wobei der kinematischen Bedingung $\frac{d\varphi_A}{dr} = \frac{d\varphi_B}{dr}$ an der Oberfläche Rechnung getragen ist; darin bedeuten r, θ, ψ Polarkoordinaten vom Kugelzentrum, $Y_m(\theta, \psi)$ die Kugelflächenfunktion m^{ter} Ordnung, R den Radius der Kugel. Es stellt sich alsdann

$$\sigma^2 = m(m+1)(m-1)(m+2)\frac{T_{AB}}{((m+1)\varrho_A + m\varrho_B)R^3}$$

heraus. Das Ergebnis findet Anwendung auf die Schwingungen eines Wassertropfens in Luft, einer Luftblase in Wasser; in abfallenden Tropfen treten durch ein Nachwirken des Abreißens der Tropfen noch die Schwingungen 3. Ordnung ($m = 3$) hervor†).

Phil. Mag. 34 (1892), p. 145 (Sc. papers 3, p. 585) wird noch der Einfluß der inneren Reibung der Flüssigkeit in Betracht gezogen.

*) Lord Rayleigh, Phil. Mag. (5) 34 (1892), p. 177 (Sc. papers 3, p. 594).

**) Lord Rayleigh, Proc. Roy. Soc. 29 (1879), p. 71 (Sc. papers 1, p. 377).

***) Webb, Mess. of math. 9 (1880), p. 177.

†) Lenard, Ann. Phys. Chem. 30 (1887), S. 209.

II. Kapillarität als räumlich verteilte Energie.

13. Die Hypothese der Kohäsionskräfte.

Die Kapillaritätserscheinungen ergeben sich als notwendige Folgerungen aus einer Hypothese, wonach zwischen zwei materiellen Teilchen gleicher oder verschiedener Substanzen neben der Gravitation noch eine andere, nur von der Distanz abhängende Anziehungskraft in der Verbindungslinie wirksam ist, die man *Kohäsionskraft* nennt und deren Gesetz irgendwelcher Art sein mag, nur daß sie mit wachsender Entfernung derart rasch abnimmt, daß sie bereits auf eine äußerst kleine, mikroskopisch nicht wahrnehmbare Distanz ganz außer Betracht fällt.

Zunächst wurde das Ansteigen von Flüssigkeit in einer kapillaren Röhre allein mit einer von der Röhre auf die Flüssigkeit ausgeübten Anziehung erklärt, die nach der Unabhängigkeit der Erscheinung von der Dicke der Röhre nur von den der Wand nächstgelegenen Partikeln ausgehen konnte*). Clairaut**) erkannte es als notwendig, eine Anziehung der Flüssigkeitsteilchen untereinander mit in Rücksicht zu ziehen. Laplace***) konnte sodann eine vollständige Theorie der Kapillarität einzig mit der vorhin skizzierten Hypothese über die Kohäsionskräfte aufbauen.

Laplace berechnete für eine Flüssigkeitsmasse, deren Teile gemäß jener Hypothese kohärieren, in der Hauptsache das Potential der Kohäsionskräfte für eine Stelle der Oberfläche und fand es als eine lineare Funktion der mittleren Krümmung daselbst. Er betrachtete zunächst das Potential einer Kugel auf eine Stelle der Oberfläche, ging von da zum Potential eines durch zwei unendlich nahe Meridianschnitte der Kugel gebildeten Keiles über und approximierte endlich eine beliebige Flüssigkeitsoberfläche in der Nähe eines Punktes durch die dort aus den Krümmungskreisen der Normalschnitte erzeugte Fläche, d. i. ungefähr durch das Oskulationsparaboloid. Die Differentialgleichung einer freien Oberfläche erhielt er nunmehr aus dem Satze der Hydrostatik, wonach diese bei konstantem äußeren Drucke eine Fläche konstanten Potentials aller wirkenden Kräfte ist†).

---

*) Hawkesbee, London Trans. R. Soc. 26, 27 (1709—1713).

**) Clairaut, Traité sur la figure de la terre, Paris 1743, chap. X.

***) Laplace, Théorie de l'action capillaire.

†) Genauer gesagt, verfuhr Laplace so: er dachte sich in der Flüssigkeit einen unendlich schmalen Kanal gelegt, der am Anfang und Ende senkrecht gegen die Oberfläche einmündet, berechnete den durch die Kohäsionskräfte zustande kommenden Druck auf einen Querschnitt des Kanals und brachte endlich das „Prinzip des Gleichgewichts in Kanälen" zur Anwendung.

In einer zweiten Darstellung berechnete Laplace*) für eine Stelle der Flüssigkeitsoberfläche die tangentiale Komponente der gesamten dort ausgeübten Kohäsionskraft, wozu die Flächengleichung an der Stelle bis einschließlich der Größen 3ter Ordnung zu entwickeln ist, und erhielt die Gleichung der freien Oberfläche aus der Bedingung, daß an ihr die Resultante aus Kohäsion und Schwere stets normal zur Fläche steht. — Für die Konstanz des Randwinkels der Flüssigkeit an einem festen Körper hatte jedoch Laplace keinen Beweis, sondern zeigte nur, daß, wenn der Körper die Form von vertikalen Zylindern irgendwelcher Querschnitte hat, der Mittelwert des Kosinus jenes Winkels längs der ganzen Randkurve stets auf die nämliche Konstante führen muß.

Diese Lücke in der Laplaceschen Theorie ergänzte Gauß**). Ausgehend von dem Prinzip der virtuellen Verrückungen für einen Gleichgewichtszustand formte Gauß dieses Prinzip zu der Forderung eines Minimums der potentiellen Energie um und betrachtete nunmehr die gesamte potentielle Energie der ins Spiel kommenden Kohäsionskräfte. Diese Energie erscheint in Form eines Doppel-Raumintegrals. Für jede Raumintegration läßt sich eine lineare ausführen, wobei ein Term proportional dem Volumen und ein zweiter proportional dem Flächeninhalt der Oberfläche besonders heraustreten, und von dem übrig bleibenden Doppel-Oberflächenintegral wies Gauß nach, daß bei der Laplaceschen Annahme über das Abnehmen der Kohäsionskraft die Vernachlässigung desselben geboten ist, insofern als verglichen mit der Distanz, auf die allein die Kohäsionskräfte in Betracht kommen, die Krümmungsradien der Oberfläche als unendlich groß, die Fläche als nahezu eben gelten darf. Aus dem extremalen Charakter der potentiellen Energie entnahm sodann Gauß nach den Methoden der Variationsrechnung (ungefähr wie oben in Nr. **3** und **4** dargelegt ist) die Differentialgleichung für die freie Oberfläche, dann aber auch den Beweis für den Laplaceschen Satz vom konstanten Randwinkel.

14. Potentielle Energie der Kohäsion in einem Medium.

Die von Gauß vorgenommene Transformation der Energie von Kohäsionskräften***) läßt sich gegenwärtig als eine zweimalige Anwendung des Greenschen Satzes darstellen.

---

*) Laplace, Suppl. à la théorie de l'act. capill.

**) Gauß, Principia generalia, Göttingen 1830. — Selbstanzeige der Abh.: Gött. gel. Anz. 1829, (Werke 5, S. 287).

***) Vereinfachte Darstellungen dieser Transformation gaben Bertrand, Journ. de math. (1) 13 (1848), p. 185; Weinstein, Ann. Phys. Chem. 27 (1886), S. 544. — L. Boltzmann, Ann. Phys. Chem. 141 (1870), S. 582 setzte Summationen über Moleküle an Stelle der Integrationen.

Wir betrachten zunächst die Kohäsionsenergie innerhalb eines einzelnen homogenen Mediums A. Seine Dichte heiße ϱ; zwischen je zwei Volumenelementen dv, dv' von A an den Stellen x, y, z und x', y', z' im Abstande r wirke als Kohäsion eine Anziehungskraft $= \varrho^2 dv dv' \varphi(r)$, wo $\varphi(r)$ in später noch genau festzusetzender Weise mit zunehmendem r rapide nach Null sinken soll. Führt man

$$\int_r^\infty \varphi(r)dr = \psi(r), \quad \int_r^\infty r^2\psi(r)dr = \chi(r)$$

ein, so läßt sich die gesamte potentielle Energie dieser Kohäsionskräfte für A:

$$(22) \quad -\frac{1}{2}\varrho^2 \int\int \psi(r)dv\,dv'$$

$$= -\frac{1}{2}\varrho^2 \int\int \left(\frac{\partial \chi}{\partial x'} \frac{\partial \frac{1}{r}}{\partial x'} + \frac{\partial \chi}{\partial y'} \frac{\partial \frac{1}{r}}{\partial y'} + \frac{\partial \chi}{\partial z'} \frac{\partial \frac{1}{r}}{\partial z'} \right) dv\,dv'$$

schreiben, wobei einerseits dv, andererseits dv' unabhängig voneinander das ganze Volumen von A zu durchlaufen hat und der Faktor $\frac{1}{2}$ vorzusetzen ist, weil auf diese Weise jedes Paar von Elementen dv, dv' zweimal in Betracht kommt. Fassen wir zunächst die Integration nach dv' bei festgehaltenem dv ins Auge, so können wir den zweiten Ausdruck in (22) nach dem Greenschen Satze umformen, wobei wir die Laplacesche Differentialgleichung für $1/r$ verwenden, aber infolge der Unstetigkeit von $1/r$ an der Stelle dv noch aus dem Integrationsraume für dv' eine kleine Kugel um dv auszuscheiden haben, deren Radius wir schließlich nach Null konvergieren lassen. Bezeichnen wir mit df' (später auch mit df) ein Oberflächenelement von A, mit n' (und n) die äußeren Normalen dort, so transformiert sich nunmehr (22) in:

$$-2\pi\varrho^2\chi(0)\int dv - \frac{1}{2}\varrho^2 \int dv \int \chi(r) \frac{\partial \frac{1}{r}}{\partial n'} df'.$$

Im ersten Term hier ist $\int dv = V_A$ das gesamte Volumen von A. Im zweiten Term kehren wir die Integrationsfolgen um, führen

$$\int_r^\infty \chi(r)dr = \vartheta(r)$$

ein und beachten, daß r nur von den Differenzen $x - x'$, $y - y'$, $z - z'$ abhängt, ferner

$$\frac{\partial}{\partial n'}\left(\left(\frac{\partial r}{\partial x}\right)^2 + \left(\frac{\partial r}{\partial y}\right)^2 + \left(\frac{\partial r}{\partial z}\right)^2\right) = 0$$

ist. Wir können alsdann diesen zweiten Term

$$\frac{1}{2}\varrho^2\int df'\int\left(\frac{\partial\vartheta(r)\frac{\partial r}{\partial n'}}{\partial x}\frac{\partial\frac{1}{r}}{\partial x}+\frac{\partial\vartheta(r)\frac{\partial r}{\partial n'}}{\partial y}\frac{\partial\frac{1}{r}}{\partial y}+\frac{\partial\vartheta(r)\frac{\partial r}{\partial n'}}{\partial z}\frac{\partial\frac{1}{r}}{\partial z}\right)dv$$

schreiben und erhalten die Möglichkeit, ein zweites Mal bei der Integration nach dv die Formel für Produktintegration, den Greenschen Satz, in Anwendung zu bringen. Hier liegt die Unstetigkeit von $1/r$ jedesmal an einer Oberflächenstelle df' und ist deshalb aus dem Integrationsraume für dv nur der in den Bereich von A fallende Teil einer kleinen Kugel um diese Stelle auszuscheiden, d. i. hernach bei unendlich abnehmendem Radius der Kugel wesentlich eine Halbkugel, außer an den Stellen, wo eine Schneide der Oberfläche von A vorhanden ist. Hiernach transformiert sich der letzte Ausdruck, indem noch $\int\frac{\partial r}{\partial n'}df$ über die Halbkugel ihre Projektion auf die Tangentialebene in df' darstellt, in

$$\frac{1}{2}\pi\varrho^2\vartheta(0)\int df'-\frac{1}{2}\varrho^2\int\int\frac{1}{r^2}\frac{\partial r}{\partial n}\frac{\partial r}{\partial n'}\vartheta(r)\,df\,df',$$

wo $\int df'=F$ den Flächeninhalt der Oberfläche von A bildet. Schreiben wir noch

$$K=2\pi\varrho^2\chi(0),\quad H=\pi\varrho^2\vartheta(0), \tag{23}$$

so resultiert endlich der folgende Ausdruck für die Energie der Kohäsionskräfte innerhalb A:

$$E=-KV+\frac{1}{2}HF-\frac{1}{2}\varrho^2\int\int\frac{1}{r^2}\frac{\partial r}{\partial n}\frac{\partial r}{\partial n'}\vartheta(r)\,df\,df'. \tag{24}$$

Damit die Integrale für $\vartheta(r)$, $\chi(r)$, $\psi(r)$ einen Sinn haben, nehmen wir an, daß mit wachsendem r jedenfalls $r\chi(r)$, sodann $r^4\psi(r)$, $r^5\varphi(r)$ noch hinreichend stark nach Null konvergieren. Des weiteren nehmen wir an, daß für mikroskopisch meßbare r schon $\varphi(r)$, $\psi(r)$, $\chi(r)$, $\vartheta(r)$ außer Betracht fallen und erst bei weit stärkerer Annäherung des r an Null $\chi(r)$ und $\vartheta(r)$ endliche Größe erlangen und dann bestimmten oberen Grenzen $\chi(0)$ und $\vartheta(0)$ zustreben; es ist hierfür notwendig und hinreichend, daß $r^3\psi(r)$ für $\lim r=0$ nach Null konvergiert. Bezeichnet man als *Wirkungsradius* für die Kohäsionskräfte eine solche Größe r_0, wofür eben noch $\vartheta(r_0)$ gegen $\vartheta(0)$ zu vernachlässigen ist, so ersieht man aus

$$\vartheta(0)-\vartheta(r_0)=\int_0^{r_0}\chi(r)\,dr<\chi(0)r_0,$$

daß $\frac{\vartheta(0)}{\chi(0)}$ eine äußerst kleine Länge, allenfalls von der Ordnung von r_0 sein wird.

Um das Doppel-Flächenintegral in (24) abzuschätzen, führen wir dort durch $\frac{df'}{r^2}\frac{\partial r}{\partial n'}=do'$ den körperlichen Winkel ein, unter dem das Element

df' von der Stelle von df erscheint. Jenes Integral schreibt sich dann

(25) $$-\frac{1}{2}\varrho^2 \int df \int \frac{\partial r}{\partial n} \vartheta(r)\, do'.$$

Nun ist nur für kleine $r\,(< r_0)$ der Faktor $\vartheta(r)$ von merklicher Größe, und für solche $r < r_0$ andererseits ist $\partial r/\partial n$ angenähert $= r/R$, unter R den Krümmungsradius desjenigen Normalschnittes für die Stelle df, der durch df' führt, verstanden. Sind also die Krümmungsradien der Oberfläche von A überall als gegen r_0 äußerst groß zu betrachten, so erscheint die Vernachlässigung des Integrals hier geboten und reduziert sich damit der Ausdruck (24) auf

(26) $$E = -KV + \frac{1}{2}HF.$$

Ein Ausnahmefall wird statthaben, wenn die Oberfläche A eine Partie $\mathfrak{S}$ von endlicher Ausdehnung aufweist, zu der eine andere Partie $\mathfrak{S}'$ von ihr fortwährend in äußerst kleinen Abständen verläuft, wie z. B. wenn die Flüssigkeit sich in einer äußerst dünnen Schicht an einem festen Körper entlang zieht. Auch längs $\mathfrak{S}$ und $\mathfrak{S}'$ mögen die Krümmungsradien nicht unter eine gegen r_0 äußerst große Grenze sinken. Faßt man in dem Integral (25) ein Element df innerhalb $\mathfrak{S}$ mit der ganzen Partie $\mathfrak{S}'$ zusammen auf und fällt ein Lot von df auf $\mathfrak{S}'$, dessen Länge s sei, so kann in denselben Fehlergrenzen, wie sie vorhin galten, $\mathfrak{S}'$ als eine unbegrenzt ausgedehnte Ebene senkrecht auf dieses Lot betrachtet und, indem man $\frac{\partial r}{\partial n'} = \frac{s}{r} = \cos\gamma$ einführt, aus konzentrischen Ringen um das Lot, die von df in körperlichen Winkeln $2\pi \sin\gamma\, d\gamma$ erscheinen, aufgebaut werden; dazu kann wegen der annähernden Parallelität von df zu $\mathfrak{S}'$ der Faktor $\partial r/\partial n$ in (25) durch $\partial r/\partial n'$ ersetzt werden, wodurch für den betreffenden Anteil aus (25) sich ergibt

$$-\frac{1}{2}\varrho^2 df \int_0^{\frac{\pi}{2}} 2\pi \sin\gamma \cos\gamma\, \vartheta(r)\, d\gamma = -\pi\varrho^2 df \int_s^\infty \frac{s^2}{r^3} \vartheta(r)\, dr.$$

Wird nun

$$\theta(r) = 2r^2 \int_r^\infty \frac{\vartheta(r)}{r^3} dr = \vartheta(r) + r^2 \int_r^\infty \frac{\chi(r)}{r^2} dr$$

eingeführt, wobei $\theta(0) = \vartheta(0)$ ersichtlich ist, und beachtet man, daß im Doppelintegral (25) sowohl eine Kombination $\mathfrak{S}, \mathfrak{S}'$ wie $\mathfrak{S}', \mathfrak{S}$ auftritt, so kommt schließlich wegen der Flüssigkeitsschicht zwischen $\mathfrak{S}$ und $\mathfrak{S}'$ zum Ausdruck (26) der Energie noch der Zusatzterm

(27) $$-\pi\varrho^2 \int_{\mathfrak{S}} \theta(s)\, df,$$

über die ganze eine Seite $\mathfrak{S}$ der Schicht erstreckt, hinzu.

Für das Anziehungsgesetz mit folgendem Ausdrucke des Potentials*)

$$(28)\qquad -\psi(r) = -k\frac{e^{-cr}}{r},$$

wobei k und c positive Konstanten sind, würde man erhalten:

$$\varphi(r) = k\frac{e^{-cr}}{r^2}(1 + cr),$$

$$\chi(r) = \frac{k}{c^2}e^{-cr}(1 + cr), \quad \vartheta(r) = \frac{2k}{c^3}e^{-cr}\left(1 + \frac{1}{2}cr\right), \quad \theta(r) = \frac{2k}{c^3}e^{-cr},$$

$$\chi(0) = \frac{k}{c^2}, \quad \vartheta(0) = \theta(0) = \frac{2k}{c^3}, \quad c = \frac{2\chi(0)}{\vartheta(0)} = \frac{K}{H}.$$

Wir berechnen noch das *Virial der Kohäsionskräfte.* (Unter dem Virial einer Kraft wird bekanntlich die halbe Arbeit der Kraft bei Verschiebung ihres Angriffspunktes nach dem Koordinatenanfange verstanden.) Für die zwei Kräfte, welche zwei Volumenelemente dv, dv' gegenseitig aufeinander ausüben, ist die Summe der Viriale $\varrho^2\varphi(r)r\,dv\,dv'$. Das gesamte Virial der Flüssigkeit auf sich selbst wird daher

$$\frac{1}{4}\varrho^2\int\!\!\int r\varphi(r)\,dv\,dv'$$

und würde aus dem Ausdrucke (22) für die Energie hervorgehen, wenn man $\psi(r)$ dort durch $-\frac{1}{2}r\varphi(r)$ ersetzt. Dabei würde dann an Stelle von $\chi(r)$ die Funktion

$$-\frac{1}{2}\int_r^\infty r^3\varphi(r)\,dr = -\frac{1}{2}r^3\psi(r) - \frac{3}{2}\int_r^\infty r^2\psi(r)\,dr = -\frac{1}{2}r^3\psi(r) - \frac{3}{2}\chi(r),$$

weiter an Stelle von $\vartheta(r)$ die Funktion

$$-\frac{1}{2}\int_r^\infty r^3\psi(r)\,dr - \frac{3}{2}\int_r^\infty \chi(r)\,dr = -\frac{1}{2}r\chi(r) - 2\vartheta(r)$$

zu treten haben und also die Rolle der Konstanten $\chi(0)$, $\vartheta(0)$ von $-\frac{3}{2}\chi(0)$, $-2\vartheta(0)$ übernommen werden. Der Formel (26) entsprechend resultiert dann als Ausdruck jenes Gesamtvirials:

$$(29)\qquad \frac{3}{2}KV - HF.$$

15. Potentielle Energie der Adhäsion zweier Medien.

Grenzt A an ein zweites Medium B, so mögen zwischen den Teilchen von A und denen von B Anziehungskräfte wirksam sein, die hinsichtlich ihrer Abnahme mit der Distanz analogen Charakter tragen wie die Ko-

*) Van der Waals, Zeitschr. f. physik. Chem. 13 (1894), S. 657.

häsionskräfte innerhalb A, und die man hier im Falle verschiedener Substanzen wohl auch als *Adhäsionskräfte* bezeichnet. Die den Funktionen $\varphi(r)$, $\psi(r)$, $\chi(r)$, $\vartheta(r)$, $\theta(r)$ oben entsprechenden Funktionen für das neue Anziehungsgesetz mögen in derselben Weise unter Anfügung der unteren Indizes AB bezeichnet werden, während die früheren Funktionen den Index A erhalten mögen. Die gesamte Energie dei Adhäsion von B auf A berechnet sich der Formel (22) analog mit

$$(30) \qquad -\varrho_A \varrho_B \int\limits_B dv' \int\limits_A \psi_{AB}(r)\,dv,$$

wo dv die Volumenelemente von A, dv' diejenigen von B zu durchlaufen hat. Ein Faktor $\frac{1}{2}$ ist jetzt nicht hinzuzusetzen, weil die Räume von A und B völlig getrennt sind. Der Ausdruck hier gestattet wieder die zwei entsprechenden Umformungen mittels des Greenschen Satzes. Aber in der ersten Umformung, wobei etwa unter Festhaltung der einzelnen dv operiert werde, tritt kein Raumintegral besonders heraus, weil jetzt $1/r$ im Integrationsraume B keine Unstetigkeitsstelle hat, in der zweiten hernach kommt bei festgehaltenem Oberflächenelement df' von B eine Diskontinuität von $1/r$ im Integrationsraume A nur für solche Elemente df' in Betracht, die gerade der Trennungsfläche von A und B angehören, und hat alsdann für die um df' herum aus dem Integrationsraume A auszuscheidende kleine Halbkugel das Integral $\int \frac{\partial r}{\partial n'} df$ wegen der anders liegenden Normale n' entgegengesetzten Wert wie oben. Infolge dieser Umstände erlangt endlich nach der wie oben vorzunehmenden Vernachlässigung die potentielle Energie der Adhäsion von B auf A den Ausdruck

$$(31) \qquad -\pi \varrho_A \varrho_B \vartheta_{AB}(0) F_{AB} = -H_{AB} F_{AB},$$

wo F_{AB} den Flächeninhalt der Trennungsfläche von A und B bezeichnet.

Nehmen wir jetzt den typischen Fall von drei zusammentreffenden Medien A, B, C an und bezeichnen ihre Volumina V, ihre Konstanten K und H mit den entsprechenden einzelnen Indizes, die Flächeninhalte ihrer Trennungsflächen und deren Konstanten H mit entsprechenden zwei Indizes, während ihre an weitere Medien angrenzenden Flächen hier nicht als veränderlich in Frage kommen sollen, so haben wir als veränderlichen Teil der potentiellen Energie der in ihnen wirkenden Anziehungskräfte:

$$(32) \qquad \left(\tfrac{1}{2} H_A + \tfrac{1}{2} H_B - H_{AB}\right) F_{AB} + \left(\tfrac{1}{2} H_A + \tfrac{1}{2} H_C - H_{AC}\right) F_{AC}$$
$$+ \left(\tfrac{1}{2} H_B + \tfrac{1}{2} H_C - H_{BC}\right) F_{BC} - K_A V_A - K_B V_B - K_C V_C.$$

So lange die Volumina sich nicht ändern, kommen wir damit auf den Ansatz in Nr. 2 zurück, wobei die Oberflächenspannung zweier Medien

A und B durch

(33) $$T_{AB} = \frac{1}{2} H_A + \frac{1}{2} H_B - H_{AB}$$

gegeben erscheint. Im Falle $\varrho_B = 0$ gesetzt werden kann, folgt einfach

$$T_{AB} = \frac{1}{2} H_A .$$

Stellt C einen festen Körper vor und darf $\varrho_B = 0$ gesetzt werden, so folgt für den Randwinkel ω_A von A am Körper gemäß Gl. (8):

(34) $$\cos \omega_A = \frac{2 H_{AC} - H_A}{H_A} ;$$

der Winkel ω_A ist spitz oder stumpf und es findet demgemäß, falls C ein vertikaler Zylinder ist, ein Ansteigen oder eine Depression von A an C hinsichtlich der Niveauebene statt, je nachdem $2 H_{AC} > H_A$ oder $< H_A$ ist (d. h. wenn man so sagen will, der Meniskus vom Körper eine mehr oder weniger als doppelt so starke Anziehung wie von der Flüssigkeit erfährt*).

Die Relation (34) ist unmöglich, wenn $H_{AC} > H_A$ ist. Nehmen wir jedoch an, daß alsdann sich die Flüssigkeit A noch in einer äußerst dünnen Schicht an einer Partie $\mathfrak{S}$ der Wand von C entlang zieht, und verstehen wir jetzt unter F_{AB}, F_{AC} nur die Flächeninhalte der betreffenden Trennungsflächen abgesehen von dieser Schicht, so würde im Hinblick auf (27) und auf die Relation $\vartheta(0) = \theta(0)$ zum Ausdrucke (32) in der gesamten Energie noch ein Term hinzutreten:

$$-\int_{\mathfrak{S}} \left(H_{AC} \left(1 - \frac{\theta_{AC}(s)}{\theta_{AC}(0)}\right) - H_A \left(1 - \frac{\theta_A(s)}{\theta_A(0)}\right)\right) df,$$

erstreckt über die Fläche $\mathfrak{S}$, wobei s die Dicke der Schicht am Elemente df von $\mathfrak{S}$ bezeichnet. Bei geeignetem Kraftgesetz, z. B. dem in (28) angeführten, würde damit die Möglichkeit einer Verringerung der potentiellen Energie vermöge der Schicht vorliegen; also müßte dann eine solche Schicht (Benetzung der Wand) zustande kommen und dadurch am Rande der wahrnehmbaren Trennungsfläche der Randwinkel Null entstehen**).

16. Eingehen der Kohäsion in die Beziehung zwischen Dichte und Druck.

Das Auftreten des Terms $-KV$ in der Energie einer Flüssigkeit A ist nach hydrodynamischen Prinzipien gleichbedeutend mit der Annahme, daß im Inneren von A neben dem sogenannten hydrostatischen Druck ein weiterer konstanter Druck K herrscht. Schreibt man $K = a\varrho_A^2$, so hängt a

*) Clairaut, Traité sur la figure de la terre, Paris 1743, chap. X.

**) Gauß, Principia generalia, art. 32.

nur von dem Kraftgesetz $\varphi(r)$, nicht von der Dichte ϱ_A ab. Stellt man sich unter B den gesättigten Dampf der Flüssigkeit A vor, so hat daher eine Menge M der Substanz —, homogene kontinuierliche Massenverteilung bis zu den Grenzen und Unabhängigkeit des Kohäsionsgesetzes von der Temperatur angenommen (wegen allgemeinerer Vorstellungen siehe den Enzyklopädie-Artikel V 10 von Kamerlingh Onnes) und vorausgesetzt auch, daß nicht etwa F/V gegen $1/r_0$ in Betracht kommt —, in flüssiger Phase die Energie $-K\frac{M}{\varrho_A} = -a\varrho_A M$, in dampfförmiger die Energie $-a\varrho_B^2\frac{M}{\varrho_B} = -a\varrho_B M$ und wird deshalb $a(\varrho_A - \varrho_B)$ als *die innere latente spezifische Verdampfungswärme* (siehe ebenfalls Enzyklopädie V 10) angesprochen*). (Die additive Konstante in der Energie war derart fixiert, daß der Wert Null für die Energie als obere Grenze bei Auflösung des Mediums in lauter unendlich weit voneinander entfernte Volumenelemente entsteht.)

In denjenigen Erscheinungen, welche bei konstantem Volumen vorgehen, kommt die Größe K gar nicht zur Geltung, während doch der erste Term $-KV$ in der Energie den anderen $\frac{1}{2}HF$ außerordentlich überwiegt. Aufschluß über die Größe von K kann deshalb nur von Vorgängen erwartet werden, die mit Änderungen der Dichte verknüpft sind, und van der Waals**) hatte deshalb die Idee, zunächst theoretisch das Eingehen dieser Größe in die Beziehung zwischen Druck und Dichte bei konstanter Temperatur zu untersuchen. Der Ableitung dieser Beziehung legte van der Waals den Virialsatz von Clausius zugrunde***). Der Satz kommt bei folgenden Anschauungen zustande: Die Materie ist nicht kontinuierlich verteilt, sondern besteht aus Molekülen; diese unterliegen neben den Laplaceschen Kohäsionskräften weiteren repulsiven Kräften (Zusammenstößen) und sind dadurch in nicht sichtbaren Bewegungen begriffen, und zwar dergestalt, daß man bei Vergleichung ihrer Bewegungszustände in irgend zwei Momenten t und $t+\tau$ sich angenähert vorstellen kann, die Teilchen hätten nur untereinander Ort und Bewegung gewechselt. Jedenfalls soll, wenn man den Mittelwert von der kinetischen Energie der progressiven Bewegung der Moleküle über den Zeitraum t bis $t+\tau$ bildet, gegen diesen Mittelwert der Differenzenquotient

$$\frac{1}{\tau}\left[\frac{1}{4}\,\frac{d\Sigma m(x^2+y^2+z^2)}{dt}\right]_t^{t+\tau}$$

schon bei verhältnismäßig kleinem τ zu vernachlässigen sein; darin ist die

*) Dupré, Théorie mécanique de la chaleur, 1869, p. 152.

**) Van der Waals, Die Kontinuität des gasf. u. flüss. Zustandes, Leipzig 1881.

***) Vgl. auch Maxwell, Sc. papers 2, p. 407, 418; H. A. Lorentz, Boltzmann-Festschrift (1904), S. 721 (abgedr. in Abh. üb. theor. Phys. 1 (1906), S. 192).

Summe über alle Moleküle zu erstrecken und bedeuten m die Masse, x, y, z die Koordinaten des Schwerpunktes eines Moleküls. Eine partielle Integration transformiert nun diesen Mittelwert der Energie bei der angegebenen Vernachlässigung sofort in das mittlere Virial der in den Molekülen angreifenden Kräfte, über den Zeitraum t bis $t+\tau$. Nun ist nach den Prinzipien der Gastheorie jenes Mittel der Energie der progressiven Bewegung $\frac{3}{2}\frac{R}{M}\varrho VT$, wo R die universelle Gaskonstante, M das Molekulargewicht, ϱV die Gesamtmasse, T die absolute Temperatur der Flüssigkeit vorstellt. Das Virial der Kohäsionskräfte berechnet sich unter der Voraussetzung, daß der Wirkungsradius noch sehr groß gegen die Größe der Moleküle ist, wie bei kontinuierlich homogen verteilter Masse und ist daher nach (29) gleich $\frac{3}{2}a\varrho^2 V$ zu setzen. Das mittlere Virial des auf die Oberfläche wirkenden konstanten Druckes p findet sich durch Zerlegung des Volumens in die Elementarpyramiden mit dem Nullpunkte als Spitze und den Oberflächenelementen als Grundflächen unmittelbar $=\frac{3}{2}pV$. Das mittlere Virial der repulsiven Kräfte berechnet sich nach den Methoden der Gastheorie und läßt sich schreiben als ein Bruchteil $\frac{b\varrho}{1-b\varrho}$ der mittleren Energie der progressiven Bewegung, worin b annäherungsweise als konstant gilt und mit dem von den Räumen der Moleküle in einer Masseneinheit besetzten Raume in Verbindung gebracht wird (über die Abhängigkeit der Größe b von Volumen und Temperatur siehe weiteres im Artikel Kamerlingh Onnes, Enzyklopädie V 10). Damit resultiert endlich die van der Waalssche Zustandsgleichung in der Form

$$(35)\qquad p + a\varrho^2 = \frac{RT}{M}\frac{\varrho}{1-b\varrho}.$$

Aus beobachteten Daten berechnet sich auf Grund dieser Beziehung bei 0^0 und 1 Atm. Druck für Wasser $K = 10500$ Atm., für Äther $K = 1430$ Atm., während der Quotient H/K, der als Maß für den Wirkungsradius der Kohäsionskräfte dient, für Wasser $15 \cdot 10^{-9}$ cm, für Äther $29 \cdot 10^{-9}$ cm beträgt.

17. Theorien zur Vermeidung von Diskontinuitäten der Dichte.

Der Laplaceschen Kapillaritätstheorie liegt die Annahme durchweg homogener Flüssigkeiten zugrunde. Poisson*) führte aus, daß an den Grenzflächen einer Flüssigkeit eine rapide Änderung der Dichte statthaben

*) Poisson, Nouvelle théorie de l'action capillaire. — Kritische Bemerkungen zur Theorie von Poisson lieferten Minding, Doves Repert. d. Phys. Bd. 5; J. Stahl, Ann. Phys. Chem. 139 (1870), S. 239; B. Weinstein, Ann. Phys. Chem. 27 (1886), S. 544.

müsse, und trug diesem Umstande Rechnung, zugleich in der Absicht, die Schwierigkeiten zu beheben, welche in der Annahme von Druckdiskontinuitäten an Trennungsflächen liegen. In der Poissonschen Theorie modifizieren sich nicht die Gleichungen für die Kapillaritätsphänomene, sondern nur die Bedeutung der zwei Konstanten K und H für das Gesetz der Kohäsionskräfte.

Maxwell*), Lord Rayleigh**), van der Waals***) verfolgten die Annahme einer stetigen Variation der Dichte an den Trennungsflächen in ihren weiteren Konsequenzen. Als einfachster Fall wird das Gleichgewicht einer Flüssigkeit A in Berührung mit ihrem gesättigten Dampfe B behandelt. Von der Schwere soll abgesehen werden. Der ganze Raum von Flüssigkeit und Dampf werde von Flächen, auf denen jedesmal die Dichtigkeit konstant ist, durchzogen; transversal zu diesen variiert der Wert der Dichtigkeit rapide innerhalb einer äußerst schmalen Schicht und kommt nach der einen wie nach der anderen Seite sehr bald bestimmten Grenzwerten ϱ_A bzw. ϱ_B nahe.

Für die vollständige Durchführung des durch hydrodynamische (oder thermodynamische) Prinzipien gelieferten Ansatzes hat sich ein spezielles Kraftgesetz der Kohäsion als hervorragend geeignet erwiesen †), das nun hier sogleich zugrunde gelegt werde, nämlich das in (28) angeführte, wobei die Potentialfunktion für zwei Masseneinheiten in einer Entfernung r durch

$$-k\frac{e^{-cr}}{r}$$

dargestellt wird und k wie c positive Konstanten sind. Das von der gesamten Masse der Substanz (A und B) herrührende Potential auf eine Masseneinheit an einer Stelle x, y, z ist dann

$$\Psi(x, y, z) = -k\int \varrho' \frac{e^{-cr}}{r}\,dv',$$

wo das Integral sich über alle Volumenelemente dv' der Substanz erstreckt und r die Entfernung des Aufpunktes x, y, z vom Elemente dv' bezeichnet. Diese Funktion $\Psi(x, y, z)$ genügt nun im Raume der Substanz überall der Differentialgleichung

$$(36)\qquad \Delta\Psi = \frac{\partial^2\Psi}{\partial x^2} + \frac{\partial^2\Psi}{\partial y^2} + \frac{\partial^2\Psi}{\partial z^2} = c^2\Psi + 4\pi k\varrho,$$

und auf Grund dieser Beziehung kann das vorliegende Kraftfeld anstatt

---

*) Maxwell, Capillary action (Sc. papers 2, p. 541).

**) Lord Rayleigh, Phil. Mag. 33 (1892), p. 209 (Sc. Papers 3, p. 513).

***) van der Waals, Zeitschr. f. phys. Chemie 13 (1894), S. 657; H. Hulshof, Ann. Phys. Chem. (4) 4 (1901), S. 165.

†) van der Waals, l. c. S. 706.

als von Fernkräften herstammend auch als ein ursprünglich gegebener Spannungszustand in der Substanz folgendermaßen beschrieben werden*). Es werde

$$\left(\frac{\partial \Psi}{\partial x}\right)^2 + \left(\frac{\partial \Psi}{\partial y}\right)^2 + \left(\frac{\partial \Psi}{\partial z}\right)^2 = \Phi^2,$$

$$\frac{1}{8\pi k}(c^2\Psi^2 - \Phi^2) = \Sigma_1, \quad \frac{1}{8\pi k}(c^2\Psi^2 + \Phi^2) = \Sigma_2$$

gesetzt; die Substanz erscheint von den gerichteten „Kraftlinien", die senkrecht zu den Flächen $\Psi =$ konst. von größeren zu kleineren Werten von Ψ führen, durchzogen; an jeder Stelle herrscht in Richtung der dort durchlaufenden Kraftlinie und in der entgegengesetzten Richtung eine Zugspannung Σ_1, in allen Richtungen senkrecht dazu eine Zugspannung Σ_2, dergestalt, daß für jeden abgeschlossenen Teil I der Substanz sich die Komponenten und Drehungsmomente der von dem übrigen Teil II auf I ausgeübten Kohäsionen genau wie aus der Verteilung dieser Spannungen auf der Oberfläche von I berechnen.

In einer sehr geringen Entfernung von der Übergangsschicht ist bereits nahezu Ψ konstant, Φ Null, und $\Sigma_1 = \Sigma_2$ erklären die frühere Kohäsion K, in der Übergangsschicht resultieren aus der Differenz $\Sigma_2 - \Sigma_1$ die Erscheinungen der Oberflächenspannung.

Nach hydrodynamischen Prinzipien ist für das Gleichgewicht des Systems Flüssigkeit und Dampf bei gleicher Temperatur erforderlich, daß das vollständige Differential

$$d\Psi = -\frac{d\Pi}{\varrho} \tag{37}$$

und darin Π eine nur von Dichte und Temperatur der Stelle abhängige Funktion ist, die als *thermischer Druck***) angesprochen wird. Schreiben wir $\frac{2\pi k}{c^2} = a$, so ist nach (36) in einiger Entfernung von der Übergangsschicht, wo die Flüssigkeit homogen erscheint, $\Psi = -2a\varrho_A$, und wo der Dampf homogen erscheint, $\Psi = -2a\varrho_B$. Wir setzen allgemein $\Pi = p + a\varrho^2$ und nennen p den *hydrostatischen Druck*; nach beiden Seiten von der Schicht fort wird dann p sich einer und derselben Konstante p_0 nähern, dem äußeren Drucke, Sättigungsdrucke des Dampfes. Die Gleichung (36) schreibt sich noch im Hinblick auf (37):

$$\Delta\Psi = -c^2 \int\limits_{p_0, \varrho_A}^{p, \varrho} \frac{dp}{\varrho}. \tag{38}$$

*) G. Bakker, Zeitschr. f. phys. Chemie 48 (1904), S. 17.

**) Diese Bezeichnung gebraucht van der Waals; für denselben Begriff sagt H. A. Lorentz (Z. f. physik. Chem. 7): kinetischer Druck.

Nunmehr wird angenommen, daß die Abhängigkeit des p von ϱ und der Temperatur auch in der Übergangsschicht durch eben dieselbe van der Waalssche Formel (35) wie in den homogenen Phasen dargestellt wird, was freilich mehr an die Macht dieser Formel glauben heißt, als es in ihrer Ableitung eine Stütze fände. Die dadurch gegebene Kurve für p als Funktion des wachsenden Arguments $1/\varrho$ (siehe Artikel Kamerlingh Onnes, Enzyklopädie V 10) verläuft in dem Intervalle $1/\varrho_A$ bis $1/\varrho_B$ zwischen den zwei Punkten p_0, $1/\varrho_A$ und p_0, $1/\varrho_B$ ab-, auf- und wieder absteigend, zuerst unterhalb der Geraden $p = p_0$ bis zu einem gewissen Treffpunkte mit ihr, hernach oberhalb derselben, und auf ihrem ersten unterhalb $p = p_0$ liegenden Stücke muß es offenbar einen bestimmten Punkt p_1, $1/\varrho_1$ geben, für den das bis dahin auf der Kurve genommene Integral

$$-\int\limits_{p_0, \varrho_A}^{p_1, \varrho_1} \frac{dp}{\varrho} = 0$$

ist (Fig. 22). Für diese Stelle der Kurve ist dann nach (38): $\Delta\Psi = 0$.

Die der Wellenlinie ($\varrho_A > \varrho > \varrho_B$) entsprechenden Kombinationen $p, 1/\varrho$ sind für homogene Phasen instabil, in der Übergangsschicht findet van der Waals sie nun stabil. Wird (37) auf einem Wege aus dem homogenen Inneren der Flüssigkeit nach dem homogenen Inneren des Dampfes integriert, so entsteht

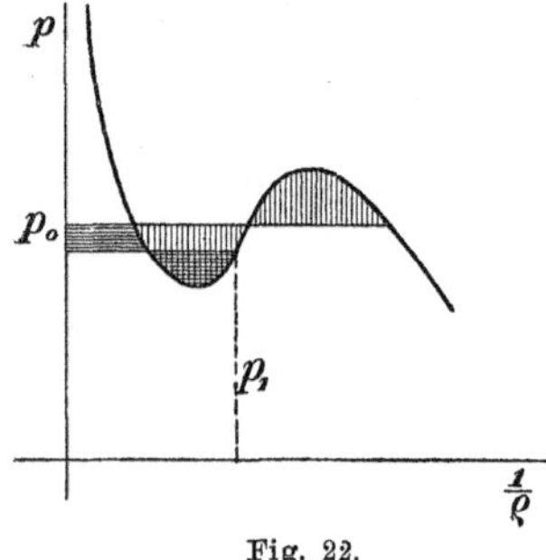

Fig. 22.

$$\int\limits_{p_0, \varrho_A}^{p_0, \varrho_B} \frac{dp}{\varrho} = 0$$

über jene Wellenlinie, genau die Formel, welche Clausius und Maxwell zur Bestimmung des Druckes p_0 des gesättigten Dampfes vermöge der Isotherme durch Anwendung des zweiten Hauptsatzes der Wärmetheorie auf labile Zustände aufgestellt haben.

Es mögen nun die Flächen konstanter Dichte speziell als eine Schar paralleler Ebenen $z =$ konst. angenommen werden. Die Differentialgleichung (37) schreibt sich dann

$$\frac{d^2\Psi}{dz^2} = c^2\Psi + 4\pi k\varrho = c^2\Psi - 4\pi k\frac{d\Pi}{d\Psi}$$

und liefert integriert

$$\left(\frac{d\Psi}{dz}\right)^2 = c^2\Psi^2 - 8\pi k(p + a\varrho^2 - p_0).$$

Für $\varrho = \varrho_1$, $p = p_1$ geht $\frac{d^2\Psi}{dz^2}$ abnehmend durch Null hindurch, erlangt also $\frac{d\Psi}{dz} = \Phi(z)$ seinen größten Wert $\Phi_1 = \sqrt{8\pi k(p_0 - p_1)}$; hierhin werde $z = 0$ gelegt. An Stelle der früheren Oberflächenspannung tritt jetzt

$$\frac{1}{2}\overline{H} = \int (\Sigma_2 - \Sigma_1)\, dz = \frac{1}{4\pi k}\int (\Phi(z))^2 dz,$$

auf der z-Achse aus der homogenen Flüssigkeit nach dem homogenen Dampfe genommen.

Die Kurve für $\Phi(z)$ als Funktion von z verläuft beiderseits von $z = 0$ sehr bald asymptotisch an die z-Achse. Wird sie durch das oberhalb der z-Achse liegende Stück einer sie im Scheitel berührenden Parabel $\Phi_1 - \Phi = \Phi_1 \left(\frac{z}{z_0}\right)^2$ und die links und rechts daran ansetzenden Stücke $z \leqq -z_0$ und $z_0 \leqq z$ der z-Achse bei gleichem Flächeninhalt über der z-Achse angenähert ersetzt, so folgt

$$\frac{1}{2}\overline{H} = \frac{8}{5}\frac{\sqrt{2\pi k(p_0 - p_1)}}{c^2},$$

während zugleich $2z_0 = \frac{15}{16}\frac{\frac{1}{2}\overline{H}}{p_0 - p_1}$ ungefähr als diejenige Dicke der Übergangsschicht aufzufassen wäre, innerhalb deren die inhomogenen Verhältnisse hervortreten.

In einer jüngsten Arbeit sucht Bakker*) durch seine Theorie die Beobachtungen von Reinold und Rücker**) zu erklären, welche fanden, daß Seifenlamellen an den dünnsten Stellen, die durch ein diskontinuierliches Auftreten von schwarzen Flecken gekennzeichnet sind, eine Dicke von rund 10^{-6} cm haben und unmittelbar daneben plötzlich auf eine Dicke von rund $5 \cdot 10^{-6}$ cm ansteigen.

Bakker berechnet daselbst die Konstante k

$$\text{für Wasser } k = 7{,}53 \cdot 10^{23} \text{ bei } T = 325^0,$$
$$\text{für Äther } k = 1{,}54 \cdot 10^{23} \text{ bei } T = 125^0.$$

18. Entropie und Massendichten einer Trennungsfläche.

Wenn zwei aneinander grenzende Flüssigkeiten A und B sich im Gleichgewicht, auch in thermischer und chemischer Hinsicht, befinden und sie auch schon in sehr geringer Entfernung von der Trennungsfläche homogen erscheinen, wird doch eine jede in der unmittelbaren Nachbarschaft der Grenze durch den Einfluß der anderen verändert sein. Gibbs***) hat einen Ansatz entwickelt, um diesen Einflüssen Rechnung zu tragen, ohne

*) G. Bakker, Zeitschr. f. phys. Chemie 51 (1905), S. 344.

**) Proc. Roy. Soc. 26 (1878), p. 334; Phil. Trans. 172 (1882), p. 447; Phil. Trans. 174 (1884), p. 645; Ann. Phys. Chem. 44 (1891), S. 778.

***) Gibbs, Equilibrium of heterogeneous substances, p. 380.

irgendeine Hypothese bezüglich molekularer Anziehungskräfte zu machen. Die inhomogene Übergangsschicht zwischen A und B ist erfahrungsgemäß von äußerst geringer Dicke. Man wähle irgendeinen Punkt in dieser Schicht und lege eine Fläche durch ihn und alle anderen Punkte in der Schicht, welche hinsichtlich der unmittelbar angrenzenden Materie entsprechend liegen; diese Fläche heiße *Teilungsfläche.* Die Wahl der Fläche ist noch einigermaßen willkürlich; man wird annehmen können, daß man sie beliebig aus einer Schar sehr nahe gelegener Parallelflächen, welche die ganze Schicht ausfüllen, herausgreifen kann. Die in A, B und in der Übergangsschicht in Betracht kommenden Stoffverbindungen mögen sich aus den Stoffen $a, b, \ldots$ als *unabhängigen* Bestandteilen aufbauen lassen. Für das ganze aus A, B und der Übergangsschicht bestehende Gebilde sei U die gesamte innere Energie, S die gesamte Entropie und seien $M_a, M_b, \ldots$ die gesamten Massen von $a, b, \ldots$ Wir bezeichnen mit V', V'' die Volumina von A und B, gerechnet bis zur Teilungsfläche, mit F den Flächeninhalt der Teilungsfläche. Weiter seien u', s', ϱ_a', $\varrho_b', \ldots$ die räumlichen Dichten der Energie, Entropie bzw. diejenigen der Bestandteile $a, b, \ldots$ im Raume von A dort, wo A homogen erscheint, und u'', s'', ϱ_a'', $\varrho_b'', \ldots$ die entsprechenden Dichten für B, wo B homogen erscheint. Die Quotienten aus den Differenzen

$$U - V'\mathrm{u}' - V''\mathrm{u}'', \quad S - V'\mathrm{s}' - V''\mathrm{s}'', \quad M_a - V'\varrho_a' - V''\varrho_a'', \ldots$$

durch den Flächeninhalt F endlich schreiben wir u, s, ω_a, $\omega_b, \ldots$; diese Quotienten heißen die *Flächendichten der Energie, Entropie und der Massenbestandteile* für die Teilungsfläche zwischen A und B.

Es wird angenommen, daß u' eine Funktion der Argumente s', ϱ_a', $\varrho_b', \ldots$, desgleichen u'' eine Funktion der Argumente s'', ϱ_a'', $\varrho_b'', \ldots$ ist, und nunmehr die weitere Annahme eingeführt, daß auch u nur eine Funktion der Argumente s, ω_a, $\omega_b, \ldots$ ist (vgl. hierzu die am Anfange von Nr. **5** berührte allgemeine Auffassung der räumlichen Energiedichte), und es wird daraufhin die Charakterisierung des Gleichgewichtszustandes durch das thermodynamische Prinzip geleistet, daß U ein Minimum bei konstanten Werten von S, M_a, $M_b, \ldots$ ist. Dieser Ansatz, soweit er die homogenen Massen betrifft, ist bereits im Artikel Bryan, Enzyklopädie V 3 Nr. **26**, zur Sprache gekommen. Hier soll es sich nur darum handeln, die besonderen Konsequenzen, welche aus der neuen Annahme einer Übergangsschicht fließen, zu verfolgen.

Entwickelt man das vollständige Differential

$$d\mathrm{u} = T d\mathrm{s} + \mu_a d\omega_a + \mu_b d\omega_b + \cdots, \tag{39}$$

so ist T die Temperatur und μ_a, $\mu_b, \ldots$ heißen die *Potentiale* für die Bestandteile der Übergangsschicht. Zum Gleichgewicht ist erforderlich, daß die Temperatur dieselbe wie in den angrenzenden homogenen Massen ist, weiter daß für jeden Bestandteil der Schicht, der auch in einer angrenzenden homogenen Masse vorkommt, das Potential das gleiche wie dort ist. Kommt ein Bestandteil nur in der Schicht vor, so ist für ihn dagegen die Flächendichte in der Schicht von vornherein angewiesen.

Aus (39) folgt

$$d(F\mathrm{u}) = Td(F\mathrm{s}) + \sigma dF + \mu_a d(F\omega_a) + \mu_b d(F\omega_b) + \cdots,$$

indem

(40) $$\sigma = \mathrm{u} - T\mathrm{s} - \mu_a\omega_a - \mu_b\omega_b - \cdots$$

gesetzt wird; σ ist nunmehr als die *Oberflächenspannung* in der Teilungsfläche anzusprechen, und es entsteht

(41) $$d\sigma = -\mathrm{s}dT - \omega_a d\mu_a - \omega_b d\mu_b - \cdots.$$

Eine Beziehung, welche u als Funktion von s, $\omega_a, \omega_b, \ldots$ oder σ als Funktion von $\omega_a, \omega_b, \ldots$ gibt, wird als *Fundamentalgleichung* für die Teilungsfläche bezeichnet.

Analog hat man in der homogenen Masse A:

(42) $$d(V'\mathrm{u}') = Td(V'\mathrm{s}') - p'dV' + \mu_a d(V'\varrho_a') + \mu_b d(V'\varrho_b') + \cdots,$$
$$-p' = \mathrm{u}' - T\mathrm{s}' - \mu_a\varrho_a' - \mu_b\varrho_b' - \cdots,$$

(und zwar mit den nämlichen Werten von T und von $\mu_a, \mu_b, \ldots$, soweit die betreffenden Bestandteile in A wirklich vorkommen), und die entsprechenden Beziehungen in der homogenen Masse B; dabei bedeuten dann p' und p'' den hydrostatischen Druck in A bzw. in B. Für die Gestalt der Teilungsfläche folgt, wie (10) gewonnen wurde:

(43) $$p' - p'' = \sigma\left(\frac{1}{R_1} + \frac{1}{R_2}\right)\cdot$$

Von der Schwere ist einstweilen abgesehen. Die Dichten u, s, $\omega_a, \omega_b, \ldots$ sind im allgemeinen noch abhängig von der Wahl der Teilungsfläche in der Schicht; im Falle einer ebenen Teilungsfläche ist jedoch der Wert σ von dieser Wahl unabhängig, wie sich leicht auf Grund von (43) ergibt.

Sind die unabhängigen Bestandteile $a, b, \ldots$ derart fixiert, daß nicht $\varrho_a' < 0$ sein kann und wird die homogene Phase A nur in bezug auf ϱ_a' bei konstant gehaltenen $T, p', \varrho_b', \ldots$ abgeändert, so spricht das Verhalten der idealen Gase und verdünnten Lösungen dafür, daß $\varrho_a' \frac{d\mu_a}{d\varrho_a'}$ mit nach Null abnehmendem ϱ_a' einem bestimmten (und aus Stabilitätsrücksichten notwendig) positiven Grenzwerte zustrebt, daß mithin für sehr kleine Werte ϱ_a' das Potential μ_a wesentlich durch einen Ausdruck $K_a \log \varrho_a'$ dargestellt werden kann, worin K_a eine positive Funktion von $T, p', \varrho_b', \ldots$ bedeutet*). Die Gesamtmenge von a ist

$$M_a = V'\varrho_a' + V''\varrho_a'' + F\omega_a;$$

wenn nun weder M_a noch ϱ_a', ϱ_a'' negativ sein können, so kann bei kleinen Werten der räumlichen Dichten ϱ_a', ϱ_a'' die Flächendichte ω_a beliebig große positive, aber nur kleine negative Werte haben. Die Relation (41) zeigt nunmehr auf Grund der eben gemachten Ausführungen, daß eine geringe Beimengung eines Stoffes die zwischen zwei Medien bestehende Oberflächenspannung sehr stark vermindern, aber nicht sie beträchtlich vermehren kann. Ganz frisch gebildete Oberflächen lassen in der Regel eine Änderung der Oberflächenspannung nicht erkennen, insofern die Herstellung der statischen Oberflächendichte Zeit beansprucht**).

Bringt man auf eine reine Wasseroberfläche kleine Kampherstückchen, so löst sich der Kampher an den Berührungsstellen mit dem Wasser und wird dort die Oberflächenspannung herabgesetzt. Die Kampherpartikelchen geraten in lebhafte Bewegung dadurch, daß diese Änderung der Oberflächenspannung an verschiedenen Stellen in verschiedenem Maße geschieht***). Lord Rayleigh†) fand, daß die Bewegung des Kamphers erlischt, wenn die Wasseroberfläche durch eine Ölschicht, gleichgültig welcher Art, soweit verunreinigt wird, bis die Spannung eben auf den Betrag sinkt, den sie für Wasser, das mit Kampher gesättigt ist, erlangt, nämlich bis auf 53 erg/cm^2, d. i. 72% des Wertes 74 für reines Wasser. Diesen „Kampherpunkt" bringt bei Olivenöl eine Schicht von ungefähr 2×10^{-7} cm Dicke hervor. Lord Rayleigh††) hat den Einfluß noch geringerer Verunreinigungen des Wassers auf die Oberflächenspannung gemessen und fand, daß der Abfall der Spannung erst bei einer Ölschicht von etwa 1×10^{-7} cm mehr diskontinuierlich beginnt und nach Überschreitung des Kampherpunktes wieder träger wird.

Der Ansatz (39) gibt Gibbs insbesondere Gelegenheit zu mannigfachen Ausführungen über das Verhalten von Flüssigkeitshäuten.

Dieselben Prinzipien bringt Gibbs auch auf die Trennungsflächen einer Flüssigkeit gegen einen festen amorphen oder kristallinischen Körper in Anwendung. Bei Kristallen würde die Spannung σ an den begrenzenden

---

*) Gibbs, l. c. p. 194.

**) A. Dupré, Théorie mécanique de la chaleur, Paris 1869, p. 377; Lord Rayleigh, Proc. Roy. Soc. 47 (1890), p. 281 (Sc. papers 3, p. 341).

***) Van der Mensbrugghe, Mém. couronnés de l'Acad. de Belg. 34 (1869).

†) Lord Rayleigh, Phil. Mag. 30 (1890) (Sc. papers 3, p. 383).

††) Lord Rayleigh, Proc. Roy. Soc. 47 (1890), p. 364 (Sc. papers 3, p. 347); A. Pockels, Nature 43 (1891), p. 437; 48 (1893), p. 153.

Flächen noch eine Funktion der Stellung der Flächen im Kristall sein, und die Gestalt sehr kleiner, im Gleichgewicht mit der umgebenden Lösung stehender Kristalle würde wesentlich durch die Bedingung bestimmt sein, daß die Summe $\sum \sigma F$ der Oberflächenenergien aller einzelnen Flächen ein Minimum in bezug auf das vorliegende Volumen ist.

Bei Rücksichtnahme auf die Schwere modifiziert sich infolge des Ansatzes (41) die frühere Bedingung (43) für die Gestalt der Trennungsfläche zu den Gleichungen:

$$p' - p'' = \sigma\left(\frac{1}{R_1} + \frac{1}{R_2}\right) + g\omega\cos(nz), \quad \frac{d\sigma}{dz} = g\omega,$$

wobei n die nach B hin gerichtete Normale, $\frac{1}{R_1} + \frac{1}{R_2}$ die mittlere Krümmung nach B hin und $\omega = \omega_a + \omega_b + \cdots$ die totale Massendichtigkeit an der variablen Stelle der Teilungsfläche bedeutet.

Die thermischen Beziehungen, zu denen der Ansatz (41) hinführt, waren bereits zuvor von W. Thomson*) durch Betrachtung geeigneter Kreisprozesse gewonnen worden. Um ein Beispiel zu geben, befinde sich eine ebene flüssige Lamelle A in gesättigtem Dampfe B. Die Teilungsfläche sei auf jeder Seite der Lamelle derart gelegt, daß die Oberflächendichte des einzigen vorhandenen Bestandteiles a Null wird, dann folgt aus (41): $d\sigma = -\mathrm{s}\,dT$. Wird die Lamelle auseinander gezogen und leitet man den Vorgang isothermisch und ohne Kondensation, also bei festbleibendem Gesamtvolumen, so ist für die Einheit entstandener Fläche die zuzuführende Wärmemenge

$$Q = T\mathrm{s} = -T\frac{d\sigma}{dT} = -\frac{d\sigma}{d\log T}.$$

Leitet man dagegen den Vorgang adiabatisch und bei konstantem äußeren Druck p, so gehört zu p als Druck des gesättigten Dampfes eine festbleibende Verdampfungstemperatur T, und um diese aufrecht zu erhalten, muß sich für die Einheit entstandener Fläche eine Menge δ_a Dampf kondensieren, deren Betrag sich durch die Bedingung der Wärmezufuhr Null:

$$\mathrm{s} - \delta_a(\mathrm{s}'' - \mathrm{s}') = 0$$

ergibt. Dem entspricht eine Volumzunahme δ_a/ϱ_a' der Flüssigkeit und eine Volumabnahme δ_a/ϱ_a'' des Dampfes und ist danach zur Erhaltung des Druckes von außen her für die Einheit entstandener Oberfläche die Arbeit

$$W = p\mathrm{s}\left[\frac{1}{\mathrm{s}'' - \mathrm{s}'}\left(\frac{1}{\varrho_a''} - \frac{1}{\varrho_a'}\right)\right]$$

---

*) W. Thomson, Proc. Roy. Soc. 9 (1858), p. 255 oder Phil. Mag. (4) 17 (1859), p. 61; van der Mensbrugghe, Bull. de l'Acad. de Bruxelles 51 (1876), p. 769, 52 (1876), p. 21; P. Duhem, Ann. de l'Éc. Norm. sup. (3) 2 (1885), p. 207.

zu leisten. Der hier in eckige Klammern gesetzte Ausdruck folgt aus der Abhängigkeit zwischen Temperatur und Druck des gesättigten Dampfes als der Differentialquotient dT/dp (vgl. Artikel Bryan, Enzyklopädie V 3, Gl. (138)) und es entsteht demnach

$$W = -p\frac{d\sigma}{dT}\frac{dT}{dp} = -\frac{d\sigma}{d\log p}.$$

Das Produkt aus σ in die $\frac{2}{3}$-te Potenz des Molekularvolumens M_v der Flüssigkeit (d. i. des Volumens einer Menge M Grammen, wenn M das Molekulargewicht bezeichnet), nennt Ostwald *molekulare Oberflächenenergie* der Flüssigkeit. Der Differentialquotient $-d(M_v^{\frac{2}{3}}\sigma)/dT$, (man könnte ihn *molekulare Oberflächenentropie* nennen), liegt für eine große Reihe von Flüssigkeiten nahe am Werte 2,1 erg/cm^2 grad*). Dieses merkwürdige, von Eötvös**) und von Ramsay und Shields***) experimentell festgestellte Gesetz (siehe darüber den Artikel Kamerlingh Onnes, Enzyklopädie V 10) bietet eine Methode dar, das Molekulargewicht von Flüssigkeiten auf Grund von Kapillarkonstanten zu ermitteln.

Zu denjenigen Kapillaritätserscheinungen, deren Theorie sich auf den Gibbsschen Ansatz (41) basieren läßt, gehört endlich die Abhängigkeit der Oberflächenspannung einer flüssigen Metallelektrode gegen einen Elektrolyten von der elektromotorischen Kraft ihrer Polarisation†).

Inhaltsübersicht.

---

*) Für Wasser, das hier zu den Ausnahmen gehört, liegt die molekulare Oberflächenentropie zwischen 0,9 und 1,2; danach ist für eine Wasserlamelle die oben besprochene latente Ausdehnungswärme nahezu gleich der halben zu ihrer Bildung gegen die Oberflächenspannung aufzuwendenden Arbeit ($Q = \frac{1}{2}\sigma$).

**) Eötvös, Ann. Phys. Chem. 27 (1886), S. 452.

***) Ramsay und Shields, Zeitschr. f. physik. Chem. 12 (1893), S. 433.

†) Für die Theorien in diesem experimentell reich durchforschten Kapitel der Elektrokapillarität vgl. F. Krüger, Gött. Nachr. 1904, S. 33; Jahrbuch d. Radioaktivität und Elektronik 2 (1904).

XXX.

Die Grundgleichungen für die elektromagnetischen Vorgänge in bewegten Körpern.

(Nachrichten der K. Gesellschaft der Wissenschaften zu Göttingen. Mathematisch-physikalische Klasse. 1908. S. 53—111.)

(Vorgelegt in der Sitzung vom 21. Dezember 1907.)

Einleitung.

Über die Grundgleichungen der Elektrodynamik für bewegte Körper herrschen zur Zeit noch Meinungsverschiedenheiten. Die Ansätze von Hertz*) (1890) mußten verlassen werden, weil sich herausgestellt hat, daß sie mit verschiedenen experimentellen Ergebnissen in Widerspruch geraten.

1895 publizierte H. A. Lorentz**) seine Theorie der optischen und elektrischen Erscheinungen in bewegten Körpern, die, auf atomistischer Vorstellung von der Elektrizität fußend, durch ihre großen Erfolge die kühnen Hypothesen, von denen sie getragen und durchsetzt wird, zu rechtfertigen scheint. Die Lorentzsche Theorie***) geht aus von gewissen ursprünglichen Gleichungen, die an jedem Punkte des „Äthers" gelten sollen, und gelangt daraus durch Mittelwertsbildungen über „physikalisch unendlich kleine" Bereiche, die schon zahlreiche „Elektronen" enthalten, zu den Gleichungen für die Vorgänge in ponderablen Körpern.

Insbesondere gibt sich die Lorentzsche Theorie Rechenschaft von der Nichtexistenz einer Relativbewegung der Erde gegen den Lichtäther; sie bringt diese Tatsache in Zusammenhang mit einer Kovarianz jener ursprünglichen Gleichungen bei gewissen gleichzeitigen Transformationen der Raum- und Zeitparameter, die von H. Poincaré†) den Namen *Lorentz-Transformationen* erhalten haben. Für jene ursprünglichen Gleichungen ist die Kovarianz bei den Lorentz-Transformationen eine rein mathematische Tatsache, die ich das *Theorem der Relativität* nennen will; dieses Theorem beruht wesentlich auf der Gestalt der Differentialgleichung für die Fortpflanzung von Wellen mit Lichtgeschwindigkeit.

---

*) Über die Grundgleichungen der Elektrodynamik für bewegte Körper. Wiedemanns Annalen, Bd. 41, S. 369, 1890 (auch in: Gesammelte Werke, Bd. I, S. 256, Leipzig 1892).

**) Versuch einer Theorie der elektrischen und optischen Erscheinungen in bewegten Körpern, Leiden 1895.

***) Vgl. Enzyklopädie der mathematischen Wissenschaften, V 2, Art. 14. Weiterbildung der Maxwellschen Theorie. Elektronentheorie.

†) Rendiconti del Circolo Matematico di Palermo, T. XXI (1906), p. 129.

Nun kann man, ohne noch zu bestimmten Hypothesen über den Zusammenhang von Elektrizität und Materie sich zu bekennen, erwarten, jenes mathematisch evidente Theorem werde seine Konsequenzen so weit erstrecken, daß dadurch auch die noch nicht erkannten Gesetze in bezug auf ponderable Körper irgendwie eine Kovarianz bei den Lorentz-Transformationen übernehmen werden. Man äußert damit mehr eine Zuversicht, als bereits eine fertige Einsicht, und diese Zuversicht will ich das *Postulat der Relativität* nennen. Die Sachlage ist erst ungefähr eine solche, als wenn man die Erhaltung der Energie postuliert in Fällen, wo die auftretenden Formen der Energie noch nicht erkannt sind.

Gelangt man hernach dazu, die erwartete Kovarianz als einen bestimmten Zusammenhang zwischen lauter beobachtbaren Größen bei bewegten Körpern zu behaupten, so mag alsdann dieser bestimmte Zusammenhang das *Prinzip der Relativität* heißen.

Diese Unterscheidungen scheinen mir nützlich, um den gegenwärtigen Stand der Elektrodynamik bewegter Körper charakterisieren zu können.

H. A. Lorentz hat das Relativitätstheorem gefunden und das Relativitätspostulat geschaffen, als eine Hypothese, daß Elektronen und Materie infolge von Bewegung Kontraktionen nach einem gewissen Gesetze erfahren.

A. Einstein*) hat es bisher am schärfsten zum Ausdruck gebracht, daß dieses *Postulat* nicht eine künstliche Hypothese ist, sondern vielmehr eine durch die Erscheinungen sich aufzwingende neuartige Auffassung des Zeitbegriffs.

Das *Prinzip* der Relativität jedoch in dem von mir gekennzeichneten Sinne ist für die Elektrodynamik bewegter Körper bisher noch gar nicht formuliert worden. *In der gegenwärtigen Abhandlung erhalte ich, indem ich dieses Prinzip formuliere, die Grundgleichungen für bewegte Körper in einer durch dieses Prinzip völlig eindeutig bestimmten Fassung. Dabei wird sich zeigen, daß keine der bisher für diese Gleichungen angenommenen Formen sich diesem Prinzipe genau fügt.*

Man sollte vor allem erwarten, daß die von Lorentz angenommenen Grundgleichungen für bewegte Körper dem Relativitätspostulate entsprächen. Es zeigt sich indes, daß dieses nicht der Fall ist für die allgemeinen Gleichungen, die Lorentz für beliebige, auch magnetisierte Körper hat, daß es aber allerdings *approximativ* (unter Vernachlässigung der Quadrate der Geschwindigkeiten der Materie gegen das Quadrat der Lichtgeschwindigkeit) der Fall ist für diejenigen Gleichungen, die Lorentz

---

*) Annalen der Physik, Bd. 17, S. 891, 1905.

hernach für nichtmagnetisierte Körper erschließt; es kommt aber diese spätere Anpassung an das Relativitätspostulat wieder nur dadurch zustande, daß die Bedingung des Nichtmagnetisiertseins ihrerseits in einer dem Relativitätspostulate nicht entsprechenden Weise angesetzt wird, also durch eine zufällige Kompensation zweier Widersprüche gegen das Relativitätspostulat. Indessen bedeutet diese Feststellung keinerlei Einwand gegen die molekulartheoretischen Hypothesen von Lorentz, sondern es wird nur klar, daß die Annahme der Kontraktion der Elektronen bei Bewegung in der Lorentzschen Theorie schon an einer früheren Stelle, als dieses durch Lorentz geschieht, eingeführt werden müßte.

In einem Anhange gehe ich noch auf die Stellung der klassischen Mechanik zum Relativitätspostulate ein. Eine leicht vorzunehmende Anpassung der Mechanik an das Relativitätspostulat würde für die beobachtbaren Erscheinungen kaum merkliche Differenzen ergeben, würde aber zu einem sehr überraschenden Erfolge führen: *Mit der Voranstellung des Relativitätspostulates schafft man sich genau das hinreichende Mittel, um hernach die vollständigen Gesetze der Mechanik allein aus dem Satze von der Erhaltung der Energie* (und Aussagen über die Formen der Energie) *zu entnehmen.*

§ 1.

Bezeichnungen.

Ein Bezugsystem x, y, z, t rechtwinkliger Koordinaten im Raume und der Zeit sei gegeben. Die Zeiteinheit soll in solcher Beziehung zur Längeneinheit gewählt sein, daß die Lichtgeschwindigkeit im leeren Raume 1 ist.

Obwohl ich an sich vorziehen würde, die von Lorentz gebrauchten Bezeichnungen nicht zu ändern, scheint es mir doch wichtig, gewisse Zusammengehörigkeiten durch eine andere Wahl der Zeichen von vornherein hervortreten zu lassen. Ich werde den Vektor

der *elektrischen Kraft* $\mathfrak{E}$, der *magnetischen Erregung* $\mathfrak{M}$, der *elektrischen Erregung* $\mathfrak{e}$, der *magnetischen Kraft* $\mathfrak{m}$

nennen, so daß also $\mathfrak{E}$, $\mathfrak{M}$, $\mathfrak{e}$, $\mathfrak{m}$ an die Stelle von $\mathfrak{E}$, $\mathfrak{B}$, $\mathfrak{D}$, $\mathfrak{H}$ bei Lorentz treten sollen.

Ich werde mich ferner des Gebrauchs komplexer Größen in einer Weise, wie dies bisher in physikalischen Untersuchungen noch nicht üblich war, bedienen, namentlich statt mit t mit der Verbindung it operieren, wobei i die imaginäre Einheit $\sqrt{-1}$ bedeute. Andererseits werden ganz wesentliche Umstände in Evidenz treten, indem ich eine Schreibweise mit Indizes benutzen werde, nämlich oft an Stelle von

$$x,\ y,\ z,\ it \qquad\qquad x_1,\ x_2,\ x_3,\ x_4$$

setzen und hierauf einen allgemeinen Gebrauch der Indizes 1, 2, 3, 4 gründen werde. Dabei wird es sich, wie ich ausdrücklich hervorhebe, stets nur um eine *übersichtlichere Zusammenfassung rein reeller Beziehungen* handeln, und der Übergang zu reellen Gleichungen wird sich überall sofort vollziehen lassen, indem von den Zeichen mit Indizes solche mit *einem* Index 4 stets *rein imaginäre* Werte, solche mit *keinem* Index 4 oder mit *zwei* Indizes 4 stets *reelle* Werte bedeuten werden.

Ein einzelnes Wertsystem x, y, z, t bzw. x_1, x_2, x_3, x_4 soll ein *Raum-Zeitpunkt* heißen.

Ferner bezeichne $\mathfrak{w}$ den Vektor *Geschwindigkeit der Materie*, ε die *Dielektrizitätskonstante*, μ die *magnetische Permeabilität*, σ die *Leitfähigkeit* der Materie, sämtlich als Funktionen von x, y, z, t (oder x_1, x_2, x_3, x_4) gedacht, weiter ϱ die *elektrische Raumdichte*, $\mathfrak{s}$ einen Vektor „elektrischer Strom", zu dessen Definition wir erst in der Folge (in § 7 und 8) kommen werden.

Erster Teil.

Betrachtung des Grenzfalles Äther.

§ 2.

Die Grundgleichungen für den Äther.

Die Lorentzsche Theorie führt die Gesetze der Elektrodynamik der ponderablen Körper durch atomistische Vorstellungen von der Elektrizität zurück auf einfachere Gesetze; an diese einfacheren Gesetze knüpfen wir hier ebenfalls an, indem wir fordern, daß sie den Grenzfall $\varepsilon = 1$, $\mu = 1$, $\sigma = 0$ der Gesetze für ponderable Körper bilden sollen. In diesem idealen Grenzfalle $\varepsilon = 1$, $\mu = 1$, $\sigma = 0$ soll $\mathfrak{E} = \mathfrak{e}$, $\mathfrak{M} = \mathfrak{m}$ sein und sollen an jedem Raum-Zeitpunkte x, y, z, t die Gleichungen bestehen:

$$\text{(I)} \qquad \operatorname{curl} \mathfrak{m} - \frac{\partial \mathfrak{e}}{\partial t} = \varrho \mathfrak{w},$$

$$\text{(II)} \qquad \operatorname{div} \mathfrak{e} = \varrho,$$

$$\text{(III)} \qquad \operatorname{curl} \mathfrak{e} + \frac{\partial \mathfrak{m}}{\partial t} = 0,$$

$$\text{(IV)} \qquad \operatorname{div} \mathfrak{m} = 0.$$

Ich will nun schreiben x_1, x_2, x_3, x_4 für x, y, z, it $(i = \sqrt{-1})$, weiter

$$\varrho_1, \varrho_2, \varrho_3, \varrho_4$$

für

$$\varrho \mathfrak{w}_x, \varrho \mathfrak{w}_y, \varrho \mathfrak{w}_z, i\varrho,$$

d. s. die Komponenten des Konvektionsstromes $\varrho\mathfrak{w}$ und die mit i multiplizierte Raumdichte der Elektrizität, ferner

$$f_{23},\ f_{31},\ f_{12},\ f_{14},\ f_{24},\ f_{34}$$

für

$$\mathfrak{m}_x,\ \mathfrak{m}_y,\ \mathfrak{m}_z,\ -i\mathfrak{e}_x,\ -i\mathfrak{e}_y,\ -i\mathfrak{e}_z,$$

d. s. die Komponenten von $\mathfrak{m}$ bzw. $-i\mathfrak{e}$ nach den Achsen, endlich noch allgemein bei zwei der Reihe 1, 2, 3, 4 entnommenen Indizes h, k

$$f_{kh} = -f_{hk},$$

also

$$f_{32} = -f_{23},\ f_{13} = -f_{31},\ f_{21} = -f_{12},$$
$$f_{41} = -f_{14},\ f_{42} = -f_{24},\ f_{43} = -f_{34}$$

festsetzen.

Alsdann schreiben sich die drei in (I) zusammengefaßten Gleichungen und die mit i multiplizierte Gleichung (II):

$$\text{(A)}\quad \begin{aligned}
\frac{\partial f_{12}}{\partial x_2} + \frac{\partial f_{13}}{\partial x_3} + \frac{\partial f_{14}}{\partial x_4} &= \varrho_1,\\
\frac{\partial f_{21}}{\partial x_1} + \frac{\partial f_{23}}{\partial x_3} + \frac{\partial f_{24}}{\partial x_4} &= \varrho_2,\\
\frac{\partial f_{31}}{\partial x_1} + \frac{\partial f_{32}}{\partial x_2} + \frac{\partial f_{34}}{\partial x_4} &= \varrho_3,\\
\frac{\partial f_{41}}{\partial x_1} + \frac{\partial f_{42}}{\partial x_2} + \frac{\partial f_{43}}{\partial x_3} &= \varrho_4.
\end{aligned}$$

Andererseits verwandeln sich die drei in (III) zusammengefaßten Gleichungen, mit $-i$ multipliziert, und die Gleichung (IV), mit -1 multipliziert, in

$$\text{(B)}\quad \begin{aligned}
\frac{\partial f_{34}}{\partial x_2} + \frac{\partial f_{42}}{\partial x_3} + \frac{\partial f_{23}}{\partial x_4} &= 0,\\
\frac{\partial f_{43}}{\partial x_1} + \frac{\partial f_{14}}{\partial x_3} + \frac{\partial f_{31}}{\partial x_4} &= 0,\\
\frac{\partial f_{24}}{\partial x_1} + \frac{\partial f_{41}}{\partial x_2} + \frac{\partial f_{12}}{\partial x_4} &= 0,\\
\frac{\partial f_{32}}{\partial x_1} + \frac{\partial f_{13}}{\partial x_2} + \frac{\partial f_{21}}{\partial x_3} &= 0.
\end{aligned}$$

Man bemerkt bei dieser Schreibweise sofort die *vollkommene Symmetrie* des ersten wie des zweiten dieser Gleichungssysteme *in bezug auf die Permutationen der Indizes* 1, 2, 3, 4.

§ 3.

Das Theorem der Relativität von Lorentz.

Die Schreibweise der Gleichungen (I)—(IV) in der Symbolik des Vektorkalküls dient bekanntermaßen dazu, eine Invarianz (oder besser

Kovarianz) des Gleichungssystems (A) wie des Gleichungssystems (B) bei einer Drehung des Koordinatensystems um den Nullpunkt in Evidenz zu setzen. Nehmen wir z. B. eine Drehung um die z-Achse um einen festen Winkel φ vor unter Festhaltung der Vektoren $\mathfrak{e}$, $\mathfrak{m}$, $\mathfrak{w}$ im Raume, führen also anstatt x_1, x_2, x_3, x_4 neue Variablen x_1', x_2', x_3', x_4' ein durch

$$x_1' = x_1 \cos\varphi + x_2 \sin\varphi,\ x_2' = -x_1 \sin\varphi + x_2 \cos\varphi,\ x_3' = x_3,\ x_4' = x_4,$$

dazu neue Größen ϱ_1', ϱ_2', ϱ_3', ϱ_4' durch

$$\varrho_1' = \varrho_1 \cos\varphi + \varrho_2 \sin\varphi,\ \varrho_2' = -\varrho_1 \sin\varphi + \varrho_2 \cos\varphi,\ \varrho_3' = \varrho_3,\ \varrho_4' = \varrho_4,$$

neue Größen $f_{12}', \ldots, f_{34}'$ durch

$$f_{23}' = f_{23} \cos\varphi + f_{31} \sin\varphi,\ f_{31}' = -f_{23} \sin\varphi + f_{31} \cos\varphi,\ f_{12}' = f_{12},$$
$$f_{14}' = f_{14} \cos\varphi + f_{24} \sin\varphi,\ f_{24}' = -f_{14} \sin\varphi + f_{24} \cos\varphi,\ f_{34}' = f_{34},$$
$$f_{kh}' = -f_{hk}' \qquad (h, k = 1, 2, 3, 4),$$

so wird notwendig aus (A) das genau entsprechende System (A′), aus (B) das genau entsprechende System (B′) zwischen den neuen, mit Strichen versehenen Größen folgen.

Nun läßt sich auf Grund der Symmetrie des Systems (A) *wie des Systems* (B) *in den Indizes 1, 2, 3, 4 sofort ohne jede Rechnung das von Lorentz gefundene Theorem der Relativität entnehmen.*

Ich will unter $i\psi$ eine rein imaginäre Größe verstehen und die Substitution

$$(1)\qquad x_1' = x_1,\ x_2' = x_2,\ x_3' = x_3 \cos i\psi + x_4 \sin i\psi,\ x_4' = -x_3 \sin i\psi + x_4 \cos i\psi$$

betrachten. Mittels

$$(2)\qquad -i \operatorname{tg} i\psi = \frac{e^{\psi} - e^{-\psi}}{e^{\psi} + e^{-\psi}} = q, \qquad \psi = \frac{1}{2} \log \operatorname{nat} \frac{1+q}{1-q}$$

wird

$$\cos i\psi = \frac{1}{\sqrt{1-q^2}}, \qquad \sin i\psi = \frac{iq}{\sqrt{1-q^2}},$$

wobei $-1 < q < 1$ ausfällt und $\sqrt{1-q^2}$ mit dem positiven Vorzeichen zu nehmen ist. Schreiben wir noch

$$(3)\qquad x_1' = x',\ x_2' = y',\ x_3' = z',\ x_4' = it',$$

so nimmt daher die Substitution (1) die Gestalt

$$(4)\qquad x' = x,\ y' = y,\ z' = \frac{z - qt}{\sqrt{1-q^2}},\ t' = \frac{-qz + t}{\sqrt{1-q^2}}$$

mit *lauter reellen Koeffizienten* an.

Ersetzen wir nun in den oben bei der Drehung um die z-Achse genannten Gleichungen überall 1, 2, 3, 4 durch 3, 4, 1, 2, und gleichzeitig φ durch $i\psi$, so erkennen wir, daß wenn gleichzeitig mit dieser Substitution

(1) neue Größen $\varrho_1', \varrho_2', \varrho_3', \varrho_4'$ durch

$$\varrho_1' = \varrho_1,\ \varrho_2' = \varrho_2,\ \varrho_3' = \varrho_3 \cos i\psi + \varrho_4 \sin i\psi,\ \varrho_4' = -\varrho_3 \sin i\psi + \varrho_4 \cos i\psi,$$

neue Größen $f_{12}', \ldots, f_{34}'$ durch

$$f_{41}' = f_{41} \cos i\psi + f_{13} \sin i\psi,\ f_{13}' = -f_{41} \sin i\psi + f_{13} \cos i\psi,\ f_{34}' = f_{34},$$
$$f_{32}' = f_{32} \cos i\psi + f_{42} \sin i\psi,\ f_{42}' = -f_{32} \sin i\psi + f_{42} \cos i\psi,\ f_{12}' = f_{12},$$
$$f_{kh}' = -f_{hk}' \qquad (h, k = 1, 2, 3, 4)$$

eingeführt werden, alsdann ebenfalls das System (A) in das genau entsprechende System (A'), das System (B) in das genau entsprechende System (B') zwischen den neuen, mit Strichen versehenen Größen übergehen wird.

Alle diese Gleichungen lassen sich sofort in rein reelle Gestalt umschreiben und man kann das letzte Ergebnis so formulieren:

Wird die reelle Transformation (4) vorgenommen und werden hernach x', y', z', t' als ein Bezugsystem für Raum und Zeit angesprochen, werden zugleich

$$(5)\qquad \varrho' = \varrho\left(\frac{-q\mathfrak{w}_z + 1}{\sqrt{1-q^2}}\right),\ \varrho'\mathfrak{w}_{z'}' = \varrho\left(\frac{\mathfrak{w}_z - q}{\sqrt{1-q^2}}\right),\ \varrho'\mathfrak{w}_{x'}' = \varrho\mathfrak{w}_x,\ \varrho'\mathfrak{w}_{y'}' = \varrho\mathfrak{w}_y,$$

ferner

$$(6)\qquad \mathfrak{e}_{x'}' = \frac{\mathfrak{e}_x - q\mathfrak{m}_y}{\sqrt{1-q^2}},\qquad \mathfrak{m}_{y'}' = \frac{-q\mathfrak{e}_x + \mathfrak{m}_y}{\sqrt{1-q^2}},\qquad \mathfrak{e}_{z'}' = \mathfrak{e}_z$$

und

$$(7)\qquad \mathfrak{m}_{x'}' = \frac{\mathfrak{m}_x + q\mathfrak{e}_y}{\sqrt{1-q^2}},\qquad \mathfrak{e}_{y'}' = \frac{q\mathfrak{m}_x + \mathfrak{e}_y}{\sqrt{1-q^2}},\qquad \mathfrak{m}_{z'}' = \mathfrak{m}_z$$

eingeführt*), so kommen hernach für die Vektoren $\mathfrak{w}', \mathfrak{e}', \mathfrak{m}'$ mit den Komponenten $\mathfrak{w}_{x'}', \mathfrak{w}_{y'}', \mathfrak{w}_{z'}'; \mathfrak{e}_{x'}', \mathfrak{e}_{y'}', \mathfrak{e}_{z'}'; \mathfrak{m}_{x'}', \mathfrak{m}_{y'}', \mathfrak{m}_{z'}'$ in dem neuen Koordinatensystem x', y', z' und dazu die Größe ϱ' genau die zu (I)—(IV) analogen Gleichungen (I')—(IV') zustande, und zwar geht für sich das System (I), (II) in (I'), (II'), das System (III), (IV) in (III'), (IV') über.

Wir bemerken, daß hier $\mathfrak{e}_x - q\mathfrak{m}_y$, $\mathfrak{e}_y + q\mathfrak{m}_x$, $\mathfrak{e}_z$ die Komponenten des Vektors $\mathfrak{e} + [\mathfrak{v}\mathfrak{m}]$ sind, wenn $\mathfrak{v}$ einen Vektor in Richtung der positiven z-Achse vom Betrage $|\mathfrak{v}| = q$ und $[\mathfrak{v}\mathfrak{m}]$ das vektorielle Produkt der Vektoren $\mathfrak{v}$ und $\mathfrak{m}$ bedeutet. Analog sind dann $\mathfrak{m}_x + q\mathfrak{e}_y$, $\mathfrak{m}_y - q\mathfrak{e}_x$, $\mathfrak{m}_z$ die Komponenten des Vektors $\mathfrak{m} - [\mathfrak{v}\mathfrak{e}]$.

Die Gleichungen (6) und (7), wie sie paarweise *unter* einander stehen, können durch eine andere Verwendung imaginärer Größen in

*) Die Gleichungen (5) stehen hier in anderer Folge, die Gleichungen (6) und (7) aber in der nämlichen Folge wie die zuvor genannten Gleichungen, die auf sie hinauskommen.

$$\begin{aligned}
\mathfrak{e}'_{x'} + i\mathfrak{m}'_{x'} &= \quad (\mathfrak{e}_x + i\mathfrak{m}_x)\cos i\psi + (\mathfrak{e}_y + i\mathfrak{m}_y)\sin i\psi,\\
\mathfrak{e}'_{y'} + i\mathfrak{m}'_{y'} &= -(\mathfrak{e}_x + i\mathfrak{m}_x)\sin i\psi + (\mathfrak{e}_y + i\mathfrak{m}_y)\cos i\psi,\\
\mathfrak{e}'_{z'} + i\mathfrak{m}'_{z'} &= \quad \mathfrak{e}_z + i\mathfrak{m}_z
\end{aligned}$$

zusammengefaßt werden, und wir merken noch an, daß, wenn φ irgendeinen reellen Winkel bedeutet, aus diesen letzten Beziehungen ferner die Kombinationen

(8) $$(\mathfrak{e}'_{x'} + i\mathfrak{m}'_{x'})\cos\varphi + (\mathfrak{e}'_{y'} + i\mathfrak{m}'_{y'})\sin\varphi$$
$$= (\mathfrak{e}_x + i\mathfrak{m}_x)\cos(\varphi + i\psi) + (\mathfrak{e}_y + i\mathfrak{m}_y)\sin(\varphi + i\psi),$$

(9) $$-(\mathfrak{e}'_{x'} + i\mathfrak{m}'_{x'})\sin\varphi + (\mathfrak{e}'_{y'} + i\mathfrak{m}'_{y'})\cos\varphi$$
$$= -(\mathfrak{e}_x + i\mathfrak{m}_x)\sin(\varphi + i\psi) + (\mathfrak{e}_y + i\mathfrak{m}_y)\cos(\varphi + i\psi)$$

hervorgehen.

§ 4.

Spezielle Lorentz-Transformationen.

Die Rolle, welche die z-Richtung in der Transformation (4) spielt, kann leicht auf eine beliebige Richtung übertragen werden, indem sowohl das Achsensystem der x, y, z wie das der x', y', z', jedes einer und der nämlichen Drehung in bezug auf sich unterworfen wird. Wir kommen damit zu einem allgemeineren Satze.

Es sei $\mathfrak{v}$ mit den Komponenten $\mathfrak{v}_x, \mathfrak{v}_y, \mathfrak{v}_z$ ein gegebener Vektor mit einem solchen von Null verschiedenen Betrage $|\mathfrak{v}| = q$, *der kleiner als* 1 *ist*, von irgendeiner Richtung. Wir verstehen allgemein unter $\bar{\mathfrak{v}}$ eine beliebige auf $\mathfrak{v}$ senkrechte Richtung und bezeichnen ferner die Komponente eines Vektors $\mathfrak{r}$ nach der Richtung $\mathfrak{v}$ oder einer Richtung $\bar{\mathfrak{v}}$ mit $\mathfrak{r}_{\mathfrak{v}}$ bzw. $\mathfrak{r}_{\bar{\mathfrak{v}}}$.

Anstatt x, y, z, t sollen nun neue Größen x', y', z', t' in folgender Weise eingeführt werden. Wird kurz $\mathfrak{r}$ für den Vektor mit den Komponenten x, y, z im ersten, ferner $\mathfrak{r}'$ für den Vektor mit den Komponenten x', y', z' im zweiten Bezugsystem geschrieben, so soll sein *für die Richtung von* $\mathfrak{v}$:

(10) $$\mathfrak{r}'_{\mathfrak{v}} = \frac{\mathfrak{r}_{\mathfrak{v}} - qt}{\sqrt{1 - q^2}},$$

für jede auf $\mathfrak{v}$ *senkrechte Richtung* $\bar{\mathfrak{v}}$:

(11) $$\mathfrak{r}'_{\bar{\mathfrak{v}}} = \mathfrak{r}_{\bar{\mathfrak{v}}},$$

und ferner:

(12) $$t' = \frac{-q\mathfrak{r}_{\mathfrak{v}} + t}{\sqrt{1 - q^2}}.$$

Die Bezeichnungen $\mathfrak{r}'_{\mathfrak{v}}$ und $\mathfrak{r}'_{\bar{\mathfrak{v}}}$ hier sind in dem Sinne zu verstehen, daß der Richtung $\mathfrak{v}$ und jeder zu $\mathfrak{v}$ senkrechten Richtung $\bar{\mathfrak{v}}$ in x, y, z immer die Richtung mit den nämlichen Richtungskosinus in x', y', z' zugeordnet wird.

Eine Transformation, wie sie durch (10), (11), (12) mit der Bedingung $0 < q < 1$ dargestellt wird, will ich eine *spezielle Lorentz-Transformation* nennen, und soll $\mathfrak{v}$ der *Vektor*, die Richtung von $\mathfrak{v}$ die *Achse*, der Betrag von $\mathfrak{v}$ das *Moment* dieser speziellen Lorentz-Transformation heißen.

Werden weiter ϱ' *und die Vektoren* $\mathfrak{w}', \mathfrak{e}', \mathfrak{m}'$ *in* x', y', z' *dadurch definiert, daß*

$$(13) \qquad \varrho' = \frac{\varrho(-q\mathfrak{w}_{\mathfrak{v}} + 1)}{\sqrt{1-q^2}},$$

$$(14) \qquad \varrho'\mathfrak{w}'_{\mathfrak{v}} = \frac{\varrho\mathfrak{w}_{\mathfrak{v}} - \varrho q}{\sqrt{1-q^2}}, \quad \varrho'\mathfrak{w}'_{\bar{\mathfrak{v}}} = \varrho\mathfrak{w}_{\bar{\mathfrak{v}}},$$

*ferner**)

$$(15) \qquad \begin{aligned} (\mathfrak{e}' + i\mathfrak{m}')_{\bar{\mathfrak{v}}} &= \frac{(\mathfrak{e} + i\mathfrak{m} - i[\mathfrak{v}, \mathfrak{e} + i\mathfrak{m}])_{\bar{\mathfrak{v}}}}{\sqrt{1-q^2}}, \\ (\mathfrak{e}' + i\mathfrak{m}')_{\mathfrak{v}} &= (\mathfrak{e} + i\mathfrak{m} - i[\mathfrak{v}, \mathfrak{e} + i\mathfrak{m}])_{\mathfrak{v}} \end{aligned}$$

ist, so folgt der Satz, daß das Gleichungssystem (I), (II) *und* (III), (IV) *jedesmal in das genau entsprechende System zwischen den mit Strichen versehenen Größen übergeht.*

Die Auflösung der Gleichungen (10), (11), (12) führt auf:

$$(16) \qquad \mathfrak{r}_{\mathfrak{v}} = \frac{\mathfrak{r}'_{\mathfrak{v}} + qt'}{\sqrt{1-q^2}}, \quad \mathfrak{r}_{\bar{\mathfrak{v}}} = \mathfrak{r}'_{\bar{\mathfrak{v}}}, \qquad t = \frac{q\mathfrak{r}'_{\mathfrak{v}} + t'}{\sqrt{1-q^2}}. \text{ —}$$

Wir schließen nun eine in der Folge sehr wichtige Bemerkung über die Beziehung der Vektoren $\mathfrak{w}$ und $\mathfrak{w}'$ an. Es möge wieder die schon mehrfach gebrauchte Bezeichnung mit den Indizes 1, 2, 3, 4 herangezogen werden, so daß wir x_1', x_2', x_3', x_4' für x', y', z', it' und $\varrho_1', \varrho_2', \varrho_3', \varrho_4'$ für $\varrho'\mathfrak{w}'_{x'}, \varrho'\mathfrak{w}'_{y'}, \varrho'\mathfrak{w}'_{z'}, i\varrho'$ setzen. Wie eine Drehung um die z-Achse, so ist offenbar auch die Transformation (4) und allgemeiner die Transformation (10), (11), (12) eine solche *lineare Transformation* von der Determinante $+1$, *wodurch*

$$(17) \qquad x_1^2 + x_2^2 + x_3^2 + x_4^2, \text{ d. i. } x^2 + y^2 + z^2 - t^2$$

in

$$x_1'^2 + x_2'^2 + x_3'^2 + x_4'^2, \text{ d. i. } x'^2 + y'^2 + z'^2 - t'^2$$

übergeht.

*) Die runden Klammern sollen nur die Ausdrücke zusammenfassen, welche der Index betrifft, und $[\mathfrak{v}, \mathfrak{e} + i\mathfrak{m}]$ soll das vektorielle Produkt von $\mathfrak{v}$ und $\mathfrak{e} + i\mathfrak{m}$ bedeuten.

Es wird daher auf Grund der Ausdrücke (13), (14) auch

$$-(\varrho_1^2+\varrho_2^2+\varrho_3^2+\varrho_4^2)=\varrho^2(1-\mathfrak{w}_x^2-\mathfrak{w}_y^2-\mathfrak{w}_z^2)=\varrho^2(1-\mathfrak{w}^2)$$

in $\varrho'^2(1-\mathfrak{w}'^2)$ übergehen, oder mit andern Worten

$$\varrho\sqrt{1-\mathfrak{w}^2}, \tag{18}$$

wobei die Quadratwurzel positiv genommen sei, eine *Invariante* bei Lorentz-Transformationen sein.

Indem wir $\varrho_1, \varrho_2, \varrho_3, \varrho_4$ durch diese Größe dividieren, entstehen die 4 Werte

$$w_1=\frac{\mathfrak{w}_x}{\sqrt{1-\mathfrak{w}^2}},\quad w_2=\frac{\mathfrak{w}_y}{\sqrt{1-\mathfrak{w}^2}},\quad w_3=\frac{\mathfrak{w}_z}{\sqrt{1-\mathfrak{w}^2}},\quad w_4=\frac{i}{\sqrt{1-\mathfrak{w}^2}},$$

zwischen welchen die Beziehung

$$w_1^2+w_2^2+w_3^2+w_4^2=-1 \tag{19}$$

besteht. Offenbar sind diese 4 Werte eindeutig durch den Vektor $\mathfrak{w}$ bestimmt, und umgekehrt folgt aus irgend 4 Werten w_1, w_2, w_3, w_4, wobei w_1, w_2, w_3 reell, $-iw_4$ reell und positiv ist und die Bedingung (19) statthat, rückwärts gemäß diesen Gleichungen eindeutig ein Vektor $\mathfrak{w}$ von einem Betrage < 1.

Die Bedeutung von w_1, w_2, w_3, w_4 hier ist, daß sie die Verhältnisse von dx_1, dx_2, dx_3, dx_4 zu

$$\sqrt{-(dx_1^2+dx_2^2+dx_3^2+dx_4^2)}=dt\sqrt{1-\mathfrak{w}^2} \tag{20}$$

für die im Raum-Zeitpunkte x_1, x_2, x_3, x_4 befindliche Materie beim Übergang zu zeitlich benachbarten Zuständen derselben Stelle der Materie sind. Nun übertragen sich die Gleichungen (10), (11), (12) sofort auf die zusammengehörigen Differentiale dx, dy, dz, dt und dx', dy', dz', dt' und insbesondere wird daher für sie

$$-(dx_1^2+dx_2^2+dx_3^2+dx_4^2)=-(dx_1'^2+dx_2'^2+dx_3'^2+dx_4'^2)$$

sein. Nach Ausführung der Lorentz-Transformation ist im neuen Bezugsystem als Geschwindigkeit der Materie im nämlichen Raum-Zeitpunkte x', y', z', t' der Vektor $\mathfrak{w}'$ mit den Verhältnissen $\frac{dx'}{dt'}, \frac{dy'}{dt'}, \frac{dz'}{dt'}$ als Komponenten auszulegen.

Nunmehr ist ersichtlich, daß das Wertsystem

$$x_1=w_1,\quad x_2=w_2,\quad x_3=w_3,\quad x_4=w_4$$

vermöge der Lorentz-Transformation (10), (11), (12) eben in dasjenige neue Wertsystem

$$x_1'=w_1',\quad x_2'=w_2',\quad x_3'=w_3',\quad x_4'=w_4'$$

übergeht, das für die Geschwindigkeit $\mathfrak{w}'$ *nach* der Transformation genau die Bedeutung hat wie das erstere Wertsystem für die Geschwindigkeit *vor* der Transformation.

Ist insbesondere der Vektor $\mathfrak{v}$ der speziellen Lorentz-Transformation gleich dem Geschwindigkeitsvektor $\mathfrak{w}$ der Materie im Raum-Zeitpunkte x_1, x_2, x_3, x_4, so folgt aus (10), (11), (12):

$$w_1' = 0, \quad w_2' = 0, \quad w_3' = 0, \quad w_4' = i.$$

Unter diesen Umständen erhält also der betreffende Raum-Zeitpunkt nach der Transformation die Geschwindigkeit $\mathfrak{w}' = 0$, er wird, wie wir uns ausdrücken können, *auf Ruhe transformiert.* Wir können danach die Invariante $\varrho\sqrt{1-\mathfrak{w}^2}$ passend als *Ruh-Dichte* der Elektrizität bezeichnen.

§ 5.

Raum-Zeit-Vektoren I^ter und II^ter Art.

Indem wir das Hauptergebnis bezüglich der speziellen Lorentz-Transformationen mit der Tatsache zusammennehmen, daß das System (A) wie das System (B) jedenfalls bei einer Drehung des räumlichen Bezugsystems um den Nullpunkt kovariant ist, erhalten wir das allgemeine *Theorem der Relativität.* Um es leicht verständlich zu formulieren, dürfte es zweckmäßig sein, zuvor eine Reihe von abkürzenden Ausdrücken festzulegen, während ich andererseits daran festhalten will, komplexe Größen zu verwenden, um bestimmte Symmetrien in Evidenz zu setzen.

Eine lineare homogene Transformation

$$(21)\qquad \begin{aligned} x_1 &= \alpha_{11}x_1' + \alpha_{12}x_2' + \alpha_{13}x_3' + \alpha_{14}x_4',\\ x_2 &= \alpha_{21}x_1' + \alpha_{22}x_2' + \alpha_{23}x_3' + \alpha_{24}x_4',\\ x_3 &= \alpha_{31}x_1' + \alpha_{32}x_2' + \alpha_{33}x_3' + \alpha_{34}x_4',\\ x_4 &= \alpha_{41}x_1' + \alpha_{42}x_2' + \alpha_{43}x_3' + \alpha_{44}x_4' \end{aligned}$$

von der Determinante $+1$, in welcher alle Koeffizienten ohne einen Index 4 reell, dagegen α_{14}, α_{24}, α_{34} sowie α_{41}, α_{42}, α_{43} rein imaginär (ev. Null), endlich α_{44} wieder reell und speziell > 0 ist und durch welche

$$x_1^2 + x_2^2 + x_3^2 + x_4^2 \text{ in } x_1'^2 + x_2'^2 + x_3'^2 + x_4'^2$$

übergeht, will ich allgemein eine *Lorentz-Transformation* nennen.

Wird

$$x_1' = x', \quad x_2' = y', \quad x_3' = z', \quad x_4' = it'$$

gesetzt, so entsteht daraus sofort eine homogene lineare Transformation von x, y, z, t in x', y', z', t' mit lauter reellen Koeffizienten, wobei das Aggregat

$$-x^2 - y^2 - z^2 + t^2 \text{ in } -x'^2 - y'^2 - z'^2 + t'^2$$

übergeht und einem jeden solchen Wertesystem x, y, z, t mit *positivem* t, wofür dieses Aggregat > 0 ausfällt, stets auch ein *positives* t' entspricht; letzteres ist aus der Kontinuität des Aggregats in x, y, z, t leicht ersichtlich.

Die letzte Vertikalreihe des Koeffizientensystems von (21) hat die Bedingung

$$(22) \qquad \alpha_{14}^2 + \alpha_{24}^2 + \alpha_{34}^2 + \alpha_{44}^2 = 1$$

zu erfüllen.

Sind $\alpha_{14} = 0$, $\alpha_{24} = 0$, $\alpha_{34} = 0$, so ist $\alpha_{44} = 1$ und die Lorentz-Transformation reduziert sich auf eine bloße Drehung des räumlichen Koordinatensystems um den Nullpunkt.

Sind α_{14}, α_{24}, α_{34} nicht sämtlich Null und setzt man

$$\alpha_{14} : \alpha_{24} : \alpha_{34} : \alpha_{44} = \mathfrak{v}_x : \mathfrak{v}_y : \mathfrak{v}_z : i,$$

so folgt aus (22) der Betrag

$$q = \sqrt{\mathfrak{v}_x^2 + \mathfrak{v}_y^2 + \mathfrak{v}_z^2} < 1.$$

Andererseits kann man zu jedem Wertesystem α_{14}, α_{24}, α_{34}, α_{44}, das in dieser Weise mit reellen $\mathfrak{v}_x$, $\mathfrak{v}_y$, $\mathfrak{v}_z$ die Bedingung (22) erfüllt, die *spezielle* Lorentz-Transformation (16) mit α_{14}, α_{24}, α_{34}, α_{44} als letzter Vertikalreihe konstruieren und jede Lorentz-Transformation mit der nämlichen letzten Vertikalreihe der Koeffizienten kann alsdann zusammengesetzt werden aus dieser speziellen Lorentz-Transformation und einer sich daran anschließenden Drehung des räumlichen Koordinatensystems um den Nullpunkt.

Die Gesamtheit aller Lorentz-Transformationen bildet eine *Gruppe*.

Unter einem *Raum-Zeit-Vektor* I. Art soll verstanden werden ein beliebiges System von vier Größen ϱ_1, ϱ_2, ϱ_3, ϱ_4 mit der Vorschrift, bei jeder Lorentz-Transformation (21) es durch dasjenige System ϱ_1', ϱ_2', ϱ_3', ϱ_4' zu ersetzen, das aus (21) für die Werte x_1', x_2', x_3', x_4' hervorgeht, wenn für x_1, x_2, x_3, x_4 die Werte ϱ_1, ϱ_2, ϱ_3, ϱ_4 genommen werden.

Verwenden wir neben dem variablen Raum-Zeit-Vektor I. Art x_1, x_2, x_3, x_4 einen zweiten solchen variablen Raum-Zeit-Vektor I. Art u_1, u_2, u_3, u_4 und fassen die bilineare Verbindung

$$(23) \qquad \begin{aligned} &f_{23}(x_2 u_3 - x_3 u_2) + f_{31}(x_3 u_1 - x_1 u_3) + f_{12}(x_1 u_2 - x_2 u_1) \\ &+ f_{14}(x_1 u_4 - x_4 u_1) + f_{24}(x_2 u_4 - x_4 u_2) + f_{34}(x_3 u_4 - x_4 u_3) \end{aligned}$$

mit sechs Koeffizienten $f_{23}, \ldots, f_{34}$ auf. Wir bemerken, daß diese einerseits sich in vektorieller Schreibweise aus den vier Vektoren

$$x_1,\ x_2,\ x_3; \quad u_1,\ u_2,\ u_3; \quad f_{23},\ f_{31},\ f_{12}; \quad f_{14},\ f_{24},\ f_{34}$$

und den Konstanten x_4 und u_4 aufbauen läßt, andererseits symmetrisch in den Indizes 1, 2, 3, 4 ist. Indem wir x_1, x_2, x_3, x_4 und u_1, u_2, u_3, u_4

gleichzeitig gemäß der Lorentz-Transformation (21) substituieren, geht (23) in eine Verbindung

$$
(24) \quad \begin{aligned} & f'_{23}(x_2'u_3' - x_3'u_2') + f'_{31}(x_3'u_1' - x_1'u_3') + f'_{12}(x_1'u_2' - x_2'u_1') \\ & + f'_{14}(x_1'u_4' - x_4'u_1') + f'_{24}(x_2'u_4' - x_4'u_2') + f'_{34}(x_3'u_4' - x_4'u_3') \end{aligned}
$$

mit gewissen allein von den sechs Größen $f_{23}, \ldots, f_{34}$ und den sechzehn Koeffizienten $\alpha_{11}, \alpha_{12}, \ldots, \alpha_{44}$ abhängenden sechs Koeffizienten $f'_{23}, \ldots, f'_{34}$ über.

Einen *Raum-Zeit-Vektor II. Art* definieren wir als ein System von sechs Größen $f_{23}, f_{31}, f_{12}, f_{14}, f_{24}, f_{34}$ mit der Vorschrift, es bei jeder Lorentz-Transformation durch dasjenige neue System $f'_{23}, f'_{31}, f'_{12}, f'_{14}, f'_{24}, f'_{34}$ zu ersetzen, das dem eben erörterten Zusammenhange der Form (23) mit der Form (24) entspricht.

Das allgemeine Theorem der Relativität betreffend die Gleichungen (I)—(IV), die „Grundgleichungen für den Äther", spreche ich nunmehr folgendermaßen aus.

Werden x, y, z, it (Raumkoordinaten und Zeit $\times i$) *einer beliebigen Lorentz-Transformation unterworfen und gleichzeitig* $\varrho \mathfrak{w}_x, \varrho \mathfrak{w}_y, \varrho \mathfrak{w}_z, i\varrho$ (Konvektionsstrom und Ladungsdichte $\times i$) *als Raum-Zeit-Vektor I. Art, ferner* $\mathfrak{m}_x, \mathfrak{m}_y, \mathfrak{m}_z, -i\mathfrak{e}_x, -i\mathfrak{e}_y, -i\mathfrak{e}_z$ (magnetische Kraft und elektrische Erregung $\times -i$) *als Raum-Zeit-Vektor II. Art transformiert, so geht das System der Gleichungen* (I), (II) *und das System der Gleichungen* (III), (IV) *je in das System der entsprechend lautenden Beziehungen zwischen den entsprechenden neu eingeführten Größen über.*

Kürzer mag diese Tatsache auch mit den Worten angedeutet werden: Das System der Gleichungen (I), (II) wie das System der Gleichungen (III), (IV) ist kovariant bei jeder Lorentz-Transformation, wobei $\varrho \mathfrak{w}, i\varrho$ als Raum-Zeit-Vektor I. Art, $\mathfrak{m}, -i\mathfrak{e}$ als Raum-Zeit-Vektor II. Art zu transformieren ist. Oder noch prägnanter:

$\varrho \mathfrak{w}, i\varrho$ *ist ein Raum-Zeit-Vektor I. Art,* $\mathfrak{m}, -i\mathfrak{e}$ *ist ein Raum-Zeit-Vektor II. Art.* —

Ich füge noch einige Bemerkungen hier an, um die Vorstellung eines Raum-Zeit-Vektors II. Art zu erleichtern. *Invarianten* für einen solchen Vektor $\mathfrak{m}, -i\mathfrak{e}$ bei der Gruppe der Lorentz-Transformationen sind offenbar

$$
(25) \qquad \mathfrak{m}^2 - \mathfrak{e}^2 = f_{23}^2 + f_{31}^2 + f_{12}^2 + f_{14}^2 + f_{24}^2 + f_{34}^2,
$$

$$
(26) \qquad \mathfrak{m}\mathfrak{e} = i(f_{23}f_{14} + f_{31}f_{24} + f_{12}f_{34}).
$$

Ein Raum-Zeit-Vektor II. Art $\mathfrak{m}, -i\mathfrak{e}$, (wobei $\mathfrak{m}$ und $\mathfrak{e}$ reelle Raum-Vektoren sind), mag *singulär* heißen, wenn das skalare Quadrat $(\mathfrak{m} - i\mathfrak{e})^2 = 0$, d. h. $\mathfrak{m}^2 - \mathfrak{e}^2 = 0$ und zugleich $(\mathfrak{m}\mathfrak{e}) = 0$ ist, d. h. *die Vektoren* $\mathfrak{m}$ *und* $\mathfrak{e}$ *gleichen Betrag haben und zudem senkrecht aufeinander stehen.* Wenn solches der Fall ist, bleiben diese zwei Eigenschaften für den Raum-Zeit-Vektor II. Art bei jeder Lorentz-Transformation erhalten.

Ist der Raum-Zeit-Vektor II. Art $\mathfrak{m}, -i\mathfrak{e}$ *nicht singulär*, so drehen wir zunächst das räumliche Koordinatensystem so, daß das Vektorprodukt $[\mathfrak{m}\mathfrak{e}]$ in die z-Achse fällt, daß $\mathfrak{m}_z = 0$, $\mathfrak{e}_z = 0$ ist. Dann ist

$$(\mathfrak{m}_x - i\mathfrak{e}_x)^2 + (\mathfrak{m}_y - i\mathfrak{e}_y)^2 \neq 0,$$

also $\frac{\mathfrak{e}_y + i\mathfrak{m}_y}{\mathfrak{e}_x + i\mathfrak{m}_x}$ verschieden von $\pm i$ und wir können daher ein komplexes Argument $\varphi + i\psi$ derart bestimmen, daß

$$\operatorname{tg}(\varphi + i\psi) = \frac{\mathfrak{e}_y + i\mathfrak{m}_y}{\mathfrak{e}_x + i\mathfrak{m}_x}$$

ist. Alsdann wird mit Rücksicht auf die Gleichung (9) durch die zu ψ gehörige Transformation (1) und eine nachherige Drehung um die z-Achse durch den Winkel φ eine Lorentz-Transformation bewirkt, nach der auch noch $\mathfrak{m}_y = 0$, $\mathfrak{e}_y = 0$ werden, also nunmehr $\mathfrak{m}$ und $\mathfrak{e}$ beide in die neue x-Linie fallen; dabei sind durch die Invarianten $\mathfrak{m}^2 - \mathfrak{e}^2$ und $(\mathfrak{m}\mathfrak{e})$ die schließlichen Größen dieser Vektoren und ob sie von gleicher oder entgegengesetzter Richtung werden oder einer Null wird, von vornherein fixiert.

§ 6.

Begriff der Zeit.

Durch die Lorentz-Transformationen werden gewisse Abänderungen des Zeitparameters zugelassen. Infolgedessen ist es nicht mehr statthaft, von der *Gleichzeitigkeit* zweier Ereignisse an sich zu sprechen. Die Verwendung dieses Begriffs setzt vielmehr voraus, daß die Freiheit der 6 Parameter, die zur Angabe eines Bezugsystems für Raum und Zeit offen steht, bereits in gewisser Weise auf eine Freiheit von nur 3 Parametern eingeschränkt ist. Nur weil wir gewohnt sind, diese Einschränkung stark approximativ eindeutig zu treffen, halten wir den Begriff der Gleichzeitigkeit zweier Ereignisse als an sich existierend.*) In Wahrheit aber sollen folgende Umstände zutreffen.

Ein Bezugsystem x, y, z, t für Raum-Zeitpunkte (Ereignisse) sei irgendwie bekannt. Wird ein Raumpunkt $A(x_0, y_0, z_0)$ zur Zeit $t_0 = 0$ mit einem anderen Raumpunkte $P(x, y, z)$ zu einer anderen Zeit t verglichen und ist die Zeitdifferenz $t - t_0$ (es sei etwa $t > t_0$) *kleiner* als die Länge AP, d. i. die Zeit, die das Licht zur Fortpflanzung von A nach P braucht, und ist q der Quotient $\frac{t - t_0}{AP} < 1$, so können wir durch die spezielle Lorentz-Transformation, die AP als Achse und q als Moment

*) Ungefähr wie Wesen, gebannt an eine enge Umgebung eines Punktes auf einer Kugeloberfläche, darauf verfallen könnten, die Kugel sei ein geometrisches Gebilde, an welchem ein Durchmesser an sich ausgezeichnet ist.

hat, einen neuen Zeitparameter t' einführen, der (s. Gleichung (12) in § 4) für beide Raum-Zeitpunkte A, t_0 und P, t den gleichen Wert $t' = 0$ erlangt; es lassen sich also diese zwei Ereignisse auch als gleichzeitig auffassen.

Nehmen wir weiter zu einer und derselben Zeit $t_0 = 0$ zwei verschiedene Raumpunkte A, B oder drei Raumpunkte A, B, C, die nicht in einer Geraden liegen, und vergleichen damit einen Raumpunkt P außerhalb der Geraden AB oder der Ebene ABC zu einer anderen Zeit t und ist die Zeitdifferenz $t - t_0$ (es sei etwa $t > t_0$) *kleiner* als die Zeit, die das Licht zur Fortpflanzung von der Geraden AB oder der Ebene ABC nach P braucht, und q der Quotient aus der ersteren und der letzteren Zeit, so erscheinen nach Anwendung der speziellen Lorentz-Transformation, die als Achse das Lot auf AB, bzw. ABC durch P und als Moment q hat, alle drei (beziehungsweise vier) Ereignisse A, t_0; B, t_0; (C, t_0) und P, t als gleichzeitig.

Werden jedoch vier Raumpunkte, die nicht in einer Ebene liegen, zu einer und derselben Zeit t_0 aufgefaßt, so ist es nicht mehr möglich, durch eine Lorentz-Transformation eine Abänderung des Zeitparameters vorzunehmen, ohne daß der Charakter der Gleichzeitigkeit dieser vier Raum-Zeitpunkte verloren geht.

Dem Mathematiker, der an Betrachtungen über mehrdimensionale Mannigfaltigkeiten und andererseits an die Begriffsbildungen der sogenannten nicht-Euklidischen Geometrie gewöhnt ist, kann es keine wesentliche Schwierigkeit bereiten, den Begriff der Zeit an die Verwendung der Lorentz-Transformationen zu adaptieren. Dem Bedürfnisse, sich das Wesen dieser Transformationen physikalisch näher zu bringen, kommt der in der Einleitung zitierte Aufsatz von A. Einstein entgegen.

Zweiter Teil.

Die elektromagnetischen Vorgänge.

§ 7.

Die Grundgleichungen für ruhende Körper.

Nach diesen vorbereitenden Ausführungen, die wir des etwas geringeren mathematischen Apparates wegen an dem idealen Grenzfalle $\varepsilon = 1$, $\mu = 1$, $\sigma = 0$ entwickelten, wenden wir uns jetzt zu den Gesetzen für die elektromagnetischen Vorgänge in der Materie. Wir suchen diejenigen Beziehungen, die es — unter Voraussetzung geeigneter Grenzdaten — ermöglichen, an jedem Orte und zu jeder Zeit, also als Funktionen von x, y, z, t zu finden: die Vektoren der elektrischen Kraft $\mathfrak{E}$, der magnetischen Erregung $\mathfrak{M}$, der elektrischen Erregung $\mathfrak{e}$, der magnetischen Kraft $\mathfrak{m}$, die elektrische Raumdichte ϱ, den Vektor „elektrischer Strom $\mathfrak{s}$", (dessen Beziehung zum Leitungsstrom hernach durch die Art des Auftretens der Leitfähigkeit zu erkennen sein wird), endlich den Vektor $\mathfrak{w}$, die Geschwindigkeit der Materie.

Die fraglichen Beziehungen scheiden sich in zwei Klassen,

erstens diejenigen Gleichungen, die, wenn der Vektor $\mathfrak{w}$ als Funktion von x, y, z, t gegeben, also die Bewegung der Materie bekannt ist, zur Kenntnis aller anderen eben genannten Größen als Funktionen von x, y, z, t hinführen, — diese erste Klasse speziell will ich die *Grundgleichungen* nennen, —

zweitens die Ausdrücke für die *ponderomotorischen Kräfte*, die durch Heranziehen der Gesetze der Mechanik weiter Aufschluß über den Vektor $\mathfrak{w}$ als Funktion von x, y, z, t bringen.

Für den Fall *ruhender Körper*, d. i. wenn $\mathfrak{w}(x, y, z, t) = 0$ gegeben ist, kommen die Theorien von Maxwell (Heaviside, Hertz) und von Lorentz zu den nämlichen Grundgleichungen. Es sind dies

1) die *Differentialgleichungen*, die noch keine auf die Materie bezüglichen Konstanten enthalten:

$$\text{(I)} \qquad \operatorname{curl} \mathfrak{m} - \frac{\partial \mathfrak{e}}{\partial t} = \mathfrak{s},$$

$$\text{(II)} \qquad \operatorname{div} \mathfrak{e} = \varrho,$$

$$\text{(III)} \qquad \operatorname{curl} \mathfrak{E} + \frac{\partial \mathfrak{M}}{\partial t} = 0,$$

$$\text{(IV)} \qquad \operatorname{div} \mathfrak{M} = 0;$$

2) weitere Beziehungen, die den Einfluß der vorhandenen Materie charakterisieren; sie werden in dem wichtigsten Falle, auf den wir uns hier beschränken, für isotrope Körper, angesetzt in der Gestalt

$$\text{(V)} \qquad \mathfrak{e} = \varepsilon \mathfrak{E}, \quad \mathfrak{M} = \mu \mathfrak{m}, \quad \mathfrak{s} = \sigma \mathfrak{E},$$

wobei ε die Dielektrizitätskonstante, μ die magnetische Permeabilität, σ die Leitfähigkeit der Materie als Funktionen von x, y, z und t bekannt zu denken sind. $\mathfrak{s}$ ist hier als *Leitungsstrom* anzusprechen.

Ich lasse nun an diesen Gleichungen wieder durch eine veränderte Schreibweise eine noch versteckte Symmetrie hervortreten. Ich setze wie in den vorangeschickten Ausführungen

$$x_1 = x, \quad x_2 = y, \quad x_3 = z, \quad x_4 = it$$

und schreibe

$$s_1, \ s_2, \ s_3, \ s_4$$

für

$$\mathfrak{s}_x, \ \mathfrak{s}_y, \ \mathfrak{s}_z, \ i\varrho,$$

ferner

$$f_{23},\ f_{31},\ f_{12},\ f_{14},\ f_{24},\ f_{34}$$

für

$$\mathfrak{m}_x,\ \mathfrak{m}_y,\ \mathfrak{m}_z,\ -i\mathfrak{e}_x,\ -i\mathfrak{e}_y,\ -i\mathfrak{e}_z$$

und noch

$$F_{23},\ F_{31},\ F_{12},\ F_{14},\ F_{24},\ F_{34}$$

für

$$\mathfrak{M}_x,\ \mathfrak{M}_y,\ \mathfrak{M}_z,\ -i\mathfrak{E}_x,\ -i\mathfrak{E}_y,\ -i\mathfrak{E}_z;$$

endlich soll für andere Paare von ungleichen, der Reihe 1, 2, 3, 4 entnommenen Indizes h, k stets

$$f_{kh} = -f_{hk},\quad F_{kh} = -F_{hk}$$

gelten. (Die Buchstaben f, F sollen an das Wort Feld, s an Strom erinnern.)

Dann schreiben sich die Gleichungen (I), (II) um in

$$\text{(A)}\quad \begin{aligned}
&\qquad\qquad\ \frac{\partial f_{12}}{\partial x_2} + \frac{\partial f_{13}}{\partial x_3} + \frac{\partial f_{14}}{\partial x_4} = s_1,\\
&\frac{\partial f_{21}}{\partial x_1} \qquad\quad + \frac{\partial f_{23}}{\partial x_3} + \frac{\partial f_{24}}{\partial x_4} = s_2,\\
&\frac{\partial f_{31}}{\partial x_1} + \frac{\partial f_{32}}{\partial x_2} \qquad\quad + \frac{\partial f_{34}}{\partial x_4} = s_3,\\
&\frac{\partial f_{41}}{\partial x_1} + \frac{\partial f_{42}}{\partial x_2} + \frac{\partial f_{43}}{\partial x_3} \qquad\quad = s_4,
\end{aligned}$$

und die Gleichungen (III), (IV) schreiben sich um in

$$\text{(B)}\quad \begin{aligned}
&\qquad\qquad\ \frac{\partial F_{34}}{\partial x_2} + \frac{\partial F_{42}}{\partial x_3} + \frac{\partial F_{23}}{\partial x_4} = 0,\\
&\frac{\partial F_{43}}{\partial x_1} \qquad\quad + \frac{\partial F_{14}}{\partial x_3} + \frac{\partial F_{31}}{\partial x_4} = 0,\\
&\frac{\partial F_{24}}{\partial x_1} + \frac{\partial F_{41}}{\partial x_2} \qquad\quad + \frac{\partial F_{12}}{\partial x_4} = 0,\\
&\frac{\partial F_{32}}{\partial x_1} + \frac{\partial F_{13}}{\partial x_2} + \frac{\partial F_{21}}{\partial x_3} \qquad\quad = 0.
\end{aligned}$$

§ 8.

Die Grundgleichungen für bewegte Körper.

Nunmehr wird es uns gelingen, die Grundgleichungen für beliebig bewegte Körper in eindeutiger Weise festzustellen, ausschließlich mittels folgender drei Axiome:

Das *erste* Axiom soll sein:

Wenn eine einzelne Stelle der Materie in einem Momente ruht, also der Vektor $\mathfrak{w}$ für ein System x, y, z, t Null ist, — die Umgebung mag in irgendwelcher Bewegung begriffen sein —, so sollen für den Raum-

Zeitpunkt x, y, z, t zwischen ϱ, den Vektoren $\mathfrak{s}$, $\mathfrak{e}$, $\mathfrak{m}$, $\mathfrak{E}$, $\mathfrak{M}$ und deren Ableitungen nach x, y, z, t genau die Beziehungen (A), (B), (V) statthaben, die zu gelten hätten, falls alle Materie ruhte.

Das *zweite* Axiom soll sein:

Jede Geschwindigkeit der Materie ist < 1, kleiner als die Fortpflanzungsgeschwindigkeit des Lichtes im leeren Raume.

Das *dritte* Axiom soll sein:

Die Grundgleichungen sind von solcher Art, daß wenn x, y, z, it irgendeiner Lorentz-Transformation unterworfen und dabei einerseits $\mathfrak{m}$, $-i\mathfrak{e}$, andererseits $\mathfrak{M}$, $-i\mathfrak{E}$ je als Raum-Zeit-Vektor II. Art, $\mathfrak{s}$, $i\varrho$ als Raum-Zeit-Vektor I. Art transformiert werden, die Gleichungen dadurch in die genau entsprechend lautenden Gleichungen zwischen den transformierten Größen übergehen.

Dieses dritte Axiom deute ich auch kurz mit den Worten an:

$\mathfrak{m}$, $-i\mathfrak{e}$ *und* $\mathfrak{M}$, $-i\mathfrak{E}$ *sind je ein Raum-Zeit-Vektor II. Art,* $\mathfrak{s}$, $i\varrho$ *ein Raum-Zeit-Vektor I. Art,*

und dieses Axiom nenne ich das *Prinzip der Relativität.*

Diese drei Axiome führen uns in der Tat von den vorhin genannten Grundgleichungen für ruhende Körper in eindeutiger Weise zu den Grundgleichungen für bewegte Körper.

Nämlich nach dem zweiten Axiom ist in jedem Raum-Zeitpunkte der Betrag des Geschwindigkeitsvektors $|\mathfrak{w}| < 1$. Infolgedessen können wir dem Vektor $\mathfrak{w}$ stets umkehrbar eindeutig das Quadrupel von Größen

$$w_1 = \frac{\mathfrak{w}_x}{\sqrt{1-\mathfrak{w}^2}}, \quad w_2 = \frac{\mathfrak{w}_y}{\sqrt{1-\mathfrak{w}^2}}, \quad w_3 = \frac{\mathfrak{w}_z}{\sqrt{1-\mathfrak{w}^2}}, \quad w_4 = \frac{i}{\sqrt{1-\mathfrak{w}^2}}$$

zuordnen, zwischen denen die Beziehung

$$w_1^2 + w_2^2 + w_3^2 + w_4^2 = -1 \tag{27}$$

statthat. Aus den Ausführungen am Schlusse des § 4 ist ersichtlich, daß dieses Quadrupel sich bei Lorentz-Transformationen als Raum-Zeit-Vektor I. Art verhält, und wir wollen es den *Raum-Zeit-Vektor Geschwindigkeit* nennen.

Fassen wir nun eine bestimmte Stelle x, y, z der Materie zu einer bestimmten Zeit t auf. Ist in diesem Raum-Zeitpunkte $\mathfrak{w} = 0$, so haben wir für ihn nach dem ersten Axiom unmittelbar die Gleichungen (A), (B), (V) aus § 7. Ist in ihm $\mathfrak{w} \neq 0$, so existiert, weil $|\mathfrak{w}| < 1$ ist, nach (16) eine spezielle Lorentz-Transformation, deren Vektor $\mathfrak{v}$ gleich diesem Vektor $\mathfrak{w}(x, y, z, t)$ ist, und wir gehen allgemein zu einem neuen Bezugsystem x', y', z', t' gemäß dieser bestimmten Transformation über. Für den betrachteten Raum-Zeitpunkt entstehen dabei, wie wir in § 4 sahen, die neuen Werte

(28) $$w_1' = 0, \quad w_2' = 0, \quad w_3' = 0, \quad w_4' = i,$$

und also der neue Geschwindigkeitsvektor $\mathfrak{w}' = 0$, *der Raum-Zeitpunkt wird*, wie wir uns dort ausdrückten, *auf Ruhe transformiert.* Nun sollen nach dem dritten Axiom aus den Grundgleichungen für den Raum-Zeitpunkt x, y, z, t dabei die Grundgleichungen für das entsprechende System x', y', z', t', geschrieben in den transformierten Größen $\mathfrak{w}', \varrho', \mathfrak{s}', \mathfrak{e}', \mathfrak{m}', \mathfrak{E}', \mathfrak{M}'$ und deren Differentialquotienten nach x', y', z', t' hervorgehen. Diese letzteren Gleichungen aber müssen, nach dem ersten Axiom, weil jetzt $\mathfrak{w}' = 0$ ist, genau sein:

1) diejenigen Differentialgleichungen (A′), (B′), die aus (A) und (B) einfach dadurch hervorgehen, daß alle Buchstaben dort mit einem oberen Strich versehen werden,

2) die Gleichungen

(V′) $$\mathfrak{e}' = \varepsilon \mathfrak{E}', \quad \mathfrak{M}' = \mu \mathfrak{m}', \quad \mathfrak{s}' = \sigma \mathfrak{E}',$$

wobei ε, μ, σ Dielektrizitätskonstante, magnetische Permeabilität, Leitfähigkeit für das System x', y', z', t', d. i. also im betrachteten Raum-Zeitpunkte x, y, z, t der Materie sind.

Jetzt gehen wir durch die reziproke Lorentz-Transformation rückwärts zu den ursprünglichen Variablen x, y, z, t und den Größen $\mathfrak{w}, \varrho, \mathfrak{s}, \mathfrak{e}, \mathfrak{m}, \mathfrak{E}, \mathfrak{M}$ und die Gleichungen, die wir dann aus den eben genannten erhalten, werden die von uns gesuchten allgemeinen Grundgleichungen für bewegte Körper sein.

Nun ist aus den Ausführungen in § 4 und § 5 zu ersehen, daß sowohl das Gleichungssystem (A) für sich wie das Gleichungssystem (B) für sich kovariant bei den Lorentz-Transformationen ist; d. h. die Gleichungen, die wir von (A′), (B′) rückwärts erlangen, müssen genau gleichlauten mit den Gleichungen (A), (B), wie wir sie für ruhende Körper annahmen. Wir haben also als erstes Ergebnis:

Von den Grundgleichungen der Elektrodynamik für bewegte Körper lauten die Differentialgleichungen, geschrieben in ϱ und den Vektoren $\mathfrak{s}, \mathfrak{e}, \mathfrak{m}, \mathfrak{E}, \mathfrak{M}$, genau wie für ruhende Körper. Die Geschwindigkeit der Materie tritt in diesen Gleichungen noch nicht auf. In vektorieller Schreibweise sind diese Gleichungen also wieder

(I) $$\operatorname{curl} \mathfrak{m} - \frac{\partial \mathfrak{e}}{\partial t} = \mathfrak{s},$$

(II) $$\operatorname{div} \mathfrak{e} = \varrho,$$

(III) $$\operatorname{curl} \mathfrak{E} + \frac{\partial \mathfrak{M}}{\partial t} = 0,$$

(IV) $$\operatorname{div} \mathfrak{M} = 0.$$

Die Geschwindigkeit der Materie wird ausschließlich auf die Zusatz-

bedingungen verwiesen, welche den Einfluß der Materie auf Grund ihrer speziellen Konstanten ε, μ, σ *charakterisieren.* Transformieren wir jetzt diese Zusatzbedingungen (V′) zurück auf die ursprünglichen Koordinaten x, y, z und die ursprüngliche Zeit t.

Nach den Formeln (15) in § 4 ist für die Richtung des Vektors $\mathfrak{w}$ die Komponente von $\mathfrak{e}'$ dieselbe wie von $\mathfrak{e}+[\mathfrak{w}\mathfrak{m}]$, die von $\mathfrak{m}'$ dieselbe wie von $\mathfrak{m}-[\mathfrak{w}\mathfrak{e}]$, für jede dazu senkrechte Richtung $\bar{\mathfrak{w}}$ aber ist die Komponente von $\mathfrak{e}'$ bzw. $\mathfrak{m}'$ gleich der entsprechenden Komponente von $\mathfrak{e}+[\mathfrak{w}\mathfrak{m}]$ bzw. von $\mathfrak{m}-[\mathfrak{w}\mathfrak{e}]$, jedesmal multipliziert noch mit $\frac{1}{\sqrt{1-\mathfrak{w}^2}}$. Andererseits werden $\mathfrak{E}'$ und $\mathfrak{M}'$ hier zu $\mathfrak{E}+[\mathfrak{w}\mathfrak{M}]$ und $\mathfrak{M}-[\mathfrak{w}\mathfrak{E}]$ in den ganz analogen Beziehungen stehen wie $\mathfrak{e}'$ und $\mathfrak{m}'$ zu $\mathfrak{e}+[\mathfrak{w}\mathfrak{m}]$ und $\mathfrak{m}-[\mathfrak{w}\mathfrak{e}]$. So führt die Relation $\mathfrak{e}'=\varepsilon\mathfrak{E}'$, indem man bei den Vektoren zuerst die Komponenten nach der Richtung $\mathfrak{w}$, dann diejenigen nach zwei zu $\mathfrak{w}$ und aufeinander senkrechten Richtungen $\bar{\mathfrak{w}}$ behandelt und die in letzteren Fällen entstehenden Gleichungen mit $\sqrt{1-\mathfrak{w}^2}$ multipliziert, zu

$$\text{(C)}\qquad \mathfrak{e}+[\mathfrak{w}\mathfrak{m}]=\varepsilon(\mathfrak{E}+[\mathfrak{w}\mathfrak{M}]).$$

Die Relation $\mathfrak{M}'=\mu\mathfrak{m}'$ wird analog auf

$$\text{(D)}\qquad \mathfrak{M}-[\mathfrak{w}\mathfrak{E}]=\mu(\mathfrak{m}-[\mathfrak{w}\mathfrak{e}])$$

hinauslaufen.

Weiter folgt nach den Transformationsgleichungen (12), (10), (11) in § 4, indem dort q, $\mathfrak{r}_{\mathfrak{v}}$, $\mathfrak{r}_{\bar{\mathfrak{v}}}$, t, $\mathfrak{r}'_{\mathfrak{v}}$, $\mathfrak{r}'_{\bar{\mathfrak{v}}}$, t' durch $|\mathfrak{w}|$, $\mathfrak{s}_{\mathfrak{w}}$, $\mathfrak{s}_{\bar{\mathfrak{w}}}$, ϱ, $\mathfrak{s}'_{\mathfrak{w}}$, $\mathfrak{s}'_{\bar{\mathfrak{w}}}$, ϱ' zu ersetzen sind,

$$\varrho'=\frac{-|\mathfrak{w}|\,\mathfrak{s}_{\mathfrak{w}}+\varrho}{\sqrt{1-\mathfrak{w}^2}},\qquad \mathfrak{s}'_{\mathfrak{w}}=\frac{\mathfrak{s}_{\mathfrak{w}}-|\mathfrak{w}|\,\varrho}{\sqrt{1-\mathfrak{w}^2}},\qquad \mathfrak{s}'_{\bar{\mathfrak{w}}}=\mathfrak{s}_{\bar{\mathfrak{w}}},$$

so daß aus $\mathfrak{s}'=\sigma\mathfrak{E}'$ nunmehr

$$\text{(E)}\qquad \begin{aligned}\frac{\mathfrak{s}_{\mathfrak{w}}-|\mathfrak{w}|\,\varrho}{\sqrt{1-\mathfrak{w}^2}}&=\sigma(\mathfrak{E}+[\mathfrak{w}\mathfrak{M}])_{\mathfrak{w}},\\ \mathfrak{s}_{\bar{\mathfrak{w}}}&=\frac{\sigma(\mathfrak{E}+[\mathfrak{w}\mathfrak{M}])_{\bar{\mathfrak{w}}}}{\sqrt{1-\mathfrak{w}^2}}\end{aligned}$$

hervorgeht. Nach der Art, wie hier die Leitfähigkeit σ eingeht, wird es angemessen sein, den Vektor $\mathfrak{s}-\varrho\mathfrak{w}$ mit den Komponenten $\mathfrak{s}_{\mathfrak{w}}-\varrho|\mathfrak{w}|$ nach der Richtung $\mathfrak{w}$ und $\mathfrak{s}_{\bar{\mathfrak{w}}}$ nach den auf $\mathfrak{w}$ senkrechten Richtungen $\bar{\mathfrak{w}}$, der für $\sigma=0$ verschwindet, als *Leitungsstrom* zu bezeichnen.

Wir bemerken, daß für $\varepsilon=1$, $\mu=1$ die Gleichungen $\mathfrak{e}'=\mathfrak{E}'$, $\mathfrak{m}'=\mathfrak{M}'$ durch die reziproke Lorentz-Transformation, die hier die spezielle mit $-\mathfrak{w}$ als Vektor wird, gemäß (15) sofort zu $\mathfrak{e}=\mathfrak{E}$, $\mathfrak{m}=\mathfrak{M}$ führen und daß für $\sigma=0$ die Gleichung $\mathfrak{s}'=0$ zu $\mathfrak{s}=\varrho\mathfrak{w}$ führt, so daß in der Tat als Grenzfall der hier erhaltenen Gleichungen für $\varepsilon=1$, $\mu=1$, $\sigma=0$ sich die in § 2 betrachteten „Grundgleichungen für den Äther“ ergeben.

§ 9.

Die Grundgleichungen in der Theorie von Lorentz.

Sehen wir nun zu, inwieweit die Grundgleichungen, die Lorentz annimmt, dem Relativitätspostulate, das soll heißen dem in § 8 formulierten Relativitätsprinzipe entsprechen. In dem Artikel „Elektronentheorie" (Enzykl. der math. Wiss., V 2, Art. 14) hat Lorentz für beliebige, auch magnetisierte Körper zunächst die Differentialgleichungen (s. dort S. 209 unter Berücksichtigung von Gl. XXX′ daselbst und von Formel (14) auf S. 78 desselben Heftes):

$$\text{(IIIa}''\text{)} \qquad \operatorname{curl}(\mathfrak{H} - [\mathfrak{w}\mathfrak{E}]) = \mathfrak{J} + \frac{\partial \mathfrak{D}}{\partial t} + \mathfrak{w} \operatorname{div} \mathfrak{D} - \operatorname{curl}[\mathfrak{w}\mathfrak{D}],$$

$$\text{(I}''\text{)} \qquad \operatorname{div} \mathfrak{D} = \varrho,$$

$$\text{(IV}''\text{)} \qquad \operatorname{curl} \mathfrak{E} = -\frac{\partial \mathfrak{B}}{\partial t},$$

$$\text{(V}''\text{)} \qquad \operatorname{div} \mathfrak{B} = 0.$$

Dann setzt Lorentz für bewegte nicht magnetisierte Körper (S. 223, Z. 3) $\mu = 1$, $\mathfrak{B} = \mathfrak{H}$ und nimmt dazu das Eingehen der Dielektrizitätskonstante ε und der Leitfähigkeit σ gemäß

$$\text{(Gl. XXXIV}''' \text{, S. 227)} \qquad \mathfrak{D} - \mathfrak{E} = (\varepsilon - 1)(\mathfrak{E} + [\mathfrak{w}\mathfrak{B}]),$$

$$\text{(Gl. XXXIII}'' \text{, S. 223)} \qquad \mathfrak{J} = \sigma(\mathfrak{E} + [\mathfrak{w}\mathfrak{B}])$$

an. Die Lorentzschen Zeichen $\mathfrak{E}$, $\mathfrak{B}$, $\mathfrak{D}$, $\mathfrak{H}$ sind hier durch $\mathfrak{E}$, $\mathfrak{M}$, $\mathfrak{e}$, $\mathfrak{m}$ ersetzt, während $\mathfrak{J}$ bei Lorentz als Leitungsstrom bezeichnet wird.

Die drei letzten der zitierten Differentialgleichungen nun decken sich sofort mit den Gleichungen (II), (III), (IV) hier, die erste Gleichung aber würde, indem wir $\mathfrak{J}$ mit dem für $\sigma = 0$ verschwindenden Strome $\mathfrak{s} - \mathfrak{w}\varrho$ identifizieren, in

$$(29) \qquad \operatorname{curl}(\mathfrak{H} - [\mathfrak{w}\mathfrak{E}]) = \mathfrak{s} + \frac{\partial \mathfrak{D}}{\partial t} - \operatorname{curl}[\mathfrak{w}\mathfrak{D}]$$

übergehen und verschieden von (I) hier ausfallen. Danach entsprechen die allgemeinen Differentialgleichungen von Lorentz für beliebig magnetisierte Körper *nicht* dem Relativitätsprinzipe.

Andererseits würde die dem Relativitätsprinzipe entsprechende Form für die Bedingung des Nichtmagnetisiertseins aus (D) in § 8 mit $\mu = 1$ *nicht* wie bei Lorentz als $\mathfrak{B} = \mathfrak{H}$, sondern als

$$(30) \qquad \mathfrak{B} - [\mathfrak{w}\mathfrak{E}] = \mathfrak{H} - [\mathfrak{w}\mathfrak{D}] \quad (\text{hier } \mathfrak{M} - [\mathfrak{w}\mathfrak{E}] = \mathfrak{m} - [\mathfrak{w}\mathfrak{e}])$$

anzunehmen sein. Nun geht aber die zuletzt hingeschriebene Differentialgleichung (29) durch $\mathfrak{H} = \mathfrak{B}$ in dieselbe Gleichung (abgesehen von der Verschiedenheit der Zeichen) über, in welche (I) hier sich durch

$\mathfrak{m} - [\mathfrak{w}\mathfrak{e}] = \mathfrak{M} - [\mathfrak{w}\mathfrak{E}]$ verwandeln würde. So kommt es durch eine Kompensation zweier Widersprüche gegen das Relativitätsprinzip zustande, daß für nicht magnetisierte bewegte Körper die Differentialgleichungen von Lorentz sich zuletzt dem Relativitätsprinzipe doch anpassen.

Macht man weiter für nicht magnetisierte Körper von (30) hier Gebrauch und setzt demgemäß $\mathfrak{H} = \mathfrak{B} + [\mathfrak{w}, \mathfrak{D} - \mathfrak{E}]$, so würde zufolge (C) in § 8

$$(\varepsilon - 1)(\mathfrak{E} + [\mathfrak{w}\mathfrak{B}]) = \mathfrak{D} - \mathfrak{E} + [\mathfrak{w}[\mathfrak{w}, \mathfrak{D} - \mathfrak{E}]]$$

anzunehmen sein, d. i. für die Richtung von $\mathfrak{w}$:

$$(\varepsilon - 1)(\mathfrak{E} + [\mathfrak{w}\mathfrak{B}])_{\mathfrak{w}} = (\mathfrak{D} - \mathfrak{E})_{\mathfrak{w}},$$

und für jede zu $\mathfrak{w}$ senkrechte Richtung $\bar{\mathfrak{w}}$:

$$(\varepsilon - 1)(\mathfrak{E} + [\mathfrak{w}\mathfrak{B}])_{\bar{\mathfrak{w}}} = (1 - \mathfrak{w}^2)(\mathfrak{D} - \mathfrak{E})_{\bar{\mathfrak{w}}},$$

d. i. mit der oben genannten Lorentzschen Annahme nur in Übereinstimmung bis auf Fehler von der Ordnung $\mathfrak{w}^2$ gegen 1.

Auch nur mit dem gleichen Grade der Annäherung entspricht der oben genannte Lorentzsche Ansatz für $\mathfrak{J}$ den durch das Relativitätsprinzip geforderten Beziehungen (vgl. (E) in § 8), daß die Komponenten $\mathfrak{J}_{\mathfrak{w}}$ bzw. $\mathfrak{J}_{\bar{\mathfrak{w}}}$ gleich den entsprechenden Komponenten von $\sigma(\mathfrak{E} + [\mathfrak{w}\mathfrak{B}])$, multipliziert in $\sqrt{1 - \mathfrak{w}^2}$ bzw. in $\frac{1}{\sqrt{1 - \mathfrak{w}^2}}$ seien.

§ 10.

Die Grundgleichungen nach E. Cohn.

E. Cohn*) nimmt folgende Grundgleichungen an:

$$\text{(31)} \quad \begin{aligned} \operatorname{curl}(M + [\mathfrak{w}\mathfrak{E}]) &= \frac{\partial \mathfrak{E}}{\partial t} + \mathfrak{w} \operatorname{div} \mathfrak{E} + \mathfrak{J}, \\ -\operatorname{curl}(E - [\mathfrak{w}\mathfrak{M}]) &= \frac{\partial \mathfrak{M}}{\partial t} + \mathfrak{w} \operatorname{div} \mathfrak{M}, \end{aligned}$$

$$\text{(32)} \quad \mathfrak{J} = \sigma E, \quad \mathfrak{E} = \varepsilon E - [\mathfrak{w} M], \quad \mathfrak{M} = \mu M + [\mathfrak{w} E],$$

wobei E, M als elektrische und magnetische Feldintensität (Kraft), $\mathfrak{E}, \mathfrak{M}$ als elektrische und magnetische Polarisation (Erregung) aufgefaßt werden. Die Gleichungen lassen noch das Vorhandensein von wahrem Magnetismus zu; wollen wir davon absehen, so ist $\operatorname{div} \mathfrak{M} = 0$ zu setzen.

Ein Einwand gegen diese Gleichungen ist, daß nach ihnen für $\varepsilon = 1$ $\mu = 1$ nicht die Vektoren Kraft und Erregung zusammenfallen. Fassen wir jedoch in den Gleichungen nicht E und M, sondern $E - [\mathfrak{w}\mathfrak{M}]$ und $M + [\mathfrak{w}\mathfrak{E}]$ als elektrische und magnetische Kraft auf und substituieren

*) Nachrichten der K. Gesellschaft der Wissenschaften zu Göttingen, mathematisch-physikalische Klasse, 1901, S. 74 (auch in Annalen der Physik, Bd. 7 (4), 1902, S. 29).

im Hinblick hierauf für $\mathfrak{E}$, $\mathfrak{M}$, E, M, div $\mathfrak{E}$ die Zeichen $\mathfrak{e}$, $\mathfrak{M}$, $\mathfrak{E}+[\mathfrak{w}\mathfrak{M}]$, $\mathfrak{m}-[\mathfrak{w}\mathfrak{e}]$, ϱ, so gehen zunächst die Differentialgleichungen in unsere Gleichungen über und zugleich verwandeln die Bedingungen (32) sich in

$$\mathfrak{J}=\sigma(\mathfrak{E}+[\mathfrak{w}\mathfrak{M}]),$$
$$\mathfrak{e}+[\mathfrak{w},\mathfrak{m}-[\mathfrak{w}\mathfrak{e}]]=\varepsilon(\mathfrak{E}+[\mathfrak{w}\mathfrak{M}]),$$
$$\mathfrak{M}-[\mathfrak{w},\mathfrak{E}+[\mathfrak{w}\mathfrak{M}]]=\mu(\mathfrak{m}-[\mathfrak{w}\mathfrak{e}]);$$

damit würden in der Tat diese Gleichungen von Cohn bis auf Fehler von der Ordnung $\mathfrak{w}^2$ gegen 1 genau die durch das Relativitätsprinzip geforderten werden.

Erwähnt sei noch, daß die von Hertz angenommenen Gleichungen (in den Bezeichnungen von Cohn) lauten wie (31) mit den anderen Zusatzbedingungen

(33) $$\mathfrak{E}=\varepsilon E,\ \mathfrak{M}=\mu M,\ \mathfrak{J}=\sigma E;$$

und dieses Gleichungssystem würde auch nicht bei irgendwelcher veränderten Bezugnahme der Zeichen auf beobachtbare Größen sich dem Relativitätsprinzipe bis auf Fehler von der Ordnung $\mathfrak{w}^2$ gegen 1 anpassen.

§ 11.

Typische Darstellung der Grundgleichungen.

Bei der Aufstellung der Grundgleichungen leitete uns der Gedanke, für sie eine Kovarianz bezüglich der Gruppe der Lorentz-Transformationen zu erzielen. Jetzt haben wir noch die ponderomotorischen Wirkungen und die Umsetzung der Energie im elektromagnetischen Felde zu behandeln, und da kann es von vornherein nicht zweifelhaft sein, daß die Erledigung dieser Fragen jedenfalls zusammenhängen wird mit den einfachsten, an die Grundgleichungen anknüpfenden Bildungen, die wieder Kovarianz bei den Lorentz-Transformationen zeigen. Um auf diese Bildungen hingewiesen zu werden, will ich vor allem die Grundgleichungen jetzt in eine *typische Form* bringen, *die ihre Kovarianz bei der Lorentzschen Gruppe in Evidenz setzt.* Dabei bediene ich mich einer Rechnungsmethode, die ein abgekürztes Operieren mit den Raum-Zeit-Vektoren I. und II. Art bezweckt, und deren Regeln und Bezeichnungen, soweit sie für uns nützlich sein werden, ich hier zuvörderst zusammenstelle.

1⁰. Ein System von Größen

$$\left|\begin{matrix} a_{11}, & \ldots, & a_{1q} \\ \vdots & & \vdots \\ a_{p1}, & \ldots, & a_{pq} \end{matrix}\right|,$$

angeordnet in p-Horizontal-, q-Vertikalreihen heißt eine $p \times q$-reihige *Matrix**) und werde mit einem einzigen Zeichen, etwa hier A, bezeichnet.

Werden alle Größen a_{hk} mit dem nämlichen Faktor c multipliziert, so soll die entstehende Matrix der Größen ca_{hk} mit cA bezeichnet werden.

Werden die Rollen der Horizontal- und Vertikalreihen in A vertauscht, so erhält man eine $q \times p$-reihige Matrix, welche *die transponierte* von A heißt und mit $\bar{A}$ bezeichnet werden soll:

$$\bar{A} = \begin{vmatrix} a_{11}, & \ldots, & a_{p1} \\ \vdots & & \vdots \\ a_{1q}, & \ldots, & a_{pq} \end{vmatrix}.$$

Hat man eine zweite Matrix *mit gleichen Anzahlen* p und q, wie A,

$$B = \begin{vmatrix} b_{11}, & \ldots, & b_{1q} \\ \vdots & & \vdots \\ a_{p1}, & \ldots, & b_{pq} \end{vmatrix},$$

so soll $A + B$ die ebenfalls $p \times q$-reihige Matrix aus den entsprechenden Binomen $a_{hk} + b_{hk}$ bedeuten.

2⁰. Hat man zwei Matrizen

$$A = \begin{vmatrix} a_{11}, & \ldots, & a_{1q} \\ \vdots & & \vdots \\ a_{p1}, & \ldots, & a_{pq} \end{vmatrix}, \qquad B = \begin{vmatrix} b_{11}, & \ldots, & b_{1r} \\ \vdots & & \vdots \\ b_{q1}, & \ldots, & b_{qr} \end{vmatrix},$$

wobei die Anzahl der Horizontalreihen der zweiten gleich der Anzahl der Vertikalreihen der ersten ist, so wird unter AB, dem *Produkte* aus A und B, die Matrix

$$C = \begin{vmatrix} c_{11}, & \ldots, & c_{1r} \\ \vdots & & \vdots \\ c_{p1}, & \ldots, & c_{pr} \end{vmatrix}$$

verstanden, deren Elemente durch Kombination der Horizontalreihen von A und der Vertikalreihen von B nach der Regel

$$c_{hk} = a_{h1} b_{1k} + a_{h2} b_{2k} + \cdots + a_{hq} b_{qk} \qquad \begin{pmatrix} h = 1, 2, \ldots, p \\ k = 1, 2, \ldots, r \end{pmatrix}$$

gebildet sind. Für solche Produkte gilt das *assoziative* Gesetz $(AB)S = A(BS)$; hierbei ist unter S eine dritte Matrix gedacht mit so viel Horizontalreihen, als B (und damit auch AB) Vertikalreihen hat.

Für die transponierte Matrix zu $C = AB$ gilt $\bar{C} = \bar{B}\bar{A}$.

3⁰. Es werden hier nur Matrizen in Betracht kommen mit höchstens vier Horizontalreihen und höchstens vier Vertikalreihen.

---

*) Man könnte auch daran denken, statt des Cayleyschen Matrizenkalküls den Hamiltonschen Quaternionenkalkül heranzuziehen, doch erscheint mir der letztere für unsere Zwecke als zu eng und schwerfällig.

Als *Einheitsmatrix* (und in Gleichungen für Matrizen kurzweg mit 1) werde die 4×4-reihige Matrix der folgenden Elemente

$$(34)\qquad \left|\begin{matrix} e_{11}, & e_{12}, & e_{13}, & e_{14} \\ e_{21}, & e_{22}, & e_{23}, & e_{24} \\ e_{31}, & e_{32}, & e_{33}, & e_{34} \\ e_{41}, & e_{42}, & e_{43}, & e_{44} \end{matrix}\right| = \left|\begin{matrix} 1, & 0, & 0, & 0 \\ 0, & 1, & 0, & 0 \\ 0, & 0, & 1, & 0 \\ 0, & 0, & 0, & 1 \end{matrix}\right|$$

bezeichnet. Für ein Vielfaches $c \cdot 1$ der Einheitsmatrix (in dem unter 1^0 festgesetzten Sinne einer Matrix cA) soll dann in Gleichungen für Matrizen kurzweg c stehen.

Für eine 4×4-reihige Matrix A soll Det A die Determinante aus den 4×4 Elementen der Matrix bedeuten. Ist dann Det $A \neq 0$, so gehört zu A eine bestimmte *reziproke* Matrix, mit A^{-1} bezeichnet, so daß $A^{-1} A = 1$ wird. —

Eine Matrix

$$f = \left|\begin{matrix} 0, & f_{12}, & f_{13}, & f_{14} \\ f_{21}, & 0, & f_{23}, & f_{24} \\ f_{31}, & f_{32}, & 0, & f_{34} \\ f_{41}, & f_{42}, & f_{43}, & 0 \end{matrix}\right|,$$

in welcher die Elemente die Relationen $f_{kh} = -f_{hk}$ erfüllen, heißt eine *alternierende* Matrix. Diese Relationen besagen, daß die transponierte Matrix $\bar{f} = -f$ ist. Alsdann werde mit f^* und als die *duale* Matrix von f die ebenfalls alternierende Matrix

$$(35)\qquad f^* = \left|\begin{matrix} 0, & f_{34}, & f_{42}, & f_{23} \\ f_{43}, & 0, & f_{14}, & f_{31} \\ f_{24}, & f_{41}, & 0, & f_{12} \\ f_{32}, & f_{13}, & f_{21}, & 0 \end{matrix}\right|$$

bezeichnet. Dabei wird

$$(36)\qquad f^* f = f_{32} f_{14} + f_{13} f_{24} + f_{21} f_{34},$$

das soll nun heißen eine 4×4-reihige Matrix, in der alle Elemente außerhalb der Hauptdiagonale von links oben nach rechts unten Null sind und alle Elemente in dieser Diagonale untereinander übereinstimmen und gleich der hier rechts genannten Verbindung aus den Koeffizienten von f sind. Die Determinante von f erweist sich dann als das Quadrat dieser Verbindung und wir wollen das Zeichen $\mathrm{Det}^{\frac{1}{2}} f$ eindeutig als die Abkürzung

$$(37)\qquad \mathrm{Det}^{\frac{1}{2}} f = f_{32} f_{14} + f_{13} f_{24} + f_{21} f_{34}$$

erklären.

4⁰. Eine lineare Transformation

(38) $$x_h = \alpha_{h1} x_1' + \alpha_{h2} x_2' + \alpha_{h3} x_3' + \alpha_{h4} x_4' \qquad (h = 1, 2, 3, 4)$$

werde auch einfach durch die 4×4-reihige Matrix der Koeffizienten

$$\mathsf{A} = \begin{vmatrix} \alpha_{11}, & \alpha_{12}, & \alpha_{13}, & \alpha_{14} \\ \alpha_{21}, & \alpha_{22}, & \alpha_{23}, & \alpha_{24} \\ \alpha_{31}, & \alpha_{32}, & \alpha_{33}, & \alpha_{34} \\ \alpha_{41}, & \alpha_{42}, & \alpha_{43}, & \alpha_{44} \end{vmatrix},$$

als Transformation A, bezeichnet. Durch die Transformation A geht der Ausdruck

$$x_1^2 + x_2^2 + x_3^2 + x_4^2$$

in die quadratische Form

$$\sum a_{hk} x_h' x_k' \qquad (h, k = 1, 2, 3, 4)$$

über, wobei

$$a_{hk} = \alpha_{1h}\alpha_{1k} + \alpha_{2h}\alpha_{2k} + \alpha_{3h}\alpha_{3k} + \alpha_{4h}\alpha_{4k}$$

wird, d. h. die 4×4-reihige (symmetrische) Matrix der Koeffizienten a_{hk} dieser Form wird das Produkt $\bar{\mathsf{A}}\mathsf{A}$ der transponierten Matrix von A in die Matrix A. Soll also durch die Transformation der neue Ausdruck

$$x_1'^2 + x_2'^2 + x_3'^2 + x_4'^2$$

hervorgehen, so muß

(39) $$\bar{\mathsf{A}}\mathsf{A} = 1$$

die Matrix 1 werden. Dieser Relation hat demnach A zu entsprechen, wenn die Transformation (38) eine Lorentz-Transformation sein soll. Für die Determinante von A folgt aus (39): $(\mathrm{Det}\,\mathsf{A})^2 = 1$, $\mathrm{Det}\,\mathsf{A} = \pm 1$. Die Bedingung (39) kommt zugleich auf

(40) $$\mathsf{A}^{-1} = \bar{\mathsf{A}}$$

hinaus, d. h. die reziproke Matrix von A muß sich mit der transponierten von A decken.

Für A als Lorentz-Transformation haben wir noch weiter die Bestimmungen getroffen, daß $\mathrm{Det}\,\mathsf{A} = +1$ sei, daß jede der Größen α_{14}, α_{24}, α_{34}, α_{41}, α_{42}, α_{43} rein imaginär (bzw. Null), die anderen Koeffizienten in A reell seien und endlich noch $\alpha_{44} > 0$ sei.

5⁰. Ein Raum-Zeit-Vektor I. Art s_1, s_2, s_3, s_4 soll durch die 1×4-reihige Matrix seiner vier *Komponenten*:

(41) $$s = | s_1, s_2, s_3, s_4 |$$

repräsentiert werden und ist bei einer Lorentz-Transformation A durch $s\mathsf{A}$ zu ersetzen.

Ein Raum-Zeit-Vektor II. Art mit den *Komponenten* $f_{23}, f_{31}, f_{12}, f_{14}, f_{24}, f_{34}$ soll durch die alternierende Matrix

$$(42)\qquad f = \begin{vmatrix} 0, & f_{12}, & f_{13}, & f_{14} \\ f_{21}, & 0, & f_{23}, & f_{24} \\ f_{31}, & f_{32}, & 0, & f_{34} \\ f_{41}, & f_{42}, & f_{43}, & 0 \end{vmatrix}$$

repräsentiert werden und ist (s. die in § 5 (23) und (24) festgesetzte Regel) bei einer Lorentz-Transformation A durch $\bar{\mathsf{A}} f \mathsf{A} = \mathsf{A}^{-1} f \mathsf{A}$ zu ersetzen. Dabei gilt in bezug auf den Ausdruck (37) die Identität $\mathrm{Det}^{\frac{1}{2}}(\bar{\mathsf{A}} f \mathsf{A}) = \mathrm{Det}\,\mathsf{A}\;\mathrm{Det}^{\frac{1}{2}} f$. Es wird danach $\mathrm{Det}^{\frac{1}{2}} f$ eine Invariante bei den Lorentz-Transformationen (s. Gleichung (26) in § 5).

Für die duale Matrix f^* folgt dann mit Rücksicht auf (36):

$$(\mathsf{A}^{-1} f^* \mathsf{A})\,(\mathsf{A}^{-1} f \mathsf{A}) = \mathsf{A}^{-1} f^* f \mathsf{A} = \mathrm{Det}^{\frac{1}{2}} f \cdot \mathsf{A}^{-1}\mathsf{A} = \mathrm{Det}^{\frac{1}{2}} f,$$

woraus zu ersehen ist, daß mit dem Raum-Zeit-Vektor II. Art f zusammen auch die zugehörige duale Matrix f^* sich wie ein Raum-Zeit-Vektor II. Art abändert, und es heiße deshalb f^* mit den Komponenten $f_{14}, f_{24}, f_{34}, f_{23}, f_{31}, f_{12}$ der *duale Raum-Zeit-Vektor* von f.

6⁰. Sind w und s zwei Raum-Zeit-Vektoren I. Art, so wird unter $w\bar{s}$ (wie auch unter $s\bar{w}$) die Verbindung

$$(43)\qquad w_1 s_1 + w_2 s_2 + w_3 s_3 + w_4 s_4$$

aus den bezüglichen Komponenten zu verstehen sein. Bei einer Lorentz-Transformation A ist wegen $(w\mathsf{A})(\bar{\mathsf{A}}\bar{s}) = w\bar{s}$ diese Verbindung invariant. — Ist $w\bar{s} = 0$, so sollen w und s *normal* zueinander heißen.

Zwei Raum-Zeit-Vektoren I. Art w, s geben ferner zur Bildung der 2×4-reihigen Matrix

$$\begin{vmatrix} w_1, & w_2, & w_3, & w_4 \\ s_1, & s_2, & s_3, & s_4 \end{vmatrix}$$

Anlaß. Es zeigt sich dann sofort, daß das System der sechs Größen

$$(44)\qquad w_2 s_3 - w_3 s_2,\quad w_3 s_1 - w_1 s_3,\quad w_1 s_2 - w_2 s_1,\quad w_1 s_4 - w_4 s_1,$$
$$w_2 s_4 - w_4 s_2,\quad w_3 s_4 - w_4 s_3$$

sich bei den Lorentz-Transformationen als Raum-Zeit-Vektor II. Art verhält. Der Vektor II. Art mit diesen Komponenten (44) werde mit $[w, s]$ bezeichnet. Man erschließt leicht $\mathrm{Det}^{\frac{1}{2}}[w, s] = 0$. Der duale Vektor von $[w, s]$ soll $[w, s]^*$ geschrieben werden.

Ist w ein Raum-Zeit-Vektor I. Art, f ein Raum-Zeit-Vektor II. Art, so bedeutet wf zunächst jedenfalls eine 1×4-reihige Matrix. Bei einer Lorentz-Transformation A geht w in $w' = w\mathsf{A}$, f in $f' = \mathsf{A}^{-1} f \mathsf{A}$ über; dabei wird $w'f' = w\mathsf{A}\mathsf{A}^{-1} f\mathsf{A} = (wf)\mathsf{A}$, d. h. wf transformiert sich wieder als ein Raum-Zeit-Vektor I. Art.

Man verifiziert, wenn w ein Vektor I., f ein Vektor II. Art ist, leicht die wichtige Identität

(45) $$[w, wf] + [w, wf^*]^* = (w\bar{w})f.$$

Die Summe der zwei Raum-Zeit-Vektoren II. Art links ist im Sinne der Summe zweier alternierenden Matrizen zu verstehen.

Nämlich für $w_1 = 0$, $w_2 = 0$, $w_3 = 0$, $w_4 = i$ wird

$$wf = | if_{41}, if_{42}, if_{43}, 0 |; \qquad wf^* = | if_{32}, if_{13}, if_{21}, 0 |;$$

$$[w, wf] = 0, 0, 0, f_{41}, f_{42}, f_{43}; \; [w, wf^*] = 0, 0, 0, f_{32}, f_{13}, f_{21},$$

und die Bemerkung, daß in diesem speziellen Falle die Relation (45) zutrifft, genügt bereits, um derselben allgemein sicher zu sein, da diese Relation kovarianten Charakter für die Lorentz-Gruppe hat und zudem in w_1, w_2, w_3, w_4 homogen ist.

Nach diesen Vorbereitungen beschäftigen wir uns zunächst mit den Gleichungen (C), (D), (E), durch welche die Konstanten ε, μ, σ eingeführt werden.

Statt des Raumvektors $\mathfrak{w}$, Geschwindigkeit der Materie, führen wir, wie schon in § 8, den Raum-Zeit-Vektor I. Art w mit den vier Komponenten

$$w_1 = \frac{\mathfrak{w}_x}{\sqrt{1-\mathfrak{w}^2}}, \quad w_2 = \frac{\mathfrak{w}_y}{\sqrt{1-\mathfrak{w}^2}}, \quad w_3 = \frac{\mathfrak{w}_z}{\sqrt{1-\mathfrak{w}^2}}, \quad w_4 = \frac{i}{\sqrt{1-\mathfrak{w}^2}}$$

ein; dabei gilt

(46) $$w\bar{w} = w_1^2 + w_2^2 + w_3^2 + w_4^2 = -1$$

und $-iw_4 > 0$.

Unter F und f wollen wir jetzt wieder die in den Grundgleichungen auftretenden Raum-Zeit-Vektoren II. Art $\mathfrak{M}, -i\mathfrak{E}$ und $\mathfrak{m}, -i\mathfrak{e}$ verstehen.

In $\Phi = -wF$ haben wir wieder einen Raum-Zeit-Vektor I. Art; seine Komponenten werden sein

$$\begin{aligned}
\Phi_1 &= \phantom{w_1F_{21} +{}} w_2F_{12} + w_3F_{13} + w_4F_{14},\\
\Phi_2 &= w_1F_{21} \phantom{{}+ w_2F_{32}} + w_3F_{23} + w_4F_{24},\\
\Phi_3 &= w_1F_{31} + w_2F_{32} \phantom{{}+ w_3F_{43}} + w_4F_{34},\\
\Phi_4 &= w_1F_{41} + w_2F_{42} + w_3F_{43} \quad .
\end{aligned}$$

Die drei ersten Größen Φ_1, Φ_2, Φ_3 sind bzw. die x-, y-, z-Komponente des Raumvektors

$$\frac{\mathfrak{E}+[\mathfrak{w}\mathfrak{M}]}{\sqrt{1-\mathfrak{w}^2}}, \tag{47}$$

und ferner ist

$$\Phi_4 = \frac{i(\mathfrak{w}\mathfrak{E})}{\sqrt{1-\mathfrak{w}^2}}. \tag{48}$$

Da die Matrix F eine alternierende ist, gilt offenbar

$$w\overline{\Phi} = w_1\Phi_1 + w_2\Phi_2 + w_3\Phi_3 + w_4\Phi_4 = 0, \tag{49}$$

der Vektor Φ ist also normal zu w; wir können diese Relation auch schreiben:

$$\Phi_4 = i(\mathfrak{w}_x\Phi_1 + \mathfrak{w}_y\Phi_2 + \mathfrak{w}_z\Phi_3). \tag{50}$$

Den Raum-Zeit-Vektor I. Art Φ will ich *elektrische Ruh-Kraft* nennen.

Analoge Beziehungen wie zwischen $-wF, \mathfrak{E}, \mathfrak{M}, \mathfrak{w}$ stellen sich zwischen $-wf, \mathfrak{e}, \mathfrak{m}, \mathfrak{w}$ heraus und insbesondere wird auch $-wf$ normal zu w sein. Es kann nunmehr die Relation (C) durch

$$wf = \varepsilon wF \tag{\{C\}}$$

ersetzt werden, eine Formel, die zwar vier Gleichungen für die bezüglichen Komponenten liefert, jedoch so, daß die vierte im Hinblick auf (50) eine Folge der drei ersten ist.

Wir bilden ferner den Raum-Zeit-Vektor I. Art $\Psi = iwf^*$, dessen Komponenten sind:

$$\begin{aligned}
\Psi_1 &= -i(\phantom{w_1f_{43}+{}} w_2f_{34} + w_3f_{42} + w_4f_{23}),\\
\Psi_2 &= -i(w_1f_{43} \phantom{{}+w_2f_{34}} + w_3f_{14} + w_4f_{31}),\\
\Psi_3 &= -i(w_1f_{24} + w_2f_{41} \phantom{{}+w_3f_{42}} + w_4f_{12}),\\
\Psi_4 &= -i(w_1f_{32} + w_2f_{13} + w_3f_{21} \phantom{{}+w_4f_{23}}).
\end{aligned}$$

Davon sind die drei ersteren Ψ_1, Ψ_2, Ψ_3 bzw. die x-, y-, z-Komponente des Raumvektors

$$\frac{\mathfrak{m}-[\mathfrak{w}\mathfrak{e}]}{\sqrt{1-\mathfrak{w}^2}}, \tag{51}$$

und weiter ist

$$\Psi_4 = \frac{i(\mathfrak{w}\mathfrak{m})}{\sqrt{1-\mathfrak{w}^2}}; \tag{52}$$

zwischen ihnen besteht die Beziehung

$$w\overline{\Psi} = w_1\Psi_1 + w_2\Psi_2 + w_3\Psi_3 + w_4\Psi_4 = 0, \tag{53}$$

die wir auch

$$\Psi_4 = i(\mathfrak{w}_x\Psi_1 + \mathfrak{w}_y\Psi_2 + \mathfrak{w}_z\Psi_3) \tag{54}$$

schreiben können; der Vektor Ψ ist also wieder normal zu w. Den Raum-Zeit-Vektor I. Art Ψ will ich *magnetische Ruh-Kraft* nennen.

Analoge Beziehungen wie zwischen iwf^*, $\mathfrak{m}$, $\mathfrak{e}$, $\mathfrak{w}$ haben zwischen iwF^*, $\mathfrak{M}$, $\mathfrak{E}$, $\mathfrak{w}$ statt und es kann die Relation (D) nunmehr durch

$$\{D\} \qquad wF^* = \mu w f^*$$

ersetzt werden.

Die Gleichungen $\{C\}$ und $\{D\}$ können wir benutzen, um die Feldvektoren F und f auf Φ und Ψ zurückzuführen. Wir haben

$$wF = -\Phi, \quad wF^* = -i\mu\Psi, \quad wf = -\varepsilon\Phi, \quad wf^* = -i\Psi$$

und die Anwendung der Regel (45) führt im Hinblick auf (46) zu

$$(55) \qquad F = [w, \Phi] + i\mu[w, \Psi]^*,$$

$$(56) \qquad f = \varepsilon[w, \Phi] + i\,[w, \Psi]^*,$$

d. i.

$$F_{12} = (w_1\Phi_2 - w_2\Phi_1) + i\mu(w_3\Psi_4 - w_4\Psi_3), \text{ u. s. f.}$$

$$f_{12} = \varepsilon(w_1\Phi_2 - w_2\Phi_1) + i\,(w_3\Psi_4 - w_4\Psi_3), \text{ u. s. f.}$$

Wir ziehen ferner den Raum-Zeit-Vektor II. Art $[\Phi, \Psi]$ mit den sechs Komponenten

$$\Phi_2\Psi_3 - \Phi_3\Psi_2, \quad \Phi_3\Psi_1 - \Phi_1\Psi_3, \quad \Phi_1\Psi_2 - \Phi_2\Psi_1,$$

$$\Phi_1\Psi_4 - \Phi_4\Psi_1, \quad \Phi_2\Psi_4 - \Phi_4\Psi_2, \quad \Phi_3\Psi_4 - \Phi_4\Psi_3$$

in Betracht. Alsdann verschwindet der zugehörige Raum-Zeit-Vektor I. Art

$$w[\Phi, \Psi] = -(w\overline{\Psi})\Phi + (w\overline{\Phi})\Psi$$

wegen (49) und (53) identisch. Führen wir nun den Raum-Zeit-Vektor I. Art

$$(57) \qquad \Omega = iw[\Phi, \Psi]^*$$

mit den Komponenten

$$\Omega_1 = -i \begin{vmatrix} w_2, & w_3, & w_4 \\ \Phi_2, & \Phi_3, & \Phi_4 \\ \Psi_2, & \Psi_3, & \Psi_4 \end{vmatrix}, \text{ u. s. f.}$$

ein, so folgt durch Anwendung der Regel (45):

$$(58) \qquad [\Phi, \Psi] = i[w, \Omega]^*,$$

d. i.

$$\Phi_1\Psi_2 - \Phi_2\Psi_1 = i(w_3\Omega_4 - w_4\Omega_3), \text{ u. s. f.}$$

Der Vektor Ω erfüllt offenbar die Relation

$$(59) \qquad (w\overline{\Omega}) = w_1\Omega_1 + w_2\Omega_2 + w_3\Omega_3 + w_4\Omega_4 = 0,$$

die wir auch

$$\Omega_4 = i(\mathfrak{w}_x\Omega_1 + \mathfrak{w}_y\Omega_2 + \mathfrak{w}_z\Omega_3)$$

schreiben können, ist also wieder *normal zu w*. Falls $\mathfrak{w} = 0$ ist, hat man $\Phi_4 = 0$, $\Psi_4 = 0$, $\Omega_4 = 0$ und

(60) $\Omega_1 = \Phi_2\Psi_3 - \Phi_3\Psi_2, \quad \Omega_2 = \Phi_3\Psi_1 - \Phi_1\Psi_3, \quad \Omega_3 = \Phi_1\Psi_2 - \Phi_2\Psi_1.$

Den Raum-Zeit-Vektor I. Art Ω will ich als *Ruh-Strahl* bezeichnen.

Was die Relation (E) anbelangt, welche die Leitfähigkeit σ einführt, so erkennen wir zunächst, daß

$$-w\bar{s} = -(w_1 s_1 + w_2 s_2 + w_3 s_3 + w_4 s_4) = \frac{-|\mathfrak{w}|\mathfrak{s}_{\mathfrak{w}} + \varrho}{\sqrt{1-\mathfrak{w}^2}} = \varrho'$$

die *Ruh-Dichte* der Elektrizität (s. § 8 und § 4 am Schlusse) wird. Alsdann stellt

(61) $$s + (w\bar{s})w$$

einen Raum-Zeit-Vektor I. Art vor, der wegen $w\bar{w} = -1$ offenbar wieder *normal zu w* ist und den ich als *Ruh-Strom* bezeichnen will. Fassen wir die drei ersten Komponenten dieses Vektors als x-, y-, z-Komponente eines Raum-Vektors auf, so ist für den letzteren die Komponente nach der Richtung von $\mathfrak{w}$:

$$\mathfrak{s}_{\mathfrak{w}} - \frac{|\mathfrak{w}|\varrho'}{\sqrt{1-\mathfrak{w}^2}} = \frac{\mathfrak{s}_{\mathfrak{w}} - |\mathfrak{w}|\varrho}{1-\mathfrak{w}^2} = \frac{\mathfrak{J}_{\mathfrak{w}}}{1-\mathfrak{w}^2}$$

und die Komponente nach einer jeden zu $\mathfrak{w}$ senkrechten Richtung $\bar{\mathfrak{w}}$ wieder

$$\mathfrak{s}_{\bar{\mathfrak{w}}} = \mathfrak{J}_{\bar{\mathfrak{w}}};$$

es hängt dieser Raum-Vektor also sehr einfach mit dem Raum-Vektor $\mathfrak{J} = \mathfrak{s} - \varrho\mathfrak{w}$ zusammen, den wir in § 8 als Leitungsstrom bezeichneten.

Nunmehr kann durch Vergleich mit $\Phi = -wF$ die Relation (E) auf die Gestalt gebracht werden:

{E} $$s + (w\bar{s})w = -\sigma w F.$$

Diese Formel faßt wieder vier Gleichungen zusammen, von denen jedoch, weil es sich beiderseits um zu w normale Raum-Zeit-Vektoren I. Art handelt, die vierte eine Folge der drei ersten ist.

Endlich werden wir noch die Differentialgleichungen (A) und (B) in eine typische Form umsetzen.

§ 12.

Der Differentialoperator lor.

Eine 4×4-reihige Matrix

(62) $$S = \begin{vmatrix} S_{11}, & S_{12}, & S_{13}, & S_{14} \\ S_{21}, & S_{22}, & S_{23}, & S_{24} \\ S_{31}, & S_{32}, & S_{33}, & S_{34} \\ S_{41}, & S_{42}, & S_{43}, & S_{44} \end{vmatrix} = |S_{hk}|$$

mit der Vorschrift, sie bei einer Lorentz-Transformation A jedesmal durch $\bar{\mathsf{A}}S\mathsf{A}$ zu ersetzen, mag eine *Raum-Zeit-Matrix* II. Art heißen. Eine derartige Matrix hat man insbesondere

in der alternierenden Matrix f, die einem Raum-Zeit-Vektor II. Art f entspricht,

in dem Produkte fF zweier solcher alternierender Matrizen f, F, das bei einer Transformation A durch $(\mathsf{A}^{-1}f\mathsf{A})\,(\mathsf{A}^{-1}F\mathsf{A}) = \mathsf{A}^{-1}fF\mathsf{A}$ zu ersetzen ist,

ferner, wenn w_1, w_2, w_3, w_4 und $\Omega_1, \Omega_2, \Omega_3, \Omega_4$ zwei Raum-Zeit-Vektoren I. Art sind, in der Matrix der 4×4 Elemente $S_{hk} = w_h \Omega_k$,

endlich in einem Vielfachen L der Einheitsmatrix, d. h. einer 4×4-reihigen Matrix, in der alle Elemente in der Hauptdiagonale einen gleichen Wert L haben und die übrigen Elemente sämtlich Null sind.

Wir haben es hier stets mit Funktionen von Raum-Zeitpunkten x, y, z, it zu tun und können mit Vorteil eine 1×4-*reihige Matrix, gebildet aus den Differentiationssymbolen*

$$\left| \frac{\partial}{\partial x}, \frac{\partial}{\partial y}, \frac{\partial}{\partial z}, \frac{\partial}{i\partial t} \right|,$$

oder auch

$$\left| \frac{\partial}{\partial x_1}, \frac{\partial}{\partial x_2}, \frac{\partial}{\partial x_3}, \frac{\partial}{\partial x_4} \right| \tag{63}$$

geschrieben, verwenden. Für diese Matrix will ich die *Abkürzung* lor brauchen.

Es soll dann, wenn S wie in (62) eine Raum-Zeit-Matrix II. Art bedeutet, in sinngemäßer Übertragung der Regel für die Produktbildung von Matrizen, unter lor S die 1×4-reihige Matrix

$$| K_1, K_2, K_3, K_4 |$$

der Ausdrücke

$$K_k = \frac{\partial S_{1k}}{\partial x_1} + \frac{\partial S_{2k}}{\partial x_2} + \frac{\partial S_{3k}}{\partial x_3} + \frac{\partial S_{4k}}{\partial x_4} \qquad (k = 1, 2, 3, 4) \tag{64}$$

verstanden werden.

Wird durch eine Lorentz-Transformation A ein neues Bezugsystem x_1', x_2', x_3', x_4' für die Raum-Zeitpunkte eingeführt, so mag analog der Operator

$$\mathrm{lor}' = \left| \frac{\partial}{\partial x_1'}, \frac{\partial}{\partial x_2'}, \frac{\partial}{\partial x_3'}, \frac{\partial}{\partial x_4'} \right|$$

angewandt werden. Geht dabei S in $S' = \bar{\mathsf{A}}S\mathsf{A} = | S'_{hk} |$ über, so wird dann unter lor′ S' die 1×4-reihige Matrix der Ausdrücke

$$K_k' = \frac{\partial S'_{1k}}{\partial x_1'} + \frac{\partial S'_{2k}}{\partial x_2'} + \frac{\partial S'_{3k}}{\partial x_3'} + \frac{\partial S'_{4k}}{\partial x_4'} \qquad (k = 1, 2, 3, 4)$$

zu verstehen sein. Nun gilt für die Differentiation einer beliebigen Funktion von einem Raum-Zeitpunkte die Regel

$$\frac{\partial}{\partial x_k'} = \frac{\partial}{\partial x_1}\frac{\partial x_1}{\partial x_k'} + \frac{\partial}{\partial x_2}\frac{\partial x_2}{\partial x_k'} + \frac{\partial}{\partial x_3}\frac{\partial x_3}{\partial x_k'} + \frac{\partial}{\partial x_4}\frac{\partial x_4}{\partial x_k'}$$
$$= \frac{\partial}{\partial x_1}\alpha_{1k} + \frac{\partial}{\partial x_2}\alpha_{2k} + \frac{\partial}{\partial x_3}\alpha_{3k} + \frac{\partial}{\partial x_4}\alpha_{4k},$$

die in einer leicht verständlichen Weise symbolisch als

$$\mathrm{lor}' = \mathrm{lor}\,\mathsf{A}$$

zu deuten ist, und mit Rücksicht hierauf folgt sogleich

(65) $$\mathrm{lor}'\,S' = \mathrm{lor}\,(\mathsf{A}(\mathsf{A}^{-1}S\mathsf{A})) = (\mathrm{lor}\,S)\mathsf{A},$$

d. h. *wenn S eine Raum-Zeit-Matrix II. Art vorstellt, so transformiert sich* lor S *als ein Raum-Zeit-Vektor I. Art.*

Ist insbesondere L ein Vielfaches der Einheitsmatrix, so wird unter lor L *die Matrix der Elemente*

(66) $$\left|\frac{\partial L}{\partial x_1},\ \frac{\partial L}{\partial x_2},\ \frac{\partial L}{\partial x_3},\ \frac{\partial L}{\partial x_4}\right|$$

zu verstehen sein.

Stellt $s = |s_1, s_2, s_3, s_4|$ einen Raum-Zeit-Vektor I. Art vor, so wird

(67) $$\mathrm{lor}\,\bar{s} = \frac{\partial s_1}{\partial x_1} + \frac{\partial s_2}{\partial x_2} + \frac{\partial s_3}{\partial x_3} + \frac{\partial s_4}{\partial x_4}$$

zu erklären sein. Treten bei Anwendung einer Lorentz-Transformation A die Zeichen lor′, s' an Stelle von lor, s, so folgt

$$\mathrm{lor}'\,\bar{s}' = (\mathrm{lor}\,\mathsf{A})\,(\bar{\mathsf{A}}\bar{s}) = \mathrm{lor}\,\bar{s},$$

d. h. lor $\bar{s}$ *ist eine Invariante bei den Lorentz-Transformationen.*

In allen diesen Beziehungen spielt der Operator lor *selbst die Rolle eines Raum-Zeit-Vektors I. Art.*

Stellt f einen Raum-Zeit-Vektor II. Art vor, so hat nun $-\mathrm{lor}\,f$ den Raum-Zeit-Vektor I. Art mit den Komponenten

$$\begin{aligned}
& & \frac{\partial f_{12}}{\partial x_2} + \frac{\partial f_{13}}{\partial x_3} + \frac{\partial f_{14}}{\partial x_4},\\
&\frac{\partial f_{21}}{\partial x_1} & + \frac{\partial f_{23}}{\partial x_3} + \frac{\partial f_{24}}{\partial x_4},\\
&\frac{\partial f_{31}}{\partial x_1} + \frac{\partial f_{32}}{\partial x_2} & + \frac{\partial f_{34}}{\partial x_4},\\
&\frac{\partial f_{41}}{\partial x_1} + \frac{\partial f_{42}}{\partial x_2} + \frac{\partial f_{43}}{\partial x_3} &
\end{aligned}$$

zu bedeuten. Hiernach läßt sich das System der Differentialgleichungen (A) in der kurzen Form

{A} $$\mathrm{lor}\,f = -s$$

zusammenziehen. Ganz entsprechend wird das System der Differentialgleichungen (B) zu schreiben sein:

$$\{B\} \qquad \mathrm{lor}\, F^* = 0.$$

Die im Hinblick auf die Definition (67) von lor $\bar{s}$ gebildeten Verbindungen lor $(\overline{\mathrm{lor}\, f})$ und lor $(\overline{\mathrm{lor}\, F^*})$ verschwinden offenbar identisch, indem f und F^* alternierende Matrizen sind. Darnach folgt aus $\{A\}$ für den Strom s die Beziehung

$$(68) \qquad \frac{\partial s_1}{\partial x_1} + \frac{\partial s_2}{\partial x_2} + \frac{\partial s_3}{\partial x_3} + \frac{\partial s_4}{\partial x_4} = 0,$$

während die Relation

$$(69) \qquad \mathrm{lor}\, (\overline{\mathrm{lor}\, F^*}) = 0$$

den Sinn hat, daß *die vier in* $\{B\}$ *angewiesenen Gleichungen nur drei unabhängige Bedingungen* für den Verlauf der Feldvektoren repräsentieren.

Ich fasse nunmehr die Resultate zusammen:

Es bedeute w den Raum-Zeit-Vektor I. Art $\frac{\mathfrak{w}}{\sqrt{1-\mathfrak{w}^2}}, \frac{i}{\sqrt{1-\mathfrak{w}^2}}$ ($\mathfrak{w}$ Geschwindigkeit der Materie), *F den Raum-Zeit-Vektor II. Art* $\mathfrak{M}, -i\mathfrak{E}$ ($\mathfrak{M}$ magnetische Erregung, $\mathfrak{E}$ elektrische Kraft), *f den Raum-Zeit-Vektor II. Art* $\mathfrak{m}, -i\mathfrak{e}$ ($\mathfrak{m}$ magnetische Kraft, $\mathfrak{e}$ elektrische Erregung), *s den Raum-Zeit-Vektor I. Art* $\mathfrak{s}, i\varrho$ (ϱ elektrische Raumdichte, $\mathfrak{s}-\varrho\mathfrak{w}$ Leitungsstrom), *ε die Dielektrizitätskonstante, μ die magnetische Permeabilität, σ die Leitfähigkeit, so lauten* (mit den in § 10 und § 11 erklärten Symbolen der Matrizenrechnung) *die Grundgleichungen für die elektromagnetischen Vorgänge in bewegten Körpern*

$$\{A\} \qquad \mathrm{lor}\, f = -s,$$

$$\{B\} \qquad \mathrm{lor}\, F^* = 0,$$

$$\{C\} \qquad wf = \varepsilon w F,$$

$$\{D\} \qquad wF^* = \mu w f^*,$$

$$\{E\} \qquad s + (w\bar{s})w = -\sigma w F.$$

Dabei gilt $w\bar{w} = -1$, es sind die Raum-Zeit-Vektoren I. Art wF, wf, wF^*, wf^*, $s+(w\bar{s})w$ sämtlich normal zu w und endlich besteht für das Gleichungssystem $\{B\}$ der Zusammenhang

$$\mathrm{lor}\, (\overline{\mathrm{lor}\, F^*}) = 0.$$

In Anbetracht der zuletzt genannten Umstände steht hier genau die erforderliche Anzahl von unabhängigen Gleichungen zur Verfügung, um bei den geeigneten Grenzdaten die Vorgänge vollständig zu beschreiben, *wofern die Bewegung der Materie, also der Vektor $\mathfrak{w}$ als Funktion von x, y, z, t bekannt ist.*

§ 13.

Das Produkt der Feldvektoren fF.

Endlich fragen wir nach den Gesetzen, die zur Bestimmung des Vektors w als Funktion von x, y, z, t führen. Bei den hierauf bezüglichen Untersuchungen treten diejenigen Ausdrücke in den Vordergrund, die durch *Bildung des Produkts der zwei alternierenden Matrizen*

$$f = \begin{vmatrix} 0, & f_{12}, & f_{13}, & f_{14} \\ f_{21}, & 0, & f_{23}, & f_{24} \\ f_{31}, & f_{32}, & 0, & f_{34} \\ f_{41}, & f_{42}, & f_{43}, & 0 \end{vmatrix}, \qquad F = \begin{vmatrix} 0, & F_{12}, & F_{13}, & F_{14} \\ F_{21}, & 0, & F_{23}, & F_{24} \\ F_{31}, & F_{32}, & 0, & F_{34} \\ F_{41}, & F_{42}, & F_{43}, & 0 \end{vmatrix}$$

sich darbieten. Ich schreibe

$$(70) \qquad fF = \begin{vmatrix} S_{11}-L, & S_{12}, & S_{13}, & S_{14} \\ S_{21}, & S_{22}-L, & S_{23}, & S_{24} \\ S_{31}, & S_{32}, & S_{33}-L, & S_{34} \\ S_{41}, & S_{42}, & S_{43}, & S_{44}-L \end{vmatrix}$$

so, daß dabei

$$(71) \qquad S_{11} + S_{22} + S_{33} + S_{44} = 0$$

wird.

Alsdann bedeutet L die in den Indizes 1, 2, 3, 4 symmetrische Verbindung

$$(72) \qquad L = \frac{1}{2}(f_{23}F_{23} + f_{31}F_{31} + f_{12}F_{12} + f_{14}F_{14} + f_{24}F_{24} + f_{34}F_{34}),$$

und es wird

$$(73) \qquad \begin{aligned} S_{11} &= \frac{1}{2}(f_{23}F_{23} + f_{34}F_{34} + f_{42}F_{42} - f_{12}F_{12} - f_{13}F_{13} - f_{14}F_{14}), \\ S_{12} &= f_{13}F_{32} + f_{14}F_{42}, \text{ u. s. f.} \end{aligned}$$

Indem ich die *Realitätsverhältnisse* zum Ausdruck bringe, will ich noch

$$(74) \qquad S = \begin{vmatrix} S_{11}, & S_{12}, & S_{13}, & S_{14} \\ S_{21}, & S_{22}, & S_{23}, & S_{24} \\ S_{31}, & S_{32}, & S_{33}, & S_{34} \\ S_{41}, & S_{42}, & S_{43}, & S_{44} \end{vmatrix} = \begin{vmatrix} X_x, & Y_x, & Z_x, & -iT_x \\ X_y, & Y_y, & Z_y, & -iT_y \\ X_z, & Y_z, & Z_z, & -iT_z \\ -iX_t, & -iY_t, & -iZ_t, & T_t \end{vmatrix}$$

schreiben, wobei dann

$$X_x = \frac{1}{2}(\mathfrak{m}_x \mathfrak{M}_x - \mathfrak{m}_y \mathfrak{M}_y - \mathfrak{m}_z \mathfrak{M}_z + \mathfrak{e}_x \mathfrak{E}_x - \mathfrak{e}_y \mathfrak{E}_y - \mathfrak{e}_z \mathfrak{E}_z)$$

$$X_y = \mathfrak{m}_x \mathfrak{M}_y + \mathfrak{e}_y \mathfrak{E}_x, \quad Y_x = \mathfrak{m}_y \mathfrak{M}_x + \mathfrak{e}_x \mathfrak{E}_y, \text{ u. s. f.}$$

(75)
$$X_t = \mathfrak{e}_y \mathfrak{M}_z - \mathfrak{e}_z \mathfrak{M}_y,$$

$$T_x = \mathfrak{m}_z \mathfrak{E}_y - \mathfrak{m}_y \mathfrak{E}_z, \text{ u. s. f.}$$

$$T_t = \frac{1}{2}(\mathfrak{m}_x \mathfrak{M}_x + \mathfrak{m}_y \mathfrak{M}_y + \mathfrak{m}_z \mathfrak{M}_z + \mathfrak{e}_x \mathfrak{E}_x + \mathfrak{e}_y \mathfrak{E}_y + \mathfrak{e}_z \mathfrak{E}_z)$$

und auch

(76)
$$L = \frac{1}{2}(\mathfrak{m}_x \mathfrak{M}_x + \mathfrak{m}_y \mathfrak{M}_y + \mathfrak{m}_z \mathfrak{M}_z - \mathfrak{e}_x \mathfrak{E}_x - \mathfrak{e}_y \mathfrak{E}_y - \mathfrak{e}_z \mathfrak{E}_z)$$

sämtlich reell sind. In den Theorien für ruhende Körper kommen die Verbindungen $X_x, X_y, X_z, Y_x, Y_y, Y_z, Z_x, Z_y, Z_z$ unter dem Namen „Maxwellsche Spannungen", die Größen T_x, T_y, T_z als „Poyntingscher Vektor", T_t als „elektromagnetische Energiedichte für die Volumeneinheit" vor und wird L als „Lagrangesche Funktion" bezeichnet.

Wir finden nun andererseits durch Zusammensetzung der zu f und F dualen Matrizen in umgekehrter Folge sofort

(77)
$$F^* f^* = \begin{vmatrix} -S_{11} - L, & -S_{12}, & -S_{13}, & -S_{14} \\ -S_{21}, & -S_{22} - L, & -S_{23}, & -S_{24} \\ -S_{31}, & -S_{32}, & -S_{33} - L, & -S_{34} \\ -S_{41}, & -S_{42}, & -S_{43}, & -S_{44} - L \end{vmatrix}$$

und können hiernach setzen

(78)
$$fF = S - L, \qquad F^* f^* = -S - L,$$

indem wir unter L das Vielfache $L \cdot 1$ der Einheitsmatrix, d. h. die Matrix der Elemente

$$|L e_{hk}| \qquad \begin{pmatrix} e_{hh} = 1, \; e_{hk} = 0, \; h \neq k \\ h, k = 1, 2, 3, 4 \end{pmatrix}$$

verstehen.

Daraus folgern wir weiter, indem hier $SL = LS$ ist,

$$F^* f^* f F = (-S - L)(S - L) = -SS + L^2,$$

und finden, da $f^* f = \mathrm{Det}^{\frac{1}{2}} f$, $F^* F = \mathrm{Det}^{\frac{1}{2}} F$ ist, die interessante Beziehung:

(79)
$$SS = L^2 - \mathrm{Det}^{\frac{1}{2}} f \, \mathrm{Det}^{\frac{1}{2}} F,$$

d. h. *das Produkt der Matrix S in sich selbst ist ein Vielfaches der Einheitsmatrix*, eine Matrix, in welcher außerhalb der Hauptdiagonale alle Elemente Null und in der Diagonale alle Elemente gleich sind und als gemeinsamen Wert die hier rechts angegebene Größe haben. *Es gelten also allgemein die Relationen*

(80) $$S_{h1}S_{1k}+S_{h2}S_{2k}+S_{h3}S_{3k}+S_{h4}S_{4k}=0$$

bei ungleichen Indizes h, k aus der Reihe 1, 2, 3, 4 *und*

(81) $$S_{h1}S_{1h}+S_{h2}S_{2h}+S_{h3}S_{3h}+S_{h4}S_{4h}=L^2-\mathrm{Det}^{\frac{1}{2}}f\,\mathrm{Det}^{\frac{1}{2}}F$$

für $h=1, 2, 3, 4$.

Indem wir jetzt anstatt F und f in den Verbindungen (72), (73) mittels (55), (56), (57) *die elektrische Ruh-Kraft* Φ, *die magnetische Ruh-Kraft* Ψ, *den Ruh-Strahl* Ω einführen, gelangen wir zu den Ausdrücken:

(82) $$L=-\frac{1}{2}\varepsilon\Phi\overline{\Phi}+\frac{1}{2}\mu\Psi\overline{\Psi},$$

(83) $$\begin{aligned}S_{hk}=&-\frac{1}{2}\varepsilon\Phi\overline{\Phi}e_{hk}-\frac{1}{2}\mu\Psi\overline{\Psi}e_{hk}\\&+\varepsilon(\Phi_h\Phi_k-\Phi\overline{\Phi}w_hw_k)+\mu(\Psi_h\Psi_k-\Psi\overline{\Psi}w_hw_k)\\&-\Omega_hw_k-\varepsilon\mu w_h\Omega_k \qquad (h,k=1,2,3,4);\end{aligned}$$

darin sind noch einzusetzen

$$\Phi\overline{\Phi}=\Phi_1^2+\Phi_2^2+\Phi_3^2+\Phi_4^2, \qquad \Psi\overline{\Psi}=\Psi_1^2+\Psi_2^2+\Psi_3^2+\Psi_4^2,$$
$$e_{hh}=1, \qquad e_{hk}=0\,(h\neq k).$$

Nämlich jedenfalls ist die rechte Seite von (82) ebenso wie L eine Invariante bei den Lorentz-Transformationen und stellen die 4×4 Elemente rechts in (83) ebenso wie die S_{hk} eine Raum-Zeit-Matrix II. Art dar. Mit Rücksicht hierauf genügt es schon, um die Relationen (82), (83) allgemein behaupten zu können, sie nur für den Fall $w_1=0$, $w_2=0$, $w_3=0$, $w_4=i$ zu verifizieren. Für diesen Fall $\mathfrak{w}=0$ aber kommen (83) und (82) durch (47), (51), (60) einerseits, $\mathfrak{e}=\varepsilon\mathfrak{E}$, $\mathfrak{M}=\mu\mathfrak{m}$ andererseits unmittelbar auf die Gleichungen (75) und (76) hinaus.

Der Ausdruck rechts in (81), der

$$=\left(\frac{1}{2}(\mathfrak{m}\mathfrak{M}-\mathfrak{e}\mathfrak{E})\right)^2+(\mathfrak{e}\mathfrak{m})(\mathfrak{E}\mathfrak{M})$$

ist, erweist sich durch $(\mathfrak{e}\mathfrak{m})=\varepsilon\Phi\overline{\Psi}$, $(\mathfrak{E}\mathfrak{M})=\mu\Phi\overline{\Psi}$ als $\geqq 0$; die Quadratwurzel aus ihm, $\geqq 0$ genommen, mag im Hinblick auf (79) mit $\mathrm{Det}^{\frac{1}{4}}S$ bezeichnet werden.

Für $\overline{S}$, *die transponierte Matrix von* S, folgt aus (78), da $\bar{f}=-f$, $\overline{F}=-F$ ist,

(84) $$Ff=\overline{S}-L, \qquad f^*F^*=-\overline{S}-L.$$

Sodann ist

$$S-\overline{S}=|S_{hk}-S_{kh}|$$

eine alternierende Matrix und bedeutet zugleich einen Raum-Zeit-Vektor II. Art. Aus den Ausdrücken (83) entnehmen wir sofort

(85) $$S - \bar{S} = -(\varepsilon\mu - 1)[w, \Omega],$$

woraus noch (vgl. (57), (58))

(86) $$w(S - \bar{S})^* = 0,$$

(87) $$w(S - \bar{S}) = (\varepsilon\mu - 1)\Omega$$

herzuleiten ist.

Wenn in einem Raum-Zeitpunkte die Materie ruht, $\mathfrak{w} = 0$ *ist, so bedeutet* (86) *das Bestehen der Gleichungen*

$$Z_y = Y_z, \qquad X_z = Z_x, \qquad Y_x = X_y;$$

ferner hat man dann nach (83):

$$T_x = \Omega_1, \qquad T_y = \Omega_2, \qquad T_z = \Omega_3,$$
$$X_t = \varepsilon\mu\Omega_1, \qquad Y_t = \varepsilon\mu\Omega_2, \qquad Z_t = \varepsilon\mu\Omega_3.$$

Nun wird man durch eine geeignete Drehung des räumlichen Koordinatensystems der x, y, z um den Nullpunkt es bewirken können, daß

$$Z_y = Y_z = 0, \qquad X_z = Z_x = 0, \qquad Y_x = X_y = 0$$

ausfallen. Nach (71) hat man

(88) $$X_x + Y_y + Z_z + T_t = 0$$

und nach dem Ausdruck in (83) ist hier jedenfalls $T_t > 0$. Im speziellen Falle, daß auch Ω verschwindet, folgt dann aus (81)

$$X_x^2 = Y_y^2 = Z_z^2 = T_t^2 = (\mathrm{Det}^{\frac{1}{4}} S)^2$$

und sind T_t und von den drei Größen X_x, Y_y, Z_z eine $= +\mathrm{Det}^{\frac{1}{4}} S$, die zwei anderen $= -\mathrm{Det}^{\frac{1}{4}} S$. Verschwindet Ω nicht, so sei etwa $\Omega_3 \neq 0$, dann hat man nach (80) insbesondere

$$T_z X_t = 0, \qquad T_z Y_t = 0, \qquad Z_z T_z + T_z T_t = 0$$

und findet demnach $\Omega_1 = 0$, $\Omega_2 = 0$, $Z_z = -T_t$. Aus (81) und im Hinblick auf (88) folgt alsdann

$$X_x = -Y_y = \pm \mathrm{Det}^{\frac{1}{4}} S,$$

$$-Z_z = T_t = \sqrt{\mathrm{Det}^{\frac{1}{2}} S + \varepsilon\mu\Omega_3^2} > \mathrm{Det}^{\frac{1}{4}} S. \text{ —}$$

Von ganz besonderer Bedeutung wird endlich *der Raum-Zeit-Vektor I. Art*

(89) $$K = \mathrm{lor}\, S,$$

für den wir jetzt eine wichtige Umformung nachweisen wollen.

Nach (78) ist $S = L + fF$ und es folgt zunächst

$$\text{lor}\, S = \text{lor}\, L + \text{lor}\, fF.$$

Das Symbol lor bedeutet einen Differentiationsprozeß, der in lor fF einerseits die Komponenten von f, andererseits die Komponenten von F betreffen wird. Entsprechend zerlegt sich lor fF additiv in einen ersten und einen zweiten Teil. Der erste Teil wird offenbar das Produkt der Matrizen (lor f)F sein, darin lor f als 1×4-reihige Matrix für sich aufgefaßt. Der zweite Teil ist derjenige Teil von lor fF, in dem die Differentiationen nur die Komponenten von F betreffen. Nun entnehmen wir aus (78)

$$fF = -F^* f^* - 2L;$$

infolgedessen wird dieser zweite Teil von lor fF sein $-$ (lor F^*)f^* + dem Teil von -2 lor L, in dem die Differentiationen nur die Komponenten von F betreffen. Danach entsteht

$$\text{(90)} \qquad \text{lor}\, S = (\text{lor}\, f)F - (\text{lor}\, F^*)f^* + N,$$

wo N den Vektor mit den Komponenten

$$N_h = \frac{1}{2}\Big(\frac{\partial f_{23}}{\partial x_h} F_{23} + \frac{\partial f_{31}}{\partial x_h} F_{31} + \frac{\partial f_{12}}{\partial x_h} F_{12} + \frac{\partial f_{14}}{\partial x_h} F_{14} + \frac{\partial f_{24}}{\partial x_h} F_{24} + \frac{\partial f_{34}}{\partial x_h} F_{34}$$

$$- f_{23} \frac{\partial F_{23}}{\partial x_h} - f_{31} \frac{\partial F_{31}}{\partial x_h} - f_{12} \frac{\partial F_{12}}{\partial x_h} - f_{14} \frac{\partial F_{14}}{\partial x_h} - f_{24} \frac{\partial F_{24}}{\partial x_h} - f_{34} \frac{\partial F_{34}}{\partial x_h}\Big)$$

$$(h = 1, 2, 3, 4)$$

bedeutet. Durch Benutzung der Grundgleichungen $\{A\}$ und $\{B\}$ geht (90) in die *fundamentale Relation*

$$\text{(91)} \qquad \text{lor}\, S = -sF + N$$

über.

Im Grenzfalle $\varepsilon = 1$, $\mu = 1$, wo $f = F$ ist, verschwindet N identisch.

Allgemein gelangen wir auf Grund von (55), (56) und im Hinblick auf den Ausdruck (82) von L und auf (57) zu folgenden Ausdrücken der Komponenten von N:

$$\text{(92)} \qquad N_h = -\frac{1}{2}\Phi\bar{\Phi}\frac{\partial \varepsilon}{\partial x_h} - \frac{1}{2}\Psi\bar{\Psi}\frac{\partial \mu}{\partial x_h}$$

$$+ (\varepsilon\mu - 1)\Big(\Omega_1 \frac{\partial w_1}{\partial x_h} + \Omega_2 \frac{\partial w_2}{\partial x_h} + \Omega_3 \frac{\partial w_3}{\partial x_h} + \Omega_4 \frac{\partial w_4}{\partial x_h}\Big)$$

$$\text{für } h = 1, 2, 3, 4.$$

Machen wir noch von (59) Gebrauch und bezeichnen den Raum-Vektor, der Ω_1, Ω_2, Ω_3 als x-, y-, z-Komponenten hat, mit $\mathfrak{W}$, so kann der letzte, dritte Bestandteil von (92) auch auf die Gestalt

(93) $$\frac{\varepsilon\mu - 1}{\sqrt{1-\mathfrak{w}^2}}\left(\mathfrak{W}\frac{\partial \mathfrak{w}}{\partial x_h}\right)$$

gebracht werden, wobei die Klammer das skalare Produkt der darin aufgeführten zwei Vektoren anzeigt.

§ 14.

Die ponderomotorischen Kräfte.

Wir stellen jetzt die Relation $K = \text{lor}\, S = -sF + N$ ausführlicher dar; sie liefert die vier Gleichungen

(94) $$K_1 = \frac{\partial X_x}{\partial x} + \frac{\partial X_y}{\partial y} + \frac{\partial X_z}{\partial z} - \frac{\partial X_t}{\partial t} = \varrho\mathfrak{E}_x + \mathfrak{s}_y\mathfrak{M}_z - \mathfrak{s}_z\mathfrak{M}_y$$
$$-\frac{1}{2}\Phi\overline{\Phi}\frac{\partial\varepsilon}{\partial x} - \frac{1}{2}\Psi\overline{\Psi}\frac{\partial\mu}{\partial x} + \frac{\varepsilon\mu - 1}{\sqrt{1-\mathfrak{w}^2}}\left(\mathfrak{W}\frac{\partial\mathfrak{w}}{\partial x}\right),$$

(95) $$K_2 = \frac{\partial Y_x}{\partial x} + \frac{\partial Y_y}{\partial y} + \frac{\partial Y_z}{\partial z} - \frac{\partial Y_t}{\partial t} = \varrho\mathfrak{E}_y + \mathfrak{s}_z\mathfrak{M}_x - \mathfrak{s}_x\mathfrak{M}_z$$
$$-\frac{1}{2}\Phi\overline{\Phi}\frac{\partial\varepsilon}{\partial y} - \frac{1}{2}\Psi\overline{\Psi}\frac{\partial\mu}{\partial y} + \frac{\varepsilon\mu - 1}{\sqrt{1-\mathfrak{w}^2}}\left(\mathfrak{W}\frac{\partial\mathfrak{w}}{\partial y}\right),$$

(96) $$K_3 = \frac{\partial Z_x}{\partial x} + \frac{\partial Z_y}{\partial y} + \frac{\partial Z_z}{\partial z} - \frac{\partial Z_t}{\partial t} = \varrho\mathfrak{E}_z + \mathfrak{s}_x\mathfrak{M}_y - \mathfrak{s}_y\mathfrak{M}_x$$
$$-\frac{1}{2}\Phi\overline{\Phi}\frac{\partial\varepsilon}{\partial z} - \frac{1}{2}\Psi\overline{\Psi}\frac{\partial\mu}{\partial z} + \frac{\varepsilon\mu - 1}{\sqrt{1-\mathfrak{w}^2}}\left(\mathfrak{W}\frac{\partial\mathfrak{w}}{\partial z}\right),$$

(97) $$\frac{1}{i}K_4 = -\frac{\partial T_x}{\partial x} - \frac{\partial T_y}{\partial y} - \frac{\partial T_z}{\partial z} - \frac{\partial T_t}{\partial t} = \mathfrak{s}_x\mathfrak{E}_x + \mathfrak{s}_y\mathfrak{E}_y + \mathfrak{s}_z\mathfrak{E}_z$$
$$+\frac{1}{2}\Phi\overline{\Phi}\frac{\partial\varepsilon}{\partial t} + \frac{1}{2}\Psi\overline{\Psi}\frac{\partial\mu}{\partial t} - \frac{\varepsilon\mu - 1}{\sqrt{1-\mathfrak{w}^2}}\left(\mathfrak{W}\frac{\partial\mathfrak{w}}{\partial t}\right).$$

Es ist nun meine Meinung, daß bei den elektromagnetischen Vorgängen die ponderomotorische Kraft, die an der Materie in einem Raum-Zeitpunkte x, y, z, t *angreift, berechnet für die Volumeneinheit, als* x-, y-, z-*Komponenten die drei ersten Komponenten des zum Raum-Zeit-Vektor* w *normalen Raum-Zeit-Vektors*

(98) $$K + (w\overline{K})w$$

hat und daß ferner der Energiesatz seinen Ausdruck in der obigen vierten Relation findet.

Diese Meinung eingehend zu begründen, sei einem folgenden Aufsatze vorbehalten; hier will ich nur noch durch einige Ausführungen zur Mechanik dieser Meinung eine gewisse Stütze geben.

Im Grenzfalle $\varepsilon = 1$, $\mu = 1$, $\sigma = 0$ ist der Vektor $N = 0$, $\mathfrak{s} = \varrho\mathfrak{w}$, es wird dadurch $w\overline{K} = 0$ und es decken sich diese Ansätze mit den in der Elektronentheorie üblichen.

Anhang.

Mechanik und Relativitätspostulat.

Es wäre höchst unbefriedigend, dürfte man die neue Auffassung des Zeitbegriffs, die durch die Freiheit der Lorentz-Transformationen gekennzeichnet ist, nur für ein Teilgebiet der Physik gelten lassen.

Nun sagen viele Autoren, die klassische Mechanik stehe im Gegensatz zu dem Relativitätspostulate, das hier für die Elektrodynamik zugrunde gelegt ist.

Um hierüber ein Urteil zu gewinnen, fassen wir eine spezielle Lorentz-Transformation ins Auge, wie sie durch die Gleichungen (10), (11), (12) dargestellt ist, mit einem von Null verschiedenen Vektor $\mathfrak{v}$ von irgendeiner Richtung und einem Betrage q, der < 1 ist. Wir wollen aber für einen Moment noch keine Verfügung über das Verhältnis von Längeneinheit und Zeiteinheit getroffen denken und demgemäß in jenen Gleichungen statt t, t', q schreiben ct, ct', $\frac{q}{c}$, wobei dann c eine gewisse positive Konstante vorstellt und $q < c$ sein muß. Die genannten Gleichungen verwandeln sich dadurch in

$$\mathfrak{r}'_{\bar{\mathfrak{v}}} = \mathfrak{r}_{\bar{\mathfrak{v}}}, \qquad \mathfrak{r}'_{\mathfrak{v}} = \frac{c(\mathfrak{r}_{\mathfrak{v}} - qt)}{\sqrt{c^2 - q^2}}, \qquad t' = \frac{-q\mathfrak{r}_{\mathfrak{v}} + c^2 t}{c\sqrt{c^2 - q^2}};$$

es bedeutet, wie wir erinnern, $\mathfrak{r}$ den Raumvektor x, y, z und $\mathfrak{r}'$ den Raumvektor x', y' z'.

Gehen wir in diesen Gleichungen, während wir $\mathfrak{v}$ festhalten, zur Grenze $c = \infty$ über, so entsteht aus ihnen

$$\mathfrak{r}'_{\bar{\mathfrak{v}}} = \mathfrak{r}_{\bar{\mathfrak{v}}}, \qquad \mathfrak{r}'_{\mathfrak{v}} = \mathfrak{r}_{\mathfrak{v}} - qt, \qquad t' = t.$$

Diese neuen Gleichungen würden nun bedeuten einen Übergang vom räumlichen Koordinatensysteme x, y, z zu einem anderen räumlichen Koordinatensysteme x', y', z' mit parallelen Achsen, dessen Nullpunkt in bezug auf das erste in gerader Linie mit konstanter Geschwindigkeit fortschreitet, während der Zeitparameter ganz unberührt bleiben soll.

Auf Grund dieser Bemerkung darf man sagen:

Die klassische Mechanik postuliert eine Kovarianz der physikalischen Gesetze für die Gruppe der homogenen linearen Transformationen des Ausdrucks

$$-x^2 - y^2 - z^2 + c^2t^2 \qquad (1)$$

in sich mit der Bestimmung $c = \infty$.

Nun wäre es geradezu verwirrend, in einem Teilgebiet der Physik eine Kovarianz der Gesetze für die Transformationen des Ausdrucks (1) in sich bei einem bestimmten endlichen c, in einem anderen Teilgebiete aber für $c = \infty$ zu finden. Daß die Newtonsche Mechanik nur diese Kovarianz für $c = \infty$ behaupten und sie nicht für den Fall von c als Lichtgeschwindigkeit ersinnen konnte, bedarf keiner Erklärung. Sollte aber nicht gegenwärtig der Versuch zulässig sein, jene traditionelle Kovarianz für $c = \infty$ nur als eine durch die Erfahrungen zunächst gewonnene Approximation an eine exaktere Kovarianz der Naturgesetze für ein gewisses endliches c aufzufassen?

Ich möchte ausführen, daß durch eine *Reformierung der Mechanik, wobei an Stelle des Newtonschen Relativitätspostulates mit $c = \infty$ ein solches für ein endliches c tritt,* sogar der axiomatische Aufbau der Mechanik erheblich an Vollendung zu gewinnen scheint.

Das Verhältnis der Zeiteinheit zur Längeneinheit sei derart normiert, daß das Relativitätspostulat mit $c = 1$ in Betracht kommt.

Indem ich jetzt geometrische Bilder auf die Mannigfaltigkeit der vier Variablen x, y, z, t übertragen will, mag es zum leichteren Verständnis des Folgenden bequem sein, zunächst y, z völlig außer Betracht zu lassen und x und t als irgendwelche schiefwinklige Parallelkoordinaten in einer Ebene zu deuten.

Ein Raum-Zeit-Nullpunkt O $(x, y, z, t = 0, 0, 0, 0)$ wird bei den Lorentz-Transformationen festgehalten. Das Gebilde

$$(2) \qquad -x^2 - y^2 - z^2 + t^2 = 1, \qquad t > 0,$$

eine *hyperboloidische Schale,* umfaßt den Raum-Zeitpunkt $A(x, y, z, t = 0, 0, 0, 1)$ und alle Raum-Zeitpunkte A', die nach Lorentz-Transformationen als $(x', y', z', t' = 0, 0, 0, 1)$ in den neu eingeführten Bestimmungsstücken x', y', z', t' auftreten.

Die Richtung eines Radiusvektors OA' von O nach einem Punkte A' von (2) und die Richtungen der in A' an (2) gehenden Tangenten sollen *normal* zueinander heißen.

Verfolgen wir eine bestimmte Stelle der Materie in ihrer Bahn zu allen Zeiten t. Die Gesamtheit der Raum-Zeitpunkte x, y, z, t, die der Stelle zu den verschiedenen Zeiten t entsprechen, nenne ich eine *Raum-Zeitlinie.*

Die Aufgabe, die Bewegung der Materie zu bestimmen, ist dahin aufzufassen: *Es soll für jeden Raum-Zeitpunkt die Richtung der daselbst durchlaufenden Raum-Zeitlinie festgestellt werden.*

Einen Raum-Zeitpunkt $P(x, y, z, t)$ *auf Ruhe transformieren*, heißt, durch eine Lorentz-Transformation ein Bezugsystem x', y', z', t' einführen derart, daß die t'-Achse OA' die Richtung erlangt, die in P die dort durchlaufende Raum-Zeitlinie zeigt. Der Raum $t' =$ konst., der durch P

zu legen ist, soll dann der in P auf der Raum-Zeitlinie *normale* Raum heißen. Dem Zuwachs dt der Zeit t von P aus entspricht der Zuwachs

(3) $$d\tau = \sqrt{dt^2 - dx^2 - dy^2 - dz^2} = dt\sqrt{1 - \mathfrak{w}^2} = \frac{dx_4}{w_4}\,{}^{*)}$$

des hierbei einzuführenden Parameters t'. Der Wert des Integrals

$$\int d\tau = \int \sqrt{-(dx_1^2 + dx_2^2 + dx_3^2 + dx_4^2)},$$

auf der Raum-Zeitlinie von irgendeinem festen Anfangspunkte P^0 an bis zum variabel gedachten Endpunkte P gerechnet, heiße die *Eigenzeit* der betreffenden Stelle der Materie im Raum-Zeitpunkte P. (Es ist das eine Verallgemeinerung des von Lorentz für gleichförmige Bewegungen gebildeten Begriffs der *Ortszeit.*)

Nehmen wir einen räumlich ausgedehnten Körper R^0 zu einer bestimmten Zeit t^0, so soll der Bereich aller durch die Raum-Zeitpunkte R^0, t^0 führenden Raum-Zeitlinien ein *Raum-Zeitfaden* heißen.

Haben wir einen analytischen Ausdruck $\Theta(x,y,z,t)$, so daß $\Theta(x,y,z,t) = 0$ von jeder Raum-Zeitlinie des Fadens in einem Punkte getroffen wird, wobei

$$-\left(\frac{\partial\Theta}{\partial x}\right)^2 - \left(\frac{\partial\Theta}{\partial y}\right)^2 - \left(\frac{\partial\Theta}{\partial z}\right)^2 + \left(\frac{\partial\Theta}{\partial t}\right)^2 > 0, \qquad \frac{\partial\Theta}{\partial t} > 0$$

ist, so wollen wir die Gesamtheit Q der betreffenden Treffpunkte einen *Querschnitt* des Fadens nennen. An jedem Punkte $P(x, y, z, t)$ eines solchen Querschnitts können wir durch eine Lorentz-Transformation ein Bezugsystem x', y', z', t' einführen, so daß hernach

$$\frac{\partial\Theta}{\partial x'} = 0, \qquad \frac{\partial\Theta}{\partial y'} = 0, \qquad \frac{\partial\Theta}{\partial z'} = 0, \qquad \frac{\partial\Theta}{\partial t'} > 0$$

wird. Die Richtung der betreffenden, eindeutig bestimmten t'-Achse heiße die *obere Normale* des Querschnitts Q im Punkte P und der Wert $dJ = \iiint dx'\,dy'\,dz'$ für eine Umgebung von P auf dem Querschnitt ein *Inhaltselement* des Querschnitts. In diesem Sinne ist R^0, t^0 selbst als der zur t-Achse normale Querschnitt $t = t^0$ des Fadens und das Volumen des Körpers R^0 als der *Inhalt* dieses Querschnitts zu bezeichnen.

Indem wir den Raum R^0 nach einem Punkte hin konvergieren lassen, kommen wir zum Begriffe eines *unendlich dünnen* Raum-Zeitfadens. In einem solchen denken wir uns stets *eine* Raum-Zeitlinie irgendwie als *Hauptlinie* ausgezeichnet und verstehen unter der *Eigenzeit des Fadens* die auf dieser Hauptlinie festgestellte Eigenzeit, unter den *Normalquerschnitten* des Fadens seine Durchquerungen durch die in den Punkten der Hauptlinie auf dieser normalen Räume.

---

*) Die Bezeichnung mit Indizes und die Zeichen $\mathfrak{w}$, w nehmen wir wieder in dem früher festgesetzten Sinne in Gebrauch (s. § 3 und § 4).

Wir formulieren nunmehr das *Prinzip von der Erhaltung der Massen.*

Jedem Raume R zu einer Zeit t gehört eine positive Größe, die *Masse in R zur Zeit t*, zu. Konvergiert R nach einem Punkte x, y, z, t hin, so nähere sich der Quotient aus dieser Masse und dem Volumen von R einem Grenzwert $\mu(x, y, z, t)$, der *Massendichte* im Raum-Zeitpunkte x, y, z, t.

Das Prinzip von der Erhaltung der Massen besagt: *Für einen unendlich dünnen Raum-Zeitfaden ist das Produkt μdJ aus der Massendichte μ an einer Stelle x, y, z, t des Fadens* (d. h. der Hauptlinie des Fadens) *und dem Inhalt dJ des durch die Stelle gehenden zur t-Achse normalen Querschnitts stets längs des ganzen Fadens konstant.*

Nun wird als Inhalt dJ_n des durch x, y, z, t gelegten Normalquerschnitts des Fadens

$$(4) \qquad dJ_n = \frac{1}{\sqrt{1-\mathfrak{w}^2}}\,dJ = -\,iw_4\,dJ = \frac{dt}{d\tau}\,dJ$$

zu rechnen sein und es möge

$$(5) \qquad \nu = \frac{\mu}{-\,iw_4} = \mu\sqrt{1-\mathfrak{w}^2} = \mu\,\frac{d\tau}{dt}$$

als *Ruh-Massendichte* an der Stelle x, y, z, t definiert werden. Alsdann kann das Prinzip von der Erhaltung der Massen auch so formuliert werden:

Für einen unendlich dünnen Raum-Zeitfaden ist das Produkt aus der Ruh-Massendichte und dem Inhalt des Normalquerschnitts an einer Stelle des Fadens stets längs des ganzen Fadens konstant.

In einem beliebigen Raum-Zeitfaden sei ein erster Querschnitt Q^0 und sodann ein zweiter Querschnitt Q^1 angebracht, der mit Q^0 dessen Punkte auf der Begrenzung des Fadens, aber nur diese gemein hat, und die Raum-Zeitlinien innerhalb des Fadens mögen auf Q^1 größere Werte t als auf Q^0 zeigen. Das von Q^0 und Q^1 zusammen begrenzte, im Endlichen gelegene Gebiet soll dann eine *Raum-Zeit-Sichel*, Q^0 die *untere*, Q^1 die *obere* Begrenzung der Sichel heißen.

Denken wir uns den Faden in viele sehr dünne Raum-Zeitfäden zerlegt, so entspricht jedem Eintritt eines dünnen Fadens in die untere Begrenzung der Sichel ein Austritt aus der oberen, wobei für beide das im Sinne von (4) und (5) ermittelte Produkt νdJ_n jedesmal gleichen Wert hat. Es verschwindet daher die Differenz der zwei Integrale $\int \nu dJ_n$, das erste erstreckt über die obere, das zweite über die untere Begrenzung der Sichel. Diese Differenz findet sich nach einem bekannten Theoreme der Integralrechnung gleich dem Integrale

$$\iiiint \mathrm{lor}\;\nu\overline{w}\;dx\,dy\,dz\,dt,$$

erstreckt über das ganze Gebiet der Sichel, wobei (vgl. (67) in § 12)

$$\operatorname{lor} \nu \bar{w} = \frac{\partial \nu w_1}{\partial x_1} + \frac{\partial \nu w_2}{\partial x_2} + \frac{\partial \nu w_3}{\partial x_3} + \frac{\partial \nu w_4}{\partial x_4}$$

ist. Wird die Sichel auf einen Raum-Zeitpunkt x, y, z, t zusammengezogen, so folgt hiernach die Differentialgleichung

$$\operatorname{lor} \nu \bar{w} = 0, \tag{6}$$

d. i. die *Kontinuitätsbedingung*

$$\frac{\partial \mu \mathfrak{w}_x}{\partial x} + \frac{\partial \mu \mathfrak{w}_y}{\partial y} + \frac{\partial \mu \mathfrak{w}_z}{\partial z} + \frac{\partial \mu}{\partial t} = 0.$$

Wir bilden ferner, über das ganze Gebiet einer Raum-Zeit-Sichel erstreckt, das Integral

$$\mathsf{N} = \iiiint \nu \, dx \, dy \, dz \, dt. \tag{7}$$

Wir zerschneiden die Sichel in dünne Raum-Zeitfäden und jeden dieser Fäden weiter nach kleinen Elementen $d\tau$ seiner Eigenzeit, die aber noch gegen die Lineardimensionen der Normalquerschnitte groß sind, setzen die Masse eines solchen Fadens $\nu dJ_n = dm$ und schreiben noch τ^0 und τ^1 für die Eigenzeit des Fadens auf der unteren bzw. der oberen Begrenzung der Sichel; alsdann ist das Integral (7) auch zu deuten als

$$\iint \nu dJ_n d\tau = \int (\tau^1 - \tau^0) \, dm$$

über die sämtlichen Fäden in der Sichel.

Nun fasse ich die Raum-Zeitlinien innerhalb einer Raum-Zeit-Sichel gleichsam wie substanzielle Kurven aus substanziellen Punkten bestehend auf und denke sie mir einer kontinuierlichen Lagenveränderung innerhalb der Sichel in folgender Art unterworfen. Die ganzen Kurven sollen irgendwie *unter Festhaltung der Endpunkte auf der unteren und der oberen Begrenzung* der Sichel verrückt und die einzelnen substanziellen Punkte auf ihnen dabei so geführt werden, daß sie stets *normal zu den Kurven* fortschreiten. Der ganze Prozeß soll analytisch mittels eines Parameters ϑ darzustellen sein und dem Werte $\vartheta = 0$ sollen die Kurven in dem wirklich stattfindenden Verlauf der Raum-Zeitlinien innerhalb der Sichel entsprechen. Ein solcher Prozeß soll eine *virtuelle Verrückung in der Sichel* heißen.

Der Punkt x, y, z, t in der Sichel für $\vartheta = 0$ möge beim Parameterwerte ϑ nach $x + \delta x$, $y + \delta y$, $z + \delta z$, $t + \delta t$ gekommen sein; letztere Größen sind dann Funktionen von x, y, z, t, ϑ. Fassen wir wieder einen unendlich dünnen Raum-Zeitfaden an der Stelle x, y, z, t auf mit einem Normalquerschnitte von einem Inhalte dJ_n und ist $dJ_n + \delta dJ_n$ der Inhalt des Normalquerschnitts an der entsprechenden Stelle des variierten Fadens, so wollen wir dem *Prinzipe von der Erhaltung der*

Massen in der Weise Rechnung tragen, daß wir an dieser variierten Stelle eine Ruh-Massendichte $\nu + \delta\nu$ gemäß

(8) $$(\nu + \delta\nu)(dJ_n + \delta dJ_n) = \nu dJ_n = dm$$

annehmen, unter ν die wirkliche Ruh-Massendichte an x, y, z, t verstanden. Zufolge dieser Festsetzung variiert dann das Integral (7), über das Gebiet der Sichel erstreckt, bei der virtuellen Verrückung als eine bestimmte Funktion $\mathsf{N} + \delta\mathsf{N}$ von ϑ und wir wollen diese Funktion $\mathsf{N} + \delta\mathsf{N}$ die *Massenwirkung* bei der virtuellen Verrückung nennen.

Ziehen wir die Schreibweise mit Indizes heran, so wird sein:

(9) $$d(x_h + \delta x_h) = dx_h + \sum_k \frac{\partial \delta x_h}{\partial x_k} dx_k + \frac{\partial \delta x_h}{\partial \vartheta} d\vartheta \quad \binom{k = 1, 2, 3, 4}{h = 1, 2, 3, 4}.$$

Nun leuchtet auf Grund der schon gemachten Bemerkungen alsbald ein, daß der Wert von $\mathsf{N} + \delta\mathsf{N}$ beim Parameterwerte ϑ sein wird:

(10) $$\mathsf{N} + \delta\mathsf{N} = \iiiint \nu \frac{d(\tau + \delta\tau)}{d\tau} dx\, dy\, dz\, dt,$$

über die Sichel erstreckt, wobei $d(\tau + \delta\tau)$ diejenige Größe bedeutet, die sich aus

$$\sqrt{-(dx_1 + d\delta x_1)^2 - (dx_2 + d\delta x_2)^2 - (dx_3 + d\delta x_3)^2 - (dx_4 + d\delta x_4)^2}$$

mittels (9) und

$$dx_1 = w_1 d\tau, \quad dx_2 = w_2 d\tau, \quad dx_3 = w_3 d\tau, \quad dx_4 = w_4 d\tau, \quad d\vartheta = 0$$

ableitet; es ist also

(11) $$\frac{d(\tau + \delta\tau)}{d\tau} = \sqrt{-\sum_h \left(w_h + \sum_k \frac{\partial \delta x_h}{\partial x_k} w_k\right)^2} \quad \binom{k = 1, 2, 3, 4}{h = 1, 2, 3, 4}.$$

Nun wollen wir den Wert des Differentialquotienten

(12) $$\left(\frac{d(\mathsf{N} + \delta\mathsf{N})}{d\vartheta}\right)_{(\vartheta = 0)}$$

einer Umformung unterwerfen. Da jedes δx_h als Funktion der Argumente $x_1, x_2, x_3, x_4, \vartheta$ für $\vartheta = 0$ allgemein verschwindet, so ist auch allgemein $\frac{\partial \delta x_h}{\partial x_k} = 0$ für $\vartheta = 0$. Setzen wir nun

(13) $$\left(\frac{\partial \delta x_h}{\partial \vartheta}\right)_{\vartheta = 0} = \xi_h \qquad (h = 1, 2, 3, 4),$$

so folgt auf Grund von (10) und (11) für den Ausdruck (12):

$$-\iiiint \nu \sum_h w_h \left(\frac{\partial \xi_h}{\partial x_1} w_1 + \frac{\partial \xi_h}{\partial x_2} w_2 + \frac{\partial \xi_h}{\partial x_3} w_3 + \frac{\partial \xi_h}{\partial x_4} w_4\right) dx\, dy\, dz\, dt.$$

Für die Systeme x_1, x_2, x_3, x_4 auf der Begrenzung der Sichel sollen

$\delta x_1, \delta x_2, \delta x_3, \delta x_4$ bei jedem Werte ϑ verschwinden und sind daher auch $\xi_1, \xi_2, \xi_3, \xi_4$ überall Null. Danach verwandelt sich das letzte Integral durch partielle Integration in

$$\iiiint \sum_h \xi_h \left(\frac{\partial \nu w_h w_1}{\partial x_1} + \frac{\partial \nu w_h w_2}{\partial x_2} + \frac{\partial \nu w_h w_3}{\partial x_3} + \frac{\partial \nu w_h w_4}{\partial x_4}\right) dx\, dy\, dz\, dt.$$

Darin ist der Klammerausdruck

$$= w_h \sum_k \frac{\partial \nu w_k}{\partial x_k} + \nu \sum_k w_k \frac{\partial w_h}{\partial x_k}.$$

Die erste Summe hier verschwindet zufolge der Kontinuitätsbedingung (6), die zweite läßt sich darstellen als

$$\frac{\partial w_h}{\partial x_1}\frac{d x_1}{d\tau} + \frac{\partial w_h}{\partial x_2}\frac{d x_2}{d\tau} + \frac{\partial w_h}{\partial x_3}\frac{d x_3}{d\tau} + \frac{\partial w_h}{\partial x_4}\frac{d x_4}{d\tau} = \frac{d w_h}{d\tau} = \frac{d}{d\tau}\left(\frac{d x_h}{d\tau}\right),$$

wobei durch $\frac{d}{d\tau}$ Differentialquotienten in Richtung der Raum-Zeitlinie einer Stelle angedeutet werden. *Für den Differentialquotienten* (12) *resultiert* damit endlich *der Ausdruck*

$$(14) \qquad \iiiint \nu \left(\frac{d w_1}{d\tau}\xi_1 + \frac{d w_2}{d\tau}\xi_2 + \frac{d w_3}{d\tau}\xi_3 + \frac{d w_4}{d\tau}\xi_4\right) dx\, dy\, dz\, dt.$$

Für eine virtuelle Verrückung in der Sichel hatten wir noch die Forderung gestellt, daß die substanziell gedachten Punkte normal zu den aus ihnen hergestellten Kurven fortschreiten sollten; dies bedeutet für $\vartheta = 0$, daß die ξ_h der *Bedingung*

$$(15) \qquad w_1 \xi_1 + w_2 \xi_2 + w_3 \xi_3 + w_4 \xi_4 = 0$$

zu entsprechen haben.

Denken wir nun an die Maxwellschen Spannungen in der Elektrodynamik ruhender Körper und betrachten wir andererseits unsere Ergebnisse in den §§ 12 und 13, so liegt eine gewisse *Anpassung des Hamiltonschen Prinzipes* für kontinuierlich ausgedehnte elastische Medien *an das Relativitätspostulat* nahe.

An jedem Raum-Zeitpunkte sei (wie in § 13) eine Raum-Zeit-Matrix II. Art

$$(16) \quad S = \begin{vmatrix} S_{11}, & S_{12}, & S_{13}, & S_{14} \\ S_{21}, & S_{22}, & S_{23}, & S_{24} \\ S_{31}, & S_{32}, & S_{33}, & S_{34} \\ S_{41}, & S_{42}, & S_{43}, & S_{44} \end{vmatrix} = \begin{vmatrix} X_x, & Y_x, & Z_x, & -iT_x \\ X_y, & Y_y, & Z_y, & -iT_y \\ X_z, & Y_z, & Z_z, & -iT_z \\ -iX_t, & -iY_t, & -iZ_t, & T_t \end{vmatrix}$$

bekannt, worin $X_x, Y_x, \ldots, Z_z, T_x, \ldots, X_t, \ldots, T_t$ reelle Größen sind.

Für eine virtuelle Verrückung in einer Raum-Zeit-Sichel bei den vorhin angewandten Bezeichnungen möge der Wert des Integrals

$$W + \delta W = \iiiint \Big(\sum_{h,k} S_{hk} \frac{\partial (x_k + \delta x_k)}{\partial x_h} \Big) dx\, dy\, dz\, dt, \tag{17}$$

über das Gebiet der Sichel erstreckt, die *Spannungswirkung* bei der virtuellen Verrückung heißen.

Die hier vorkommende Summe, ausführlicher und mit reellen Größen geschrieben, ist

$$\begin{aligned} & X_x + Y_y + Z_z + T_t \\ & + X_x \frac{\partial \delta x}{\partial x} + X_y \frac{\partial \delta x}{\partial y} + \cdots + Z_z \frac{\partial \delta z}{\partial z} \\ & - X_t \frac{\partial \delta x}{\partial t} - \cdots + T_x \frac{\partial \delta t}{\partial x} + \cdots + T_t \frac{\partial \delta t}{\partial t}. \end{aligned}$$

Wir wollen nun folgendes *Minimalprinzip für die Mechanik* ansetzen: *Wird irgendeine Raum-Zeit-Sichel abgegrenzt, so soll bei jeder virtuellen Verrückung in der Sichel die Summe aus der Massenwirkung und aus der Spannungswirkung für den wirklich stattfindenden Verlauf der Raum-Zeitlinien in der Sichel stets ein Extremum sein.*

Der Sinn dieser Aussage ist, daß bei jeder virtuellen Verrückung in den vorhin erklärten Zeichen

$$\left(\frac{d(\delta \mathsf{N} + \delta W)}{d\vartheta} \right)_{\vartheta = 0} = 0 \tag{18}$$

sein soll.

Nach den Methoden der Variationsrechnung folgen aus diesem Minimalprinzipe unter Rücksichtnahme auf die Bedingung (15) und mittels der Umformung (14) sogleich die folgenden vier Differentialgleichungen

$$\nu \frac{dw_h}{d\tau} = K_h + \varkappa w_h \qquad (h = 1, 2, 3, 4), \tag{19}$$

wo

$$K_h = \frac{\partial S_{1h}}{\partial x_1} + \frac{\partial S_{2h}}{\partial x_2} + \frac{\partial S_{3h}}{\partial x_3} + \frac{\partial S_{4h}}{\partial x_4} \tag{20}$$

die Komponenten des Raum-Zeit-Vektors I. Art $K = \text{lor}\, S$ sind und $\varkappa$ ein Faktor ist, dessen Bestimmung auf Grund von $w\bar{w} = -1$ zu erfolgen hat. Durch Multiplikation von (19) mit w_h und nachherige Summation über $h = 1, 2, 3, 4$ findet man $\varkappa = K\bar{w}$ und es wird $K + (K\bar{w})\, w$ offenbar ein zu w *normaler* Raum-Zeit-Vektor I. Art. Schreiben wir die Komponenten dieses Vektors

$$X,\ Y,\ Z,\ iT,$$

so gelangen wir nunmehr zu folgenden *Gesetzen für die Bewegung der Materie:*

$$(21)\qquad \begin{aligned} \nu \frac{d}{d\tau}\frac{dx}{d\tau} &= X, \\ \nu \frac{d}{d\tau}\frac{dy}{d\tau} &= Y, \\ \nu \frac{d}{d\tau}\frac{dz}{d\tau} &= Z, \\ \nu \frac{d}{d\tau}\frac{dt}{d\tau} &= T. \end{aligned}$$

Dabei gilt

$$\left(\frac{dx}{d\tau}\right)^2 + \left(\frac{dy}{d\tau}\right)^2 + \left(\frac{dz}{d\tau}\right)^2 = \left(\frac{dt}{d\tau}\right)^2 - 1$$

und

$$X\frac{dx}{d\tau} + Y\frac{dy}{d\tau} + Z\frac{dz}{d\tau} = T\frac{dt}{d\tau},$$

und auf Grund dieser Umstände würde sich die vierte der Gleichungen (21) als eine Folge der drei ersten darunter ansehen lassen.

Aus (21) leiten wir weiter die Gesetze für die Bewegung eines *materiellen Punktes*, das soll heißen für den Verlauf eines unendlich dünnen Raum-Zeitfadens ab.

Es bezeichne x, y, z, t einen Punkt der im Faden irgendwie angenommenen Hauptlinie. Wir bilden die Gleichungen (21) für die Punkte des *Normalquerschnitts* des Fadens durch x, y, z, t und integrieren sie, mit dem Inhaltselement des Querschnitts multipliziert, über den ganzen Raum des Normalquerschnitts. Sind die Integrale der rechten Seiten dabei R_x, R_y, R_z, R_t und ist m die konstante Masse des Fadens, so entsteht

$$(22)\qquad \begin{aligned} m \frac{d}{d\tau}\frac{dx}{d\tau} &= R_x, \\ m \frac{d}{d\tau}\frac{dy}{d\tau} &= R_y, \\ m \frac{d}{d\tau}\frac{dz}{d\tau} &= R_z, \\ m \frac{d}{d\tau}\frac{dt}{d\tau} &= R_t. \end{aligned}$$

Dabei ist wieder R mit den Komponenten R_x, R_y, R_z, iR_t ein Raum-Zeit-Vektor I. Art, der zu dem Raum-Zeit-Vektor I. Art w, Geschwindigkeit des materiellen Punktes, mit den Komponenten

$$\frac{dx}{d\tau},\quad \frac{dy}{d\tau},\quad \frac{dz}{d\tau},\quad i\frac{dt}{d\tau},$$

normal ist. Wir wollen diesen Vektor R die *bewegende Kraft* des materiellen Punktes nennen.

Integriert man jedoch die Gleichungen statt über den Normalquerschnitt des Fadens entsprechend über den *zur t-Achse normalen* Querschnitt des Fadens, der durch x, y, z, t gelegt ist, so entstehen (s. (4)) die Gleichungen (22), multipliziert noch mit $\frac{d\tau}{dt}$, insbesondere als letzte Gleichung darunter

$$m\frac{d}{dt}\left(\frac{dt}{d\tau}\right)=\mathfrak{w}_x R_x\frac{d\tau}{dt}+\mathfrak{w}_y R_y\frac{d\tau}{dt}+\mathfrak{w}_z R_z\frac{d\tau}{dt}.$$

Man wird nun die rechte Seite als *Arbeitsleistung* am materiellen Punkte für die Zeiteinheit aufzufassen haben. In der Gleichung selbst wird man dann den *Energiesatz* für die Bewegung des materiellen Punktes sehen und den Ausdruck

$$m\left(\frac{dt}{d\tau}-1\right)=m\left(\frac{1}{\sqrt{1-\mathfrak{w}^2}}-1\right)=m\left(\frac{1}{2}\,|\mathfrak{w}|^2+\frac{3}{8}\,|\mathfrak{w}|^4+\cdots\right)$$

als *kinetische Energie* des materiellen Punktes ansprechen.

Indem stets $dt \geqq d\tau$ ist, könnte man den Quotienten $\frac{dt-d\tau}{d\tau}$ als das Vorgehen der Zeit gegen die Eigenzeit des materiellen Punktes bezeichnen und dann sich ausdrücken: Die kinetische Energie eines materiellen Punktes ist das Produkt seiner Masse in das Vorgehen der Zeit gegen seine Eigenzeit.

Das *Quadrupel* der Gleichungen (22) zeigt wieder die durch das Relativitätspostulat geforderte volle Symmetrie in x, y, z, it, *wobei der vierten Gleichung*, wie wir dies bereits in der Elektrodynamik analog antrafen, *gleichsam eine höhere physikalische Evidenz zuzuschreiben ist.* Auf Grund der Forderung dieser Symmetrie ist nach dem Muster der vierten Gleichung schon sofort das Tripel der drei ersten Gleichungen aufzubauen und im Hinblick auf diesen Umstand ist die Behauptung gerechtfertigt: *Wird das Relativitätspostulat an die Spitze der Mechanik gestellt, so folgen die vollständigen Bewegungsgesetze allein aus dem Satze von der Energie.*

Ich möchte nicht unterlassen, noch plausibel zu machen, daß nicht von den Erscheinungen der *Gravitation* her ein Widerspruch gegen die Annahme des Relativitätspostulates zu erwarten ist.*)

Ist $B^*\,(x^*, y^*, z^*, t^*)$ ein fester Raum-Zeitpunkt, so soll der Bereich aller derjenigen Raum-Zeitpunkte $B(x, y, z, t)$, für die

*) In einer ganz anderen Weise, als ich hier vorgehe, hat H. Poincaré (Rendiconti del Circolo Matematico di Palermo, T. XXI (1906), p. 129) das Newtonsche Attraktionsgesetz dem Relativitätspostulate anzupassen versucht.

(23) $$(x-x^*)^2+(y-y^*)^2+(z-z^*)^2=(t-t^*)^2, \quad t-t^*\geqq 0$$

ist, das *Strahlgebilde* des Raum-Zeitpunktes B^* heißen.

Von diesem Gebilde wird eine beliebig angenommene Raum-Zeitlinie stets nur in einem einzigen Raum-Zeitpunkte B geschnitten, wie einerseits aus der *Konvexität* des Gebildes, andererseits aus dem Umstande hervorgeht, daß alle Richtungen der Raum-Zeitlinie nur Richtungen von B^* nach der konkaven Seite des Gebildes sind. Es heiße dann B^* ein *Lichtpunkt* von B.

Wird in der Bedingung (23) der Punkt $B(x, y, z, t)$ fest, der Punkt $B^*(x^*, y^*, z^*, t^*)$ variabel gedacht, so stellt die nämliche Relation den Bereich aller Raum-Zeitpunkte B^* dar, die Lichtpunkte von B sind, und es zeigt sich analog, daß auf einer beliebigen Raum-Zeitlinie stets nur ein einziger Punkt B^* vorkommt, der ein Lichtpunkt von B ist.

Es möge nun ein materieller Punkt F von der Masse m bei Vorhandensein eines anderen materiellen Punktes F^* von der Masse m^* eine bewegende Kraft nach folgendem Gesetze erfahren. Stellen wir uns die Raum-Zeitfäden von F und F^* mit Hauptlinien in ihnen vor. Es sei BC ein unendlich kleines Element der Hauptlinie von F, weiter B^* der Lichtpunkt von B, C^* der Lichtpunkt von C auf der Hauptlinie von F^*, sodann OA' der zu B^*C^* parallele Radiusvektor des hyperboloidischen Grundgebildes (2), endlich D^* der Schnittpunkt der Geraden B^*C^* mit dem durch B zu ihr normal gelegten Raume. *Die bewegende Kraft des Massenpunktes F im Raum-Zeitpunkte B möge nun sein derjenige zu BC normale Raum-Zeit-Vektor I. Art, der sich additiv zusammensetzt aus dem Vektor*

(24) $$mm^*\left(\frac{OA'}{B^*D^*}\right)^3 BD^*$$

in Richtung BD^* und dazu einem geeigneten Vektor in Richtung B^*C^*. Dabei ist unter OA'/B^*D^* das Verhältnis der betreffenden zwei parallelen Vektoren verstanden.

Es leuchtet ein, daß diese Festsetzung einen kovarianten Charakter in bezug auf die Lorentzsche Gruppe trägt.

Wir fragen nun, wie sich hiernach der Raum-Zeitfaden von F verhält, falls der materielle Punkt F^* eine gleichförmige Translationsbewegung ausführt, d. h. die Hauptlinie des Fadens von F^* eine Gerade ist. Wir verlegen den Raum-Zeit-Nullpunkt O in sie und können durch eine Lorentz-Transformation diese Gerade als t-Achse einführen. Nun bedeute x, y, z, t den Punkt B und es sei τ^* die Eigenzeit des Punktes B^*, von O aus gerechnet. Unsere Festsetzung führt hier zu den Gleichungen

(25) $$\frac{d^2x}{d\tau^2} = -\frac{m^*x}{(t-\tau^*)^3}, \quad \frac{d^2y}{d\tau^2} = -\frac{m^*y}{(t-\tau^*)^3}, \quad \frac{d^2z}{d\tau^2} = -\frac{m^*z}{(t-\tau^*)^3}$$

und

(26) $$\frac{d^2t}{d\tau^2} = -\frac{m^*}{(t-\tau^*)^2}\,\frac{d(t-\tau^*)}{dt},$$

wobei

(27) $$x^2 + y^2 + z^2 = (t-\tau^*)^2$$

und

(28) $$\left(\frac{dx}{d\tau}\right)^2 + \left(\frac{dy}{d\tau}\right)^2 + \left(\frac{dz}{d\tau}\right)^2 = \left(\frac{dt}{d\tau}\right)^2 - 1$$

ist. Die drei Gleichungen (25) lauten in Anbetracht von (27) genau wie die Gleichungen für die Bewegung eines materiellen Punktes unter Anziehung eines festen Zentrums nach dem Newtonschen Gesetze, nur daß statt der Zeit t die Eigenzeit τ des materiellen Punktes tritt. Die vierte Gleichung (26) gibt sodann den Zusammenhang zwischen Eigenzeit und Zeit für den materiellen Punkt.

Es möge nun die Bahn des Raumpunktes x, y, z für die verschiedenen τ eine Ellipse mit der großen Halbachse a, der Exzentrizität e sein und in ihr E die exzentrische Anomalie bedeuten, T den Zuwachs an Eigenzeit für einen vollen Umlauf in der Bahn, endlich $n\mathrm{T} = 2\pi$ sein, sodaß bei geeignetem Anfangspunkte von τ die Keplersche Gleichung

(29) $$n\tau = E - e\sin E$$

besteht. Verändern wir noch die Zeiteinheit und bezeichnen die Lichtgeschwindigkeit mit c, so entsteht aus (28):

(30) $$\left(\frac{dt}{d\tau}\right)^2 - 1 = \frac{m^*}{ac^2}\,\frac{1+e\cos E}{1-e\cos E}.$$

Unter Vernachlässigung von c^{-4} gegen 1 folgt dann

$$n\,dt = n\,d\tau\left(1 + \frac{1}{2}\,\frac{m^*}{ac^2}\,\frac{1+e\cos E}{1-e\cos E}\right),$$

woraus mit Benutzung von (29) sich

(31) $$nt + \text{konst.} = \left(1 + \frac{1}{2}\,\frac{m^*}{ac^2}\right)n\tau + \frac{m^*}{ac^2}\sin E$$

ergibt. Der Faktor $\frac{m^*}{ac^2}$ hierin ist das Quadrat des Verhältnisses einer gewissen mittleren Geschwindigkeit von F in seiner Bahn zur Lichtgeschwindigkeit. Wird für m^* die Masse der Sonne, für a die halbe große Achse der Erdbahn gesetzt, so beträgt dieser Faktor 10^{-8}.

Ein Anziehungsgesetz für Massen gemäß der eben erörterten und mit dem Relativitätspostulate verbundenen Formulierung würde zugleich eine *Fortpflanzung der Gravitation mit Lichtgeschwindigkeit* bedeuten. In Anbetracht der Kleinheit des periodischen Termes in (31) dürfte eine Entscheidung *gegen* ein solches Gesetz und die vorgeschlagene modifizierte Mechanik zugunsten des Newtonschen Attraktionsgesetzes mit der Newtonschen Mechanik aus den astronomischen Beobachtungen nicht abzuleiten sein.

Inhaltsübersicht.

XXXI.

Eine Ableitung der Grundgleichungen für die elektromagnetischen Vorgänge in bewegten Körpern vom Standpunkte der Elektronentheorie.

(Aus dem Nachlaß von Hermann Minkowski bearbeitet von Max Born in Göttingen.)

(Mathematische Annalen, Band 68, S. 526—556.)

Kurze Zeit vor seinem Tode hat mir Hermann Minkowski gesprächsweise den Grundgedanken der vorliegenden Arbeit mitgeteilt. Es handelt sich dabei um eine Ableitung der Grundgleichungen für die elektromagnetischen Vorgänge in bewegten Körpern, die sich nahe an den von H. A. Lorentz eingeschlagenen Weg*) anschließt; es sollen nämlich aus den im freien Äther geltenden Grundgleichungen die Gesetze für bewegte Körper dadurch hergeleitet werden, daß die Bewegungen der in der Materie eingebetteten Elektrizität (Elektronen) verfolgt werden. Minkowski behauptete damals, daß der von Lorentz eingeschlagene Weg, die Mittelwerte der von den Elektronen herrührenden Effekte zu bestimmen, mathematisch äquivalent sei einer Reihenentwicklung nach einem Parameter, der die mittlere Verschiebung der Elektronen aus ihren Ruhelagen im Inneren der Materie mißt. Einige Tage später teilte er mir mit, daß das Glied 1. Ordnung in dieser Reihe in der Tat als dielektrische Polarisation gedeutet werden könne; seiner Überzeugung nach müsse das Glied 2. Ordnung die Magnetisierung darstellen. Aus der Beschäftigung mit diesen Gedankengängen hat ihn der Tod herausgerissen**).

---

*) Vgl. H. A. Lorentz, Enzyklopädie der mathematischen Wissenschaften, V 2, Art. 14, Abschnitt IV, Elektromagnetische Vorgänge in ponderablen Körpern, S. 200.

M. Abraham, Elektromagnetische Theorie der Strahlung, Leipzig 1908, 2. Aufl., 2. Abschnitt, Elektromagnetische Vorgänge in wägbaren Körpern, § 28, S. 238.

**) In seinem auf der 80. Naturforscher-Versammlung zu Köln gehaltenen Vortrage „Raum und Zeit" (Physikalische Zeitschrift, 10. Jahrg. 1909, S. 104, und Jahresberichte

Als mir von Herrn Hilbert die auf die Elektrodynamik bezüglichen Papiere Minkowskis anvertraut wurden, habe ich sogleich gesucht, ob darin auf den genannten Gegenstand bezügliche Aufzeichnungen vorhanden seien. Ich konnte aber nur wenige Anhaltspunkte finden; denn diese über hundert eng mit Formeln bedeckten Blätter enthalten kein einziges Wort des Textes oder der Erklärung der gebrauchten Zeichen. Erst als es mir gelungen war, die Minkowskischen Ideen gemäß seinen mündlichen Mitteilungen zu rekonstruieren, habe ich in seinen Aufzeichnungen Stellen gefunden, die mit den von mir gewonnenen Formeln identisch zu sein scheinen.

Aus diesen Gründen übergebe ich diese Arbeit unter Minkowskis Namen der Öffentlichkeit. In der Ausdrucksweise und den Bezeichnungen werde ich mich nach Möglichkeit Minkowskis Gebrauche anschließen, und ich verweise dieserhalb auf seine Abhandlung: *Die Grundgleichungen für die elektromagnetischen Vorgänge in bewegten Körpern**).

Einleitung.

In der zitierten Abhandlung hat Minkowski die Grundgleichungen für die elektromagnetischen Vorgänge in bewegten Körpern mit Hilfe der in § 8, S. 368, formulierten Axiome aufgestellt. Dabei werden die in der Tat wohl nicht mehr angefochtenen Grundgleichungen für ruhende Körper (§ 7, Gleichungen (I) bis (V), S. 367) als bekannt vorausgesetzt.

Dieser Standpunkt entspricht nicht den Absichten von H. A. Lorentz, der die Vorgänge in materiellen Körpern durch geeignete Hilfshypothesen über Verschiebungen und Bewegungen der in die Materie eingelagerten Elektronen zu erklären sucht. Hierbei werden nicht die aus der Erfahrung induktiv gewonnenen Maxwell-Hertzschen Grundgleichungen für ruhende materielle Körper, sondern die für den reinen Äther von Lorentz hypothetisch angenommenen Gesetze, die eine Art Idealisierung der Maxwellschen Gleichungen sind, als Ausgangspunkt gewählt. Diese Gesetze verknüpfen die Vektoren *elektrische Feldstärke* $\mathfrak{E}$ und *magnetische Erregung des*

---

der deutschen Mathematiker-Vereinigung, Bd. 18, S. 75; auch als Sonderabdruck erschienen, Leipzig, B. G. Teubner 1909; diese Ges. Abhandlungen, Bd. II, S. 431) hat Minkowski auf die Möglichkeit einer solchen elektronentheoretischen Ableitung der Grundgleichungen hingewiesen und eine Veröffentlichung darüber in Aussicht gestellt.

*) Nachrichten der K. Gesellschaft der Wissenschaften zu Göttingen, mathematisch-physikalische Klasse, 1908, S. 54; diese Ges. Abhandlungen, Bd. II, S. 352. (Im folgenden zitiert als „Grundgleichungen"; die Seitenzahlen der Zitate beziehen sich auf vorstehenden Abdruck.)

reinen Äthers $\mathfrak{M}$*) mit dem Konvektionsstrom der Elektrizität; ist $\tilde{\varrho}$ die *Raumdichte* und $\tilde{\mathfrak{w}}$ der Raumvektor *Geschwindigkeit der Elektrizität* (der Elektronen), so lauten die Grundgleichungen für den Äther:

$$\text{(I)} \qquad \operatorname{curl} \mathfrak{M} - \frac{1}{c}\frac{\partial \mathfrak{E}}{\partial t} = \frac{1}{c}\tilde{\varrho}\,\tilde{\mathfrak{w}},$$

$$\text{(II)} \qquad \operatorname{div} \mathfrak{E} = \tilde{\varrho},$$

$$\text{(III)} \qquad \operatorname{curl} \mathfrak{E} + \frac{1}{c}\frac{\partial \mathfrak{M}}{\partial t} = 0,$$

$$\text{(IV)} \qquad \operatorname{div} \mathfrak{M} = 0.$$

Dabei ist ein geeignetes Bezugsystem rechtwinkliger Raum-Koordinaten x, y, z und der Zeit t angenommen; die Lichtgeschwindigkeit im leeren Raume ist mit c bezeichnet**).

Lorentz teilt nun die Elektronen, deren Ladungen und Bewegungen in den rechten Seiten der Gleichungen (I), (II) auftreten, in mehrere Gruppen ein. Die erste Gruppe bilden die *Leitungselektronen*, die sich wesentlich unabhängig von der Materie durch diese hindurch bewegen; sie konstituieren den „Leitungsstrom" und ihre Ladungen bilden die „wahre Elektrizität". Die zweite Gruppe bilden die *Polarisationselektronen*, die Gleichgewichtslagen im Inneren der materiellen Moleküle besitzen, aus denen sie durch die Einwirkung des elektromagnetischen Feldes verschoben werden können; die dadurch abgeänderte Dichte der Elektrizität wird als die der „freien Elektrizität" bezeichnet. Die dritte Gruppe sind die *Magnetisierungselektronen*, die Umlaufsbewegungen um Zentra innerhalb der Materie ausführen und, analog den Ampèreschen molekularen Kreisströmen, zu den Erscheinungen der Magnetisierung Anlaß geben. Indem nun Lorentz die Mittelwerte der Anteile des Konvektionsstromes, die von den drei Arten der Elektronen herrühren, in geeigneter Weise umformt, gelangt er zu seinen Grundgleichungen für die elektromagnetischen Vorgänge in den materiellen Körpern. Wie Minkowski***) gezeigt hat, sind diese Gleichungen für bewegte Körper nicht mit dem Relativitätspostulat vereinbar; und die Gleichungen, die Lorentz speziell für nichtmagnetisierte Körper angibt, sind es nur approximativ, was aber seinerseits nur durch

---

*) In Übereinstimmung mit H. A. Lorentz haben wir die den Zustand des Äthers charakterisierenden Vektoren in dieser Weise zu bezeichnen, um sie nachher in den Grundgleichungen für materielle Körper richtig deuten zu können; daraus entspringt die Abweichung der hier gebrauchten Bezeichnung von der Minkowskis in § 2 der zitierten Arbeit.

**) Um den Vergleich mit der Lorentzschen Theorie zu erleichtern, habe ich es vermieden, $c = 1$ zu setzen; durch den Gebrauch der Minkowskischen Indizesbezeichnung wird die Rechnung durch das Mitführen von c nicht belastet.

***) Grundgleichungen, Einleitung, S. 353. Vgl. auch S. 427 vorliegender Arbeit.

zwei sich kompensierende Widersprüche gegen das Relativitätsprinzip zustande kommt*).

Indem wir uns die Aufgabe stellen, die Grundgleichungen für bewegte Körper allgemein auch unter Zulassung der Magnetisierung aus den Grundgleichungen im Äther abzuleiten, bemerken wir zuerst, daß von der charakteristischen Hypothese der Elektronentheorie, der atomistischen Struktur der Elektrizität, bei der Lorentzschen Ableitung nur ein sehr beschränkter Gebrauch gemacht wird; denn durch die Mittelwertbildung über „physikalisch unendlich kleine" Bereiche wird diese Struktur vollständig verwischt, und die Mittelwerte, auf die es allein ankommt, werden als stetige Funktionen des Ortes und der Zeit angesehen.

Wir verzichten daher überhaupt darauf, auf die feinere Struktur der Elektrizität einzugehen. Von den Lorentzschen Vorstellungen benutzen wir nur soviel, daß wir annehmen, die *Elektrizität sei ein Kontinuum, das die Materie überall durchdringt, zum Teil sich frei innerhalb derselben bewegen kann, zum Teil aber an sie gefesselt ist und nur sehr kleine Bewegungen relativ zu ihr ausführen kann.*

Will man näheren Anschluß an Lorentz erreichen, so kann man alle im folgenden vorkommenden Größen als jene Lorentzschen Mittelwerte ansehen; es ist dann aber hier nicht nötig, sie als solche durch besondere Zeichen von den auf die einzelnen Elektronen bezogenen Größen zu unterscheiden, weil wir von den letzteren nirgends Gebrauch machen.

Um von vornherein sicher zu sein, daß alle Formeln mit dem Relativitätspostulate in Übereinstimmung sind, genügt es, bei der mathematischen Formulierung der soeben ausgesprochenen Grundannahme die von Minkowski eingeführte vierdimensionale Vektorrechnung und die von ihm statuierten Symmetrien, vor allem die der Raumkoordinaten x, y, z und der mit ci multiplizierten Zeit t, in den Vordergrund zu rücken. Dadurch wird die Kovarianz der Formeln gegenüber Lorentz-Transformationen in Evidenz gesetzt.

Ferner setzen wir voraus, daß alle vorkommenden Geschwindigkeiten kleiner als die Lichtgeschwindigkeit sind.

*) Letzteren Mangel hat Herr Ph. Frank (Annalen der Physik (4), Bd. 27, 1908, S. 1059) beseitigt, indem er, dem Lorentzschen Gedankengange sonst im wesentlichen folgend, die dem Relativitätspostulate äquivalente Kontraktionshypothese an einer früheren Stelle einführt, als es bei Lorentz geschieht.

§ 1.

Bezeichnungen.

Nach Minkowski ersetzen wir

$$x, y, z, ict$$

durch

$$x_1, x_2, x_3, x_4.$$

Mit $\mathfrak{w}$ bezeichnen wir den Raumvektor *Geschwindigkeit der Materie* mit den Komponenten

$$\mathfrak{w}_x, \mathfrak{w}_y, \mathfrak{w}_z.$$

Aus diesen bilden wir den Raum-Zeit-Vektor I. Art w mit den Komponenten:

$$w_1 = \frac{\mathfrak{w}_x}{c\sqrt{1-\frac{|\mathfrak{w}|^2}{c^2}}}, \quad w_2 = \frac{\mathfrak{w}_y}{c\sqrt{1-\frac{|\mathfrak{w}|^2}{c^2}}}, \quad w_3 = \frac{\mathfrak{w}_z}{c\sqrt{1-\frac{|\mathfrak{w}|^2}{c^2}}}, \quad w_4 = \frac{i}{\sqrt{1-\frac{|\mathfrak{w}|^2}{c^2}}},$$

wobei $|\mathfrak{w}| = \sqrt{\mathfrak{w}_x^2 + \mathfrak{w}_y^2 + \mathfrak{w}_z^2}$ den Betrag der Geschwindigkeit bedeutet. Die Größen w_α erfüllen die Relation:

$$w_1^2 + w_2^2 + w_3^2 + w_4^2 = -1.$$

Die *Geschwindigkeit der Elektrizität* haben wir in (I) bis (IV) mit $\tilde{\mathfrak{w}}$ bezeichnet; diesem Raumvektor ordnen wir in analoger Weise einen Raum-Zeit-Vektor I. Art $\tilde{w}$ zu.

Aus der Dichte $\tilde{\varrho}$ der Elektrizität bilden wir die gegenüber Lorentz-Transformationen invariante *Ruh-Dichte:*

$$\tilde{\varrho}_0 = \tilde{\varrho}\sqrt{1-\frac{|\tilde{\mathfrak{w}}|^2}{c^2}}.$$

Die Raumvektoren magnetische Erregung $\mathfrak{M}$ und elektrische Feldstärke $\mathfrak{E}$ fassen wir zu dem Raum-Zeit-Vektor II. Art F zusammen, indem wir

$$\mathfrak{M}_x, \mathfrak{M}_y, \mathfrak{M}_z, -i\mathfrak{E}_x, -i\mathfrak{E}_y, -i\mathfrak{E}_z$$

durch

$$F_{23}, F_{31}, F_{12}, \quad F_{14}, \quad F_{24}, \quad F_{34}$$

ersetzen.

Mit Hilfe des Minkowskischen Differentialoperators lor, der als der Raum-Zeit-Vektor I. Art

$$\left| \frac{\partial}{\partial x_1}, \frac{\partial}{\partial x_2}, \frac{\partial}{\partial x_3}, \frac{\partial}{\partial x_4} \right|$$

definiert ist, können wir dann die Grundgleichungen (I) bis (IV) in folgende symbolische Gleichungen zusammenfassen:

(A) $$\operatorname{lor} F = -\tilde{\varrho}_0 \tilde{w},$$

(B) $$\operatorname{lor} F^* = 0.$$

§ 2.

Die Zerlegung der elektrischen Strömung.

Die Strömung der Elektrizität, die durch den Raum-Zeit-Vektor $\tilde{w}$ und die Ruh-Dichte $\tilde{\varrho}_0$ charakterisiert ist, denken wir uns aus zwei sich superponierenden Teilen zusammengesetzt.

Der 1. Teil, der aus den Lorentzschen „Leitungselektronen" gebildet zu denken ist, habe die Ruh-Dichte $\varrho_0^{(l)}$ und der zugehörige Raum-Zeit-Vektor Geschwindigkeit sei mit $w^{(l)}$ bezeichnet. Überhaupt werden alle auf diesen Stromanteil bezüglichen Größen durch den oberen Index l gekennzeichnet. Dieser Teil des Konvektionsstromes bewege sich unabhängig von der Bewegung der Materie innerhalb derselben. Er wird zur Entstehung des Leitungsstroms Veranlassung geben.

Der 2. Teil der Strömung, der von den Lorentzschen Polarisations- und Magnetisierungselektronen gebildet ist, soll im wesentlichen der Bahn der Materie folgen und nur wenig von ihr abweichen, und zwar soll folgendes statthaben:

Von den in den materiellen neutralen Punkten vereinigten und sich dort kompensierenden Elektrizitätsmengen sei ein Quantum aus dieser Ruhelage verschoben und führe sowohl Bewegungen relativ zur Materie aus, als auch werde es von dieser mitgeführt.

Um diese Annahme zu formulieren, denken wir uns vorläufig (indem wir die das Relativitätsprinzip berücksichtigende nähere Bestimmung dieser Verschiebung für § 3 vorbehalten) sowohl die Ruh-Dichte, als auch die Komponenten des Geschwindigkeitsvektors dieses Stromanteils außer von x, y, z, t noch abhängig von einem Parameter ϑ derart, daß für $\vartheta = 0$ die Ruh-Dichte verschwindet und die Geschwindigkeitskomponenten in die entsprechenden der Materie übergehen. Wegen der vorausgesetzten Kleinheit der Abweichungen werden wir nach Potenzen von ϑ entwickeln können; bezeichnen wir die Differentiation nach ϑ bei festen x, y, z, t mit δ, so wird man für diesen zweiten Teil des Konvektionsstromes

$$\vartheta \cdot \delta(\varrho_0 w) + \frac{\vartheta^2}{2} \delta\delta(\varrho_0 w) + \cdots$$

schreiben können. Die gesamte Strömung der Elektrizität ist demnach:

$$\tilde{\varrho}_0 \tilde{w} = \varrho_0^{(l)} w^{(l)} + \vartheta \delta(\varrho_0 w) + \frac{\vartheta^2}{2} \delta\delta(\varrho_0 w) + \cdots.$$

Die Glieder dieser Reihe werden wir einzeln betrachten und zeigen, daß das erste Glied, das von ϑ frei ist, den von Minkowski mit s bezeichneten Stromvektor bildet, der den Leitungsstrom und den an der Materie haftenden Konvektionsstrom der Elektrizität darstellt, daß das zweite Glied mit dem Faktor ϑ als der Hauptteil der dielektrischen Polarisation der Materie zu deuten ist und das dritte Glied mit ϑ^2 einerseits zu dieser Polarisation noch einen Beitrag liefert, andererseits als Magnetisierung der Materie aufgefaßt werden muß.

Die Frage nach der Bedeutung der höheren Glieder der Reihe (1) fällt aus dem Rahmen der vorliegenden Untersuchung heraus. Bedenkt man, daß bereits die Magnetisierbarkeit bei den meisten Substanzen äußerst gering ist, derart, daß schon das in ϑ quadratische Glied der Reihe (1) einen kleinen numerischen Wert bekommt, so wird man annehmen können, daß der Einfluß der höheren Glieder auf die Beobachtungen bei den meisten Substanzen unmerklich ist, sofern ihnen überhaupt eine physikalische Bedeutung zukommt. Die Eigenschaften der stark magnetisierbaren (ferromagnetischen) Körper sind aber überhaupt noch zu wenig aufgeklärt, als daß man von ihnen aus für eine so weitgehende Theorie experimentelle Stützen erwarten dürfte.

§ 3.
Die Darstellung der variierten Strömung.

Den im vorigen Paragraphen betrachteten zweiten Teil der Strömung kann man analytisch als eine „Variation" der Strömung der Materie ansehen*). Um diese näher zu charakterisieren, stellen wir diesen Anteil des Konvektionsstroms analog der nach Lagrange bezeichneten Weise dadurch dar, daß wir x, y, z und t als Funktionen dreier Parameter, ξ, η, ζ, welche die einzelnen materiellen Teilchen individualisieren, und der Eigenzeit τ ansehen; außerdem mögen diese vier Funktionen noch von einem Parameter ϑ derart abhängen, daß sie für $\vartheta = 0$ die Bewegung der Materie darstellen; wir schreiben also

$$(2)\qquad \begin{aligned} x &= x(\xi, \eta, \zeta, \tau; \vartheta), \\ y &= y(\xi, \eta, \zeta, \tau; \vartheta), \\ z &= z(\xi, \eta, \zeta, \tau; \vartheta), \\ t &= t(\xi, \eta, \zeta, \tau; \vartheta), \end{aligned}$$

wobei identisch in allen fünf Argumenten die Bedingung

$$(3)\qquad \left(\frac{\partial x}{\partial \tau}\right)^2 + \left(\frac{\partial y}{\partial \tau}\right)^2 + \left(\frac{\partial z}{\partial \tau}\right)^2 - c^2 \left(\frac{\partial t}{\partial \tau}\right)^2 = -c^2$$

erfüllt sein möge. Die Geschwindigkeitskomponenten der Materie sind

*) Diese Variation ist nicht unähnlich der virtuellen Verrückung, die Minkowski im Anhang der zitierten Arbeit S. 396 zur Ableitung der Grundgleichungen der Mechanik benützt.

$$w_1 = \frac{1}{c}\left(\frac{\partial x}{\partial \tau}\right)_{\vartheta=0}, \qquad w_2 = \frac{1}{c}\left(\frac{\partial y}{\partial \tau}\right)_{\vartheta=0},$$
$$w_3 = \frac{1}{c}\left(\frac{\partial z}{\partial \tau}\right)_{\vartheta=0}, \qquad w_4 = i\left(\frac{\partial t}{\partial \tau}\right)_{\vartheta=0}.$$

Ersetzen wir

$$\xi,\ \eta,\ \zeta,\ ic\tau$$

durch

$$\xi_1,\ \xi_2,\ \xi_3,\ \xi_4,$$

so können wir kurz schreiben:

$$(2') \qquad x_\alpha = x_\alpha(\xi_1, \xi_2, \xi_3, \xi_4; \vartheta), \qquad (\alpha = 1, 2, 3, 4),$$

$$(3') \qquad \sum_{\alpha=1}^{4}\left(\frac{\partial x_\alpha}{\partial \xi_4}\right)^2 = 1.$$

Wir wollen für die häufig vorkommenden Differentiationsprozesse folgende Abkürzungen gebrauchen. Eine Funktion φ von $x_1, x_2, x_3, x_4, \vartheta$ kann man vermöge der Transformation (2′) auch als Funktion von ξ_1, $\xi_2, \xi_3, \xi_4, \vartheta$ ansehen. Wir bezeichnen

$\frac{\partial \varphi}{\partial \xi_4}$ bei festgehaltenen $\xi_1, \xi_2, \xi_3, \vartheta$ mit φ',

$\frac{\partial \varphi}{\partial \vartheta}$ „ „ $\xi_1, \xi_2, \xi_3, \xi_4$ mit $\dot{\varphi}$,

$\frac{\partial \varphi}{\partial \vartheta}$ „ „ x_1, x_2, x_3, x_4 mit $\delta\varphi$.

Die Operationen φ', $\dot{\varphi}$ sind also vertauschbar; die Operation $\delta\varphi$ ist aber mit keiner der beiden ersten vertauschbar.

Die Ruh-Dichte ϱ_0 der Elektrizität wird ebenfalls eine Funktion der ξ_α und ϑ sein:

$$\varrho_0 = \varrho_0(\xi_1, \xi_2, \xi_3, \xi_4; \vartheta).$$

Da wir voraussetzen, daß die Materie vor der Verrückung, d. h. für $\vartheta = 0$, elektrisch neutral sei, müssen wir annehmen, daß

$$\varrho_0(\xi_1, \xi_2, \xi_3, \xi_4; 0) = 0$$

sei.

Dagegen setzen wir voraus, daß die Größen

$$\varrho_0\dot{x}_1,\ \varrho_0\dot{x}_2,\ \varrho_0\dot{x}_3,\ \varrho_0\dot{x}_4$$

sowie ihre Ableitungen nach ϑ bei festgehaltenen x_1, x_2, x_3, x_4 für $\vartheta = 0$ endliche, nicht identisch verschwindende Grenzwerte besitzen.

Daß dies mit den über die x_α und ϱ_0 gemachten Annahmen verträglich ist, zeigt z. B. der Ansatz

$$x_\alpha = f_\alpha(\xi_1, \xi_2, \xi_3, \xi_4) + \vartheta^{\frac{1}{2}}\varphi_\alpha(\xi_1, \xi_2, \xi_3, \xi_4),$$
$$\varrho_0 = \vartheta^{\frac{1}{2}}\psi(\xi_1, \xi_2, \xi_3, \xi_4);$$

hier stellt

$$x_\alpha = f_\alpha(\xi_1, \xi_2, \xi_3, \xi_4)$$

die Strömung der Materie dar, ϱ_0 verschwindet für $\vartheta = 0$; es bleibt aber

$$\varrho_0 \dot{x}_\alpha = \frac{1}{2}\varphi_\alpha \cdot \psi$$

endlich und von Null verschieden.

Der Sinn dieser Forderung ist der:

Es soll durch die Verschiebung der Ladungen aus ihrer Ruhelage jedes neutrale Teilchen der Materie in ein geladenes System (im einfachsten Falle in einen Dipol) verwandelt werden; im Sinne der Elektronentheorie werden die Größen $\varrho_0 \dot{x}_\alpha$ die „elektrischen Momente“ der Teilchen bestimmen; in der Tat werden wir diesen Umstand im folgenden klar erkennen. Daher müssen wir diesen Produkten für $\vartheta = 0$ einen endlichen Grenzwert zuschreiben. Man kann das auch so ausdrücken, daß unsere Variation der Strömung eine Art „räumlicher Doppelbelegung“ der Materie ist. Die Funktionen x_α sind infolge dieses Umstandes bei $\vartheta = 0$ nicht in Potenzreihen entwickelbar; wohl ist dieses aber, wie wir sehen werden, mit den Komponenten des Konvektionsstroms $i\varrho_0 x'_\alpha$ der Fall, auf die es allein ankommt; hier bedeuten die vier Größen ix'_α die Komponenten des Raum-Zeit-Vektors Geschwindigkeit; sie gehen für $\vartheta = 0$ in die Komponenten w_α der Geschwindigkeit der Materie über.

Der *Unzerstörbarkeit der Elektrizität* tragen wir dadurch Rechnung, daß wir die „Kontinuitätsbedingung“

$$\frac{\partial \varrho_0 x'}{\partial x} + \frac{\partial \varrho_0 y'}{\partial y} + \frac{\partial \varrho_0 z'}{\partial z} + \frac{\partial \varrho_0 t'}{\partial t} = 0 \tag{4}$$

oder kurz

$$\sum_{\alpha=1}^{4} \frac{\partial \varrho_0 x'_\alpha}{\partial x_\alpha} = 0 \tag{4'}$$

identisch in den x_α und ϑ erfüllt annehmen.

Wir müssen noch eine weitere Voraussetzung über die Größen $\dot{x}_\alpha$ machen, die die Verschiebung des elektrischen Teilchens aus seiner Ruhelage bestimmen. *Wir nehmen an, daß die Verschiebung jedes elektrischen Teilchens in einem Bezugsysteme, in dem das zu denselben Werten ξ, η, ζ gehörige materielle Teilchen ruht, durch einen Raumvektor* (d. h. einen Raum-Zeit-Vektor I. Art mit verschwindender Zeitkomponente) *dargestellt wird.*

Das läuft darauf heraus, daß die Raum-Zeit-Vektoren I. Art $\dot{x}$ und w normal sind (vgl. „Grundgleichungen“, § 11, 6°, S. 378):

(5) $$\sum_{\alpha=1}^{4} w_\alpha \dot{x}_\alpha = 0.$$

Demnach hat die Variation der Zeit $\dot{t}$ die Bedeutung des folgenden skalaren Produkts

(5′) $$\dot{t} = \frac{1}{c^2}(\mathfrak{w}_x \dot{x} + \mathfrak{w}_y \dot{y} + \mathfrak{w}_z \dot{z}).$$

Aus (5) ergibt sich speziell durch Multiplikation mit ϱ_0 und Differentiation nach ϑ bei festgehaltenen x, y, z, t:

(6) $$\sum_{\alpha=1}^{4} w_\alpha \delta(\varrho_0 \dot{x}_\alpha) = 0$$

oder

(6′) $$\delta(\varrho_0 \dot{t}) = \frac{1}{c^2}(\mathfrak{w}_x \delta(\varrho_0 \dot{x}) + \mathfrak{w}_y \delta(\varrho_0 \dot{y}) + \mathfrak{w}_z \delta(\varrho_0 \dot{z})).$$

Eine weitere Normalitätsbedingung erhält man, wenn man die Identität (3) bzw. (3′) nach ϑ bei festen x, y, z, t differenziert:

(7) $$\sum_{\alpha=1}^{4} x'_\alpha \delta x'_\alpha = 0.$$

Geht man hier zur Grenze $\vartheta = 0$ über, so kommt:

(7′) $$\sum_{\alpha=1}^{4} w_\alpha \delta w_\alpha = 0.$$

Dabei haben die δw_α die folgende Bedeutung:

(8) $$\delta w_1 = \delta\left(\frac{\mathfrak{w}_x}{c\sqrt{1-\frac{|\mathfrak{w}|^2}{c^2}}}\right) = i[\delta x'_1]_{\vartheta=0}, \quad \text{u. s. f.}$$
$$\delta w_4 = \delta\left(\frac{i}{\sqrt{1-\frac{|\mathfrak{w}|^2}{c^2}}}\right) = i[\delta x'_4]_{\vartheta=0}.$$

Endlich betrachten wir die *Variation der Ruh-Dichte* ϱ_0. Diese soll nicht unabhängig variieren, sondern so, daß ihre Ableitung nach ϑ an einer Stelle x, y, z, t mit dem elektrischen Momente $\varrho_0 \dot{x}$ an dieser Stelle durch die Identität in den x_α und ϑ

(9) $$\frac{\partial \varrho_0 \dot{x}}{\partial x} + \frac{\partial \varrho_0 \dot{y}}{\partial y} + \frac{\partial \varrho_0 \dot{z}}{\partial z} + \frac{\partial \varrho_0 \dot{t}}{\partial t} = -\delta \varrho_0$$

oder

(9′) $$\sum_{\alpha=1}^{4} \frac{\partial \varrho_0 \dot{x}_\alpha}{\partial x_\alpha} = -\delta \varrho_0$$

verbunden ist.

Die Bedeutung dieser Gleichung ist die folgende: Wir nahmen an, daß das verschobene Quantum Elektrizität vor der Verschiebung durch die gleiche Menge entgegengesetzter Elektrizität kompensiert wurde; daher ist die linke Seite von Gleichung (9) nicht Null, was bedeuten würde, daß die Abnahme der in einem Volumen befindlichen Elektrizitätsmenge bei der Verschiebung gleich der durch die Begrenzung des Volumens tretenden Menge ist; vielmehr tritt bei der Verschiebung jene vorher kompensierte Ladung des entgegengesetzten Vorzeichens zutage, und das ist eben in erster Näherung die bei festgehaltenen x, y, z, t genommene Ableitung $-\delta\varrho_0$. Die spezielle Form des obigen Ansatzes wird durch die vom Relativitätsprinzip geforderte Symmetrie gerechtfertigt.

§ 4.

Die Reihenentwicklung der variierten Strömung.

Unsere Aufgabe ist es, die Größen $\varrho_0 x'_\alpha$ in jedem Raum-Zeitpunkte, d. h. bei festgehaltenen x_α, in einer Potenzreihe nach ϑ zu entwickeln; gemäß der Bedeutung des Symbols δ haben wir also:

$$\varrho_0 x'_\alpha = \vartheta\,\delta(\varrho_0 x'_\alpha)_0 + \frac{\vartheta^2}{2}\,\delta\,\delta(\varrho_0 x'_\alpha)_0 + \cdots, \tag{10}$$

wo in den Koeffizienten $\vartheta = 0$ zu setzen ist.

Es ist

$$\delta(\varrho_0 x'_\alpha) = \varrho_0\,\delta x'_\alpha + x'_\alpha\,\delta\varrho_0 .$$

Wir wollen die Operation δ durch den mit dem Punkte bezeichneten „substantiellen" Differentialquotienten ersetzen. Dazu sehen wir x'_α als Funktion der x_α und ϑ an, wobei die x_α ihrerseits Funktionen der ξ_α und ϑ sind:

$$x'_\alpha = x'_\alpha(x_1(\xi_1, \xi_2, \xi_3, \xi_4; \vartheta), \ldots, x_4(\xi_1, \xi_2, \xi_3, \xi_4; \vartheta); \vartheta).$$

Dann ergibt sich durch Differentiation nach ϑ bei festen ξ_α:

$$\dot{x}'_\alpha = \sum_{\beta=1}^{4} \frac{\partial x'_\alpha}{\partial x_\beta}\,\dot{x}_\beta + \delta x'_\alpha . \tag{α}$$

Andererseits bilden wir dieselbe Größe $\dot{x}'_\alpha$, indem wir zuerst die mit dem Punkte, dann die mit dem Striche bezeichnete Operation vornehmen; sehen wir also $\dot{x}_\alpha$ als Funktion der x_α und ϑ an und die x_α ihrerseits als Funktionen der ξ_α und ϑ:

$$\dot{x}_\alpha = \dot{x}_\alpha(x_1(\xi_1, \xi_2, \xi_3, \xi_4; \vartheta), \ldots, x_4(\xi_1, \xi_2, \xi_3, \xi_4; \vartheta); \vartheta),$$

so folgt durch Differentiation nach ξ_4 bei festen $\xi_1, \xi_2, \xi_3, \vartheta$:

$$\dot{x}'_\alpha = \sum_{\beta=1}^{4} \frac{\partial \dot{x}_\alpha}{\partial x_\beta}\, x'_\beta . \tag{β}$$

Aus den Gleichungen (α), (β) finden wir:

$$(\gamma) \qquad \delta x'_\alpha = \sum_{\beta=1}^{4} \left(\frac{\partial \dot{x}_\alpha}{\partial x_\beta} x'_\beta - \frac{\partial x'_\alpha}{\partial x_\beta} \dot{x}_\beta \right).$$

Um $\delta(\varrho_0 x'_\alpha)$ zu erhalten, haben wir dies mit ϱ_0 zu multiplizieren und die mit x'_α multiplizierte Gleichung (9′) hinzuzufügen; wir addieren außerdem noch die mit $\dot{x}_\alpha$ multiplizierte Kontinuitätsgleichung (4′), so daß wir schließlich erhalten:

$$\delta(\varrho_0 x'_\alpha) = \sum_{\beta=1}^{4} \left(\frac{\partial \dot{x}_\alpha}{\partial x_\beta} \varrho_0 x'_\beta - \frac{\partial x'_\alpha}{\partial x_\beta} \varrho_0 \dot{x}_\beta - \frac{\partial \varrho_0 \dot{x}_\beta}{\partial x_\beta} x'_\alpha + \frac{\partial \varrho_0 x'_\beta}{\partial x_\beta} \dot{x}_\alpha \right)$$

oder

$$(11) \qquad \delta(\varrho_0 x'_\alpha) = \sum_{\beta=1}^{4} \frac{\partial}{\partial x_\beta} (\varrho_0 \dot{x}_\alpha \cdot x'_\beta - \varrho_0 \dot{x}_\beta \cdot x'_\alpha).$$

Diese Gleichung gilt identisch in den x_α und ϑ. Wenn wir sie nochmals nach ϑ bei festen x_α differenzieren, können wir diese Operation unter den in der Summe vorkommenden Differentiationszeichen nach x_β ausführen. Daher wird:

$$(12) \quad \delta\delta(\varrho_0 x'_\alpha) = \sum_{\beta=1}^{4} \frac{\partial}{\partial x_\beta} \left\{ [\delta(\varrho_0 \dot{x}_\alpha) \cdot x'_\beta - \delta(\varrho_0 \dot{x}_\beta) \cdot x'_\alpha] + [\varrho_0 \dot{x}_\alpha \delta x'_\beta - \varrho_0 \dot{x}_\beta \delta x'_\alpha] \right\}.$$

Jetzt können wir die Reihe (10) in folgende Gestalt setzen:

$$(13) \quad \varrho_0 x'_\alpha = \sum_{\beta=1}^{4} \frac{\partial}{\partial x_\beta} \left\{ \left[\vartheta \varrho_0 \dot{x}_\alpha + \frac{\vartheta^2}{2} \delta(\varrho_0 \dot{x}_\alpha) \right] x'_\beta - \left[\vartheta \varrho_0 \dot{x}_\beta + \frac{\vartheta^2}{2} \delta(\varrho_0 \dot{x}_\beta) \right] x'_\alpha \right\}$$
$$+ \sum_{\beta=1}^{4} \frac{\partial}{\partial x_\beta} \left\{ \frac{\vartheta^2}{2} \varrho_0 \dot{x}_\alpha \delta x'_\beta - \frac{\vartheta^2}{2} \varrho_0 \dot{x}_\beta \delta x'_\alpha \right\} + \cdots,$$

wobei in den Faktoren von $\vartheta, \vartheta^2, \ldots$ überall $\vartheta = 0$ zu setzen ist; dabei haben die Größen $\varrho_0 \dot{x}_\alpha$, $\delta(\varrho_0 \dot{x}_\alpha)$ endliche, nicht identisch verschwindende Grenzwerte. Gemäß Verabredung brechen wir die Reihe mit den hingeschriebenen Gliedern ab.

§ 5.

Formale Herstellung der in der bewegten Materie gültigen Differentialgleichungen.

Wir setzen zur Abkürzung:

$$(14) \qquad \vartheta(\varrho_0 \dot{x}_\alpha)_{\vartheta=0} + \frac{\vartheta^2}{2} \delta(\varrho_0 \dot{x}_\alpha)_{\vartheta=0} = p_\alpha,$$

ferner, indem wir uns erinnern, daß

$$i(x'_\alpha)_{\vartheta=0} = w_\alpha, \qquad i(\delta x'_\alpha)_{\vartheta=0} = \delta w_\alpha$$

ist:

(15) $$w_\alpha p_\beta - w_\beta p_\alpha = P_{\alpha\beta},$$

(16) $$\frac{\vartheta^2}{2}\{\delta w_\alpha(\varrho_0 \dot{x}_\beta)_0 - \delta w_\beta(\varrho_0 \dot{x}_\alpha)_0\} = Q_{\alpha\beta}.$$

Diese Größen sind die Komponenten der aus den Vektoren erster Art w, p bzw. $\delta w, \frac{\vartheta^2}{2}(\varrho_0 \dot{x})_0$ durch „vektorielle" Multiplikation gebildeten Raum-Zeit-Vektoren II. Art:

(15') $$[w, p] = P,$$

(16') $$\frac{\vartheta^2}{2}[\delta w, (\varrho_0 \dot{x})_0] = Q.$$

Jetzt fügen wir den Ausdruck (10) zu $\varrho_0^{(l)} w^{(l)}$ hinzu und können, wenn wir noch

(17) $$\varrho_0^{(l)} w_\alpha^{(l)} = s_\alpha$$

setzen, die Komponenten des gesamten Konvektionsstromes (1) in folgender Weise schreiben:

(18) $$\tilde{\varrho}_0 \widetilde{w}_\alpha = s_\alpha - \sum_{\beta=1}^{4} \frac{\partial}{\partial x_\beta}(P_{\alpha\beta} + Q_{\alpha\beta}),$$

oder in der Minkowskischen Symbolik:

(18') $$\tilde{\varrho}_0 \widetilde{w} = s + \mathrm{lor}\,(P + Q).$$

Setzen wir das in die Grundgleichung (A) ein, so geht diese über in

(19) $$\mathrm{lor}\,(F + P + Q) = -s.$$

Führen wir den Raum-Zeit-Vektor II. Art

(20) $$f = F + P + Q$$

ein, so können wir den Grundgleichungen die Gestalt geben:

{A} $$\mathrm{lor}\, f = -s,$$

{B} $$\mathrm{lor}\, F^* = 0.$$

Damit haben wir formal die in der bewegten Materie geltenden Differentialgleichungen gewonnen (siehe Grundgleichungen, § 12, Formeln {A} {B}, Seite 385).

Ersetzen wir

$$f_{23}, \quad f_{31}, \quad f_{12}, \quad f_{14}, \quad f_{24}, \quad f_{34}$$

durch

$$\mathfrak{m}_x, \quad \mathfrak{m}_y, \quad \mathfrak{m}_z, \quad -i\mathfrak{e}_x, \quad -i\mathfrak{e}_y, \quad -i\mathfrak{e}_z,$$

und

$$s_1, \quad s_2, \quad s_3, \quad s_4$$

durch

$$\frac{1}{c}\mathfrak{s}_x, \; \frac{1}{c}\mathfrak{s}_y, \; \frac{1}{c}\mathfrak{s}_z, \; i\varrho$$

und fassen die hier vorkommenden Größen bzw. zu den Raumvektoren $\mathfrak{m}$, $\mathfrak{e}$, $\mathfrak{s}$ zusammen, so können wir den Gleichungen $\{A\}$, $\{B\}$ die reelle Gestalt geben:

$$\text{(I}')\qquad \operatorname{curl}\mathfrak{m} - \frac{1}{c}\frac{\partial \mathfrak{e}}{\partial t} = \frac{1}{c}\mathfrak{s},$$

$$\text{(II}')\qquad \operatorname{div}\mathfrak{e} = \varrho,$$

$$\text{(III}')\qquad \operatorname{curl}\mathfrak{E} + \frac{1}{c}\frac{\partial \mathfrak{M}}{\partial t} = 0,$$

$$\text{(IV}')\qquad \operatorname{div}\mathfrak{M} = 0.$$

Das sind die in ruhenden oder bewegten Körpern geltenden Differentialgleichungen, wenn die Vektoren $\mathfrak{m}$, $\mathfrak{e}$, $\mathfrak{s}$ bzw. als die magnetische Feldstärke, die dielektrische Erregung, der Strom und die Größe ϱ als die Dichte der Elektrizität gedeutet werden dürfen. Es wird unsere Aufgabe sein, aus den Definitionsgleichungen (15), (16), (17), (20) diese Bedeutung herauszulesen; die letzteren Gleichungen müssen ferner die Beziehungen enthalten, welche die beiden Vektoren „Erregung" mit den beiden Vektoren „Feldstärke" verbinden und in welche die Materialeigenschaften eingehen. Allerdings werden wir sehen, daß, genau wie bei Lorentz, diese Beziehungen hier viel allgemeiner sind als die von Minkowski behandelten, der sich auf isotrope, dispersionsfreie Körper beschränkte; unsere Gleichungen können durch geeignete Zusatzhypothesen den mannigfaltigen Eigenschaften der Substanzen angepaßt werden, und die einfachste Annahme führt auf die von Minkowski erhaltenen Formeln. Um diese Sachlage zu überblicken, behandeln wir zunächst den einfachen Fall ruhender Körper.

§ 6.

Ruhende Körper.

Ruht die Materie, ist also $\mathfrak{w} = 0$, so hat nach § 1 der Raum-Zeit-Vektor w die Komponenten

$$\text{(21)}\qquad w_1 = 0, \quad w_2 = 0, \quad w_3 = 0, \quad w_4 = i.$$

Der Vektor $\mathfrak{s}$ hat hier ohne weiteres die Bedeutung der *Stromstärke des* frei durch die Materie fließenden *Leitungsstroms*; die von diesem transportierte Elektrizitätsmenge $\varrho = \varrho^{(l)}$ heißt gewöhnlich „wahre Elektrizität", während sie von Minkowski kurzweg *elektrische Ladung* genannt wird.

Aus den Orthogonalitätsbedingungen (5), (5') und (6), (6') folgt, daß für $\mathfrak{w} = 0$

(22) $$p_4 = 0$$

ist. Die Bedeutung der drei ersten Komponenten von p,

$$p_1 = \mathfrak{p}_x, \quad p_2 = \mathfrak{p}_y, \quad p_3 = \mathfrak{p}_z,$$

ist leicht zu erkennen. So ist z. B. das erste Glied $\vartheta(\varrho_0 \dot{x}_\alpha)_{\vartheta=0}$ von p_α in erster Annäherung das elektrische Moment eines Teilchens der Materie, und das zweite Glied von p_α liefert die für jeden Raum-Zeitpunkt x, y, z, t dazu tretende Korrektion, wenn man die Annäherung einen Schritt weiter treibt. Demnach sind die Größen $\mathfrak{p}_x$, $\mathfrak{p}_y$, $\mathfrak{p}_z$ als die Komponenten des Vektors $\mathfrak{p}$, *dielektrische Polarisation*, aufzufassen.

Die Komponenten des Raum-Zeit-Vektors II. Art P reduzieren sich für $\mathfrak{w} = 0$ wegen (21) und (22) auf:

(23) $$P_{23} = 0, \quad P_{31} = 0, \quad P_{12} = 0, \quad P_{14} = -i\mathfrak{p}_x, \quad P_{24} = -i\mathfrak{p}_y, \quad P_{34} = -i\mathfrak{p}_z.$$

Infolge der Normalitätsbedingungen (5) und (7) sind für $\mathfrak{w} = 0$

(24) $$(\varrho_0 \dot{x}_4)_{\vartheta=0} = 0, \quad \delta w_4 = 0.$$

Daher werden die Komponenten des Raum-Zeit-Vektors II. Art Q:

(25) $$\begin{aligned} Q_{23} &= \frac{1}{c}\frac{\vartheta^2}{2}\left(\delta\mathfrak{w}_y(\varrho_0\dot{z})_0 - \delta\mathfrak{w}_z(\varrho_0\dot{y})_0\right), \quad & Q_{14} &= 0, \\ Q_{31} &= \frac{1}{c}\frac{\vartheta^2}{2}\left(\delta\mathfrak{w}_z(\varrho_0\dot{x})_0 - \delta\mathfrak{w}_x(\varrho_0\dot{z})_0\right), \quad & Q_{24} &= 0, \\ Q_{12} &= \frac{1}{c}\frac{\vartheta^2}{2}\left(\delta\mathfrak{w}_x(\varrho_0\dot{y})_0 - \delta\mathfrak{w}_y(\varrho_0\dot{x})_0\right), \quad & Q_{34} &= 0. \end{aligned}$$

Die ersten drei dieser Größen sind das mit $\frac{1}{c}$ multiplizierte Vektorprodukt der Relativgeschwindigkeit der Ladung gegen die Materie in das elektrische Moment; bezeichnet man den letzteren Vektor, dessen Komponenten $\vartheta(\varrho_0\dot{x})_0$, $\vartheta(\varrho_0\dot{y})_0$, $\vartheta(\varrho_0\dot{z})_0$ sind, mit $\varrho\dot{\mathfrak{r}}$ und setzt man

(26) $$\mathfrak{q} = \frac{1}{2c}[\varrho\dot{\mathfrak{r}}, \delta\mathfrak{w}],$$

so wird dieser Vektor als *magnetisches Moment**) oder *Magnetisierung* zu bezeichnen sein, und man hat:

(25') $$Q_{23} = -\mathfrak{q}_x, \quad Q_{31} = -\mathfrak{q}_y, \quad Q_{12} = -\mathfrak{q}_z.$$

Jetzt können wir die Gleichung (20) in folgende zwei Vektorgleichungen zerlegen:

(27) $$\begin{aligned} \mathfrak{m} &= \mathfrak{M} - \mathfrak{q}, \\ \mathfrak{e} &= \mathfrak{E} + \mathfrak{p}. \end{aligned}$$

*) Vgl. z. B. M. Abraham, Elektromagnetische Theorie der Strahlung, 2. Aufl. 1908, § 28, Formel (135), S. 243.

Das ist der von Lorentz aufgestellte Zusammenhang zwischen den Vektoren $\mathfrak{m}$, $\mathfrak{e}$ einerseits und $\mathfrak{M}$, $\mathfrak{E}$ andererseits*); die Polarisation $\mathfrak{p}$ und die Magnetisierung $\mathfrak{q}$ sind dabei als Vektoren anzusehen, die den durch das elektromagnetische Feld hervorgebrachten Zustand der Materie charakterisieren und demnach von der Art dieser Materie abhängen. Dadurch, daß man die Freiheit hat, diese Abhängigkeit näher zu bestimmen, sei es durch elektronentheoretische Betrachtungen, sei es durch hypothetische Ansätze, kann man die mannigfachen Eigenschaften der Materie dem System der Elektrodynamik einordnen.

Wir wollen uns auf die einfachsten *Zusatzhypothesen* beschränken, die zur Beschreibung *isotroper, nichtdispergierender Körper* dienen:

1. Die Geschwindigkeit des frei beweglichen Teils des Konvektionsstromes, $\mathfrak{w}^{(l)}$, ist in jedem Raum-Zeitpunkte proportional der elektrischen Feldstärke; daraus folgt sofort das Ohmsche Gesetz:

(28) $$\mathfrak{s} = \sigma\mathfrak{E},$$

wo σ die Leitfähigkeit bedeutet.

2. Die Verschiebung der an der Materie haftenden Ladungen aus ihrer Ruhelage ist proportional der elektrischen Feldstärke; daraus ergibt sich

(29) $$\mathfrak{p} = (\varepsilon - 1)\mathfrak{E}, \quad \mathfrak{e} = \varepsilon\mathfrak{E},$$

wo ε die Dielektrizitätskonstante ist.

3. Das Drehmoment der an der Materie haftenden Ladungen um ihre Ruhelage ist proportional der magnetischen Feldstärke $\mathfrak{m}$; demnach ist

(30) $$\mathfrak{q} = (\mu - 1)\mathfrak{m}, \quad \mathfrak{M} = \mu\mathfrak{m},$$

wo μ die magnetische Permeabilität bedeutet.

σ, ε und μ können Funktionen von x, y, z, t sein.

Während die Hypothesen 1 und 2 eine elektronentheoretische Deutung erlauben, ist das bei der dritten Hypothese noch nicht einwandfrei durchgeführt worden. Verallgemeinert man die Hypothese 2 derart, daß man den Elektronen Trägheit zuschreibt, so gelangt man zur Dispersionstheorie.

§ 7.

Der Leitungsstrom in bewegten Körpern.

Bewegt sich die Materie, so wird man den Vektor $\mathfrak{s}$ nicht mit dem Leitungsstrom identifizieren; vielmehr wird es nur auf die Relativbewegung

*) Vgl. H. A. Lorentz, Enzyklopädie der mathematischen Wissenschaften, V 2, Art. 14, Formeln XXX, XXV und XXI, S. 208, 209.

der Elektrizität gegen die Materie ankommen, so daß der Vektor

$$(31) \qquad \mathfrak{J} = \mathfrak{s} - \varrho\mathfrak{w} = \varrho^{(l)}(\mathfrak{w}^{(l)} - \mathfrak{w})$$

als *Leitungsstrom* zu bezeichnen ist.

Will man jetzt durch eine Zusatzhypothese den Leitungsstrom mit der wirkenden elektrischen Feldstärke in Verbindung setzen, so entspricht es nicht dem Relativitätsprinzipe, die im ruhenden Koordinatensystem gemessene elektrische Feldstärke $\mathfrak{E}$ in Zusammenhang zu bringen mit der im ruhenden Koordinatensystem gemessenen Relativgeschwindigkeit $\mathfrak{w}^{(l)} - \mathfrak{w}$. Vielmehr wirkt auf die bewegte Ladung die *elektrische Ruh-Kraft*

$$\Phi = -wF$$

(vgl. Grundgleichungen, § 11, Formeln (47), (48), Seite 380); ihre ersten drei Komponenten sind die x-, y-, z-Komponenten des Raumvektors

$$\frac{\mathfrak{E} + \frac{1}{c}[\mathfrak{w}\mathfrak{M}]}{\sqrt{1 - \frac{|\mathfrak{w}|^2}{c^2}}},$$

dessen Zähler auch nach Lorentz die im Äther auf *bewegte* Ladungen wirkende Kraft darstellt, ihre vierte Komponente ist

$$\Phi_4 = \frac{i(\mathfrak{w}\mathfrak{E})}{c\sqrt{1 - \frac{|\mathfrak{w}|^2}{c^2}}},$$

und der Vektor Φ ist normal zu w:

$$w\bar{\Phi} = w_1\Phi_1 + w_2\Phi_2 + w_3\Phi_3 + w_4\Phi_4 = 0.$$

Andererseits werden wir als „Relativgeschwindigkeit" im Sinne des Relativitätsprinzips den zu dem Vektor *w normalen* Raum-Zeit-Vektor I. Art

$$v = w^{(l)} + (w\bar{w}^{(l)})w$$

bezeichnen.

Sehen wir v_1, v_2, v_3 als Komponenten des Raumvektors

$$\frac{\mathfrak{v}}{c\sqrt{1 - \frac{|\mathfrak{w}^{(l)}|^2}{c^2}}}$$

an, so findet man leicht die Komponenten des Raumvektors $\mathfrak{v}$ in der Richtung von $\mathfrak{w}$ und in einer zu $\mathfrak{w}$ senkrechten Richtung $\bar{\mathfrak{w}}$:

$$\mathfrak{v}_{\mathfrak{w}} = \frac{\mathfrak{w}^{(l)}_{\mathfrak{w}} - |\mathfrak{w}|}{1 - \frac{|\mathfrak{w}|^2}{c^2}},$$

$$\mathfrak{v}_{\bar{\mathfrak{w}}} = \mathfrak{w}^{(l)}_{\bar{\mathfrak{w}}}.$$

Daher hängt der Vektor $\mathfrak{v}$ mit dem Leitungsstrom $\mathfrak{J}$ folgendermaßen zusammen:

$$\varrho^{(l)}\mathfrak{v}_{\mathfrak{w}} = \frac{\mathfrak{J}_{\mathfrak{w}}}{1 - \frac{|\mathfrak{w}|^2}{c^2}},$$

$$\varrho^{(l)}\mathfrak{v}_{\overline{\mathfrak{w}}} = \mathfrak{J}_{\overline{\mathfrak{w}}}.$$

Dann gelangen wir zu dem Ohmschen Gesetze für bewegte Körper durch die *Zusatzhypothese*:

Die Relativgeschwindigkeit des frei beweglichen Konvektionsstromes ist proportional der elektrischen Ruh-Kraft; daraus folgt:

$$\varrho^{(l)}v = -\frac{\sigma}{c}\,wF,$$

oder

$$\{E\} \qquad s + (w\bar{s})w = -\frac{\sigma}{c}\,wF.$$

Das ist die von Minkowski aufgestellte Relation $\{E\}$, § 12, Seite 385; sie ist äquivalent mit den Vektorgleichungen:

$$(E) \qquad \begin{aligned} \frac{\mathfrak{s}_{\mathfrak{w}} - |\mathfrak{w}|\varrho}{\sqrt{1 - \frac{|\mathfrak{w}|^2}{c^2}}} &= \sigma\left(\mathfrak{E} + \frac{1}{c}[\mathfrak{w}\mathfrak{M}]\right)_{\mathfrak{w}}, \\ \mathfrak{s}_{\overline{\mathfrak{w}}} &= \frac{\sigma\left(\mathfrak{E} + \frac{1}{c}[\mathfrak{w}\mathfrak{M}]\right)_{\overline{\mathfrak{w}}}}{\sqrt{1 - \frac{|\mathfrak{w}|^2}{c^2}}}. \end{aligned}$$

§ 8.

Die dielektrische Polarisation in bewegten Körpern.

Aus der Gleichung (15′)

$$P = [w, p]$$

folgt:

$$wP = w[w, p] = -(w\bar{p})w + (w\bar{w})p.$$

Nun erkennt man, daß infolge der Gleichungen (5) und (6) der durch (14) definierte Vektor p normal zu w ist, d. h. daß

$$(32) \qquad w\bar{p} = 0$$

ist; da außerdem

$$w\bar{w} = -1$$

ist, bekommt man:

$$(33) \qquad wP = -p.$$

Der Vektor I. Art p steht also zu dem Vektor II. Art P in genau derselben Beziehung wie die elektrische Ruh-Kraft Φ zu dem Feldvektor II. Art F. Wir werden daher p gemäß seiner Definition durch die Gleichungen (14) als *„dielektrische Ruh-Polarisation"* und P als *„dielektrische Polarisation"* bezeichnen; letztere ist also ein Vektor II. Art im Gegensatz zu der gewöhnlichen Auffassung.

Setzen wir wie im vorigen Paragraphen

$$p_1 = \mathfrak{p}_x, \quad p_2 = \mathfrak{p}_y, \quad p_3 = \mathfrak{p}_z,$$

so wird infolge von (32):

$$(32') \qquad p_4 = \frac{i}{c}(\mathfrak{w}_x \mathfrak{p}_x + \mathfrak{w}_y \mathfrak{p}_y + \mathfrak{w}_z \mathfrak{p}_z) = \frac{i}{c}(\mathfrak{w}\,\mathfrak{p}).$$

Dann sind die Komponenten von P:

$$(34) \qquad \begin{aligned} P_{23} &= \frac{\mathfrak{w}_y \mathfrak{p}_z - \mathfrak{w}_z \mathfrak{p}_y}{c\sqrt{1-\frac{|\mathfrak{w}|^2}{c^2}}}, \quad P_{31} = \frac{\mathfrak{w}_z \mathfrak{p}_x - \mathfrak{w}_x \mathfrak{p}_z}{c\sqrt{1-\frac{|\mathfrak{w}|^2}{c^2}}}, \quad P_{12} = \frac{\mathfrak{w}_x \mathfrak{p}_y - \mathfrak{w}_y \mathfrak{p}_x}{c\sqrt{1-\frac{|\mathfrak{w}|^2}{c^2}}}, \\ P_{14} &= -i\frac{\mathfrak{p}_x - \frac{\mathfrak{w}_x}{c^2}(\mathfrak{w}\,\mathfrak{p})}{\sqrt{1-\frac{|\mathfrak{w}|^2}{c^2}}}, \quad P_{24} = -i\frac{\mathfrak{p}_y - \frac{\mathfrak{w}_y}{c^2}(\mathfrak{w}\,\mathfrak{p})}{\sqrt{1-\frac{|\mathfrak{w}|^2}{c^2}}}, \quad P_{34} = -i\frac{\mathfrak{p}_z - \frac{\mathfrak{w}_z}{c^2}(\mathfrak{w}\,\mathfrak{p})}{\sqrt{1-\frac{|\mathfrak{w}|^2}{c^2}}}. \end{aligned}$$

Sie setzen sich also aus den Komponenten der Raumvektoren

$$(34') \qquad \mathfrak{R} = \frac{[\mathfrak{w}\,\mathfrak{p}]}{c\sqrt{1-\frac{|\mathfrak{w}|^2}{c^2}}}, \qquad \mathfrak{P} = \frac{\mathfrak{p} - \frac{\mathfrak{w}}{c^2}(\mathfrak{w}\,\mathfrak{p})}{\sqrt{1-\frac{|\mathfrak{w}|^2}{c^2}}}$$

in genau derselben Weise zusammen wie die Komponenten von F aus denen von $\mathfrak{M}$ und $\mathfrak{E}$. Hier können wir $\mathfrak{R}$ als *Röntgen-Vektor* bezeichnen; denn er gibt Anlaß zur Entstehung des sog. Röntgenstroms. In der Tat stimmt, wie wir in § 10 sehen werden, der Vektor $\mathfrak{R}$ bis auf Glieder zweiter Ordnung in $\frac{\mathfrak{w}}{c}$ überein mit demjenigen Vektor, den auch Lorentz zur Erklärung der von Röntgen entdeckten magnetischen Wirkung polarisierter, bewegter Dielektrika erhält. Der Vektor $\mathfrak{P}$, den man *Raumvektor Polarisation* nennen könnte, unterscheidet sich von der Ruh-Polarisation $\mathfrak{p}$ nur durch Größen 2. Ordnung. Die Komponenten von $\mathfrak{P}$ in der Richtung $\mathfrak{w}$ und einer auf $\mathfrak{w}$ senkrechten Richtung $\overline{\mathfrak{w}}$ hängen mit den entsprechenden Komponenten von $\mathfrak{p}$ so zusammen:

$$\mathfrak{P}_{\mathfrak{w}} = \mathfrak{p}_{\mathfrak{w}}\sqrt{1-\frac{|\mathfrak{w}|^2}{c^2}}, \qquad \mathfrak{P}_{\overline{\mathfrak{w}}} = \frac{\mathfrak{p}_{\overline{\mathfrak{w}}}}{\sqrt{1-\frac{|\mathfrak{w}|^2}{c^2}}}.$$

Die für isotrope, nichtdispergierende Körper gültige *Zusatzhypothese* ist hier so zu formulieren:

Der Raum-Zeit-Vektor I. Art Ruh-Polarisation p ist proportional der elektrischen Ruh-Kraft Φ:

(35) $$p = (\varepsilon - 1)\Phi.$$

ε ist die Dielektrizitätskonstante.

Hieraus wird sich nachher die Minkowskische Relation $\{C\}$, § 12, Seite 385, ergeben.

§ 9.

Die Magnetisierung bewegter Körper.

Wie der Vektor II. Art P die Polarisation, so wird Q *die Magnetisierung* bedeuten. Tatsächlich haben wir in § 6 gesehen, daß Q sich bei ruhenden Körpern auf einen Raumvektor reduziert, der als „magnetisches Moment" zu deuten ist. Auch bei bewegten Körpern haben diese drei Komponenten von Q dieselbe Form; es sind das die Komponenten des Moments in den Koordinatenebenen yz, zx, xy; dazu treten aber noch drei Größen, welche die Form von Momentkomponenten in den Ebenen xt, yt, zt haben. Der Vektor Q haftet also am Koordinatensystem und kann keine Eigenschaft der bewegten Materie ausdrücken. Vielmehr muß man dazu den zugehörigen Vektor I. Art

(36) $$q = iw\,Q^* = iw\frac{\vartheta^2}{2}[\delta w, (\varrho_0\dot{x})_0]^*$$

heranziehen, den wir *Ruh-Magnetisierung* nennen und der zu Q in demselben Verhältnis steht wie die *magnetische Ruh-Kraft*

$$\Psi = iwf^*$$

zu dem Feldvektor f. Die Komponenten von q sind

$$q_1 = -i\frac{\vartheta^2}{2}\begin{vmatrix} w_2, & w_3, & w_4 \\ \delta w_2, & \delta w_3, & \delta w_4 \\ (\varrho_0\dot{x}_1)_0, & (\varrho_0\dot{x}_2)_0, & (\varrho_0\dot{x}_3)_0 \end{vmatrix}, \text{ u.s.f.}$$

Offenbar ist q normal zu w:

(37) $$w\bar{q} = 0.$$

Da die zu q_1, q_2, q_3 gehörigen Determinanten je eine Vertikalreihe mit dem Index 4, d. h. mit rein imaginären Elementen haben, während die zu q_4 gehörige Determinante nur reelle Elemente hat, so sind q_1, q_2, q_3 reell und q_4 ist rein imaginär. Setzen wir also

$$q_1 = -\mathfrak{q}_x,\ q_2 = -\mathfrak{q}_y,\ q_3 = -\mathfrak{q}_z,$$

so sind das die Komponenten eines reellen Raumvektors $\mathfrak{q}$, und wegen (37) wird:

(37′) $$q_4 = -\frac{i}{c}(\mathfrak{w}_x \mathfrak{q}_x + \mathfrak{w}_y \mathfrak{q}_y + \mathfrak{w}_z \mathfrak{q}_z) = -\frac{i}{c}(\mathfrak{w}\mathfrak{q}).$$

Auch den Raumvektor $\mathfrak{q}$ nennen wir *Ruh-Magnetisierung*; offenbar wird er für $\mathfrak{w} = 0$ mit dem in § 6 mit demselben Buchstaben bezeichneten Vektor (26) identisch.

Man kann die Gleichung (36) so deuten, daß sie die Transformation des Drehmomentes auf ein mit der Materie mitgeführtes Koordinatenkreuz ausdrückt; dabei fallen dann die Komponenten des Momentes in den Ebenen xt, yt, zt fort. $\mathfrak{q}$ ist also ein an der Materie haftender Vektor, der ihren Zustand charakterisiert.

Der Vektor I. Art

$$w\,Q = w\frac{\vartheta^2}{2}[\delta w, (\varrho_0 \dot{x})_0]$$
$$= \frac{\vartheta^2}{2}\left\{-(w, \overline{(\varrho_0 \dot{x})_0})\,\delta w + (w, \overline{\delta w})\,(\varrho_0 \dot{x})_0\right\}$$

verschwindet identisch, weil nach (5) und (7) die Vektoren $(\varrho_0 \dot{x})_0$ und δw auf w normal stehen. Wenden wir jetzt die Minkowskische Identität (§ 11, Formel (45), Seite 379)

$$[w, w\,Q] + [w, w\,Q^*]^* = (w\overline{w})\,Q$$

an, so finden wir wegen (36):

(38) $$[w, q]^* = -\,i\,Q.$$

Demnach drücken sich die Komponenten von Q durch die Ruh-Magnetisierung $\mathfrak{q}$ folgendermaßen aus:

$$Q_{23} = -\frac{\mathfrak{q}_x - \frac{\mathfrak{w}_x}{c^2}(\mathfrak{w}\mathfrak{q})}{\sqrt{1-\frac{|\mathfrak{w}|^2}{c^2}}}, \quad Q_{31} = -\frac{\mathfrak{q}_y - \frac{\mathfrak{w}_y}{c^2}(\mathfrak{w}\mathfrak{q})}{\sqrt{1-\frac{|\mathfrak{w}|^2}{c^2}}}, \quad Q_{12} = -\frac{\mathfrak{q}_z - \frac{\mathfrak{w}_z}{c^2}(\mathfrak{w}\mathfrak{q})}{\sqrt{1-\frac{|\mathfrak{w}|^2}{c^2}}},$$

$$Q_{14} = -\,i\,\frac{\mathfrak{w}_y \mathfrak{q}_z - \mathfrak{w}_z \mathfrak{q}_y}{c\sqrt{1-\frac{|\mathfrak{w}|^2}{c^2}}}, \quad Q_{24} = -\,i\,\frac{\mathfrak{w}_z \mathfrak{q}_x - \mathfrak{w}_x \mathfrak{q}_z}{c\sqrt{1-\frac{|\mathfrak{w}|^2}{c^2}}}, \quad Q_{34} = -\,i\,\frac{\mathfrak{w}_x \mathfrak{q}_y - \mathfrak{w}_y \mathfrak{q}_x}{c\sqrt{1-\frac{|\mathfrak{w}|^2}{c^2}}}.$$

Sie setzen sich also aus den Komponenten der Raumvektoren

(39′) $$-\mathfrak{Q} = -\frac{\mathfrak{q} - \frac{\mathfrak{w}}{c^2}(\mathfrak{w}\mathfrak{q})}{\sqrt{1-\frac{|\mathfrak{w}|^2}{c^2}}}, \quad \mathfrak{S} = \frac{[\mathfrak{w}\mathfrak{q}]}{c\sqrt{1-\frac{|\mathfrak{w}|^2}{c^2}}}$$

ebenso zusammen wie die Komponenten von F aus denen von $\mathfrak{M}$ und $\mathfrak{E}$.

Der *Raumvektor Magnetisierung* $\mathfrak{Q}$ unterscheidet sich von der Ruh-Magnetisierung $\mathfrak{q}$ nur durch Größen 2. Ordnung in $\frac{\mathfrak{w}}{c}$. Die Komponenten von $\mathfrak{Q}$ in der Richtung $\mathfrak{w}$ und einer zu $\mathfrak{w}$ senkrechten Richtung $\bar{\mathfrak{w}}$ hängen mit den entsprechenden Komponenten von $\mathfrak{q}$ so zusammen:

$$\mathfrak{Q}_{\mathfrak{w}} = \mathfrak{q}_{\mathfrak{w}} \sqrt{1 - \frac{|\mathfrak{w}|^2}{c^2}}, \quad \mathfrak{Q}_{\bar{\mathfrak{w}}} = \frac{\mathfrak{q}_{\bar{\mathfrak{w}}}}{\sqrt{1 - \frac{|\mathfrak{w}|^2}{c^2}}}.$$

Der Vektor $\mathfrak{S}$ gibt, wie wir sehen werden, Anlaß zu elektrostatischen Wirkungen magnetisierter bewegter Medien; er ist das genaue Analogon zu dem „Röntgen-Vektor“.

Die für isotrope Körper gültige *Zusatzhypothese* lautet hier:

Der Raum-Zeit-Vektor I. Art Ruh-Magnetisierung q ist proportional der magnetischen Ruh-Kraft Ψ:

$$-q = (\mu - 1)\Psi. \tag{40}$$

μ ist die magnetische Permeabilität.

Hieraus wird sich nachher die Minkowskische Relation $\{D\}$, § 12, Seite 385, ergeben. Über die elektronentheoretische Deutung der Hypothesen $\{E\}$, (35), (40) gilt dasselbe, was in § 6 (S. 420) für ruhende Körper gesagt worden ist. An die Gleichung (35) hat die Theorie der Dispersion bewegter Körper anzuknüpfen.

§ 10.

Die allgemeine Beziehung zwischen den Vektoren Feldstärke und Erregung.

Die Gleichung (20), die den Raum-Zeit-Vektor f definierte, kann man jetzt nach (15′) und (38) so schreiben:

$$\begin{aligned} f &= F + P + Q \\ &= F + [w, p] + i[w, q]^*. \end{aligned} \tag{41}$$

Geht man zu den reellen Raumvektoren über, so ergibt sich nach (34) und (39):

$$\begin{aligned} \mathfrak{m} &= \mathfrak{M} + \mathfrak{N} - \mathfrak{Q}, \\ \mathfrak{e} &= \mathfrak{E} + \mathfrak{P} + \mathfrak{S}, \end{aligned} \tag{42}$$

oder, ausführlich geschrieben:

$$\mathfrak{m} = \mathfrak{M} - \frac{\mathfrak{q} - \frac{1}{c}[\mathfrak{w}\mathfrak{p}] - \frac{\mathfrak{w}}{c^2}(\mathfrak{w}\mathfrak{q})}{\sqrt{1 - \frac{|\mathfrak{w}|^2}{c^2}}}, \tag{V′}$$

$$\mathfrak{e} = \mathfrak{E} + \frac{\mathfrak{p} + \frac{1}{c}[\mathfrak{w}\mathfrak{q}] - \frac{\mathfrak{w}}{c^2}(\mathfrak{w}\mathfrak{p})}{\sqrt{1 - \frac{|\mathfrak{w}|^2}{c^2}}}. \tag{VI′}$$

Diese Formeln zusammen mit den Differentialgleichungen (I′) bis (IV′) und der Relation (E) stellen, genau im Sinne von H. A. Lorentz, die elektrodynamischen Vorgänge in bewegten, dielektrisch polarisierten und magnetisierten Körpern dar. Sie sind aber noch durch die Angabe des Zusammenhangs zwischen den Vektoren Ruh-Polarisation $\mathfrak{p}$ und Ruh-Magnetisierung $\mathfrak{q}$ einerseits und den wirkenden Feldstärken andererseits zu ergänzen. Ohne auf diese ergänzenden Beziehungen, die wir für isotrope Körper als „Zusatzhypothesen" formuliert haben, einzugehen, können wir die Formeln (I′) bis (VI′), (E) diskutieren und sie mit den Lorentzschen Formeln vergleichen.

Wir setzen letztere in einer zu unserem Gleichungssystem analogen Formulierung an (Enzykl. der math. Wiss., V 2, Art. 14, Seite 208, 209); die Differentialgleichungen lauten:

(III″) u. (XXVIII) $\operatorname{curl} \mathfrak{H} - \frac{1}{c}\frac{\partial \mathfrak{D}}{\partial t} = \frac{1}{c}(\mathfrak{s} + \operatorname{curl}[\mathfrak{P}\mathfrak{w}])$,

(I″) $\operatorname{div} \mathfrak{D} = \varrho$,

(IV″) $\operatorname{curl} \mathfrak{E} + \frac{1}{c}\frac{\partial \mathfrak{B}}{\partial t} = 0$,

(V″) $\operatorname{div} \mathfrak{B} = 0$.

Dazu kommen die unseren Gleichungen (V′), (VI′) entsprechenden Relationen:

(XXX) $\mathfrak{H} = \mathfrak{B} - \mathfrak{Q}$,

(XXV) u. (XXI) $\mathfrak{D} = \mathfrak{E} + \mathfrak{P}$.

Dabei haben wir im allgemeinen die Lorentzschen Bezeichnungen beibehalten; nur ist die Magnetisierung mit $\mathfrak{Q}$ (statt mit $\mathfrak{M}$) bezeichnet und es sind Leitungsstrom $\mathfrak{J}$ und Konvektionsstrom $\mathfrak{R}$ zu dem Stromvektor $\mathfrak{s}$ zusammengefaßt.

Offenbar gehen die Lorentzschen Differentialgleichungen in die unseren über, wenn wir die Lorentzschen Vektoren $\mathfrak{E}$, $\mathfrak{H} - \frac{1}{c}[\mathfrak{P}\mathfrak{w}]$, $\mathfrak{D}$, $\mathfrak{B}$ *bzw. mit* $\mathfrak{E}$, $\mathfrak{m}$, $\mathfrak{e}$, $\mathfrak{M}$ *identifizieren*). Die beiden weiteren Gleichungen lassen sich für beliebige Körper nicht zur Übereinstimmung bringen.*

Bei nichtmagnetisierten Körpern ($\mathfrak{q} = 0$, $\mathfrak{Q} = 0$) *läßt sich aber Übereinstimmung erreichen, wenn man in* (V′), (VI′) *alle in* $\frac{\mathfrak{w}}{c}$ *quadratischen Glieder vernachlässigt;* dann bleibt nämlich (wegen (34′) und (39′)):

---

*) Minkowski identifiziert in § 9 der „Grundgleichungen" $\mathfrak{H}$ mit $\mathfrak{m}$; daraus entspringt es, daß er die Übereinstimmung der Lorentzschen Formeln für nichtmagnetisierte Körper mit dem Relativitätsprinzip dem Umstande zuschreiben muß, daß Lorentz die Bedingung des Nichtmagnetisiertseins in einer dem Prinzipe widersprechenden Weise ansetzt. Unsere Betrachtungsweise führt von selbst auf obige Zuordnung der Vektoren, wobei die schließliche Übereinstimmung nicht auf die Kompensation zweier Widersprüche zurückgeführt zu werden braucht.

$$
(42') \qquad \begin{aligned} \mathfrak{m} &= \mathfrak{M} - \mathfrak{Q} + \frac{1}{c}[\mathfrak{w}\mathfrak{P}], \\ \mathfrak{e} &= \mathfrak{E} + \mathfrak{P} + \frac{1}{c}[\mathfrak{w}\mathfrak{Q}], \end{aligned}
$$

und die Formeln gehen für $\mathfrak{Q} = 0$ bei der oben angegebenen Zuordnung der Lorentzschen Vektoren zu den unseren in die Lorentzschen Relationen über.

Hieraus erhellt, daß unsere Bezeichnung des Vektors $\mathfrak{R}$, der bis auf Glieder 2. Ordnung durch $\frac{1}{c}[\mathfrak{w}\mathfrak{P}]$ gegeben ist, als „Röntgen-Vektor" gerechtfertigt ist. Denn er gibt wie bei Lorentz zur Entstehung des Röntgenstroms Anlaß, und zwar in einer mit Eichenwalds Versuchen übereinstimmenden Weise (Enzykl., V 2, Art. 14, S. 210). Die Formeln (V′), (VI′) sowohl, als auch die Näherungsformeln (42′) unterscheiden sich von den Lorentzschen durch die volle Symmetrie*) zwischen den elektrischen und den magnetischen Größen. Sie beruht vor allem auf dem Vorhandensein des Vektors $\mathfrak{S}$, der bis auf Glieder 2. Ordnung durch $\frac{1}{c}[\mathfrak{w}\mathfrak{Q}]$ gegeben ist; dieser entspricht genau dem Röntgen-Vektor und zeigt elektrostatische Wirkungen bewegter, magnetisierter Körper an. *Erscheinungen, die durch diesen Vektor $\mathfrak{S}$ zu erklären sind, sind meines Wissens bislang experimentell noch nicht festgestellt worden*; es lassen sich aber unschwer Versuchsanordnungen angeben, die eine experimentelle Untersuchung über das Vorhandensein dieser Wirkung, die in $\frac{\mathfrak{w}}{c}$ von erster Ordnung ist, gestatten würden. Dieselbe ist nicht zu verwechseln mit der Erscheinung, daß ein Leiter, der sich im magnetischen Felde bewegt, in ruhenden Strombahnen Leitungsströme hervorruft (z. B. im Falle der sog. unipolaren Induktion); diese letztere Erscheinung ist eine Konsequenz der Formeln (E), S. 422, und man sieht leicht, daß sie bis auf Glieder 2. Ordnung ebenso wie in den Theorien von Hertz und Lorentz durch den Vektor $\frac{1}{c}[\mathfrak{w}\mathfrak{M}]$ bestimmt ist**), dessen Betrag leicht wesentlich größer gemacht werden kann als der des Vektors $\frac{1}{c}[\mathfrak{w}\mathfrak{Q}]$, weil $\mathfrak{Q}$ bei den meisten Körpern nur wenig von Null verschieden ist.

---

*) Die Hertzschen Grundgleichungen der Elektrodynamik bewegter Körper zeigen eine analoge Symmetrie, widersprechen aber bekanntlich dem Experiment und sind mit dem Relativitätsprinzip unvereinbar.

Ein Vergleich unserer Formeln mit den Grundgleichungen von E. Cohn erübrigt sich, da demselben der § 10 der Minkowskischen „Grundgleichungen" gewidmet ist.

**) Vgl. Lorentz, Enzyklopädie, V 1, Art. 13, S. 100 u. S. 238, 239. M. Abraham, Theorie der Elektrizität, Bd. I, § 86, 87, S. 398—409, und Bd. II (Elektromagnetische Theorie der Strahlung), 2. Aufl. 1908, § 36, S. 300—302.

Was die Glieder 2. Ordnung in $\frac{\mathfrak{w}}{c}$ anbetrifft, so scheint wenig Aussicht vorhanden zu sein, sie bei irdischen Experimenten aufzufinden.

Wir wollen nun noch zeigen, daß bei isotropen, nichtdispergierenden Körpern unsere Zusatzhypothesen (35) und (40) auf die Minkowskischen Formeln $\{C\}$, $\{D\}$ zurückführen.

Nach § 8, (33) ist $wP = -p$ und nach § 9, S. 425, ist identisch $wQ = 0$. Daher folgt aus (20)

$$wf = wF - p.$$

Da nun $\Phi = -wF$ ist, so ergibt sich aus (35):

$$\{C\} \qquad wf = \varepsilon wF$$

oder

$$(C) \qquad \mathfrak{e} + \frac{1}{c}[\mathfrak{w}\mathfrak{m}] = \varepsilon\left(\mathfrak{E} + \frac{1}{c}[\mathfrak{w}\mathfrak{M}]\right).$$

Für die zu f, F, P, Q dualen Vektoren f^*, F^*, P^*, Q^* gilt nach (20) die Gleichung:

$$f^* = F^* + P^* + Q^*.$$

Nun ist offenbar

$$wP^* = w[w, p]^* = 0,$$

und nach § 9, (36) ist

$$wQ^* = -iq.$$

Daher wird

$$wf^* = wF^* - iq.$$

Da nun $\Psi = iwf^*$ ist, so folgt aus (40):

$$\{D\} \qquad wF^* = \mu wf^*$$

oder

$$(D) \qquad \mathfrak{M} - \frac{1}{c}[\mathfrak{w}\mathfrak{E}] = \mu\left(\mathfrak{m} - \frac{1}{c}[\mathfrak{w}\mathfrak{e}]\right).$$

Damit sind wir zu dem vollständigen Formelsystem Minkowskis gelangt.

Wie schon hervorgehoben, gibt die größere Allgemeinheit unserer Formeln (42) die Möglichkeit an die Hand, komplizierteren Eigenschaften der Substanzen durch die Theorie gerecht zu werden; dazu sind nur die „Zusatzhypothesen“ (35), (40) durch andere zu ersetzen. Die Dispersion in bewegten Medien wird man z. B. erhalten, wenn man die Gleichung (35) durch geeignete Glieder so erweitert, daß der Vektor p Schwingungen träger Massen darzustellen fähig ist. Vorstehende Theorie, die eine Mittelstellung einnimmt zwischen der ursprünglichen rein phänomenologischen Methode Minkowskis und dem bis ins Detail der Elektronenbewegung eindringenden Verfahren von Lorentz, scheint also einerseits schmiegsam genug zu sein, die mannigfaltigen Eigenarten der Substanzen zum Ausdruck zu bringen, andererseits besitzt sie ein anschauliches Fundament, das ihrer bequemen Handhabung förderlich ist.

Inhaltsübersicht.

XXXII.

Raum und Zeit.

(Vortrag, gehalten auf der 80. Naturforscher-Versammlung zu Köln am 21. Sept. 1908.)

(Physikalische Zeitschrift, 10. Jahrgang, 1909, S. 104—111 und Jahresbericht der Deutschen Mathematiker-Vereinigung, Bd. 18, S. 75—88; auch als Sonderabdruck erschienen, Leipzig, B. G. Teubner 1909.)*)

M. H.! Die Anschauungen über Raum und Zeit, die ich Ihnen entwickeln möchte, sind auf experimentell-physikalischem Boden erwachsen. Darin liegt ihre Stärke. Ihre Tendenz ist eine radikale. Von Stund an sollen Raum für sich und Zeit für sich völlig zu Schatten herabsinken, und nur noch eine Art Union der beiden soll Selbständigkeit bewahren.

I.

Ich möchte zunächst ausführen, wie man von der gegenwärtig angenommenen Mechanik wohl durch eine rein mathematische Überlegung zu veränderten Ideen über Raum und Zeit kommen könnte. Die Gleichungen der Newtonschen Mechanik zeigen eine zweifache Invarianz. Einmal bleibt ihre Form erhalten, wenn man das zugrunde gelegte räumliche Koordinatensystem einer beliebigen *Lagenveränderung* unterwirft, zweitens, wenn man es in seinem Bewegungszustande verändert, nämlich ihm irgendeine *gleichförmige Translation* aufprägt; auch spielt der Nullpunkt der Zeit keine Rolle. Man ist gewohnt, die Axiome der Geometrie als erledigt anzusehen, wenn man sich reif für die Axiome der Mechanik fühlt, und deshalb werden jene zwei Invarianzen wohl selten in einem Atemzuge genannt. Jede von ihnen bedeutet eine gewisse Gruppe von Transformationen in sich für die Differentialgleichungen der Mechanik. Die Existenz der ersteren Gruppe sieht man als einen fundamentalen Charakter des Raumes an. Die zweite Gruppe straft man am liebsten mit Verachtung, um leichten Sinnes darüber hinwegzukommen, daß man von den physikalischen Erscheinungen her niemals entscheiden kann, ob der als ruhend vorausgesetzte Raum sich nicht am Ende in einer gleichförmigen Translation befindet. So führen jene zwei Gruppen ein völlig getrenntes Dasein nebeneinander. Ihr gänzlich heterogener Charakter mag davon abgeschreckt haben, sie zu komponieren. Aber gerade die komponierte volle Gruppe als Ganzes gibt uns zu denken auf.

*) Dem Vortrag war im Sonderabdruck ein Bildnis Minkowskis als Titelbild beigegeben. (Anm. d. Herausg.)

Wir wollen uns die Verhältnisse graphisch zu veranschaulichen suchen. Es seien x, y, z rechtwinklige Koordinaten für den Raum und t bezeichne die Zeit. Gegenstand unserer Wahrnehmung sind immer nur Orte und Zeiten verbunden. Es hat niemand einen Ort anders bemerkt als zu einer Zeit, eine Zeit anders als an einem Orte. Ich respektiere aber noch das Dogma, daß Raum und Zeit je eine unabhängige Bedeutung haben. Ich will einen Raumpunkt zu einem Zeitpunkt, d. i. ein Wertsystem x, y, z, t einen *Weltpunkt* nennen. Die Mannigfaltigkeit aller denkbaren Wertsysteme x, y, z, t soll die *Welt* heißen. Ich könnte mit kühner Kreide vier Weltachsen auf die Tafel werfen. Schon *eine* gezeichnete Achse besteht aus lauter schwingenden Molekülen und macht zudem die Reise der Erde im All mit, gibt also bereits genug zu abstrahieren auf; die mit der Anzahl 4 verbundene etwas größere Abstraktion tut dem Mathematiker nicht wehe. Um nirgends eine gähnende Leere zu lassen, wollen wir uns vorstellen, daß allerorten und zu jeder Zeit etwas Wahrnehmbares vorhanden ist. Um nicht Materie oder Elektrizität zu sagen, will ich für dieses Etwas das Wort Substanz brauchen. Wir richten unsere Aufmerksamkeit auf den im Weltpunkt x, y, z, t vorhandenen substantiellen Punkt und stellen uns vor, wir sind imstande, diesen substantiellen Punkt zu jeder anderen Zeit wiederzuerkennen. Einem Zeitelement dt mögen die Änderungen dx, dy, dz der Raumkoordinaten dieses substantiellen Punktes entsprechen. Wir erhalten alsdann als Bild sozusagen für den ewigen Lebenslauf des substantiellen Punktes eine Kurve in der Welt, eine *Weltlinie*, deren Punkte sich eindeutig auf den Parameter t von $-\infty$ bis $+\infty$ beziehen lassen. Die ganze Welt erscheint aufgelöst in solche Weltlinien, und ich möchte sogleich vorwegnehmen, daß meiner Meinung nach die physikalischen Gesetze ihren vollkommensten Ausdruck als Wechselbeziehungen unter diesen Weltlinien finden dürften.

Durch die Begriffe Raum und Zeit fallen die x, y, z-Mannigfaltigkeit $t = 0$ und ihre zwei Seiten $t > 0$ und $t < 0$ auseinander. Halten wir der Einfachheit wegen den Nullpunkt von Raum und Zeit fest, so bedeutet die zuerst genannte Gruppe der Mechanik, daß wir die x, y, z-Achsen in $t = 0$ einer beliebigen Drehung um den Nullpunkt unterwerfen dürfen, entsprechend den homogenen linearen Transformationen des Ausdrucks

$$x^2 + y^2 + z^2$$

in sich. Die zweite Gruppe aber bedeutet, daß wir, ebenfalls ohne den Ausdruck der mechanischen Gesetze zu verändern,

$$x, y, z, t \quad \text{durch} \quad x - \alpha t, \; y - \beta t, \; z - \gamma t, \; t$$

mit irgendwelchen Konstanten α, β, γ ersetzen dürfen. Der Zeitachse kann hiernach eine völlig beliebige Richtung nach der oberen halben Welt $t>0$ gegeben werden. Was hat nun die Forderung der Orthogonalität im Raume mit dieser völligen Freiheit der Zeitachse nach oben hin zu tun?

Die Verbindung herzustellen, nehmen wir einen positiven Parameter c und betrachten das Gebilde

$$c^2t^2 - x^2 - y^2 - z^2 = 1.$$

Es besteht aus zwei durch $t = 0$ getrennten Schalen nach Analogie eines zweischaligen Hyperboloids. Wir betrachten die Schale im Gebiete $t > 0$ und wir fassen jetzt diejenigen homogenen linearen Transformationen von x, y, z, t in vier neue Variable x', y', z', t' auf, wobei der Ausdruck dieser Schale in den neuen Variablen entsprechend wird. Zu diesen Transformationen gehören offenbar die Drehungen des Raumes um den Nullpunkt. Ein volles Verständnis der übrigen jener Transformationen erhalten wir hernach bereits, wenn wir eine solche unter ihnen ins Auge fassen, bei der y und z ungeändert bleiben. Wir zeichnen (Fig. 1) den Durchschnitt jener Schale mit der Ebene der x- und der t-Achse, den oberen Ast der Hyperbel $c^2t^2 - x^2 = 1$, mit seinen Asymptoten. Ferner werde ein beliebiger Radiusvektor OA' dieses Hyperbelastes vom Nullpunkte O aus eingetragen, die Tangente in A' an die Hyperbel bis zum Schnitte B' mit der Asymptote rechts gelegt, $OA'B'$ zum Parallelogramm $OA'B'C'$ vervollständigt, endlich für das spätere noch $B'C'$ bis zum Schnitt D' mit der x-Achse durchgeführt. Nehmen wir nun OC' und OA' als Achsen für Parallelkoordinaten x', t' mit den Maßstäben $OC' = 1$, $OA' = 1/c$, so erlangt jener Hyperbelast wieder den Ausdruck $c^2t'^2 - x'^2 = 1$, $t' > 0$, und der Übergang von x, y, z, t zu x', y, z, t' ist eine der fraglichen Transformationen. Wir nehmen nun zu den charakterisierten Transformationen noch die beliebigen Verschiebungen des Raum- und Zeit-Nullpunktes hinzu und konstituieren damit eine offenbar noch von dem Parameter c abhängige Gruppe von Transformationen, die ich mit G_c bezeichne.

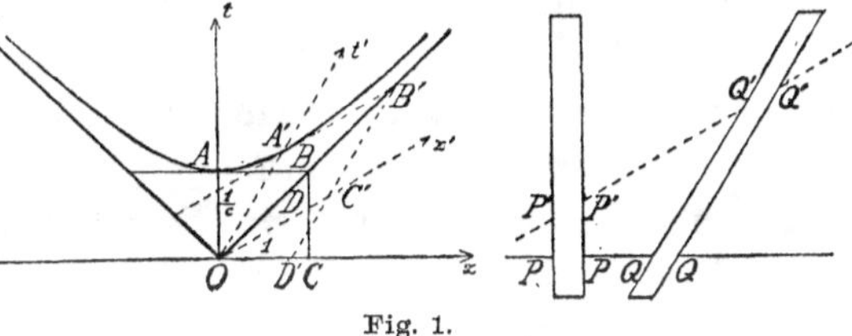

Fig. 1.

Lassen wir jetzt c ins Unendliche wachsen, also $1/c$ nach Null konvergieren, so leuchtet an der beschriebenen Figur ein, daß der Hyperbelast sich immer mehr der x-Achse anschmiegt, der Asymptotenwinkel sich zu einem gestreckten verbreitert, jene spezielle Transformation in der Grenze sich in eine solche verwandelt, wobei die t'-Achse eine beliebige Richtung nach oben haben kann und x' immer genauer sich an x annähert. Mit Rücksicht hierauf ist klar, daß aus der Gruppe G_c in der Grenze für $c = \infty$, also als Gruppe G_∞, eben jene zu der Newtonschen Mechanik gehörige volle Gruppe wird. Bei dieser Sachlage, und da G_c mathematisch verständlicher ist als G_∞, hätte wohl ein Mathematiker in freier Phantasie auf den Gedanken verfallen können, daß am Ende die Naturerscheinungen tatsächlich eine Invarianz nicht bei der Gruppe G_∞, sondern vielmehr bei einer Gruppe G_c mit bestimmtem endlichen, nur in den gewöhnlichen Maßeinheiten *äußerst großen* c besitzen. Eine solche Ahnung wäre ein außerordentlicher Triumph der reinen Mathematik gewesen. Nun, da die Mathematik hier nur mehr Treppenwitz bekundet, bleibt ihr doch die Genugtuung, daß sie dank ihren glücklichen Antezedenzien mit ihren in freier Fernsicht geschärften Sinnen die tiefgreifenden Konsequenzen einer solchen Ummodelung unserer Naturauffassung auf der Stelle zu erfassen vermag.

Ich will sogleich bemerken, um welchen Wert für c es sich schließlich handeln wird. Für c wird die *Fortpflanzungsgeschwindigkeit des Lichtes im leeren Raume* eintreten. Um weder vom Raum, noch von Leere zu sprechen, können wir diese Größe wieder als das Verhältnis der elektromagnetischen und der elektrostatischen Einheit der Elektrizitätsmenge kennzeichnen.

Das Bestehen der Invarianz der Naturgesetze für die bezügliche Gruppe G_c würde nun so zu fassen sein:

Man kann aus der Gesamtheit der Naturerscheinungen durch sukzessiv gesteigerte Approximationen immer genauer ein Bezugsystem x, y, z und t, Raum und Zeit, ableiten, mittels dessen diese Erscheinungen sich dann nach bestimmten Gesetzen darstellen. Dieses Bezugsystem ist dabei aber durch die Erscheinungen keineswegs eindeutig festgelegt. *Man kann das Bezugsystem noch entsprechend den Transformationen der genannten Gruppe G_c beliebig verändern, ohne daß der Ausdruck der Naturgesetze sich dabei verändert.*

Z. B. kann man der beschriebenen Figur entsprechend auch t' Zeit benennen, muß dann aber im Zusammenhange damit notwendig den Raum durch die Mannigfaltigkeit der drei Parameter x', y, z definieren, wobei nun die physikalischen Gesetze mittels x', y, z, t' sich genau ebenso ausdrücken würden, wie mittels x, y, z, t. Hiernach würden wir dann in der Welt nicht mehr *den* Raum, sondern unendlich viele Räume haben, analog wie es im dreidimensionalen Raume unendlich viele Ebenen gibt. Die dreidimensionale Geometrie wird ein Kapitel der vierdimensionalen Physik. Sie erkennen, weshalb ich am Eingange sagte, Raum und Zeit sollen zu Schatten herabsinken und nur eine Welt an sich bestehen.

II.

Nun ist die Frage, welche Umstände zwingen uns die veränderte Auffassung von Raum und Zeit auf, widerspricht sie tatsächlich niemals den Erscheinungen, endlich gewährt sie Vorteile für die Beschreibung der Erscheinungen?

Bevor wir hierauf eingehen, sei eine wichtige Bemerkung vorangestellt. Haben wir Raum und Zeit irgendwie individualisiert, so entspricht einem ruhenden substantiellen Punkte als Weltlinie eine zur t-Achse parallele Gerade, einem gleichförmig bewegten substantiellen Punkte eine gegen die t-Achse geneigte Gerade, einem ungleichförmig bewegten substantiellen Punkte eine irgendwie gekrümmte Weltlinie. Fassen wir in einem beliebigen Weltpunkte x, y, z, t die dort durchlaufende Weltlinie auf und finden wir sie dort parallel mit irgendeinem Radiusvektor OA' der vorhin genannten hyperboloidischen Schale, so können wir OA' als neue Zeitachse einführen, und bei den damit gegebenen neuen Begriffen von Raum und Zeit erscheint die Substanz in dem betreffenden Weltpunkte als ruhend. Wir wollen nun dieses fundamentale Axiom einführen:

Die in einem beliebigen Weltpunkte vorhandene Substanz kann stets bei geeigneter Festsetzung von Raum und Zeit als ruhend aufgefaßt werden.

Das Axiom bedeutet, daß in jedem Weltpunkte stets der Ausdruck

$$c^2dt^2 - dx^2 - dy^2 - dz^2$$

positiv ausfällt oder, was damit gleichbedeutend ist, daß jede Geschwindigkeit v stets kleiner als c ausfällt. Es würde danach für alle substantiellen Geschwindigkeiten c als obere Grenze bestehen und hierin eben die tiefere Bedeutung der Größe c liegen. In dieser anderen Fassung hat das Axiom beim ersten Eindruck etwas Mißfälliges. Es ist aber zu bedenken, daß nun eine modifizierte Mechanik Platz greifen wird, in der die Quadratwurzel aus jener Differentialverbindung zweiten Grades eingeht, so daß Fälle mit Überlichtgeschwindigkeit nur mehr eine Rolle spielen werden, etwa wie in der Geometrie Figuren mit imaginären Koordinaten.

Der *Anstoß* und wahre Beweggrund *für die Annahme der Gruppe* G_c nun kam daher, daß die Differentialgleichung für die Fortpflanzung von Lichtwellen im leeren Raume jene Gruppe G_c besitzt*). Andererseits hat der Begriff starrer Körper nur in einer Mechanik mit der Gruppe G_∞ einen Sinn. Hat man nun eine Optik mit G_c, und gäbe es andererseits

*) Eine wesentliche Anwendung dieser Tatsache findet sich bereits bei W. Voigt, Nachrichten der K. Gesellschaft der Wissenschaften zu Göttingen, mathematisch-physikalische Klasse, 1887, S. 41.

starre Körper, so ist leicht abzusehen, daß durch die zwei zu G_c und zu G_∞ gehörigen hyperboloidischen Schalen *eine* t-Richtung ausgezeichnet sein würde, und das würde weiter die Konsequenz haben, daß man an geeigneten starren optischen Instrumenten im Laboratorium einen Wechsel der Erscheinungen bei verschiedener Orientierung gegen die Fortschreitungsrichtung der Erde müßte wahrnehmen können. Alle auf dieses Ziel gerichteten Bemühungen, insbesondere ein berühmter Interferenzversuch von Michelson, hatten jedoch ein negatives Ergebnis. Um eine Erklärung hierfür zu gewinnen, bildete H. A. Lorentz eine Hypothese, deren Erfolg eben in der Invarianz der Optik für die Gruppe G_c liegt. Nach Lorentz soll jeder Körper, der eine Bewegung besitzt, in Richtung der Bewegung eine Verkürzung erfahren haben und zwar bei einer Geschwindigkeit v im Verhältnisse

$$1 : \sqrt{1 - \frac{v^2}{c^2}}.$$

Diese Hypothese klingt äußerst phantastisch. Denn die Kontraktion ist nicht etwa als Folge von Widerständen im Äther zu denken, sondern rein als Geschenk von oben, als Begleitumstand des Umstandes der Bewegung.

Ich will nun an unserer Figur zeigen, daß die Lorentzsche Hypothese völlig äquivalent ist mit der neuen Auffassung von Raum und Zeit, wodurch sie viel verständlicher wird. Abstrahieren wir der Einfachheit wegen von y und z und denken uns eine räumlich eindimensionale Welt, so sind ein wie die t-Achse aufrechter und ein gegen die t-Achse geneigter Parallelstreifen (siehe Fig. 1) Bilder für den Verlauf eines ruhenden, bezüglich eines gleichförmig bewegten Körpers, der jedesmal eine konstante räumliche Ausdehnung behält. Ist OA' parallel dem zweiten Streifen, so können wir t' als Zeit und x' als Raumkoordinate einführen, und es erscheint dann der zweite Körper als ruhend, der erste als gleichförmig bewegt. Wir nehmen nun an, daß der erste Körper als ruhend aufgefaßt die Länge l hat, d. h. der Querschnitt PP des ersten Streifens auf der x-Achse $= l \cdot OC$ ist, wo OC den Einheitsmaßstab auf der x-Achse bedeutet, und daß andererseits der zweite Körper *als ruhend aufgefaßt* die gleiche Länge l hat; letzteres heißt dann, daß der *parallel der x'-Achse* gemessene Querschnitt des zweiten Streifens, $Q'Q' = l \cdot OC'$ ist. Wir haben nunmehr in diesen zwei Körpern Bilder von zwei *gleichen* Lorentzschen Elektronen, einem ruhenden und einem gleichförmig bewegten. Halten wir aber an den ursprünglichen Koordinaten x, t fest, so ist als Ausdehnung des zweiten Elektrons der Querschnitt QQ seines zugehörigen Streifens *parallel der x-Achse* anzugeben. Nun ist offenbar, da $Q'Q' = l \cdot OC'$

ist, $QQ = l \cdot OD'$. Eine leichte Rechnung ergibt, wenn dx/dt für den zweiten Streifen $= v$ ist, $OD' = OC \cdot \sqrt{1 - \frac{v^2}{c^2}}$, also auch $PP : QQ = 1 : \sqrt{1 - \frac{v^2}{c^2}}$. Dies ist aber der Sinn der Lorentzschen Hypothese von der Kontraktion der Elektronen bei Bewegung. Fassen wir andererseits das zweite Elektron als ruhend auf, adoptieren also das Bezugsystem x', t', so ist als Länge des ersten der Querschnitt $P'P'$ seines Streifens parallel OC' zu bezeichnen, und wir würden in genau dem nämlichen Verhältnisse das erste Elektron gegen das zweite verkürzt finden; denn es ist in der Figur

$$P'P' : Q'Q' = OD : OC' = OD' : OC = QQ : PP.$$

Lorentz nannte die Verbindung t' von x und t *Ortszeit* des gleichförmig bewegten Elektrons und verwandte eine physikalische Konstruktion dieses Begriffs zum besseren Verständnis der Kontraktionshypothese. Jedoch scharf erkannt zu haben, daß die Zeit des einen Elektrons ebenso gut wie die des anderen ist, d. h. daß t und t' gleich zu behandeln sind, ist erst das Verdienst von A. Einstein*). Damit war nun zunächst die Zeit als ein durch die Erscheinungen eindeutig festgelegter Begriff abgesetzt. An dem Begriffe des Raumes rüttelten weder Einstein noch Lorentz, vielleicht deshalb nicht, weil bei der genannten speziellen Transformation, wo die x', t'-Ebene sich mit der x, t-Ebene deckt, eine Deutung möglich ist, als sei die x-Achse des Raumes in ihrer Lage erhalten geblieben. Über den Begriff des Raumes in entsprechender Weise hinwegzuschreiten, ist auch wohl nur als Verwegenheit mathematischer Kultur einzutaxieren. Nach diesem zum wahren Verständnis der Gruppe G_c jedoch unerläßlichen weiteren Schritt aber scheint mir das Wort *Relativitätspostulat* für die Forderung einer Invarianz bei der Gruppe G_c sehr matt. Indem der Sinn des Postulats wird, daß durch die Erscheinungen nur die in Raum und Zeit vierdimensionale Welt gegeben ist, aber die Projektion in Raum und in Zeit noch mit einer gewissen Freiheit vorgenommen werden kann, möchte ich dieser Behauptung eher den Namen *Postulat der absoluten Welt* (oder kurz Weltpostulat) geben.

III.

Durch das Weltpostulat wird eine gleichartige Behandlung der vier Bestimmungsstücke x, y, z, t möglich. Dadurch gewinnen, wie ich jetzt

*) A. Einstein, Annalen der Physik, Bd. 17, 1905, S. 891; Jahrbuch der Radioaktivität und Elektronik, Bd. 4, 1907, S. 411.

ausführen will, die Formen, unter denen die physikalischen Gesetze sich abspielen, an Verständlichkeit. Vor allem erlangt der Begriff der *Beschleunigung* ein scharf hervortretendes Gepräge.

Ich werde mich einer geometrischen Ausdrucksweise bedienen, die sich sofort darbietet, indem man im Tripel x, y, z stillschweigend von z abstrahiert. Einen beliebigen Weltpunkt O denke ich zum Raum-Zeit-Nullpunkt gemacht. Der *Kegel*

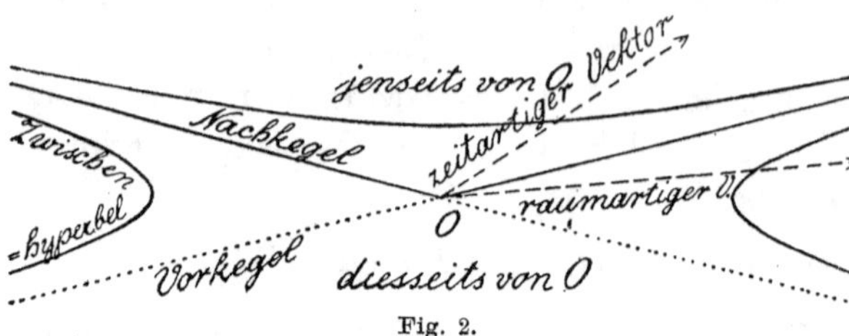

Fig. 2.

$$c^2t^2 - x^2 - y^2 - z^2 = 0$$

mit O als Spitze (Fig. 2) besteht aus zwei Teilen, einem mit Werten $t < 0$, einem anderen mit Werten $t > 0$. Der erste, der *Vorkegel von O*, besteht, sagen wir, aus allen Weltpunkten, die „Licht nach O senden", der zweite, der *Nachkegel von O*, aus allen Weltpunkten, die „Licht von O empfangen." Das vom Vorkegel allein begrenzte Gebiet mag *diesseits von O*, das vom Nachkegel allein begrenzte *jenseits von O* heißen. Jenseits O fällt die schon betrachtete hyperboloidische Schale

$$F = c^2t^2 - x^2 - y^2 - z^2 = 1, \; t > 0.$$

Das Gebiet *zwischen den Kegeln* wird erfüllt von den einschaligen hyperboloidischen Gebilden

$$-F = x^2 + y^2 + z^2 - c^2t^2 = k^2$$

zu allen konstanten positiven Werten k^2. Wichtig sind für uns die Hyperbeln mit O als Mittelpunkt, die auf den letzteren Gebilden liegen. Die einzelnen Äste dieser Hyperbeln mögen kurz die *Zwischenhyperbeln zum Zentrum O* heißen. Ein solcher Hyperbelast würde, als Weltlinie eines substantiellen Punktes gedacht, eine Bewegung repräsentieren, die für $t = -\infty$ und $t = +\infty$ asymptotisch auf die Lichtgeschwindigkeit c ansteigt.

Nennen wir in Analogie zum Vektorbegriff im Raume jetzt eine gerichtete Strecke in der Mannigfaltigkeit der x, y, z, t einen *Vektor*, so haben wir zu unterscheiden zwischen den *zeitartigen* Vektoren mit Richtungen von O nach der Schale $+F = 1$, $t > 0$ und den *raumartigen* Vektoren mit Richtungen von O nach $-F = 1$. Die Zeitachse kann jedem Vektor der ersteren Art parallel laufen. Ein jeder Weltpunkt zwischen Vorkegel und Nachkegel von O kann durch das Bezugsystem als *gleichzeitig* mit O, aber ebensogut auch als *früher* als O oder als *später* als O eingerichtet werden. Jeder Weltpunkt diesseits O ist notwendig stets früher, jeder Weltpunkt jenseits O notwendig stets später als O. Dem Grenzübergang zu $c = \infty$ würde ein völliges Zusammenklappen des keilförmigen Einschnittes zwischen den Kegeln in die ebene Mannigfaltigkeit $t = 0$ entsprechen. In den gezeichneten Figuren ist dieser Einschnitt absichtlich mit verschiedener Breite angelegt.

Einen beliebigen Vektor, wie von O nach x, y, z, t, zerlegen wir in die vier *Komponenten* x, y, z, t. Sind die Richtungen zweier Vektoren beziehungsweise die eines Radiusvektors OR von O an eine der Flächen $\mp F = 1$ und dazu einer Tangente RS im Punkte R der betreffenden Fläche, so sollen die Vektoren *normal* zueinander heißen. Danach ist

$$c^2 t t_1 - x x_1 - y y_1 - z z_1 = 0$$

die Bedingung dafür, daß die Vektoren mit den Komponenten x, y, z, t und x_1, y_1, z_1, t_1 normal zueinander sind.

Für die *Beträge* von Vektoren der verschiedenen Richtungen sollen die *Einheitsmaßstäbe* dadurch fixiert sein, daß einem raumartigen Vektor von O nach $-F = 1$ stets der Betrag 1, einem zeitartigen Vektor von O nach $+F = 1$, $t > 0$ stets der Betrag $1/c$ zugeschrieben wird.

Denken wir uns nun in einem Weltpunkte $P(x, y, z, t)$ die dort durchlaufende Weltlinie eines substantiellen Punktes, so entspricht danach dem zeitartigen Vektorelement dx, dy, dz, dt im Fortgang der Linie der Betrag

$$d\tau = \frac{1}{c}\sqrt{c^2 dt^2 - dx^2 - dy^2 - dz^2}.$$

Das Integral $\int d\tau = \tau$ dieses Betrages auf der Weltlinie von irgendeinem fixierten Ausgangspunkte P_0 bis zu dem variablen Endpunkte P geführt, nennen wir die *Eigenzeit* des substantiellen Punktes in P. Auf der Weltlinie betrachten wir x, y, z, t, d. s. die Komponenten des Vektors OP, als Funktionen der Eigenzeit τ, bezeichnen deren erste Differentialquotienten nach τ mit $\dot{x}, \dot{y}, \dot{z}, \dot{t}$, deren zweite Differentialquotienten nach τ mit $\ddot{x}, \ddot{y}, \ddot{z}, \ddot{t}$ und nennen die zugehörigen Vektoren, die Ableitung des Vektors OP nach τ den *Bewegungsvektor in* P und die Ableitung dieses Bewegungsvektors nach τ den *Beschleunigungsvektor in* P. Dabei gilt

$$c^2 \dot{t}^2 - \dot{x}^2 - \dot{y}^2 - \dot{z}^2 = c^2,$$

$$c^2 \dot{t}\ddot{t} - \dot{x}\ddot{x} - \dot{y}\ddot{y} - \dot{z}\ddot{z} = 0,$$

d. h. der Bewegungsvektor ist der zeitartige Vektor in Richtung der Weltlinie in P vom Betrage 1 und der Beschleunigungsvektor in P ist normal zum Bewegungsvektor in P, also jedenfalls ein raumartiger Vektor.

Nun gibt es, wie man leicht einsieht, einen bestimmten Hyperbelast, der mit der Weltlinie in P drei unendlich benachbarte Punkte gemein hat und dessen Asymptoten Erzeugende eines Vorkegels und eines Nachkegels sind (siehe unten Fig. 3). Dieser Hyperbelast heiße die *Krümmungshyperbel* in P. Ist M das Zentrum dieser Hyperbel, so handelt es sich also hier um eine Zwischenhyperbel zum Zentrum M. Es sei ϱ der Betrag des Vektors MP, *so erkennen wir den Beschleunigungsvektor in* P *als den Vektor in Richtung* MP *vom Betrage* c^2/ϱ.

Sind $\ddot{x}, \ddot{y}, \ddot{z}, \ddot{t}$ sämtlich Null, so reduziert sich die Krümmungshyperbel auf die in P die Weltlinie berührende Gerade, und es ist $\varrho = \infty$ zu setzen.

IV.

Um darzutun, daß die Annahme der Gruppe G_c für die physikalischen Gesetze nirgends zu einem Widerspruche führt, ist es unumgänglich, eine Revision der gesamten Physik auf Grund der Voraussetzung dieser Gruppe vorzunehmen. Diese Revision ist bereits in einem gewissen Umfange erfolgreich geleistet für Fragen der Thermodynamik und Wärmestrahlung*), für die elektromagnetischen Vorgänge, endlich für die Mechanik unter Aufrechterhaltung des Massenbegriffes**).

Für letzteres Gebiet ist vor allem die Frage aufzuwerfen: Wenn eine Kraft mit den Komponenten X, Y, Z nach den Raumachsen in einem Weltpunkte $P(x, y, z, t)$ angreift, wo der Bewegungsvektor $\dot{x}, \dot{y}, \dot{z}, \dot{t}$ ist, als welche Kraft ist diese Kraft bei einer beliebigen Änderung des Bezugsystemes aufzufassen? Nun existieren gewisse erprobte Ansätze über die ponderomotorische Kraft im elektromagnetischen Felde in den Fällen, wo die Gruppe G_c unzweifelhaft zuzulassen ist. Diese Ansätze führen zu der einfachen Regel: *Bei Änderung des Bezugsystemes ist die vorausgesetzte Kraft derart als Kraft in den neuen Raumkoordinaten anzusetzen, daß dabei der zugehörige Vektor mit den Komponenten*

$$\dot{t}X,\ \dot{t}Y,\ \dot{t}Z,\ \dot{t}T,$$

wo

$$T = \frac{1}{c^2}\left(\frac{\dot{x}}{\dot{t}}X + \frac{\dot{y}}{\dot{t}}Y + \frac{\dot{z}}{\dot{t}}Z\right)$$

die durch c^2 *dividierte Arbeitsleistung der Kraft im Weltpunkte ist, sich unverändert erhält.* Dieser Vektor ist stets normal zum Bewegungsvektor in P. Ein solcher, zu einer Kraft in P gehörender Kraftvektor soll ein *bewegender Kraftvektor in* P heißen.

---

*) M. Planck, Zur Dynamik bewegter Systeme, Sitzungsberichte der k. preußischen Akademie der Wissenschaften zu Berlin, 1907, S. 542 (auch Annalen der Physik, Bd. 26, 1908, S. 1).

**) H. Minkowski, Die Grundgleichungen für die elektromagnetischen Vorgänge in bewegten Körpern, Nachrichten der k. Gesellschaft der Wissenschaft zu Göttingen, mathematisch-physikalische Klasse, 1908, S. 53 und Mathematische Annalen, Bd. 68, 1910, S. 527; diese Ges. Abhandlungen, Bd. II, S. 352.

Nun werde die durch P laufende Weltlinie von einem substantiellen Punkte mit konstanter *mechanischer Masse m* beschrieben. Das m-fache des Bewegungsvektors in P heiße der *Impulsvektor in P*, das m-fache des Beschleunigungsvektors in P der *Kraftvektor der Bewegung in P*. Nach diesen Definitionen lautet das Gesetz dafür, wie die Bewegung eines Massenpunktes bei gegebenem bewegenden Kraftvektor statthat*):

Der Kraftvektor der Bewegung ist gleich dem bewegenden Kraftvektor.

Diese Aussage faßt vier Gleichungen für die Komponenten nach den vier Achsen zusammen, wobei die vierte, weil von vornherein beide genannten Vektoren normal zum Bewegungsvektor sind, sich als eine Folge der drei ersten ansehen läßt. Nach der obigen Bedeutung von T stellt die vierte zweifellos den Energiesatz dar. Als *kinetische Energie* des Massenpunktes ist daher das *c^2-fache der Komponente des Impulsvektors nach der t-Achse* zu definieren. Der Ausdruck hierfür ist

$$m c^2 \frac{dt}{d\tau} = m c^2 \Big/ \sqrt{1 - \frac{v^2}{c^2}},$$

d. i. nach Abzug der additiven Konstante mc^2 der Ausdruck $\frac{1}{2}mv^2$ der Newtonschen Mechanik bis auf Größen von der Ordnung $1/c^2$. Sehr anschaulich erscheint hierbei die *Abhängigkeit der Energie vom Bezugsysteme.* Da nun aber die t-Achse in die Richtung jedes zeitartigen Vektors gelegt werden kann, so enthält andererseits der Energiesatz, für jedes mögliche Bezugsystem gebildet, bereits das ganze System der Bewegungsgleichungen. Diese Tatsache behält bei dem erörterten Grenzübergang zu $c = \infty$ ihre Bedeutung auch für den axiomatischen Aufbau der Newtonschen Mechanik und ist in solchem Sinne hier bereits von Herrn J. R. Schütz**) wahrgenommen worden.

Man kann von vornherein das Verhältnis von Längeneinheit und Zeiteinheit derart festlegen, daß die natürliche Geschwindigkeitsschranke $c = 1$ wird. Führt man dann noch $\sqrt{-1} \cdot t = s$ an Stelle von t ein, so wird der quadratische Differentialausdruck

$$d\tau^2 = -dx^2 - dy^2 - dz^2 - ds^2,$$

also völlig symmetrisch in x, y, z, s, und diese Symmetrie überträgt sich auf ein jedes Gesetz, das dem Weltpostulate nicht widerspricht. Man kann danach das Wesen dieses Postulates mathematisch sehr prägnant in die mystische Formel kleiden:

$$3.10^5 \text{ km} = \sqrt{-1} \text{ sek.}$$

---

*) H. Minkowski, diese Ges. Abhandlungen, Bd. II, S. 400. — Vgl. auch M. Planck, Verhandlungen der Physikalischen Gesellschaft, Bd. 4, 1906, S. 136.

**) J. R. Schütz, Das Prinzip der absoluten Erhaltung der Energie, Nachrichten der k. Gesellschaft der Wissenschaften zu Göttingen, mathematisch-physikalische Klasse, 1897, S. 110.

V.

Die durch das Weltpostulat geschaffenen Vorteile werden vielleicht durch nichts so schlagend belegt wie durch Angabe der von einer *beliebig bewegten punktförmigen Ladung* nach der Maxwell-Lorentzschen Theorie ausgehenden Wirkungen. Denken wir uns die Weltlinie eines solchen punktförmigen Elektrons mit der Ladung e und führen auf ihr die Eigenzeit τ ein von irgendeinem Anfangspunkte aus. Um das vom Elektron in einem beliebigen Weltpunkte P_1 veranlaßte Feld zu haben, konstruieren wir den zu P_1 gehörigen Vorkegel (Fig. 4). Dieser trifft die unbegrenzte Weltlinie des Elektrons, weil deren Richtungen überall die von zeitartigen Vektoren sind, offenbar in einem einzigen Punkte P. Wir legen in P an die Weltlinie die Tangente und konstruieren durch P_1 die Normale P_1Q auf diese Tangente. Der Betrag von P_1Q sei r. Als der Betrag von PQ ist dann gemäß der Definition eines Vorkegels r/c zu rechnen. *Nun stellt der Vektor in Richtung PQ vom Betrage e/r in seinen Komponenten nach den x-, y-, z-Achsen das mit c multiplizierte Vektorpotential, in der Komponente nach der t-Achse das skalare Potential des von e erregten Feldes für den Weltpunkt P_1 vor.* Hierin liegen die von A. Liénard und von E. Wiechert aufgestellten Elementargesetze*).

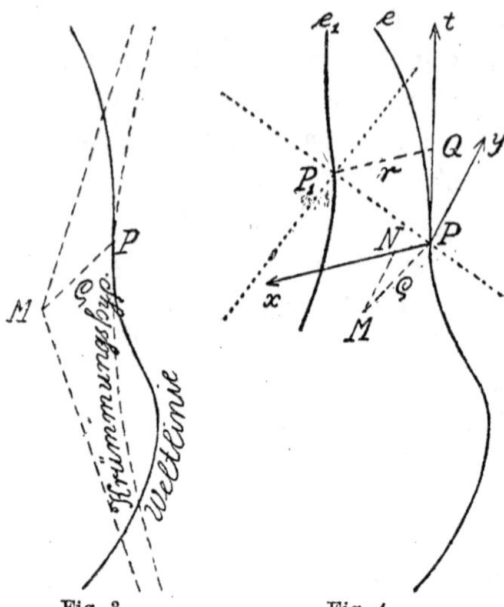

Fig. 3. Fig. 4.

Bei der Beschreibung des vom Elektron hervorgerufenen Feldes selbst tritt sodann hervor, daß die Scheidung des Feldes in elektrische und magnetische Kraft eine relative ist mit Rücksicht auf die zugrunde gelegte Zeitachse; am übersichtlichsten sind beide Kräfte zusammen zu beschreiben in einer gewissen, wenn auch nicht völligen Analogie zu einer Kraftschraube der Mechanik.

Ich will jetzt die *von einer beliebig bewegten punktförmigen Ladung auf eine andere beliebig bewegte punktförmige Ladung ausgeübte ponderomotorische Wirkung* beschreiben. Denken wir uns durch den Weltpunkt

*) A. Liénard, Champ électrique et magnétique produit par une charge concentrie en un point et animée d'un mouvement quelconque, L'Éclairage électrique, T. 16, 1898, pp. 5, 53, 106; E. Wiechert, Elektrodynamische Elementargesetze, Archives Néerlandaises des Sciences exactes et naturelles (2), T. 5, 1900, S. 549.

P_1 die Weltlinie eines zweiten punktförmigen Elektrons von der Ladung e_1 führend. Wir bestimmen P, Q, r wie vorhin, konstruieren sodann (Fig. 4) den Mittelpunkt M der Krümmungshyperbel in P, endlich die Normale MN von M aus auf eine durch P parallel zu QP_1 gedachte Gerade. Wir legen nun, mit P als Anfangspunkt, ein Bezugsystem folgendermaßen fest, die t-Achse in die Richtung PQ, die x-Achse in die Richtung QP_1, die y-Achse in die Richtung MN, womit schließlich auch die Richtung der z-Achse als normal zu den t-, x-, y-Achsen bestimmt ist. Der Beschleunigungsvektor in P sei $\ddot{x}, \ddot{y}, \ddot{z}, \ddot{t}$, der Bewegungsvektor in P_1 sei $\dot{x}_1, \dot{y}_1, \dot{z}_1, \dot{t}_1$. *Jetzt lautet der von dem ersten beliebig bewegten Elektron e auf das zweite beliebig bewegte Elektron e_1 in P_1 ausgeübte bewegende Kraftvektor:*

$$- e e_1 \left(\dot{t}_1 - \frac{\dot{x}_1}{c}\right) \mathfrak{K},$$

wobei für die Komponenten $\mathfrak{K}_x$, $\mathfrak{K}_y$, $\mathfrak{K}_z$, $\mathfrak{K}_t$ des Vektors $\mathfrak{K}$ die drei Relationen bestehen:

$$c\mathfrak{K}_t - \mathfrak{K}_x = \frac{1}{r^2}, \qquad \mathfrak{K}_y = \frac{\ddot{y}}{c^2 r}, \qquad \mathfrak{K}_z = 0$$

und viertens dieser Vektor $\mathfrak{K}$ normal zum Bewegungsvektor in P_1 ist und durch diesen Umstand allein in Abhängigkeit von dem letzteren Bewegungsvektor steht.

Vergleicht man mit dieser Aussage die bisherigen Formulierungen*) des nämlichen Elementargesetzes über die ponderomotorische Wirkung bewegter punktförmiger Ladungen aufeinander, so wird man nicht umhin können zuzugeben, daß die hier in Betracht kommenden Verhältnisse ihr inneres Wesen voller Einfachheit erst in vier Dimensionen enthüllen, auf einen von vornherein aufgezwungenen dreidimensionalen Raum aber nur eine sehr verwickelte Projektion werfen.

In der dem Weltpostulate gemäß reformierten Mechanik fallen die Disharmonien, die zwischen der Newtonschen Mechanik und der modernen Elektrodynamik gestört haben, von selbst aus. Ich will noch die Stellung des *Newtonschen Attraktionsgesetzes* zu diesem Postulate berühren. Ich will annehmen, wenn zwei Massenpunkte m, m_1 ihre Weltlinien beschreiben, werde von m auf m_1 ein bewegender Kraftvektor ausgeübt genau von dem soeben im Falle von Elektronen angegebenen Ausdruck, nur daß statt $-ee_1$ jetzt $+mm_1$ treten soll. Wir betrachten nun speziell den Fall, daß der Beschleunigungsvektor

*) K. Schwarzschild, Nachrichten der k. Gesellschaft der Wissenschaften zu Göttingen, mathematisch-physikalische Klasse, 1903, S. 132. — H. A. Lorentz, Enzyklopädie der mathematischen Wissenschaften, V, Art. 14, S. 199.

von m konstant Null ist, wobei wir dann t so einführen mögen, daß m als ruhend aufzufassen ist, und es erfolge die Bewegung von m_1 allein mit jenem von m herrührenden bewegenden Kraftvektor. Modifizieren wir nun diesen angegeben Vektor zunächst durch Hinzusetzen des Faktors $\dot{t}^{-1} = \sqrt{1 - \frac{v^2}{c^2}}$, der bis auf Größen von der Ordnung $1/c^2$ auf 1 hinauskommt, so zeigt sich*), daß für die Orte x_1, y_1, z_1 von m_1 und ihren zeitlichen Verlauf genau wieder die Keplerschen Gesetze hervorgehen würden, nur daß dabei an Stelle der Zeiten t_1 die Eigenzeiten τ_1 von m_1 eintreten würden. Auf Grund dieser einfachen Bemerkung läßt sich dann einsehen, daß das vorgeschlagene Anziehungsgesetz verknüpft mit der neuen Mechanik nicht weniger gut geeignet ist die astronomischen Beobachtungen zu erklären als das Newtonsche Anziehungsgesetz verknüpft mit der Newtonschen Mechanik.

Auch die Grundgleichungen für die elektromagnetischen Vorgänge in ponderablen Körpern fügen sich durchaus dem Weltpostulate. Sogar die von Lorentz gelehrte Ableitung dieser Gleichungen auf Grund von Vorstellungen der Elektronentheorie braucht zu dem Ende keineswegs verlassen zu werden, wie ich anderwärts zeigen werde**).

Die ausnahmslose Gültigkeit des Weltpostulates ist, so möchte ich glauben, der wahre Kern eines elektromagnetischen Weltbildes, der von Lorentz getroffen, von Einstein weiter herausgeschält, nachgerade vollends am Tage liegt. Bei der Fortbildung der mathematischen Konsequenzen werden genug Hinweise auf experimentelle Verifikationen des Postulates sich einfinden, um auch diejenigen, denen ein Aufgeben altgewohnter Anschauungen unsympathisch oder schmerzlich ist, durch den Gedanken an eine prästabilierte Harmonie zwischen der reinen Mathematik und der Physik auszusöhnen.

---

*) H. Minkowski, diese Ges. Abhandlungen, S. 403.

**) Dieser Gedanke ist ausgeführt in der Arbeit: Eine Ableitung der Grundgleichungen für die elektromagnetischen Vorgänge in bewegten Körpern vom Standpunkte der Elektronentheorie. Aus dem Nachlaß von Hermann Minkowski bearbeitet von Max Born in Göttingen. Mathematische Annalen, Bd. 68, 1910, S. 526; diese Ges. Abhandlungen, Bd. II, S. 405.

REDE AUF DIRICHLET

XXXIII.

Peter Gustav Lejeune Dirichlet und seine Bedeutung für die heutige Mathematik.

(Rede, gehalten in der Festsitzung der Göttinger Mathematischen Gesellschaft am 13. Februar 1905.)

(Jahresbericht der Deutschen Mathematiker-Vereinigung, Band 14, S. 149—163.)*)

Hochgeehrte Anwesende!

Gedanken an Zeit und Raum sind des Mathematikers ständige Gefährten, die er aber von sich weist, wenn er das Reich der reinen Zahl betritt. Heute werden wir an Herrlichkeiten tief im Innern des Zahlenreiches herantreten, und die weihevolle Stimmung des Augenblicks, der Einfluß des Ortes gerade sind es, die unsere Schritte dorthin lenken.

Wir begehen die hundertjährige Wiederkehr des Geburtstages von Lejeune Dirichlet, und wir denken zuerst an die Umstände, die uns das Recht geben, Dirichlet als zu Göttingen gehörig zu betrachten.

Am 23. Februar 1855 war Gauß gestorben. Der damalige Kurator von Warnstedt wandte sich an Wilhelm Weber als das zunächst kompetente Mitglied der Honorenfakultät mit dem Ersuchen, ihm Bericht zu erstatten, wie die im Lehrkörper der Universität entstandene Lücke so würdig als möglich ausgefüllt werden könnte. Für die Entschließungen leitend, hieß es in dem Schreiben, werde vor allem die Rücksicht sein, welche bisher in ähnlichen Lagen der Universität festgehalten sei. Es ist das der Gesichtspunkt, daß die Universität nicht bloß eine hohe Schule für den Unterricht der Studierenden, nicht bloß eine Bewahrerin bereits erworbener wissenschaftlicher Kenntnisse sein, sondern auch an dem Fortbau der Wissenschaft als eines Gemeinguts der Menschheit arbeiten soll. Diesem als leitend festgehaltenen Gesichtspunkt verdankt Göttingen die ihm eigentümliche Weltstellung. Im Gebiete der höheren Mathematik und der auf die Mathematik begründeten naturwissenschaftlichen Unter-

*) Der Rede war im Sonderabdruck ein Bildnis Lejeune Dirichlets als Titelbild beigegeben. (Anm. d. Herausg.)

suchungen hat die Georgia Augusta vielleicht diesen Rang am glänzendsten bewährt. Universitäten, welche eine wesentliche und bedeutsame Stellung in dem geistigen Leben der Nation einnehmen, sind Individuen mit einem geschichtlich festgestellten Charakter, in dessen Bewahrung die Gewähr ihrer Kraft und ihres Segens für das Ganze ruht.

Weber sandte ein eingehendes Gutachten, er verbreitete sich ausführlich über das Verhältnis der Mathematik zu den ihr verwandten Naturwissenschaften, denn Gauß hatte seine Wirksamkeit zugleich über alle von der Mathematik beherrschten Wissenschaften, über die Physik ebenso wie über die Astronomie, ausgedehnt. Weber kam zu dem Schlusse, daß als der würdigste Nachfolger von Gauß wohl einstimmig, in und außer Deutschland, Lejeune Dirichlet, damals in Berlin tätig, betrachtet werden möchte. Es wurden auf der Stelle Verhandlungen mit Dirichlet eingeleitet. Dieser selbst legte auf Beschleunigung der Vokation Wert, weil sonst alle die Versuche, ihn in Berlin zu halten, ihm die Annahme des Rufes sehr erschweren würden. Schon nach kurzer Frist konnte Warnstedt an den Minister berichten: Dirichlet kommt gerne nach Göttingen, weil er es für den höchsten Ruhm hält, Gauß' Nachfolger zu werden. Es ist das eine wahrhaft glanzvolle Akquisition, die schönste, die Göttingen in diesem Fache hätte machen können.

Der Universität Göttingen, welche ein halbes Jahrhundert hindurch den Ruhm genossen hatte, den ersten aller lebenden Mathematiker zu besitzen, war es gelungen, sich diesen Ruhm auch ferner zu erhalten.

Einige Daten aus dem Leben Dirichlets werden Ihr Interesse beanspruchen dürfen; sie sind zumeist der ausgezeichneten Gedächtnisrede entnommen, die Kummer in der Berliner Akademie seinem um fünf Jahre älteren Freunde gewidmet hat.

Peter Gustav Lejeune Dirichlet wurde in Düren bei Aachen geboren, heute vor hundert Jahren. Auf dem Gymnasium in Köln hatte er zu seinem Lehrer in der Mathematik den nachmals in der Elektrodynamik berühmt gewordenen Georg Simon Ohm. Sechzehn Jahre alt, kehrte er mit dem Abgangszeugnis für die Universität nach Hause zurück und beredete die anfänglich widerstrebenden Eltern, seinem entschiedenen Wunsche nachzugeben, ihn Mathematik studieren zu lassen.

Das mathematische Studium auf den preußischen und auf den übrigen deutschen Universitäten lag damals arg darnieder. Die Vorlesungen erhoben sich nur wenig über das Gebiet der Elementarmathematik. In Frankreich dagegen stand die Mathematik in voller Blüte. Laplace, Legendre, Fourier, Poisson, Cauchy wirkten zusammen, Paris zu einem glänzenden Sitze der mathematischen Wissenschaft zu machen.

Dirichlet wandte sich nach Paris, er verblieb dort viereinhalb Jahre, den größten Teil der Zeit als Lehrer im Hause des Generals Foy tätig, der eine hervorragende Persönlichkeit war und als Politiker eine bedeutende Rolle gespielt hat. Mehr noch als das Hören der Vorlesungen wurde in dieser Zeit für Dirichlets spätere wissenschaftliche Richtung bestimmend das Studium der Gaußischen Disquisitiones Arithmeticae. Dirichlet hat dieses Werk nicht nur einmal oder mehrere Male durchstudiert, sein ganzes Leben hindurch hat er nicht aufgehört, die Fülle der tiefen Gedanken, die es enthält, sich immer wieder zu vergegenwärtigen. Sartorius von Waltershausen erzählte einmal: So wie gewisse Geistliche mit ihrem Gebetbuch umherziehen, pflegt Dirichlet nur in Begleitung eines ganz verlesenen, aus dem Einband gewichenen Exemplars der Disquisitiones Arithmeticae auf alle seine Reisen zu gehen.

Durch eine Arbeit zum Fermatschen Satze erweckte Dirichlet die Aufmerksamkeit der Pariser Akademie. Infolge dieses glänzenden Debuts kam Dirichlet namentlich mit Fourier in nähere Verbindung. Fourier fand in ihm einen jungen Mann, dem er sein mathematisches Herz ganz eröffnen konnte und von dem er nicht bloß bewundert, sondern auch verstanden wurde. Durch Fourier wurde Alexander von Humboldt auf Dirichlet aufmerksam gemacht. Humboldt glaubte, daß unter den damaligen Verhältnissen Frankreichs der Aufschwung der Wissenschaften gehemmt und auch für große Talente in Paris wenig Aussicht wäre, und er brachte in Dirichlet den schon erwogenen Entschluß zur Rückkehr ins Vaterland zur Reife. Durch Verwendung Humboldts, dessen Bemühungen auch Gauß unterstützte, erhielt Dirichlet 1827 eine Anstellung in Breslau. Auf der Reise dorthin wählte er den Weg über Göttingen, um Gauß persönlich kennen zu lernen.

In Breslau blieb Dirichlet wenig über ein Jahr, dann wurde er nach Berlin gerufen, wo er zuerst einen Lehrauftrag an der Kriegsschule erhielt und bald für die dortige Universität und die Akademie gewonnen wurde. Dirichlet wirkte an der Berliner Hochschule in ausgezeichneter Weise 27 Jahre hindurch, davon sieben Jahre im Verein mit seinem Freunde Jacobi. Eine Berufung nach Heidelberg im Jahre 1846 hat er abgelehnt.

Im Berichte Webers findet sich noch eine Tatsache, die nicht bekannt geworden ist. Schon im Jahre 1828 hegte Gauß im Interesse der Universität und in der Hoffnung des gemeinsamen wissenschaftlichen Zusammenwirkens den lebhaftesten Wunsch und sprach ihn gelegentlich gegen Humboldt aus, daß Dirichlet nach Göttingen berufen werden möge. Nach Thibauts Tode 1832 wollte Gauß selbst einen entsprechenden Antrag bei dem Kuratorium stellen, er nahm davon nur Abstand, weil er sich sagen mußte, Dirichlet würde Berlin nicht verlassen haben infolge der soeben erst durch seine Verheiratung eingegangenen Verbindung mit dem Mendelssohnschen Hause, welches damals in Berlin den ausgezeichnetsten Vereinigungspunkt für Kunst und Wissenschaft bildete. Dirichlet hatte sich im Jahre 1831 mit Rebecca Mendelssohn-Bartholdy, der jüngeren Schwester von Felix Mendelssohn und von Fanny Hensel, vermählt.

„Im Herbst 1855 siedelte Dirichlet nach Göttingen über. Er richtete sich hier in einem eigenen, angenehm gelegenen Hause mit Garten (Mühlenstraße 1) ganz nach seinem Gefallen ein, und die Ruhe der kleineren Stadt, welche er seit seiner Jugend nicht mehr genossen hatte, ersetzte ihm hinreichend die äußeren Annehmlichkeiten des großstädtischen Lebens in Berlin.“ An der Universität fand er zwar nicht einen so großen Kreis von Zuhörern, als er in Berlin verlassen hatte, allein sein Ruf als Lehrer war nicht minder anerkannt als sein wissenschaftlicher Ruf und zog viele junge Mathematiker nach Göttingen.

Es sollte ihm jedoch nur noch eine kurze Wirksamkeit gegönnt sein. Im Sommer des Jahres 1858, nach dem Schlusse seiner Vorlesungen, reiste er nach der Schweiz und hielt sich in Montreux auf, weniger zu seiner Erholung, als mit dem Vorhaben, daselbst eine in der Göttinger Sozietät zu haltende Gedächtnisrede auf Gauß auszuarbeiten. Dort wurde er plötzlich von einer akuten Herzkrankheit ergriffen und kehrte todkrank nach Göttingen zurück. Die augenblickliche Lebensgefahr konnte zwar abgewandt werden, da traf Dirichlet der plötzliche Verlust seiner Frau. Dieser Schlag wendete seine Krankheit wieder zum Schlimmeren und nach schweren Leiden erlag er derselben am 5. Mai 1859, nur 54 Jahre alt, in der besten Schaffenskraft, in frischem Besitze wunderbarer Geheimnisse, die er mit sich hinübernahm. Er ruht auf dem alten Kirchhofe, der an der Weender Chaussee liegt; das Grab, das ihn und seine Frau aufnahm, befindet sich wenige Schritte rechts hinter dem Bürgerdenkmal und ist leicht kenntlich an einer hohen steinernen Umfriedung.

Seit jener Zeit ist fast ein halbes Jahrhundert weiterer intensivster Entwicklung der mathematischen Wissenschaft vorübergezogen. In allen ihren Teilen sehen wir noch die Impulse des Dirichletschen Geistes nachwirken. Suchen wir das Lebenswerk Dirichlets als Ganzes zu beurteilen, so ist es ein ununterbrochenes Zeugnis für die Verbrüderung der mathematischen Disziplinen, für die Einheit unserer Wissenschaft. Unablässig war sein Sinnen darauf gerichtet, zwischen getrennt bestehenden Gedankensphären die Brücke zu schlagen und unabhängig gezeitigte Erfolge zu fruchtbarer Wechselwirkung zu verschmelzen.

Das Feld, auf welchem unstreitig die bewundernswürdigsten Offenbarungen Dirichlets liegen, ist die höhere Arithmetik, die Lehre von den Eigenschaften der ganzen Zahlen. Es kann nur derjenige Dirichlet in richtigem Lichte erfassen, der die Eigenart dieses Zweiges der Mathematik zu schätzen versteht.

Ich muß davon etwas ausführlicher sprechen, wenn ich Ihr Interesse für Dirichlets größte Leistungen wachrufen will. Freilich, die Arithmetik von heute ist nicht ganz die Arithmetik aus den Zeiten der Disquisitiones. An die Stelle der erfindungsreichen schöpferischen Phantasie eines Gauß und Dirichlet, die ein verheißenes Land suchte, ist mehr der systematische Anbau eines sicher erworbenen Bodens getreten. Für Gauß war die Arithmetik die Königin der Mathematik, sie ist es auch heute noch. Aber ihr Wesen ist selbst vielen Mathematikern unnahbar, man hört von der fortschreitenden Arithmetisierung *aller* mathematischen Wissenszweige sprechen, und manche halten deshalb die Arithmetik nur noch für eine zweckmäßige Staatsverfassung, die sich das ausgedehnte Reich der Mathematik gibt. Ja, zuletzt werden einige in ihr nur noch die hohe Polizei sehen, welche befugt ist, auf alle verbotenen Vorgänge im weitverzweigten Gemeinwesen der Größen und Funktionen zu achten. Die Arithmetik steht einzig da durch „die Einfachheit ihrer Grundlagen, die Genauigkeit ihrer Begriffe, die Reinheit ihrer Wahrheiten", diese Ruhmestitel ihrer Unbestechlichkeit werden ihr von niemandem aberkannt.

Erwecken wir für einen Moment die alte Arithmetik aus ihrem Dornröschenschlaf.

Fast alle, die sich ernstlich um die Arithmetik bemüht haben, gaben sich ihr bald mit einer gewissen Leidenschaft hin. Mit einer leichten Variation des Ausspruchs, den Novalis auf die Mathematiker im allgemeinen geprägt hat, darf füglich behauptet werden: Der echte Arithmetiker ist Enthusiast per se. Ohne Enthusiasmus keine Arithmetik.

Allerdings sind unter den Mathematikern selbst manche anzutreffen, denen der Reiz für dieses Gebiet vollkommen abzugehen scheint. Vielleicht liegt die Ursache davon in dem hohen Grade von Abstraktionsfähigkeit, welchen die arithmetischen Begriffe zu ihrer völligen Beherrschung erfordern. Vielleicht auch rührt jene Abneigung von einer Ungeduld her, die der mathematischen Gedankenarbeit erst im Momente unmittelbarer praktischer Verwendbarkeit ihr Interesse zuwenden mag. In letzterer Hinsicht bin ich übrigens für die Zahlentheorie Optimist und hege still die Hoffnung, daß wir vielleicht gar nicht weit von dem Zeitpunkt entfernt sind, wo die unverfälschteste Arithmetik gleichfalls in Physik und Chemie Triumphe feiern wird, und sagen wir z. B., wo wesentliche Eigenschaften der Materie als mit der Zerlegung der Primzahlen in zwei Quadrate im Zusammenhang stehend erkannt werden. An jenem Tage werden den Arithmetikern von allen Seiten Huldigungen dargebracht werden. Einstweilen aber würden in einen Briefsteller für Arithmetiker noch zweckmäßig alle die resignierten Äußerungen hineingehören, die Gauß und Dirichlet sich über die geringe Verbreitung zahlentheoretischen Sinnes schrieben.

Schon jetzt nehmen wir in der Zahlentheorie mehrere, wenn auch vielleicht nur äußerliche Analogien mit der Physik wahr. Durch die unendliche Reihe der Zahlen bietet sich die weiteste Möglichkeit des Experimentierens. Jede Zahl ist wie ein Individuum für sich, das in der mannigfaltigsten Weise die Eigenschaften großer Klassen in sich vereinigt. Jede Zahl ist daher ein Objekt für Versuche zur Entdeckung allgemeiner Gesetze. Dem Arithmetiker werden in seiner Beschäftigung die Ziffern das, was die Farben dem bildenden Künstler sind. Er mischt dieses Handwerkszeug, um wunderbare Geschehnisse, eindrucksvolle Charaktere festzuhalten, indes ein anderer Mathematiker höchstens mit rohen Strichen den Effekt von Groß und Klein hervorzurufen, die Distanz der Fixsterne neben dem Durchmesser eines Moleküls zu malen versteht.

Auch, daß auffällige Zusammenhänge oft früher wahrgenommen werden, als die inneren Gründe dafür offenbar liegen, ist ganz ein Charakteristikum einer Erfahrungswissenschaft. Manche derartige Erscheinungen in der Zahlentheorie mögen in den Folgen, wie sie den Weg zeigten, um in neue unbekannte Tiefen der Wissenschaft einzudringen, wohl mit der Feststellung von Weber und Kohlrausch zu vergleichen sein, daß der Quotient der elektromagnetischen und der elektrostatischen Einheit der Elektrizitätsmenge genau mit der Größe der Lichtgeschwindigkeit übereinstimmt. So bildete ein merkwürdiges Endergebnis, auf das Dirichlet bei der Berechnung der Klassenanzahl der quadratischen Formen mit komplexen Koeffizienten geführt wurde, für einen mathematischen Forscher der Gegenwart das Einfallstor, durch welches er in das Reich der Zahlentheorie eindrang, um dort neue blühende Provinzen zu erschließen.

Andererseits finden wir in der Geschichte der Arithmetik, daß oft bedeutende Fortschritte an ganz unscheinbare Phänomene anknüpfen. In der Theorie der Kreisteilung war Gauß darauf geführt worden, gewisse Ausdrücke zu betrachten, — jetzt nennt man sie kurzweg die Gaußischen Summen, — sie definieren im wesentlichen in einem regulären Polygon von n Seiten einen gewissen ausgezeichneten Punkt. Es ergab sich, daß der Punkt auf einer bestimmten Geraden durch den Mittelpunkt in bestimmter Entfernung von letzterem liegen müsse, es blieb aber zweifelhaft, ob rechts oder links. In jedem Versuchsfalle ergab sich die Lage rechts, aber der Beweis dieser so einfach klingenden Tatsache bot die allergrößten Schwierigkeiten dar und führte Gauß tief in das Formelgebiet der elliptischen Funktionen hinein. Dirichlet hat später auf einem sehr sinnreichen neuen Wege, durch Benutzung der Fourierschen Reihen und eines Integrals, das in der Fresnelschen Theorie der Beugung des Lichtes eine Rolle spielt, die Gaußischen Summen mitsamt dem zweifelhaften Vorzeichen zu berechnen gelehrt.

Ich habe etwas ausführlicher von dem Wesen der Zahlentheorie gesprochen. Nun will ich auf einzelne Funde von Dirichlet eingehen, wie sie sich in den heutigen Stand der mathematischen Wissenschaft einordnen. Der Brennpunkt der heutigen Zahlentheorie, von dem aus auch ihre funktionentheoretischen Beziehungen ausstrahlen, ist die Theorie der algebraischen Zahlkörper. Diese Theorie ruht auf drei Grundpfeilern, dem Satze von der eindeutigen Zerlegbarkeit in Primideale, dem Satze von der Existenz der Einheiten und dem Satze von der transzendenten Bestimmung der Klassenanzahl.*) Von diesen Pfeilern hat die beiden letzten Dirichlet allein errichtet, den zuerst genannten hat Kummer entworfen und es haben ihn dann Dedekind und Kronecker, Schüler Dirichlets, in unabhängiger Arbeit ausgebaut, und jener hat ihn sogleich jedermann sichtbar aufgeführt, dieser ihn lange hindurch verhüllt gehalten. Nun einiges Nähere zum Verständnis jener glänzendsten Entdeckungen Dirichlets.

Selbst die in der Zahlenlehre wenig Bewanderten wissen von der Gaußischen Abhandlung, in der die geometrische Deutung der komplexen Größen gelehrt wurde. In jener Abhandlung hat Gauß das Feld der Zahlentheorie außerordentlich erweitert. Die konsequente Fortentwicklung des Gaußischen Gedankens hat dazu geführt, dem Begriffe der ganzen Zahl eine noch unendlich mannigfaltigere Ausbildung zu geben. Während die früheren ganzen Zahlen, nun zur Unterscheidung ganze *rationale* genannt, sich additiv und subtraktiv aus 1 zusammensetzen, haben die neuen ganzen Zahlen, die *algebraischen* ganzen Zahlen genannt, die charakteristische Eigenschaft, daß irgendeine Potenz von ihnen sich additiv und subtraktiv aus früheren Potenzen zusammensetzen läßt. Derartige Mengen von Zahlen, welche auseinander ausschließlich durch Anwendung der vier Spezies hervorgehen, werden zu den sogenannten *Zahlkörpern* zusammengefaßt. Auch in diesen erweiterten Zahlbereichen blieb der multiplikative Aufbau aller ganzen Zahlen aus möglichst einfachen Primelementen das grundlegende Problem. Vor allem erhebt sich da die Frage nach allen

*) Vgl. Hilbert, Vorwort zu seinem Bericht über die Theorie der algebraischen Zahlkörper in Bd. 4 der Jahresberichte der Deutschen Mathematiker-Vereinigung.

denjenigen ganzen Zahlen, welche auch in der *Eins* als Faktor enthalten sein können, wie dieses von den rationalen ganzen Zahlen nur ausschließlich die zwei Werte 1 und — 1 tun. Diese Zahlen eines Zahlkörpers werden *Einheiten* genannt, sie durchdringen die übrigen Zahlen und beeinflussen deren innerste Natur, ich möchte sagen, wie der Lichtäther die Erscheinungen der Materie.

Vor Dirichlet war die Frage nach den Einheiten nur für den einfachsten Fall der reellen Körper, welche von einer quadratischen Gleichung abhängen, erledigt. Aber indem hier der *Nachweis der Existenz* der Einheit gleichzeitig mit einem speziellen *Verfahren zur Auffindung* der Einheit Hand in Hand ging, konnte man versucht sein, die Wichtigkeit des besonderen Algorithmus zu überschätzen, und hätte alle Kräfte vergeuden können in dem Unternehmen, das angetroffene formale Hilfsmittel auf allgemeinere Fälle zu übertragen. Hier hat nun Dirichlet mit der ganzen Schärfe vorurteilsfreier Auffassung eingesetzt, den tiefliegenden Kern des Problems herausgeschält und den ganzen merkwürdigen Organismus der Einheiten in vollster Klarheit auseinandergelegt. Er zeigte, daß in der Regel in einem Zahlkörper *unendlich viele* Einheiten vorhanden sind, und daß sie sich alle aus einer *endlichen* Anzahl unter ihnen durch Multiplikation und Potenzierung ableiten lassen. Es ist wahrhaft bewundernswürdig, in welche einfache Form Dirichlet zuletzt den Beweis seines gewaltigen Theorems zu gießen verstand. Fast sieht es aus, als ob als wesentlichstes Hilfsmittel nur ein ganz alltägliches Prinzip verbleibt: Tut man in eine Anzahl von Schubfächern eine größere Anzahl von Gegenständen, als man Schubfächer hat, so finden sich notwendig in wenigstens einem Fache gleichzeitig zwei oder mehrere Gegenstände vor. Allerdings werden die Dirichletschen Schubfächer Größenbereiche und die darin aufgehobenen Gegenstände natürliche Logarithmen.

Es wird erzählt, daß nach langjährigen vergeblichen Bemühungen um das schwierige Problem Dirichlet die Lösung in Rom in der Sixtinischen Kapelle während des Anhörens der Ostermusik ergründet hat. Inwieweit dieses Faktum für die von manchen behauptete Wahlverwandtschaft zwischen Mathematik und Musik spricht, wage ich nicht zu erörtern.

Die zweite große zahlentheoretische Entdeckung Dirichlets, die Formel für die Klassenanzahl, lag in einem Gebiete, das vollkommen unabhängig von der Theorie der algebraischen Zahlkörper aufwuchs, in der Theorie der quadratischen Formen. Es sind aber inzwischen die Zweige der Arithmetik so dicht zusammengewachsen, daß ich auch die Bedeutung dieser anderen Dirichletschen Großtat auseinandersetzen kann, während wir in dem zuletzt berührten Ideenkreise verbleiben.

In den höheren Zahlkörpern hörte höchst merkwürdigerweise die Eindeutigkeit der Zerfällung der ganzen Zahlen in unzerlegbare Primelemente auf. Fast schien es, als wenn an dieser Schwierigkeit überhaupt die Weiterführung der Theorie der Körper in der einmal eingeschlagenen Richtung scheitern müßte. Aus dem Labyrinthe, in das die Arithmetik hier verstrickt erschien, fand Kummer durch einen gänzlich neuen Gedanken den rettenden Ausweg. Die nicht weiter zerlegbaren Zahlen durften eben noch nicht als die letzten Urelemente angesehen werden, auch sie waren das Produkt einer weiter reichenden Zusammensetzung, die wahren letzten Primelemente freilich ließen sich nicht mehr als reine Zahlen abscheiden. Aber es ergab sich ein Hilfsmittel, das Vorhandensein eines bestimmten Primelementes unzweifelhaft nachzuweisen, und der fundamentale Satz von der eindeutigen Zerlegbarkeit in Faktoren blieb gerettet.

Kummer nannte die neuen Bildungen, über deren Vorhandensein als Faktoren in jedem einzelnen Falle mit Sicherheit entschieden werden konnte, ohne daß eine tatsächliche Division ausführbar war, *ideale Zahlen.* Dedekind gestaltete in der Folge diesen Begriff noch durchsichtiger. Eine bestimmte ideale Zahl ist völlig charakterisiert durch die Gesamtheit aller wirklichen Zahlen, in denen sie sich als Faktor zeigt, diese Gesamtheit ist geradezu ihr Abbild, und bei dieser Auffassung ersetzte Dedekind die Kummersche Bezeichnung ideale Zahl durch den kürzeren Namen *Ideal.* So ist es gekommen, daß die Mathematiker auch solche Ideale besitzen, die ausschließlich durch die Vernunft geboten sind; es sind das nicht die einzigen Ideale des Mathematikers, aber auch sie sind derart, daß derjenige, der sie kennt, sich an ihnen begeistert.

Nun vermögen sich zwei verschiedene Ideale in gewisser Weise auszutauschen, ein Vorgang, der durch die Analogie mit den chemischen Umwandlungen sehr einleuchtend sein wird. Man fügt zu den sämtlichen Zahlen, die ein gegebenes Ideal enthalten, einen wirklichen Faktor hinzu; es läßt sich aus den zusammengesetzten Produkten ein anderer wirklicher Faktor abspalten, und nun bleiben genau die sämtlichen Zahlen übrig, die ein bestimmtes zweites Ideal enthalten. In solchem Falle heißen die betreffenden zwei Ideale einander *äquivalent* und sie werden zu einer *Klasse* gerechnet. In denjenigen besonderen Fällen, wo der ursprüngliche Begriff der Primzahlen in Kraft bleibt, sind alle Ideale gegenseitig austauschbar und gibt es daher nur eine einzige Idealklasse. In *allen* Fällen aber erweist sich für einen Zahlkörper die Anzahl der sämtlichen vorhandenen Idealklassen als eine *endliche,* und diese *Anzahl der Idealklassen* ist das bedeutungsvollste Attribut eines algebraischen Zahlkörpers. Dirichlet nun ist es zuerst gelungen, das große Rätsel der Klassenanzahl durch ihre Bestimmung auf transzendentem Wege zu lösen.

Dirichlet behandelte nur die quadratischen Zahlkörper, aber seine Methode ist in der Folge für die Erledigung der allgemeinsten Fälle zureichend geblieben.

In dem Nachlasse von Gauß fand sich ein Fragment einer Abhandlung, die der Sozietät überreicht werden sollte. Sie beginnt: Sechsunddreißig Jahre sind schon verflossen, seit ich die Prinzipien des wunderbaren Zusammenhangs, welchem die vorliegende Arbeit gewidmet ist, entdeckte. Aus diesem Fragmente geht unzweifelhaft hervor, daß Gauß, wie er in so vielen Richtungen spätere Funde vorweggenommen hat, so auch den Ausdruck für die Klassenanzahl schon 1801 gekannt hat. Aber der Weg, den Gauß bei dessen Herleitung einschlug, bricht in dem Fragment mit der Schwierigkeit eines Konvergenznachweises ab, dessen vermutliche Erledigung zu rekonstruieren nicht gelungen ist. Das Gaußische Fragment handelt in seinem ausgeführten Teile von der Bestimmung des Flächeninhalts einer Figur, speziell des Kreises. Sie ersehen daraus, wie die höchsten Probleme, welche die Arithmetik darbietet, immer wieder zu neuer Durchforschung elementarer Begriffe, die man schon längst gesichert wähnen würde, die Veranlassung werden.

Daß Dirichlet die fragliche Schwierigkeit überhaupt nicht antraf, liegt daran, daß er von einem gänzlich neuen Ausdruck für den Flächeninhalt einer Figur ausgehen konnte. Die gewöhnliche, ich möchte sagen, *mikroskopische* Bestimmung eines Flächeninhalts, welche auch Gauß auseinandersetzt, besteht darin, auf die zu untersuchende Figur Quadratnetze mit immer engeren und engeren Maschen zu legen und die in die Figur fallenden Maschen zu zählen. Dirichlet denkt sich ein für allemal ein bestimmtes, unendliches Quadratnetz fest über die Ebene gebreitet. Die zu untersuchende Figur wird nun von einem festen Anfangspunkte aus kontinuierlich in allen Dimensionen gleichmäßig vergrößert, und für jeden Kreuzungspunkt des Netzes wird angemerkt, bei welchem Vergrößerungsverhältnis er gerade auf den Rand der Figur treten würde. Die Summe der reziproken Werte aller so bestimmten Vergrößerungszahlen für alle vorhandenen Netzpunkte würde noch unendlich sein; man summiere nun aber bestimmte gleich hohe, etwa $2s^{\text{te}}$ Potenzen aller dieser reziproken Werte, so kommt man auf eine durch die ursprüngliche Figur völlig charakterisierte Funktion $\zeta(s)$; diese gestattet eine analytische Fortsetzung für alle komplexen s und weist dann insbesondere für $s = 1$ einen einfachen Pol auf, dessen Cauchysches Residuum genau der Flächeninhalt der Figur wird. Ich möchte vorschlagen, zur leichteren Einbürgerung dieser fundamentalen Überlegung in der Analysis die eben beschriebene Formel den Dirichletschen *makroskopischen* Ausdruck eines Flächeninhalts zu nennen.

Daß Dirichlet auf diesen merkwürdigen Ausdruck überhaupt verfiel, hatte er dem glücklichen Umstande zu verdanken, daß dergleichen Summen aus gleich hohen Potenzen positiver abnehmender Größen, die man heutzutage allgemein als Dirichletsche Reihen bezeichnet, sich ihm bei einer früheren Gelegenheit ganz von selbst dargeboten hatten. Es handelte sich damals darum, einen Beweis für den Satz zu finden, daß jede arithmetische Progression von Zahlen, bei welcher nicht alle Individuen einen gemeinschaftlichen Faktor haben, stets auch unendlich viele Primzahlen enthält. Legendre hatte richtig erkannt, daß dieser Satz durch seinen elementaren Charakter sich als ein äußerst einschneidendes Reagensmittel bei den mannigfachsten arithmetischen Überlegungen darstellt. Aber der Versuch Legendres, einen Beweis des Satzes zu erbringen, scheiterte kläglich, darf man mit gutem Grunde sagen.

Es ist nun ein weiterer Ruhmestitel von Dirichlet, zuerst jenes fundamentale Theorem über die Primzahlen in arithmetischen Progressionen bewiesen zu haben. Die Idee des Beweises war ihm durch Reflexion über die Art erwachsen, wie Euler aus der Verwandlung der Summe der reziproken Werte der natürlichen ganzen Zahlen in ein nur von der Reihe der Primzahlen abhängendes Produkt geschlossen hatte, daß die Anzahl der Primzahlen notwendig eine unendliche ist. Die größte Schwierigkeit, welche Dirichlet an dieser Stelle entgegentrat, bestand in der Notwendigkeit, das Nichtverschwinden des Wertes einer gewissen Summe einzusehen; und gerade diese Schwierigkeit löste sich in höchst überraschender Weise und wurde der Anlaß zu der vorhin geschilderten Entdeckung. Nämlich jene Summe erwies sich als eine Klassenanzahl quadratischer Formen, und als Anzahl mußte sie notwendig mindestens 1, also von Null verschieden sein. Ich kann hier vielleicht hinzufügen, daß vor wenigen Jahren Mertens in Wien das Nichtverschwinden der fraglichen Summe auf einem direkten Wege durch Größenabschätzung in betreff der Glieder darzutun vermochte. Aber diese kühne Methode von Mertens ist, als wenn man durch Gestrüpp auf steilstem Wege zu einer Bergspitze emporklimmt, anstatt durch eine Landschaft mit herrlichen Ausblicken sanft anzusteigen.

Nur ein Teil der zahlentheoretischen Arbeiten von Dirichlet ist hier flüchtig berührt worden. Mit besonderer Hingabe war Dirichlet unablässig bemüht, die schwer zugänglichen Ideen von Gauß den Mathematikern näherzubringen, die starren Beweise desselben in flüssige und durchsichtige Methoden umzuwandeln. Von mancher der in diesem Sinne unternommenen Arbeiten, wie z. B. seiner geometrischen Theorie der ternären quadratischen Formen, gingen in der Folge starke Anregungen aus.

Kürzer wollen wir der zweiten Hauptrichtung folgen, die uns in den publizierten Arbeiten von Dirichlet hervortritt, und auf seine Beiträge zur mathematischen Physik eingehen. Diese zwei Richtungen, die Zahlentheorie und die mathematische Physik, so divergierend sie scheinen mögen, sind bei Dirichlet harmonisch vereinigt durch das Band der Integralrechnung. Wie man oft einen Maler aus jedem seiner Werke auf den ersten Blick an eigentümlichen Farbeneffekten oder häufiger wiederkehrenden Stimmungen erkennt, so ist es eine anziehende und stets erfolgreiche Handhabung der Integrale, welche vielen Werken Dirichlets ein charakteristisches Gepräge verleiht.

Zu den Entdeckungen Dirichlets, die, ich möchte sagen, am populärsten geworden sind, gehören seine Methoden und Resultate im Gebiete der Fourierschen Reihen; sie sind bahnbrechend geworden für die moderne Behandlung der reellen Funktionen und in ihrem Werte geradezu unschätzbar wegen des Anstoßes, den sie zur Ausbildung der Mengenlehre gegeben haben. Die den Mathematikern sehr geläufige Geschichte der trigonometrischen Reihen ist ein fortwährender Kampf um die Beseitigung von Vorurteilen. Nur unter lebhaftem Widerstreit der Meinungen hatte die Tatsache Anerkennung gefunden, daß willkürliche Funktionen sich in nach den Sinus und Kosinus der Vielfachen des Arguments fortschreitende Reihen entwickeln lassen. Aber ein strenger Beweis für die Konvergenz und damit die Zulässigkeit der Reihen war noch nicht erbracht worden. Cauchy zog Hilfsmittel heran, die im Falle analytischer Funktionen zu partiellen Erfolgen führten, und vermochte von diesen Mitteln nicht abzugehen. Es erging dem großen Analytiker hier etwa wie den Brüdern Montgolfier, die nach der ersten geglückten Auffahrt ihrer Luftballons sich von dem dabei verwandten Heizmaterial nicht trennen konnten, weil sie auf Erzeugung elektrischen Rauches bedacht waren, wo es auf Verdünnung der Luft ankam. Dirichlet aber erkannte die wahren Bedingungen für den erstrebten Aufstieg zur vollen Höhe der willkürlichen Funktionen.

Dirichlets durch wunderbare Klarheit und Einfachheit berühmter Beweis, daß jedem Minimum potentieller Energie Stabilität des Gleichgewichts entspricht, ist eine zweite Tat solcher Art, daß er sich von verkehrten Hilfsmitteln freimachte, indem er statt der analytischen Regeln für die Bestimmung der Minima einer Funktion nur den ursprünglichen Begriff des Minimums heranzog. Immer wieder sind doch bedeutende Fortschritte in der Mathematik auf der Stelle errungen, sowie man nur wahrnimmt, daß Umstände, die stets als zusammengehörig betrachtet wurden, nichts miteinander zu tun haben. Hierin mag auch ein wesentlicher Grund liegen, weshalb so oft Mathematiker schon in jungen Jahren ganz unerwartete Erfolge davontragen. Sie blicken in vielen Dingen weniger voreingenommen. Es trägt jeder mathematische Soldat den Marschallstab im Tornister, wenn er nicht aus purer Disziplin auf alles Vorhandene schwört.

Leicht und von Grund aus zerstörte Dirichlet die naive Auffassung, welche die für endliche Reihen gültigen Rechnungsregeln sorglos auch auf die unendlichen Reihen übertrug: er setzte unmittelbar in Evidenz, daß die nicht absolut konvergenten Reihen bei gehöriger Gliederumstellung jede beliebige Summe ergeben können.

Besonderen Stolz legte Dirichlet auf seine Methode des diskontinuierlichen Faktors zur Bestimmung vielfacher Integrale. Er pflegte zu sagen, es ist das ein sehr einfacher Gedanke, und schmunzelnd hinzuzufügen, aber man muß ihn haben. Die Methode gestattet bekanntlich, sich über die Grenzen eines Integrationsraumes hinwegzusetzen durch Verwendung eines zweckmäßig geformten Faktors, der im Innern des Raumes 1 und außerhalb 0 ist. Wenn der Gedanke, aus 0 und 1, dem Nichts und dem All, nach dem dyadischen System die ganze Größenwelt aufzubauen, Leibniz schon derart gefiel, daß er sich dadurch eine Bekehrung des damaligen für Wissenschaft interessierten Kaisers von China vom Heidentume versprach, welche Hoffnungen auf die Vervollkommnung der Welt hätte nicht Leibniz aus einer Kenntnis des Dirichletschen diskontinuierlichen Faktors geschöpft.

Dirichlets Verdienste um die mathematische Physik sind besonders hoch darum einzuschätzen, daß er durch seine Vorlesungen außerordentlich für die Verbreitung dieser Lehren in Deutschland gewirkt hat. Gewaltige Offenbarungen auf diesem Gebiete hätten sich an seinen Namen geknüpft, wenn nicht sein Leben so jäh abgebrochen wäre. Er hatte einen mathematisch strengen Beweis für die Stabilität unseres Planetensystems gefunden, und er war in den Besitz einer ganz neuen, allgemeinen Methode der Behandlung und Auflösung der Differentialgleichungen der Mechanik gelangt. Aber es sind kaum Andeutungen darüber verblieben, denn er entschloß sich immer nur schwer zu der Niederschrift des Erforschten.

Gerade seine Göttinger Zeit war besonders ausgefüllt durch Nachdenken über physikalische Fragen. Und gerade im Hinblick auf die angewandten Gebiete der Mathematik hatte auch Wilhelm Weber Dirichlets Berufung hierher so warm befürwortet. Ich möchte eine allgemein gehaltene Stelle aus Webers Bericht wiedergeben, die hierzu als Einleitung diente und die Ihr Interesse erwecken wird:

Für die anregende Kraft, welche die Forschungen der einen Wissenschaft auf die der anderen ausübt, zeigt sich die enge Verwandtschaft allein nicht entscheidend, es kommt vielmehr auf die Verschiedenartigkeit und gegenseitige Ergänzung der von zwei Seiten dargebotenen Elemente an. Der Astronom, welcher sich mit einem Physiker, der Physiker, welcher sich mit einem Astronomen zu einer physikalischen oder astronomischen Forschung verbinden wollte, würde keine wesentlich neuen Elemente dazu mitbringen. Der Mathematiker kann dagegen alle Reichtümer seiner Wissenschaft und die Resultate seiner eigenen Forschungen bei einer schicklich gewählten astronomischen oder physikalischen Untersuchung, zu der er sich mit einem Astronomen oder Physiker verbindet, entfalten und gewinnt dadurch selbst wieder Antrieb und Anregung zur Erforschung neuer Gebiete mathematischer Probleme. Gauß, so fährt Weber fort, hat keine Opfer gescheut, um sich selbst aller Elemente der praktischen Astronomie vollkommen zu bemächtigen; er hätte dasselbe in Beziehung auf die Physik vermocht: nur die Vermeidung von Störungen in seinen mathematischen Forschungen, wo der Verlust noch größer gewesen sein würde, sind der Grund seiner Verbindung mit mir zu physikalischen Untersuchungen gewesen, die unter seiner Leitung zu so großen Resultaten geführt haben. Nicht bloß zum Fortbau der höheren Mathematik also, sondern auch zu dem der Astronomie und Physik ist ein Mathematiker hervorragender Art das größte Bedürfnis.

In seinen Vorlesungen behandelte Dirichlet mit Vorliebe diejenigen Gebiete, an deren Ausbau er selbst reichen Anteil hatte. Sein Vortrag war dadurch so eindringlich, weil es schien, als wenn er im Begriffe stünde, eben erst den ganzen Bau zu schaffen; es war in hohem Grade fesselnd, ihm bei dieser Arbeit zu folgen. Er entwickelte den Stoff in vollster Natürlichkeit. Kein Kunstgriff trat auf als deus ex machina, tragisch geschürzte Knoten zu unerwartet günstiger Lösung zu führen.

So außerordentlich anregend Dirichlet als Lehrer gewirkt hat, eine besondere mathematische Schule hat er nicht gegründet. Aber viele, die sich hernach auf individuell sehr verschiedene Wege zerstreuten, verdankten ihm die stärksten Impulse ihres wissenschaftlichen Strebens. Seinen Enthusiasmus für die Anregungen Dirichlets meinte der junge Eisenstein nicht warm genug schildern zu können, auch wenn ihm ein ehernes Herz und eine tausendfältige Zunge verliehen wären. Welcher Mathematiker hätte kein Verständnis dafür, daß die leuchtende Bahn Riemanns, dieses riesigen Meteors am mathematischen Himmel, vom Sternbilde Dirichlets ihren Ausgangspunkt nahm. Mag auch das von Riemann Dirichletsches Prinzip benannte scharfe Schwert zuerst von William Thomsons jungem Arm geschwungen sein, von dem anderen Dirichletschen Prinzipe, mit einem Minimum an blinder Rechnung, einem Maximum an sehenden Gedanken die Probleme zu zwingen, datiert die Neuzeit in der Geschichte der Mathematik. Niemals vergaß Kronecker zu sagen, wieviel von seiner mathematischen Existenz er Dirichlet schulde, wenn auch Dirichlet selbst Kronecker nur in die *unteren* Regionen *einer* der Wissenschaften eingeführt haben wollte, auf deren Höhen dieser als Meister einherschreite. Erst hier in Göttingen trat Dedekind in Beziehung zu Dirichlet; wir verehren in ihm den einzigen uns übriggebliebenen Heros aus der größten Epoche in der Arithmetik. Ganz in den Ideenkreis von Dirichlet trat auch Lipschitz ein, der in seinen jüngeren Jahren zu Helmholtz und später zu Hertz seine hohe Begeisterung für Dirichlet kundgab. Alle diese Männer von unvergleichlichen Verdiensten um die heutige Mathematik, den besten Teil ihrer mathematischen Kraft gewannen sie durch Dirichlet, und wir heute, wenn wir uns mehr als je bemühen, die Wissenschaft in ihrer einfachen Wahrheit zu erkennen und darzustellen, stehen wir nicht in der Schule Dirichlets?

Sachregister.

Berichtigungen.

Band I.

Seite 74 Zeile 7 v. o. lies $\varepsilon_1 - 1$ statt $\varepsilon_1 - 2$.
„ 108 letzte Zeile lies σ'_{n-2} statt σ'_{-2}.
„ 109 Zeile 15 v. u. lies $\sigma_2' = 1$ statt $\sigma_1' = 1$.
„ 138 „ 5 v. o. lies $\equiv \frac{\Delta(g)}{\alpha}$ statt $= \frac{\Delta(g)}{\alpha}$.
„ 166 „ 8 v. o. lies ϑ_λ statt ϑ_h.
„ 201 „ 5 v. u. lies $D_2[\Delta]$ statt $D_2(\Delta)$.
„ 279 „ 4 v. u. lies a statt a. (Anm.)
„ 309 „ 17 v. u. lies $g_0{}^{n(n-1)}\mathfrak{x}(\mathfrak{x}^0)\mathfrak{x}'\ldots\mathfrak{x}^{(n-\sigma)}$ statt $g_0{}^{n(n-1)}\mathfrak{x}(\mathfrak{x}^0)\mathfrak{x}'\ldots, \mathfrak{x}^{(n-\sigma)}$.
„ 330 „ 16 v. u. lies $\mathfrak{P}(\varrho, \sigma)$ statt $(\mathfrak{P}\varrho, \sigma)$.
„ 371 „ 10 v. u. lies vorkommen kann.

Band II.

Seite 35 Zeile 3 v. o. lies $\gamma_1 X + \gamma_2 Y + \gamma_3 Z$ statt $\gamma_1 X + \gamma_1 Y + \gamma_1 Z$.
„ 56 „ 17 v. o. lies b_l statt b.
„ 68 „ 21 v. o. lies x^*_{h-1} statt x^*_{h+1}.
„ 83 „ 6 v. u. lies (55) statt (56), Zeile 4 v. u. (56) statt (55).

Zur Geometrie der Zahlen.

Fig. 1. Zahlengitter und konvexe Kurven.

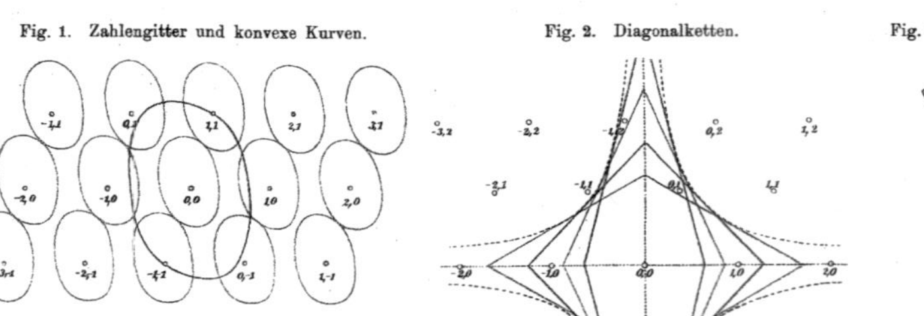

$f(x, y)$:

(1) $f(x, y) > 0, \quad x, y \neq 0,0; \; f(0,0) = 0,$

(2) $f(tx, ty) = t f(x, y), \quad t > 0,$

(3) $f(-x, -y) = f(x, y),$

(4) $f(x_1, y_1) + f(x_2, y_2) \geqq f(x_1 + x_2, y_1 + y_2),$

(5) $f(x, y) \leqq 1, \; \iint dx\, dy = J;$

(6) $f(x, y) \leqq \frac{2}{\sqrt{J}}.$

Fig. 2. Diagonalketten.

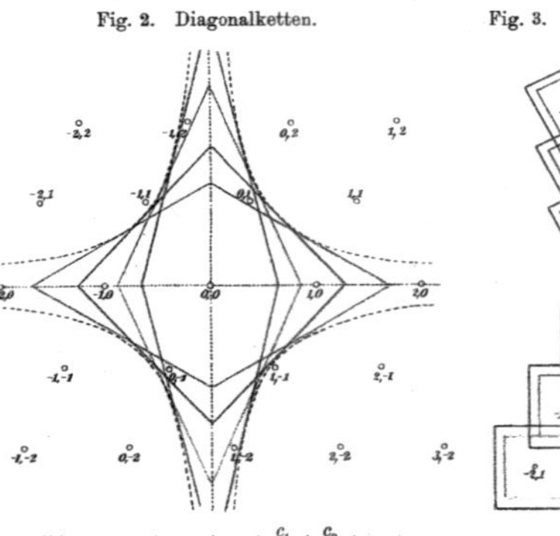

(1) $f(z) = c_m z^m + \cdots + c_0 + \frac{c_1}{z} + \frac{c_2}{z^2} + \cdots$

$= F_0(z) - \cfrac{1}{F_1(z) - \cfrac{1}{F_2(z) - \cdots}};$

(2) $(P(z) - f(z)\, Q(z))\, Q(z).$

(3) $\left|\frac{x}{y} - a\right| < \frac{1}{2y^2}$, (4) $a = g_0 - \cfrac{1}{g_1 - \cfrac{1}{g_2 - \cdots}}$

(5) $\xi = \alpha x + \beta y, \; \eta = \gamma x + \delta y, \; \alpha\delta - \beta\gamma = 1;$

(6) $-\frac{1}{2} < \xi\eta < \frac{1}{2}.$

Fig. 3. Inhomogene lineare Ausdrücke.

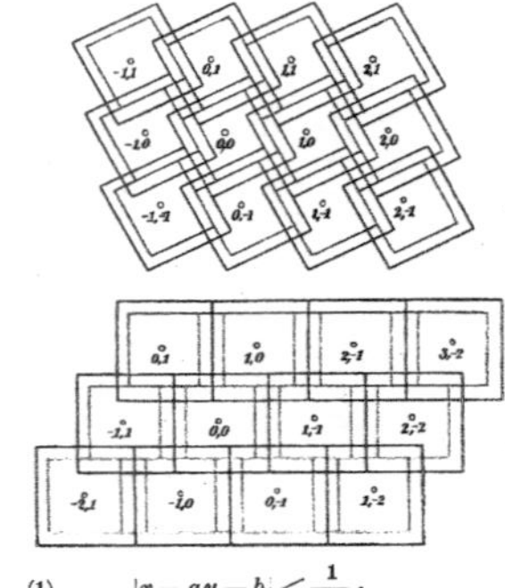

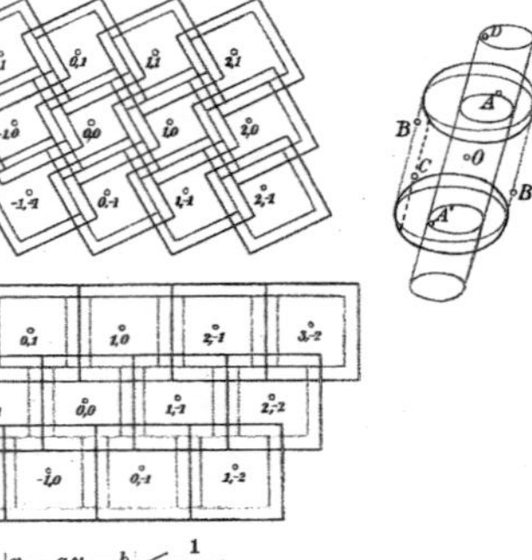

(1) $|x - ay - b| < \frac{1}{4|y|}.$

(2) $\xi = \alpha x + \beta y, \; \eta = \gamma x + \delta y,$
$\alpha\delta - \beta\gamma = 1;$

(3) $|(\xi - \xi_0)(\eta - \eta_0)| < \frac{1}{4}.$

Fig. 4. Kettenalgorithmen für drei lineare Formen.

1° Eine reelle, zwei konjugiert komplexe Formen:

$$\begin{cases} \xi = \alpha x + \beta y + \gamma z, \\ \eta = (\alpha' + i\alpha'')x + (\beta' + i\beta'')y + (\gamma' + i\gamma'')z, \\ \zeta = (\alpha' - i\alpha'')x + (\beta' - i\beta'')y + (\gamma' - i\gamma'')z; \end{cases}$$

(1) $-\lambda \leqq \xi \leqq \lambda, \; |\eta| \leqq \mu.$

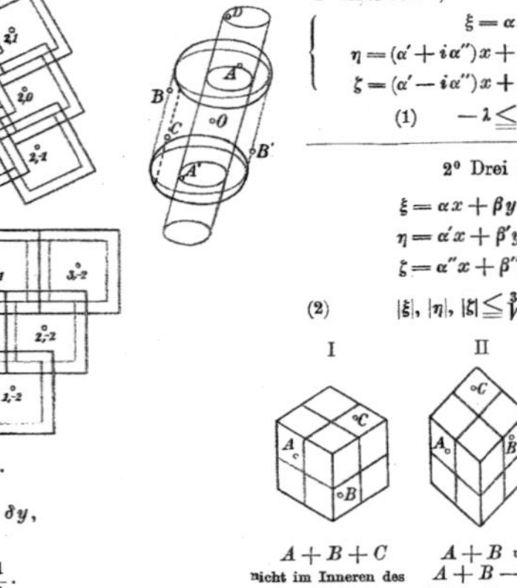

2° Drei reelle Formen:

$\xi = \alpha x + \beta y + \gamma z,$

$\eta = \alpha' x + \beta' y + \gamma' z, \quad \text{Det.} \neq 0;$

$\zeta = \alpha'' x + \beta'' y + \gamma'' z,$

(2) $|\xi|, |\eta|, |\zeta| \leqq \sqrt[3]{|\text{Det.}|}.$

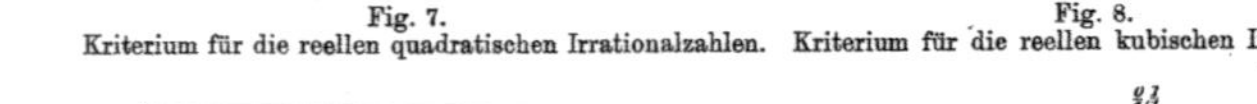

I	II	III
$A + B + C$ nicht im Inneren des Parallelepipeds;	$A + B$ u. $A + B - C$ nicht im Inneren;	$A + B + C = 0.$

Fig. 5. Dichteste Lagerung von Oktaedern.

$\varphi = -\xi + \eta + \zeta, \quad \chi = \xi - \eta + \zeta, \quad \psi = \xi + \eta - \zeta,$
$\omega = \xi + \eta + \zeta,$

(1) $\varphi + \chi + \psi + \omega = 0, \; \text{Det. } (\xi, \eta, \zeta) = \Delta;$

(2) $|\varphi|, |\chi|, |\psi|, |\omega| \leqq \sqrt[3]{\frac{108}{19}}\,\Delta.$

(3) $\pm(x - az) \pm \frac{z}{t} = 1, \; \pm(y - bz) \pm \frac{z}{t} = 1;$

(4) $\left|\frac{x}{z} - a\right|, \left|\frac{y}{z} - b\right| < \sqrt{\frac{8}{19}}\,\frac{1}{z^{\frac{3}{2}}}, \; \left(\sqrt{\frac{8}{19}} = 0{,}648\ldots\right)$

Fig. 6. Lineare Formen im Körper von $i = \sqrt[4]{1}$.

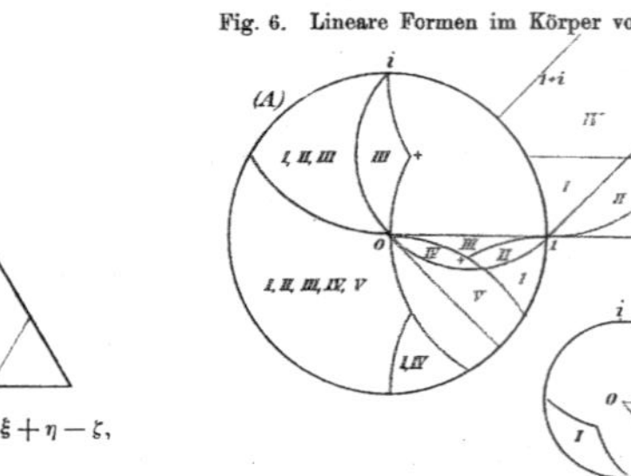

(1) $\xi = (\alpha + i\alpha')(x + ix') + (\beta + i\beta')(y + iy'),$
$\eta = (\gamma + i\gamma')(x + ix') + (\delta + i\delta')(y + iy'),$ Det. $(\xi, \eta) = \Delta;$

(2) $\left|\begin{matrix} x_1 + ix_1', & x_2 + ix_2' \\ y_1 + iy_1', & y_2 + iy_2' \end{matrix}\right|$, (3) $\xi = \lambda e^{i\varphi}(X + iX' + \varrho(Y + iY')),$
$\eta = \mu e^{i\psi}(\sigma(X + iX') + Y + iY'),$

(4) $|\xi|, |\eta| \leqq \sqrt{\frac{\sqrt{3} + 1}{\sqrt{6}}\,|\Delta|}.$

Fig. 7.
Kriterium für die reellen quadratischen Irrationalzahlen.

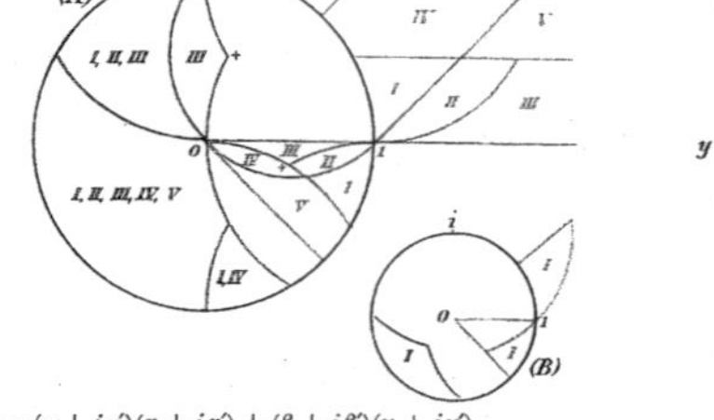

$\frac{a}{b} \cdots \frac{a + a'}{b + b'} \cdots \frac{a'}{b'}.$

$y = ?(x)$: x quadratische Irrationalzahl, y rational und nicht dyadisch; x rational, y dyadisch.

Fig. 8.
Kriterium für die reellen kubischen Irrationalzahlen.

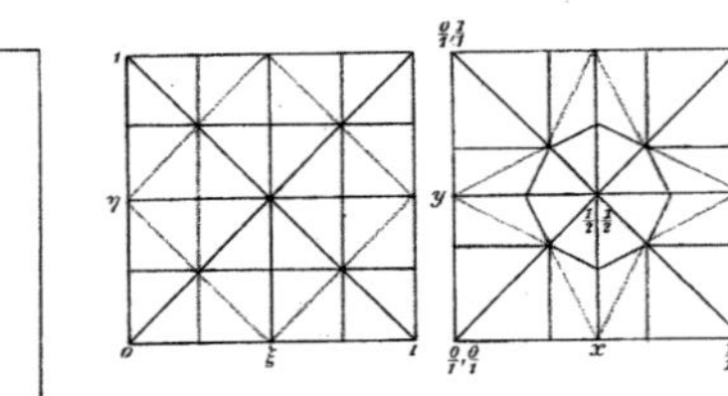

$\frac{a}{c}, \frac{b}{c} \cdots \frac{a + a'}{c + c'}, \frac{b + b'}{c + c'} \cdots \frac{a'}{c'}, \frac{b'}{c'},$

(1) $\xi = \varphi(x, y), \quad \eta = \psi(x, y).$

1, x, y unabhängige Zahlen in einem kubischen Körper;
ξ, η rational,
von den Zahlen ξ, η, $\xi - \eta$, $\xi + \eta$ keine dyadisch.

www.ingramcontent.com/pod-product-compliance
Lightning Source LLC
LaVergne TN
LVHW020550110826
845149LV00002B/224

* 9 7 8 1 4 1 8 1 8 4 4 6 9 *